토목
기사·산업기사 필기
수리수문학

예문사

머리말 PREFACE

토목을 사랑하는 토준생 여러분 안녕하세요?
수리학 고수 쪼박입니다.

첫째

공부는 재미있어야 합니다.
재미있으면 포기하지 않습니다.
포기하지 않으면 합격할 수 있습니다.
쪼박과 함께 하면 절대 실패하지 않습니다.

둘째

토준생의 가장 큰 스트레스는 그 많은 공식을 암기해야 한다는 생각입니다.
절대 공식을 암기하지 마세요! 마하(Mach) 암기법의 창안자로서 외우지 않고
재미있게 머릿속에 넣어 드리겠습니다.

셋째

토목 기초가 부족합니까? 수학 지식이 약합니까?
쪼박과 함께 하면 전혀 문제가 안 됩니다. 단, 열정만 가지고 오십시오.
딱 10%만 하세요. 나머지 90%는 쪼박이 책임지겠습니다.
진정한 강의 예술의 혼이 담긴 토목 수리수문학 기출 분석서를 확인하세요!

저자 조준호

출제기준 INFORMATION

■ 토목기사

• 직무분야 : 건설	• 중직무분야 : 토목	• 자격종목 : 토목기사	• 적용기간 : 2026.1.1. ~ 2027.12.31.
• 직무내용 : 도로, 공항, 철도, 하천, 교량, 댐, 터널, 상하수도, 사면, 항만 및 해양시설물 등 다양한 건설사업을 계획, 설계, 시공, 관리 등을 수행			
• 필기검정방법 : 객관식	• 문제수 : 120	• 시험시간 : 3시간	

필기과목명	문제수	주요항목	세부항목	세세항목
응용역학	20	1. 역학적인 개념 및 건설 구조물의 해석	1. 힘과 모멘트	1. 힘 2. 모멘트
			2. 단면의 성질	1. 단면 1차 모멘트와 도심 2. 단면 2차 모멘트 3. 단면 상승 모멘트 4. 회전반경 5. 단면계수
			3. 재료의 역학적 성질	1. 응력과 변형률 2. 탄성계수
			4. 정정보	1. 보의 반력 2. 보의 전단력 3. 보의 휨모멘트 4. 보의 영향선 5. 정정보의 종류
			5. 보의 응력	1. 휨응력 2. 전단응력
			6. 보의 처짐	1. 보의 처짐 2. 보의 처짐각 3. 기타 처짐 해법
			7. 기둥	1. 단주 2. 장주
			8. 정정트러스(Truss), 라멘(Rahmen), 아치(Arch), 케이블(Cable)	1. 트러스 2. 라멘 3. 아치 4. 케이블
			9. 구조물의 탄성변형	1. 탄성변형
			10. 부정정 구조물	1. 부정정 구조물의 개요 2. 부정정 구조물의 판별 3. 부정정 구조물의 해법

필기과목명	문제수	주요항목	세부항목	세세항목
측량학	20	1. 측량학 일반	1. 측량기준 및 오차	1. 측지학개요 2. 좌표계와 측량원점 3. 측량의 오차와 정밀도
			2. 국가기준점	1. 국가기준점 개요 2. 국가기준점 현황
		2. 평면기준점 측량	1. 위성측위시스템(GNSS)	1. 위성측위시스템(GNSS) 개요 2. 위성측위시스템(GNSS) 활용
			2. 삼각측량	1. 삼각측량의 개요 2. 삼각측량의 방법 3. 수평각 측정 및 조정 4. 변장계산 및 좌표계산 5. 삼각수준측량 6. 삼변측량
			3. 다각측량	1. 다각측량 개요 2. 다각측량 외업 3. 다각측량 내업 4. 측점전개 및 도면작성
		3. 수준점측량	1. 수준측량	1. 정의, 분류, 용어 2. 야장기입법 3. 종·횡단측량 4. 수준망 조정 5. 교호수준측량
		4. 응용측량	1. 지형측량	1. 지형도 표시법 2. 등고선의 일반개요 3. 등고선의 측정 및 작성 4. 공간정보의 활용
			2. 면적 및 체적 측량	1. 면적계산 2. 체적계산
			3. 노선측량	1. 중심선 및 종횡단 측량 2. 단곡선 설치와 계산 및 이용방법 3. 완화곡선의 종류별 설치와 계산 및 이용방법 4. 종곡선 설치와 계산 및 이용방법
			4. 하천측량	1. 하천측량의 개요 2. 하천의 종횡단측량

출제기준 INFORMATION

필기과목명	문제수	주요항목	세부항목	세세항목
수리학 및 수문학	20	1. 수리학	1. 물의 성질	1. 점성계수 2. 압축성 3. 표면장력 4. 증기압
			2. 정수역학	1. 압력의 정의 2. 정수압 분포 3. 정수력 4. 부력
			3. 동수역학	1. 오일러방정식과 베르누이식 2. 흐름의 구분 3. 연속방정식 4. 운동량방정식 5. 에너지 방정식
			4. 관수로	1. 마찰손실 2. 기타 손실 3. 관망 해석
			5. 개수로	1. 전수두 및 에너지 방정식 2. 효율적 흐름 단면 3. 비에너지 4. 도수 5. 점변 부등류 6. 오리피스 7. 위어
			6. 지하수	1. Darcy의 법칙 2. 지하수 흐름 방정식
			7. 해안 수리	1. 파랑 2. 항만구조물
		2. 수문학	1. 수문학의 기초	1. 수문 순환 및 기상학 2. 유역 3. 강수 4. 증발산 5. 침투
			2. 주요 이론	1. 지표수 및 지하수 유출 2. 단위 유량도 3. 홍수추적 4. 수문통계 및 빈도 5. 도시 수문학
			3. 응용 및 설계	1. 수문모형 2. 수문조사 및 설계

필기과목명	문제수	주요항목	세부항목	세세항목
철근 콘크리트 및 강구조	20	1. 콘크리트 및 강구조	1. 철근콘크리트	1. 설계일반 2. 설계하중 및 하중조합 3. 휨과 압축 4. 전단과 비틀림 5. 철근의 정착과 이음 6. 슬래브, 벽체, 기초, 옹벽, 라멘, 아치 등의 구조물 설계
			2. 프리스트레스트 콘크리트	1. 기본개념 및 재료 2. 도입과 손실 3. 휨부재 설계 4. 전단 설계 5. 슬래브 설계
			3. 강구조	1. 기본개념 2. 인장 및 압축부재 3. 휨부재 4. 접합 및 연결
토질 및 기초	20	1. 토질역학	1. 흙의 물리적 성질과 분류	1. 흙의 기본성질 2. 흙의 구성 3. 흙의 입도분포 4. 흙의 소성특성 5. 흙의 분류
			2. 흙속에서의 물의 흐름	1. 투수계수 2. 물의 2차원 흐름 3. 침투와 파이핑
			3. 지반 내의 응력분포	1. 지중응력 2. 유효응력과 간극수압 3. 모관현상 4. 외력에 의한 지중응력 5. 흙의 동상 및 융해
			4. 압밀	1. 압밀이론 2. 압밀시험 3. 압밀도 4. 압밀시간 5. 압밀침하량 산정
			5. 흙의 전단강도	1. 흙의 파괴이론과 전단강도 2. 흙의 전단특성 3. 전단시험 4. 간극수압계수 5. 응력경로
			6. 토압	1. 토압의 종류 2. 토압 이론 3. 구조물에 작용하는 토압 4. 옹벽 및 보강토옹벽의 안정

출제기준 INFORMATION

필기과목명	문제수	주요항목	세부항목	세세항목
토질 및 기초	20	1. 토질역학	7. 흙의 다짐	1. 흙의 다짐특성 2. 흙의 다짐시험 3. 현장다짐 및 품질관리
			8. 사면의 안정	1. 사면의 파괴거동 2. 사면의 안정해석 3. 사면안정 대책공법
			9. 지반조사 및 시험	1. 시추 및 시료 채취 2. 원위치 시험 및 물리탐사 3. 토질시험
		2. 기초공학	1. 기초일반	1. 기초일반 2. 기초의 형식
			2. 얕은기초	1. 지지력 2. 침하
			3. 깊은기초	1. 말뚝기초 지지력 2. 말뚝기초 침하 3. 케이슨기초
			4. 연약지반개량	1. 사질토 지반개량공법 2. 점성토 지반개량공법 3. 기타 지반개량공법
상하수도 공학	20	1. 상수도 계획	1. 상수도 시설 계획	1. 상수도의 구성 및 계통 2. 계획급수량의 산정 3. 수원 4. 수질기준
			2. 상수관로 시설	1. 도수, 송수계획 2. 배수, 급수계획 3. 펌프장 계획
			3. 정수장 시설	1. 정수방법 2. 정수시설 3. 배출수 처리시설
		2. 하수도 계획	1. 하수도 시설계획	1. 하수도의 구성 및 계통 2. 하수의 배제방식 3. 계획하수량의 산정 4. 하수의 수질
			2. 하수관로 시설	1. 하수관로 계획 2. 펌프장 계획 3. 우수조정지 계획
			3. 하수처리장 시설	1. 하수처리 방법 2. 하수처리 시설 3. 오니(Sludge)처리 시설

■ 토목산업기사

- 직무분야 : 건설
- 중직무분야 : 토목
- 자격종목 : 토목산업기사
- 적용기간 : 2026.1.1. ~ 2027.12.31.
- 직무내용 : 도로, 공항, 철도, 하천, 교량, 댐, 터널, 상하수도, 사면, 항만 및 해양시설물 등 다양한 건설사업을 계획, 설계, 시공, 관리 등을 수행
- 필기검정방법 : 객관식
- 문제수 : 60
- 시험시간 : 1시간 30분

필기과목명	문제수	주요항목	세부항목	세세항목
구조설계	20	1. 역학적인 개념 및 건설 구조물의 해석	1. 힘과 모멘트	1. 힘 2. 모멘트
			2. 단면의 성질	1. 단면 1차 모멘트와 도심 2. 단면 2차 모멘트 3. 단면 상승 모멘트 4. 회전반경 5. 단면계수
			3. 재료의 역학적 성질	1. 응력과 변형률 2. 탄성계수
			4. 정정구조물	1. 반력 2. 전단력 3. 휨모멘트
			5. 보의 응력	1. 휨응력 2. 전단응력
			6. 보의 처짐	1. 보의 처짐 2. 보의 처짐각 3. 기타 처짐 해법
			7. 기둥	1. 단주 2. 장주
		2. 철근콘크리트 및 강구조	1. 철근콘크리트	1. 설계일반 2. 설계하중 및 하중조합 3. 휨과 압축 4. 전단 5. 철근의 정착과 이음 6. 슬래브, 벽체, 기초, 옹벽 등의 구조물 설계
			2. 프리스트레스트 콘크리트	1. 기본개념 및 재료 2. 도입과 손실
			3. 강구조	1. 기본개념 2. 인장 및 압축부재 3. 휨부재 4. 접합 및 연결

출제기준 INFORMATION

필기과목명	문제수	주요항목	세부항목	세세항목
측량 및 토질	20	1. 측량학 일반	1. 측량기준 및 오차	1. 측지학개요 2. 좌표계와 측량원점 3. 국가기준점 4. 측량의 오차와 정밀도
		2. 기준점 측량	1. 위성측위시스템(GNSS)	1. 위성측위시스템(GNSS) 개요 2. 위성측위시스템(GNSS) 활용
			2. 삼각측량	1. 삼각측량의 개요 2. 삼각측량의 방법 3. 수평각 측정 및 조정
			3. 다각측량	1. 다각측량 개요 2. 다각측량 외업 3. 다각측량 내업
			4. 수준측량	1. 정의, 분류, 용어 2. 야장기입법 3. 교호수준측량
		3. 응용측량	1. 지형측량	1. 지형도 표시법 2. 등고선의 일반개요 3. 등고선의 측정 및 작성 4. 공간정보의 활용
			2. 면적 및 체적 측량	1. 면적계산 2. 체적계산
			3. 노선측량	1. 노선측량 개요 및 방법(추가) 2. 중심선 및 종횡단 측량 3. 단곡선 계산 및 이용방법 4. 완화곡선의 종류 및 특성 5. 종곡선의 종류 및 특성
			4. 하천측량	1. 하천측량의 개요 2. 하천의 종횡단측량
		4. 토질역학	1. 흙의 물리적 성질과 분류	1. 흙의 기본성질 2. 흙의 구성 3. 흙의 입도분포 4. 흙의 소성특성 5. 흙의 분류
			2. 흙속에서의 물의 흐름	1. 투수계수 2. 물의 2차원 흐름 3. 침투와 파이핑

필기과목명	문제수	주요항목	세부항목	세세항목
측량 및 토질	20	4. 토질역학	3. 지반 내의 응력분포	1. 지중응력 2. 유효응력과 간극수압 3. 모관현상
			4. 흙의 압밀	1. 압밀이론 2. 압밀시험 3. 압밀도
			5. 흙의 전단강도	1. 흙의 파괴이론과 전단강도 2. 흙의 전단특성 3. 전단시험 4. 간극수압계수
			6. 토압	1. 토압의 종류 2. 토압 이론
			7. 흙의 다짐	1. 흙의 다짐특성 2. 흙의 다짐시험
			8. 사면의 안정	1. 사면의 파괴거동
		5. 기초공학	1. 기초일반	1. 기초일반 2. 기초의 종류 및 특성
			2. 지반조사	1. 시추 및 시료 채취 2. 원위치 시험 및 물리탐사
			3. 얕은기초와 깊은기초	1. 지지력 2. 침하
			4. 연약지반개량	1. 사질토 지반개량공법 2. 점성토 지반개량공법 3. 기타 지반개량공법
수자원설계	20	1. 수리학	1. 물의 성질	1. 점성계수 2. 압축성 3. 표면장력 4. 증기압
			2. 정수역학	1. 압력의 정의 2. 정수압 분포 3. 정수력 4. 부력
			3. 동수역학	1. 오일러방정식과 베르누이식 2. 흐름의 구분 3. 연속방정식 4. 운동량방정식 5. 에너지 방정식

출제기준 INFORMATION

필기과목명	문제수	주요항목	세부항목	세세항목
수자원설계	20	1. 수리학	4. 관수로	1. 마찰손실 2. 기타 손실 3. 관망 해석
			5. 개수로	1. 효율적 흐름 단면 2. 비에너지 및 도수 3. 점변 부등류 4. 오리피스 및 위어
		2. 상수도계획	1. 상수도 시설 계획	1. 상수도의 구성 및 계통 2. 계획급수량의 산정 3. 수원 4. 수질기준
			2. 상수관로 시설	1. 도수, 송수계획 2. 배수, 급수계획 3. 펌프장 계획
			3. 정수장 시설	1. 정수방법 2. 정수시설 3. 배출수 처리시설
		3. 하수도계획	1. 하수도 시설계획	1. 하수도의 구성 및 계통 2. 하수의 배제방식 3. 계획하수량의 산정 4. 하수의 수질
			2. 하수관로 시설	1. 하수관로 계획 2. 펌프장 계획 3. 우수조정지 계획
			3. 하수처리장 시설	1. 하수처리 방법 2. 하수처리 시설 3. 오니(Sludge)처리 시설

CHAPTER 01 유체의 물리적 성질

1. 유체의 성질 ··· 2
2. 물의 점성 ··· 6
3. 표면장력과 모세관 현상 ·· 8
4. 단위와 차원 ·· 10

CHAPTER 02 정수역학

1. 정수압과 계기압력 ··· 20
2. 압력 측정 ·· 22
3. 수중물체에 작용하는 전수압 ·· 26
4. 부력 ··· 30
5. 부체의 안정조건 ··· 34
6. 상대 정지 ·· 36
7. 수문 ··· 38

CHAPTER 03 동수역학

1. 흐름 ··· 52
2. 흐름의 분류 ·· 54
3. 1차원 흐름의 기본 방정식 ··· 56
4. 1차원 베르누이 방정식의 응용 ·· 60
5. 역적-운동량 방정식 ·· 62
6. Euler 방정식과 연속방정식 ·· 66
7. 에너지 보정계수와 운동량 보정계수 ··· 68
8. 속도 포텐셜과 항력 ··· 70

이책의 차례 CONTENTS

CHAPTER 04 오리피스와 위어

1. 오리피스 · 88
2. 작은 오리피스($H > 5d$) · 90
3. 큰 오리피스 · 92
4. 수중 오리피스 및 노즐 · 94
5. 위어 개론 · 98
6. 위어 유량계산 · 100
7. 위어의 수위와 유량과의 관계 · 104

CHAPTER 05 관수로

1. 관수로 개론 · 122
2. Hazen-Poiseuille 법칙 · 124
3. 관수로 내 마찰손실 · 126
4. 평균유속공식 · 128
5. 미소손실수두(소손실수두) · 130
6. 관수로의 유량 · 132
7. 복합 관수로 내의 흐름 해석 · 136
8. 관망(Pipe network) · 138
9. 관수로의 유수에 의한 동력 · 140
10. 관수로에서의 과도한 수리현상 · 142
11. 관수로 흐름의 특성 · 142

CHAPTER 06 개수로

1. 개수로 개론 · 160
2. 평균유속 · 162
3. 수로의 단면 · 164
4. 개수로 내의 정상부등류 · 166
5. 한계수심 및 한계유속 · 168

6 흐름의 상태 ·· 170
7 비력 ·· 172
8 도수 ·· 174
9 개수로의 부등류 ·· 176
10 곡선수로의 수류 및 단파 ·· 180
11 개수로 흐름의 특성 ·· 180

CHAPTER 07 지하수와 수리학적 상사성

1 지하수의 흐름 ·· 198
2 투수계수(k, 수리전도계수)의 측정 ·· 200
3 지하수의 연직분포 ··· 202
4 대수층의 종류 ·· 202
5 우물의 수리 ··· 204
6 제방 내부의 침투 ··· 206
7 집수암거 ·· 206
8 수리학적 상사성 ·· 208
9 해안수리 ·· 210

CHAPTER 08 수문학

1 수문학 개론 ··· 224
2 강수 ·· 228
3 강수량 자료의 해석 ··· 232
4 증발과 증산 ··· 236
5 침투와 침루 ··· 238
6 유출 ·· 242
7 하천의 유량 ··· 244
8 수문곡선(Q-t curve) ··· 248
9 단위도(단위유량도) ·· 254
10 합리식 ··· 258

이책의 차례 CONTENTS

부록 1 | 과년도 출제문제

토목기사 2015년 제1회 기출문제 / 268	토목산업기사 2015년 제1회 기출문제 / 272
토목기사 2015년 제2회 기출문제 / 276	토목산업기사 2015년 제2회 기출문제 / 280
토목기사 2015년 제4회 기출문제 / 284	토목산업기사 2015년 제4회 기출문제 / 288
토목기사 2016년 제1회 기출문제 / 292	토목산업기사 2016년 제1회 기출문제 / 296
토목기사 2016년 제2회 기출문제 / 300	토목산업기사 2016년 제2회 기출문제 / 304
토목기사 2016년 제4회 기출문제 / 308	토목산업기사 2016년 제4회 기출문제 / 312
토목기사 2017년 제1회 기출문제 / 316	토목산업기사 2017년 제1회 기출문제 / 320
토목기사 2017년 제2회 기출문제 / 324	토목산업기사 2017년 제2회 기출문제 / 328
토목기사 2017년 제4회 기출문제 / 332	토목산업기사 2017년 제4회 기출문제 / 336
토목기사 2018년 제1회 기출문제 / 340	토목산업기사 2018년 제1회 기출문제 / 344
토목기사 2018년 제2회 기출문제 / 348	토목산업기사 2018년 제2회 기출문제 / 352
토목기사 2018년 제3회 기출문제 / 356	토목산업기사 2018년 제4회 기출문제 / 360
토목기사 2019년 제1회 기출문제 / 364	토목산업기사 2019년 제1회 기출문제 / 368
토목기사 2019년 제2회 기출문제 / 372	토목산업기사 2019년 제2회 기출문제 / 376
토목기사 2019년 제3회 기출문제 / 380	토목산업기사 2019년 제4회 기출문제 / 384
토목기사 2020년 제1·2회 기출문제 / 388	토목산업기사 2020년 제1·2회 기출문제 / 392
토목기사 2020년 제3회 기출문제 / 396	토목산업기사 2020년 제3회 기출문제 / 400
토목기사 2020년 제4회 기출문제 / 404	
토목기사 2021년 제1회 기출문제 / 408	
토목기사 2021년 제2회 기출문제 / 412	
토목기사 2021년 제3회 기출문제 / 416	
토목기사 2022년 제1회 기출문제 / 420	
토목기사 2022년 제2회 기출문제 / 424	
토목기사 2022년 제3회 CBT 복원문제 / 429	
토목기사 2023년 제1~3회 CBT 복원문제 / 433	
토목기사 2024년 제1~3회 CBT 복원문제 / 445	
토목기사 2025년 제1~3회 CBT 복원문제 / 459	

※ 토목기사는 2022년 3회, 토목산업기사는 2020년 4회 시험부터 CBT(Computer-Based Test)로 전면 시행됩니다.

부록2 파이널 핵심정리

1 유체의 성질 ··· 476
2 정수역학 ··· 477
3 동수역학 ··· 479
4 오리피스와 위어 ··· 481
5 관수로 ··· 483
6 개수로 ··· 484
7 지하수의 흐름 ··· 487
8 수문학 ··· 488

CHAPTER 01

유체의 물리적 성질

01 유체의 성질
02 물의 점성
03 표면장력과 모세관 현상
04 단위와 차원

01 유체의 성질

1. 유체

지구상 물질		내용
고체		① 고체와 유체를 구별하는 조건은 흐름의 개념
유체	기체	② 수리학은 유체의 흐름을 역학적으로 해석하는 학문
	액체	③ 유체 중에서 대부분 물만 취급

GUIDE

- 중력
  ① 중력은 지구와 물체가 서로 당기는 힘
  ② 중력의 방향은 지구 중심방향 (연직방향)

- dyne, N
  ① $1\,\text{dyne} = \dfrac{1}{980}\,\text{gf}$
  ② $1\,\text{kgf} = 9.8\,\text{N}$

2. 중량과 질량

구분	기호	식	내용
중량, 무게 (weight)	W	$W = mg$	① 물체에 작용하는 중력의 크기 ② 중력가속도의 영향을 받음 ③ 단위는 gf, kgf, kg중
질량 (mass)	m	$m = \dfrac{W}{g}$	① 변하지 않는 물체의 고유무게 ② 단위는 g, kg
중력가속도	g	① $9.8\,\text{m/s}^2$ ② $980\,\text{cm/s}^2$	지구와 물체 사이의 만유인력에 의한 가속도

3. 밀도와 단위중량

구분	내용	단위	내용
밀도 (ρ)	비질량 (단위 체적당 질량)	g/cm³ kg/m³	$\rho = \dfrac{m(\text{질량})}{V(\text{부피})} = \dfrac{w(\text{단위중량})}{g(9.8\,\text{m/s}^2)}$
단위중량 (w)	비중량 (단위 체적당 중량)	gf/cm³ kgf/m³	$w = \dfrac{W(\text{중량})}{V(\text{부피})} = \dfrac{mg}{V} = \rho g$
	1기압에서 물(담수)의 단위중량		$1\,\text{t/m}^3 = 1{,}000\,\text{kg/m}^3 = 1\,\text{g/cm}^3$ $= 9.81\,\text{kN/m}^3 = 9{,}810\,\text{N/m}^3$

- 단위중량
  ① 단위중량에서 kg은 질량의 단위가 아니고 무게를 의미하는 힘(force)의 단위(kg중)
  ② 해수단위중량 : $1.025\,\text{t/m}^3$

- 비체적(V_s)
  단위중량의 역수
  $V_s = \dfrac{1}{w}$

※ 참고(N, kN)

1(t)을 kN으로 변환하면?	1t/m²을 kPa로 변환하면?
① $1(\text{t}) \times 1{,}000(\text{kg}) \times 9.8 = 9{,}800\,\text{N}$ ② $\dfrac{9{,}800\,\text{N}}{1{,}000} = 9.8\,\text{kN}$ ∴ $1(\text{t}) \times 9.8 = 9.8\,\text{kN}$	① $1\,\text{kg} = 9.8\,\text{N}$ ② $1\,\text{t} = 9.8\,\text{kN}$ ③ $\text{Pa} = \dfrac{\text{N}}{\text{m}^2}$ ∴ $1\,\text{t/m}^2 = 9.8\,\text{kPa}$

- $10\,\text{t/m}^2 = 1\,\text{kg/cm}^2 = 0.1\,\text{MPa}$

- Kilo : 10^3
  Mega : 10^6
  Giga : 10^9

예 / 상 / 문 / 제

01 용적 $V = 4.8\text{m}^3$인 유체의 중량 $W = 63.8$ kN일 때 유체의 밀도를 구하면 얼마인가?

① $1,356.1\text{N} \cdot \sec^2/\text{m}^4$
② $1,256.3\text{N} \cdot \sec^2/\text{m}^4$
③ $1,156.2\text{N} \cdot \sec^2/\text{m}^4$
④ $1,056.4\text{N} \cdot \sec^2/\text{m}^4$

해설

$w = \dfrac{W}{V} = \dfrac{63.8}{4.8} = 13.29\,\text{kN/m}^3 = 13,290\,\text{N/m}^3$ 이다.

$\therefore \rho = \dfrac{w}{g} = \dfrac{13,290\,\text{N/m}^3}{9.8\,\text{m/s}^2} = 1,356.1\,\text{N} \cdot \text{s}^2/\text{m}^4$

02 어떤 액체의 밀도가 $1.02 \times 10^{-3}\text{g} \cdot \sec^2/\text{cm}^4$이라면 이 액체의 단위중량은?

① $1\,\text{g/cm}^3$
② $2\,\text{g/cm}^3$
③ $98\,\text{g/cm}^3$
④ $980\,\text{g/cm}^3$

해설

$w = \rho \cdot g$
$= (1.02 \times 10^{-3}) \times 980\,\text{cm/s}^2$
$= 1\,\text{g/cm}^3$

03 다음 중 m/sec²로 표시되는 중력가속도의 수치는?

① 80.5
② 9.8
③ 890
④ 980

해설

중력
$g = 9.8\,\text{m/s}^2 = 980\,\text{cm/s}^2$

04 물에 대한 성질을 설명한 것으로 옳지 않은 것은?

① 점성계수는 수온이 높을수록 작아진다.
② 동점성 계수는 수온에 따라 변하며 온도가 낮을수록 그 값은 크다.
③ 물은 일정한 체적을 갖고 있으나 온도와 압력의 변화에 따라 어느 정도 팽창 또는 수축을 한다.
④ 물의 단위중량은 $0\,℃$에서 최대이고 밀도는 $4\,℃$에서 최대이다.

해설

물의 단위중량과 밀도는 $4\,℃$에서 최댓값을 갖는다.

05 어떤 액체의 밀도가 $1.0 \times 10^{-5}\text{N} \cdot \text{s}^2/\text{cm}^4$이라면 이 액체의 단위중량은?

① $9.8 \times 10^{-3}\,\text{N/cm}^3$
② $1.02 \times 10^{-3}\,\text{N/cm}^3$
③ $1.02\,\text{N/cm}^3$
④ $9.8\,\text{N/cm}^3$

해설

액체의 단위중량은 $w = \rho g$ 이므로
$w = 1.0 \times 10^{-5} \times 980$
$= 0.0098\,\text{N/cm}^3$
$= 9.8 \times 10^{-3}\,\text{N/cm}^3$

참고

- 중량(무게)

  t $\underset{10^{-3}}{\overset{10^3}{\rightleftarrows}}$ kg $\underset{10^{-3}}{\overset{10^3}{\rightleftarrows}}$ g $\underset{10^{-3}}{\overset{10^3}{\rightleftarrows}}$ mg

- 체적(부피)

  m³ $\underset{10^{-3}}{\overset{10^3}{\rightleftarrows}}$ l $\underset{10^{-3}}{\overset{10^3}{\rightleftarrows}}$ cm³ (ml, cc)

정답 01 ① 02 ① 03 ② 04 ④ 05 ①

4. 물의 온도와 밀도, 단위중량관계

온도(℃)	-10	0	4	10	15	20	30	50
밀도	101.76	101.96	101.97	101.94	101.88	101.79	101.53	100.76
단위중량	997.9	999.9	1,000	999.7	999.1	998.2	995.7	988.1

- 순수한 물(담수)은 4℃일 때 밀도와 단위중량이 최대가 되며 비중은 1이다.

5. 비중

구분	기호	단위	내용
비중	G s	무차원	$G = \dfrac{W_s}{W_w} = \dfrac{w_s}{w_w} = \dfrac{\rho_s}{\rho_w}$
4℃에서 물의 무게와 동일한 체적의 물체 무게와의 비			① W_s : (물체)중량 ② w_s : (물체)단위중량 ③ ρ_s : (물체)밀도 ④ W_w : (물)중량 ⑤ w_w : (물)단위중량 ⑥ ρ_w : (물)밀도

- 비중이 2
  물보다 2배 무거움
  (수은의 비중은 13.6)

- 비중(G) = w_s ($w_w = 1\text{t/m}^3$)
  만약 $w_w = 9.81\text{kN/m}^3$이면
  $w_s = G \times 9.81$

- 유체의 압력과 체적변화율의 관계
  $\Delta p = E \dfrac{\Delta V}{V}$
  (압력 ∝ 체적탄성계수)

6. 물의 탄성과 압축성

구분	기호	단위	내용	
체적 탄성계수	E	kg/cm²	$E = \dfrac{\Delta p}{\Delta V/V}$	① ΔV : 체적변화량 ② V : 원 체적 ③ Δp : 압력변화량 ④ $E = \dfrac{1}{C}$
평균 압축률	C	cm²/kg	$C = \dfrac{\Delta V/V}{\Delta p}$	

- 체적 탄성계수와 평균압축률은 반비례

- 체적 탄성계수와 부피(V)는 비례
  $E = \dfrac{\Delta p \cdot V}{\Delta V}$

- 물은 압력 증가 시 체적감소

- 체적변화율(%)
  $\dfrac{\Delta V}{V} \times 100$

- 물의 압축성은 대단히 작으므로 물을 비압축성유체(이상유체)로 가정하여 해석

7. 유체의 분류

유체	이상유체 (완전유체)	비압축성	밀도 일정(체적변화 없음)
		비점성	점성을 고려하지 않는다(점성 = 0).
	실제유체 (점성유체)	압축성	밀도 변화(체적변화 생김)
		점성	점성 고려, 전단응력발생

※ 뉴턴유체
① 전단응력과 속도구배(변형률, $\dfrac{dv}{dy}$)가 정비례 관계를 갖는 유체(원점을 지나는 직선)
② 뉴턴유체는 물, 공기가 대표적

예 / 상 / 문 / 제

01 용적이 4m³인 유체의 중량이 42kN이면 유체의 밀도(ρ)와 비중(s)은?

	ρ	s		ρ	s
①	1,070N·s²/m⁴,	1.05	②	1,700N·s²/m⁴,	1.50
③	1,000N·s²/m⁴,	1.00	④	1,000N·s²/m⁴,	1.05

해설

• 밀도 $\rho = \dfrac{w}{g} = \dfrac{42/4}{9.8} = 1.07$ kN·s²/m⁴ $= 1,070$ N·s²/m⁴

• 비중 $G = \dfrac{w_s}{w_w} = \dfrac{42/4}{10} = 1.05$

02 용적이 5.8m³인 액체의 중량이 63.5kN일 때, 비중은?(단, 물의 단위중량은 10kN/m³)

① 0.950 ② 1.095
③ 1.117 ④ 1.195

해설

$G = \dfrac{w_s}{w} = \dfrac{W/V}{w} = \dfrac{63.5/5.8}{10} = 1.095$

03 다음 설명 중에서 틀린 것은 어느 것인가?

① 액체 내부의 한 면에서 액체가 상대적으로 운동할 때, 이에 저항하는 전단력이 작용한다. 이 성질을 점성이라 한다.
② 압력변화와 체적변화율과의 비를 체적 탄성계수라 한다.
③ 체적 탄성계수를 일명 압축률이라 한다.
④ 액체와 기체와의 경계면에 작용하는 분자 인력을 표면장력이라 한다.

해설

체적탄성계수(E)는 압축률(C)의 역수이다.

04 어떤 액체가 0.01m³의 체적을 갖는 실린더 속에서 80N/cm²의 압력을 받고 있다. 그런데 압력이 120N/cm²으로 증가되었을 때 액체의 체적은 0.0099m²으로 축소되었다. 이 액체의 체적 탄성계수 E는?

① 2.5×10^4 N/cm² ② 2.5×10^{-4} N/cm²
③ 4.0×10^{-3} N/cm² ④ 4.0×10^3 N/cm²

해설

$E = \dfrac{\Delta p}{\Delta V/V} = \dfrac{120-80}{(0.01-0.0099)/0.01} = 4,000$ kg/cm²

05 18℃의 물을 처음 부피에서 1% 축소시키려고 할 때 필요한 압력은?(단, 이때 압축률 $\alpha = 5 \times 10^{-5}$ cm²/kg이다.)

① 10MPa ② 20MPa
③ 30MPa ④ 40MPa

해설

압축률 $= \dfrac{\dfrac{\Delta V}{V}}{\Delta p}$ 에서 $5 \times 10^{-5} = \dfrac{0.01}{\Delta p}$

∴ $\Delta p = 200$ kg/cm² $= 20$ MPa

06 다음 중에 이상 유체의 정의로 옳은 것은?

① 점성이 없고 $PV=RT$를 만족하는 유체
② 점성이 없는 모든 유체
③ 점성이 없고 비압축성인 유체
④ $\tau = \mu \dfrac{dV}{dy}$를 만족하는 비압축성인 유체

해설

이상유체는 비압축성, 비점성 유체이다.

07 어떠한 경우라도 전단응력 및 인장력이 발생하지 않고 전혀 압축되지도 않고, 마찰저항 $h_L = 0$인 유체를 무엇이라 말하는가?

① 소성유체 ② 점성유체
③ 탄성유체 ④ 완전유체

해설

유체는 실제유체와 이상유체(완전유체)로 구분되며, 이상유체는 비압축성·비점성 유체이므로 손실이 없다.

정답 01 ① 02 ② 03 ③ 04 ④ 05 ② 06 ③ 07 ④

02 물의 점성

1. 점성

점성
① 유체내부에 상대적인 속도차가 있을 때 물분자 간 마찰력을 발생시키는 성질
② 점성에 의해 유체내부에는 전단응력(τ)이 생긴다.
모식도

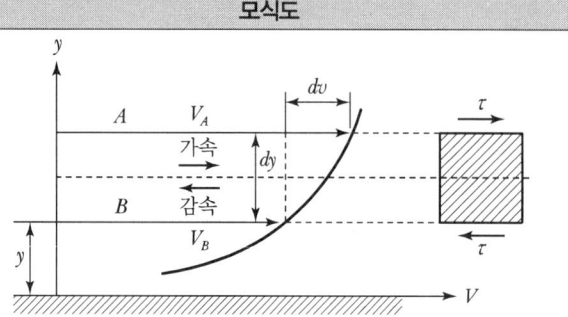

전단응력(τ)은 상대속도(dv)에 비례하고 두 층 사이거리(dy)에 반비례	$\tau(\text{kg/cm}^2) \propto \dfrac{dv}{dy}$

- 흐르고 있는 물속은 층별로 속도가 다르기 때문에 내부 마찰력이 발생

- 유체내부에 상대속도가 없으면 전단응력이 작용하지 않는다.

- **뉴턴유체**
  전단응력과 속도구배가 정비례하는 유체

2. Newton의 마찰법칙(점성법칙)

구분	식	내용
전단응력 (마찰력)	$\tau = \mu \tan\theta$ $= \mu \dfrac{dv}{dy}$	① τ : 전단응력(마찰력) ② μ : 비례상수(점성계수) ③ $\dfrac{dv}{dy}$: 전단속도, 속도 변화율, 경사(기울기)
	전단응력(τ)과 전단속도($\dfrac{dv}{dy}$)의 관계는 원점을 지나는 직선	
$\dfrac{dv}{dy}$	① 속도 변화율(전단속도) ② 경사, 구배, 기울기	

- 점성계수(μ)는 온도에 따라 변화가 심함(온도가 상승하면 점성계수는 작아짐)

- **뉴턴 점성식에 영향을 주는 요소**
  ① 점성계수
  ② 속도변화율

3. 점성계수

구분	기호	특수단위
(정)점성계수	μ(mu)	$\mu = 1\text{poise} = \text{g/cm} \cdot \text{sec}$
동점성계수	ν(nu)	$\nu = 1\text{stokes} = \dfrac{\mu(\text{g/cm} \cdot \text{sec})}{\rho(\text{g/cm}^3)} = \text{cm}^2/\text{sec}$
유동계수		점성계수의 역수($\dfrac{1}{\mu}$)

- 점성은 수온에 반비례
- 동점성 계수(ν)는 점성 계수를 밀도로 나눈 값
- 동점성 계수(ν)는 점성 계수(μ)와 비례
- 속도(V)의 단위는 cm/sec
- 푸아즈(poise)
  스토크(stoke)
- Poise $= \text{Pa} \cdot \text{s}$
  $= \dfrac{\text{N}}{\text{m}^2} \cdot \text{s} = \text{N} \cdot \text{s/m}^2$

예/상/문/제

01 액체가 흐르고 있을 경우 어느 한 단면에 있어서 유속이 빠른 부분은 느린 부분의 물 입자를 앞으로 끌어당기려 하고 유속이 느린 부분은 빠른 부분의 물 입자를 뒤로 잡아당기는 듯한 작용을 한다. 이러한 유체의 성질을 무엇이라 하는가?

① 점성 ② 탄성
③ 압축성 ④ 유동성

[해설]
액체가 흐르고 있을 경우 어느 한 단면에 있어서 유속이 빠른 부분은 느린 부분의 물 입자를 앞으로 끌어당기려 하고 유속이 느린 부분은 빠른 부분의 물 입자를 뒤로 잡아당기는 듯한 작용을 하는 성질을 점성이라 한다.

02 흐르는 유체에 대한 마찰 응력의 크기를 규정하는 뉴턴의 점성법칙의 함수는?

① 압력, 속도, 점성계수
② 각 변형률, 속도 경사, 점성 계수
③ 온도, 점성 계수
④ 점성 계수, 속도 경사

[해설]
$\tau = \mu \dfrac{\Delta V}{\Delta y}$ 에서 마찰응력(τ)은 점성계수(μ)와 속도 경사($\dfrac{\Delta V}{\Delta y}$)에 비례한다.

03 바닥으로부터의 거리가 y(m)일 때 유속이 $V = -4y^2 + y$(m/s)인 점성유체 흐름에서 전단력이 0이 되는 지점까지의 거리 y는?

① 0m ② 1/4m
③ 1/8m ④ 1/12m

[해설]
$\tau = \mu \dfrac{\Delta V}{\Delta y}$ 에서 전단력이 0이 되면
$\dfrac{dv}{dy} = -8y + 1 = 0$
$\therefore y = \dfrac{1}{8}$m

04 어떤 액체의 동점성 계수가 0.0019m²/s이고, 비중이 1.2일 때 이 액체의 점성계수는?

① 228kg/m·s ② 228kg/m·s²/m⁴
③ 0.233kg·m²/s ④ 0.233kg·s/m²

[해설]
$\mu = \rho\nu = \dfrac{w}{g}\nu$

$= \dfrac{1{,}200\text{kg/m}^3}{9.8\text{ m/sec}^2} \times 0.0019 \text{ m}^2/\text{sec} = 0.233\text{kg}\cdot\text{sec/m}^2$

05 물의 점성계수에 대한 설명 중 옳은 것은?

① 수온이 높을수록 점성계수는 크다.
② 수온이 낮을수록 점성계수는 크다.
③ 4℃에 있어서 점성계수는 가장 크다.
④ 수온에는 관계없이 점성계수는 일정하다.

[해설]
점성계수는 수온이 낮을수록 크다.

06 동점성계수인 ν를 나타내는 특수단위는?

① Poise ② Mega
③ Stokes ④ Gal

[해설]
점성계수 μ의 단위는 Poise이고, 동점성계수 ν의 단위는 Stokes이다.

07 물의 점성 계수를 μ, 동점성 계수를 ν, 밀도를 ρ라 할 때 관계식으로 옳은 것은?

① $\nu = \rho\mu$ ② $\nu = \dfrac{\rho}{\mu}$
③ $\nu = \dfrac{\mu}{\rho}$ ④ $\nu = \dfrac{1}{\rho\mu}$

[해설]
동점성 계수 $\nu = \dfrac{\mu(\text{점성 계수})}{\rho(\text{밀도})}$

정답 01 ① 02 ④ 03 ③ 04 ④ 05 ② 06 ③ 07 ③

03 표면장력과 모세관 현상

1. 표면장력

구분	내용
응집력	같은 분자 사이에 끌어당기는 힘
부착력 (흡착력)	다른 분자 사이에 작용하는 힘
표면장력 (T)	① 응집력에 의해 액체와 기체의 경계면에 작용하는 분자인력의 힘 ② 표면적을 최소로 하려는 힘 ③ 물 위에 바늘이 가라앉지 않고 뜨는 이유

- 온도가 증가하면 표면장력은 감소

- 표면장력은 길이에 작용하는 힘 (g/cm, dyne/cm)

2. 모세관 현상(capillary phenomenon)

구분	도식화	모관상승고(h)
유리관		부착력=응집력(W) $\pi d \times T\cos\theta = w \times V(A \times h)$ $h = \dfrac{4T\cos\theta}{wd}$
2개의 연직평판		부착력=응집력(W) $2b \times T\cos\theta = w \times V(bd \times h)$ $h = \dfrac{2T\cos\theta}{wd}$

① T : 표면장력 ② θ : 접촉각 ③ w : 물의 단위중량 ④ d : 관 직경
(액체와 고체 벽면이 이루는 접촉각(θ)은 액체의 비중에 따라 다르다.)

- 모세관 현상
  ① 모세관 현상은 부착력과 표면장력에 의해 액체가 가는 관을 따라 상승 또는 하강하는 현상이다.
  ② 표면장력에 의한 상방향의 힘과 중력에 의한 하방향의 힘이 평형을 이루어 정지상태를 유지한다.

- **부착력 > 응집력**
  관 내 상승(물)

- **부착력 < 응집력**
  관 내 하강(수은)

- 유리관을 통해서 올라간 높이는 평판을 통해서 올라간 높이의 2배 ($h_유 = 2h_2$)

- 모세관 상승고(h)는 관 직경의 ($-$)1승에 비례 ($h \propto d^{-1}$)

3. 물방울에 작용하는 표면장력(T)

구분	도식화	물방울에 작용하는 표면장력(T)
물방울에 작용하는 표면장력		$\Sigma F_y = 0$에서 $A \times \Delta p = \pi \times d \times T$ 에서 표면장력 T $T = \dfrac{\Delta p \, d}{4}$ (g/cm)

- Δp : 물방울 내외부의 압력강도

예 / 상 / 문 / 제

01 얇은 철사나 바늘을 조심해서 물 위에 놓으면 가라앉지 않고 뜬다. 이와 같이 바늘이 물 위에 뜨는 이유와 관계 되는 것은?

① 부력 ② 점성력
③ 마찰력 ④ 표면장력

해설
바늘이 물 위에 뜨는 이유는 다른 물체와 액체의 경계면에 작용하는 분자인력에 의한 힘인 표면장력 때문이다.

02 모세관 현상에 관한 설명 중 옳은 것은?

① 보세관 내의 액제의 상승 높이는 보세관 주위의 중력과 표면장력 등에 관계된다.
② 모세관 내의 액체의 상승 높이는 모세관 지름의 제곱에 반비례한다.
③ 모세관 내의 액체의 상승 높이는 모세관의 크기에만 관계된다.
④ 모세관의 높이는 어느 액체를 막론하고 주위의 액체면보다 높게 상승한다.

해설
모세관 현상은 액체와 기체 사이의 부착력과 액체 사이의 응집력, 그리고 모세관 주위의 중력과 표면장력에 의해 액체의 표면을 따라 상승 또는 하강하는 현상이다.

03 직경이 0.15cm인 미끈한 유리관을 15℃의 물 속에 세웠을 경우 접촉각이 9°이었다면 모세관 현상에 의한 물의 높이는?(단, 15°의 표면장력 $T = 0.075\text{g/cm}$)

① 1.976cm ② 0.384cm
③ 0.988cm ④ 2.831cm

해설
$$h = \frac{4T\cos\theta}{wd} = \frac{4 \times 0.075\text{g/cm} \times \cos 9°}{1\text{g/cm}^3 \times 0.15\text{cm}} = 1.975\text{cm}$$

04 동일한 유체에 동일한 재료를 사용하여 모관상승고를 구하였다. 직경 d인 원형관을 세웠을 때의 상승고를 h_a, 간격 d인 나란한 연직 평판을 세웠을 때의 상승고를 h_b라 할 때 올바른 것은?

① $h_a = 2h_b$ ② $h_b = 2h_a$
③ $h_a = 4h_b$ ④ $h_b = 4h_a$

해설
- 원형관의 모관 상승고 $h_a = \dfrac{4T \cdot \cos\theta}{w \cdot d}$
- 연직평판의 모관상승고 $h_b = \dfrac{2T \cdot \cos\theta}{w \cdot d}$

∴ $h_a = 2h_b$이다.

05 20℃에서 직경이 0.3mm인 물방울이 공기와 접하고 있다. 물방울 내부의 압력이 대기압보다 10g/cm²만큼 크다고 할 때 표면장력의 크기를 dyne/cm로 나타내면?

① 0.075 ② 0.75
③ 73.50 ④ 75.0

해설
$\Delta p = \dfrac{4T}{d}$ 에서

$10\text{g/cm}^2 = \dfrac{4T}{0.03\text{cm}}$

∴ $T = 0.075\text{g/cm} = 73.5\text{dyne/cm}$ (1g = 980dyne)

06 10℃의 물방울 지름이 3mm일 때 내부와 외부의 압력차는?(단, 10℃에서의 표면장력은 0.00075N/cm이다.)

① 100Pa ② 20Pa
③ 30Pa ④ 40Pa

해설
$$\Delta p = \frac{4T}{d} = \frac{4 \times 0.075\text{N/m}}{0.003\text{m}} = 100\text{Pa}\left(\frac{\text{N}}{\text{m}^2}\right)$$

07 표면장력의 단위는?

① dyne/cm ② dyne/cm²
③ dyne/cm³ ④ dyne/cm⁴

해설
표면장력의 단위는 단위 길이당 힘이다.

정답 01 ④ 02 ① 03 ① 04 ① 05 ③ 06 ① 07 ①

04 단위와 차원

1. 단위계

단위계	구분	차원	단위
미터 단위계	절대 단위계 (CGS)	LMT계	(L) : 길이 – cm
			(M) : 질량 – g
			(T) : 시간 – sec
	공학 단위계 (MKS)	LFT계	(L) : 길이 – m
			(F) : 중량 – kg
			(T) : 시간 – sec
SI 단위계	① 국제 단위계 ② LFT계 단위 사용 ③ 힘의 기본 단위로 Newton(N) 사용		

2. Newton의 제2법칙

Newton(뉴턴)의 제2법칙		차원
$F = ma$	m(질량) : kg, $[M]$	$F = [MLT^{-2}]$
	a(가속도) : cm/s², $[LT^{-2}]$	

3. LMT계와 LFT계의 상호 변환

물리량	식	공학단위	[LMT]계	[LFT]계
탄성계수	$E = \dfrac{\Delta p}{\Delta V/V}$	kg/cm²	$[ML^{-1}T^{-2}]$	$[FL^{-2}]$
표면장력	$T = \dfrac{p\,d}{4}$	g/cm	$[MT^{-2}]$	$[FL^{-1}]$
점성계수	$\tau = \mu \dfrac{dv}{dy}$	g/sec·cm	$[ML^{-1}T^{-1}]$	$[FL^{-2}T]$
동점성 계수	$\nu = \dfrac{\mu}{\rho}$	cm²/sec	$[L^2T^{-1}]$	$[L^2T^{-1}]$
밀도	$\rho = m/V$	kg·s²/m⁴	$[ML^{-3}]$	$[FL^{-4}T^2]$
운동량	$M = mV$	kg·sec	$[MLT^{-1}]$	$[FT]$
압력	$p = F/A$	kg/cm²	$[ML^{-1}T^{-2}]$	$[FL^{-2}]$

GUIDE

- **단위**
  물리량을 나타내는 기준

- **차원**
  질량$[M]$, 길이$[L]$, 시간$[T]$ 등을 이용하여 물리량으로 표시하는 것

- **독립된 기본량 3개**
  ① 물리학
    - 질량(mass)
    - 길이(length)
    - 시간(time)
  ② 공학 : 힘(force)

- **절대 단위계**
  길이, 질량, 시간을 기본 단위로 사용

- **공학 단위계**
  길이, 중량, 시간을 기본 단위로 사용

- **SI 단위계**
  ① 국제 단위계
  ② 힘의 기본 단위(N)
  ③ $1\text{N} = \dfrac{1}{9.8}\text{kgf}$
    ($1\text{kgf} = 9.8\text{N}$)
  ④ $1\text{dyne} = \dfrac{1}{980}\text{gf}$
  ⑤ $1\text{Pa} = 1\dfrac{\text{N}}{\text{m}^2}$
  ※ $1\text{kg/cm}^2 = 10\text{t/m}^2 = 100\text{kPa}$

- **밀도**(density, 비질량)
  $\rho = \dfrac{w}{g} = \dfrac{1{,}000\text{kg/m}^3}{9.8\text{m/sec}^2}$
  $= 102\text{kg}\cdot\text{sec}^2/\text{m}^4$

예 / 상 / 문 / 제

01 차원방정식 [LMT]계를 [LFT]계로 고치고자 할 때 이용되는 식은 다음 중 어느 것인가?

① $[M] = [LFT]$
② $[M] = [L^{-1}FT^2]$
③ $[M] = [LFT^2]$
④ $[M] = [L^2FT]$

해설
$F = ma$에서 $F = MLT^{-2}$
∴ $M = L^{-1}FT^2$이다.

02 밀도의 차원을 공학단위 [LFT]계에서 옳게 표시한 것은?

① $[FL^{-4}T^2]$
② $[ML^{-4}T^2]$
③ $[FL^{-2}]$
④ $[FL^4T^{-2}]$

해설
$\rho = \mathrm{kg/m^3} = M/L^3 = FL^{-1}T^2/L^3 = FL^{-4}T^2$

03 다음 중 점성계수의 차원으로 옳은 것은?

① $[L^2T^{-1}]$
② $[ML^{-1}T^{-1}]$
③ $[MLT^{-1}]$
④ $[MT^{-3}]$

해설
점성계수의 단위는 g/cm·sec이므로 차원은 $[ML^{-1}T^{-1}]$이다.

04 다음 중 힘의 차원을 갖지 않는 것은?

① 압력강도(P)
② 점성계수(μ)
③ 동점성 계수(ν)
④ 표면장력(T)

해설
동점성 계수의 차원은 $[L^2T^{-1}]$이므로 힘의 차원이 없다.

05 물의 점성계수의 단위는 g/cm·sec이다. 동점성 계수의 단위는?

① cm³/sec
② cm/sec²
③ sec/cm²
④ cm²/sec

해설
동점성 계수의 단위는 cm²/sec이고 차원은 $[L^2T^{-1}]$이다.

06 표면장력의 차원으로 옳은 것은?

① $[F]$
② $[FL^{-1}]$
③ $[FL^{-2}]$
④ $[FL^{-3}]$

해설
표면장력의 차원은 단위길이당의 힘이다.
∴ $T = F/L = FL^{-1}$

07 동점성계수의 차원으로 옳은 것은?

① $[FL^{-2}T]$
② $[L^2T^{-1}]$
③ $[FL^{-4}T^{-2}]$
④ $[FL^2]$

해설
동점성 계수의 단위는 cm²/sec이므로 차원은 $[L^2T^{-1}]$이다.

08 힘의 차원을 MLT계로 표시한 것으로 옳은 것은?

① $[MLT^{-2}]$
② $[MLT^{-1}]$
③ $[ML^{-2}T^2]$
④ $[ML^{-1}T^{-2}]$

해설
$F = ma$에서 $[F] = [M][LT^{-2}] = [MLT^{-2}]$이다.

09 다음 중 차원이 잘못 표시된 것은?

① 점성계수 $\mu = [ML^{-1}T^{-1}]$
② 운동량 $M = [MLT^{-1}]$
③ 표면장력 $T = [MT^{-1}]$
④ 에너지 $E = [ML^2T^{-2}]$

해설
표면장력의 차원은 단위길이당 힘이다.
∴ $T = F/L = MLT^{-2}/L = MT^{-2}$

정답 01 ② 02 ① 03 ② 04 ③ 05 ④ 06 ② 07 ② 08 ① 09 ③

CHAPTER 01 실 / 전 / 문 / 제

01 물의 밀도(density)에 관한 사항 중 옳지 않은 것은?

① 단위체적당의 질량으로서 비질량이라고도 한다.
② 표준대기압(1기압)하의 밀도는 물의 온도 3.98℃에서 최대이다.
③ 밀도의 공학단위는 $102kg \cdot s^2/m^4$이다.
④ 단위체적당 물의 무게로서 비중량(比重量)이라고도 한다.

해설
단위중량은 단위체적당 중량(비중량)이며, 밀도는 단위체적당 질량(비질량)이다.

02 어떤 액체의 밀도가 $1.02 \times 10^{-3} g \cdot sec^2/cm^4$이라면 이 액체의 단위중량은?

① $1g/cm^3$
② $2g/cm^3$
③ $98g/cm^3$
④ $980g/cm^3$

해설
$w = \rho \cdot g = (1.02 \times 10^{-3}) \times 980 cm/s^2 = 1g/cm^3$

03 부피가 $4.6m^3$인 유체의 중량이 $51.548kN$일 때 이 유체의 비중은?

① 1.14
② 5.26
③ 11.40
④ 1,143.48

해설
- $W = \dfrac{51.548}{9.8} = 5.26t$
- $w = \dfrac{W}{V} = \dfrac{5.26}{4.6} = 1.14 t/m^3$
- 비중(G) $= \dfrac{w}{w_w} = \dfrac{1.14}{1} = 1.14$

04 물의 밀도를 공학단위로 표시하면 다음 중 어느 것인가?

① $980g/cm/sec^2$
② $1,000kg/m^3$
③ $102kg/m^4/sec$
④ $102kg \cdot sec^2/m^4$

해설
$\therefore \rho = \dfrac{w}{g} = \dfrac{1,000 kg/m^3}{9.8 m/sec^2} = 102 kg \cdot sec^2/m^4$

05 물의 물리적 성질에 대한 설명으로 틀린 것은?

① 1기압의 물은 4℃에서 최대밀도를 가진다.
② 비중을 표시하는 수치와 밀도를 표시하는 수치는 항상 동일하다.
③ 순수한 물은 4℃에서 가장 무겁고 비중은 1이다.
④ 해수는 담수(淡水)에 비하여 비중이 크다.

해설
물의 밀도와 비중은 4℃일 때만 동일하다.

06 압력을 P, 물의 단위무게를 W_o라 할 때, P/W_o의 단위는?

① 시간
② 길이
③ 질량
④ 중량

해설
$\dfrac{P}{W_o} = \dfrac{t/m^2}{t/m^3} = m$
∴ 길이의 단위(m)와 같다.

07 다음 설명 중에서 틀린 것은 어느 것인가?

① 액체 내부의 한 면에서 액체가 상대적으로 운동할 때, 이에 저항하는 전단력이 작용한다. 이 성질을 점성이라 한다.
② 압력변화와 체적변화율과의 비를 체적 탄성계수라 한다.
③ 체적 탄성계수를 일명 압축률이라 한다.
④ 액체와 기체와의 경계면에 작용하는 분자 인력을 표면장력이라 한다.

해설
체적 탄성계수는 압축률(C)의 역수이다.

정답 01 ④ 02 ① 03 ① 04 ④ 05 ② 06 ② 07 ③

08 물의 체적탄성계수 $E = 2 \times 10^4 \text{kg/cm}^2$일 때 물의 체적을 1% 감소시키려면 얼마의 압력을 가해야 하는가?

① $2 \times 10 \text{kg/cm}^2$ ② $2 \times 10^4 \text{kg/m}^2$
③ $2 \times 10^2 \text{kg/cm}^2$ ④ $2 \times 10^2 \text{kg/m}^2$

해설

체적탄성계수 $E = \dfrac{\Delta p}{\Delta V/V}$ 에서

$2 \times 10^4 \text{kg/cm}^2 = \dfrac{\Delta p}{0.01}$

$\therefore \Delta p = 2 \times 10^2 \text{kg/cm}^2$

09 온도 10℃에서 물의 체적탄성계수가 $2.0 \times 10^4 \text{kg/cm}^2$일 때 1kg/cm^2의 압력 증가에 의한 체적변화율은?

① 0.002%만큼 감소한다.
② 0.002%만큼 증가한다.
③ 0.005%만큼 증가한다.
④ 0.005%만큼 감소한다.

해설

$E = 2.0 \times 10^4 = \dfrac{1}{\Delta V/V}$ 에서

$\Delta V/V = 0.00005 = 0.005\%$

$\therefore$ 압력이 1kg/cm^2 증가하면 체적은 0.005% 감소한다.

10 흐르는 유체에 대한 마찰 응력의 크기를 규정하는 뉴턴의 점성법칙의 함수는?

① 압력, 속도, 점성계수
② 각 변형률, 속도 경사, 점성 계수
③ 온도, 점성 계수
④ 점성 계수, 속도 경사

해설

뉴턴의 점성법칙 $\tau = \mu \dfrac{dV}{dy}$ 에서 마찰응력은 점성계수(μ)와 속도 경사($\dfrac{dV}{dy}$)에 비례한다.

11 물의 점성계수를 뮤(μ), 동점성 계수를 뉴(ν), 밀도를 로(ρ)라 할 때 다음 중에서 맞는 것은?

① $\mu = \dfrac{\nu}{\rho}$ ② $\rho = \mu\nu$ ③ $\nu = \dfrac{\mu}{\rho}$ ④ $\dfrac{1}{\mu} = \rho\nu$

해설

동점성 계수 $\nu = \dfrac{\mu \,(\text{점성계수})}{\rho \,(\text{밀도})}$ 이다.

12 어떤 액체의 동점성 계수가 $0.0019 \text{m}^2/\text{s}$이고, 비중이 1.2일 때 이 액체의 점성계수는?

① $228 \text{kg/m} \cdot \text{s}$ ② $228 \text{kg/m} \cdot \text{s}^2/\text{m}^4$
③ $0.233 \text{kg} \cdot \text{m}^2/\text{s}$ ④ $0.233 \text{kg} \cdot \text{s}/\text{m}^2$

해설

점성계수 $\mu = \rho\nu = \dfrac{w}{g}\nu$

$= \dfrac{1{,}200 \text{kg/m}^3}{9.8 \text{m/sec}^2} \times 0.0019 \text{m}^2/\text{sec}$

$= 0.233 \text{kg} \cdot \text{sec}/\text{m}^2$

13 상온에 있는 물의 성질 중 틀린 것은?

① 온도가 증가하면 동점성 계수는 감소한다.
② 온도가 증가하면 점성계수는 감소한다.
③ 온도가 증가하면 표면장력은 증가한다.
④ 온도가 증가하면 체적탄성계수는 증가한다.

해설

온도는 점성에 반비례, 체적탄성계수와는 비례한다.

14 두 개의 수평한 판이 5mm 간격으로 놓여 있고, 점성계수 $0.01 \text{N} \cdot \text{s/cm}^2$인 유체로 채워져 있다. 하나의 판을 고정시키고 다른 하나의 판을 2m/s로 움직일 때 유체 내에서 발생되는 전단응력은?

① 1N/cm^2 ② 2N/cm^2
③ 3N/cm^2 ④ 4N/cm^2

해설

$\tau = \mu \dfrac{dv}{dy} = 0.01 \times \dfrac{200}{0.5} = 4 \text{N/cm}^2$

정답 08 ③ 09 ④ 10 ④ 11 ③ 12 ④ 13 ③ 14 ④

CHAPTER 01 실 / 전 / 문 / 제

15 물의 점성계수의 단위는 g/cm · s이다. 동점성계수의 단위는?

① cm^3/s ② cm/s^2 ③ s/cm^2 ④ cm^2/s

해설

$\nu = \dfrac{\mu}{\rho} = \dfrac{g/cm \cdot sec}{g/cm^3} = cm^2/sec$

16 점성계수 $\mu = A g/cm \cdot s$를 공학 단위로 표시한 값은?(단, g은 질량의 단위)

① $\dfrac{A}{98} kg \cdot s/m^2$ ② $\dfrac{A}{980} kg \cdot s/m^2$

③ $\dfrac{A}{98} kg \cdot m^2/s$ ④ $\dfrac{A}{980} kg \cdot m^2/s$

해설

질량 $m = \dfrac{F}{a}$ 이므로

$\mu = A \dfrac{\dfrac{1}{1,000} kg(중)}{\dfrac{9.8 m/s^2}{\dfrac{1}{100} m \times s}} = \dfrac{A}{98} kg(중) \cdot s/m^2$

※ 점성계수의 단위는 Poise
Poise = Pa × s
     = N/m² × s = N × s/m²
이때, 점성계수 단위의 MLT 차원계는
N × sm² = kg × m/s² × s/m²
       = $\dfrac{kg}{s \times m}$ = $ML^{-1}T^{-1}$

17 물의 성질에 관한 설명 중 틀린 것은?

① 물은 압축성을 가지며 온도, 압력 및 물에 포함되어 있는 공기의 양에 따라 다르다.
② 물의 단위중량이란 단위체적당 무게로 담수, 해수를 막론하고 항상 동일하다.
③ 물의 밀도는 단위체적당 질량으로 비질량(比質量)이라고도 한다.
④ 물의 비중은 그 질량에 최대밀도가 생기게 하는 온도에서 그것과 같은 체적을 갖는 순수한 물의 질량과의 비이다.

해설

물의 단위중량은 $1 t/m^3$이고 해수에서는 $1.0251 t/m^3$으로 값이 다르다.

18 물의 성질에 대한 설명으로 옳지 않은 것은?

① 물의 점성계수는 수온이 높을수록 작아진다.
② 동점성계수는 수온에 따라 변하며 온도가 낮을수록 그 값은 크다.
③ 물은 일정한 체적을 갖고 있으나 온도와 압력의 변화에 따라 어느 정도 팽창 또는 수축을 한다.
④ 물의 단위중량은 0℃에서 최대이고 밀도는 4℃에서 최대이다.

해설

물의 단위중량과 밀도는 온도 4℃에서 가장 무겁고 온도의 증가와 감소에 따라 가벼워진다.

19 그림과 같은 물속에 세운 모세관의 내경을 d, 그때의 물의 표면장력을 σ, 물과 관 사이의 접촉각을 θ라고 하면 모세관고 h는?(단, 물의 단위중량은 w이다.)

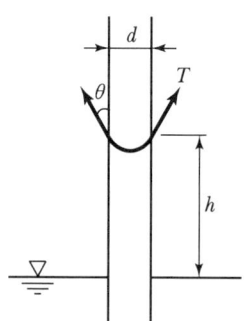

① $h = 4d \cos \dfrac{\theta}{w}$ ② $h = 4d \cos \dfrac{\theta}{wd}$

③ $h = \dfrac{4\sigma \cos \theta}{w\sigma}$ ④ $h = \dfrac{4\sigma \cos \theta}{wd}$

해설

유리관의 모세관 상승고
$h = \dfrac{4\sigma \cos \theta}{wd}$

정답 15 ④ 16 ① 17 ② 18 ④ 19 ④

20 모세관현상에서 액체기둥의 상승 또는 하강 높이의 크기를 결정하는 힘은?

① 응집력 ② 부착력
③ 마찰력 ④ 표면장력

[해설]
모세관현상은 유체입자 간의 표면장력으로 인해 수면이 상승하는 현상을 말한다.

21 모세관현상에 대한 설명으로 옳지 않은 것은?

① 모세관현상은 액체와 벽면 사이의 부착력과 액체분자 간 응집력의 상대적인 크기에 의해 영향을 받는다.
② 물과 같이 부착력이 응집력보다 클 경우 세관 내의 물은 물 표면보다 위로 올라간다.
③ 액체와 고체 벽면이 이루는 접촉각은 액체의 종류와 관계없이 동일하다.
④ 수은과 같이 응집력이 부착력보다 크면 세관 내의 수은은 수은 표면보다 아래로 내려간다.

[해설]
액체와 고체 벽면이 이루는 접촉각은 액체의 비중에 따라 다르다.

22 모세관현상에 관한 설명으로 옳은 것은?

① 모세관 내의 액체의 상승 높이는 모세관 지름의 제곱에 반비례한다.
② 모세관 내의 액체의 상승 높이는 모세관의 크기에만 관계된다.
③ 모세관의 높이는 액체의 특성과 무관하게 주위의 액체면보다 높게 상승한다.
④ 모세관 내의 액체의 상승 높이는 모세관 주위의 중력과 표면장력 등에 관계된다.

[해설]
모세관현상은 상방향으로 작용하는 표면장력과 하방향으로 작용하는 중력 등에 관계된다.

23 모세관현상에 의하여 상승한 액체기둥은 어떤 힘들이 평형을 이루어서 정지상태를 유지하고 있는가?

① 부착력에 의한 상방향의 힘과 중력에 의한 하방향의 힘
② 표면장력에 의한 상방향의 힘과 중력에 의한 하방향의 힘
③ 표면장력에 의한 상방향의 힘과 응집력에 의한 하방향의 힘
④ 응집력에 의한 상방향의 힘과 부착력에 의한 하방향의 힘

[해설]
모세관현상의 정지상태는 상방향으로 작용하는 표면장력과 하방향으로 작용하는 중력의 힘이 평형을 이루기 때문에 발생한다.

24 모세관 현상에 의해서 물이 관 내로 올라가는 높이는?

① 관 직경의 2승에 비례한다.
② 관 직경의 1승에 비례한다.
③ 관 직경의 −1승에 비례한다.
④ 관 직경의 −2승에 비례한다.

[해설]
$h = \dfrac{4\,T\cos\theta}{wd}$ 에서 모세관 상승고는 관 직경에 반비례한다.
(−1승에 비례)

25 모세관 현상에서 유리관을 통하여 하강한 수은의 경우는?

① 응집력보다 부착력이 크다.
② 응집력보다 내부 저항력이 크다.
③ 부착력보다 응집력이 큰 경우이다.
④ 접촉각 $0 < \dfrac{\theta}{2}$이며, $h > 0$인 경우이다.

[해설]
수은의 경우 같은 분자 사이의 인력인 응집력이 다른 분자 사이의 인력인 부착력보다 크기 때문에 유리관의 모세관고가 하강한다.

정답 20 ④ 21 ③ 22 ④ 23 ② 24 ③ 25 ③

CHAPTER 01 실 / 전 / 문 / 제

26 힘의 차원을 MLT계로 표시하면?

① $[ML^{-1}T^{-2}]$ ② $[MLT^{-1}]$
③ $[ML^{-2}T^{2}]$ ④ $[MLT^{-2}]$

해설
$F = ma$에서
$[F] = [M][LT^{-2}] = [MLT^{-2}]$이다.

27 다음 중 단위중량(비중량)의 절대단위계 차원은 어느 것인가?

① $[ML^{-3}]$ ② $[FL^{-1}T^{-1}]$
③ $[ML^{-2}T^{-2}]$ ④ $[FL^{-3}]$

해설
$w = \text{kg/m}^3 = F/L^3$
$\quad = MLT^{-2}/L^3 = ML^{-2}T^{-2}$

28 차원계를 [MLT]에서 [FLT]로 변환할 때 사용하는 식으로 옳은 것은?

① $[M] = [LFT]$ ② $[M] = [L^{-1}FT^{2}]$
③ $[M] = [LFT^{2}]$ ④ $[M] = [L^{2}FT]$

해설
$F = MLT^{-2}$
$\therefore M = L^{-1}FT^{2}$

29 점성계수(μ)의 차원으로 옳은 것은?

① $[ML^{-2}T^{-2}]$ ② $[ML^{-1}T^{-1}]$
③ $[ML^{-1}T^{-2}]$ ④ $[ML^{2}T^{-1}]$

해설
$\mu = \dfrac{\tau}{\dfrac{dv}{dy}} = \dfrac{\text{g/cm}^2}{1/\sec} = \text{g} \cdot \sec/\text{cm}^2$

- 공학 단위계 : FTL^{-2}
- 절대 단위계 : $ML^{-1}T^{-1}$

30 수리학에서 취급되는 여러 가지 양에 대한 차원이 옳은 것은?

① 유량 = $[L^{3}T^{-1}]$
② 힘 = $[MLT^{-3}]$
③ 동점성계수 = $[L^{3}T^{-1}]$
④ 운동량 = $[MLT^{-2}]$

해설

물리량	공학단위계	절대단위계
유량	$L^{3}T^{-1}$	$L^{3}T^{-1}$
힘	F	MLT^{-2}
동점성계수	$L^{2}T^{-1}$	$L^{2}T^{-1}$
운동량	FT	MLT^{-1}

31 다음 물리량 중에서 차원이 잘못 표시된 것은?

① 동점계수 : $[FL^{2}T]$ ② 밀도 : $[FL^{-4}T^{2}]$
③ 전단응력 : $[FL^{-2}]$ ④ 표면장력 : $[FL^{-1}]$

해설

물리량	공학단위계	절대단위계
동점성계수	$L^{2}T^{-1}$	$L^{2}T^{-1}$

32 다음 물리량에 대한 차원을 설명한 것 중 옳지 않은 것은?

① 압력 : $[ML^{-1}T^{-2}]$
② 밀도 : $[ML^{-2}]$
③ 점성계수 : $[ML^{-1}T^{-1}]$
④ 표면장력 : $[MT^{-2}]$

해설

물리량	FLT	MLT
밀도	$FL^{-4}T^{2}$	ML^{-3}

정답 26 ④ 27 ③ 28 ② 29 ② 30 ① 31 ① 32 ②

33 밀도의 차원을 공학단위 [LFT]계에서 옳게 표시한 것은?

① $[FL^{-4}T^2]$
② $[ML^{-4}T^2]$
③ $[FL^{-2}]$
④ $[FL^4T^{-2}]$

해설

$\rho = \text{kg/m}^3 = M/L^3$
$= FL^{-1}T^2/L^3 = FL^{-4}T^2$

34 물의 점성계수의 단위는 g/cm · sec이다. 동점성 계수의 단위는?

① cm³/sec
② cm/sec²
③ sec/cm²
④ cm²/sec

해설

동점성 계수의 단위는 cm²/sec이고 차원은 $[L^2T^{-1}]$이다.

35 L.M.T계로 나타낸 차원해석 중 옳은 것은?

① 동점성 계수 : $[LT^{-2}]$
② 일, 에너지 : $[MLT^{-2}]$
③ 표면장력 : $[MT]$
④ 힘 : $[MLT^{-2}]$

해설

힘 $F = ma$에서
$F = [M][LT^{-2}] = [MLT^{-2}]$

36 유체의 점성(Viscosity)에 대한 설명으로 옳은 것은?

① 점성계수는 전단응력(τ)을 속도경사($\partial u/\partial y$)로 나눈 값이다.
② 동점성계수는 점성계수에 밀도를 곱한 값이다.
③ 액체의 경우 온도가 상승하면 점성도 함께 커진다.
④ 유체의 비중을 알 수 있는 척도이다.

해설

점성계수(μ)는 전단응력을 속도경사($\frac{du}{dy}$)로 나눈 값이다.

37 물에 대한 성질을 설명한 것 중 틀린 것은?

① 물의 밀도는 4℃에서 가장 크며 4℃보다 작거나 높아지면 밀도는 점점 감소한다.
② 물의 압축률(C_w)과 체적탄성계수(E_w)는 서로 역수의 관계가 있다.
③ 물의 점성계수는 수온(℃)이 높을수록 그 값이 커지고 수온이 낮을수록 작아진다.
④ 물은 특별한 경우를 제외하고는 일반적으로 비압축성 유체로 취급한다.

해설

물의 점성계수는 수온이 낮을수록 그 값이 크고, 수온이 높을수록 그 값이 작다.

38 물리량의 차원을 표시한 것으로 옳지 않은 것은?

① 각 가속도 : $[T^{-2}]$
② 힘 : $[MLT^{-2}]$
③ 점성계수 : $[ML^{-1}T^{-1}]$
④ 탄성계수 : $[MLT^{-2}]$

해설

탄성계수의 단위는 kg/cm²이므로 차원은
$FL^{-2} = MLT^{-2}L^{-2} = ML^{-1}T^{-2}$이다.

39 CGS 단위계에서 사용하는 1dyne을 바르게 나타낸 것은?

① 1g · cm/sec²
② 1m/sec²
③ 1g · sec²/m⁴
④ 1cm²/kg

해설

1dyne은 1g의 질량이 1cm/sec²의 가속도로 이동할 때의 힘이다.

정답 33 ① 34 ④ 35 ④ 36 ① 37 ③ 38 ④ 39 ①

CHAPTER 02

정수역학

01 정수압과 계기압력
02 압력 측정
03 수중물체에 작용하는 전수압
04 부력
05 부체의 안정조건
06 상대 정지
07 수문

01 정수압과 계기압력

1. 정수압

정수압	정수압의 단위
① 물의 중량에 의해 생기는 수면 아래에서 받는 압력 ② 정수 중에는 마찰력(전단력)이 작용하지 않으므로 면에 직각으로 작용하는 응력만 존재	① 강도는 단위면적당 힘으로 표시(kg/cm², t/m², kN/m², kPa) ② $p = \dfrac{P}{A} = \dfrac{전압력(힘)}{단면적}$

2. 정수압의 특징

특징	해설
① 유체 사이에 상대적인 운동이 없다.	전단응력 $(\tau) = \mu \dfrac{dV}{dy} = 0$
	상대속도 $\left(\dfrac{dV}{dy}\right) = 0$, 전단응력 $(\tau) = 0$
	정수 중에는 마찰력(전단력)이 작용하지 않음
② 정수압 강도는 수심에 비례한다.	
③ 수심이 같아도 액체의 단위중량이 다르면 정수압의 크기는 다르다.	$p = \omega \cdot h = \dfrac{P}{A}$
④ 정수 중 한 점에 작용하는 정수압은 모든 방향에 대해 동일한 크기를 갖는다. ($p_1 = p_2 = p_3 = p_4$) (정수압은 면에 수직으로 작용하기 때문)	

3. 절대압력과 계기압력

구분	특징	해설
p_{ab} (절대압력)	p_a(대기압) + ωh(계기압력)	수면에 작용하는 대기압을 고려한 압력
계기압력	① 대기압을 무시한 압력 ② 대기압을 압력의 기준(0)으로 했을 때 정수압은 계기압력으로 표시	대기압은 압력의 기준 ($p_a = 0$)

GUIDE

- **정수역학**
  흐르지 않고 정지상태에 있는 물이 어떤 점 혹은 면에 작용하는 힘의 관계를 다루는 분야

- 정수압은 작용면에 직각 방향으로 작용

- **물 정지 (정수)**
  ① 마찰력(점성) = 0
  ② 상대속도 $(\dfrac{dV}{dy}) = 0$
  ③ 전단응력 $(\tau) = 0$

- **정수압**(p)
  $p = \omega \cdot h = \dfrac{P}{A}$
  여기서, h : 수심(=압력수두)
  ω : 유체의 단위중량
  $\quad\quad$ (kg/cm³, t/m³)
  p : 정수압
  $\quad\quad$ (g/cm², t/m²)
  P : 전수압(kg, t)
  A : 단면적

- **전수압**(P)
  $P = \omega \cdot h \cdot A$

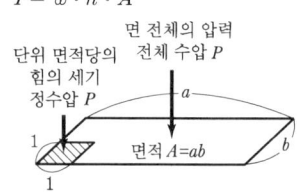

- **대기압**(공기의 무게)
  $= 760\text{mmHg}$
  $= 0.76\text{m} \times 13.6\text{t/m}^3$
  $= 10.33\text{t/m}^2$

- **계기압력(수압)**
  $p = \omega h$
  (압력수두 $h = \dfrac{p}{\omega}$)

예 / 상 / 문 / 제

01 정수압의 이론은 다음 중 어느 경우에 적용되는가?
① 유체가 전혀 움직이지 않을 때에 한하여 적용된다.
② 유체가 움직여도 좋으나 유체입자 상호 간의 상대적인 움직임이 없을 때 적용된다.
③ 유체의 흐름 상태에는 관계없이 적용될 수 있다.
④ 층류(Laminar Flow)에 한하여 적용될 수 있다.

[해설]
흐르지 않고 정지상태에 있거나 유체가 움직여도 유체입자 간 상대적인 움직임이 없을 때 적용한다.

02 원통형의 용기에 깊이 1.5m까지는 비중이 1.35인 액체를 넣고 그 위에 2.5m의 깊이로 비중이 0.95인 액체를 넣었을 때, 밑바닥이 받는 총 압력은?(단, 물의 단위중량은 9.81kN/m³이며, 밑바닥의 지름은 2m이다.)

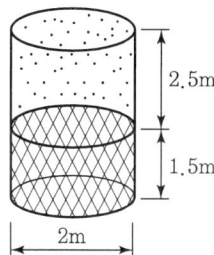

① 125.5kN   ② 135.6kN
③ 145.5kN   ④ 155.6kN

[해설]
- $P = \omega h A$
- $(0.95 \times 9.81) \times 2.5 \times \dfrac{\pi \times 2^2}{4} + (1.35 \times 9.81) \times 1.5 \times \dfrac{\pi \times 2^2}{4}$
 $= 135.6 \text{kN}$

(참고)
- 비중 $= \dfrac{\omega_s}{\omega_w}$
- $\omega_s =$ 비중 $\times\, 9.81 \text{kN/m}^3$

03 수면 아래 30m 지점의 압력을 수은주 높이로 표시한 것으로 옳은 것은?(단, 수은의 비중=13.596)

① 0.285m   ② 2.21m
③ 22.1m   ④ 28.5m

[해설]
$p = \omega h$에서 $1 \times 30 = 13.596 \times h$ ∴ $h = 2.21\text{m}$

04 압력 $P = 980\text{Pa}(0.01\text{kg/cm}^2)$일 때 수두로 나타낸 값은?

① 0.01m   ② 0.1m
③ 0.15m   ④ 0.2m

[해설]
압력수두 $h = \dfrac{p}{\omega} = \dfrac{0.1 \text{t/m}^2}{1 \text{t/m}^3} = 0.1 \text{m}$

05 수조에 물이 2m 깊이로 담겨져 있고, 물 위에 비중 0.85인 기름이 1m 깊이로 떠 있을 때 수조 바닥에 작용하는 압력은?

① 8kPa   ② 14kPa
③ 20kPa   ④ 28kPa

[해설]
$p = \omega h = 1 \times 2 + 0.85 \times 1 = 2.85 \text{t/m}^2$
$= 0.285 \text{kg/cm}^2 = 28.5 \text{kPa}(※\ 1\text{kg/cm}^2 = 10\text{t/m}^2 = 100\text{kPa})$

06 대기압을 무시한 압력을 무엇이라 하는가?
① 정압력   ② 부압력
③ 절대압력 ④ 계기압력

[해설]
계기압력(gauge pressure)은 대기압을 0으로 한 압력이다(대기압 무시).

07 비중 0.87인 기름이 용기에 들어 있을 때 이 기름 용기 속 자유표면으로부터 7m 깊이에 있는 지점의 계기압력은?(단, 무게 1kg=9.8N)

① 51kPa   ② 60kPa
③ 71kPa   ④ 80kPa

[해설]
계기압력 $p = \omega h = 0.87 \times 9.8 \times 7 = 59.7 \text{kPa}$

정답 01 ② 02 ② 03 ② 04 ② 05 ④ 06 ④ 07 ②

02 압력 측정

1. 압력 측정

구분	종류	분류	설명
압력 측정 (정수압 측정)	수압기	파스칼(Pascal)원리	$p_B = p_A + wh$
	액주계	수압관(Piezometer)	(정)압력측정
		U자형 액주계(manometer)	• 압력측정 기구 • 관속압력이 클 때(수은)
		역 U자형 액주계	• 압력측정 기구 • 압력차 작을 때(벤젠)
		시차 액주계	압력차 측정

GUIDE

• **수압기**
① $p = w \cdot h = \dfrac{P}{A}$
② 전수압$(P) = p \cdot A$

• **액주계**
정수압$(p) = w \cdot h$

2. Pascal 원리 및 수압기

구분	모식도	식
파스칼의 원리		$p_B = p_A + wh$
수압기		$\dfrac{P_1}{A_1} = \dfrac{P_2}{A_2}$

압력은 용기 전체에 고르게 전달된다.
$\dfrac{P_1}{A_1} + wh = \dfrac{P_2}{A_2}$, (파스칼의 원리)

• **파스칼의 원리**
정수 중 한 점에 압력을 가하면 그 압력은 물속의 모든 곳에 동일하게 전달된다는 원리

• **수압기**
① Pascal의 원리를 응용
② 압력을 측정하는 기구
③ 작은 힘으로 큰 힘을 만들 수 있는 장치

• P_1, P_2가 충분히 크면 wh항은 무시하는 경우도 있다.
$\dfrac{P_1}{A_1} = \dfrac{P_2}{A_2} \Rightarrow P_2 = P_1 \dfrac{A_2}{A_1}$

3. 정지된 유체의 압력

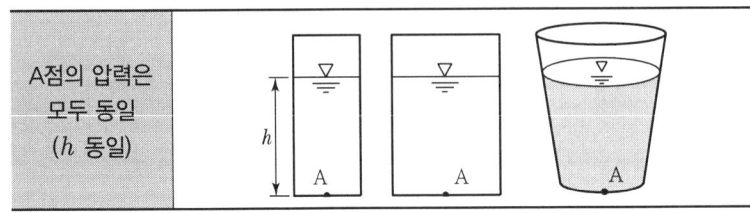

A점의 압력은 모두 동일 (h 동일)

• 정지하고 있는 수중에서는 수평 방향으로의 압력의 변화가 전혀 없다. 즉 용기의 크기나 모양에 상관없이 물의 높이(수위)만 같다면 A점에서의 압력은 동일하다.

예/상/문/제

01 피에조미터(Piezometer)는 다음 중 무엇을 측정하기 위한 도구인가?

① 전수압 ② 총수압
③ 정수압 ④ 동수압

[해설]
피에조미터(수두계, 정압관)는 정압력(정수압) 측정기구이다.

02 면적이 A인 평판(平板)이 수면으로부터 h가 되는 깊이에 수평으로 놓여 있을 경우 이 면에 작용하는 전수압은?(단, 물의 단위중량은 ω이다.)

① $P = \omega h A$ ② $P = \omega h^2 A$
③ $P = \dfrac{1}{2}\omega h^2 A$ ④ $P = \dfrac{1}{2}\omega h A$

[해설]
수면에 수평한 평면에 작용하는 전수압 $P = \omega h A$이다.

03 밀폐된 용기 내 정수 중의 한 점에 압력을 가하면 그 압력은 물속의 모든 곳에 동일하게 전달된다는 원리는?

① 파스칼(Pascal)의 원리
② 아르키메데스(Archimedes)의 원리
③ 베르누이(Bernoulli)의 원리
④ 레이놀즈(Reynolds)의 원리

[해설]
파스칼(Pascal)의 원리는 밀폐된 용기 내 정수 중의 한 점에 압력을 가하면 그 압력은 물속의 모든 곳에 동일하게 전달된다는 이론이다.

04 그림과 같은 수압기에서 B점의 원통의 무게가 2,000N, 면적이 500cm²이고 A점의 원통의 면적이 25cm²이라면, 이들이 평형상태를 유지하기 위한 힘 P의 크기는?(단, A점의 원통 무게는 무시하고 관 내 액체의 비중은 0.9이다.)

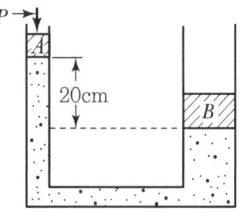

① 0.0955N ② 0.955N
③ 95.5N ④ 955N

[해설]
수압기에서 $p_1 = p_2$이므로 $\dfrac{P_1}{A_1} + \omega h = \dfrac{P_2}{A_2}$

$\dfrac{P_1}{25\text{cm}^2} + (0.9\text{g/cm}^3 \times 20\text{cm}) = \dfrac{200{,}000\text{g}}{500\text{cm}^2}$

$\therefore P_1 = 9{,}550\text{g} = 9.55\text{kg} = 95.5\text{N}$

05 그림과 같은 수압기에서 $L : l$의 길이 비가 3 : 1, A의 지름이 5cm, B의 지름이 10cm이면 힘의 평형을 유지하기 위한 P의 크기는?(단, 그림에서 ◦는 힌지이다.)

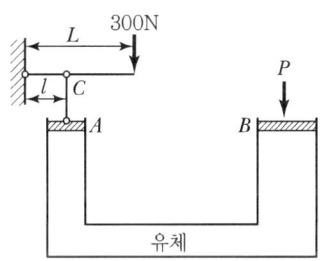

① 2,000N ② 2,600N
③ 3,000N ④ 3,600N

[해설]
C점 힌지, 겔버보 해석
- $lP_1 = LP_o$

  $P_1 = \dfrac{L}{l}P_o = 3 \times 300 = 900\text{N}$

- $\dfrac{P_1}{A} = \dfrac{P_2}{B}$

  $\dfrac{P_1}{\dfrac{\pi \times 5^2}{4}} = \dfrac{P_2}{\dfrac{\pi \times 10^2}{4}}$

  $\therefore P_2 = \dfrac{100}{25}P_1 = 4P_1 = 4 \times 900 = 3{,}600\text{N}$

정답 01 ③ 02 ① 03 ① 04 ③ 05 ④

4. 액주계(manometer) : 압력 측정기구

구분	모식도	식
U자형 액주계	(그림)	$(X-X$ 면$)$ 등압면 기준 $p_A + \omega_1 h_1 = \omega_2 h_2$ $\therefore p_A = \omega_2 h_2 - \omega_1 h_1$
역 U자형 액주계	(그림)	$(X-X$ 면$)$ 등압면 기준 $p_A - \omega_1 h_1 - \omega_2 h_2 = p_B - \omega_1 h_3$ $\therefore p_A - p_B$ $\quad = \omega_2 h_2 + \omega_1 (h_1 - h_3)$
시차 액주계	(그림)	$(X-X$ 면$)$ 등압면 기준 $p_A + \omega_1 h_1$ $= p_B + \omega_1 (h_2 - h) + \omega_2 h$ $\therefore p_A - p_B$ $\quad = \omega_1 (h_2 - h) + \omega_2 h - \omega_1 h_1$
시차 액주계	(그림)	$(X-X$ 면$)$ 등압면 기준 $p_A - \omega_1 h_1 + \omega_1 h$ $= p_B - \omega_1 h_2 + \omega_2 h$ $\therefore p_A - p_B$ $\quad = \omega_2 h + \omega_1 h_1 - \omega_1 h_2 - \omega_1 h$

GUIDE

- **액주계**
  관로나 용기의 한 단면에서의 압력 또는 두 단면 간의 압력차를 측정하는 데 사용됨

- **U자형 액주계**
  ① 관 속의 압력을 구함
  ② 관 속의 압력이 클 때
  ③ 유리관에는 비중이 큰 수은 사용

- $1\text{kg} = 9.8\text{N}$
  $1\text{t} = 9.8\text{kN}$
  $1\text{Pa} = 1\text{N/m}^2$

- **역 U자형 액주계**
  ① 두 관의 압력차를 측정
  ② 관 속의 압력차가 작을 때
  ③ 유리관에는 비중이 작으면서 물과 섞이지 않는 벤젠을 사용

- **시차 액주계**
  두 관의 압력차를 측정

- **등압면**
  ① 동일 액체 내에서 동일 수면상의 점
  ② 이때 압력은 같다.

- **부호 결정**
  ① 등압면 기준으로 압력이 하향 방향이면 $(+)$
  ② 등압면 기준으로 압력이 상향 방향이면 $(-)$

예 / 상 / 문 / 제

01 액주계의 눈금이 그림과 같을 때 A점의 압력은 얼마인가?(단, 수은의 비중은 13.6)

① $136g/cm^2$
② $282g/cm^2$
③ $126g/cm^2$
④ $262g/cm^2$

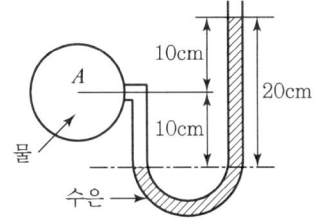

[해설]

$p_A + 1g/cm^3 \times 10cm = 13.6g/cm^3 \times 20cm$

∴ $p_A = 262g/cm^2$

02 그림과 같은 시차 액주계에서 A, B관 내의 수압차는?(단, 수은의 비중은 13.55임)

① 0.0234MPa
② 0.01580MPa
③ 0.01104MPa
④ 0.02546MPa

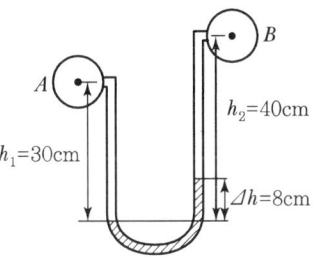

[해설]

$p_A + 1 \times 30 = p_B + 1 \times (40-8) + 13.55 \times 8$

∴ $p_A - p_B = 110.4g/cm^2 = 0.01104MPa$

03 물이 흐르고 있는 벤츄리미터(Venturi-meter)의 관부와 수축부에 수은을 넣은 U자형 액주계를 연결하여 수은주의 높이차 $h_m = 10cm$를 읽었다. 관부와 수축부의 압력수두의 차는?(단, 수은의 비중은 13.6이다.)

① $12.6kN/m^2$
② $13.6kN/m^2$
③ $123.5kN/m^2$
④ $133.5kN/m^2$

[해설]

- $p_a + \omega'h = p_b + \omega h$
- $p_b - p_a = \omega'h - \omega h$
  $= (13.6 \times 0.1) - (1 \times 0.1)$
  $= 1.26t/m^2 = 12.6kN/m^2$

04 그림과 같은 액주계에서 수은면의 차가 10cm이었다면 A, B점의 수압차는?(단, 수은의 비중 = 13.6, 무게 1kg=9.8N)

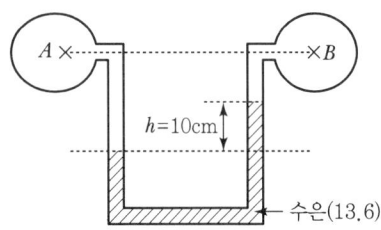

① 133.5kPa
② 123.5kPa
③ 13.35kPa
④ 12.35kPa

[해설]

$p_A + 9.8kN/m^3 \times 0.1m$
$= p_B + 9.8 \times 13.6kN/m^3 \times 0.1m$

∴ $p_B - p_A = -12.35kPa$

따라서 $p_A - p_B = 12.35kPa$

05 그림에서 $h = 25cm$, $H = 40cm$이다. A, B점의 압력차는?

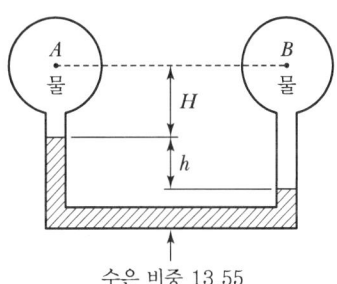

① $1N/cm^2$ ② $3N/cm^2$ ③ $49N/cm^2$ ④ $100N/cm^2$

[해설]

$p_A + 9,800N/(100cm)^3 \times 40cm$
$\quad + 13.55 \times 9,800N/(100cm)^3 \times 25cm$
$= p_B + 9,800N/(100cm)^3 \times 65cm$

∴ $p_B - p_A = 3.07N/cm^2$

<별해>
- $p_A + \omega h = p_B + \omega' h$
- $p_A - p_B = \omega' h - \omega h$

$= 13.55 \times \dfrac{9,800N}{(100cm)^3} \times 25cm$

$\quad - \dfrac{9,800N}{(100cm)^3} \times 25cm = 3.07N/cm^2$

정답 01 ④ 02 ③ 03 ① 04 ④ 05 ②

03 수중물체에 작용하는 전수압

1. 평면 및 경사면에 작용하는 전수압(수중)

구분	모식도	식
수면 아래 연직인 평면 (연직판)		1. 전수압 $P = pA = \omega h_G A$ ($h_G = \dfrac{h}{2}$, $A = b \times h$) 2. 전수압의 작용점 $h_C = h_G + \dfrac{I_G}{h_G A}$
수면에서 a만큼 떨어진 연직 평면 (판)		1. 전수압 $P = pA = \omega h_G A$ ($h_G = a + \dfrac{h}{2}$, $A = b \times h$) 2. 전수압의 작용점 $h_C = h_G + \dfrac{I_G}{h_G A}$
수면에 평형한 평면 (판)		1. 전수압 $P = pA = \omega h_G A$ ($h_G = h$) 2. 전수압의 작용점 $h_C = h_G + \dfrac{I_G}{h_G A}$
수면에 경사진 평면 (판)		1. 경사진 평면의 전수압 $P = pA = \omega h_G A$ $= \omega (S_G \sin\theta) A$ 2. 전수압의 작용점 $h_C = h_G + \dfrac{I_G \sin^2\theta}{h_G A}$ $\left(S_C = S_G + \dfrac{I_G}{S_G \cdot A} \right)$

GUIDE

- **도심**(h_G)
  수면에서 압력을 받고 있는 부분의 중심까지의 거리

- **압력프리즘**
  작용하는 합력의 크기는 압력프리즘의 체적과 같다.

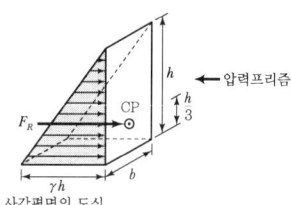

사각평면의 도심

- **도심축 단면2차모멘트**(I_G)

① 사각형

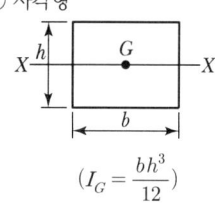

$\left(I_G = \dfrac{bh^3}{12} \right)$

② 삼각형

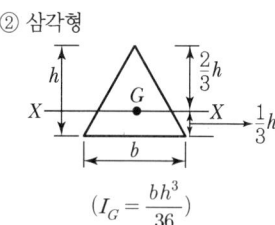

$\left(I_G = \dfrac{bh^3}{36} \right)$

③ 원

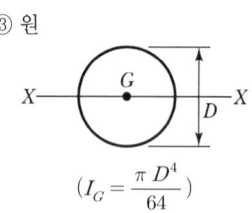

$\left(I_G = \dfrac{\pi D^4}{64} \right)$

- **작용점**(h_C)
  도심(h_G)보다 항상 아래에 있다.

예/상/문/제

01 정수 중의 연직 평판에 작용하는 정수압의 작용점은?

① 도심의 위치를 지난다.
② 도심과 관계없이 작용한다.
③ 도심의 위치보다 $\dfrac{I_G}{h_G A}$ 만큼 위에 있다.
④ 도심의 위치보다 $\dfrac{I_G}{h_G A}$ 만큼 아래에 있다.

해설
수면에 연직인 평면이나 경사진 평면에 작용하는 전수압의 작용점은 도심의 중심(h_G)보다 $\dfrac{I_G}{h_G A}$ 만큼 아래에 위치해 있다.

02 그림과 같이 물이 수문의 최상단까지 차있을 때, 높이 6m, 폭 1m의 수문에 작용하는 전수압의 작용점(h_c)은?

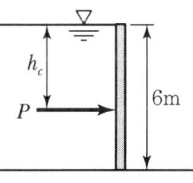

① 3m ② 3.5m
③ 4m ④ 4.3m

해설
$h_C = h_G + \dfrac{I_G}{h_G A} = 3 + \dfrac{\frac{1 \times 6^3}{12}}{3 \times (1 \times 6)} = 4\text{m}$

또는 $h_C = \dfrac{2}{3}h = \dfrac{2}{3} \times 6 = 4\text{m}$

03 그림과 같은 단면 A, B, C, D, E, F에 작용하는 전수압은?

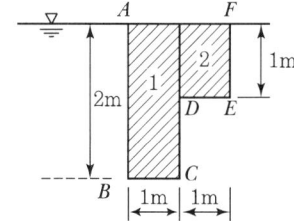

① 24.5kN ② 48.02kN
③ 240.1kN ④ 288.12kN

해설
- $P = \omega h_G A$
  $= 1\text{t/m}^3 \times 1\text{m} \times (1 \times 2)\text{m}^2 + 1\text{t/m}^3 \times 0.5\text{m} \times (1 \times 1)\text{m}$
  $= 2.5\text{t} = 24.5\text{kN}$
- $P = \omega h_G A$
  $= 1\text{t/m}^3 \times 1\text{m} \times (2 \times 2)\text{m}^2 - 1\text{t/m}^3 \times 1.5\text{m} \times (1 \times 1)\text{m}$
  $= 2.5\text{t} = 24.5\text{kN}$

04 다음 그림과 같이 수면과 경사각이 45°를 이루는 제방의 측면에 원통형 수문이 있을 때 이에 작용하는 전수압은?(단, 1t = 10kN)

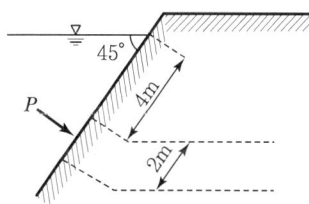

① 100kN ② 115kN
③ 121kN ④ 111kN

해설
$P = \omega h_G A$
$= 1 \times (4+1)\sin 45° \times \dfrac{\pi \times 2^2}{4} = 11.11t = 111.1\text{kN}$

05 그림과 같이 직각이등변삼각형의 한 변을 자유표면에 두고, 변의 길이를 3m로 하면 자유표면으로부터 정수압의 작용점은?

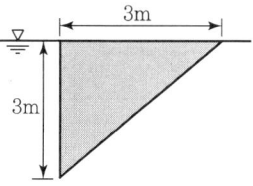

① 1.0m ② 1.5m
③ 2.0m ④ 2.5m

해설
$h_C = h_G + \dfrac{\frac{bh^3}{36}}{h_G \times A} = 3 \times \dfrac{1}{3} + \dfrac{\frac{3 \times 3^3}{36}}{3 \times \frac{1}{3} \times \left(\frac{1}{2} \times 3 \times 3\right)} = 1.5\text{m}$

정답 01 ④ 02 ③ 03 ① 04 ④ 05 ②

2. 수중의 곡면에 작용하는 전수압

구분	모식도	식
수평 수압 (P_H)		P_H는 FE의 연직투영면에 작용하는 수압 (작용점은 연직면에 작용하는 힘의 작용점과 동일)
		$P_H = w h_G A$
연직 수압 (P_V)		P_V는 곡면(AB)이 밑면이 되는 물기둥의 무게 (작용점은 수주의 중심을 통과)
		$P_V = w \cdot V$

3. 곡면에 작용하는 여러 가지 형태의 전수압(수중)

모식도	식	P_V
	(1) $P = \sqrt{P_H^2 + P_V^2}$ (2) $P_H = w h_G A$ (A : 투영면적) (3) $P_V = w \cdot V$	$P_V = w \cdot V$ ($V = A \cdot b$) 이때 면적(A)은?
	(1) $P = \sqrt{P_H^2 + P_V^2}$ (2) $P_H = w h_G A$ (A : 투영면적) (3) $P_V = w \cdot V$	$P_V = w \cdot V$ ($V = A \cdot b$) 이때 면적(A)은?
	(1) $P = \sqrt{P_H^2 + P_V^2}$ (2) $P_H = w h_G A$ (A : 투영면적) (3) $P_V = w \cdot V$	$P_V = w \cdot V$ ($V = A \cdot b$) 이때 면적(A)은?

GUIDE

- $P_H = w h_G A$

  여기서, h_G : 연직 투영점(투영중심)에서 도심까지 거리

  A : 투영 면적

- 연직수압에서 투영면이 중복되는 부분은 빼준다.

- 전수압

  $P = \sqrt{P_H^2 + P_V^2}$

- P_H에서 A는 투영면적
- P_V에서 A는 면적

예 / 상 / 문 / 제

01 물속에 잠긴 곡면에 작용하는 수평분력에 대한 설명으로 옳은 것은?

① 곡면의 수직 상방에 실려 있는 물의 무게와 같다.
② 곡면에 의해서 배제된 물의 무게와 같다.
③ 곡면의 무게중심(中心)에서의 압력과 면적의 곱이다.
④ 곡면의 연직 투영면상에 작용하는 전수압과 같다.

해설
곡면에 작용하는 수평방향 분력은 연직 투영면에 작용하는 전수압과 동일하다.

02 물속에 잠긴 곡면에 작용하는 정수압의 연직 방향 분력은?

① 곡면을 밑면으로 하는 물기둥 체적의 무게와 같다.
② 곡면 중심에서의 압력에 수직투영 면적을 곱한 것과 같다.
③ 곡면의 수직투영 면적에 작용하는 힘과 같다.
④ 수평분력의 크기와 같다.

해설
곡면에 작용하는 전수압에서 연직방향 분력은 곡면을 저면(밑면)으로 하는 물기둥 체적의 무게와 같다.

03 그림과 같은 반원통면의 외측에 작용하는 수압의 연직분력을 구하는 식은?(단, γ_o : 물의 단위중량, l : 원통길이)

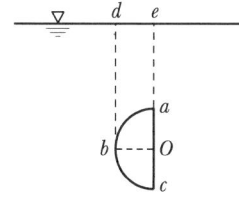

① ($bced$의 면적 $-abca$의 면적)$\gamma_o l$
② ($bced$의 면적 $-baed$의 면적)$\gamma_o l$
③ ($boed$의 면적)$\gamma_o l$
④ ($baed$의 면적 $-abca$의 면적)$\gamma_o l$

해설
연직분력 $P_V = w \cdot V$
$= \gamma_o \times l \times (bced \text{ 면적} - deab \text{ 면적})$

04 그림과 같이 폭 2m인 4분원면 AB에 작용하는 전수압의 연직성분은?(단, 무게 1kg = 10N)

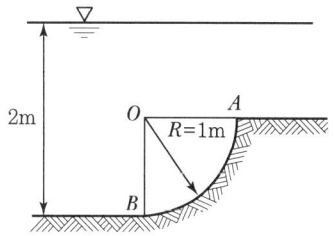

① 17.9kN
② 23.9kN
③ 35.7kN
④ 71.4kN

해설
연직분력
$P_V = wV = 1 \times \left(\frac{1}{4} \times \frac{\pi \times 2^2}{4} + 1 \times 1 \right) \times 2 = 3.57 \text{t}$
$\therefore 3.57(\text{t}) \times 10(\text{kN}) = 35.7 \text{kN}$

05 길이 7m, 직경 4m인 원주가 수평으로 놓여 있을 경우 원주의 중심까지 물이 차 있다면 이 원주에 작용하는 전수압은?(단, 물의 단위중량 $\gamma = 9,800 \text{ N/m}^3$)

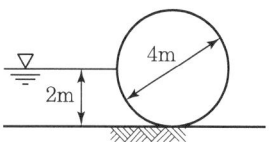

① 205.5kN
② 225.5kN
③ 245.5kN
④ 255.5kN

해설
$P_H = 9.8 \times \frac{2}{2} \times (7 \times 2) = 137.2 \text{kN}$
$P_V = 9.8 \times \frac{1}{4} \times \frac{\pi \times 4^2}{4} \times 7 = 215.51 \text{kN}$
$\therefore P = \sqrt{137.2^2 + 215.21^2} = 255.5 \text{kN}$

정답 01 ④ 02 ① 03 ② 04 ③ 05 ④

4. 원관에 작용하는 수압(주장력 공식)

모식도	원관에서 관두께 결정식
(그림)	$t = \dfrac{pD}{2\sigma} = \dfrac{whD}{2\sigma}$
	원형관은 모든 방향으로 대칭이므로 반원관에 대해서만 고려

GUIDE

- t : 관두께
  σ : 관의 인장응력
  p : 관내 수압강도

- p(관 내 수압강도) 결정

  h(압력수두) $= \dfrac{p}{w}$ 에서

  $p = wh$로 결정

04 부력

1. 부력

부력	모식도
① 수평방향 : $P_H = P_H'$ ② 연직방향 : 물체에 작용하는 순(net)연직력 　$F_B = P_V - P_V'$ 　　$= w \times$ (물체의 체적) $= w \cdot V$ ③ 부력 　$F_B = w \cdot V$	(그림)

- V는 물체의 체적이며 물체가 배제한 물의 용적과 같고, F_B는 배제된 물의 무게와 같으며 이것이 부력

2. 부양면과 흘수

부양면과 흘수	모식도
① 물 표면에 떠 있는 부체가 수면에 의해 절단되는 면을 부양면 ② 부양면으로부터 물체의 최하단까지의 깊이를 흘수	(그림)

- **부심**
  배수용량(수중에 잠긴 부분)의 중심

예/상/문/제

01 반지름 1.5m의 강관에 압력수두 100m의 물이 흐른다. 강재의 허용응력이 147MPa인 강관의 최소두께는 얼마인가?

① 1.0cm ② 0.5cm
③ 0.98cm ④ 10cm

해설

$t = \dfrac{pD}{2\sigma} = \dfrac{whD}{2\sigma} = \dfrac{1 \times 100 \times 3}{2 \times 14,700}$
$= 0.01\text{ m} = 1\text{cm}$
$(147\text{MPa} = 1,470\text{kg/cm}^2 = 14,700\text{t/m}^2)$

02 관경 D, 관 내 압력 p, 관외 두께 t, 관 내 압력으로 인한 인장응력을 σ라 할 때 다음 상관식 중 옳은 것은?

① $\sigma = \dfrac{pD}{2t}$ ② $p = \dfrac{tD}{\sigma}$
③ $t = \dfrac{\sigma D}{p}$ ④ $t = \dfrac{\sigma}{pD}$

해설

강관의 두께
$t = \dfrac{pD}{2\sigma}$ 에서
$\therefore \sigma = \dfrac{pD}{2t}$

03 내부반지름(r)이 100cm인 원형강철관 속에 작용하고 있는 수압(P)이 100N/cm²이다. 강철관의 허용인장응력(σ_{ta})이 10,000N/cm²이라고 할 때 관의 소요두께는?

① 0.1cm ② 1.0cm
③ 10.0cm ④ 100.0cm

해설

$t = \dfrac{pD}{2\sigma_{ta}} = \dfrac{100\text{N/cm}^2 \times 200\text{cm}}{2 \times 10,000\text{N/cm}^2} = 1.0\text{cm}$

04 부체가 수면에 의해 절단되는 면에서 최심부까지의 수심을 무엇이라 하는가?

① 부심 ② 흘수
③ 부력 ④ 부양면

해설

흘수는 부양면에서 부체의 최심부까지의 수심이다.

05 부체의 최심부까지의 수심을 나타낸 것을 무엇이라 하는가?

① 부력 ② 부심
③ 부양면 ④ 흘수

해설

흘수는 부양면에서 부체의 최심부까지의 수심이다.

06 수중에 잠긴 물체에서 배수용적의 중심을 무엇이라 하는가?

① 무게중심 ② 부심
③ 경심 ④ 부양면

해설

부심은 수중에 잠긴 체적의 무게중심을 통과하는 부분의 중심이다.

07 다음 그림과 같은 배가 무게가 90ton일 때 이배가 운항하는 데 필요한 최소수심은?

① 1.2m
② 1.5m
③ 1.8m
④ 2.0m

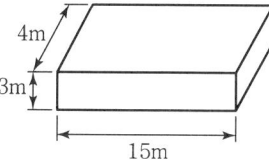

해설

$W = B = w\overline{V}$ 에서
$90t = 1 \times (15 \times 4 \times d)$
$\therefore d = 1.5\text{m}$

정답 01 ① 02 ① 03 ② 04 ② 05 ④ 06 ② 07 ②

3. 부력 구하기

부력(B) 구하는 식	모식도
$B = w\overline{V}$ ① w : 물의 단위중량 ② $\overline{V}$: 수중 부분의 물체 체적(배수용량) 물체가 물의 표면에 떠 있는 경우 물체가 물에 잠긴 부분의 부피와 동일한 무게의 크기인 부력을 받는다. (물체의 무게와 동일하여 평형을 유지)	W h G : 물체의 무게중심 V (배수용적)

GUIDE

- 부력
  ① 물체표면에 작용하는 전수압
  ② 수중부분 물체의 부피만큼의 물의 무게
  ③ 부력은 수심에 비례하지 않는다.

- 부심
  배수용량(수중에 잠긴 부분)의 중심

4. 물체 무게(W)와 부력(B)과의 관계

구분	모식도	식
물체가 물의 표면에 떠 있는 경우		$W = B$
		$(w_s \cdot V_{전체} = w_w \cdot V_{잠김})$ w_s = 물체의 단위중량(비중) w_w = 해수의 단위중량
수중으로 부상하는 경우 (하중을 가한 경우)	P	$W < B$
		$W + P = B$ $(w_s \cdot V_{전체} + P = w_w \cdot V_{잠김})$
물체가 수중에 잠겨 있는 경우 (수중무게 고려 시)	W'	$W > B$
		$W = B + W'$ $(w_s \cdot V_{전체} = w_w \cdot V_{잠김} + W')$

- W'(수중에서 무게)
  물체가 물에 잠긴 만큼 체적의 물의 무게
  $W' = W - B$

- 물체가 수중에 잠겨 있는 경우
  물체의 무게는 물체의 부피와 동일한 물의 무게의 크기인 부력을 받으므로 가벼워진다.

- 아르키메데스의 원리
  수중에서 물체의 중량은 부력만큼 가벼워진다.

예 / 상 / 문 / 제

01 4m×5m×1m의 목재판이 물에 떠 있고, 판 위에 2,000kg의 하중이 놓여 있다. 목재의 비중이 0.5일 때 목재판이 물에 잠기는 흘수(draught)와 체적은?

① $d = 0.5\text{m}$, $V = 8.0\text{m}^3$
② $d = 0.6\text{m}$, $V = 12.0\text{m}^3$
③ $d = 1.0\text{m}$, $V = 16.0\text{m}^3$
④ $d = 0.5\text{m}$, $V = 9.6\text{m}^3$

해설
$W = B$에서
$2 + 0.5 \times (4 \times 5 \times 1) = 1 \times (4 \times 5 \times d)$ ∴ $d = 0.6\text{m}$
따라서 수중부분 체적 $\overline{V} = 4 \times 5 \times 0.6 = 12\text{m}^3$

02 10cm×10cm×10cm의 각목이 물에 떠 있다. 그림과 같이 밑면까지의 수심이 6cm라고 하면 이 각주의 무게는?

① 6,000N
② 3,000N
③ 600N
④ 300N

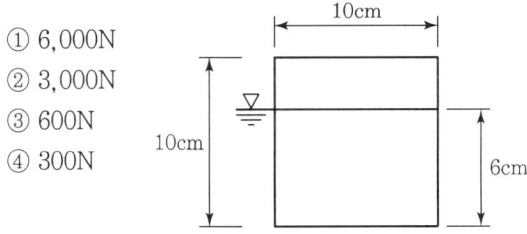

해설
$W = B$에서
$W = 1\text{g/cm}^3 \times (10\text{cm} \times 10\text{cm} \times 6\text{cm}) = 600\text{g} = 6,000\text{N}$

03 해수면상의 체적이 1,205m³인 빙산 위에 무게가 3,000N인 곰 10마리가 올라가 있을 경우 수면 아래 빙산의 체적은?(단, 빙산의 비중은 0.92, 해수의 비중은 1.025이다.)

① 10,558m³   ② 1,112m³
③ 10,587m³   ④ 5,422m³

해설
$W = B$에서 $w_s V = w\overline{V}$
$3t + 0.92(1,205 + \overline{V}) = 1.025\overline{V}$
∴ $\overline{V} = 10,586.7\text{m}^3$

04 단면 40×40cm, 길이 4m, 단위중량 6kN/m³의 물체를 물속에 완전히 가라앉히려 할 때 가해야 할 힘은 얼마 이상이어야 하겠는가?(단, 물의 단위중량은 10kN/m³)

① 1.28kN   ② 2.56kN
③ 3.84kN   ④ 6.4kN

해설
$P + W = B$, $P = B - W = (10 - 6) \times (0.4 \times 0.4 \times 4) = 2.56\text{kN}$

05 지름 25cm, 길이 1m의 원주가 연직으로 물에 떠 있을 때, 물속에 가라앉은 부분의 길이가 70cm라면 원주의 무게는?(단, 무게 1kg=10N)

① 252.5N   ② 343.6N
③ 423.5N   ④ 503.0N

해설
길이 1m 중 가라앉은 부분이 70cm이면 원주의 비중은 0.7이다.
따라서, $W = wV = 700 \times \dfrac{\pi \times 0.25^2}{4} \times 1 = 34.36\text{kg}$

06 단면적 2.5cm², 길이 1.5m인 강철봉이 공기 중에서 무게가 28N이었다면 물(비중=1.0) 속에서 강철봉의 무게는?

① 2.37N   ② 2.43N
③ 23.72N   ④ 24.32N

해설
$W = B + W'$에서
$28 = 9,800 \times 2.5 \times 10^{-4} \times 1.5 + W'$이므로 ∴ $W' = 24.32\text{N}$

07 밑면적 A, 높이 H인 원주형 물체의 흘수가 h라면 물체의 단위중량 w_m은?(단, 물의 단위중량은 w_0이다.)

① $w_m = w_0 \times \dfrac{H}{h}$
② $w_m = w_0 \times \dfrac{h}{H}$
③ $w_m = w_0 \times \dfrac{H-h}{h}$
④ $w_m = w_0 \times \dfrac{H-h}{H}$

해설
$w_m(A \times H) = w_0(A \times h)$ ∴ $w_m = w_0 \times \dfrac{h}{H}$

정답 01 ②　02 ①　03 ③　04 ②　05 ②　06 ④　07 ②

05 부체의 안정조건

1. 경심과 경심고

경심	경심고
부체의 중심선과 부력의 작용선과의 교점	경심과 무게 중심 간 거리 $\overline{MG}$를 경심고라하며 이는 부체 안정여부의 척도로 사용된다.

경심고와 복원모멘트 결정

① $\overline{MG} < 0$이면 불안정(전도)
  M(경심)이 G(중심)보다 아래에 있다.
② $\overline{MG} > 0$이면 안정(즉, M이 G보다 위에 있으면 안정)
  M(경심)이 G(중심)보다 위에 있다.

2. 부체의 안정조건

중립	안정(복원력이 있다)	불안정(복원력이 없다)
M(경심)과 G(중심)는 일치	M(경심)이 G(중심)보다 위에 있다.	M(경심)이 G(중심)보다 아래에 있다.
① $(M = G - C)$ ② $\overline{CM} = \overline{CG}$ ③ $\overline{CM} - \overline{CG} = 0$ ④ $\dfrac{I_x}{V} - \overline{CG} = 0$ ⑤ $\overline{MG} = 0$	① $(M - G - C)$ ② $\overline{CM} > \overline{CG}$ ③ $\overline{CM} - \overline{CG} > 0$ ④ $\dfrac{I_x}{V} - \overline{CG} > 0$ ⑤ $\overline{MG} > 0$	① $(G - M - C)$ ② $\overline{CM} < \overline{CG}$ ③ $\overline{CM} - \overline{CG} < 0$ ④ $\dfrac{I_x}{V} - \overline{CG} < 0$ ⑤ $\overline{MG} < 0$

- 단면 2차 모멘트가 작을수록 부체는 불안정하다.
- 단면 2차 모멘트가 가장 작은 축으로 기울어지기 쉽다.
- 경심고가 클수록 부체는 안정하다.

- 참고
1) 중심 G가 부심 C 아래에 있는 경우는 절대 안정상태
2) 중심 G가 부심 C 위에 있는 경우에 부체의 안정 여부는 다음과 같이 판단
   - $M > G > C$: 반시계방향으로 우력이 작용하므로 부체는 안정(복원모멘트)
   - $G > M > C$: 시계방향으로 우력이 작용하므로 부체는 불안정(전도모멘트)

GUIDE

- G : 중심(무게중심)
  C : 부심(부력중심)
  M : 경심(기울어진 부분의 중심)

- 부체의 안정
  부체의 안정은 물 표면에 떠 있는 물체의 중심(무게중심)과 부력의 중심(부심)의 상대적인 위치에 따라 결정

- 부체의 안정조건식
  $$\overline{MG} = \overline{CM} - \overline{CG}$$
  $$= \dfrac{I_x}{V} - \overline{CG}$$

- 경심고($\overline{MG}$)
  $$\overline{MG} = \dfrac{PL}{W \cdot \tan\theta}$$
  여기서, W : 부체 자체의 무게
  (배수용량)

- I_x : 부양면에 대한 최소단면 2차모멘트

- V : 수중부분의 체적

예 / 상 / 문 / 제

01 다음 그림에 표시된 위치에서 부체가 안정상태인 것은?(단, M : 경심, C : 부심, G : 무게중심이고 기호 표시는 위로부터의 순서를 말한다.)

① G-M-C
② M-G-C
③ C-M-G
④ G-C-M

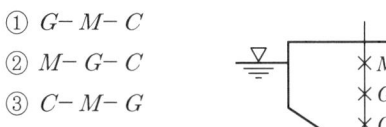

해설

경심(M)이 중심(G)보다 위에 있을 때 부체는 안정하다.

02 부력과 부체 안정에 관한 설명 중에서 옳지 않은 것은?

① 부심과 경심과의 거리를 경심고라 한다.
② 부체가 수면에 의하여 절단되는 가상면을 부양면이라 한다.
③ 부력의 작용선과 물체의 중심축과의 교점을 부심이라 한다.
④ 수면에서 부체의 최심부까지의 거리를 흘수라 한다.

해설

• 완전히 가라앉은 상태라면 무게중심과 부심은 일치한다.
• 부력의 작용선과 물체의 중심축과의 교점은 경심이다.

03 부체의 경심 M, 부심 C, 중심 G일 때 부체가 안정되기 위한 조건은?

① $\overline{CM} > \overline{CG}$
② $\overline{CM} < \overline{CG}$
③ $\overline{CM} = \overline{CG}$
④ $\overline{CM} < \dfrac{\overline{CG}}{2}$

해설

부체가 안정이 되기 위한 조건
경심고 $h > 0, h = \overline{MG} = \overline{CM} - \overline{CG} > 0$에서
∴ $\overline{CM} > \overline{CG}$

04 그림과 같은 1m×1m×1m인 정육면체의 나무가 물에 떠 있다. 비중이 0.8이면 부체로서 다음 중 옳은 것은?

① 안정하다.
② 불안정하다.
③ 중립상태다.
④ 판단할 수 없다.

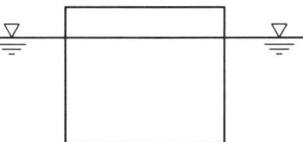

해설

$W = B$에서
$0.8 \times (1 \times 1 \times 1) = 1 \times (1 \times 1 \times d)$
∴ $d = 0.8\text{m}, \overline{V} = 0.8\text{m}^3$

$\overline{MG} = \dfrac{I_y}{V} - \overline{GC} = \dfrac{\frac{1 \times 1^3}{12}}{0.8} - \left(0.5 - \dfrac{0.8}{2}\right)$
$= 0.00416\text{m} > 0$

∴ 안정하다.

05 부체에 관한 설명 중 틀린 것은?

① 수면으로부터 부체의 최심부(가장 깊은 곳)까지의 수심을 흘수라 한다.
② 경심은 부력의 작용선과 물체의 중심선의 교점이다.
③ 수중에 있는 물체는 그 물체가 배제한 배수량만큼 가벼워진다.
④ 수면에 떠 있는 물체의 경우 경심이 중심보다 위에 있을 때는 불안정한 상태이다.

해설

경심이 중심보다 위에 있을 때는 안정한 상태이다.

정답 01 ② 02 ③ 03 ① 04 ① 05 ④

06 상대 정지

1. 수평 및 연직 등가속도를 받는 액체

구분	모식도	식
수평 등가속도를 받는 액체		$\tan\theta = \dfrac{F}{W} = \dfrac{m\alpha}{mg}$ $\tan\theta = \dfrac{\alpha}{g} = \dfrac{H-h}{b/2} = -\dfrac{z}{x}$ 평형 수면의 방정식 : $z = -\dfrac{\alpha}{g}x$
연직 등가속도를 받는 액체		① 연직 상향 이동 $p = wh\left(1 + \dfrac{\alpha}{g}\right)$ ② 연직 하향 이동 $p = wh\left(1 - \dfrac{\alpha}{g}\right)$
회전 등가속도를 받는 액체		$h = \dfrac{1}{2}(h_0 + h_a)$

GUIDE

- **상대정지**
움직이지 않는 유체에 외력이 가해졌을 때 유체내부의 압력변화와 수면의 이동상태를 다루는 문제

- **등압방정식**
$Xd_x + Yd_y + Zd_z = 0$

- α : **최고 가속도**
(물이 쏟아지지 않을 경우)

- **연직 등각속도를 받는 액체**
물이 든 용기를 연직상향으로 α의 등가속도로 이동시키면 물은 이동방향과 반대되는 방향으로 등가속도를 받음

- **회전 등각속도를 받는 액체**
반경이 r인 원통에 초기수심 h로 물을 담고 원통을 일정한 각속도 w로 원통축 둘레로 회전시킨다고 가정하면 원통 내 물도 각속도 w로 회전하게 될 것이며 결국 상대적 평형에 도달한다.

- h : 정수 시 수심
h_0 : 회전 시 최저 수심
h_a : 회전 시 최고 수심

예/상/문/제

01 등가속도 운동을 하고 있는 유체는?

① 유체의 층 상호 간에 상대적인 운동이 존재한다.
② 유체의 층 상호 간에 상대적인 운동이 존재하지 않는다.
③ 유체의 자유표면은 계속적으로 이동된다.
④ 정지유체와 같이 자유표면은 수평을 이룬다.

해설
유체의 가속도가 일정하게 운동할 때는 유체 내부의 상대적인 운동은 존재하지 않는다.

02 그림과 같은 용기에 물이 들어 있다. 이 용기를 x방향으로 가속도, a로서 당길 때의 수면의 방정식을 나타낸 것 중 옳은 것은?

① $z = \dfrac{g}{a}x$
② $z = -\dfrac{g}{a}x$
③ $z = \dfrac{a}{g}x$
④ $z = -\dfrac{a}{g}x$

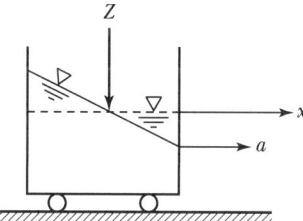

해설
수평가속도를 받을 때의 수면의 식은 $z = -\dfrac{a}{g}x$이다.

03 물이 담겨 있는 그릇을 정지 상태에서 가속도 a로 수평으로 잡아당겼을 때 발생되는 수면이 수평면과 이루는 각이 30°이었다면 가속도 a는?(단, 중력가속도 = 9.8m/s²)

① 약 4.9m/s²
② 약 5.7m/s²
③ 약 8.5m/s²
④ 약 17.0m/s²

해설
수평면과 이루는 각 $\tan\theta = \dfrac{\alpha}{g}$에서
$\tan 30° = \dfrac{\alpha}{9.8}$ ∴ $\alpha = 5.66\text{m/s}^2$

04 물이 들어 있고 뚜껑이 없는 수조가 9.8m/s²으로 수직상향 가속되고 있을 때 수심 2m에서의 압력은?(단, 무게 1kg=9.8N)

① 78.4kPa
② 39.2kPa
③ 19.6kPa
④ 0kPa

해설
수직으로 상향이동 시
$p = wh\left(1 + \dfrac{\alpha}{g}\right) = 9.8\text{ kN/m}^3 \times 2\text{ m} \times \left(1 + \dfrac{9.8}{9.8}\right)$
$= 39.2\text{kN/m}^2 = 39.2\text{kPa}(\because 1\text{kN/m}^2 = 1\text{kPa})$

05 그림과 같이 높이 2m인 물통에 물이 1.5m만큼 담겨져 있다. 물통이 수평으로 4.9m/sec²의 일정한 가속도를 받고 있을 때, 물통의 물이 넘쳐흐르지 않기 위한 물통의 길이(L)는?

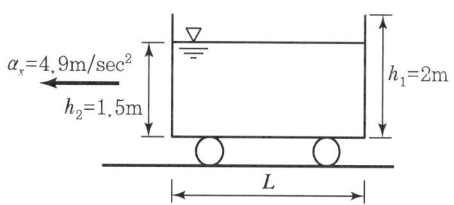

① 2.0m
② 2.4m
③ 2.8m
④ 3.0m

해설
$\tan\theta = \dfrac{\alpha}{g} = \dfrac{H-h}{L/2}$에서 $\dfrac{4.9}{9.8} = \dfrac{2-1.5}{L/2}$ ∴ $L = 2\text{m}$

06 그림과 같이 W의 각속도로 회전할 때 h_a까지 물이 올라 왔다가 정지한 후 높이는 h가 되었다. h_a, h, h_o의 관계식으로 옳은 것은?

① $h = \dfrac{1}{2}\sqrt{h_a \times h_o}$
② $h = \dfrac{1}{3}(2h_a + h_o)$
③ $h = \dfrac{1}{2}(h_a + h_o)$
④ $h = \dfrac{1}{3}(h_a + 2h_o)$

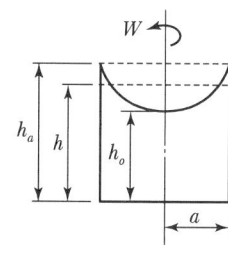

해설
h_a, h, h_o의 관계식은 $h = \dfrac{1}{2}(h_a + h_o)$

정답 01 ② 02 ④ 03 ② 04 ② 05 ① 06 ③

07 수문

1. 수문을 끌어올리는 힘

수문을 끌어올리는 힘(F)	모식도
$F + B = fP + W$ $\therefore F = fP + W - B$ ① F : 수문을 끌어올리는 힘 ② f : 수문 홈통의 마찰계수 ③ W : 수문의 무게(자체 중량) ④ P : 수문에 작용하는 전수압 $\quad (P = wh_G A)$ ⑤ B : 수문에 작용하는 부력 $\quad$ (일반적으로는 무시)	

2. 수문에 작용하는 전수압

곡면이 받는 전수압		모식도
① 수평분력의 산정	$P_H = wh_G A$	
② 연직분력의 산정	$P_V = W = wV$	
③ 합력의 산정	$P = \sqrt{P_H^2 + P_V^2}$	

※ 참고

1N	1kg 중(무게)
질량이 1kg인 물체에 작용하여 1m/sec^2의 가속도를 생기게 하는 힘	$1\text{kg(질량)} \times 9.8\text{m/sec}^2 = 9.8\text{N(중력)}$
$1\text{N} = 1\text{kg} \times 1\text{m/sec}^2$	$1\text{kg} \times 9.8\text{m/sec}^2 = 1\text{N}$
$1\text{kN} = 1{,}000\text{N}$	
1(t)을 kN으로 변환하면?	**1t/m²을 kPa로 변환하면?**
① $1(t) \times 1{,}000(\text{kg}) \times 9.8 = 9{,}800\text{N}$ ② $\dfrac{9{,}800\text{N}}{1000} = 9.8\text{kN}$ $\therefore 1(t) \times 9.8 = 9.8\text{kN}$	① $1\text{kg} = 9.8\text{N}$ ② $1\text{t} = 9.8\text{kN}$ ③ $\text{Pa} = \dfrac{\text{N}}{\text{m}^2}$ $\therefore 1\text{t/m}^2 = 9.8\text{kPa}$

GUIDE

- A(수문에 작용하는 전수압에서면적은 투영면적)

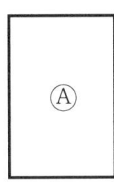

- $P_V = w \times $ $\times b$

- Pa(파스칼)
  ① $1\text{pa} = 1\dfrac{\text{N}}{\text{m}^2}$
  ② 파스칼은 압력에 대한 SI 유도 단위
  ③ $1\dfrac{\text{N}}{\text{m}^2} = \dfrac{\frac{\text{kg}\cdot\text{m}}{\text{s}^2}}{\text{m}^2} = \dfrac{\text{kg}}{\text{m}\cdot\text{s}^2}$
  ④ $1\text{kPa} = 10^3\text{Pa}$
  ⑤ $1\dfrac{\text{t}}{\text{m}^2} = 9.8\dfrac{\text{kN}}{\text{m}^2} = 1\text{kPa}$

예/상/문/제

01 그림과 같이 물속에 수직으로 설치된 2m×3m 넓이의 수문을 올리는 데 필요한 힘은?(단, 수문의 물속 무게는 1,960N이고, 수문과 벽면 사이의 마찰계수는 0.25이다.)

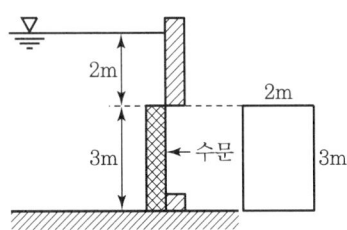

① 5.45kN   ② 53.4kN
③ 126.7kN ④ 271.2kN

해설
- 수문을 끌어올리는 힘
  $F = fP + W - B$
- 수문에 작용하는 전수압
  $P = wh_G A = 1 \times (2 + \frac{3}{2}) \times (2 \times 3) = 21t$
  $= 205.8kN$
- 수문을 끌어올리는 힘의 산정
  $F = fP + W - B = 0.25 \times 205.8 + 1.96$
  $= 53.4kN$

02 반지름(OP)이 6m이고, $\theta' = 30°$인 수문이 그림과 같이 설치되었을 때, 수문에 작용하는 전수압(저항력)은?

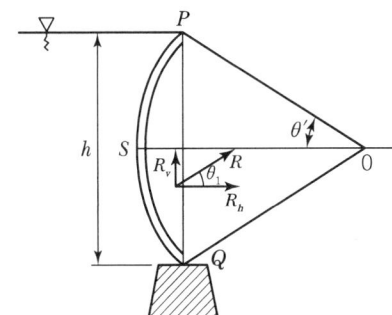

① 185.5kN/m   ② 179.5kN/m
③ 169.5kN/m   ④ 159.5kN/m

해설
- 수평분력의 산정
  $P_H = wh_G A = 1 \times \frac{6\sin 30 \times 2}{2} \times (6\sin 30 \times 2 \times 1) = 18t$

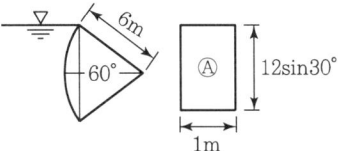

- 연직분력의 산정
  $P_V = w \times \text{⌒} \times b$
  $P_V = W = wV = 1 \times \left[\left(\pi \times 6^2 \times \frac{60}{360}\right) - \left(\frac{1}{2} \times 6 \times 6 \times \sin 60\right)\right] \times 1 = 3.25t$

- 합력의 산정
  $P = \sqrt{P_H^2 + P_V^2} = \sqrt{18^2 + 3.25^2} = 18.291t$
- 보기에는 단위폭당 전수압으로 표기
  $18.291t/m \times 1,000(kg) \times 9.8 \div 1,000(KN) = 179.3kN/m$

03 수로의 취입구에 폭 3m의 수문이 있다. 문을 h 올린 결과, 그림과 같이 수심이 각각 5m와 2m가 되었다. 그때 취수량이 8m³/s이었다고 하면 수문의 개방 높이 h는?(단, $C = 0.60$)

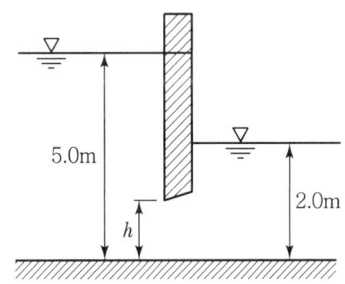

① 0.36m   ② 0.58m
③ 0.67m   ④ 0.73m

해설
- $Q = CA\sqrt{2gH}$
- $8 = 0.6 \times (3 \times h) \times \sqrt{2 \times 9.8 \times (5-2)}$
  ∴ $h = 0.58m$

CHAPTER 02 실 / 전 / 문 / 제

01 정수압의 성질에 대한 설명으로 옳지 않은 것은?

① 정수압은 수중의 가상면에 항상 직각방향으로 존재한다.
② 대기압을 압력의 기준(0)으로 잡은 정수압은 반드시 절대압력으로 표시된다.
③ 정수압의 강도는 단위면적에 작용하는 압력의 크기로 표시한다.
④ 정수 중의 한 점에 작용하는 수압의 크기는 모든 방향에서 같은 크기를 갖는다.

해설
대기압을 압력의 기준으로 잡은 정수압은 절대압력이 아닌 계기압력으로 표시한다.

02 용기 속에 수은을 넣었더니 그 높이가 30cm이었다. 이 용기의 밑바닥에서 받는 단위 면적당 무게는?(단, 수은의 비중 : 13.6, 무게 1kg=10N)

① 40kPa(408g/cm²) ② 30kPa(306g/cm²)
③ 20kPa(204g/cm²) ④ 10kPa(102g/cm²)

해설
용기 밑바닥에서 받는 압력 : $p = wh = 13.6 \times 30 = 408\mathrm{g/cm^2}$

03 정수면(靜水面)하의 어떤 한 점에서 압력이 2.5kg/cm²이라면 이 점의 수심은?

① 5m ② 15m
③ 25m ④ 35m

해설
$p = wh$에서
압력수두 $h = \dfrac{p}{w} = \dfrac{25\,\mathrm{t/m^2}}{1\,\mathrm{t/m^3}} = 25\mathrm{m}$

04 다음 설명 중 옳지 않은 것은?

① 유체 속의 수평한 면에 대해서 압력은 전면적을 통하여 각 점에서의 크기가 같다.
② 수평한 면에 대한 전압력은 $P = w_o h A$가 된다.
③ 유체 속에서 수평이 아닌 평면에 대해서는 압력은 깊이에 비례한다.
④ 정지액체가 면요소에 작용하는 힘은 그 면에 직각이다. 이는 전단력 또는 점성력이 작용하기 때문이다.

해설
정지액체가 면요소에 작용하는 힘은 그 면에 직각이다. 이는 전단력(점성력)이 작용하지 않기 때문이다.

05 그림에서 (a), (b) 바닥이 받는 총수압을 각각 P_a, P_b라 표시할 때 두 총수압의 관계로 옳은 것은?(단, 바닥 및 상면의 단면적은 그림과 같고, (a), (b)의 높이는 같다.)

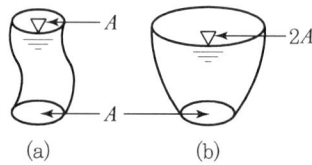

① $P_a = 2P_b$ ② $P_a = P_b$
③ $2P_a = P_b$ ④ $4P_a = P_b$

해설
총수압(전수압) $P = wh_G A$에서 그림 (a), (b)의 높이와 바닥면의 단면적이 같으므로 총수압은 동일하다.

06 그림에서 면적비 $\dfrac{A}{a} = 1{,}000$, $\dfrac{L}{l} = 5$로 하여 $P = 1\mathrm{kgf}$의 힘이 가해질 때 Q는?

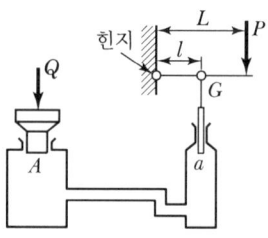

① 4.0tf ② 4.3tf
③ 5.0tf ④ 5.3tf

정답 01 ② 02 ① 03 ③ 04 ④ 05 ② 06 ③

[해설]

$$\frac{Q}{A} = \frac{G}{a} = \frac{P \times L/l}{a} \ (\because G \times l = P \times L)$$에서

$$\therefore Q = \left(\frac{A}{a}\right) \times P \times L/l = 1,000 \times 1\text{kg} \times 5$$
$$= 5,000\text{kg} = 5\text{ton}$$

07 다음 중 유량측정장치가 아닌 것은?

① 마노미터 ② 벤투리미터
③ 오리피스 ④ 파샬플룸

[해설]
마노미터(Manometer)는 압력측정기구이다.

08 그림에서 A점(관 내)에서의 압력에 대한 설명으로 옳은 것은?(단, B점은 수면에 위치)

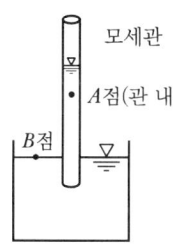

① B점에서의 압력보다 낮다.
② B점에서의 압력보다 높다.
③ B점에서의 압력과 같다.
④ B점에서의 압력과 비교할 수가 없다.

[해설]
A점의 압력은 wh의 압력만큼 작다.

09 수면 아래 20m 지점의 수압은 몇 N/cm^2인가?(단, 물의 단위중량은 $9.8kN/m^3$이다.)

① $10N/cm^2$ ② $20N/cm^2$
③ $200N/cm^2$ ④ $2,000N/cm^2$

[해설]
$p = wh = 10kN/m^3 \times 20m = 200kN/m^2 = 20N/cm^2$

10 반지름($\overline{OP}$)이 6m이고, $\theta' = 30°$인 수문이 그림과 같이 설치되었을 때 수문에 작용하는 전수압(저항력)은?

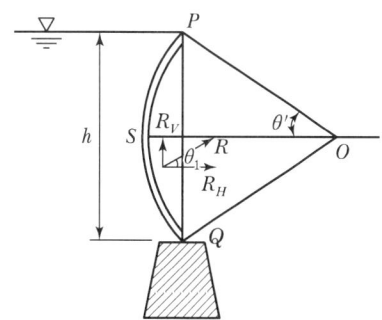

① $159.5kN/m$ ② $169.5kN/m$
③ $179.5kN/m$ ④ $189.5kN/m$

[해설]
수평분력(P_H) $= 9.8 \times 3 \times 6 = 176.4kN/m$

연직분력(P_V) $= 9.8 \times \left(\frac{1}{6} \cdot \frac{\pi \times 12^2}{4} - \frac{1}{2} \times 6 \times 6 \times \sin 60°\right)$
$= 31.96kN/m$

수문에 작용하는 전압력은
$P = \sqrt{P_H^2 + P_V^2} = \sqrt{176.4^2 + 31.96^2}$
$= 179.3kN/m$

11 연직 평면에 작용하는 전수압의 작용점 위치에 관한 설명 중 옳은 것은?

① 전수압의 작용점은 항상 도심보다 위에 있다.
② 전수압의 작용점은 항상 도심보다 아래에 있다.
③ 전수압의 작용점은 항상 도심과 일치한다.
④ 전수압의 작용점은 도심 위에 있을 때도 있고 아래에 있을 때도 있다.

[해설]
전수압의 작용점의 위치 : $h_c = h_G + \dfrac{I}{h_G A}$

∴ 전수압의 작용점은 항상 도심보다 아래에 있다.

정답 07 ① 08 ① 09 ② 10 ③ 11 ②

CHAPTER 02 실 / 전 / 문 / 제

12 그림과 같은 직사각형 평면이 연직으로 서 있을 때 그 중심의 수심을 H_G 라 하면 압력의 중심 위치(작용점)를 a, b, H_G로 표현한 것으로 옳은 것은?

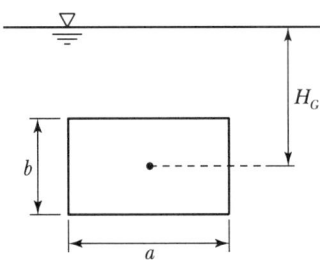

① $H_G + \dfrac{1}{H_G \cdot a \cdot b}$ ② $H_G + \dfrac{ab^2}{12}$

③ $H_G + \dfrac{b}{12 \cdot H_G}$ ④ $H_G + \dfrac{b^2}{12 \cdot H_G}$

[해설]

$h_c = H_G + \dfrac{I}{H_G A} = H_G + \dfrac{\frac{ab^3}{12}}{H_G ab} = H_G + \dfrac{b^2}{12H_G}$

13 1m×1m 크기의 평판을 연직방향으로 세워서 물속에 잠기게 하였다. 이 평판을 점점 더 깊은 곳으로 이동한 경우에 전수압의 작용점까지의 수심(h_C)과 평면의 도심까지의 수심(h_G)의 차 ($h_C - h_G$)는?

① 0보다 작아진다. ② 0에 가까워진다.
③ 점점 커진다. ④ 변함이 없다.

[해설]
• 수면 바로 아래 수중에 잠겨 있을 때 작용점

$h_C = h_G + \dfrac{I_G}{h_G A} = \dfrac{1}{2} + \dfrac{\frac{1 \times 1^3}{12}}{\frac{1}{2} \times (1 \times 1)} = 0.67\,\mathrm{m}$

따라서 $h_C - h_G = 0.67 - 0.5 = 0.17$

• 수면 아래 1m 지점에서 수중에 잠겨 있을 때 작용점

$h_C = h_G + \dfrac{I_G}{h_G A}$

$= \left(1 + \dfrac{1}{2}\right) + \dfrac{\frac{1 \times 1^3}{12}}{\left(1 + \dfrac{1}{2}\right) \times (1 \times 1)}$

$= 1.55\,\mathrm{m}$

• $h_C - h_G = 1.55 - 1.5 = 0.05$

즉, 평판을 점점 더 깊은 곳으로 이동한 경우에 전수압의 작용점까지의 수심(h_C)과 평면의 도심까지의 수심(h_G)의 차 ($h_C - h_G$)는 0에 가까워진다.

14 그림과 같이 높이 4m, 폭 4m인 수문이 있다. 상류 수심 5m에서 하류로 물이 흐를 때 이 수문에 작용하는 전수압의 작용점 위치는?(단, 수면을 기준으로 한 위치)

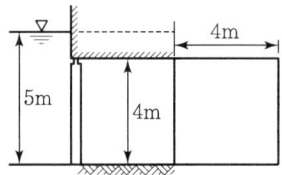

① 3.444m ② 4.333m
③ 4.777m ④ 4.875m

[해설]

$h_C = h_G + \dfrac{I_G}{h_G \times A} = 3 + \dfrac{\frac{4 \times 4^3}{12}}{3 \times (4 \times 4)} = 3.444\,\mathrm{m}$

15 그림과 같이 물속에 잠긴 원판에 작용하는 전수압은?(단, 무게 1kg=9.8N)

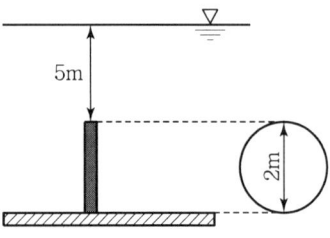

① 92.3kN ② 184.7kN
③ 369.3kN ④ 738.5kN

정답 12 ④ 13 ② 14 ① 15 ②

해설

$$P = wh_G A = 1 \times \left(5 + \frac{2}{2}\right) \times \frac{\pi \times 2^2}{4}$$
$$= 18.84t = 18.84 \times 9.8 = 184.7 \text{kN}$$

16 높이 4.5m, 폭 2m의 직사각형 판이 수직으로 물을 지지하고 있다. 판의 상단이 수면과 일치할 때 이 판에 작용하는 전수압의 작용점 위치(H_c)는 수면으로부터 몇 m인가?

① 1m ② 1.5m
③ 2m ④ 3m

해설

$$H_C = \frac{2}{3}h = \frac{2}{3} \times 4.5 = 3\text{m}$$

17 그림과 같이 폭이 3m인 판으로 물의 흐름을 가로막았을 때 상류수심은 6m, 하류수심은 3m이었다. 이때 전수압의 작용점 위치(y)는?

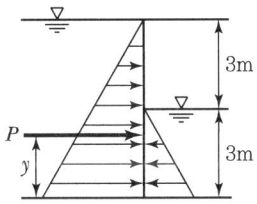

① $y = 1.50$m ② $y = 2.33$m
③ $y = 3.66$m ④ $y = 4.56$m

해설

- 상류 : $P_1 = 1 \times (6/2) \times (3 \times 6) = 54t$
- 하류 : $P_2 = 1 \times (3/2) \times (3 \times 3) = 13.5t$
- 판 가운데의 아래 끝을 기준으로 모멘트를 취하면

$(54 \times h_{C1}) - (13.5 \times h_{C2}) = (54 - 13.5) \times y$에서
$h_{C1} = 6 \times 1/3 = 2$m이고,
$h_{C2} = 3 \times 1/3 = 1$m이므로
$(54 \times 2) - (13.5 \times 1) = (54 - 13.5) \times y$
∴ $y = 2.33$m

18 폭 2.4m, 높이 2.7m의 연직 직사각형 수문이 한쪽 면에서 수압을 받고 있다. 수문의 밑면은 힌지로 연결되어 있고 상단은 수평체인(Chain)으로 고정되어 있을 때 이 체인에 작용하는 장력(張力)은 얼마인가?(단, 수문의 정상과 수면은 일치한다.)

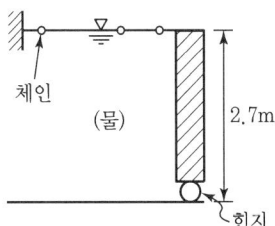

① 2.92ton ② 5.83ton
③ 7.87ton ④ 8.75ton

해설

- $P = wh_G A = 1 \times \frac{2.7}{2} \times (2.4 \times 2.7)$
  $= 8.75t$
- 힌지를 중심으로 모멘트를 취하면
  $8.75 \times \left(2.7 \times \frac{1}{3}\right) = P \times 2.7$
  ∴ $P = 2.92t$

19 그림과 같이 지름 3m, 길이 8m인 수문에 작용하는 전수압 수평분력 작용점까지의 수심은?

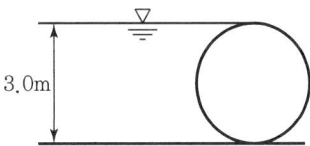

① 2.00m ② 2.12m
③ 2.34m ④ 2.43m

해설

- 수평분력의 작용점 $h_c = \frac{2}{3}h$
- $h_c = \frac{2}{3}h = \frac{2}{3} \times 3 = 2$m

※ [별해] $h_c = h_G + \dfrac{I_G}{h_G \times A} = 1.5 + \dfrac{\frac{(8 \times 3^3)}{12}}{1.5 \times (8 \times 3)} = 2$m
(원판이 아니고 수문)

정답 16 ④ 17 ② 18 ① 19 ①

CHAPTER 02 실 / 전 / 문 / 제

20 수심 3m, 폭 2m인 직사각형 수로를 연직판으로 가로막았을 때, 이 연직판에 작용하는 전수압의 크기와 작용점의 위치는?

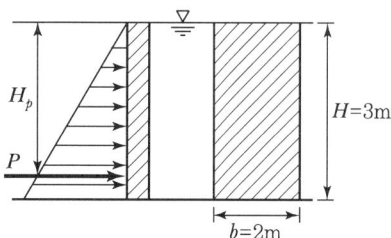

① $P=9t$, $H_p=2m$ ② $P=6t$, $H_p=1m$
③ $P=6t$, $H_p=2m$ ④ $P=9t$, $H_p=1m$

해설
전수압 $P = 1 \times \dfrac{3}{2} \times (2 \times 3) = 9\text{ton}$

작용점 $H_p = h_G + \dfrac{I_G}{h_G \times A}$

$= \dfrac{3}{2} + \dfrac{2 \times 3^3 / 12}{3/2 \times (2 \times 3)} = 2\text{m}$

또는 $H_p = \dfrac{2}{3}h = \dfrac{2}{3} \times 3 = 2\text{m}$

21 그림과 같이 수문이 설치되어 있을 때 수문이 열리지 않도록 지지하는 힘 F는?(단, 수문 AB의 폭은 2m이고, 수심 9m 부분만 물로 채워져 있음)

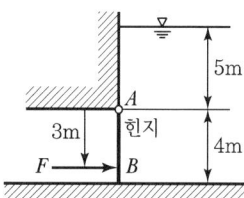

① 10.22ton ② 20.44ton
③ 30.67ton ④ 40.89ton

해설
$P = 1 \times \left(5 + \dfrac{4}{2}\right) \times (2 \times 4) = 56\text{ton}$

$h_c = 7 + \dfrac{2 \times 4^3 / 12}{7 \times (2 \times 4)} = 7.19\text{m}$

$\sum F_x = 0$, $56 \times (7.19 - 5) - 3 \times F = 0$

∴ $F = 40.88\text{ton}$

22 다음 그림과 같이 물속에 잠겨 있는 원관에 작용하는 전수압은?

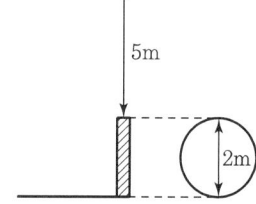

① 9.42ton
② 18.85ton
③ 37.68ton
④ 75.36ton

해설
$P = wh_G A = 1 \times \left(5 + \dfrac{2}{2}\right) \times \dfrac{\pi \times 2^2}{4} = 18.85\text{t}$

23 높이 6m, 폭 1m의 구형 수문이 수직으로 설치되어 있다. 물이 수문의 윗단까지 차 있다고 하면 이 수문에 작용하는 전수압의 작용점은?

① $h_c = 3\text{m}$ ② $h_c = 3.5\text{m}$
③ $h_c = 4\text{m}$ ④ $h_c = 4.3\text{m}$

해설
$h_C = h_G + \dfrac{I_G}{h_G A} = 3 + \dfrac{\dfrac{1 \times 6^3}{12}}{3 \times (1 \times 6)} = 4\text{m}$

24 정지한 담수에 잠겨 있는 평판에 작용하는 전수압 및 전수압의 작용점 위치 S_C를 구한 값 중 옳은 것은?(단, 물의 단위중량은 9.8kN/m³ 이다.)

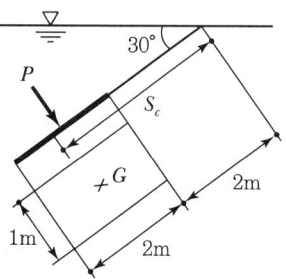

① $P = 52\text{kN}$, $S_C = 3.11\text{m}$
② $P = 30\text{kN}$, $S_C = 3.0\text{m}$
③ $P = 30\text{kN}$, $S_C = 3.11\text{m}$
④ $P = 52\text{kN}$, $S_C = 3.0\text{m}$

정답 20 ① 21 ④ 22 ② 23 ③ 24 ③

해설

$P = w S_G \sin\theta\, A = 10 \times (2+2/2) \times \sin 30 \times (1\times 2) = 30\text{kN}$

$S_C = 3 + \dfrac{1\times 2^3/12}{3\times(1\times 2)} = 3.11\text{m}$

25 그림에서 곡면 AB에 작용하는 전수압의 수평분력은?(단, 곡면의 폭은 1m이고, γ는 물의 단위중량임)

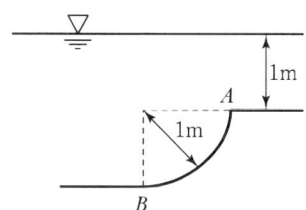

① $4.7\gamma\text{m}^3$ ② $3.5\gamma\text{m}^3$
③ $3\gamma\text{m}^3$ ④ $1.5\gamma\text{m}^3$

해설

$P_H = \omega h_G A = \gamma \times \left(1+\dfrac{1}{2}\right)\times(1\times 1) = 1.5\gamma\,\text{m}^3$

26 내경이 1,200mm인 송수관이 수두 100m의 수압에 견딜 수 있도록 하기 위한 강관의 최소 두께는?(단, 강관의 허용인장응력은 137.3MPa이다.)

① 2.7mm ② 3.5mm
③ 4.3mm ④ 5.2mm

해설

강관의 최소두께

$t = \dfrac{pD}{2\sigma_{ta}} = \dfrac{whD}{2\sigma_{ta}} = \dfrac{1\,\text{t/m}^3 \times 100\,\text{m} \times 1.2\,\text{m}}{2\times 14{,}000\,\text{t/m}^2}$
$= 0.0043\,\text{m} = 4.3\,\text{mm}$

27 그림과 같이 지름 3m, 길이 8m인 수로의 드럼 게이트에 작용하는 전수압이 수문 ABC에 작용하는 지점의 수심은?

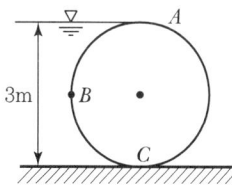

① 2.68m ② 2.43m
③ 2.25m ④ 2.00m

해설

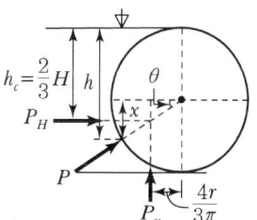

$h = 1.5 + x = 1.5 + 0.926 = 2.426$

• θ

$\tan\theta = \dfrac{2-1.5}{\dfrac{4R}{3\pi}} \quad \therefore\ \theta = 38.13°$

• x

$\sin 38.13° = \dfrac{x}{1.5} \quad \therefore\ x = 0.926\text{m}$

28 길이 13.0m, 높이 2.0m, 폭 3.0m, 무게 200kN인 바지선의 흘수(Draft)는?(단, 물의 단위중량은 10kN/m³이다.)

① 0.51m ② 0.53m
③ 0.56m ④ 0.59m

해설

$W = B$에서
$200\text{kN} = 10\text{kN/m}^3 \times (3\times 13\times d)\text{m}^3$이므로
$\therefore\ d = 0.512\text{m}$

정답 25 ④ 26 ③ 27 ② 28 ①

CHAPTER 02 실 / 전 / 문 / 제

29 단위무게 5.88kN/m³, 단면 40cm×40cm, 길이 4m인 물체를 물속에 완전히 가라앉히려 할 때 필요한 최소 힘은?

① 2.51kN   ② 3.76kN
③ 5.88kN   ④ 6.27kN

해설
- W(무게)$+P=B$(부력)
- $5.88(0.4 \times 0.4 \times 4) + P = 9.8(0.4 \times 0.4 \times 4)$
  ∴ $P = 2.51$kN

30 밑면이 7.5m×3m이고 깊이가 4m인 빈 상자의 무게가 4×10^5N이다. 이 상자를 물속에 완전히 가라앉히기 위하여 상자에 넣어야 할 최소 추가 무게는?(단, 물의 단위 무게=9,800N/m³)

① 340,000N   ② 375,000N
③ 400,000N   ④ 482,000N

해설
$P = B - W = 9,800 \times (7.5 \times 3 \times 4) - 4 \times 10^5 = 482,000$N

31 물체의 공기 중 무게가 750N이고 물속에서의 무게는 150N일 때 이 물체의 체적은?(단, 무게 1kg = 10N)

① 0.05m³   ② 0.06m³
③ 0.50m³   ④ 0.60m³

해설
$W = B + W'$에서 부력 $B = wV$이므로
$75 = 1,000 \times V + 15$
∴ $V = 0.06$m³

32 부피 5m³인 해수의 무게(W)와 밀도(ρ)를 구한 값으로 옳은 것은?(단, 해수의 단위중량은 1.025t/m³)

① 5ton, $\rho = 0.1046$kg·sec²/m⁴
② 5ton, $\rho = 104.6$kg·sec²/m⁴
③ 5.125ton, $\rho = 104.6$kg·sec²/m⁴
④ 5.125ton, $\rho = 0.1046$kg·sec²/m⁴

해설
단위중량 $w = \dfrac{W}{V}$에서 $1.025 = \dfrac{W}{5}$이므로
$W = 5.125$ton
밀도 $\rho = \dfrac{w}{g} = \dfrac{1.025}{9.8} = 104.6$kg·s²/m⁴

33 중량이 600kg, 비중이 3.0인 물체를 물(담수) 속에 넣었을 때 물속에서의 중량은?

① 100kg   ② 200kg
③ 300kg   ④ 400kg

해설
- V_a(V잠)
  600kg $= \omega_s (3,000\text{kg/m}^3) \cdot V_a$
  ∴ $V_a = 0.2$m³
- 600kg $= (1,000\text{kg/m}^3 \times 0.2\text{m}^3) + W'$
  ∴ $W' = 400$kg

34 그림과 같은 철근 콘크리트 케이슨을 해수에 띄웠을 때 그 흘수선까지의 높이 X는?(단, 해수의 비중 = 1.025, 철근 콘크리트의 단위중량 = 2.4t/m³)

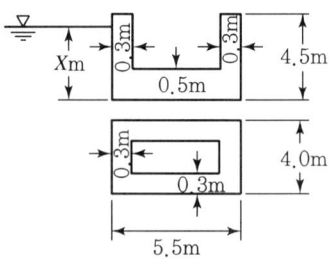

① $X = 2.85$m   ② $X = 3.44$m
③ $X = 3.85$m   ④ $X = 4.0$m

해설
$W = B$에서
$2.4 \times (5.5 \times 4.0 \times 4.5 - 4.9 \times 3.4 \times 4.0)$
$= 1.025 \times (5.5 \times 4.0 \times X)$
∴ $X = 3.44$m
(부력은 수중부분의 물체체적만큼의 물의 무게이다.)

35 그림과 같은 콘크리트 케이슨이 바닷물에 떠 있을 때 흘수는?(단, 콘크리트 비중은 2.4이며, 바닷물의 비중은 1.025이다.)

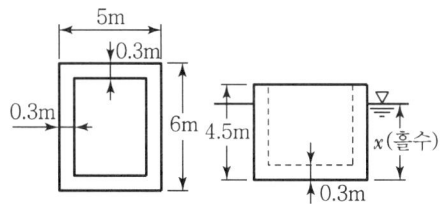

① $x = 2.35$m   ② $x = 2.55$m
③ $x = 2.75$m   ④ $x = 2.95$m

- W(무게) $= B$(부력)
  $2.4 \times \{(5 \times 6 \times 4.5) - (4.4 \times 5.4 \times 4.2)\}$
  $= 1.025(5 \times 6 \times x)$
- $x = 2.75$m

36 $10 \times 20 \times 20$cm의 체적을 갖는 6면체의 물속 무게가 100N이었다. 이 물체의 공기 중에서의 무게와 비중은?

① 206.8N, 1.32
② 206.8N, 2.07
③ 139.2N, 1.32
④ 139.2N, 3.55

해설

$W = B + W'$에서 $w_s V = w \overline{V} + W'$이므로
$w_s \times (0.1 \times 0.2 \times 0.2)$
  $= 1,000 \times (0.1 \times 0.2 \times 0.2) + \dfrac{100}{9.8}$ ($\because 1\text{N} = \dfrac{1}{9.8}$kg)

$w_s = 3,551$kg/m³이므로

$\therefore G_s = \dfrac{w_s}{w} = 3.55$

$\therefore W = 3,551 \times 9.8 \times (0.1 \times 0.2 \times 0.2) = 139.2$N

37 부력에 대한 설명으로 옳지 않은 것은?

① 부력은 수심에 비례하는 압력을 받는다.
② 부체가 배제할 물의 무게와 같은 부력을 받는다.
③ 부력은 고체의 수중부분 부피와 같은 부피의 물 무게와 같다.
④ 유체에 떠 있는 물체는 그 자신의 무게와 같은 만큼의 유체를 배제한다.

해설

부력은 수중부분의 물체 체적만큼의 물의 무게이다.

38 밑면이 $7.5\text{m} \times 3\text{m}$이고 깊이가 4m인 빈 상자의 무게가 4×10^5N이다. 이 상자를 물속에 완전히 가라앉히려면 얼마 이상의 무게를 상자 속에 넣어야 하겠는가?(단, 물의 단위 무게$= 9,800$N/m³)

① 340,000N
② 375,000N
③ 400,000N
④ 482,000N

해설

가해야 할 힘을 P라고 하면 $P + W = B$에서
$P = B - W = w\overline{V} - W$
  $= 9,800 \times (7.5 \times 3 \times 4) - 400,000 = 482,000$N

39 빙산(氷山)의 비중이 0.92라 하고, 바닷물의 비중이 1.025라 할 때 빙산의 바닷물속에 잠겨 있는 부분의 부피는 전체 부피의 약 몇 배인가?

① 0.70배   ② 0.89배
③ 1.10배   ④ 2.50배

해설

$w_s V = w \overline{V} \rightarrow 0.92 V = 1.025 \overline{V}$

$\therefore \overline{V} = \dfrac{0.92}{1.025} V = 0.89 V$

CHAPTER 02 실 / 전 / 문 / 제

40 300kN의 철근콘크리트가 물속에 있을 때의 무게는?(단, 철근콘크리트의 비중은 2.4이고 물의 단위중량은 9.8kN/m³ 이다.)

① 125kN ② 157kN
③ 175kN ④ 197kN

해설
$W = B + W'$에서
$W' = W - B = W - w\overline{V} = W - w\dfrac{W}{w_s}$
$= 30 - 10 \times \dfrac{30}{2.4} = 175\text{kN}$

41 해수에 떠 있는 폭 8m, 길이 20m의 물체를 담수(淡水)에 넣었더니 흘수가 6cm 증가했다. 이 물체의 중량은?(단, 해수의 단위중량은 1,025kg/m³ 이다.)

① 309.6t ② 399.6t
③ 393.6t ④ 398.6t

해설
$1.025 \times (8 \times 20 \times d) = 1 \times [8 \times 20 \times (d + 0.06)]$
∴ $d = 2.4\text{m}$
∴ $W = 1.025 \times (8 \times 20 \times 2.4) = 393.6\text{t}$

42 그림과 같은 배의 무게가 882kN일 때 이 배가 운항하는 데 필요한 최소수심은?(단, 물의 비중=1, 무게 1kg=9.8N)

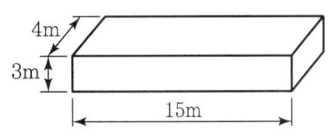

① 1.2m ② 1.5m
③ 1.8m ④ 2.0m

해설
$W = B$에서 $882\text{kN} = 9.8(\text{kN/m}^3) \times (15\text{m} \times 4\text{m} \times d)$
∴ $d = 1.5\text{m}$

43 다음 중 부체의 안정을 조사할 때 고려되지 않는 것은?

① 경심 ② 수심
③ 부심 ④ 물체중심

해설
수심은 부체의 안정성과 관계가 없다.

44 선박의 갑판에 있는 100kN의 화물을 선박의 종축에 직각방향으로 10m 이동했을 때 선박이 1/20 정도 기울어졌다. 이 선박의 배수용량은?(단, 경심고는 2.5m임)

① 200kN ② 8,000kN
③ 7,500kN ④ 2,400kN

해설
경심고 $h = \dfrac{P \cdot L}{W \cdot \tan\theta}$에서 $2.5 = \dfrac{100 \times 10}{W \times 1/20}$
∴ $W = 8,000\text{t}$

45 부체는 일반적으로 어떤 경우에 기울어지기 쉬운가?

① 부양면에 대한 단면 1차 모멘트가 작을수록
② 부양면에 대한 단면 1차 모멘트가 클수록
③ 부양면에 대한 단면 2차 모멘트가 작을수록
④ 부양면에 대한 단면 2차 모멘트가 클수록

해설
$\dfrac{I_x}{V} > \overline{CG}$일 때 안정하므로 I_x가 가장 작은 경우일 때 기울어지기 쉽다(불안정하다).

46 부체가 물 위에 떠 있을 때, 부체의 중심(G)과 부심(C)의 거리를 e, 부심(C)과 경심(M)의 거리를 a, 경심(M)에서 중심(G)까지의 거리를 b라 할 때, 부체의 안정조건은?

정답 40 ③ 41 ③ 42 ② 43 ② 44 ② 45 ③ 46 ①

① $a > e$ ② $a < b$
③ $b < e$ ④ $b > e$

해설
부체의 안정조건은 경심고 $\overline{MG} = \overline{CM} - \overline{CG} > 0$일 때, 즉 $\overline{CM} > \overline{CG}$일 때 안정하다. 여기서, 부체의 부심과 경심과의 거리 $= \overline{CM} = a$, 부체의 중심과 부심과의 거리 $= \overline{CG} = e$이므로 $a > e$이다.

47 부체의 중심을 G, 부심을 C, 경심을 M이라 할 때 불안정한 상태를 표시한 것은?

① $\overline{CM} = \overline{CG}$일 때
② M이 G보다 위에 있을 때
③ M과 G가 연직축상에 있을 때
④ M이 G보다 아래에 있고 C보다 위에 있을 때

해설
부체의 중심선과 부력의 작용선과의 교점인 경심(M)이 중심(G)보다 아래에 있고 부심 C보다 위에 있을 때 부체는 불안정한 상태이다.

48 부체가 물 위에 떠 있을 때, 부체의 중심(G)과 부심(C)의 거리($\overline{CG}$)를 e, 부심(C)과 경심(M)의 거리($\overline{CM}$)를 a, 경심(M)에서 중심(G)까지의 거리($\overline{MG}$)를 b라 할 때, 부체의 안정조건은?

① $a > e$ ② $a < b$
③ $b < e$ ④ $b > e$

해설
부체의 안정조건 : $a > e$

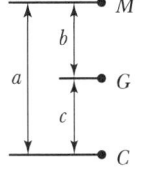

49 어떤 선박의 배수용량이 3,000kN이며, 갑판에서 20kN의 하중을 선박길이 방향의 직각방향으로 7m 이동시켰을 때 1/30radian 각도만큼 기울어졌을 때의 경심고는?(단, 무게 1kg = 10N, 1/30radian ≒ 1.91°)

① 1.20m   ② 1.30m
③ 1.40m   ④ 1.50m

해설
경심고
$$\overline{MG} = \frac{P \cdot L}{W \cdot \tan\theta} = \frac{20 \times 7}{3,000 \times \tan 1.91°} = 1.4\text{m}$$

50 길이 a, 높이 b인 용기에 물이 h의 높이로 채워져 있다. 이 용기가 수평방향으로 α의 가속도로 운동하기 때문에 그림과 같이 수면이 경사져서 물이 넘치려고 한다면 이때의 가속도 α는?

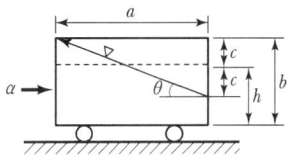

① $\dfrac{2g(b-h)}{a}$ ② $\dfrac{2a(b-h)}{g}$
③ $\dfrac{g(b-h)}{a}$ ④ $\dfrac{a(b-h)}{g}$

해설
$\tan\theta = \dfrac{\alpha}{g} = \dfrac{b-h}{\frac{a}{2}}$ 에서 $\alpha = \dfrac{2g(b-h)}{a}$

51 그림과 같이 높이 2m인 물통에 물이 1.5m만큼 담겨져 있다. 물통이 수평으로 4.9m/s²의 일정한 가속도를 받고 있을 때 물통의 물이 넘쳐흐르지 않기 위한 물통의 최소 길이는?

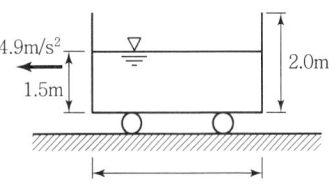

CHAPTER 02 실/전/문/제

① 2.0m ② 2.4m
③ 2.8m ④ 3.0m

[해설]
- $z = -\dfrac{\alpha}{g}x$
- 상승최대높이는 2m − 1.5m = 0.5m (z값)
- $20.5 = -\dfrac{4.9}{9.8} \times x$
  ∴ $x = -1$m (중앙을 중심으로 한 좌표개념)
- x값은 중앙을 중심으로 $\dfrac{1}{2}L$
  ∴ 전체길이 L은 2m이다.

52 물이 들어 있는 원통을 밑면 원의 중심을 축으로 일정한 각속도로 회전시킬 때에 대한 설명으로 옳지 않은 것은?(단, 물의 양은 변화가 없는 경우)

① 회전할 때의 원통 측면에 작용하는 전수압은 정지 시보다 크다.
② 원통 측면에 작용하는 압력은 원통의 반지름이 커지면 그 크기는 증가한다.
③ 정지 시나 회전 시의 전 밑면이 받는 수압은 동일하다.
④ 회전 시 원통 밑면의 외측 수압강도는 정지 시와 크기가 같다.

[해설]
회전 시의 수압강도는 외측으로 갈수록 커진다.

53 물이 들어 있고 뚜껑이 없는 수조가 14.7m/sec²로 연직 상향으로 가속될 때 수조 속 깊이 2.0m에서의 압력은?(단, 물의 단위중량은 10kN/m³이다.)

① 10kN/m² ② 30kN/m²
③ 50kN/m² ④ 70kN/m²

[해설]
수직으로 상향 이동 시
$p = wh\left(1 + \dfrac{\alpha}{g}\right) = 10\text{kN/m}^3 \times 2\text{m} \times \left(1 + \dfrac{14.7}{9.8}\right)$
$= 50\text{kN/m}^2$

54 그림에서 A와 B의 압력차는?(단, 수은의 비중은 13.5)

① 0.638t/m²
② 6.75t/m²
③ 6.25t/m²
④ 0.689t/m²

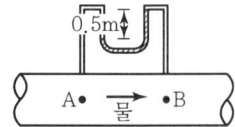

[해설]
$p_A + 1\text{t/m}^3 \times 0.5\text{m} = p_B + 13.5\text{t/m}^3 \times 0.5\text{m}$
∴ $p_A - p_B = 0.5 \times (13.5 - 1.0) = 6.25\text{t/m}^2$

55 다음 그림에서 A점에 작용하는 정수압 P_1, P_2, P_3, P_4에 관한 사항 중 옳은 것은?

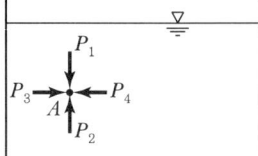

① P_1이 가장 작다.
② P_2가 가장 크다.
③ P_3가 가장 크다.
④ P_1, P_2, P_3, P_4의 크기는 같다.

[해설]
정수 중 한 점에 작용하는 정수압은 모든 방향에 대해 동일한 크기를 갖는다.

56 물속에 존재하는 임의의 면에 작용하는 정수압의 작용방향에 대한 설명으로 옳은 것은?

① 정수압은 수면에 대하여 수평방향으로 작용한다.
② 정수압은 수면에 대하여 수직방향으로 작용한다.
③ 정수압은 임의의 면에 직각으로 작용한다.
④ 정수압의 수직압은 존재하지 않는다.

[해설]
정수 중에 임의의 면에 작용하는 정수압은 항상 면에 직각(수직)으로 작용한다.

정답 52 ④ 53 ③ 54 ③ 55 ④ 56 ③

CHAPTER 03

동수역학

01 흐름
02 흐름의 분류
03 1차원 흐름의 기본 방정식
04 1차원 베르누이 방정식의 응용
05 역적-운동량 방정식
06 Euler 방정식과 연속방정식
07 에너지 보정계수와 운동량 보정계수
08 속도 포텐셜과 항력

01 흐름

1. 정수역학과 동수역학

정수역학	동수역학
흐르지 않고 정지상태에 있는 물과 힘의 관계를 다루는 분야	물이 흐를 경우 유체의 운동기술과 힘과의 관계를 다루는 분야

2. 유속과 유량

구분	기호	해설
흐름	F	유체 입자가 연속적으로 운동
유속	V	흐름의 속도(m/s)
유적	A	흐름을 직각으로 끊는 횡단면적
유량	Q	단위시간에 그 유적을 통과하는 물의 용적(량)(m^3/s)

3. 유선

구분	기호	해설
유선 (Stream line)	Sl	• 속도 벡터의 접선을 연결한 선(가상) • 유선에 수평한 방향으로 속도 성분 존재
유적선 (Path line)	Pl	운동하고 있는 유체에서 개개 유체입자가 흐르는 경로
유관 (Stream tube)	St	여러 개의 유선들에 의해 둘러싸인 가상의 관
유선 방정식		① $\dfrac{dx}{u} = \dfrac{dy}{v} = \dfrac{dz}{w}$ ② 유선상을 따라 이동하는 유체입자의 변위와 속도성분 간의 관계를 표시하는 식 ③ 이 관계를 만족하는 공간좌표상의 선이 바로 유선

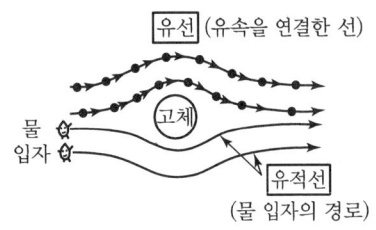
유선(유속을 연결한 선)
유적선(물 입자의 경로)

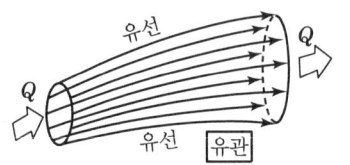
유선으로 둘러싼 가상관이 유관이다. 유관에서도 연속방정식이 성립된다.

GUIDE

- 전단력(τ) – 마찰 – 상대적 속도 – 흐름 – 이동속도(v) – 이동량(Q)

- 유체의 1차원 흐름
  직각방향의 속도성분을 갖지 않고 1개의 유선을 따라 흐르는 흐름방향 속도성분만을 갖는 흐름

- 유속
  단위 시간당 물의 유하 거리

- 유량
  $Q = AV$

- CMS(m^3/sec)
  Cubic Meter Per Sec

- 유선
  정류 시 유선은 다른 유선과 교차하지 않음

- 유적선
  정류일 때 유선과 일치

- 유선의 형태
  ① 직선 : $x = y$
  ② 원 : $x^2 + y^2 = c$
  ③ 쌍곡선 : $x \cdot y = c$
  $x^2 - y^2 = c$

예 / 상 / 문 / 제

01 다음 중 유량을 옳게 설명한 것은 어느 것인가?

① 단위 시간 내에 유적을 통과한 물의 용량이다.
② 단위 시간 내에 물이 이동한 거리이다.
③ 유적을 통과한 단위 시간을 말한다.
④ 유적을 통과하는 수량을 단위 시간당 유속으로 표시한다.

[해설]
$Q = AV$ 이고
단위는 $m^2 \times m/s = m^3/s$ 이다.

02 유선(Streamline)에 대한 설명으로 옳지 않은 것은?

① 유선에 수직한 방향으로 속도 성분이 존재한다.
② 유선은 어느 순간의 속도 벡터에 접하는 곡선이다.
③ 흐름이 정상류일 때는 유선과 유적선이 일치한다.
④ 유선 방정식은 $\frac{dx}{u} = \frac{dy}{v} = \frac{dz}{w}$ 이다.

[해설]
유선은 어느 시각에 각 입자의 속도벡터가 접선이 되는 가상적인 곡선

03 유관(Stream Tube)에 대한 설명으로 옳은 것은?

① 한 개의 유선(流線)으로 이루어지는 관을 말한다.
② 어떤 폐곡선(閉曲線)을 통과하는 여러 개의 유선으로 이루어지는 관을 말한다.
③ 개방된 곡선을 통과하는 유선으로 이루어지는 평면을 말한다.
④ 임의의 여러 유선으로 이루어지는 유동체를 말한다.

[해설]
유관(流管)은 어떤 폐곡선을 통과하는 여러 개의 유선으로 이루어지는 관을 말한다.

04 평면상 x, y 방향의 속도성분이 각각 $u = -ky$, $v = kx$인 흐름에서 유선의 형태는?

① 쌍곡선   ② 원
③ 타원   ④ 포물선

[해설]
유선방정식은 $\frac{dx}{u} = \frac{dy}{v}$ 이다.
문제에서 주어진 $u = -ky$, $v = kx$를 2차원 흐름의 유선방정식에 대입하면 $\frac{dx}{-ky} = \frac{dy}{kx}$ 이고
$x\,dx + y\,dy = 0$ 이고 적분하면,
$\frac{1}{2}x^2 + \frac{1}{2}y^2 = C \to x^2 + y^2 = C$ 이므로 원의 형태이다.

05 속도성분이 $u = kx$, $v = -ky$인 2차원 흐름의 유선은 다음 중 어느 경우인가?

① 직선   ② 포물선
③ 쌍곡선   ④ 3차 곡선

[해설]
유선의 방정식 $\frac{dx}{u} = \frac{dy}{v}$, $u = kx, v = -ky$를 대입하면
$\frac{1}{kx}dx = -\frac{1}{ky}dy$
적분하면 $x \cdot y = C$ 이므로 유선은 쌍곡선 형태이다.

06 평면상 x, y 방향의 속도성분이 각각 $u = ky$, $v = kx$인 유선의 형태는?

① 원   ② 타원
③ 쌍곡선   ④ 포물선

[해설]
2차원 흐름의 유선의 방정식 $\frac{dx}{u} = \frac{dy}{v}$ 에서
$u = ky$, $v = kx$를 대입하면 $\frac{dx}{ky} = \frac{dy}{kx}$ 에서
$xdx = ydy$ 이므로 $xdx - ydy = 0$

정답 01 ① 02 ① 03 ② 04 ② 05 ③ 06 ③

02 흐름의 분류

1. 정류(steady flow)와 부정류(unsteady flow)

구분	해설
정류(정상류)	수류의 단면에서 유속, 유량, 밀도 등이 시간과 무관하게 항상 일정하게 흐르는 평수위의 하천의 흐름
부정류	유체의 흐름 특성이 시간에 따라 변하는 흐름

유체의 흐름특성이 시간에 따라 변하느냐 혹은 변하지 않느냐는 정상류와 부정류를 구분하는 기준

2. 등류(uniform flow)와 부등류(nonuniform flow)

구분	모식도	해설
등류 (A–B) (C–D)	A B C D V_1 V_1 V_2 V_2	정류 시 어느 단면(거리)에서도 유속과 유적이 일정(에너지선과 동수경사선이 항상 평행)
부등류 (B–C)		정류 시 거리에 따라 유속과 유적이 변화하는 흐름

3. 층류(laminar flow)와 난류(turbulent flow)

구분	모식도	설명	구분 (Reynolds 수)
층류	층류	물분자가 층상으로 질서정연하게 흐르는 흐름	$Re < 2,000$
난류	난류	물분자가 흐름에 상하좌우로 직각방향의 속도성분을 가지고 이동하면서 흐르는 흐름	$Re > 4,000$

층류에서 난류로 변할 때의 유속과 난류에서 층류로 변할 때의 유속은 다르다.

GUIDE

- **정류**
  ① 평상시 하천
  ② 유선, 유적선 일치
  ③ 시간에 따른 변화 = 0
  $$\frac{\partial V(Q)}{\partial t} = 0, \ \frac{\partial \rho}{\partial t} = 0$$

- **부정류(비정상류)**
  ① 홍수 시 하천
  ② 유선, 유적선 불일치
  ③ 시간에 따른 변화 ≠ 0
  $$\frac{\partial V(Q)}{\partial t} \neq 0, \ \frac{\partial \rho}{\partial t} \neq 0$$

- **등류**
  공간적으로 변하지 않는 흐름
  $$\frac{\partial V}{\partial t} = 0, \ \frac{\partial V}{\partial l} = 0$$

- **부등류**
  공간적으로 변하는 흐름
  $$\frac{\partial V}{\partial t} = 0, \ \frac{\partial V}{\partial l} \neq 0$$

- 층류와 난류의 구분은 레이놀즈수에 의한다.

- **Reynolds 수(무차원)**
  점성력에 대한 관성력의 비
  $$Re = \frac{VD}{\nu} = \frac{\rho VD}{\mu}$$
  여기서, μ : 점성계수
  ν : 동점성계수

- **천이상태(영역)**
  (층류와 난류 공존, 불완전층류)
  $2,000 < Re < 4,000$

- **한계레이놀즈수** : 2,000

예 / 상 / 문 / 제

01 정류에 대한 설명으로 옳지 않은 것은?

① 어느 단면에서 지속적으로 유속이 균일해야 한다.
② 흐름의 상태가 시간에 관계없이 일정하다.
③ 유선과 유적선이 일치한다.
④ 유선에 따라 유속이 일정하게 변한다.

해설
정류는 수류의 단면에서 유속, 유량, 밀도 등이 시간과 무관하게 항상 일정하게 흐르는 평수위의 하천의 흐름

02 유체의 흐름에 대한 설명으로 옳지 않은 것은?

① 이상유체에서 점성은 무시된다.
② 점성이 있는 유체가 계속해서 흐르기 위해서는 가속도가 필요하다.
③ 정상류의 흐름상태는 위치변화에 따라 변화하지 않는 흐름을 의미한다.
④ 유관(Stream Tube)은 유선으로 구성된 가상적인 관이다.

해설
모든 점 또는 한 점에서 유동특성(속도, 압력, 밀도, 유량)이 시간에 따라 변하지 않는 흐름을 정상류라 하며, 유관은 유선들에 의하여 둘러싸인 가상적인 관이다.

03 에너지선과 동수경사선이 항상 평행하게 되는 흐름은?

① 등류 ② 부등류
③ 난류 ④ 상류

해설
두 단면이 일정하고 마찰손실만 발생하는 경우에 동수경사선은 에너지선에 대해 속도수두만큼 아래에 위치하고 서로 나란하며 이때의 흐름을 등류라고 한다.

04 레이놀즈 실험장치(Reynolds 수)에 의해서 구별할 수 있는 흐름은?

① 층류와 난류 ② 정류와 부정류
③ 상류와 사류 ④ 등류와 부등류

해설
층류와 난류는 Reynolds 수에 의해 구분한다.
층류 : $Re < 2,000$, 난류 : $Re < 4,000$

05 내경 2cm의 관 내를 수온 20℃의 물이 25cm/s의 유속을 갖고 흐를 때 이 흐름의 상태는?(단, 20℃일 때의 물의 동점성계수 $\nu = 0.01\text{cm}^2/\text{s}$)

① 층류 ② 난류
③ 상류 ④ 불완전 층류

해설
레이놀즈 수 $Re = \dfrac{VD}{\nu} = \dfrac{25 \times 2}{0.01} = 5,000 > 4,000$
∴ 난류이다.

06 레이놀즈 수가 갖는 물리적인 의미는?

① 점성력에 대한 중력의 비(중력/점성력)
② 관성력에 대한 중력의 비(중력/관성력)
③ 점성력에 대한 관성력의 비(관성력/점성력)
④ 관성력에 대한 점성력의 비(점성력/관성력)

해설
Reynolds 수는 층류와 난류를 구분하기 위하여 실험에 의해 얻어진 점성력에 대한 관성력의 비인 $Re = \dfrac{VD}{\nu}$ 로 나타낸다.(중력에 대한 관성력의 비는 Froude 수이다.)

07 직경 5cm의 원관에서 300cc/sec의 유량이 흐르고 있다. 이 흐름의 레이놀즈 수는 얼마인가? (물이 20℃일 때 $\nu = 0.01\text{cm}^2/\text{sec}$)

① 4,000 ② 5,670
③ 6,570 ④ 7,650

해설
$Re = \dfrac{VD}{\nu} = \dfrac{15.28 \times 5}{0.01} = 7,640$
$\left(V = \dfrac{Q}{A} = \dfrac{4Q}{\pi D^2} = \dfrac{4 \times 300}{\pi \times 5^2} = 15.28\text{cm/sec} \right)$

정답 01 ④ 02 ③ 03 ① 04 ① 05 ② 06 ③ 07 ④

03 1차원 흐름의 기본 방정식

1. 1차원 흐름

내용
① 하나의 유선은 가상의 선으로 한 개의 차원만을 가진다.
② 개개 유선을 따라 흐르는 흐름은 1차원 흐름이다.
③ 실제 흐름이 1차원이 아니더라도 유선이 거의 직선에 가깝고 서로 평형한 경우에는 1차원 흐름으로 간단하게 해석한다.

2. 1차원 흐름의 기본 방정식

구분	방정식 표시	식
연속방정식	질량보존의 법칙	$Q = AV$
에너지 방정식	베르누이(Bernoulli) 정리	$H = \dfrac{V^2}{2g} + \dfrac{p}{w} + z$
운동량 방정식	Newton 운동법칙	$F = \dfrac{w}{g} Q(V_2 - V_1)$

3. 1차원 흐름의 연속방정식

모식도		식
(그림)	비압축성 유체 (정류)	$Q = A_1 V_1 = A_2 V_2 =$ 일정 $\therefore A_1 V_1 = A_2 V_2$
(그림)	압축성 유체	$w_1 A_1 V_1 = w_2 A_2 V_2$

① 연속방정식 질량보존의 법칙을 설명해 주는 방정식
② 한 단면에서 다른 단면으로 흐르는 유체의 연속성을 표시
③ 유체의 밀도 변화가 무시할 정도로 작으면 비압축성 유체로 간주
④ 물은 비압축성으로 해석

GUIDE

- **연속 방정식**
  ① 질량보존의 법칙
  ② 정류일때와 부정류일 때 연속방정식은 같다.
  ③ 관수로에 물이 흐를 때 유속을 구하는 방법

- **에너지 방정식**
  ① H : 전수두
  ② $\dfrac{V^2}{2g}$: 속도수두
  ③ $\dfrac{p}{w}$: 압력수두
  ④ Z : 위치수두

- **압축성 유체**
  ① 밀도(ρ) 고려
  ② $\rho = \dfrac{w}{g}$

예 / 상 / 문 / 제

01 질량보존 법칙과 가장 관계가 깊은 것은?

① 운동 방정식　　② 에너지 방정식
③ 연속 방정식　　④ 운동량 방정식

[해설]
연속 방정식은 질량 보존법칙과 관계가 있고, 베르누이 방정식은 에너지 방정식과 관계가 있다.

02 흐름의 연속방정식은 어떤 법칙을 기초로 하여 만들어진 것인가?

① 질량 보존의 법칙
② 에너지 보존의 법칙
③ 운동량 보존의 법칙
④ 마찰력 불변의 법칙

[해설]
흐름의 연속방정식은 질량 보존의 법칙을 기초로 하여 만들어진 식이다.

03 그림과 같은 단면 ①에서의 관의 지름이 0.5m, 단면 ②의 지름이 0.2m, 단면 ①에서의 유속이 2m/sec라 하면, 단면 ②에서의 유속은?

① 10.5m/sec
② 11.5m/sec
③ 12.5m/sec
④ 13.5m/sec

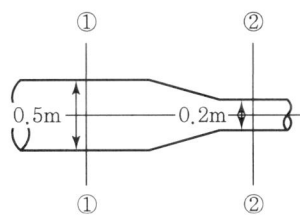

[해설]
연속방정식
$Q = A_1 V_1 = A_2 V_2$에서
$0.5^2 \times 2 = 0.2^2 \times V_2$ ∴ $V_2 = 12.5$m/sec

04 직사각형 수로에서 폭 3.2m, 평균유속 1.5 m/s, 유량 12m³/s라 하면 수로의 수심은?

① 2.5m　　② 3.0m
③ 3.5m　　④ 4.0m

[해설]
$Q = AV = b \times h \times V$에서
$h = \dfrac{Q}{b \times V} = \dfrac{12}{3.2 \times 1.5} = 2.5$m

05 지름 1m의 원통 수조에서 지름 2cm의 관으로 물이 유출되고 있다. 관 내의 유속이 2.0m/s일 때, 수조의 수면이 저하되는 속도는?

① 0.4cm/s　　② 0.3cm/s
③ 0.08cm/s　　④ 0.06cm/s

[해설]
연속방정식 $A_1 V_1 = A_2 V_2$에서
$\dfrac{\pi \times 100^2}{4} \times V_1 = \dfrac{\pi \times 2^2}{4} \times 200$
∴ $V_1 = 0.08$cm/sec

06 지름이 20cm인 A관에서 지름이 10cm인 B관으로 축소되었다가 다시 지름이 15cm인 C관으로 단면이 변화되었다. B관의 평균유속이 3m/s일 때 A관과 C관의 유속은?(단, 유체는 비압축성이며, 에너지 손실은 무시한다.)

① A관의 유속 $V_A = 0.75$m/s,
　C관의 유속 $V_C = 2.00$m/s
② A관의 유속 $V_A = 1.50$m/s,
　C관의 유속 $V_C = 1.33$m/s
③ A관의 유속 $V_A = 0.75$m/s,
　C관의 유속 $V_C = 1.33$m/s
④ A관의 유속 $V_A = 1.50$m/s,
　C관의 유속 $V_C = 0.75$m/s

[해설]
연속방정식 $Q = A_1 V_1 = A_2 V_2$에서
$\dfrac{\pi \times 0.2^2}{4} \times V_A = \dfrac{\pi \times 0.1^2}{4} \times 3$
∴ $V_A = 0.75$m/s
$\dfrac{\pi \times 0.15^2}{4} \times V_C = \dfrac{\pi \times 0.1^2}{4} \times 3$
∴ $V_C = 1.33$m/s

정답　01 ③　02 ①　03 ③　04 ①　05 ③　06 ③

4. 베르누이 정리(에너지 방정식)

구분	내용
정의	① 속도수두, 압력수두 및 위치수두의 합에 의해 발생한 에너지가 일정 ② 동일한 유선상에서 유체입자가 가지는 에너지는 같다. (에너지 불변의 법칙) ③ H(전수두) $= \dfrac{V^2}{2g} + \dfrac{p}{w} + z =$ 일정 총압력 = 동압력 + 정압력 + 위치압력
모식도	(그림: 에너지선, 동수경사선, 기준 수평선)
전수두 (H)	$H = \dfrac{V_1^2}{2g} + \dfrac{p_1}{\omega} + z_1 = \dfrac{V_2^2}{2g} + \dfrac{p_2}{\omega} + z_2 =$ 일정 이들 수두는 길이의 단위(m)를 가지나 실질적으로는 1kg의 유체가 가지는 에너지인 단위무게당 에너지(kg-m/kg)를 의미
손실수두(h_L) 고려 시	$\dfrac{V_1^2}{2g} + \dfrac{p_1}{\omega} + z_1 = \dfrac{V_2^2}{2g} + \dfrac{p_2}{\omega} + z_2 + h_L$
에너지선 ($E.L.$)	① 전수두를 연결한 선 ② 수평 기준면과 평행한 수평선(이상유체 흐름)
에너지 경사	에너지선의 경사 $\left(I = \dfrac{h_L}{l}\right)$
동수경사선 (수두경사선)	① 기준 수평면에서 위치수두와 압력수두의 합을 연결한 선 ② 에너지선은 동수경사선보다 위에 위치(속도수두만큼) ③ 동수경사선은 에너지선에서 속도수두만큼 아래에 위치
펌프의 에너지가 가해지는 경우	$\dfrac{V_1^2}{2g} + \dfrac{p_1}{\omega} + z_1 + E_P = \dfrac{V_2^2}{2g} + \dfrac{p_2}{\omega} + z_2 + E_T + h_L$ ① E_P : 펌프에 의한 수두 ② E_T : 수차(터빈)에 의한 수두 ③ h_L : 손실수두

GUIDE

- **베르누이 정리의 성립조건**
  ① 흐름은 정상류(부정류에서는 불성립)
  ② 비압축성 유체, 비점성 유체
  ③ 회전류는 동일한 유선상에서 성립
  ④ 임의 두 점은 동일 유선상에 있음(하나의 유선)
  ⑤ 하나의 유선에 대해서는 총에너지가 일정

- **정체압**
  정압력(P) + 동압력$\left(\dfrac{\rho V^2}{2}\right)$

- **정체압력 수두**
  압력수두 + 속도수두

- **속도수두** $\left(\dfrac{V^2}{2g}\right)$
  속도에너지를 액체의 높이로 표시

- **압력수두** $\left(h = \dfrac{p}{w}\right)$
  ① 압력에너지를 액체의 높이로 표시
  ② 1기압의 물이 갖는 압력
  ③ 수두는 10m

- **위치수두(Z)**
  유체 입자의 위치에너지를 나타내는 항

- h_L = 손실수두

- 에너지선은 동수경사선보다 위에 위치(속도수두만큼)

- 동수경사선은 에너지선에서 속도수두만큼 아래에 위치

- **등류(속도 동일)**
  에너지선과 동수경사선 평행

예 / 상 / 문 / 제

01 베르누이 정리가 성립하기 위한 조건으로 틀린 것은?

① 압축성 유체에 성립한다.
② 유체의 흐름은 정상류이다.
③ 개수로 및 관수로 모두에 적용된다.
④ 하나의 유선에 대하여 성립한다.

[해설]
베르누이 정리가 성립하기 위한 가정조건은 비회전류이며 이상유체(비압축성, 비점성)이어야 하며 정상류이다.

02 5m의 높이에 있는 물의 수압은 0.8MPa이고, 유속 10m/sec일 때 이 유수의 전수두는 약 얼마인가?

① 80m   ② 90m
③ 110m ④ 100m

[해설]
전수두 $H = z + \dfrac{p}{w} + \dfrac{V^2}{2g}$
$= 5 + \dfrac{80}{1} + \dfrac{10^2}{19.6} = 90.1\text{m}$

03 기준면상 높이 7m 위치에 있는 단면 1의 안지름이 50cm, 유속이 2m/s, 압력이 30N/cm²이고, 높이 2m 위치에 있는 단면 2의 안지름은 25cm, 압력은 25N/cm²이다. 이 관수로의 단면 1과 2 사이에서 발생하는 손실수두는?(단, 물의 단위중량은 9.8kN/m³이다.)

① 6.94m ② 5.94m
③ 4.94m ④ 3.94m

[해설]
$\dfrac{\pi \times 0.5^2}{4} \times 2 = \dfrac{\pi \times 0.25^2}{4} \times V_2$ 에서
$V_2 = 8\text{m/s}$
베르누이 정리로부터
$7 + \dfrac{30}{10} + \dfrac{2^2}{19.6} = 2 + \dfrac{25}{10} + \dfrac{8^2}{19.6} + h_L$
$\therefore h_L = 6.94\text{m}$

04 물이 3m/sec의 속도로 그림과 같은 원형 관을 흐를 때 관의 압력은?(단, 관 중심에서 에너지선($E.L$)까지의 높이는 1.2m이고, 무게 1kg=9.8N이다.)

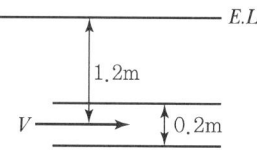

① 5,400Pa ② 6,700Pa
③ 7,260Pa ④ 8,300Pa

[해설]
$H = \dfrac{p}{w} + \dfrac{V^2}{2g}$ 에서 $1.2 = \dfrac{p}{9,800} + \dfrac{3^2}{19.6}$ $\therefore p = 7,260\text{Pa}$

05 정상적인 흐름 내의 1개의 유선상의 유체입자에 대하여 그 속도수두 $\dfrac{V^2}{2g}$, 압력수두 $\dfrac{P}{w_o}$, 위치수두 Z에 대하여 동수경사로 옳은 것은?

① $\dfrac{V^2}{2g} + \dfrac{P}{w_o}$ ② $\dfrac{V^2}{2g} + Z + \dfrac{P}{w_o}$
③ $\dfrac{V^2}{2g} + Z$ ④ $\dfrac{P}{w_o} + Z$

[해설]
동수경사선은 위치수두(Z)와 압력수두$\left(\dfrac{P}{w_o}\right)$의 합을 연결한 선으로, 에너지선에서 속도수두$\left(\dfrac{V^2}{2g}\right)$만큼 아래에 위치하며, 개수로일 때의 동수경사선은 수면과 일치한다.

06 관의 단면적이 4m²인 관수로에서 물이 정지하고 있을 때 압력을 측정하니 500kPa이었고 물을 흐르게 했을 때 압력을 측정하니 420kPa이었다면, 이때 유속(V)은?(단, 물의 단위중량은 9.81kN/m³이다.)

① 10.05m/s ② 11.16m/s
③ 12.65m/s ④ 15.22m/s

[해설]
- $h = \dfrac{p}{w} = \dfrac{\dfrac{(500-420)}{9.8\text{t/m}^2}}{1\text{t/m}^3} = 8.16\text{m}$
- $v = \sqrt{2gh} = \sqrt{2 \times 9.8 \times 8.16} = 12.65\text{m/s}$

정답 01 ① 02 ② 03 ① 04 ③ 05 ④ 06 ③

04 1차원 베르누이 방정식의 응용

1. Torricelli 정리

내용	식	모식도
정수두에서 작은 오리피스를 통한 평균 유속 V는 정수두 h의 제곱근에 비례	$V = \sqrt{2gH}$	

① $\dfrac{V_1^2}{2g} + \dfrac{p_1}{w} + z_1 = \dfrac{V_2^2}{2g} + \dfrac{p_2}{w} + z_2$

② $0 + 0 + H = \dfrac{V_2^2}{2g} + 0 + 0$ (2점의 압력수두는 0, 대기압 무시)

∴ $V = \sqrt{2gH}$

GUIDE

- 베르누이 정리의 응용
  ① Torricelli 정리
  ② Pitot Tube
  ③ Venturimeter

- Torricelli 정리 유도
  1단면과 2단면에 베르누이 정리를 적용(대기압 무시)

2. Pitot Tube(관)

내용	식	모식도
흐르는 물에 관을 세워 상승될 수위를 측정하여 유속을 측정	$V = \sqrt{2gh}$	

- Pitot Tube
  ① 동압력 측정기구
  ② Ⅰ(정압력), Ⅱ 단면에 베르누이 정리 적용
  $$0 + \dfrac{p_1}{w} + \dfrac{V_1^2}{2g}$$
  $$= 0 + \dfrac{p_2}{w} + 0$$
  ∴ $V = \sqrt{2gh}$

3. Venturimeter

벤투리미터	피에조미터 설치 시	액주계 설치 시
관수로의 유속과 유량을 결정하는 계측계기	$Q = C \dfrac{A_1 A_2}{\sqrt{A_1^2 - A_2^2}} \sqrt{2gh}$	$Q = C \dfrac{A_1 A_2}{\sqrt{A_1^2 - A_2^2}} \sqrt{2gh}$

- Venturimeter(액주계)
  w' : 수은의 단위중량
  C : 유량계수
  h : 피에조미터의 수두차
  $$h = \left(\dfrac{p_1 - p_2}{w}\right) = \dfrac{(w' - w)h'}{w}$$
  여기서, h' : U자형 수은차압계의 수두차

예 / 상 / 문 / 제

01 다음 중 베르누이(Bernoulli)의 정리를 응용한 것이 아닌 것은?

① 토리첼리(Torricelli)의 정리
② 피토관(Pitot Tube)
③ 벤투리미터(Venturimeter)
④ 파스칼(Pascal)의 원리

02 피토관(Pitot Tube)으로 유속을 측정할 때, 유속공식으로 옳은 것은?

① $V=\sqrt{gH}$
② $V=\sqrt{RI}$
③ $V=\sqrt{2gH}$
④ $V=\dfrac{1}{n}R^{\frac{2}{3}}I^{\frac{1}{2}}$

[해설]
피토관(Pitot Tube)으로 유속을 측정할 때,
유속공식 $V=\sqrt{2gH}$이다.

03 그림과 같이 수조에서 관을 통하여 물을 분출시킬 때 관에 의한 수두손실이 2m라면 물의 분출속도는?(단, 유속계수는 무시함)

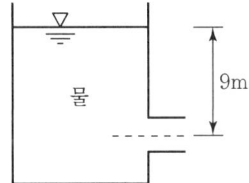

① 11.7m/sec
② 13.3m/sec
③ 15.2m/sec
④ 17.1m/sec

[해설]
베르누이 정리에서 $9+0+0=0+0+\dfrac{V^2}{2g}+2$

∴ $V=\sqrt{2\times9.8\times(9-2)}=11.71\text{m/sec}$

04 그림과 같이 $d_1=1\text{m}$인 원통형 수조의 측벽에 내경 $d_2=10\text{cm}$

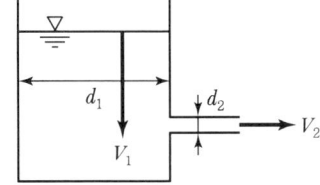

의 관으로 송수할 때의 평균 유속(V_2)이 2m/s이었다면 이때의 유량 Q와 수조의 수면이 강하하는 유속 V_1은?

① $Q=1.57\text{L/s}$, $V_1=2\text{cm/s}$
② $Q=1.57\text{L/s}$, $V_1=3\text{cm/s}$
③ $Q=15.7\text{L/s}$, $V_1=2\text{cm/s}$
④ $Q=15.7\text{L/s}$, $V_1=3\text{cm/s}$

[해설]
2지점에서의 유량
$Q=A_2V_2=\dfrac{\pi\times0.1^2}{4}\times2\times10^3=15.7\text{L/sec}$ 이므로
수면이 강하하는 유속 V_1은 $Q=A_1V_1$에서
$15.7\times10^3=\dfrac{\pi\times100^2}{4}\times V_1$
∴ $V_1=2\text{cm/sec}$

05 그림과 같이 수평으로 놓은 원형관의 안지름이 A에서 50cm이고 B에서 25cm로 축소되었다가 다시 C에서 50cm로 되었다. 물이 340L/s의 유량으로 흐를 때 A와 B의 압력차(P_A-P_B)는?(단, 에너지 손실은 무시한다.)

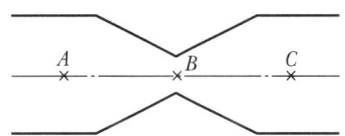

① 0.225N/cm^2
② 2.25N/cm^2
③ 22.5N/cm^2
④ 225N/cm^2

[해설]
$V_A=\dfrac{Q}{A}=\dfrac{4\times340\times10^{-3}}{\pi\times0.5^2}=1.73\text{m/s}$
$V_B=\dfrac{Q}{A}=\dfrac{4\times340\times10^{-3}}{\pi\times0.25^2}=6.93\text{m/s}$

베르누이 정리에서
$\dfrac{p_A}{9,800}+\dfrac{1.73^2}{19.6}=\dfrac{p_B}{9,800}+\dfrac{6.93^2}{19.6}$

∴ $p_A-p_B=\dfrac{6.93^2-1.73^2}{19.6}\times9,800$
$=22,516\text{N/m}^2=2.25\text{N/cm}^2$
(∵ $1\text{m}^2=(10^2\text{cm})^2=10^4\text{cm}^2$)

정답 01 ④ 02 ③ 03 ① 04 ③ 05 ②

05 역적-운동량 방정식

1. 역적-운동량 방정식

역적(Impulse)	가정 조건
극히 짧은 시간에 유체가 어떤 면에 충돌하여 발생하는 반작용의 힘	① 흐름은 정상류 ② 유속은 단면 내 일정

2. 운동량 방정식

운동량 방정식 (Newton의 제2법칙)	단위시간($\Delta t = 1$) 운동량 방정식
$F = ma = m\dfrac{V_2 - V_1}{\Delta t}$ 에서 $\therefore F\Delta t = m(V_2 - V_1)$	$F = m(V_2 - V_1)$ $\left(m = \rho Q = \dfrac{w}{g}Q\right)$ $\therefore F = \dfrac{w}{g}Q(V_2 - V_1)$

3. 정지판에 미치는 충격력

구분	모식도	식
직각 충돌 시	(그림)	$F = \dfrac{w}{g}Q(V_2 - V_1)$ $-F_x = \dfrac{w}{g}Q(V_2 - V_1)$ ① V_1 : 유입되는 유속 ② V_2 : 유출되는 유속
곡면판 충돌 시	(그림)	$F = \sqrt{F_x^2 + F_y^2}$ ① $-F_x = \dfrac{w}{g}Q(V_2\cos\theta - V_1)$ ② $F_y = \dfrac{w}{g}Q(V_2\sin\theta + O)$
	유속은 유입각도와 유출각도로 바뀌어 변화하면서, 만곡된 관벽의 힘 F_x 및 F_y의 힘을 발생시킨다.	

GUIDE

- **가속도(a)**
  속도를 시간으로 나누어줌

- **운동량 방정식의 가정**
  ① 흐름은 정상류로 가정
  ② 유속은 단면 내에서 일정

- **좌변** : 역적(impulse)($F\Delta t$)

- **우변** : 운동량, $m(V_2 - V_1)$

- **경사(곡관) 충돌 시**
  수평분력과 연직분력을 구한 후 충격력을 구한다.

예 / 상 / 문 / 제

01 극히 짧은 시간 사이에 유체가 어떤 면에 충돌하여 발생되는 반작용의 힘을 구하는 식은?

① 연속 방정식 ② 오일러 방정식
③ 베르누이 방정식 ④ 운동량 방정식

[해설]
운동량 방정식은 극히 짧은 시간 사이에 유체가 어떤 면에 충돌하여 발생되는 반작용의 힘을 구하는 식이다.

02 속도변화를 Δv, 질량을 m이라 할 때, Δt시간에 외력 F가 작용할 때의 운동량 방정식은?

① $F \cdot \Delta v = m \cdot \Delta t$
② $F = m \cdot \Delta v \cdot \Delta t$
③ $F \cdot \Delta t = m \cdot \Delta v$
④ $\dfrac{F}{\Delta t} = m$

[해설]
$F = ma = m\dfrac{v_2 - v_1}{\Delta t}$ 에서 $\therefore F \cdot \Delta t = m(v_2 - v_1)$

03 그림과 같이 지름이 20cm인 노즐에서 20m/sec의 유속으로 물이 수직판에 직각으로 충돌할 때 판에 주는 압력은?(단, 수평분력 P_H, 수직분력 P_V 임)

① $P_H = 12.54$kN, $P_V = 0$
② $P_H = 22.34$kN, $P_V = 0$
③ $P_H = 12.54$kN, $P_V = 9.8$kN
④ $P_H = 22.34$kN, $P_V = 9.8$kN

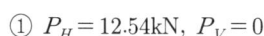

[해설]
$-P_H = \dfrac{w}{g} Q(V_2 - V_1) = \dfrac{1}{9.8} \times \dfrac{\pi \times 0.2^2}{4} \times 20 \times (0 - 20)$
$\qquad = -1.286\text{t} = -12.54$kN
$\therefore P_H = 12.54$kN, $P_V = 0$

04 단면적이 200cm²인 90° 굽어진 관(1/4원의 형태)을 따라 유량 $Q = 0.05$m³/s의 물이 흐르고 있다. 이 굽어진 면에 작용하는 힘(F)은?(단, 무게 1kg=9.8N)

① 157N
② 177N
③ 1,570N
④ 1,770N

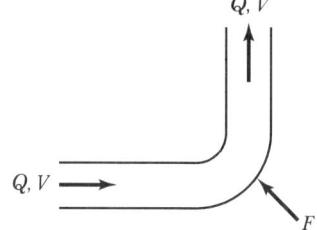

[해설]
$V = \dfrac{Q}{A} = \dfrac{0.05}{200 \times 10^{-4}} = 2.5$m/s

$-F_x = \dfrac{wQ}{g}(V_2 - V_1) = \dfrac{1 \times 0.05}{9.8} \times (0 - 2.5)$
$\qquad = -0.013\text{t}$ $\therefore F_x = 0.013\text{t}$

$F_y = \dfrac{wQ}{g}(V_2 - V_1) = \dfrac{1 \times 0.05}{9.8} \times (2.5 - 0)$
$\qquad = 0.013\text{t}$

$F = \sqrt{F_x^2 + F_y^2} = \sqrt{-0.013^2 + 0.013^2}$
$\quad = 0.018\text{t} = 18\text{kg} = 176.4$N

05 지름 4cm의 원형관에서 수맥(水脈)이 그림과 같이 구부러질 때, 곡면을 지지하는 데 필요한 힘 P_x와 P_y의 크기는?(단, 수맥의 속도는 15m/sec이고, 마찰은 무시한다.)

① $P_x = 0.0106$t, $P_y = 0.0394$t
② $P_x = 0.0394$t, $P_y = 0.0106$t
③ $P_x = 0.106$t, $P_y = 0.394$t
④ $P_x = 0.394$t, $P_y = 0.106$t

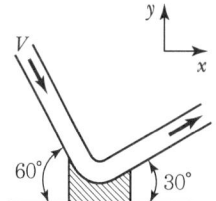

[해설]
$P_x = \dfrac{w}{g}Q(V_2 - V_1)$ 에서

$P_x = \dfrac{w}{g}Q(V_2\cos 30° - V_1\cos 300°)$
$\quad = \dfrac{1}{9.8} \times \dfrac{\pi \times 0.04^2}{4} \times 15 \times (15\cos 30° - 15\cos 300°)$
$\quad = 0.01056\text{t}$

$P_y = \dfrac{w}{g}Q(V_2 - V_1) = \dfrac{w}{g}Q(V_2\sin 30° - V_1\sin 300°)$
$\quad = \dfrac{1}{9.8} \times \dfrac{\pi \times 0.04^2}{4} \times 15 \times (15\sin 30° - 15\sin 300°)$
$\quad = 0.03940\text{t}$

정답 01 ④ 02 ③ 03 ① 04 ② 05 ①

2. 이동판에 미치는 충격력

구분	모식도	식
이동판에 직각으로 충돌 시		$-F = \dfrac{w}{g} Q(V_2 - V_1)$ ① $V_1 = V - u$ ② $V_2 = 0$
이동하는 곡면판에 충돌 시		$-F = \dfrac{w}{g} Q(V_2 - V_1)$ ① $V_1 = V - u$ ② $V_2 = (V - u)\cos\theta$

GUIDE

- 이동판
  ① 유속과 같은 방향으로 판이 이동 : $-u$
  ② 유속과 다른 방향으로 판이 이동 : $+u$

- u : 판이 움직이는 속도
- θ : 판이 꺾인 각도

※ 참고

1N	1kg중(무게)
질량이 1kg인 물체에 작용하여 $1\text{m}/\sec^2$의 가속도를 생기게 하는 힘	$1\text{kg}(질량) \times 9.8\text{m}/\sec^2 = 9.8\text{N}(중력)$
$1\text{N} = 1\text{kg} \times 1\text{m}/\sec^2$	몇 $\text{kg} \times 9.8\text{m}/\sec^2 =$ 몇 N
$1\text{kN} = 1,000\text{N}$	

x(t)을 z(kN)으로 변환
① $x(\text{t}) \times 1,000(\text{kg}) \times 9.8 = y(\text{N})$ ② $\dfrac{y(\text{N})}{1,000} = z(\text{kN})$ ∴ $x(\text{t}) \times 9.8 = z(\text{kN})$

예) 0.18(t)
  ① N으로 변환
    $0.18(\text{t}) \times 1,000(\text{kg}) \times 9.8(\text{N}) = 1,764\text{N}$

  ② kN으로 변환
    $0.18(\text{t}) \times 9.8(\text{N}) = 1.76\text{kN}$
    $(1,764\text{N} \div 1,000 = 1.76\text{kN})$

- Pa(파스칼)
  ① $1\text{Pa} = 1\dfrac{\text{N}}{\text{m}^2}$
  ② 파스칼은 압력에 대한 SI 유도 단위
  ③ $\dfrac{\text{N}}{\text{m}^2} = \dfrac{\frac{\text{kg} \cdot \text{m}}{\text{s}^2}}{\text{m}^2} = \dfrac{\text{kg}}{\text{m} \cdot \text{s}^2}$
  ④ $1\text{kPa} = 10^3\text{Pa}$
  ⑤ $\dfrac{\text{t}}{\text{m}^2} = 9.8\dfrac{\text{kN}}{\text{m}^2} = \text{kPa}$

예 / 상 / 문 / 제

01 절대속도 Um/s로 움직이고 있는 판에 같은 방향으로부터 절대속도 Vm/s의 분류가 흐를 때 판에 충돌하는 힘을 계산하는 식이 옳은 것은?(단, A는 통수 단면적임)

① $F = \dfrac{w_o}{g} A(V-U)^2$ ② $F = \dfrac{w_o}{g} A(V+U)^2$

③ $F = \dfrac{w_o}{g} A(V-U)V$ ④ $F = \dfrac{w_o}{g} A(V+U)V$

[해설]

$-F_x = \dfrac{w}{g} A(V-U)[0-(V-U)] = -\dfrac{w}{g} A(V-U)^2$

$\therefore F_x = \dfrac{w}{g} A(V-U)^2$

02 다음 그림과 같이 직경 8cm인 분류가 35m/sec의 속도로 관의 벽면에 부딪힌 후 최초 흐름 방향에서 150° 수평방향 변화를 하였다. 관의 벽면이 최초의 흐름방향으로 10m/sec의 속도로 이동할 때 관 벽면에 작용하는 힘은?

① -3.43kN

② 6.07kN

③ -1.76kN

④ 7.35kN

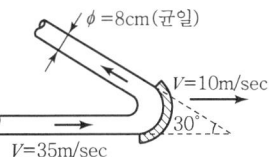

[해설]

$-F_x = \dfrac{1}{9.8} \times \dfrac{\pi \times 0.08^2}{4} \times (35-10)$
$\times [(35-10)\cos 150° - (35-10)] = -0.598\text{t}$

$F_y = \dfrac{1}{9.8} \times \dfrac{\pi \times 0.08^2}{4} \times (35-10) \times [(35-10)\sin 150° - 0]$
$= 0.160\text{t}$

$\therefore F = \sqrt{F_x^2 + F_y^2} = \sqrt{0.598^2 + 0.160^2} = 0.619\text{t} = 6.07$kN

03 10m/s로 움직이는 수직 평판에 동일한 방향으로 25m/s로 분류가 충돌하고 있을 때 평판에 미치는 힘은?(단, 분류의 지름은 10mm이다.)

① 11.76N   ② 17.67N
③ 27.44N   ④ 31.36N

[해설]

$F_x = \dfrac{w}{g} Q(V_2 - V_1)$에서

$-F_x = \dfrac{9,800}{9.8} \times \left(\dfrac{\pi \times 0.01^2}{4} \times 15\right) \times (0-15) = -17.67$N

$\therefore F_x = 17.67$N

04 원형 단면의 수맥이 그림과 같이 곡면을 따라 유량 0.018m³/s로 흐를 때 x 방향의 분력은?(단, 관 내의 유속은 9.8m/s, 마찰은 무시한다.)

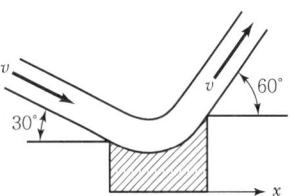

① -18.25N   ② -37.83N
③ -64.56N   ④ 17.64N

[해설]

$-F_x = \dfrac{wQ}{g}(V_2 - V_1) = \dfrac{1 \times 0.018}{9.8}(9.8\cos 60° - 9.8\cos 30°)$
$= -6.59 \times 10^{-3}\text{t} = -64.56$N

$\therefore F_x = 64.56$N, x 방향의 분력은 -64.56N

05 그림과 같이 직경 8cm인 분류가 35m/s의 속도로 vane에 부딪친 후 최초의 흐름방향에서 150° 수평방향 변화를 하였다. vane이 최초의 흐름방향으로 10m/s의 속도로 이동하고 있을 때, vane에 작용하는 힘의 크기는?(단, 무게 1kg=9.8N)

① 3.6kN

② 5.4kN

③ 6.2kN

④ 8.5kN

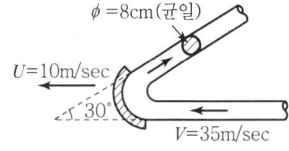

[해설]

$F_x = \dfrac{w}{g} Q(V_2 - V_1)$
$= \dfrac{1}{9.8} \times \dfrac{\pi \times 0.08^2}{4} \times (35-10) \times [(35-10)\cos 30° + (35-10)]$
$= 0.598\text{t}$

$F_y = \dfrac{1}{9.8} \times \dfrac{\pi \times 0.08^2}{4} \times (35-10) \times (25\sin 30° - 0)$
$= 0.160\text{t}$

$F = \sqrt{F_x^2 + F_y^2} = 0.619\text{t} = 0.62$kN

정답 01 ① 02 ② 03 ② 04 ③ 05 ③

06 Euler 방정식과 연속방정식

1. 비압축성 유체의 운동방정식

구분	식
1차원	$V\dfrac{\partial V}{\partial s}+\dfrac{\partial V}{\partial t}=-g\dfrac{\partial z}{\partial s}-\dfrac{1}{\rho}\dfrac{\partial p}{\partial s}$ (흐름이 정류이면 $\dfrac{\partial V}{\partial t}=0$)
3차원	$\dfrac{\partial u}{\partial x}u+\dfrac{\partial u}{\partial y}v+\dfrac{\partial u}{\partial z}w+\dfrac{\partial u}{\partial t}=X-\dfrac{1}{\rho}\dfrac{\partial p}{\partial x}$ $\dfrac{\partial v}{\partial x}u+\dfrac{\partial v}{\partial y}v+\dfrac{\partial v}{\partial z}w+\dfrac{\partial v}{\partial t}=Y-\dfrac{1}{\rho}\dfrac{\partial p}{\partial y}$ $\dfrac{\partial w}{\partial x}u+\dfrac{\partial w}{\partial y}v+\dfrac{\partial w}{\partial z}w+\dfrac{\partial w}{\partial t}=Z-\dfrac{1}{\rho}\dfrac{\partial p}{\partial z}$

2. 3차원 흐름에 대한 연속 방정식

구분	식
압축성 부정류	$\dfrac{\partial \rho}{\partial t}+\dfrac{\partial \rho u}{\partial x}+\dfrac{\partial \rho v}{\partial y}+\dfrac{\partial \rho w}{\partial z}=0$ (밀도가 0이 아니고 시간의 항을 고려)
압축성 정상류	$\dfrac{\partial \rho u}{\partial x}+\dfrac{\partial \rho v}{\partial y}+\dfrac{\partial \rho w}{\partial z}=0$
비압축성 정상류	$\dfrac{\partial u}{\partial x}+\dfrac{\partial v}{\partial y}+\dfrac{\partial w}{\partial z}=0$

GUIDE

- 3차원 운동방정식
  $u,\ v,\ w$: 유체입자의 $x,\ y,\ z$ 방향의 속도성분

- 압축성 부정류
  가장 일반적인 경우의 유체운동에 관한 연속방정식

예 / 상 / 문 / 제

01 가장 일반적인 경우의 유체운동에 관한 연속방정식은?(단, 유체의 밀도 ρ, 시간 t, x, y, z방향의 속도성분은 u, v, w이다.)

① $\dfrac{\partial \rho}{\partial t} + \dfrac{\partial u}{\partial x} + \dfrac{\partial v}{\partial y} + \dfrac{\partial w}{\partial z} = 0$

② $\dfrac{\partial \rho}{\partial t} + \dfrac{\partial \rho u}{\partial x} + \dfrac{\partial \rho v}{\partial y} + \dfrac{\partial \rho w}{\partial z} = 0$

③ $\dfrac{\partial \rho}{\partial t} + \dfrac{\partial u}{\rho \cdot \partial x} + \dfrac{\partial v}{\rho \cdot \partial y} + \dfrac{\partial w}{\rho \cdot \partial z} = 0$

④ $\dfrac{\partial u}{\partial x} + \dfrac{\partial v}{\partial y} + \dfrac{\partial w}{\partial z} = 0$

해설

압축성 유체는 밀도가 0이 아니고 시간의 항을 고려해야 하므로 연속방정식
$\dfrac{\partial \rho}{\partial t} + \dfrac{\partial (\rho u)}{\partial x} + \dfrac{\partial (\rho v)}{\partial y} + \dfrac{\partial (\rho w)}{\partial z} = 0$ 이다.

02 유체 내부의 임의의 점(x, y, z)에서의 시간 t에 대한 속도성분을 각각 u, v, w로 표시하면, 정류이며 비압축성인 유체에 대한 연속방정식으로 옳은 것은?(단, ρ는 유체의 밀도이다.)

① $\dfrac{\partial u}{\partial x} + \dfrac{\partial v}{\partial y} + \dfrac{\partial w}{\partial z} = 0$

② $\dfrac{\partial \rho u}{\partial x} + \dfrac{\partial \rho v}{\partial y} + \dfrac{\partial \rho w}{\partial z} = 0$

③ $\dfrac{\partial \rho}{\partial t} + \rho \left(\dfrac{\partial u}{\partial x} + \dfrac{\partial v}{\partial y} + \dfrac{\partial w}{\partial z} \right) = 0$

④ $\dfrac{\partial \rho}{\partial t} + \dfrac{\partial (\rho u)}{\partial x} + \dfrac{\partial (\rho v)}{\partial y} + \dfrac{\partial (\rho w)}{\partial z} = 0$

03 다음 보기 중 2차원 비압축성 정류의 유속성분 u, v가 연속방정식을 만족하는 것은?

① $u = 4x$, $v = 4y$
② $u = 4x$, $v = -4y$
③ $u = 4x$, $v = 6y$
④ $u = 4x$, $v = -6y$

해설

유선의 방정식 $\dfrac{\partial u}{\partial x} + \dfrac{\partial v}{\partial y} = 0$이면 연속방정식을 만족시킨다.

따라서, ②인 경우 $\dfrac{\partial u}{\partial x} = 4$, $\dfrac{\partial v}{\partial y} = -4$이므로

$\dfrac{\partial u}{\partial x} + \dfrac{\partial v}{\partial y} = 0$이다.

04 유체의 연속방정식에 대한 설명으로 옳은 것은?

① 뉴턴(Newton)의 제2법칙을 만족시키는 방정식이다.
② 에너지와 일의 관계를 나타내는 방정식이다.
③ 유선상 두 점 간의 단위체적당의 운동량에 관한 방정식이다.
④ 질량 보존의 법칙을 만족시키는 방정식이다.

해설

흐름의 연속방정식은 질량 보존의 법칙을 기초로 하여 만들어진 식이다.

05 3차원 흐름의 연속방정식을 아래와 같은 형태로 나타낼 때 이에 알맞은 흐름의 상태는?

$$\dfrac{\partial u}{\partial x} + \dfrac{\partial v}{\partial y} + \dfrac{\partial w}{\partial z} = 0$$

① 비압축성 정상류
② 비압축성 부정류
③ 압축성 정상류
④ 압축성 부정류

해설

$\dfrac{\partial u}{\partial x} + \dfrac{\partial v}{\partial y} + \dfrac{\partial w}{\partial z} = 0$은 3차원 비압축성 정상류 흐름이다.

정답 01 ② 02 ① 03 ② 04 ④ 05 ①

07 에너지 보정계수와 운동량 보정계수

1. 실제유체 흐름의 유속 분포

실제유체 흐름으로 적용	흐름 분포
① 베르누이, 운동량방정식은 유체를 이상유체로 가정 ② 이들 방정식을 실제유체 흐름에 적용하기 위해서는 속도수두 항과 운동량 항의 보정이 필요	V_m 평균유속 / V 실제유속

GUIDE

- 에너지 보정계수(α)
- 운동량 보정계수(β)
- 보정계수는 수로의 단면형, 유속 분포에 따라 결정되는 값

2. 보정계수를 이용한 식(실제유속에 적용)

구분	식
에너지 보정계수(α)를 이용한 Bernoulli(베르누이) 정리	$H = \alpha \dfrac{V^2}{2g} + \dfrac{p}{w} + z$
운동량 보정계수(β)를 사용한 운동량 방정식	$F = \beta \dfrac{w}{g} Q(V_2 - V_1)$

3. 보정계수

구분	내용
에너지 보정계수 (α)	$\alpha = \dfrac{1}{A} \int_A \left(\dfrac{V}{V_m}\right)^3 dA$ ① 평균유속 사용 시 운동에너지의 차를 보정하는 계수 (에너지 보정계수는 이상유체에서 속도수두를 보정하기 위한 무차원 상수) ② 원관 내 층류 시 에너지 보정계수 : 2 ③ 원관 내 난류 시 에너지 보정계수 : 1.01~1.0
운동량 보정계수 (β)	$\alpha = \dfrac{1}{A} \int_A \left(\dfrac{V}{V_m}\right)^2 dA$ ① 평균유속 사용 시 나타나는 운동량의 보정을 위한 계수 ② 원관 내 층류 시 운동량 보정계수 : $\dfrac{4}{3}$ ③ 원관 내 난류 시 운동량 보정계수 : 1.0~1.05

- 에너지 보정계수와 운동량 보정계수는 무차원
- 에너지 보정계수와 운동량 보정계수는 이상유체를 실제 유체 흐름에 적용시키기 위해 보정
- 흐름이 이상유체일 경우 : 보정계수는 1

예 / 상 / 문 / 제

01 운동에너지의 수정계수는 어느 경우에 적용되어야 하는가?

① 모든 유체의 유동에 적용된다.
② 이상유체의 흐름에 적용된다.
③ 실제유체의 흐름에 적용된다.
④ 유동단면이 원형일 때만 적용된다.

[해설]
에너지 보정계수(α)와 운동량 보정계수(η)는 실제유속 시와 평균유속 시의 차이를 보정해주는 계수이므로 실제유체흐름에 적용한다.

02 에너지 보정계수(α)와 운동량 보정계수(β)에 대한 설명 중 틀린 것은?

① 흐름이 이상유체일 때, α와 β는 각각 1.5이다.
② 균일 유속분포일 때는 $\alpha = \beta = 1$이다.
③ 흐름이 실제유체일 때 α와 β는 각각 1보다 크다.
④ α, β 값은 흐름이 난류일 때보다 층류일 때가 크다.

[해설]
흐름이 이상유체일 때 에너지 보정계수와 운동량 보정계수는 보정할 필요가 없으므로 1이다.

03 점성을 가지는 유체에 대한 다음 설명 중 틀린 것은?

① 원형관 내의 층류 흐름에서 유량은 점성계수에 반비례하고 직경의 4제곱(승)에 비례한다.
② 에너지 보정계수는 이상유체에서의 압력수두를 보정하기 위한 무차원 상수이다.
③ 층류의 경우 마찰손실계수는 Reynolds수에 반비례한다.
④ Darcy-Weisbach의 식은 원형관 내의 마찰손실수두를 계산하기 위하여 사용된다.

[해설]
베르누이 정리
$z_1 + \dfrac{p_1}{w} + \dfrac{V_1^2}{2g} = z_2 + \dfrac{p_2}{w} + \dfrac{V_2^2}{2g} = \text{const.}$ 는 이상유체일 때의 식이며 실제유체일 때는 에너지 보정계수 α를 보정한
$z_1 + \dfrac{p_1}{w} + \alpha\dfrac{V_1^2}{2g} = z_2 + \dfrac{p_2}{w} + \alpha\dfrac{V_2^2}{2g} + h_L$을 사용한다. 따라서 에너지 보정계수는 이상유체에서의 속도수두를 보정하기 위한 무차원 상수이다.

04 에너지 보정계수(α)와 운동량 보정계수(β)에 대한 설명으로 옳지 않은 것은?

① α는 속도수두를 보정하기 위한 무차원 상수이다.
② β는 운동량을 보정하기 위한 무차원 상수이다.
③ 실제 유체흐름에서는 $\beta > \alpha > 1$이다.
④ 이상 유체에서는 $\alpha = \beta = 1$이다.

[해설]
에너지 보정계수 α는 속도수두, 운동량 보정계수 β는 운동량을 보정하기 위한 무차원 상수로 이상유체일 때는 보정하지 않으므로 $\alpha = \beta = 1$이며, 실제유체일 때는 $\alpha = 2$, $\beta = \dfrac{4}{3}$를 보정하므로 $\alpha > \beta$이다.

05 에너지 보정계수에 대한 설명으로 옳은 것은?(단, A : 흐름 단면적, v : 미소유관의 유속, V : 평균 유속, dA : 미소유관의 흐름단면적)

① 연속방정식에 적용된다.
② 속도수두의 단위를 갖고 있다.
③ $\dfrac{1}{A}\int_A \left(\dfrac{v}{V}\right)^3 dA$로 표시된다.
④ $\dfrac{1}{A}\int_A \left(\dfrac{v}{V}\right)^2 dA$로 표시된다.

[해설]
에너지 보정계수 α는 속도수두를 보정하기 위한 무차원 상수로 에너지 보정계수 $\alpha = \dfrac{1}{A}\int_A \left(\dfrac{v}{V}\right)^3 dA$이다.

정답 01 ③ 02 ① 03 ② 04 ③ 05 ③

08 속도 포텐셜과 항력

1. 속도 포텐셜

구분	내용
비회전류	유체입자가 회전을 하지 않는 흐름
회전류	유체입자가 소용돌이처럼 회전하면서 흐르는 흐름
Laplace의 방정식	$\dfrac{\partial^2 \phi}{\partial x^2} + \dfrac{\partial^2 \phi}{\partial y^2} + \dfrac{\partial^2 \phi}{\partial z^2} = 0$

> **GUIDE**
>
> - 포텐셜류는 유체입자가 회전을 하지 않는 흐름이기 때문에 비회전류이다.

2. 항력의 정의

구분	정의	내용
항력 (전 저항력)	흐르는 유체 속에 있는 물체가 유체로부터 받는 힘	$D = C_D \, A \, \dfrac{\rho V^2}{2}$ ① $C_D = \dfrac{24}{Re}$ ② A : 흐름방향의 투영면적 ③ $\dfrac{\rho V^2}{2}$: 동압력

- **Reynolds 수**

$$Re = \dfrac{VD}{\nu} = \dfrac{\rho VD}{\mu}$$

여기서, μ : 점성계수
ν : 동점성 계수

- **정체압**

정압력(p) + 동압력$\left(\dfrac{\rho V^2}{2}\right)$

3. 항력의 종류

구분	내용
마찰저항(마찰항력)	물체표면에 발생하는 저항
형상저항(형상항력)	물체후면의 소용돌이(후류)가 생겨 압력저하에 의하여 발생하는 흐름
조파저항(조파항력)	물체가 수면에 떠 있거나, 일부가 수면 위에 있을 때 파동을 일으키는 경우 물체에 저항하는 항력

- A(흐름방향의 투영면적)

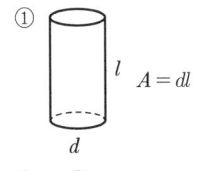

① $A = dl$

② $A = \dfrac{\pi d^2}{4}$

예 / 상 / 문 / 제

01 흐르는 유체 속에 물체가 있을 때, 물체가 유체로부터 받는 힘은?

① 장력(張力) ② 충력(衝力)
③ 항력(抗力) ④ 소류력(掃流力)

[해설] 흐르는 유체 속에 교각과 같은 물체가 있을 때, 이 물체가 유체로부터 받는 힘을 항력(抗力) 또는 전 저항력(全抵抗力)이라고 한다.

02 물체의 흐름방향 투영면적을 A, 항력계수를 C_D, 유체의 밀도를 ρ, 단위중량은 γ, 중력가속도를 g라 할 때 유속 V인 유수 중에 놓여 있는 물체가 받는 전 저항력 D는?

① $D = C_D A \dfrac{V^2}{2g}$ ② $D = C_D A \dfrac{\gamma V^2}{2}$

③ $D = C_D A \dfrac{\rho V^2}{2}$ ④ $D = C_D A \dfrac{\gamma V^2}{2g}$

03 폭이 2m, 높이가 9.8m인 평판이 정지수중에서 5m/sec의 속도로 움직일 때 항력계수가 $C_D = 0.2$라면 평판에 작용하는 항력(抗力)은?(단, 무게 1kg=10N)

① 10kN ② 25kN
③ 30kN ④ 50kN

[해설]
$D = C_D A \dfrac{\rho V^2}{2} = 0.2 \times (2 \times 9.8) \times \dfrac{\frac{1}{9.8} \times 5^2}{2} = 5\text{t}(=50\text{kN})$

04 단위중량 w 또는 밀도 ρ인 유체가 유속 V로서 수평방향으로 흐르고 있다. 직경 d, 길이 l인 원주가 유체의 흐름방향에 직각으로 중심축을 가지고 놓였을 때 원주에 작용하는 항력(D)은?(단, C : 항력계수, g : 중력가속도)

① $D = C \cdot \dfrac{\pi d^2}{4} \cdot \dfrac{wV^2}{2}$ ② $D = C \cdot d \cdot l \cdot \dfrac{\rho V^2}{2}$

③ $D = C \cdot \dfrac{\pi d^2}{4} \cdot \dfrac{\rho V^2}{2}$ ④ $D = C \cdot d \cdot l \cdot \dfrac{wV^2}{2}$

[해설] 항력 $D = C_D A \dfrac{\rho V_o^2}{2}$에서 A는 흐름방향의 투영면적이므로 원주의 투영면적 $A = dl$이다.

∴ $D = C_D dl \dfrac{\rho V_o^2}{2}$

05 항력 $D = C \cdot A \cdot \dfrac{\rho V^2}{2}$에서 $\dfrac{\rho V^2}{2}$항이 의미하는 것은?

① 속도 ② 길이
③ 질량 ④ 동압력

[해설]
$\dfrac{wV^2}{2g} = \dfrac{\rho V^2}{2}$은 동압력이다.

06 흐르는 물속에 물체가 놓여 있을 때, 물체의 형상에 기인하여 후방에 와(渦, Vortex) 등의 후류 발생영역이 나타나 작용하게 되는 힘을 일컫는 용어는?

① 양력(전 저항력) ② 마찰항력(표면저항)
③ 압력항력(압력저항) ④ 조파항력(조파저항)

[해설] 압력저항(형상저항)은 물체의 형상에 기인하여 물체 후면의 소용돌이(후류)가 생겨 압력저하에 따른 흐름저항이다.

07 스토크(Stokes)의 법칙에 있어서, 항력계수 C_D의 값으로 옳은 것은?(단, Re는 Reynolds 수이다.)

① $C_D = \dfrac{64}{Re}$ ② $C_D = \dfrac{32}{Re}$

③ $C_D = \dfrac{24}{Re}$ ④ $C_D = \dfrac{4}{Re}$

[해설]
$D = C_D A \dfrac{\rho V^2}{2}$과 $D = 3\pi \mu V d$에서

$C_D \dfrac{\pi d^2}{4} \dfrac{\rho V^2}{2} = 3\pi \mu V d$

∴ $C_D = \dfrac{24\mu}{\rho V d} = \dfrac{24}{Re}$ ($\because Re = \dfrac{Vd}{\nu} = \dfrac{\rho V d}{\mu}$)

정답 01 ③ 02 ③ 03 ④ 04 ② 05 ④ 06 ③ 07 ③

CHAPTER 03 실 / 전 / 문 / 제

01 흐름에 대한 설명 중 틀린 것은?

① 흐름이 층류일 때는 뉴턴의 점성법칙을 적용할 수 있다.
② 등류란 모든 점에서의 흐름의 특성이 공간에 따라 변하지 않는 흐름이다.
③ 유관이란 개개의 유체입자가 흐르는 경로를 말한다.
④ 유선이란 각 점에서 속도벡터에 접하는 곡선을 연결한 선이다.

[해설]
유관이란 여러 개의 유선이 모여 만든 하나의 가상 폐합관을 말한다.

02 유선(streamline)에 대한 설명으로 옳지 않은 것은?

① 유선이란 유체입자가 움직인 경로를 말한다.
② 비정상류에서는 시간에 따라 유선이 달라진다.
③ 정상류에서는 유적선(pathline)과 일치한다.
④ 하나의 유선은 다른 유선과 교차하지 않는다.

[해설]
- 유선 : 어느 시각에 각 입자의 속도벡터가 접선이 되는 가상적인 곡선
- 유적선 : 유체입자의 움직이는 경로

03 정상류의 흐름에 대한 설명으로 옳은 것은?

① 흐름 특성이 시간에 따라 변하지 않는 흐름이다.
② 흐름 특성이 공간에 따라 변하지 않는 흐름이다.
③ 흐름 특성이 단면에 관계없이 동일한 흐름이다.
④ 흐름 특성이 시간에 따라 일정한 비율로 변하는 흐름이다.

[해설]
정상류는 흐름의 특성이 시간에 따라 변하지 않는 흐름을 말한다.

04 정상류(Steady Flow)의 정의로 가장 적합한 것은?

① 수리학적 특성이 시간에 따라 변하지 않는 흐름
② 수리학적 특성이 공간에 따라 변하지 않는 흐름
③ 수리학적 특성이 시간에 따라 변하는 흐름
④ 수리학적 특성이 공간에 따라 변하는 흐름

[해설]
시간에 따른 흐름의 특성이 변하지 않는 경우를 정류(정상류), 변하는 경우를 부정류라 한다.

05 유체의 흐름이 일정한 방향이 아니고 무작위로 3차원 방향으로 이동하면서 흐르는 흐름은?

① 층류   ② 난류
③ 정상류   ④ 등류

[해설]
유체입자가 3차원 방향으로 상하좌우 운동을 하면서 흐르는 흐름을 난류라고 한다.

06 물의 흐름에서 단면과 유속 등 유동특성이 시간에 따라 변하지 않는 흐름은?

① 층류   ② 난류
③ 정류   ④ 등류

[해설]
물의 흐름에서 단면과 유속 등 유동특성이 시간에 따라 변하지 않는 흐름을 정상류라고 한다.

07 평면상 x, y 방향의 속도성분이 각각 $u = ky$, $v = kx$인 유선의 형태는?

① 원   ② 타원
③ 쌍곡선   ④ 포물선

[해설]
2차원 흐름의 유선의 방정식 $\dfrac{dx}{u} = \dfrac{dy}{v}$ 에서
$u = ky$, $v = kx$를 대입하면 $\dfrac{dx}{ky} = \dfrac{dy}{kx}$ 에서
$xdx = ydy$이므로 $xdx - ydy = 0$

정답 01 ③ 02 ① 03 ① 04 ① 05 ② 06 ③ 07 ③

적분하면 $\frac{1}{2}x^2 - \frac{1}{2}y^2 = C \rightarrow x^2 - y^2 = C$ 이므로 유선은 쌍곡선의 형태이다.

08 다음은 유적선을 설명한 것이다. 옳은 것은?

① 물의 분자가 이동하는 운동경로를 그린 것이다.
② 물의 분자가 어느 순간 각 점에서의 속도벡터에 접하는 접선을 말한다.
③ 정류흐름에서 유선형의 시간적 변화가 없기 때문에 유적선과 유선은 일치하지 않는다.
④ 부정류에서는 운동상태가 변화하므로 유적선과 유선은 일치한다.

해설
유적선(path line)이란 유체 한 입자가 움직인 운동경로이다.

09 다음 설명 중 옳지 않은 것은?

① 베르누이 정리는 에너지 보존의 법칙을 의미한다.
② 연속방정식은 질량 보존의 법칙을 의미한다.
③ 부정류(Unsteady Flow)란 시간에 대한 변화가 없는 흐름이다.
④ Darcy 법칙의 적용은 레이놀즈수에 대한 제한을 받는다.

해설
시간에 대한 변화가 없는 흐름은 정류(Steady Flow)이다.

10 흐름에 대한 설명으로 옳은 것은?

① 하나의 단면을 지나는 유량이 시간에 따라 변하지 않는 흐름을 등류라 하고, 홍수 시 흐름을 부등류라 한다.
② 인공수로와 같이 수심이나 수로 폭이 어느 단면에서나 동일한 경우 수로 내의 유속은 일정하므로 정류라 하고, 수로단면적이 같지 않을 때 부정류라 한다.
③ 유체의 흐름이 흐름방향만 이동되고 직각방향에는 이동이 없는 흐름을 난류라 한다.
④ 층류상태의 흐름은 개수로나 관수로에서보다 지하수에서 쉽게 볼 수 있다.

해설
지하수 흐름일 경우 레이놀즈 수가 4 이하의 값을 보통 가지므로 개수로나 관수로보다는 지하수에서 쉽게 나타난다.

11 등류의 정의로 옳은 것은?

① 흐름특성이 어느 단면에서나 같은 흐름
② 단면에 따라 유속 등의 흐름특성이 변하는 흐름
③ 한 단면에 있어서 유적, 유속, 흐름의 방향이 시간에 따라 변하지 않는 흐름
④ 한 단면에 있어서 유량이 시간에 따라 변하는 흐름

해설
등류는 흐름특성이 어느 단면에서나 같은 흐름이다.

12 부등류에 대한 표현으로 가장 적합한 것은?
(단, t : 시간, l : 거리, v : 유속)

① $\frac{dv}{dl} = 0$ ② $\frac{dv}{dl} \neq 0$

③ $\frac{dv}{dt} = 0$ ④ $\frac{dv}{dt} \neq 0$

해설
- 정류 : $\frac{\partial V}{\partial t} = 0,\ \frac{\partial Q}{\partial t} = 0$
- 부정류 : $\frac{\partial V}{\partial t} \neq 0,\ \frac{\partial Q}{\partial t} \neq 0$
- 등류 : $\frac{\partial V}{\partial t} = 0,\ \frac{\partial V}{\partial l} = 0$
- 부등류 : $\frac{\partial V}{\partial t} = 0,\ \frac{\partial V}{\partial l} \neq 0$

13 불안정한 층류상태인 천이영역이 발생하는 원인은 무엇인가?

① 마찰   ② 점성
③ 중력   ④ 관성

해설
불안정한 층류상태인 천이영역($2,000 < Re < 4,000$)이 발생하는 이유는 층류상태($Re < 2,000$)에서 흐름방향으로 관성(慣性)이 작용하기 때문에 Re수가 2,000이 넘게 된다.

정답 08 ① 09 ③ 10 ④ 11 ① 12 ② 13 ④

CHAPTER 03 실 / 전 / 문 / 제

14 층류와 난류(亂流)에 관한 설명으로 옳지 않은 것은?

① 층류란 유수(流水) 중에서 유선이 평행한 층을 이루고 흐르는 흐름이다.
② 층류에서 난류로 변할 때의 유속과 난류에서 층류로 변할 때의 유속은 같다.
③ 층류와 난류를 레이놀즈수에 의하여 구별할 수 있다.
④ 원관 내 흐름의 한계 레이놀즈수는 약 2,000이다.

해설
층류에서 난류로 변할 때의 유속과 난류에서 층류로 변할 때의 유속은 다르다.

15 한계 레이놀즈수보다 작은 경우의 흐름 상태는?

① 상류   ② 난류
③ 사류   ④ 층류

해설
레이놀즈수(Re = 2,000)보다 작은 경우의 흐름을 층류라고 한다.

16 층류와 난류에 관한 설명으로 옳지 않은 것은?

① 층류 및 난류는 레이놀즈(Reynolds)수의 크기로 구분할 수 있다.
② 층류란 직선상의 흐름으로 직각방향의 속도성분이 없는 흐름을 말한다.
③ 층류인 경우는 유체의 점성계수가 흐름에 미치는 영향이 유체의 속도에 의한 영향보다 큰 흐름이다.
④ 관수로에서 한계 레이놀즈수의 값은 약 4,000 정도이고 이것은 속도의 차원이다.

해설
$Re = \dfrac{VD}{\nu}$, 레이놀즈수는 무차원이다.

17 레이놀즈(Reynolds)수에 대한 설명으로 옳은 것은?

① 중력에 대한 점성력의 상대적인 크기
② 관성력에 대한 점성력의 상대적인 크기
③ 관성력에 대한 중력의 상대적인 크기
④ 압력에 대한 탄성력의 상대적인 크기

해설
레이놀즈 수
• $Re = \dfrac{VD}{\nu}$
• 관성에 대한 점성력의 상대적 크기

18 안지름 1cm인 관로에 충만되어 물이 흐를 때 다음 중 층류 흐름이 유지되는 최대유속은?(단, 동점성계수 $\nu = 0.01 \text{cm}^2/\text{s}$)

① 5cm/s   ② 10cm/s
③ 20cm/s   ④ 40cm/s

해설
$Re = \dfrac{VD}{\nu} = \dfrac{V_{\max} \times 1}{0.01} = 2,000$
∴ $V_{\max} = 20 \text{cm/sec}$이다.

19 지름 100mm인 관에 20℃의 물이 흐를 경우 한계유속은 얼마인가?(단, 물의 온도 20℃에서의 동점성계수는 1×10^{-2} Stokes이고 한계 Reynolds수는 2,300이다.)

① 1.65cm/s   ② 2.3cm/s
③ 23cm/s   ④ 230cm/s

해설
$Re_c = \dfrac{V_c D}{\nu} = 2,300$에서
$\dfrac{V_c \times 10}{1 \times 10^{-2}} = 2,300$
∴ $V_c = 2.3 \text{cm/sec}$

정답 14 ② 15 ④ 16 ④ 17 ② 18 ③ 19 ②

20 내경 15cm의 관에 10℃의 물이 유속 3.2m/s로 흐르고 있을 때 흐름의 상태는?(단, 10℃ 물의 동점성계수(ν)=0.0131cm²/s이다.)

① 층류　　　　② 한계류
③ 난류　　　　④ 부정류

해설
$Re = \dfrac{VD}{\nu} = \dfrac{320 \times 15}{0.0131} = 366,412 > 4,000$
∴ 난류이다.

21 관수로에 물이 흐를 때 어떠한 조건하에서도 층류가 되는 경우는?(단, Re는 레이놀즈수(Reynolds Number))

① $Re > 4,000$
② $4,000 > Re > 3,000$
③ $3,000 > Re > 2,000$
④ $Re < 2,000$

해설
층류와 난류는 Reynolds 수에 의해 구분한다.
층류 : $Re < 2,000$, 난류 : $Re > 4,000$

22 관 내의 흐름에서 레이놀즈수(Reynolds Number)에 대한 설명으로 옳지 않은 것은?

① 레이놀즈수는 물의 동점성 계수에 비례하고 관의 내경에 반비례한다.
② 난류는 레이놀즈수가 4,000보다 큰 것을 말한다.
③ 레이놀즈수가 2,000보다 크고 4,000보다 작은 구간을 천이영역이라 한다.
④ 레이놀즈수가 2,000보다 작으면 층류이다.

해설
레이놀즈수(Reynolds Number) $Re = \dfrac{VD}{\nu}$ 이므로 물의 동점성 계수(ν)에 반비례한다.

23 지름이 각각 10cm와 20cm인 관이 서로 연결되어 있다. 20cm인 관에서의 유속이 2m/s일 때 10cm 관에서의 유속은?

① 0.8m/sec　　　② 8m/sec
③ 0.6m/sec　　　④ 6m/sec

해설
연속방정식 $Q = A_1 V_1 = A_2 V_2$ 에서
$\dfrac{\pi \times 0.2^2}{4} \times 2 = \dfrac{\pi \times 0.1^2}{4} \times V_2$　　∴ $V_2 = 8$m/s

24 직경이 20cm인 A관이 직경 10cm의 B관으로 축소되었다가 다시 직경이 15cm인 C관으로 단면이 변화될 때, B관 속의 평균유속이 3m/sec인 경우 A관과 C관의 유속은?(단, 유체는 비압축성이다.)

① A관 1.50m/s, C관 2.00m/s
② A관 1.00m/s, C관 1.40m/s
③ A관 0.75m/s, C관 1.33m/s
④ A관 1.50m/s, C관 0.75m/s

해설
연속방정식 $Q = A_1 V_1 = A_2 V_2$ 에서
$\dfrac{\pi \times 0.2^2}{4} \times V_A = \dfrac{\pi \times 0.1^2}{4} \times 3$　　∴ $V_A = 0.75$m/s
$\dfrac{\pi \times 0.15^2}{4} \times V_C = \dfrac{\pi \times 0.1^2}{4} \times 3$　　∴ $V_C = 1.33$m/s

25 관의 지름이 d_1에서 d_2로 변하고 유속이 V_1에서 V_2로 변할 때 유속비 V_1/V_2는?

① $(d_2/d_1)^2$과 같다.　　② d_2/d_1와 같다.
③ $(d_1/d_2)^2$과 같다.　　④ d_1/d_2와 같다.

해설
연속방정식 $A_1 V_1 = A_2 V_2$ 에서
$\dfrac{V_1}{V_2} = \dfrac{A_2}{A_1} = \dfrac{d_2^{\,2}}{d_1^{\,2}} = \left(\dfrac{d_2}{d_1}\right)^2$

정답　20 ③　21 ④　22 ①　23 ②　24 ③　25 ①

CHAPTER 03 실/전/문/제

26 유체의 연속방정식에 대한 설명으로 옳은 것은?

① 뉴턴(Newton)의 제2법칙을 만족시키는 방정식이다.
② 에너지와 일의 관계를 나타내는 방정식이다.
③ 유선상 두 점 간의 단위체적당의 운동량에 관한 방정식이다.
④ 질량 보존의 법칙을 만족시키는 방정식이다.

[해설]
흐름의 연속방정식은 질량 보존의 법칙을 기초로 하여 만들어진 식이다.

27 베르누이(Bernoulli) 정리의 적용조건이 아닌 것은?

① 임의의 두 점은 같은 유선 위에 있다.
② 정상상태의 흐름이다.
③ 점성 유체이다.
④ 비압축성 유체의 흐름이다.

[해설]
베르누이 정리의 기본조건 및 가정사항
- 하나의 유선에 대하여 성립한다.
- 임의의 두 점은 같은 유선 위에 있다.
- 정상류의 가정하에 얻은 결과이다.
- 에너지 불변의 법칙을 표시한다.
- 유체는 비압축성 유체이다.
- 흐름은 비회전류이다.

28 유체의 흐름 중에 임의의 단면에서의 에너지 경사선과 동수 경사선과의 수두차(水頭差)는?

① 속도수두   ② 압력수두
③ 위치수두   ④ 손실수두

[해설]
동수 경사선은 위치수두와 압력수두의 합이며 속도수두가 더해지면 에너지 경사선이 된다. 따라서, 에너지 경사선과 동수 경사선과의 수두차(水頭差)는 속도수두이다.

29 2초에 10m를 흐르는 물의 속도수두는?

① 1.18m   ② 1.28m
③ 1.38m   ④ 1.48m

[해설]
2초에 10m를 흐르므로 1초에 5m를 흐른다.
따라서 속도수두 $= \dfrac{V^2}{2g} = \dfrac{5^2}{2 \times 9.8} = 1.28\text{m}$

30 에너지선에 대한 설명으로 옳은 것은?

① 언제나 수평선이 된다.
② 동수경사선보다 아래에 있다.
③ 동수경사선보다 속도수두만큼 위에 위치하게 된다.
④ 속도수두와 위치수두의 합을 의미한다.

[해설]
에너지선은 전수두(위치, 압력, 속도수두의 합)를 연결한 선으로 동수경사선보다 속도수두$\left(\dfrac{V^2}{2g}\right)$만큼 위에 위치한다.

31 기준면에서 위로 5m 떨어진 곳에서 5m/sec로 물이 흐르고 있을 때 압력을 측정하였더니 50N/cm²이었다. 이때 전수두(Total Head)는?(단, 물의 단위중량은 9.8kN/m³이다.)

① 6.28m   ② 8.00m
③ 10.00m   ④ 11.28m

[해설]
$H = z + \dfrac{p}{w} + \dfrac{V^2}{2g} = 5 + \dfrac{50}{10} + \dfrac{5^2}{19.6} = 11.28\text{m}$

32 베르누이(Bernoulli) 정리의 적용 조건이 아닌 것은?

① 임의의 두 점은 같은 유선 위에 있다.
② 정상류의 흐름이다.
③ 마찰을 고려한 실제유체이다.
④ 비압축성 유체의 흐름이다.

[해설]
베르누이(Bernoulli) 정리의 적용 조건은 임의의 두 점은 같은 유선 위에 있으며 비회전류이고 마찰이 없는 이상유체(비압축성, 비점성)나 정상류의 흐름에 사용한다.

정답 26 ④ 27 ③ 28 ① 29 ② 30 ③ 31 ④ 32 ③

실/전/문/제

33 임의로 정한 수평기준면으로부터 유선상의 해당 점까지의 연직거리를 무엇이라 하는가?

① 기준수두
② 위치수두
③ 압력수두
④ 속도수두

해설
임의로 정한 수평기준면($H.D.P$)으로부터 유선상의 해당 점까지의 연직거리를 위치수두(z)라 한다.

34 수평으로 관 A와 B가 연결되어 있다. 관 A에서의 유속은 2m/s, 관 B에서의 유속은 3m/s이며, 관 B에서의 유체압력이 9.8kN/m²라 하면 관 A에서의 유체압력은?(단, 에너지 손실은 무시한다.)

① 2.5kN/m²
② 12.3kN/m²
③ 22.6kN/m²
④ 37.6kN/m²

해설
베르누이 정리

$$z_1 + \frac{p_1}{w} + \frac{v_1^2}{2g} = z_2 + \frac{p_2}{w} + \frac{v_2^2}{2g}$$

$$\frac{p_A}{1} + \frac{2^2}{2 \times 9.8} = \frac{1}{1} + \frac{3^2}{2 \times 9.8}$$

$$\therefore p_A = 1.256 t/m^2 = 12.3 kN/m^2$$

35 압력수두 P, 속도수두 V, 위치수두 Z 라고 할 때 정체압력수두 P_s는?

① $P_s = P - V - Z$
② $P_s = P + V + Z$
③ $P_s = P - V$
④ $P_s = P + V$

해설

• 정체압 = P(압력수두) + $\frac{\rho V^2}{2}$(속도수두)
• 정체압력수두 $P_s = P + V$

36 유속이 3m/s인 유수 중에 유선형 물체가 흐름 방향으로 향하여 $h = 3m$ 깊이에 놓여 있을 때 정체압력(stagnation pressure)은?

① 0.46kN/m²
② 12.21kN/m²
③ 33.90kN/m²
④ 102.35kN/m²

해설

$$정체압 = P + \frac{\rho V^2}{2} = 1 \times 3 + \frac{\frac{1}{9.8} \times 3^2}{2}$$
$$= 3.459 t/m^2 \times 9.8 = 33.9 kN/m^2$$

37 에너지선에 대한 설명으로 옳은 것은?

① 언제나 수평선이 된다.
② 동수경사선보다 아래에 있다.
③ 속도수두와 위치수두의 합을 의미한다.
④ 동수경사선보다 속도수두만큼 위에 위치하게 된다.

해설

• 동수경사선은 $\frac{P}{w_o} + Z$를 연결한 값이다.
• 총수두(에너지선) = 위치수두 + 압력수두 + 속도수두
• 에너지선은 동수경사선보다 속도수두만큼 위에 위치하게 된다.

38 그림과 같이 관수로의 양 단면 사이에 양정수두 H_P인 펌프가 설치되어 있는 경우, 베르누이 정리를 옳게 적용한 식은?(단, 관로 내 평균유속은 V이고, $\alpha = 1$이며, 양 단면 사이의 손실수두는 h_L이다.)

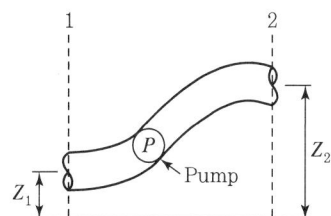

① $\frac{V_1^2}{2g} + \frac{P_1}{w} + Z_1 = \frac{V_2^2}{2g} + \frac{P_2}{w} + Z_2 + h_L$

② $\frac{V_1^2}{2g} + \frac{P_1}{w} + Z_1 + H_P = \frac{V_2^2}{2g} + \frac{P_2}{w} + Z_2 + h_L$

정답 33 ② 34 ② 35 ④ 36 ③ 37 ④ 38 ②

CHAPTER 03 실 / 전 / 문 / 제

③ $\dfrac{V_1^2}{2g} + \dfrac{P_1}{w} + Z_1 - H_P = \dfrac{V_2^2}{2g} + \dfrac{P_2}{w} + Z_2 - h_L$

④ $\dfrac{V_1^2}{2g} + \dfrac{P_1}{w} + Z_1 + H_P + h_L = \dfrac{V_2^2}{2g} + \dfrac{P_2}{w} + Z_2$

[해설]
베르누이 정리에서 펌프에 의하여 물을 양수하는 경우, 1지점에서는 펌프의 양정을 더해야 하고 2지점에서는 손실수두(h_L)를 더해야 한다.

39 Bernoulli의 정리로서 가장 옳은 것은?

① 동일한 유선상에서 유체입자가 가지는 Energy는 같다.
② 동일한 단면에서의 Energy의 합이 항상 같다.
③ 동일한 시각에는 Energy의 양이 불변한다.
④ 동일한 질량이 가지는 Energy는 같다.

[해설]
베르누이 정리는 동일한 유선상에서 유체입자가 가지는 Energy는 같다는 이론으로 에너지 불변의 법칙에 기초한다.

40 그림과 같은 수로에서 단면 1의 수심 $h_1 = 1\text{m}$, 단면 2의 수심 $h_2 = 0.4\text{m}$라면 단면 2에서의 유속 V_2는?(단, 단면 1과 2의 수로 폭은 같으며, 마찰손실은 무시한다.)

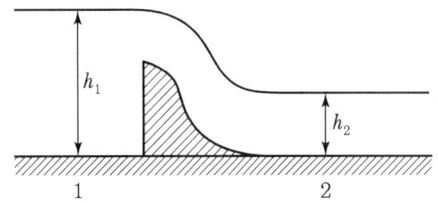

① 3.74m/s ② 4.05m/s
③ 5.56m/s ④ 2.47m/s

[해설]
Bernoulli 정리에서 $1 + \dfrac{V_1^2}{19.6} = 0.4 + \dfrac{V_2^2}{19.6}$ 이고,
(∵ 대기압 = 0)
연속방정식으로부터 $1 \times V_1 = 0.4 \times V_2$ 이므로

$1 + \dfrac{(0.4 V_2)^2}{19.6} = 0.4 + \dfrac{V_2^2}{19.6}$ 에서

$1 - 0.4 = \dfrac{V_2^2(1 - 0.16)}{19.6}$

∴ $V_2 = 3.74\text{m/sec}$

41 한 유선상에서의 속도수두를 $\dfrac{V^2}{2g}$, 압력수두를 $\dfrac{P}{w}$, 위치수두를 Z라 할 때 동수경사선(E)을 표시하는 식은?(단, V는 유속, P는 압력, w는 단위중량, g는 중력가속도, Z는 기준면으로부터의 높이이다.)

① $\dfrac{V^2}{2g} + \dfrac{P}{w} + Z = E$

② $\dfrac{V^2}{2g} + \dfrac{P}{w} = E$

③ $\dfrac{V^2}{2g} + Z = E$

④ $\dfrac{P}{w} + Z = E$

[해설]
동수경사선은 위치수두(z)와 압력수두$\left(\dfrac{p}{w}\right)$의 합을 연결한 선으로, 에너지선에서 속도수두$\left(\dfrac{V^2}{2g}\right)$만큼 아래에 위치하며, 개수로일 때의 동수경사선은 수면과 일치한다.

42 베르누이 정리를 압력의 항으로 표시할 때, 동압력(Dynamic Pressure) 항에 해당되는 것은?

① P ② $\rho g z$
③ $\dfrac{1}{2}\rho V^2$ ④ $\dfrac{V^2}{2g}$

[해설]
동압력(動壓力)은 $\dfrac{1}{2}\rho V^2$이며 P는 정압력, $\rho g z$는 위치압력, $\dfrac{V^2}{2g}$는 속도수두이다.

43 정상적인 흐름 내의 한 개 유선에서 동수경사선은 다음 중 어느 값을 연결한 선의 기울기인가? (단, v=유속, g=중력가속도, w_0=물의 단위중량, P : 압력, Z=위치수두)

① $\dfrac{P}{w_o}+Z$
② $\dfrac{v^2}{2g}+Z$
③ $\dfrac{v^2}{2g}+\dfrac{P}{w_o}$
④ $\dfrac{v^2}{2g}+\dfrac{P}{w_o}+Z$

[해설]
동수경사선은 위치수두와 압력수두의 합을 연결한 선 $\left(\dfrac{P}{w_o}+z\right)$이다.

44 동수경사(I)에 관한 설명으로 옳지 않은 것은?(단, h_L : 손실수두, l : 수평거리)

① 흐름 속에 액주계를 세웠을 때 물이 오르는 높이를 연결한 선을 동수경사선이라 한다.
② 자유 수면을 가진 수로에서는 수면경사를 말한다.
③ 보통 수리학에서 $I=\dfrac{h_L}{l}$로 표시된다.
④ 동수경사선과 에너지선은 기준수평면에 항상 나란하다.

[해설]
동수경사선은 기준수평면에서 압력수두와 위치수두를 합해 연결한 선으로 관이 기울어져서 유수가 흐를 때는 기준수평면과 나란하지 않다.

45 수두(水頭)에 대한 설명으로 가장 거리가 먼 것은?

① 물의 깊이(수심)을 표시한다.
② 물의 압력의 세기를 길이로 표시한다.
③ 물이 가지는 에너지를 표시한다.
④ 물의 점성을 표시한다.

[해설]
수두(水頭)란 물이 가지는 에너지를 의미하며 물의 깊이(수심)로 표시하며 압력의 세기를 길이로 나타낸다.

46 그림에서 배수구의 면적이 5cm²일 때 물통에 작용하는 힘은?(단, 물의 높이는 유지되고, 손실은 무시한다.)

① 1N
② 10N
③ 100N
④ 102N

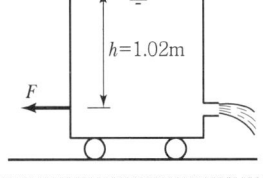

[해설]
$V_1 = \sqrt{2gh} = \sqrt{2\times 980\times 102} = 447$cm/sec
$F_x = \dfrac{wQ}{g}(V_1-V_2) = \dfrac{1\times 5\times 447}{980}\times(447-0)$
$= 1,019$g$= 1.019$kg$\times 9.8 = 10$N

47 그림과 같이 관의 A와 B의 높이 차가 4m일 때 작용압력이 각각 $P_A=10$kN/m², $P_B=30$kN/m²이라면 A와 B의 속도 수두차는 얼마인가?(단, 물의 단위중량은 10kN/m³이다.)

① 500cm
② 600cm
③ 700cm
④ 800cm

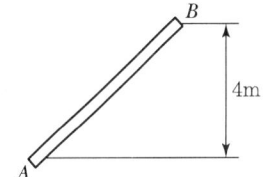

[해설]
베르누이 정리
$z_1+\dfrac{p_1}{w}+\dfrac{V_1^2}{2g}=z_2+\dfrac{p_2}{w}+\dfrac{V_2^2}{2g}$ 에서
$0+\dfrac{10}{10}+\dfrac{V_1^2}{2g}=4+\dfrac{30}{10}+\dfrac{V_2^2}{2g}$ 이고
$\dfrac{V_2^2}{2g}-\dfrac{V_1^2}{2g}=6m=600$cm

48 베르누이 정리에 대한 설명으로 옳지 않은 것은?

① $Z+\dfrac{P}{w}+\dfrac{V^2}{2g}$의 수두가 일정하다.
② 정류의 흐름을 말하며, 두 단면에서의 에너지 관계가 일정함을 말한다.
③ 동수경사선이 에너지선보다 위에 있다.
④ 동수경사선과 에너지선을 설명할 수 있다.

정답 43 ① 44 ④ 45 ④ 46 ② 47 ② 48 ③

[해설]

베르누이 정리는 동일한 유선상에서 유체입자가 가지는 $Z+\dfrac{P}{w}+\dfrac{V^2}{2g}$의 수두가 일정하고 두 단면에서의 에너지 관계가 일정함을 말하는 정리로, 동수경사선은 에너지선보다 아래에 있다.

49 물이 흐르는 동일한 직경의 관로에서 두 단면의 위치수두가 각각 50cm 및 20cm, 압력이 각각 1.2kg/cm² 및 0.9kg/cm²일 때 두 단면 사이의 손실수두는?(단, 무게 1kg=9.8N, 기타 조건은 동일하다.)

① 5.5m ② 3.3m
③ 2.0m ④ 1.2m

[해설]

베르누이 정리에서 동일한 직경의 관로이므로 속도수두는 같다.
따라서, $0.5+\dfrac{1.2\times10}{1}=0.2+\dfrac{0.9\times10}{1}+h_L$
∴ $h_L=3.3\text{m}$

50 완전유체일 때 에너지선과 기준수평면과의 관계는?

① 위치에 따라 변한다. ② 흐름에 따라 변한다.
③ 서로 평행하다.   ④ 압력에 따라 변한다.

[해설]

이상유체(완전유체) 흐름에서는 에너지선은 기준수평면과 항상 평행하다.

51 에너지선에 대한 설명으로 옳은 것은?

① 유선상의 각 점에서의 압력수두와 위치수두의 합을 연결한 선이다.
② 유체의 흐름방향을 결정한다.
③ 이상유체 흐름에서는 수평기준면과 평행하다.
④ 유량이 일정한 흐름에서는 동수경사선과 평행하다.

[해설]

실제유체가 아닌 이상유체(완전유체) 흐름에서는 에너지선은 수평기준면과 항상 평행하다.

52 물이 3.18m/sec의 속도로 그림과 같은 원형관을 흐를 때 관의 압력은?(단, 관 중심에서 에너지선까지의 높이는 1.2m이다.)

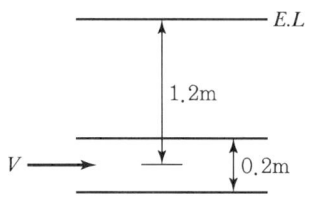

① 0.54t/m² ② 0.68t/m²
③ 0.72t/m² ④ 0.83t/m²

[해설]

$H=\dfrac{p}{w}+\dfrac{V^2}{2g}$에서 $1.2=\dfrac{p}{1}+\dfrac{3.18^2}{19.6}$
∴ $p=0.68\text{t/m}^2$

53 다음 중 하천유량 측정방법이 아닌 것은?

① 위어(Weir)에 의한 측정방법
② 벤투리미터(Venturimeter)에 의한 측정방법
③ 유속계에 의한 측정방법
④ 부자에 의한 측정방법

[해설]

벤투리미터(Venturimeter)에 의한 유량측정은 관수로의 유량측정방법이다.

54 원형관의 중앙에 피토관(Pito tube)을 넣고 관벽의 정수압을 측정하기 위하여 정압관과의 수면차를 측정하였더니 10.7m였다. 이때의 유속은?(단, 피토관 상수 $C=1$이다.)

① 8.4m/s   ② 11.7m/s
③ 13.1m/s ④ 14.5m/s

[해설]

$V=\sqrt{2gh}=\sqrt{2\times9.8\times10.7}=14.5\text{m/s}$

실 / 전 / 문 / 제

55 그림과 같이 단면적이 A_1, A_2인 두 관이 연결되어 있고 관 내 두 점의 수두차가 H일 때 유량을 계산하는 식은?

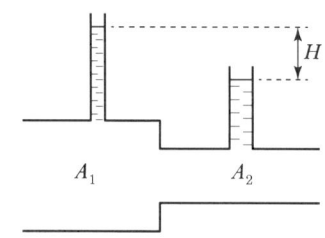

① $Q = \dfrac{A_1 - A_2}{\sqrt{A_1^2 - A_2^2}} \sqrt{2gH}$

② $Q = \dfrac{A_1 \cdot A_2}{\sqrt{A_1^2 + A_2^2}} \sqrt{2gH}$

③ $Q = \dfrac{A_1 - A_2}{\sqrt{A_1^2 + A_2^2}} \sqrt{2gH}$

④ $Q = \dfrac{A_1 \cdot A_2}{\sqrt{A_1^2 - A_2^2}} \sqrt{2gH}$

[해설]

벤투리미터의 이론유량

$Q = \dfrac{A_1 \cdot A_2}{\sqrt{A_1^2 - A_2^2}} \sqrt{2gH}$ 이다.

56 그림과 같은 수조에서 깊이 h인 점에 작은 구멍을 뚫어서 물을 유출시킬 때 에너지 손실을 무시한다면 유출속도는?

① $\sqrt{2gh}$
② $\sqrt{gh}$
③ $2gh$
④ gh

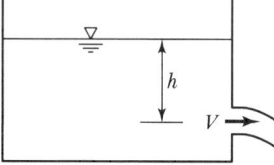

[해설]

베르누이 정리를 적용하면 $h + 0 + 0 = 0 + 0 + \dfrac{V^2}{2g}$ 이므로 유출속도 $V = \sqrt{2gh}$ 이다.

57 그림과 같은 피토관에서 A점의 유속을 구하는 식으로 옳은 것은?

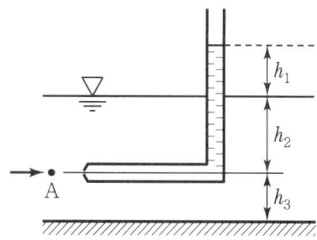

① $V = \sqrt{2gh_1}$
② $V = \sqrt{2gh_2}$
③ $V = \sqrt{2gh_3}$
④ $V = \sqrt{2g(h_1 + h_2)}$

[해설]

$V = \sqrt{2gh} = \sqrt{2gh_1}$ (h는 수두차)

58 그림과 같은 벤투리미터(Venturi Meter)를 이용하여 관 내를 흐르는 실제 유량을 측정할 경우에 적합한 공식은?(단, U자관 내의 수은의 비중은 s이고, C는 유량계수이다.)

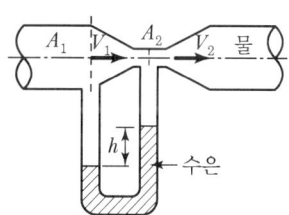

① $Q = C \dfrac{A_1 A_2}{\sqrt{A_1^2 - A_2^2}} \sqrt{2gh}$

② $Q = C \dfrac{A_1 A_2}{\sqrt{A_1^2 - A_2^2}} \sqrt{2g\dfrac{h}{s}}$

③ $Q = C \dfrac{A_1 A_2}{\sqrt{A_1^2 - A_2^2}} \sqrt{2gh(s-1)}$

④ $Q = C \dfrac{A_1 A_2}{\sqrt{A_1^2 - A_2^2}} \sqrt{\dfrac{2gh}{(s-1)}}$

정답 55 ④ 56 ① 57 ① 58 ③

CHAPTER 03 실 / 전 / 문 / 제

해설

벤투리미터의 실제유량

$Q = C \dfrac{A_1 A_2}{\sqrt{A_1^2 - A_2^2}} \sqrt{2gh}$ 에서 수은 차압계를 이용하면

$Q = C \dfrac{A_1 A_2}{\sqrt{A_1^2 - A_2^2}} \sqrt{2gh(s-1)}$ 이다.

59 그림과 같이 유량이 Q, 유속이 V인 유관이 받는 외력 중에서 y축 방향의 힘(F_y)에 대한 계산식으로 옳은 것은?(단, ρ : 단위밀도, θ_1 및 $\theta_2 \le 90°$, 마찰력은 무시함)

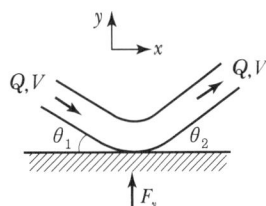

① $F_y = \rho QV(\sin\theta_2 - \sin\theta_1)$
② $F_y = -\rho QV(\sin\theta_2 - \sin\theta_1)$
③ $F_y = \rho QV(\sin\theta_2 + \sin\theta_1)$
④ $F_y = -QV(\sin\theta_2 + \sin\theta_1)/\rho$

해설

$F_y = \rho Q(V_2 - V_1)$에서
$F_y = \rho Q[V_2 \sin\theta_2 - V_1 \sin(2\pi - \theta_1)]$이고
$V_1 = V_2$, $\sin(2\pi - \theta_1) = -\sin\theta_1$이므로
$\therefore F_y = \rho QV(\sin\theta_2 + \sin\theta_1)$

60 그림에서 판에 가해지는 힘(F_x)의 크기는? (단, 제트의 유량과 유속은 각각 $Q=10\text{m}^3/\text{s}$, $V=10\text{m/s}$이다.)

① 9.8t
② 10.2t
③ 10.5t
④ 11.2t

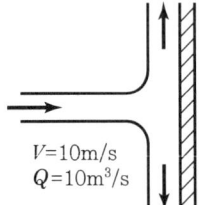

해설

$F_x = \dfrac{w}{g} Q(V_2 - V_1)$에서

$-F_x = \dfrac{1}{9.8} \times 10 \times (0 - 10) = -10.2\text{t}$ $\therefore F_x = 10.2\text{t}$

61 보기의 가정 중 방정식 $\Sigma F_x = \rho Q(v_2 - v_1)$에서 성립되는 가정으로 옳은 것은?

[보기]
가. 유속은 단면 내에서 일정하다.
나. 흐름은 정류(定流)이다.
다. 흐름은 등류(等流)이다.
라. 유체는 압축성이며 비점성 유체이다.

① 가, 나
② 가, 라
③ 나, 라
④ 다, 라

해설

운동량 방정식의 가정조건은 흐름이 정상류이고 유속은 단면 내에서 일정하다는 것이다.

62 단면적 200cm²인 90° 굽어진 관(1/4 원의 형태)을 따라 유량 $Q=0.05\text{m}^3/\text{sec}$의 물이 흐르고 있다. 이 굽어진 면에 작용하는 힘(P)은?(단, 무게 1kg=9.8N)

① 157N
② 177N
③ 1,570N
④ 1,770N

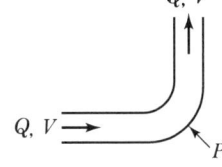

해설

$V = \dfrac{Q}{A} = \dfrac{0.05}{200 \times 10^{-4}} = 2.5\text{m/sec}$

$F_x = \dfrac{w}{g} Q(V_2 - V_1)$에서

$-F_x = \dfrac{9,800}{9.8} \times 0.05 \times (0 - 2.5) = -125\text{N}$ $\therefore F_x = -125\text{N}$

$F_y = \dfrac{w}{g} Q(V_2 - V_1) = \dfrac{9,800}{9.8} \times 0.05 \times (2.5 - 0) = 125\text{N}$

$\therefore F = \sqrt{F_x^2 + F_y^2} = \sqrt{125^2 + 125^2} = 176.8\text{N}$

정답 59 ③ 60 ② 61 ① 62 ②

실 / 전 / 문 / 제

63 역적-운동량(Impulse-Momentum) 방정식인 $\sum F(x) = \rho Q(V_{x(in)} - V_{x(out)})$의 유도과정에서 설정된 가정으로 옳은 것은?

① 흐름은 정상류(Steady Flow)이다.
② 흐름은 등류(Uniform Flow)이다.
③ 압축성(Compressible) 유체이다.
④ 마찰이 없는 유체(Frictionless Fluid)이다.

[해설]
운동량 방정식(Momentum Equation)에서는 흐름이 정상류(Steady Flow)라고 가정하여 계산한다.

64 그림과 같이 1/4원의 벽면에 접하여 유량 $Q = 0.05\text{m}^3/\text{s}$이 면적 200cm^2으로 일정한 단면을 따라 흐를 때 벽면에 작용하는 힘은?(단, 무게 1kg = 9.8N)

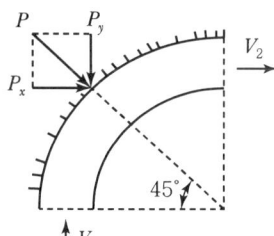

① 117.6N
② 176.4N
③ 1,176N
④ 1,764N

[해설]

① $F_x = \dfrac{wQ}{g}(V_1 - V_2) = \dfrac{1 \times 0.05}{9.8} \times (2.5 - 0)$
   $= 0.01276\text{t}$

② $F_y = \dfrac{wQ}{g}(V_1 - V_2) = \dfrac{1 \times 0.05}{9.8} \times (0 - 2.5)$
   $= -0.01276\text{t}$

③ $F = \sqrt{F_x^2 + F_y^2} = \sqrt{(0.01276)^2 + (-0.01276)^2}$
   $= 0.018\text{t} = 18.04\text{kg} \times 9.8 = 176.8\text{N}$

65 속도변화를 Δv, 질량을 m이라 할 때, Δt 시간 동안 이 물체에 작용하는 외력 F에 대한 운동량 방정식은?

① $\dfrac{m \cdot \Delta t}{\Delta v}$
② $m \cdot \Delta v \cdot \Delta t$
③ $\dfrac{m \cdot \Delta v}{\Delta t}$
④ $m \cdot \Delta t$

[해설]
운동량 방정식 $F = ma = m\dfrac{v_2 - v_1}{\Delta t}$이다.

66 고정날개에 접선방향으로 흘러들어온 분류가 그림과 같이 유출한다면 고정날개에 가해지는 힘(F)의 수평성분 F_x를 구하는 식으로 옳은 것은? (단, γ는 물의 단위중량, g는 중력가속도이다.)

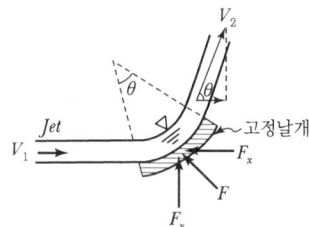

① $\dfrac{\gamma}{g} Q(V_2 \sin\theta + V_1)$
② $\dfrac{\gamma}{g} Q(V_2 \cos\theta + V_1)$
③ $\dfrac{\gamma}{g} Q(V_1 - V_2 \sin\theta)$
④ $\dfrac{\gamma}{g} Q(V_1 - V_2 \cos\theta)$

[해설]
$-F_x = \dfrac{\gamma}{g} Q(V_2 \cos\theta - V_1)$
$\therefore F_x = \dfrac{\gamma}{g} Q(V_1 - V_2 \cos\theta)$

67 그림과 같이 직경 8cm인 분류가 35m/sec의 속도로 관의 벽면에 부딪친 후 최초의 흐름 방향에서 150° 수평방향 변화를 하였다. 관의 벽면이 최초의 흐름 방향으로 10m/sec의 속도로 이동할 때, 관 벽면에 작용하는 힘은?(단, 무게 1kg = 9.8N)

정답 63 ① 64 ② 65 ③ 66 ④ 67 ②

CHAPTER 03 실/전/문/제

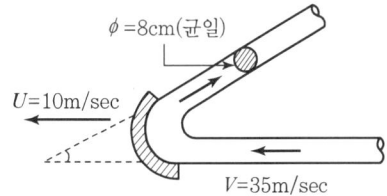

① 3.6kN(0.37ton)   ② 6.1kN(0.62ton)
③ 8.5kN(0.87ton)   ④ 9.2kN(0.94ton)

해설

$$-F_x = \frac{1}{9.8} \times \frac{\pi \times 0.08^2}{4} \times (35-10)$$
$$\times [(35-10)\cos 150° - (35-10)]$$
$$= -0.598t$$
$$\therefore F_x = 0.598t$$
$$F_y = \frac{1}{9.8} \times \frac{\pi \times 0.08^2}{4} \times (35-10)$$
$$\times [(35-10)\sin 150° - 0]t$$
$$= 0.160t$$
$$\therefore F = \sqrt{F_x^2 + F_y^2} = \sqrt{0.598^2 + 0.160^2} = 0.62t (= 6.1\text{kN})$$

68 그림과 같은 유출구에서 약간 떨어져 설치한 원추형 콘을 유지시키는 데 필요한 힘 P는?(단, 콘의 무게는 무시한다.)

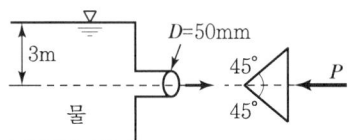

① 6.92kg   ② 5.21kg
③ 4.34kg   ④ 3.46kg

해설

$V = \sqrt{2gh} = \sqrt{2 \times 9.8 \times 3} = 7.67\text{m/sec}$이고
$P = \frac{w}{g} Q(V_2 - V_1)$이므로
$$-P_x = \frac{1,000}{9.8} \times \frac{\pi \times 0.05^2}{4} \times 7.67$$
$$\times (7.67\cos 45° - 7.67) = -3.45\text{kg}$$
$$\therefore P_x = 3.45\text{kg}$$

69 유체 내부 임의의 점(x, y, z)에서의 시간 t에 대한 속도성분을 각각 u, v, w로 표시할 때 정류이며 비압축성인 유체에 대한 연속방정식으로 옳은 것은?(단, ρ는 유체의 밀도이다.)

① $\frac{\partial u}{\partial x} + \frac{\partial v}{\partial y} + \frac{\partial w}{\partial z} = 0$

② $\frac{\partial \rho u}{\partial x} + \frac{\partial \rho v}{\partial y} + \frac{\partial \rho w}{\partial z} = 0$

③ $\frac{\partial \rho}{\partial t} + \rho \left(\frac{\partial u}{\partial x} + \frac{\partial v}{\partial y} + \frac{\partial w}{\partial z} \right) = 0$

④ $\frac{\partial \rho}{\partial t} + \frac{\partial (\rho u)}{\partial x} + \frac{\partial (\rho v)}{\partial y} + \frac{\partial (\rho w)}{\partial z} = 0$

해설

• 3차원 부정류 비압축성 유체의 연속방정식
$$\frac{\partial (\rho u)}{\partial x} + \frac{\partial (\rho v)}{\partial y} + \frac{\partial (\rho w)}{\partial z} = -\frac{\partial \rho}{\partial t}$$

• 3차원 비압축성 정류의 연속방정식
$$\frac{\partial u}{\partial x} + \frac{\partial v}{\partial y} + \frac{\partial w}{\partial z} = 0$$

70 중력장에서 단위유체질량에 작용하는 외력 F의 x, y, z 축에 대한 성분을 각각 X, Y, Z라고 하고, 각 축방향의 증분을 dx, dy, dz라고 할 때 등압면의 방정식은?

① $\frac{dx}{X} + \frac{dy}{Y} + \frac{dz}{Z} = 0$

② $\frac{X}{dx} + \frac{Y}{dy} + \frac{Z}{dz} = 0$

③ $X \cdot dx + Y \cdot dy + Z \cdot dz = 0$

④ $X \cdot dx + Y \cdot dy + Z \cdot dz = dp$

해설

등압면의 방정식은 $X \cdot dx + Y \cdot dy + Z \cdot dz = 0$이다.

71 에너지 보정계수(α)에 관한 설명으로 옳은 것은?(여기서, A : 흐름단면적, dA : 미소유관의 흐름단면적, v : 미소유관의 유속, V : 평균유속)

정답 68 ④   69 ①   70 ③   71 ④

① α는 속도수두의 단위를 갖는다.
② α는 운동량방정식에서 운동량을 보정해준다.
③ $\alpha = \dfrac{1}{A}\int_A \left(\dfrac{v}{V}\right)^2 dA$이다.
④ $\alpha = \dfrac{1}{A}\int_A \left(\dfrac{v}{V}\right)^3 dA$이다.

해설
에너지 보정계수 α는 속도수두, 운동량 보정계수 β는 운동량을 보정하기 위한 무차원 상수로 에너지 보정계수 $\alpha = \dfrac{1}{A}\int_A \left(\dfrac{v}{V}\right)^3 dA$이고, 운동량 보정계수 $\beta = \dfrac{1}{A}\int_A \left(\dfrac{v}{V}\right)^2 dA$이다.

72 구형물체(球形物體)에 대하여 Stokes의 법칙이 적용되는 범위에서 항력계수(C_D)는?(단, Re : Reynolds 수)

① $C_D = \dfrac{1}{Re}$ ② $C_D = \dfrac{4}{Re}$
③ $C_D = \dfrac{24}{Re}$ ④ $C_D = \dfrac{64}{Re}$

해설
$D = C_D A \dfrac{\rho V^2}{2}$ 과 $D = 3\pi\mu Vd$에서
$C_D \dfrac{\pi d^2}{4} \dfrac{\rho V^2}{2} = 3\pi\mu Vd$
$\therefore C_D = \dfrac{24\mu}{\rho Vd} = \dfrac{24}{Re}$
($\because Re = \dfrac{Vd}{\nu} = \dfrac{\rho Vd}{\mu}$)

73 지름 d의 구(球)가 밀도 ρ의 유체 속을 유속 V로서 침강할 때 구(球)의 항력(D)은?(단, C_D는 항력계수)

① $D = C_D \pi d^2 \dfrac{V^2}{2g}$ ② $D = \dfrac{1}{4} C_D \pi d^2 \rho V^2$
③ $D = \dfrac{1}{8} C_D \pi d^2 \rho V^2$ ④ $D = \dfrac{1}{16} C_D \pi d^2 \rho V^2$

해설
항력 $D = C_D A \dfrac{\rho V^2}{2}$에서
A는 구의 투영면적 $\dfrac{\pi d^2}{4}$이므로
$\therefore D = C_D \dfrac{\pi d^2}{4} \dfrac{\rho V^2}{2} = \dfrac{1}{8} C_D \pi d^2 \rho V^2$

74 밀도가 ρ인 유체가 일정한 유속 V_O로 수평방향으로 흐르고 있다. 이 유체 속에 지름 d, 길이 l인 원주가 그림과 같이 놓였을 때 원주에 작용되는 항력(抗力)을 구하는 공식은?(단, C_D는 항력계수)

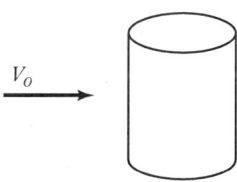

① $C_D \cdot \dfrac{\pi d^2}{4} \cdot \dfrac{\rho V_O}{2}$ ② $C_D \cdot d \cdot l \cdot \dfrac{\rho V_O^2}{2}$
③ $C_D \cdot \dfrac{\pi d^2}{4} \cdot l \cdot \dfrac{\rho V_O}{2}$ ④ $C_D \cdot \pi d \cdot l \cdot \dfrac{\rho V_O}{2}$

해설
항력(D) $= C_D \cdot A \cdot \dfrac{\rho V^2}{2} = C_D \cdot d \cdot l \cdot \dfrac{\rho V_O^2}{2}$

75 정지유체에 침강하는 물체가 받는 항력(drag force)의 크기와 관계가 없는 것은?

① 유체의 밀도 ② Froude 수
③ 물체의 형상 ④ Reynolds 수

해설
항력(D) $= C_D \cdot A \cdot \dfrac{\rho V^2}{2}$
여기서, C_D : 항력계수$\left(C_D = \dfrac{24}{Re}\right)$
A : 투영면적
$\dfrac{\rho V^2}{2}$: 동압력
$\therefore$ Froude 수는 항력과 관련이 없다.

정답 72 ③ 73 ③ 74 ② 75 ②

CHAPTER 03 실 / 전 / 문 / 제

76 A지역의 급수용 배수 본관의 직경은 1m이다. 장차 아파트 건설용으로 급수 인구가 4배로 증가하여 공급 수량도 4배로 증가할 때 급수용 배수 본관의 직경은?(단, 유속은 변경하지 않는다고 생각함)

① 0.5m ② 1.0m
③ 2.0m ④ 3.0m

해설

연속 방정식은 $Q = \dfrac{\pi D^2}{4} \times V$ 이므로 $Q \propto D^2$

따라서 급수량이 4배로 증가하기 위해서 관 직경은 2배 증가되어야 한다.

77 관의 단면적이 4m²인 관수로에서 물이 정지하고 있을 때 압력을 측정하니 500kPa이었고 물을 흐르게 했을 때 압력을 측정하니 420kPa이었다면, 이때 유속(V)은?(단, 물의 단위중량은 9.81kN/m³ 이다.)

① 10.05m/s ② 11.16m/s
③ 12.65m/s ④ 15.22m/s

해설

$$h = \frac{p}{w} = \frac{(500-420) \cdot \dfrac{kN}{m^2}}{9.81 kN/m^3} = 8.16m$$

$$\therefore v = \sqrt{2gh} = \sqrt{2 \times 9.8 \times 8.16} = 12.65 m/s$$

정답 76 ③ 77 ③

CHAPTER 04

오리피스와 위어

01 오리피스
02 작은 오리피스
03 큰 오리피스
04 수중 오리피스 및 노즐
05 위어 개론
06 위어 유량계산
07 위어의 수위와 유량과의 관계

01 오리피스

1. 오리피스

오리피스의 정의 및 목적	모식도
① 수조의 측벽 또는 바닥에 구멍을 뚫어서 물을 유출시킬 때 그 유출구 ② 유량측정 및 조절이 목적이다.	

2. 오리피스 종류

구분	모식도	해설
작은 오리피스		$H > 5d$ 수심(H)에 비해 직경 및 높이 (d)가 작은 오리피스
큰 오리피스		$H < 5d$ 수심(H)에 비해 직경 및 높이 (d)가 큰 오리피스

3. 단관

구분	모식도	수축계수	해설
표준 단관		$C_a = 1$	관의 길이가 오리피스 직경의 2~3배
Borda 단관		$C_a = 0.52$	단관의 길이가 직경의 1/2

GUIDE

- **수축단면**
  ① vena contracta
  ② 발생위치는 $d/2$
  ③ 오리피스의 유출수맥에서 발생
  ④ 물줄기가 최소단면적이 되는 단면

- **단관**
  오리피스에 붙인 짧은 관

- **수축계수(C_a)**
  오리피스 단면적에 대한 수축단면적의 비
  $$C_a = \frac{a}{A}$$
  여기서, a : 수축단면의 최소단면적
  A : 오리피스 단면적
  (값은 0.6~0.7 사이의 범위)

- C : 유량계수
  ($C = C_a C_v$)

예 / 상 / 문 / 제

01 작은 오리피스의 정의 중 가장 옳은 것은 어느 것인가?

① 직경이 작은 오리피스
② 수심이 작은 오리피스
③ 유량이 작은 오리피스
④ 수심에 비해 직경이 작은 오리피스

[해설]
작은 오리피스는 수심에 비해 직경이 작은($H>5d$) 오리피스이다.

02 작은 오리피스에서 단면수축계수 C_a, 유속계수 C_v, 유량계수 C의 관계가 옳게 표시된 것은?

① $C = \dfrac{C_v}{C_a}$ ② $C = \dfrac{C_a}{C_v}$
③ $C = C_v \cdot C_a$ ④ $C = C_a + C_v$

[해설]
유량계수는 유속계수와 수축계수의 곱이다.
$C = C_v \times C_a$로 나타낸다.

03 오리피스에서 유출되는 실제유량은 $Q = C_a C_v A V$로 표현한다. 이때 수축계수 C_a는?(단, A_0는 수맥의 최소 단면적, A는 오리피스의 단면적, V는 실제유속, V_0는 이론유속)

① $C_a = \dfrac{A_0}{A}$ ② $C_a = \dfrac{V_0}{V}$
③ $C_a = \dfrac{A}{A_0}$ ④ $C_a = \dfrac{V}{V_0}$

[해설]
작은 오리피스의 수축계수 $C_a = \dfrac{A_0}{A}$이다.

04 단면적이 5m²인 관에 단면적 3m²인 관이 연결되어 유량이 흘러가고 있다. 수축계수가 0.55이면 축류부의 단면적은?

① 1.65m²   ② 2.64m²
③ 2.75m²   ④ 3.25m²

[해설]
$C_a = \dfrac{a}{A}$, 따라서 $a = C_a \times A = 0.55 \times 3 = 1.65 \text{m}^2$

05 오리피스의 표준단관에서 유속계수가 0.78이었다면 유량계수는?

① 0.66   ② 0.70
③ 0.74   ④ 0.78

[해설]
유량계수
C(유량계수) $= C_a$(수축계수) $\times C_v$(유속계수)이고 표준단관일 때는 수축계수 $C_a = 1$이므로 유속계수와 유량계수는 같다.

06 그림과 같이 $D = 2\text{cm}$의 지름을 가진 오리피스로부터의 분류(Jet)의 수축단면(VenaContracta)에서 지름이 1.6cm로 줄었을 때 수축계수와 수축단면의 거리(l)는?

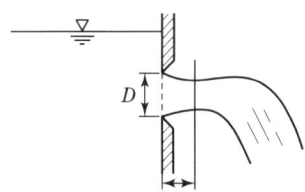

① 수축계수(C_a) = 1.25, $l = 0.8$cm
② 수축계수(C_a) = 0.64, $l = 1$cm
③ 수축계수(C_a) = 0.64, $l = 0.8$cm
④ 수축계수(C_a) = 1.25, $l = 1$cm

[해설]
① 수축계수 $C_a = \dfrac{a}{A} = \dfrac{1.6^2}{2^2} = 0.64$
② 수축단면의 거리 $l = \dfrac{d}{2} = \dfrac{2}{2} = 1\text{cm}$

정답 01 ④ 02 ③ 03 ① 04 ① 05 ④ 06 ②

02 작은 오리피스($H > 5d$)

1. 작은 오리피스 유량 계산

도식화	실제 유속(V_t)
(수축단면(Vena Contracta), d, $\frac{d}{2}$)	$V_t = C_v \cdot \sqrt{2gh}$
	실제 유량(Q)
	$Q = a \cdot V_t \left(C_a = \dfrac{a}{A} \right)$ $= C_a \cdot A \cdot V_t$ $= C_a \cdot C_v \cdot A \cdot \sqrt{2gH}$
접근유속(V_a)을 고려한 유량	
$Q = C \cdot A \cdot \sqrt{2g(H+h_a)} = C \cdot A \cdot \sqrt{2g\left(H + \alpha \dfrac{V_a^2}{2g}\right)}$	

2. 수축계수(C_a)와 유속계수(C_v) 및 유량계수(C)

수축계수(C_a)	유속계수(C_v)	유량계수(C)
$C_a = \dfrac{a(\text{수축 단면적})}{A(\text{오리피스 단면적})}$	$C_v = \dfrac{\text{실제유속}}{\text{이론유속}}$	$C = C_a C_v$

3. 오리피스 수두오차와 유량오차의 관계

유량오차	해설
$\dfrac{dQ}{Q} = \dfrac{1}{2}\dfrac{dH}{H}$	$\dfrac{dQ}{Q} = \dfrac{\dfrac{1}{2}CA\sqrt{2g}\,H^{-\frac{1}{2}}dH}{CA\sqrt{2gH}} = \dfrac{1}{2}\dfrac{dH}{H}$ ① $Q = CA\sqrt{2gH}$를 H에 대해 미분 ② $\dfrac{dQ}{dH} = CA\sqrt{2g}\,\dfrac{1}{2}H^{-\frac{1}{2}}$ ③ 유량 Q로 나누면 $\dfrac{1}{2} \cdot \dfrac{dH}{H}$ ④ $\dfrac{dQ}{Q} \cdot \dfrac{1}{2}\dfrac{dH}{H}$

GUIDE

- $V = \sqrt{2gH}$
  (베르누이 정리로 유도)

- **수축단면**
  ① vena contracta
  ② 발생위치는 $d/2$

- C_a : **수축계수**
  실제오리피스 단면적보다 유출단면적이 작기 때문에 수축계수를 고려한다.

- H(수두차)

- $g(9.8\text{m/s}^2)$

- C_v : **유속계수**
  물의 점성 때문에 마찰에 의한 에너지 손실이 발생하므로 유속계수를 곱해서 수정해주어야 한다.

- C : **유량계수**($0.6 \sim 0.64$)
  ($C = C_a C_v$)

- **실제유속** $= C_v \cdot$ 이론유속
  (에너지 손실을 실제유속에 반영하기 위해 이론유속에 유속계수를 곱한다.)

- **미분공식**
  ① $y = c$ (c는 상수)
  $y' = 0$
  ② $y = x^n$ (n은 자연수)
  $y' = nx^{n-1}$

예/상/문/제

01 단면적 20cm²인 원형 오리피스(Orifice)가 수면에서 3m의 깊이에 있을 때, 유출수의 유량은?(단, 물통의 수면은 일정하고 유량계수는 0.60이라 한다.)

① 0.0014m³/sec ② 0.0092m³/sec
③ 14.4400m³/sec ④ 15.2400m³/sec

해설

$H > 5d$ 이므로 작은 오리피스이다.
$Q = CA\sqrt{2gH} = 0.6 \times 20 \times 10^{-4} \times \sqrt{19.6 \times 3} = 0.0092 \text{m}^3/\text{sec}$

02 다음 그림과 같은 오리피스에서 유출하는 유량은?(단, 이론유량을 계산한다)

① 0.12m³/sec
② 0.22m³/sec
③ 0.32m³/sec
④ 0.42m³/sec

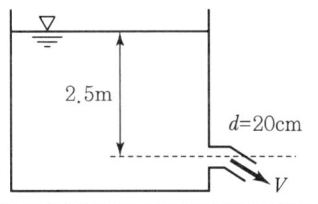

해설

$Q = A\sqrt{2gH} = \dfrac{\pi \times 0.2^2}{4} \times \sqrt{19.6 \times 2.5} = 0.22 \text{m}^3/\text{s}$
($H > 5d$이므로 작은 오리피스이다)

03 수두 3m 되는 곳에 직경 4cm 오리피스를 만들어 물을 분출시킬 경우 유속계수가 0.95, 수축계수를 0.70이라 하면 실제유량은?

① 약 6*l*/sec ② 약 12*l*/sec
③ 약 3*l*/sec ④ 약 24*l*/sec

해설

($H > 5d$이므로 작은 오리피스이다)
$Q = CA\sqrt{2gH}$
$= 0.7 \times 0.95 \times \dfrac{\pi \times 4^2}{4} \times \sqrt{1,960 \times 300} = 6,407.96 \text{cm}^3/\text{s}$
$= 6.4 l/\text{s}$

04 수면에서 4m의 깊이에 중심을 지나는 지름 20mm의 작은 오리피스(Orifice)에서 나오는 실제유량은?(단, 오리피스의 유량계수 $C = 0.62$)

① 1.72*l*/sec ② 1.83*l*/sec
③ 19.4*l*/sec ④ 86.23*l*/sec

해설

$Q = CA\sqrt{2gH} = 0.62 \times \dfrac{\pi \times 2^2}{4} \times \sqrt{1,960 \times 400}$
$= 1,724 \text{cm}^3/\text{s} = 1.724 l/\text{s}$

05 저수조 측벽의 정사각형의 오리피스에서 0.08 m³/s의 유량을 얻으면 적당한 정사각형 한 변의 길이는?(단, 유량계수는 0.61이고 수면과 정4각형 오리피스 중심까지의 고저차는 1.8m이다.)

① 9cm ② 11cm
③ 13cm ④ 15cm

해설

$Q = CA\sqrt{2gH}$ 에서 $0.08 = 0.61 \times d^2 \times \sqrt{19.6 \times 1.8}$
∴ $d = 0.148\text{m} = 14.8\text{cm}$

06 직경 20cm인 원형 오리피스로 0.1m³/s의 유량을 유출시키려 할 때 필요한 수심(오리피스 중심으로부터 수면까지의 높이)은?(단, 유량계수 $C = 0.6$)

① 1.24m ② 1.44m
③ 1.56m ④ 2.00m

해설

$Q = CA\sqrt{2gH}$ 에서 $0.1 = 0.6 \times \dfrac{\pi \times 0.2^2}{4} \times \sqrt{19.6 \times H}$ 이므로
∴ $H = 1.44\text{m}$

07 오리피스의 유량측정에서 수두(H) 측정에 3%의 오차가 생길 경우 유량(Q)에 미치는 오차는?

① 1.0% ② 1.5%
③ 2.0% ④ 2.5%

해설

$\dfrac{dQ}{Q} = \dfrac{1}{2}\dfrac{dH}{H} = \dfrac{1}{2} \times 3 = 1.5\%$

정답 01 ② 02 ② 03 ① 04 ① 05 ④ 06 ② 07 ②

03 큰 오리피스

1. 큰 오리피스

모식도	해설
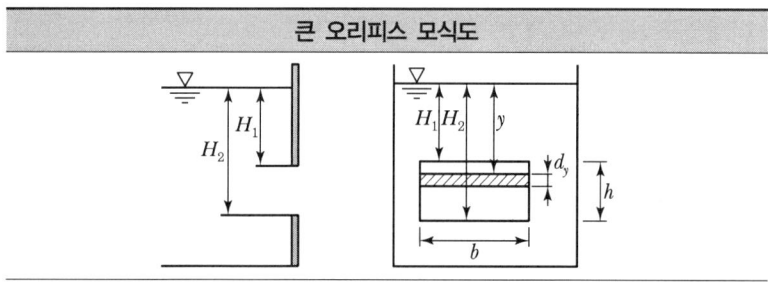	$H < 5d$ 수심(H)에 비해 직경 및 높이(d)가 큰 오리피스

• **큰 오리피스**
수두(H)에 비해 직경(d)이 커서 유속계산 시 오리피스의 상단에서 하단까지의 압력변화를 고려해야 할 때

2. 큰 오리피스(직사각형 단면)

큰 오리피스 모식도

$Q = AV$에서
$dQ = dA \cdot V$
$\quad = b\,dh\,\sqrt{2gH}$

$Q = C\int_{H_1}^{H_2} dQ = \int_{H_1}^{H_2} Cb\sqrt{2gh}\,dh = Cb\sqrt{2g}\int_{H_1}^{H_2} h^{1/2}\,dh$

$\quad = \dfrac{2}{3}\,Cb\sqrt{2g}\int_{H_1}^{H_2}\left(h^{3/2}\right)_{H_1}^{H_2}$

$\quad = \dfrac{2}{3}\,Cb\sqrt{2g}\left(H_2^{3/2} - H_1^{3/2}\right)$

3. 큰 오리피스 유량계산(직사각형 단면)

유량(Q)	$Q = \dfrac{2}{3}\,Cb\sqrt{2g}\,(H_2^{3/2} - H_1^{3/2})$
접근유속 고려 시 유량(Q)	$Q = \dfrac{2}{3}\,Cb\sqrt{2g}\,[(H_2 + H_a)^{3/2} - (H_1 + H_a)^{3/2}]$ $\quad = \dfrac{2}{3}\,Cb\sqrt{2g}\,[(H_2 + \alpha\dfrac{V_a^2}{2g})^{3/2} - (H_1 + \alpha\dfrac{V_a^2}{2g})^{3/2}]$

• **접근유속(V_a)**
단면축소의 영향을 받지 않는 상류 부분의 유속

• **접근유속수두(H_a)**
$H_a = \alpha\dfrac{V_a^2}{2g}$

예 / 상 / 문 / 제

01 큰 오리피스의 정의 중 옳은 것은?

① 직경이 큰 오리피스
② 수면에서 오리피스 중심까지의 수심이 큰 오리피스
③ 수면에서 오리피스 중심까지의 수심과 직경이 공히 큰 오리피스
④ 수면에서 오리피스 중심까지의 수심에 비해 직경이 큰 오리피스

[해설]
$H < 5d$인 경우 큰 오리피스에 해당된다.

02 다음 중 동일한 오리피스에 있어서 큰 오리피스로 취급될 경우는?

① 압력 수두 h가 클 때
② 오리피스가 비교적 클 때
③ 유량이 비교적 클 때
④ 오리피스 상하단의 압력차를 무시할 수 없을 때

[해설]
큰 오리피스는 수두가 직경의 5배보다 작은 경우, 오리피스 상단과 하단 사이의 압력 변화를 고려할 때이다.

03 큰 오리피스에 관한 설명 중 옳지 않은 것은?

① 일반적으로 단면의 형상에는 관계가 없다.
② 오리피스 단면의 높이가 수두의 1/5 미만이면 상당히 큰 단면의 오리피스도 작은 오리피스로 계산한다.
③ 구형 오리피스는 큰 오리피스로 보고 계산한다.
④ 오리피스 단면 내에서 유속 분포를 균일하지 않다고 보고 계산한다.

[해설]
• $H < 5d$이면 큰 오리피스
• 수두에 비해 오리피스가 커서 유속을 계산할 때 오리피스의 상단에서 하단까지의 수두 변화를 고려해야 한다.

04 다음의 오리피스(Orifice)에 관한 설명 중 옳지 않은 것은?

① 상류단의 날카로운 오리피스를 예연오리피스라 한다.
② 사출수맥이 대기 중으로 분출되는 오리피스는 자유 유량을 갖는다고 한다.

③ 오리피스에 작용하는 수두에 관계없이 직경이 큰 오리피스를 큰 오리피스라 한다.
④ 오리피스의 수맥에는 반드시 수축단면이 존재한다.

[해설]
• 큰 오리피스 $H < 5d$
• 작은 오리피스 $H > 5d$

05 그림과 같은 구형의 큰 오리피스의 유량은 얼마인가?(단, $C = 0.62$이고 접근유속은 무시한다.)

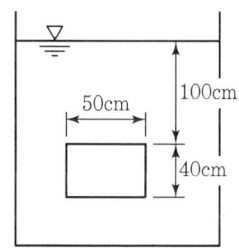

① $1.621\text{m}^3/\text{sec}$
② $1.019\text{m}^3/\text{sec}$
③ $0.601\text{m}^3/\text{sec}$
④ $0.588\text{m}^3/\text{sec}$

[해설]
$$Q = \frac{2}{3} Cb\sqrt{2g}\,(H_2^{3/2} - H_1^{3/2})$$
$$= \frac{2}{3} \times 0.62 \times 0.5 \times \sqrt{19.6}\,(1.4^{3/2} - 1^{3/2})$$
$$= 0.601\text{m}^3/\text{sec}$$

06 구형 오리피스의 폭 50cm이고 상단수심 60cm, 하단수심 85cm일 때의 유량은 얼마인가? (단, $C = 0.62$로 한다.)

① $292 l/\text{sec}$
② $335 l/\text{sec}$
③ $412 l/\text{sec}$
④ $485 l/\text{sec}$

[해설]
$d = 85 - 60 = 25\text{cm}$, $H = (85+60)/2 = 72.5\text{cm}$,
$H < 5d$이므로 큰 오리피스이다.
$$Q = \frac{2}{3} Cb\sqrt{2g}\,(H_2^{3/2} - H_1^{3/2})$$
$$= \frac{2}{3} \times 0.62 \times 50 \times \sqrt{1,960} \times (85^{3/2} - 60^{3/2})$$
$$= 292,781\text{cm}^3/\text{s}$$
$$= 292 l/\text{sec}$$

정답 01 ④ 02 ④ 03 ③ 04 ③ 05 ③ 06 ①

04 수중 오리피스 및 노즐

1. 수중 오리피스

완전 수중 오리피스	불완전 수중 오리피스
유출수가 전부 수중으로 유출되는 오리피스	수조의 유출수 중 일부는 수중으로, 일부는 대기로 유출되는 오리피스 ① Q_1(상부유량) : 구형 큰 오리피스 ② Q_2(하부유량) : 완전 수중 오리피스
① $Q = Ca\sqrt{2g(H_1-H_2)} = Ca\sqrt{2gH}$ ② 접근유속 고려 시 $Q = Ca\sqrt{2g(H+H_a)}$	$Q = Q_1 + Q_2$ $= \dfrac{2}{3}C_1 b\sqrt{2g}\left[(H+H_a)^{3/2} - (H_1+H_a)^{3/2}\right] + C_2 b(H_2-H)\sqrt{2g(H+H_a)}$

2. 노즐

구분	식	모식도
노즐의 사출수량	$Q = C \cdot a \sqrt{\dfrac{2gH}{1-\left(\dfrac{C\cdot a}{A}\right)^2}}$	
사출수의 연직높이	$y = \dfrac{V^2}{2g}\sin^2\theta$	
사출수의 수평거리	$x = \dfrac{V^2}{g}\sin 2\theta$	

GUIDE

- **수중 오리피스**
  수조나 수로 등에서 수중으로 물이 유출되는 오리피스
  ① 완전 수중 오리피스
  ② 불완전 수중 오리피스

- **수문(오리피스 이론으로 구함)**
  수문에서 유출된 물의 수심이 점점 감소하다가 일정한 수심으로 흐르는 상태의 유출

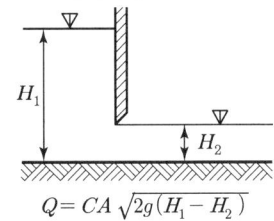

$Q = CA\sqrt{2g(H_1-H_2)}$

- **사출수의 최대 연직거리** ($\theta = 90°$)
  $y_{\max} = \dfrac{V^2}{2g}$

- **사출수의 최대수평거리** ($\theta = 45°$)
  $x_{\max} = \dfrac{V^2}{g}$

- $y_{\max} : x_{\max} = 1 : 2$
  최대 수평거리는 최대 연직높이의 2배이다.

예 / 상 / 문 / 제

01 다음 그림에서 A 수조의 유속을 무시할 경우 유량 Q는?(단, 오리피스의 면적 $a=0.1\text{m}^2$, 유량계수 $C=0.6$임)

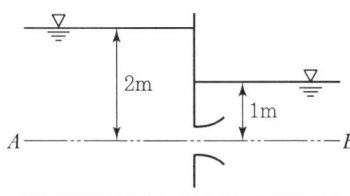

① $0.27\text{m}^3/\text{sec}$　② $0.24\text{m}^3/\text{sec}$
③ $0.31\text{m}^3/\text{sec}$　④ $0.21\text{m}^3/\text{sec}$

해설
$Q = CA\sqrt{2gH} = 0.6 \times 0.1 \times \sqrt{19.6 \times (2-1)} = 0.27\text{m}^3/\text{sec}$

02 그림과 같은 수중 오리피스에서 오리피스 단면적이 30cm²일 때 유출량 Q는?(단, 유량계수 $C=0.6$)

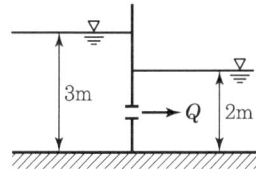

① 약 $13.7l/\text{sec}$　② 약 $12.5l/\text{sec}$
③ 약 $10.2l/\text{sec}$　④ 약 $8.0l/\text{sec}$

해설
$Q = CA\sqrt{2g(H_1 - H_2)} = 0.6 \times 30 \times \sqrt{1{,}960 \times (300 - 200)}$
$= 7{,}969\text{cm}^3/\text{s} = 8.0l/\text{s}$

03 그림과 같은 불완전 수중 오리피스의 유량을 계산할 때 ① 하류의 수면 이상의 부분과 ② 수면 이하 부분으로 나누어 계산한다. ①의 부분은?

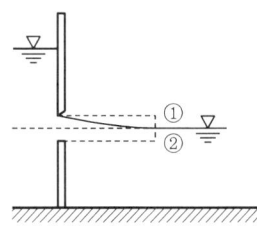

① 수중 오리피스　② 보통 오리피스
③ 수평 오리피스　④ 폰설레 오리피스

해설
불완전 오리피스 중 수면 윗부분은 보통(구형) 오리피스로 유량을 계산하고, 수면 아랫부분은 완전 수중 오리피스로 유량을 계산한다.

04 그림과 같은 노즐에서 유량을 구하기 위한 식으로 옳은 것은?(단, C는 유속계수이다.)

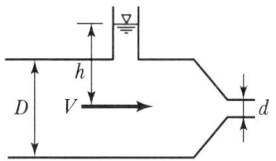

① $C \cdot \dfrac{\pi d^2}{4} \sqrt{\dfrac{2gh}{1-C^2(d/D)^2}}$

② $C \cdot \dfrac{\pi d^2}{4} \sqrt{\dfrac{2gh}{1-C^2(d/D)^4}}$

③ $\dfrac{\pi d^4}{4} \sqrt{\dfrac{2gh}{1-C^2(d/D)^2}}$

④ $C \cdot \dfrac{\pi d^2}{4} \sqrt{2gh}$

해설
노즐에서의 유량
$Q = C \cdot a \sqrt{\dfrac{2gh}{1-\left(\dfrac{Ca}{A}\right)^2}} = C \cdot \dfrac{\pi d^2}{4} \sqrt{\dfrac{2gh}{1-C^2\left(\dfrac{d}{D}\right)^4}}$

05 초속 20m/s, 수평과의 각도 45°로 사출된 분수가 도달하는 최대 연직높이는?(단, 공기, 기타 저항은 무시한다.)

① 15.3m　② 16.8m
③ 10.2m　④ 11.6m

해설
사출수의 최대연직높이는
$y = \dfrac{V^2}{2g}\sin^2\theta = \dfrac{20^2}{19.6} \times \sin^2 45° = 10.2\text{m}$

정답　01 ①　02 ④　03 ②　04 ②　05 ③

3. 분수에서 유효수두(분수 높이)

구분	식	모식도
유효수두 (H_v)	$H_v = C_v^2 H$	
분수에서 일어나는 손실수두 (H_L)	전 수두 − 분수 높이 ① $H_L = H - \dfrac{V_a^2}{2g}$ ② $H_L = H - C_v^2 H = (1 - C_v^2)H$ ③ $H_L = \dfrac{V_a^2}{2g}\left(\dfrac{1}{C_v^2} - 1\right)$	

GUIDE

- 분수 유효수두 (H_v)

$$H_v = \frac{V^2}{2g}$$
$$= \frac{1}{2g}(C_v\sqrt{2gH})^2$$
$$= \frac{1}{2g}C_v^2 \cdot 2gH$$
$$= C_v^2 H$$

- H
  ① $V = C_v\sqrt{2gH}$
  ② $V^2 = C_v^2 \cdot 2gH$
  $\therefore H = \dfrac{1}{C_v^2} \cdot \dfrac{V^2}{2g}$

4. 오리피스 유출시간

구분	모식도	유출시간
보통 오리피스		$T = -\displaystyle\int_{h_1}^{h_2}\dfrac{A}{Ca\sqrt{2gh}}dh$ $= \displaystyle\int_{h_2}^{h_1}\dfrac{A}{Ca\sqrt{2g}}h^{-\frac{1}{2}}dh$ $\therefore T = \dfrac{2A}{Ca\sqrt{2g}}(h_1^{\frac{1}{2}} - h_2^{\frac{1}{2}})$
	보통 오리피스의 배수시간(유출시간)	$T = \dfrac{2A}{Ca\sqrt{2g}}(\sqrt{H_1} - \sqrt{H_2})\,(\sec)$
	완전배수 시 ($H_2 = 0$)	$T = \dfrac{2A}{Ca\sqrt{2g}}H^{1/2}\,(\sec)$
수중 오리피스		수중 오리피스의 배수시간(유출시간) $T = \dfrac{2A_1 A_2}{Ca\sqrt{2g}(A_1 + A_2)}(\sqrt{H} - \sqrt{h})$
		두 수조의 수위가 같다면 ($h = 0$) $T = \dfrac{2A_1 A_2}{Ca\sqrt{2g}(A_1 + A_2)}\sqrt{H}$

- dt 시간의 유량을 dQ라 하면
$$dQ = Ca\sqrt{2gh}\,dt$$
수조에서는 $-Adh$의 수량이 줄었으므로
$$dQ = Ca\sqrt{2gh}\,dt = -Adh$$
$$\therefore dt = -\frac{Adh}{Ca\sqrt{2gh}}$$

- H : 배수 전 수두차
  h : 배수 후 수위차

예/상/문/제

01 그림과 같은 모양의 분수(噴水)를 만들었을 때 분수의 높이는(H_v)는?(단, 유속계수 C_v는 0.96으로 한다.)

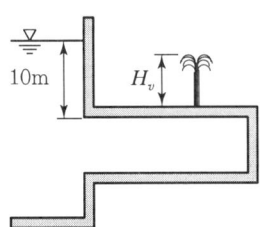

① 10m ② 9.6m
③ 9.22m ④ 9m

해설

분수의 높이 $H_v = C_v^2 \cdot H = 0.96^2 \times 10 = 9.216\text{m}$

02 그림과 같이 A수조와 B수조 사이에 오리피스(Orifice)를 통하여 물이 유출할 때 수심 h_1에서 h_2가 될 때까지 소요되는 시간[T(sec)]을 구하는 공식으로 옳은 것은?(단, 오리피스의 단면적을 a, A, B 수조의 표면적을 각각 A, B라 한다.)

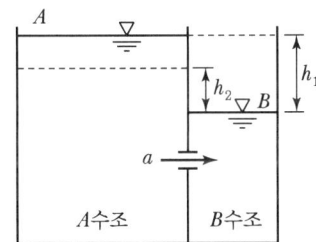

① $T = \dfrac{2A}{Ca\sqrt{2g}} \cdot (\sqrt{h_1} - \sqrt{h_2})$

② $T = \dfrac{2A}{Ca\sqrt{2g}} (\sqrt{h_1})$

③ $T = \dfrac{2AB}{Ca\sqrt{2g} \cdot (A+B)} \cdot (\sqrt{h_1} - \sqrt{h_2})$

④ $T = \dfrac{2AB}{Ca\sqrt{2g}} \cdot (\sqrt{h_1} - \sqrt{h_2})$

해설

A수조와 B수조 사이를 흐르는 오리피스 유출시간

$T = \dfrac{2AB}{Ca\sqrt{2g}(A+B)} \cdot \sqrt{h_1} - \sqrt{h_2}$

03 수조 횡단면적이 1m²인 측벽에 공구면적이 20cm²인 구멍으로 수두 2m에서 1m로 하강하는데 요하는 시간은?(단, 유량계수 $C = 0.6$)

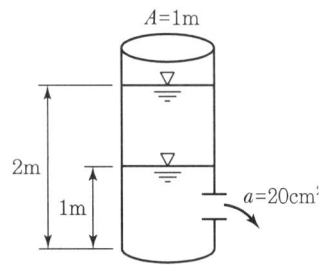

① 25.0초 ② 108.2초
③ 155.9초 ④ 169.5초

해설

$T = \dfrac{2A}{Ca\sqrt{2g}}(h_1^{1/2} - h_2^{1/2})$

$= \dfrac{2 \times 1}{0.6 \times (20 \times 10^{-4}) \times \sqrt{19.6}} \times (2^{1/2} - 1^{1/2}) = 155.9$초

04 지름이 3.5m인 수조로부터 지름 8cm인 오리피스를 이용하여 물을 배출할 때, 처음의 수조의 수위가 6m라면 물을 완전 배수시키는 데 요하는 시간은?(단, 유량계수 $C = 0.62$이다.)

① 57분 ② 44분
③ 37분 ④ 24분

해설

$T = \dfrac{2A}{Ca\sqrt{2g}}(H_1^{1/2} - H_2^{1/2})$

$= \dfrac{2 \times \dfrac{\pi \times 3.5^2}{4}}{0.62 \times \dfrac{\pi \times 0.08^2}{4} \times \sqrt{19.6}} \times 6^{1/2}$

$= 3,416\text{sec} ≒ 57\text{min}$

정답 01 ③ 02 ③ 03 ③ 04 ①

05 위어 개론

1. 정의 및 목적

정의	사용목적
① 수로를 가로막는 둑을 만들어 그 위에 물을 흐르게 하는 구조물 ② 위어의 흐름은 자유수면을 가지므로 중력의 영향을 받는다.	① 개수로의 유량측정 ② 취수를 위한 수위증 ③ 흐르는 물을 나눔(분수) ④ 하천의 홍수방지

GUIDE

- **위어**

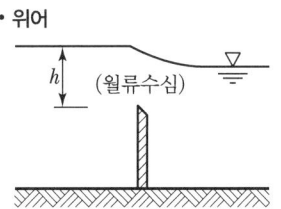

- 월류하는 물의 얇은 층을 수맥(nappe)이라 한다.

- **수맥**
  위어를 월류하는 흐름

- **예연 위어**
  물에 접촉하는 끝이 날카로운 위어

2. 수맥의 수축

구분	모식도	해설
정수축	(면수축, 정수축)	① 예연 위어의 마루부에서 일어나는 수축 ② 위어 정점부 수축
면수축	(면수축, 정수축)	① 수평한 위어의 마루부에서 수면강하 시 일어나는 수축 ② 접근유속으로 인해 일어나는 수축 ③ 물이 위어 마루부에 접근하면서 유속이 가속된다.(위치에너지가 운동에너지로 변경)
단수축	(b, 단수축)	① 위어의 측벽이 날카로워서 월류폭이 수축하는 현상 ② 양단에 의한 수축

- **연직수축**
  정수축 + 면수축

- **완전수축**
  정수축 + 단수축

3. 수두

전수두(H)	모식도
① 측정수두 + 접근유속수두 ② $H = h + \dfrac{\alpha V_a^2}{2g}$	(h, $l > 3h$)

완전월류일 때 위어의 흐름은 사류가 된다. 따라서 월류량은 하류수심의 영향을 받지 않는다.

- **월류수심(h) 측정위치**
  위어로부터 상류 쪽으로 $3h$ 이상을 표준으로 보통 $5 \sim 10h$에서 측정

예 / 상 / 문 / 제

01 위어의 보편적인 사용 목적이 아닌 것은?

① 유량측정
② 취수를 위한 수위 증가
③ 분수(分水)
④ 수질 오염방지

02 위어(weir)는 무엇을 하는 데 사용하는가?

① 압축측정
② 수위측정
③ 유속측정
④ 유량측정

[해설]
위어의 사용목적으로는 유량측정, 취수를 위한 수위증가, 홍수가 도로를 범람시키는 것을 방지 등이 있다.

03 개수로의 수류가 위어(weir)에 접근함에 따라 접근 유속으로 인하여 일어나는 수축은 다음 중 어느 것인가?

① 단수축
② 정수축
③ 면수축
④ 면직수축

[해설]
면수축은 수류가 수평한 위어를 월류하면서 수면이 저하될 때 일어나며, 접근유속이 가속되기 때문에 발생한다.

04 예연 위어의 마루부에서 일어나는 수축은?

① 면수축
② 정수축
③ 연직수축
④ 단수축

[해설]
정수축은 Notch의 끝이 예리해서 생기는 수축으로 예연(銳緣) 위어의 마루부에서 일어난다.

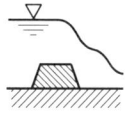
(a) 광정 위어

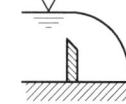
(b) 예연 위어

05 위어(weir)에 관한 설명으로 옳지 않은 것은?

① 위어를 월류하는 흐름은 일반적으로 상류에서 사류로 변한다.
② 위어를 월류하는 흐름이 사류일 경우(완전월류) 유량은 하류 수위의 영향을 받는다.
③ 위어는 개수로의 유량측정, 취수를 위한 수위증가 등의 목적으로 설치한다.
④ 적은 유량을 측정할 경우 삼각위어가 효과적이다.

[해설]
완전월류일 때 위어의 흐름은 사류가 되므로 월류량은 하류수심의 영향을 받지 않는다.

06 위어에 있어서 수맥의 수축에 대한 일반적인 설명으로 옳지 않은 것은?

① 정수축은 광정위어에서 생기는 수축현상이다.
② 연직수축이란 면수축과 정수축을 합한 것이다.
③ 단수축은 위어의 측벽에 의해 월류폭이 수축하는 현상이다.
④ 면수축은 물의 위치에너지가 운동에너지로 변화하기 때문에 생긴다.

[해설]
정수축은 예연위어에서 생기는 수축현상이다.

정답 01 ④ 02 ④ 03 ③ 04 ② 05 ② 06 ①

06 위어 유량계산

1. 사각형(구형) 위어

구분	모식도	식	
사각형 (구형) 위어		$Q = \dfrac{2}{3} Cb \sqrt{2g}\, h^{3/2}$	
		위어계수	$\dfrac{2}{3} C \sqrt{2g}$

GUIDE

- **사각형(구형)위어**
  큰 오리피스 공식으로 구함

- h : 월류수심

2. Francis 공식

구분		식
Francis 공식 (계산은 m)	접근유속을 고려하지 않을 때	$Q = 1.84\, b_0\, h^{3/2} = 1.84\,(b - 0.1nh)\, h^{3/2}$
	접근유속을 고려할 때	$Q = 1.84\,(b - 0.1nh)\,[(h + h_a)^{3/2} - h_a^{3/2}]$

- **francis 실험공식**
  유량계수(C) = 0.623 가정

- n = **단수축 수**
  단수축은 0.1h만큼 발생

- **접근유속**
  orifice를 향하여 접근하는 물의 평균유속

- **접근유속수두**
  $h_a = \alpha \dfrac{V_a^2}{2g}$

3. 단수축 수(n)

구분	모식도	단수축의 수
(완전) 양단수축	b_0, $n=2$	$n = 2$ (양쪽이 수축되는 경우)
일단수축	b_0, $n=1$	$n = 1$ (한쪽만 수축되는 경우)
전폭위어	b_0, $n=0$	$n = 0$ (양쪽에 수축이 없는 경우)

- 댐 여수로에서 단수축의 수(n) = 2

예 / 상 / 문 / 제

01 폭이 b인 직사각형 위어에서 양단수축이 생길 경우 폭 b_o는 얼마인가?(단, Francis 공식을 적용한다.)

① $b_o = b - \dfrac{h}{5}$ ② $b_o = 2b - \dfrac{h}{5}$

③ $b_o = b - \dfrac{h}{10}$ ④ $b_o = 2b - \dfrac{h}{10}$

해설

$b_o = b - \dfrac{nh}{10}$에서 양단 수축일 경우 $n = 2$이므로

∴ $b_o = b - \dfrac{h}{5}$이다.

02 구형 단면 위어에서의 위어 폭 4m, 위어 높이 0.5m, 월류 수심이 0.8m일 때 월류량은?(단, $C = 0.62$이다.)

① $4.4\text{m}^3/\text{sec}$ ② $4.8\text{m}^3/\text{sec}$

③ $5.2\text{m}^3/\text{sec}$ ④ $5.8\text{m}^3/\text{sec}$

해설

$Q = \dfrac{2}{3} Cb\sqrt{2g}\, h^{3/2} = \dfrac{2}{3} \times 0.62 \times 4 \times \sqrt{19.6} \times 0.8^{3/2}$

$= 5.24\text{m}^3/\text{sec}$

03 그림과 같은 직사각형 위어(Weir)의 유량(월류량)을 프란시스(Francis)의 공식에 의하여 구한 값은?(단, 양단수축이며, 접근유속은 무시한다.)

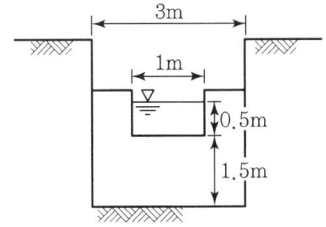

① $0.732\text{m}^3/\text{sec}$ ② $0.327\text{m}^3/\text{sec}$

③ $0.682\text{m}^3/\text{sec}$ ④ $0.585\text{m}^3/\text{sec}$

해설

$Q = 1.84 \times (1 - 0.1 \times 2 \times 0.5) \times 0.5^{3/2}$

$= 0.585\text{m}^3/\text{sec}$

04 폭 3.5m, 수심 0.4m인 사각형 수로의 유량은 Francis 공식에 의하면 얼마인가?(단, 접근유속은 무시하며, 양단 수축이다.)

① $1.59\text{m}^3/\text{sec}$ ② $3.42\text{m}^3/\text{sec}$

③ $4.66\text{m}^3/\text{sec}$ ④ $5.43\text{m}^3/\text{sec}$

해설

Francis 공식을 이용하면

$Q = 1.84(b - 0.1nh)\, h^{3/2} = 1.84(3.5 - 0.1 \times 2 \times 0.4)\, 0.4^{3/2}$

$= 1.59\text{m}^3/\text{s}$ (양단 수축이므로 $n = 2$이다.)

05 폭 1.0m, 월류수심 0.4m인 사각형 위어의 유량을 Francis공식으로 구하면? (단, $\alpha = 1$, 접근유속은 1.0m/sec이며 양단 수축이다.)

① $0.493\text{m}^3/\text{sec}$ ② $0.513\text{m}^3/\text{sec}$

③ $0.536\text{m}^3/\text{sec}$ ④ $0.557\text{m}^3/\text{sec}$

해설

Francis 공식을 이용

$Q = 1.84(b - 0.1nh)[(h + h_a)^{\frac{3}{2}} - (0 + h_a)^{\frac{3}{2}}]$

$= 1.84 \times (1 - 0.1 \times 2 \times 0.4)[(0.4 + \dfrac{1^2}{19.6})^{\frac{3}{2}} - (0 + \dfrac{1^2}{19.6})^{\frac{3}{2}}]$

$= 0.493\text{m}^3/\text{sec}$

06 사각형 위어에서 유량이 $100\text{m}^3/\text{sec}$, 상류수두가 2m, 위어 폭이 20m이다. 위어계수를 구한 값은?

① 2.08 ② 1.95

③ 1.77 ④ 1.08

해설

사각형 위어의 유량공식

$Q = \dfrac{2}{3} Cb\sqrt{2g}\, h^{3/2}$에서

위어계수 $K = \dfrac{2}{3} C\sqrt{2g}$이다.

$Q = kbh^{3/2}$, $100 = k \times 20 \times 2^{3/2}$

∴ $k = 1.77$

정답 01 ① 02 ③ 03 ④ 04 ① 05 ① 06 ③

4. 삼각형 위어

구분	모식도	식
삼각형 위어		① $Q = \dfrac{8}{15} C \tan \dfrac{\theta}{2} \sqrt{2g}\, h^{5/2}$ ② $Q = \dfrac{4}{15} C \tan \theta \sqrt{2g}\, h^{5/2}$
	특징	① 보통 이등변 삼각형이고 실제로 많이 사용하는 것은 $\theta = 90°$인 직각삼각위어이다. ② 정확한 유량측정 시 사용한다. ③ 개수로에서 유량이 작을 때 많이 사용한다. (소규모 수로에 주로 이용) ④ 보통 접근유속은 무시한다. ⑤ 수두변화에 따른 유량변화가 가장 예민하다.

5. 제형(사다리꼴) 위어 및 치폴레티(Cippoletti) 위어

구분	모식도	해설
제형 (사다리꼴) 위어		$Q = Q_1 + Q_2$ ① $Q_1 = \dfrac{2}{3} C_1 b \sqrt{2g}\, h^{\frac{3}{2}}$ ② $Q_2 = \dfrac{8}{15} C_2 \tan \dfrac{\theta}{2} \sqrt{2g}\, h^{\frac{5}{2}}$
치폴레티 (Cippoletti) 위어		① 예연에 의한 양단수축 발생 ② 사다리꼴 위어에서 $\tan \dfrac{\theta}{2} = \dfrac{1}{4}$인 위어

• 치폴레티 위어
① 시공상 기울기가 1 : 4
② 양단 수축

6. 나팔형 위어

입구부가 잠수되지 않은 상태 (완전월류)	입구부가 완전히 잠수된 상태 (불완전월류, 수중위어)
$Q = C_1 2\pi r h^{\frac{3}{2}}$	$Q = C_1 a h_2^{\frac{1}{2}} = C_2 a (h + h_1)^{\frac{1}{2}}$

예 / 상 / 문 / 제

01 다음 위어 중에서 정확한 유량측정이 필요할 경우 사용하는 위어는 어느 것인가?

① 제형 위어 ② 구형 위어
③ 삼각형 위어 ④ 원형 위어

[해설]
적은 양의 유량을 정확하게 측정할 때 삼각형 위어를 사용한다.

02 삼각위어의 수두를 H라 할 때 위어를 통해 흐르는 유량 Q와 비례하는 것은?

① $H^{-\frac{1}{2}}$ ② $H^{\frac{1}{2}}$
③ $H^{\frac{3}{2}}$ ④ $H^{\frac{5}{2}}$

[해설]
$Q = \frac{8}{15} C \tan\frac{\theta}{2} \sqrt{2g} \, h^{5/2}$ 이므로

유량은 수심의 $\frac{5}{2}$ 승에 비례한다.

03 직각 삼각형 예연 위어에서의 월류수심 $h = 30\text{cm}$이다. 이 위어를 통과하여 1시간 동안 방출된 물의 양은 얼마인가? (단, $C = 0.6$이다.)

① 0.07m^3 ② 0.09m^3
③ 251.3m^3 ④ 354.1m^3

[해설]
$Q = \frac{8}{15} C \tan\frac{\theta}{2} \sqrt{2g} \, h^{5/2}$

$= \frac{8}{15} \times 0.6 \times \tan\frac{90°}{2} \sqrt{19.6} \times 0.3^{5/2}$

$= 0.0698\text{m}^3/\text{s} = 251.3\text{m}^3/\text{hr}$

04 중심각이 90°인 삼각형 위어상의 수두가 30cm일 때 유량을 계산한 값은?(단, 위어의 유량계수는 0.6으로 가정하시오.)

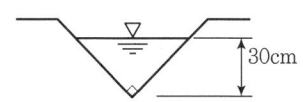

① $69.8l/\sec$ ② $15.8l/\sec$
③ $16.9l/\sec$ ④ $13.8l/\sec$

[해설]
$Q = \frac{8}{15} C \tan\frac{\theta}{2} \sqrt{2g} \, h^{5/2}$

$= \frac{8}{15} \times 0.6 \times \tan\frac{90°}{2} \sqrt{19.6} \times 0.3^{5/2}$

$= 0.0698\text{m}^3/\text{s} = 69.8l/\text{s}$

05 3각 위어(Weir)에서 $\theta = 60°$일 때 월류 수심은? (여기서, Q : 유량, C : 유량계수, H : 위어 높이)

① $\left(\frac{Q}{1.36C}\right)^{\frac{2}{5}}$ ② $\left(\frac{Q}{1.36C}\right)^{\frac{5}{2}}$
③ $1.36CH^{\frac{5}{2}}$ ④ $1.36CH^{\frac{2}{5}}$

[해설]
$Q = \frac{8}{15} C \tan\frac{\theta}{2} \sqrt{2g} \, H^{\frac{5}{2}}$

$= \frac{8}{15} C \tan\frac{60°}{2} \sqrt{19.6} \, H^{\frac{5}{2}} = 1.36 CH^{\frac{5}{2}} \quad \therefore H = \left(\frac{Q}{1.36C}\right)^{\frac{2}{5}}$

06 다음 그림에서 치폴레티 위어(Cippoletti weir)란 어떤 경우를 말하는가?

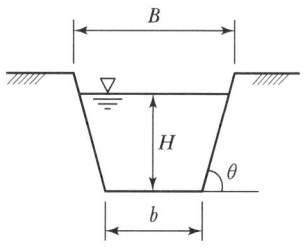

① $\tan\frac{\theta}{2} = 4$인 경우 ② $\tan\frac{\theta}{2} = \frac{1}{\sqrt{2}}$인 경우
③ $\tan\frac{\theta}{2} = \frac{1}{\sqrt{3}}$인 경우 ④ $\tan\frac{\theta}{2} = \frac{1}{4}$인 경우

[해설]
사다리꼴 위어에서 치폴레티 위어란 $\tan\frac{\theta}{2} = \frac{1}{4}$인 경우일 때이다.

정답 01 ③ 02 ④ 03 ③ 04 ① 05 ① 06 ④

6. 광정 위어(완전 월류 시 유량)

구분	모식도	유량
완전 월류 시	(그림)	① $Q = Cbh_2\sqrt{2g(H-h_2)}$ ② $Q_{max} = 1.7\,CbH^{3/2}$ $\quad = 1.7\,Cb\left(h + \dfrac{V_a^{\,2}}{2g}\right)^{3/2}$ ③ 최대 월류량(Q_{max}) 시 수심 $\quad h_2 = \dfrac{2}{3}H$

GUIDE

- 광정 위어(넓은 마루 위어)
  월류수심(h)에 비해 마루폭(l)이 큰 위어

- H : 전수두($h + h_a$)
  (h) : 월류수심

- h_2 = 한계수심
- b = 광정위어의 길이

7. 광정 위어(수중 위어 시 유량)

구분	모식도	유량
수중 위어시	(그림)	$Q = Cbh_2\sqrt{2g(H-h_2)}$
		특징
		① $h_3 = \dfrac{2}{3}H$: 유량최대, 한계류 ② $h_3 < \dfrac{2}{3}H$: 완전월류 ③ $h_3 > \dfrac{2}{3}H$: 수중위어

- H : 상류 측 전수두
- h_3 : 하류수위

07 위어의 수위와 유량과의 관계

구분	해설	식
직사각형 위어	$Q = \dfrac{2}{3}Cb\sqrt{2g}\,h^{\frac{3}{2}}$ $dQ = \dfrac{3}{2} \cdot \dfrac{2}{3}Cb\sqrt{2g}\,h^{\frac{1}{2}}dh$	$\dfrac{dQ}{Q} = \dfrac{3}{2}\dfrac{dh}{H}$
삼각형 위어	$Q = \dfrac{8}{15}C\tan\dfrac{\theta}{2}\sqrt{2g}\,h^{\frac{5}{2}}$ $dQ = \dfrac{5}{2} \cdot \dfrac{8}{15}C\tan\dfrac{\theta}{2}\sqrt{2g}\,h^{\frac{3}{2}}dh$	$\dfrac{dQ}{Q} = \dfrac{5}{2}\dfrac{dh}{H}$

- 삼각위어의 수두측정 오차가 유량에 미치는 영향이 가장 크다.

- 유량 오차비
  오리피스 : 사각형위어 : 삼각형위어
  = 1 : 3 : 5

예 / 상 / 문 / 제

01 월류수심 $h=1.0m$, 평균유속 $1m/sec$, 위어의 폭 $20m$, 유량계수 $C=1$의 광정위어에서 최대 유량은?

① $0.39m^3/sec$ ② $34.2m^3/sec$
③ $36.6m^3/sec$ ④ $39.0m^3/sec$

해설

$Q = 1.7 Cb(h+h_a)^{3/2} = 1.7 \times 1 \times 20 \times \left(1+\dfrac{1^2}{19.6}\right)^{3/2}$
$= 36.6 m^3/s$

02 다음 그림과 같은 광정위어(Weir)의 유량은? (단, 수로 폭은 3m, 접근유속은 무시하며, 유량계수는 0.96임)

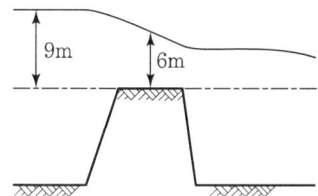

① $71.96m^3/sec$ ② $103.72m^3/sec$
③ $132.19m^3/sec$ ④ $157.32m^3/sec$

해설

광정위어(Weir)의 유량
$Q = 1.7 Cb(h+h_a)^{3/2} = 1.7 \times 0.96 \times 3 \times 9^{3/2}$
$= 132.19 m^3/s$

03 3m 폭을 가진 직사각형 수로에 사각형인 광정(廣頂) 위어를 설치하려 한다. 위어 설치 전의 평균유속은 1.5m/sec, 수심이 0.3m이고, 위어 설치 후의 평균 유속이 0.3m/sec, 위어상류의 수심이 1.5m가 되었다면 위어의 높이 h는?(단, 에너지 보정계수 $\alpha = 1.0$)

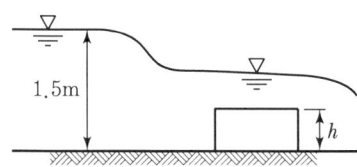

① $0.7m$ ② $0.9m$
③ $1.1m$ ④ $1.3m$

해설

$Q = AV = 1.7 Cb(h+h_a)^{3/2}$ 에서 사각형 위어의 설치 전과 설치 후의 유량은,

$(3 \times 0.3) \times 1.5 = 1.7 \times 1 \times 3 \times \left(h+\dfrac{0.3^2}{19.6}\right)^{3/2}$ ∴ $h' = 0.41m$

따라서, $h = H - h' = 1.5 - 0.41 = 1.09m$

$\left(\text{접근유속수두 } h_a = \alpha \dfrac{V_a^2}{2g}\right)$

04 오리피스의 유량측정에서 수두(H) 측정에 3%의 오차가 있었다면 유량(Q)에 미치는 오차는?

① 1.0% ② 1.5%
③ 2.0% ④ 2.5%

해설

$\dfrac{dQ}{Q} = \dfrac{1}{2}\dfrac{dH}{H} = \dfrac{1}{2} \times 3 = 1.5\%$

05 3각 위어(weir)에서 월류 수심을 측정할 때 2%의 오차가 있었다면 유량에는 얼마의 오차가 생길 것인가?

① 2% ② 3%
③ 4% ④ 5%

해설

$\dfrac{dQ}{Q} = \dfrac{5}{2}\dfrac{dH}{H} = \dfrac{5}{2} \times 2\% = 5\%$

06 직사각형 위어(Weir)로 유량을 측정할 때 수두 H를 측정함에 있어 1%의 오차가 생길 경우, 유량에 생기는 오차는?

① 0.5% ② 1.0%
③ 1.5% ④ 2.5%

해설

유량오차 $\dfrac{dQ}{Q} = \dfrac{3}{2}\dfrac{dH}{H} = \dfrac{3}{2} \times 1 = 1.5\%$

정답 01 ③ 02 ③ 03 ③ 04 ② 05 ④ 06 ③

CHAPTER 04 실 / 전 / 문 / 제

01 오리피스에서 유출되는 실제유량은 $Q = C_a \cdot C_v \cdot A \cdot V$로 표현한다. 이때 수축계수 C_a는? (단, A_0는 수맥의 최소 단면적, A는 오리피스의 단면적, V는 실제유속, V_o는 이론유속)

① $C_a = \dfrac{A_o}{A}$ ② $C_a = \dfrac{V_o}{V}$
③ $C_a = \dfrac{A}{A_o}$ ④ $C_a = \dfrac{V}{V_o}$

해설
작은 오리피스에서 수축계수 $C_a = \dfrac{A_o}{A}$ 이다.

02 오리피스에서 수축계수(C_a)가 0.64, 유속계수(C_v)가 0.98일 때 유량계수(C)는 얼마인가?

① 0.63 ② 0.81
③ 0.98 ④ 1.53

해설
$C = C_a \times C_v = 0.64 \times 0.98 = 0.63$

03 원형 오리피스의 지름을 d라 할 때 수축단면(Venacontracta)의 위치는?

① 오리피스로부터 $\dfrac{d}{2}$ 정도의 위치에서 발생한다.
② 오리피스로부터 $\dfrac{d}{3}$ 정도의 위치에서 발생한다.
③ 오리피스로부터 $\dfrac{d}{4}$ 정도의 위치에서 발생한다.
④ 오리피스로부터 $\dfrac{d}{5}$ 정도의 위치에서 발생한다.

해설
원형 오리피스의 지름을 d라 할 때 수축단면(Venacontracta)의 위치는 오리피스로부터 $\dfrac{d}{2}$ 정도의 위치에서 발생한다.

04 오리피스의 표준단관에서 유속계수가 0.78이었다면 유량계수는?

① 0.66 ② 0.70
③ 0.74 ④ 0.78

해설
유량계수
C(유량계수) $= C_a$(수축계수)$\times C_v$(유속계수)이고 표준단관일 때는 수축계수 $C_a = 1$이므로 유속계수와 유량계수는 같다.

05 수심 4.2m인 오리피스에서 실제유속이 8.801 m/sec일 때 유속계수는?

① 0.95 ② 0.96
③ 0.97 ④ 0.98

해설
실제유속 $V_t = C_v \sqrt{2gh}$ 에서 $8.801 = C_v \times \sqrt{19.6 \times 4.2}$
∴ $C_v = 0.97$

06 오리피스의 지름이 1cm, 수축단면(Vena Contracta)의 지름이 0.8cm이고 유속계수(C_V)가 0.9일 때 유량계수(C)는?

① 0.584 ② 0.720
③ 0.576 ④ 0.812

해설
$C_a = \dfrac{A_0}{A} = \dfrac{0.8^2}{1^2} = 0.64$
$C = C_a \times C_V = 0.64 \times 0.9 = 0.576$

07 연직오리피스에서 일반적인 유량계수 C의 값은?

① 대략 1.00 전후이다. ② 대략 0.80 전후이다.
③ 대략 0.60 전후이다. ④ 대략 0.40 전후이다.

해설
유량계수는 대략 0.6 전후이다.

정답 01 ① 02 ① 03 ① 04 ④ 05 ③ 06 ③ 07 ③

08 수조에서 수심 4m인 곳에 2개의 원형 오리피스를 만들어 10L/s의 물을 흐르게 하기 위한 지름은?(단, $C=0.62$)

① 2.96cm ② 3.04cm
③ 3.41cm ④ 3.62cm

해설

$Q=CA\sqrt{2gH}$ 에서

$A = \dfrac{Q}{C\sqrt{2gH}} = \dfrac{10\times 10^3}{0.62\sqrt{1,960\times 400}} = 18.22\text{cm}^2$

$2\times\dfrac{\pi d^2}{4} = 18.22$ 에서 $d=3.41\text{cm}$

09 오리피스에서 수축계수의 정의와 그 크기로 옳은 것은?(단, a_o : 수축 단면적, a : 오리피스 단면적, V_o : 수축단면의 유속, V : 이론유속)

① $C_a = \dfrac{a_o}{a}$, 1.0~1.1

② $C_a = \dfrac{V_o}{V}$, 1.0~1.1

③ $C_a = \dfrac{a_o}{a}$, 0.6~0.7

④ $C_a = \dfrac{V_o}{V}$, 0.6~0.7

해설

오리피스에서 수축계수 $C_a = \dfrac{a_o}{a}$ 이고 그 값은 0.6~0.7 사이의 범위이다.

10 지름 2m인 원형 수조의 측벽 하단부에 지름 50mm의 오리피스가 설치되어 있다. 오리피스 중심으로부터 수위를 50cm로 유지하기 위하여 수조에 공급해야 할 유량은?(단, 유출구의 유량계수는 0.75이다.)

① 7.61L/sec ② 6.61L/sec
③ 5.61L/sec ④ 4.61L/sec

해설

$H > 5d$ 이므로 작은 오리피스이다.

$Q = CA\sqrt{2gH} = 0.75 \times \dfrac{\pi\times 5^2}{4}\times\sqrt{1,960\times 50}$

$= 4,610\text{cm}^3/\text{sec} = 4.61\text{L/sec}$

11 그림과 같은 작은 오리피스에서 유속은?(단, 유속계수 C_v는 0.9이다.)

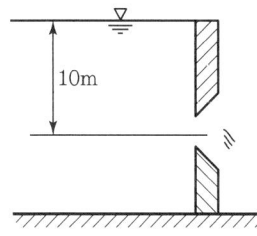

① 8.9m/sec ② 9.9m/sec
③ 12.6m/sec ④ 14.0m/sec

해설

오리피스의 실제유속

$V = C_v\sqrt{2gH} = 0.9\times\sqrt{2\times 9.8\times 10} = 12.6\text{m/sec}$

12 수로의 입구에 폭 3m의 수문이 있다. 문을 h[m] 올리니 수심이 각각 5m, 2m가 되었다. 그때 취수량이 8m³/sec였다면 수문의 오름높이 h는?(단, $C=0.60$)

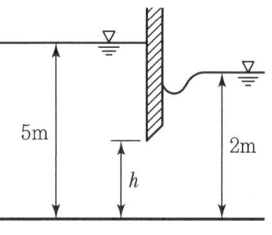

① 0.36m ② 0.58m
③ 0.67m ④ 0.73m

해설

$Q=CA\sqrt{2gH}$ 에서, $8=0.6\times(3\times h)\times\sqrt{19.6\times(5-2)}$

∴ $h=0.58\text{m}$

CHAPTER 04 실 / 전 / 문 / 제

13 수면에서 깊이 2.5m에 정사각형 단면의 오리피스를 설치하여 0.042m³/s의 물을 유출시킬 때 정사각형 단면에서 한 변의 길이는?(단, 유량계수는 0.6이다.)

① 10.0cm   ② 14.0cm
③ 18.0cm   ④ 22.0cm

해설
$Q = CA\sqrt{2gH}$ 에서 $0.042 = 0.6 \times d^2 \times \sqrt{19.6 \times 2.5}$
∴ $d = 0.1\text{m} = 10\text{cm}$

14 폭이 5m인 수문을 높이 d 만큼 열었을 때 유량이 18m³/sec가 흘렀다. 이때 수문 상·하류의 수심이 각각 6m와 2m였다면 유량계수 $C = 0.6$이라 할 때 수문 개방도(開放度) d는?

① 0.35m   ② 0.43m
③ 0.58m   ④ 0.68m

해설
$Q = CA\sqrt{2gH}$ 에서 $18 = 0.6 \times (5 \times d) \times \sqrt{19.6 \times (6-2)}$
∴ $d = 0.68\text{m}$

15 수면에서 3.0m 깊이에 있는 직경 25mm의 표준오리피스에서 유출하는 실제유량은?(단, 유량계수는 0.62이다.)

① 1,973cm³/sec   ② 2,334cm³/sec
③ 2,564cm³/sec   ④ 2,844cm³/sec

해설
$H > 5d$이므로 작은 오리피스이다.
∴ $Q = CA\sqrt{2gH} = 0.62 \times \dfrac{\pi \times 2.5^2}{4} \times \sqrt{2 \times 980 \times 300}$
$= 2,333.7\text{cm}^3/\text{s}$

16 오리피스의 직경이 5cm, 수두가 5m이고 유량이 5,000cm³/sec이라면 이 오리피스의 유량계수(C)는?

① 0.231   ② 0.597
③ 0.257   ④ 0.612

해설
오리피스의 유량공식 $Q = CA\sqrt{2gH}$ 에서
$5,000 = C \times \dfrac{\pi \times 5^2}{4} \times \sqrt{1,960 \times 500}$
∴ $C = 0.257$

17 수심 H에 위치한 작은 오리피스(orifice)에서 물이 분출할 때 일어나는 손실수두(Δh)의 계산식으로 틀린 것은?(단, V_a는 오리피스에서 측정된 유속이며 C_v는 유속계수이다.)

① $\Delta h = H - \dfrac{V_a^2}{2g}$ ② $\Delta h = H(1 - C_v^2)$

③ $\Delta h = \dfrac{V_a^2}{2g}\left(\dfrac{1}{C_v^2} - 1\right)$ ④ $\Delta h = \dfrac{V_a^2}{2g}\left(\dfrac{1}{C_v^2 + 1}\right)$

해설
오리피스의 손실수두
오리피스에서 물이 분출할 때 일어나는 손실수두는 다음 식에 의해 계산한다.
㉠ $\Delta h = H - \dfrac{V_a^2}{2g}$
㉡ $\Delta h = H(1 - C_v^2)$
㉢ $\Delta h = \dfrac{V_a^2}{2g}\left(\dfrac{1}{C_v^2} - 1\right)$

18 수심 4m인 곳에 두 개의 원형 오리피스를 만들어 10l/sec의 물을 흐르게 하려면 직경을 얼마로 해야 하는가?(단, $C = 0.62$이고 작은 오리피스이다.)

① 1.70cm   ② 2.96cm
③ 3.41cm   ④ 4.82cm

해설
$Q = CA\sqrt{2gH}$ 에서
$A = \dfrac{Q}{C\sqrt{2gH}} = \dfrac{10 \times 10^3}{0.62\sqrt{1,960 \times 400}} = 18.22\text{cm}^2$
$2 \times \dfrac{\pi d^2}{4} = 18.22$에서 $d = 3.41\text{cm}$

정답 13 ① 14 ④ 15 ② 16 ③ 17 ④ 18 ③

19 다음 그림과 같이 기하학적으로 비슷한 대·소 원형 오리피스의 비가 n인 경우에 유속, 축류단면, 유량의 비에 대하여 바르게 조합한 것은?(단, 유속계수 C_v, 수축계수 C_a는 대·소 오리피스가 같다.)

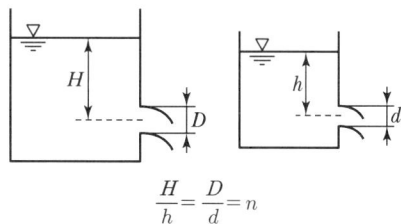

$$\frac{H}{h} = \frac{D}{d} = n$$

	유속의 비	축류단면의 비	유량의 비
①	n^2	$n^{1/2}$	$n^{3/2}$
②	$n^{1/2}$	n^2	$n^{5/2}$
③	$n^{1/2}$	$n^{1/2}$	$n^{5/2}$
④	n^2	$n^{1/2}$	$n^{5/2}$

해설

유속의 비 $= \dfrac{\sqrt{2gH}}{\sqrt{2gh}} = \sqrt{\dfrac{H}{h}} = n^{1/2}$

축류단면의 비 $= \dfrac{A}{a} = \dfrac{\dfrac{\pi D^2}{4}}{\dfrac{\pi d^2}{4}} = \left(\dfrac{D}{d}\right)^2 = n^2$

유량의 비 $= \dfrac{CA\sqrt{2gH}}{Ca\sqrt{2gh}} = n^2 \, n^{1/2} = n^{5/2}$

20 그림과 같은 수조에서 수심이 5m인 A점에 작은 오리피스가 설치되어 있고, B에서 압축공기를 유입시켜 수면 위의 공기 압력을 $2t/m^2$로 유지시킬 때, 오리피스 A에서의 유속은?(단, 유속계수는 0.6으로 할 것)

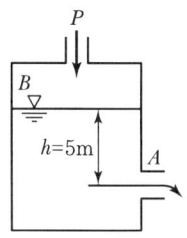

① 4.03m/s ② 5.03m/s
③ 6.03m/s ④ 7.03m/s

해설

압력수두 $H = \dfrac{p}{w} = \dfrac{2}{1} = 2m$

$\therefore V = C_v\sqrt{2gH} = 0.6 \times \sqrt{19.6 \times (5+2)}$
$\qquad = 7.03 m/sec$

또는 B, A점에 베르누이 정리를 적용하면

$5 + \dfrac{2}{1} + 0 = 0 + 0 + \dfrac{V^2}{2g}$

$\therefore V = 0.6 \times \sqrt{19.6 \times 7} = 7.03 m/s$

21 저수조 측벽의 정사각형의 오리피스에서 $0.08 m^3/s$의 유량을 얻자면 적당한 정사각형 한 변의 길이는?(단, 유량계수는 0.61이고 수면과 정4각형 오리피스 중심까지의 고저차는 1.8m이다.)

① 9cm ② 11cm
③ 13cm ④ 15cm

해설

$H > 5d$ 이므로 작은 오리피스이다.
$Q = CA\sqrt{2gH}$ 에서 $0.08 = 0.61 \times d^2 \times \sqrt{19.6 \times 1.8}$
$\therefore d = 0.148m = 14.8cm$

22 오리피스의 수두차가 최대 4.9m이고 오리피스의 유량계수가 0.5일 때 오리피스의 유량은?(단, 오리피스의 단면적은 $0.01 m^2$이다.)

① $0.025 m^3/sec$ ② $0.049 m^3/sec$
③ $0.098 m^3/sec$ ④ $0.196 m^3/sec$

해설

$H > 5d$ 이므로 작은 오리피스이다.
$Q = CA\sqrt{2gH}$
$\quad = 0.5 \times 0.01 \times \sqrt{19.6 \times 4.9}$
$\quad = 0.049 m^3/sec$

CHAPTER 04 실 / 전 / 문 / 제

23 오리피스에서 유량 $Q = KH^{1/2}$을 계산할 때 수두 H의 측정에 1%의 오차가 있으면 유량 Q의 계산결과에서 발생되는 오차는?

① 5% ② 2%
③ 1% ④ 0.5%

해설
유량오차 $\dfrac{dQ}{Q} = \dfrac{1}{2}\dfrac{dH}{H} = \dfrac{1}{2} \times 1 = 0.5\%$

24 양쪽의 수위가 다른 저수지를 벽으로 차단하고 있는 상태에서 벽의 오리피스를 통하여 ①에서 ②로 물이 흐르고 있을 때 유속은?

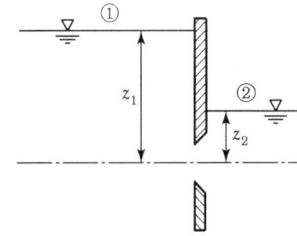

① $\sqrt{2gz_1}$ ② $\sqrt{2gz_2}$
③ $\sqrt{2g(z_1+z_2)}$ ④ $\sqrt{2g(z_1-z_2)}$

해설
수중오리피스의 유속
$V = \sqrt{2gH} = \sqrt{2g(z_1-z_2)}$

25 그림과 같은 완전수중 오리피스에서 유속을 구하려고 할 때 사용되는 수두는?

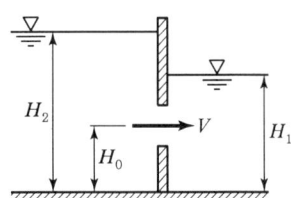

① $H_2 - H_1$ ② $H_1 - H_0$
③ $H_2 - H_0$ ④ $H_1 + \dfrac{H_2}{2}$

해설
수중 오리피스의 유속 $V = \sqrt{2gH}$이므로
그림에서 $H = (H_2 - H_1)$이다.

26 수중에 설치된 오리피스의 수두차가 최대 4.9m이고 오리피스의 유량계수가 0.5일 때 오리피스 유량의 근사값은?(단, 오리피스의 단면적은 0.01m²이고, 접근유속은 무시한다.)

① 0.025m³/s ② 0.049m³/s
③ 0.098m³/s ④ 0.196m³/s

해설
$H > 5d$ 이므로 작은 오리피스이다.
$\therefore Q = CA\sqrt{2gH} = 0.5 \times 0.01 \times \sqrt{2 \times 9.8 \times 4.9}$
$= 0.049\,\mathrm{m^3/sec}$

27 초속 V_o의 사출수가 도달하는 수평 최대 거리는?

① 최대 연직높이의 1.2배이다.
② 최대 연직높이의 1.5배이다.
③ 최대 연직높이의 2.0배이다.
④ 최대 연직높이의 3.0배이다.

해설
사출수의 최대 수평거리 $\dfrac{V^2}{g}$은 사출수의 최대 연직높이 $\dfrac{V^2}{2g}$의 2배이다.

28 그림과 같은 오리피스를 통과하는 유량은? (단, 오리피스 단면적 $A = 0.2\,\mathrm{m^2}$, 손실계수 $C = 0.78$이다.)

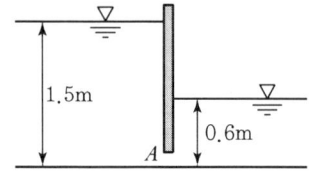

① 0.36m³/s ② 0.46m³/s
③ 0.56m³/s ④ 0.66m³/s

정답 23 ④ 24 ④ 25 ① 26 ② 27 ③ 28 ④

실 / 전 / 문 / 제

해설

$$Q = CA\sqrt{2g(H_1 - H_2)}$$
$$= 0.7 \times 0.2 \times \sqrt{2 \times 9.8 \times (1.5 - 0.6)}$$
$$= 0.66 \text{m}^3/\text{s}$$

29 그림과 같이 내경이 60mm, $H = 3$m의 호스에 직경 20mm의 노즐을 붙였다. 이때 유속계수 $C_v = 0.98$라면 노즐로부터 분류하는 실제 유속은?

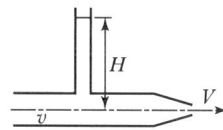

① 6.56m/sec   ② 7.72m/sec
③ 8.56m/sec   ④ 9.56m/sec

해설

노즐에서의 유속

$$V = \sqrt{\frac{2gh}{1 - \left(\frac{c \cdot a}{A}\right)^2}} = \sqrt{\frac{19.6 \times 3}{1 - \left(\frac{0.98 \times 0.02^2}{0.06^2}\right)^2}} = 7.72 \text{m/s}$$

30 초속 20m/sec, 수평과의 각 60°로 사출된 분수가 도달하는 최대 연직 높이는?(단, 공기 등 기타 저항은 무시한다.)

① 15.3m   ② 16.8m
③ 17.8m   ④ 18.8m

해설

사출수의 최대연직높이

$$y = \frac{V^2}{2g}\sin^2\theta = \frac{20^2}{19.6} \times \sin^2 60° = 15.31 \text{m}$$

31 지름 200mm인 관로에 축소부 지름이 120mm인 벤투리미터(Venturimeter)가 부착되어 있다. 두 단면의 수두차가 1.0m, $c = 0.98$일 때의 유량은?

① 0.00525m³/sec   ② 0.0525m³/sec

③ 0.525m³/sec   ④ 5.250m³/sec

해설

$$A_1 = \frac{\pi \times 0.2^2}{4} = 0.0314 \text{m}^2$$

$$A_2 = \frac{\pi \times 0.12^2}{4} = 0.0113 \text{m}^2$$

$$\therefore Q = 0.98 \times \frac{0.0314 \times 0.0113}{\sqrt{0.0314^2 - 0.0113^2}} \times \sqrt{19.6 \times 1}$$
$$= 0.0525 \text{m}^3/\text{s}$$

※ 본서 p.60 벤투리미터 참조

32 수조 1과 수조 2를 단면적 A인 완전 수중 오리피스 2개로 연결하였다. 수조 1로부터 상시 일정한 유량의 물을 수조 2로 송수할 때 양수조의 수면차 (H)는?(단, 오리피스의 유량계수는 C이고, 접근유속수두(h_a)는 무시한다.)

① $H = \left(\dfrac{Q}{A\sqrt{2g}}\right)^2$ ② $H = \left(\dfrac{Q}{2A\sqrt{2g}}\right)^2$

③ $H = \left(\dfrac{Q}{2CA\sqrt{2g}}\right)^2$ ④ $H = \left(\dfrac{Q}{CA\sqrt{2g}}\right)^2$

해설

$Q = CA\sqrt{2gH}$ 에서 $\dfrac{Q}{2CA} = \sqrt{2gH}$ 이므로 $\left(\dfrac{Q}{2CA}\right)^2 = 2gH$

$$\therefore H = \left(\dfrac{Q}{2CA\sqrt{2g}}\right)^2$$

33 그림과 같이 일정한 수위가 유지되는 충분히 넓은 두 수조의 수중 오리피스에서 오리피스의 직경 $d = 20$cm 일 때, 유출량 Q는?(단, 유량계수 $C = 1$이다.)

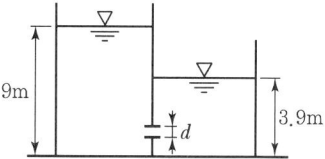

① 0.314m³/s   ② 0.628m³/s
③ 3.14m³/s   ④ 6.28m³/s

정답 29 ② 30 ① 31 ② 32 ③ 33 ①

CHAPTER 04 실 / 전 / 문 / 제

[해설]
$$Q = CA\sqrt{2g(H_1 - H_2)}$$
$$= 1 \times \frac{\pi \times 0.2^2}{4} \times \sqrt{19.6 \times (9-3.9)}$$
$$= 0.314 \text{m}^3/\text{sec}$$

34 수조가 2개 있다. 아래쪽 수조는 폭 180cm, 길이 110cm이고, 위쪽 수조는 측벽에 수면으로부터 75cm 아래인 지점에 직경 22mm인 오리피스를 설치하여 아래 수조로 물을 유출시켰더니 8분 15초 동안에 아래 수조의 수심이 23cm 증가하였다. 오리피스의 유량계수는?(단, 위쪽 수조는 수심이 일정하게 유지된다.)

① 0.623　② 0.631
③ 0.642　④ 0.675

[해설]
$$Q = \frac{V}{t} = \frac{1.8 \times 1.1 \times 0.23}{8 \times 60 + 15} = 0.00092 \text{m}^3/\text{sec}$$
$Q = CA\sqrt{2gH}$ 에서
$0.00092 = C \times \frac{\pi \times 0.022^2}{4} \times \sqrt{19.6 \times 0.75}$ 이므로
∴ $C = 0.631$

35 위어(Weir)에 물이 월류할 경우에 위어 정상을 기준하여 상류측 전수두를 H라 하고, 하류수위를 h라 할 때, 수중위어(Submerged Weir)로 해석될 수 있는 조건은?

① $h < \frac{2}{3}H$　② $h < \frac{1}{2}H$
③ $h > \frac{2}{3}H$　④ $h > \frac{1}{3}H$

[해설]
위어 하류의 수심(h)이 한계수심($\frac{2}{3}H$)보다 높은 경우의 위어를 수중 위어라 한다.

36 표면적 3ha인 저수지로부터 수면 아래 3m 깊이에 설치되어 있는 직경 300mm인 관을 이용하여 취수할 때 수위가 10cm 저하되는 데 소요되는 시간은?(단, 통관의 유량계수는 0.82이다.)

① 0.98hr　② 1.63hr
③ 1.89hr　④ 2.94hr

[해설]
$$T = \frac{2A}{Ca\sqrt{2g}}(H_1^{1/2} - H_2^{1/2})$$
$$= \frac{2 \times (3 \times 10^4)}{0.82 \times \frac{\pi \times 0.3^2}{4} \times \sqrt{19.6}}(3^{1/2} - 2.9^{1/2})$$
$$= 6,806.9 \text{sec}$$
$$= 1.89 \text{hr}$$

37 그림과 같은 두 개의 수조($A_1 = 2\text{m}^2$, $A_2 = 4\text{m}^2$)를 한 변의 길이가 10cm인 정사각형 단면(a_1)의 Orifice로 연결하여 물을 유출시킬 때 두 수조의 수면이 같아지려면 얼마의 시간이 걸리는가?(단, $h_1 = 5\text{m}$, $h_2 = 3\text{m}$, 유량계수 $C = 0.62$이다.)

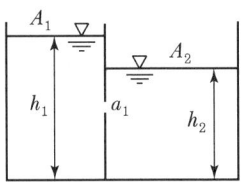

① 130초　② 137초
③ 150초　④ 157초

[해설]
$$T = \frac{2A_1 A_2}{Ca\sqrt{2g}(A_1 + A_2)} H_1^{1/2}$$
$$= \frac{2 \times 2 \times 4}{0.62 \times 0.1^2 \times \sqrt{19.6} \times (2+4)} \times 2^{1/2}$$
$$= 137.4초$$

38 그림과 같은 두 개의 수조를 한 변의 길이가 10cm인 정사각형 단면의 orifice로 연결하여 물을 유출시킬 때 두 수조의 수면이 같아지려면 얼마의 시간이 걸리는가?(단, $C=0.65$임)

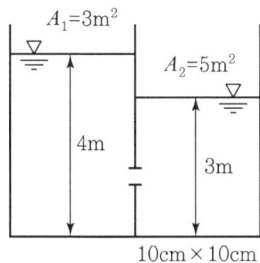

① 130초　　② 120초
③ 115초　　④ 110초

해설

$T = \dfrac{2A_1 A_2}{Ca\sqrt{2g}(A_1+A_2)} H_1^{1/2}$

$= \dfrac{2 \times 3 \times 5}{0.65 \times 0.1^2 \times \sqrt{19.6} \times (3+5)} \times 1^{1/2}$

$= 130.3$초

39 길이 5m, 폭 2m인 4각형 단면 수조의 중간에 수직판을 설치하여 수조의 길이를 1 : 4로 나누어 막았다. 이때 수직판의 아래쪽에 단면적 70cm²인 오리피스를 설치하여 물을 유출시킨다. 작은 수조의 수면이 큰 수조의 수면보다 3.5m 높을 때부터 2개 수조의 수면차가 70cm가 될 때까지 소요되는 시간은?(단, 오리피스의 유량계수는 0.61로 한다.)

① 175sec　　② 192sec
③ 252sec　　④ 271sec

해설

$T = \dfrac{2A_1 A_2}{Ca\sqrt{2g}(A_1+A_2)}(\sqrt{H_1} - \sqrt{H_2})$

$= \dfrac{2 \times 2 \times 8}{0.61 \times 70 \times 10^{-4} \times \sqrt{19.6} \times (2+8)} \times (\sqrt{3.5} - \sqrt{0.7})$

$= 175\text{sec}$

($A_1 = 1 \times 2 = 2\text{m}^2$, $A_2 = 4 \times 2 = 8\text{m}^2$)

40 그림과 같은 두 개의 수조($A_1=2\text{m}^2$, $A_2=4\text{m}^2$)를 한 변의 길이가 10cm인 정사각형 단면(a_1)의 Orifice로 연결하여 물을 유출시킬 때 두 수조의 수면이 같아지려면 얼마의 시간이 걸리는가?(단, $h_1=5\text{m}$, $h_2=3\text{m}$, 유량계수 $C=0.62$이다.)

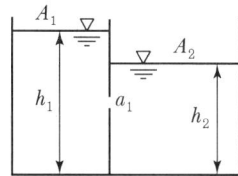

① 130초　　② 137초
③ 150초　　④ 157초

해설

$T = \dfrac{2A_1 A_2}{Ca\sqrt{2g}(A_1+A_2)} H_1^{1/2}$

$= \dfrac{2 \times 2 \times 4}{0.62 \times 0.1^2 \times \sqrt{19.6} \times (2+4)} \times 2^{1/2} = 137.4$초

41 2m×2m×2m인 고가수조에 관로를 통해 유입되는 물의 유입량이 0.15L/s일 때 만수가 되기까지 걸리는 시간은?(단, 현재 고가수조의 수심은 0.5m이다.)

① 5시간 20분　　② 8시간 22분
③ 10시간 5분　　④ 11시간 7분

해설

$t = \dfrac{V}{Q} = \dfrac{2 \times 2 \times 1.5}{0.15 \times 10^{-3}} = 40,000$초 = 11시간 6분 40초

42 사각형 단면의 광정위어에서 월류수심 $h=1\text{m}$, 수로 폭 $b=2\text{m}$, 접근유속 $V_a=2\text{m/s}$일 때 위어의 월류량은?(단, 유량계수 $C=0.65$이고, 에너지 보정계수=1.0이다.)

① 1.76m³/s　　② 2.21m³/s
③ 2.66m³/s　　④ 2.92m³/s

CHAPTER 04 실 / 전 / 문 / 제

해설
광정위어의 유량공식
$Q = 1.7\,Cb(h+h_a)^{3/2} = 1.7 \times 0.65 \times 2 \times \left(1 + \dfrac{2^2}{19.6}\right)^{3/2}$
$= 2.92\,\text{m}^3/\text{s}$

43 수면의 높이가 일정한 저수지의 일부에 길이 30m의 월류 위어를 만들어 40m³/s의 물을 취수하기 위한 위어 마루로부터의 상류 측 수심(H)은?(단, $C = 1.0$이고, 접근 유속은 무시한다.)

① 0.70m ② 0.75m
③ 0.80m ④ 0.85m

해설
$Q = 1.7\,Cb(h+h_a)^{3/2}$ 에서
$40 = 1.7 \times 1 \times 30 \times h^{3/2}$
$\therefore h = 0.85\,\text{m}$

44 그림과 같은 직사각형 위어(Weir)에서 유량계수를 고려하지 않을 경우 유량은?(단, g = 중력가속도)

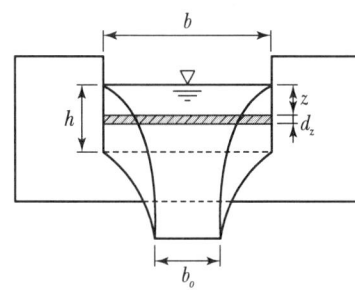

① $\dfrac{2}{5}b\sqrt{2g}\,h^{\tfrac{5}{2}}$ ② $\dfrac{2}{3}b\sqrt{2g}\,h^{\tfrac{3}{2}}$
③ $\dfrac{2}{5}b_o\sqrt{2g}\,h^{\tfrac{5}{2}}$ ④ $\dfrac{2}{3}b_o\sqrt{2g}\,h^{\tfrac{3}{2}}$

해설
직사각형 위어의 유량공식 $Q = \dfrac{2}{3}Cb\sqrt{2g}\,h^{3/2}$ 에서 유량계수를 고려하지 않으므로 $Q = \dfrac{2}{3}b\sqrt{2g}\,h^{3/2}$ 이다.

45 폭 2.5m, 월류수심 0.4m인 사각형 위어(Weir)의 유량은?(단, Francis 공식 : $Q = 1.84\,B_o h^{3/2}$에 의하며, B_o : 유효폭, h : 월류수심, 접근유속은 무시하며 양단수축이다.)

① 1.117m³/sec   ② 1.126m³/sec
③ 1.536m³/sec   ④ 1.557m³/sec

해설
Francis 공식에서
$Q = 1.84 \times (2.5 - 0.1 \times 2 \times 0.4) \times 0.4^{3/2} = 1.126\,\text{m}^3/\text{sec}$

46 저수지에서 홍수량을 방류하기 위한 직사각형의 여수로 단면(Spillway)을 결정하고자 한다. 계획 홍수량이 100m³/sec이고 월류 수심을 1m로 제한하였을 때 적당한 여수로의 월류 폭은?

① 100m   ② 55m
③ 10m   ④ 5m

해설
$Q = 1.84\,b_o\,h^{3/2}$ 에서
$100 = 1.84 \times b_o \times 1^{3/2}$
$\therefore b_o = 54.35\,\text{m}$

47 직각삼각형 예연 위어의 월류수심이 30cm일 때 이 위어를 통과하여 1시간 동안 방출된 수량은? (단, 유량계수(C) = 0.6)

① 0.069m³   ② 0.091m³
③ 251.3m³   ④ 318.8m³

해설
삼각형 위어에서의 유량
$Q = \dfrac{8}{15}C\tan\dfrac{\theta}{2}\sqrt{2g}\,h^{5/2}$
$= \dfrac{8}{15} \times 0.6 \times \tan\dfrac{90°}{2} \times \sqrt{19.6} \times 0.3^{5/2}$
$= 0.0698\,\text{m}^3/\text{s} = 251.3\,\text{m}^3/\text{hr}$

정답 43 ④ 44 ② 45 ② 46 ② 47 ③

48 직각삼각형 위어에 있어서 월류수심이 0.25m일 때 일반식에 의한 유량은?(단, 유량계수(C)는 0.6이고, 접근속도는 무시한다.)

① 0.0143m³/s ② 0.0243m³/s
③ 0.0343m³/s ④ 0.0443m³/s

해설

유량 $Q = \dfrac{8}{15} C \tan\dfrac{\theta}{2} \sqrt{2g}\, h^{5/2}$

$= \dfrac{8}{15} \times 0.6 \times \tan\dfrac{90°}{2} \times \sqrt{19.6} \times 0.25^{5/2}$

$= 0.0443 \mathrm{m^3/sec}$

49 그림과 같은 삼각위어의 수두를 측정한 결과 30cm이었을 때 유출량은?(단, 유량계수는 0.62이다.)

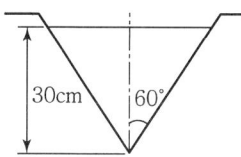

① 0.120m³/sec ② 0.125m³/sec
③ 0.130m³/sec ④ 0.135m³/sec

해설

삼각위어의 유량

$Q = \dfrac{8}{15} C \tan\dfrac{\theta}{2} \sqrt{2g}\, h^{5/2}$

$= \dfrac{8}{15} \times 0.62 \times \tan\dfrac{120°}{2} \times \sqrt{19.6} \times 0.3^{5/2}$

$= 0.125 \mathrm{m^3/sec}$

50 4각 위어의 유량(Q)과 수심(h)의 관계가 $Q \propto h^{3/2}$일 때, 3각 위어의 유량(Q)과 수심(h)의 관계로 옳은 것은?

① $Q \propto h^{1/2}$ ② $Q \propto h^{3/2}$
③ $Q \propto h^2$ ④ $Q \propto h^{5/2}$

해설

삼각 위어의 유량공식

$Q = \dfrac{8}{15} C \tan\dfrac{\theta}{2} \sqrt{2g}\, h^{5/2}$ 이므로 유량은 $h^{5/2}$ 에 비례한다.

51 삼각위어에서 유량계수가 일정하다고 할 때 유량변화율(dQ/Q)이 1% 이하가 되기 위한 월류수심의 변화율(dH/H)은?

① 0.4% 이하 ② 0.5% 이하
③ 0.6% 이하 ④ 0.7% 이하

해설

$\dfrac{dQ}{Q} = \dfrac{5}{2} \dfrac{dH}{H}$

$1 = \dfrac{5}{2} \dfrac{dH}{H}$

$\dfrac{dH}{H} = \dfrac{2}{5}\% = 0.4\%$

52 삼각위어(weir)에서 $\theta = 60°$일 때 월류수심은?(단, Q : 유량, C : 유량계수, H : 위어 높이)

① $\left(\dfrac{Q}{1.36C}\right)^{\frac{2}{5}}$ ② $\left(\dfrac{Q}{1.36C}\right)^{\frac{5}{2}}$

③ $1.36CH^{\frac{5}{2}}$ ④ $1.36CH^{\frac{2}{5}}$

해설

$Q = \dfrac{8}{15} C \tan\dfrac{\theta}{2} \sqrt{2g}\, H^{\frac{5}{2}}$

$= \dfrac{8}{15} \times C \times \tan\dfrac{60°}{2} \times \sqrt{2 \times 9.8} \times H^{\frac{5}{2}}$

$= 1.36 C H^{\frac{5}{2}}$

∴ 월류수심 $H = \left(\dfrac{Q}{1.36C}\right)^{\frac{2}{5}}$

정답 48 ④ 49 ② 50 ④ 51 ① 52 ①

CHAPTER 04 실 / 전 / 문 / 제

53 그림과 같이 여수로(餘水路) 위로 단위폭당 유량 $Q=3.27\text{m}^3/\text{sec}$가 월류할 때 ① 단면의 유속 $V_1=2.04\text{m/sec}$, ② 단면의 유속 $V_2=4.67\text{m/sec}$라면, 댐에 가해지는 수평성분의 힘은?(단, 무게 1kg =10N이고, 이상 유체로 가정한다.)

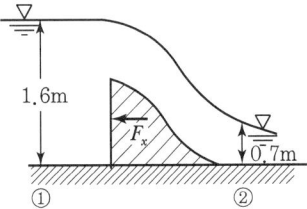

① 1,570N/m
② 2,450N/m
③ 6,470N/m
④ 12,800N/m

해설
- 댐 상류부 전수압
  $P_1 = wh_G A = 1,000 \times \dfrac{1.6}{2} \times 1.6 = 1,280\text{kg}$
- 댐 하류부 전수압
  $P_2 = wh_G A = 1,000 \times \dfrac{0.7}{2} \times 0.7 = 245\text{kg}$

운동량 방정식
$P_1 - P_2 - F_x = \dfrac{w}{g} Q(V_2 - V_1)$이므로
$1,280 - 245 - F_x = \dfrac{1,000}{9.8} \times 3.27 \times (4.67 - 2.04)$
$\therefore F_x = 157\text{kg/m} = 1,570\text{N/m}$

54 수면의 높이가 일정한 저수지의 일부에 길이 30m의 월류 위어를 만들어 40m³/s의 물을 취수하기 위한 위어 마루로부터의 상류 측 수심(H)은?(단, $C=1.0$이고, 접근유속은 무시한다.)

① 0.70m
② 0.75m
③ 0.80m
④ 0.85m

해설
$Q = 1.7 Cb h^{3/2}$에서
$40 = 1.7 \times 1 \times 30 \times h^{3/2}$
$\therefore h = 0.85\text{m}$

55 저수지의 측벽에 폭 20cm, 높이 5cm의 직사각형 오리피스를 설치하여 유량 200L/s를 유출시키려고 할 때 수면으로부터의 오리피스 설치 위치는?(단, 유량계수 $C=0.62$)

① 33m
② 43m
③ 53m
④ 63m

해설
$Q = Ca\sqrt{2gh}$
$h = \dfrac{Q^2}{C^2 a^2 2g} = \dfrac{0.2^2}{0.62^2 \times (0.2 \times 0.05)^2 \times 2 \times 9.8}$
$= 53\text{m}$

56 직사각형 위어의 계획월류수심을 25cm로 하여야 하는데 잘못하여 24.5cm로 월류시켰다면 이때 계획유량에 대한 월류유량의 크기는?

① 1.5% 증가
② 1.5% 감소
③ 3% 증가
④ 3% 감소

해설
직사각형 위어에서의 유량오차
$\dfrac{dQ}{Q} = \dfrac{3}{2}\dfrac{dH}{H}$에서
$\dfrac{dQ}{Q} = \dfrac{3}{2} \times \dfrac{0.5\text{cm}}{25\text{cm}} = \dfrac{3}{100} = 3\%$이고
25cm를 24.5cm로 월류시켰으므로 3% 감소한다.

57 오리피스에서 유량 $Q=KH^{1/2}$을 계산할 때 수두 H의 측정에 1%의 오차가 있으면 유량 Q의 계산결과에서 발생되는 오차는?

① 5%
② 2%
③ 1%
④ 0.5%

해설
유량오차 $\dfrac{dQ}{Q} = \dfrac{1}{2}\dfrac{dH}{H} = \dfrac{1}{2} \times 1 = 0.5\%$

실 / 전 / 문 / 제

58 직사각형 위어(Weir)의 월류수심의 측정에 2%의 오차가 있다면 유량에는 몇 %의 오차가 발생하는가?(단, 유량계산은 프란시스(Francis) 공식을 사용하고 월류시 단면수축은 없는 것으로 가정한다.)

① 1%   ② 2%
③ 3%   ④ 4%

해설
유량오차
$\dfrac{dQ}{Q} = \dfrac{3}{2}\dfrac{dH}{H} = \dfrac{3}{2} \times 2 = 3\%$

59 오리피스의 유량측정에서 수두(H) 측정에 3%의 오차가 있었다면 유량(Q)에 미치는 오차는?

① 1.0%   ② 1.5%
③ 2.0%   ④ 2.5%

해설
유량오차와 수두오차와의 관계
$\dfrac{dQ}{Q} = \dfrac{1}{2}\dfrac{dH}{H} = \dfrac{1}{2} \times 3 = 1.5\%$

60 직사각형 위어의 월류수심 30cm에 대하여 측정오차 8mm가 발생하였다. 이때 유량에 미치는 오차는?

① 4%   ② 3%
③ 2%   ④ 1%

해설
직사각형 위어에서 유량에 미치는 오차
$\dfrac{dQ}{Q} = \dfrac{3}{2}\dfrac{dH}{H}$ 이므로
$\therefore \dfrac{dQ}{Q} = \dfrac{3}{2} \times \dfrac{0.8\,\text{cm}}{30\,\text{cm}} = 0.04 = 4\%$이다.

61 직각삼각형 위어에서 월류수심의 측정에 1%의 오차가 있다고 하면 유량에 발생하는 오차는?

① 0.4%   ② 0.8%
③ 1.5%   ④ 2.5%

해설
삼각위어의 유량오차
$\dfrac{dQ}{Q} = \dfrac{5}{2}\dfrac{dH}{H} = \dfrac{5}{2} \times 1 = 2.5\%$

62 수심에 대한 측정오차(%)가 같을 때 사각형 위어 : 삼각형 위어 : 오리피스의 유량오차(%) 비는?

① 2 : 1 : 3   ② 1 : 3 : 5
③ 2 : 3 : 5   ④ 3 : 5 : 1

해설
유량오차와 수두측정 오차의 관계
오리피스 : $\dfrac{dQ}{Q} = \dfrac{1}{2}\dfrac{dH}{H} = 0.5\dfrac{dH}{H}$
직사각형 위어 : $\dfrac{dQ}{Q} = \dfrac{3}{2}\dfrac{dH}{H} = 1.5\dfrac{dH}{H}$
삼각형 위어 : $\dfrac{dQ}{Q} = \dfrac{5}{2}\dfrac{dH}{H} = 2.5\dfrac{dH}{H}$ 이므로
사각형 위어 : 삼각형 위어 : 오리피스의 유량오차(%) 비는 1.5 : 2.5 : 0.5 = 3 : 5 : 1이다.

63 오리피스에서의 유량 관계식을 $Q = KH^{\frac{1}{2}}$라 할 경우, 유량 Q에 1%의 오차가 있었다면 수두 H의 측정 오차는?

① 0.5%   ② 1%
③ 2%   ④ 4%

해설
오리피스의 유량오차와 수두오차와의 관계
$\dfrac{dQ}{Q} = \dfrac{1}{2}\dfrac{dH}{H}$에서 $1\% = \dfrac{1}{2}\dfrac{dH}{H}$이므로
수두오차 $\dfrac{dH}{H} = 2\%$이다.

정답   58 ③   59 ②   60 ①   61 ④   62 ④   63 ③

CHAPTER 04 실 / 전 / 문 / 제

64 Francis공식으로 전폭 위어(Weir)의 월류량을 구할 때 위어폭의 측정에 2%의 오차가 있다면 유량에는 얼마의 오차가 있게 되는가?

① 1% ② 2%
③ 3% ④ 5%

해설
$Q = 1.84 b_o h^{3/2}$에서 유량오차 $\dfrac{dQ}{Q} = \dfrac{db}{b}$이므로 유량오차는 위어 폭에 의한 오차와 같다.

65 오리피스(Orifice)의 이론과 가장 관계가 먼 것은?

① 토리첼리(Torricelli) 정리
② 베르누이(Bernoulli) 정리
③ 베나콘트랙타(Vena Contracta)
④ 모세관 현상의 원리

해설
오리피스 이론과 모세관 현상과는 상관이 없다.

66 오리피스에 있어서 에너지 손실은 어떻게 보정할 수 있는가?

① 이론 유속에 유속계수를 곱한다.
② 실제 유속에 유속계수를 곱한다.
③ 이론 유속에 유량계수를 곱한다.
④ 실제 유속에 유량계수를 곱한다.

해설
실제유속 $V_t = C_v \sqrt{2gh}$에서
∴ 실제유속 = 유속계수 × 이론유속

67 오리피스(Orifice)의 이론유속 $V = \sqrt{2gh}$는 다음 중 어느 이론으로부터 유도되는 특수한 경우인가?(단, V : 유속, g : 중력가속도, h : 수두차)

① 베르누이(Bernoulli)의 정리
② 레이놀즈(Reynolds)의 정리
③ 벤투리(Venturi)의 이론식
④ 운동량 방정식 이론

해설
오리피스의 이론유속 $V = \sqrt{2gh}$는 베르누이 정리를 응용한 식이다.

68 수직 원형 Orifice의 중심에서 수심 H를 일정하게 유지했을 경우 일정한 유량 Q를 유출시키기 위한 Orifice의 직경 d는?(단, C : 유량계수, g : 중력가속도)

① $d = \sqrt{\dfrac{4QC\sqrt{2gH}}{\pi}}$ ② $d = \sqrt{\dfrac{4Q\pi}{C\sqrt{2gH}}}$
③ $d = \sqrt{\dfrac{\pi C\sqrt{2gH}}{4Q}}$ ④ $d = \sqrt{\dfrac{4Q}{\pi C\sqrt{2gH}}}$

해설
$Q = CA\sqrt{2gH}$이므로 ∴ $d = \sqrt{\dfrac{4Q}{\pi C\sqrt{2gH}}}$

69 k가 엄격히 말하면 월류수심 h 등에 관한 함수이지만, 근사적으로 상수라 가정할 때에 직사각형 위어(Weir)의 유량 Q와 h의 일반적인 관계로 옳은 것은?

① $Q = k \cdot h^{\frac{1}{2}}$ ② $Q = k \cdot h^{\frac{2}{3}}$
③ $Q = k \cdot h$ ④ $Q = k \cdot h^{\frac{3}{2}}$

해설
직사각형 위어에서 유량은 월류수심의 3/2 제곱에 비례한다.

70 다음 설명 중 옳지 않은 것은?

① 토리첼리 정리는 위치수두를 속도수두로 바꾸는 경우이다.
② 직사각형 위어에서 유량은 월류수심(H)의 $H^{2/3}$에 비례한다.
③ 베르누이 방정식이란 일종의 에너지 보존의 법칙이다.
④ 연속방정식이란 일종의 질량 보존의 법칙이다.

해설
직사각형 위어에서 유량은 월류수심(H)의 3/2 제곱에 비례한다.

정답 64 ② 65 ④ 66 ① 67 ① 68 ④ 69 ④ 70 ②

실 / 전 / 문 / 제

71 폭이 3m인 직사각형 수로에 광정(廣頂) 위어를 설치하려 한다. 위어 설치 전의 평균유속은 1.5m/s, 수심은 0.3m이고, 설치 후의 평균유속이 0.3m/s, 위어상류의 수심이 1.5m가 되었다면 위어의 높이 h는?(단, 에너지 보정계수 $a = 1$ 이다.)

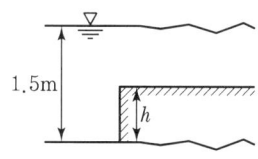

① 1.30m   ② 1.10m
③ 0.90m   ④ 0.70m

해설

$Q = AV = 1.7 Cb(h+h_a)^{3/2}$ 에서
사각형 위어의 설치 전과 설치 후의 유량은
$(3 \times 0.3) \times 1.5 = 1.7 \times 1 \times 3 \times \left(h + \dfrac{0.3^2}{19.6}\right)^{3/2}$

∴ $h = 0.41\text{m}$

∴ $h_d = H - h = 1.5 - 0.41 = 1.09\text{m}$

$\left(\text{접근유속수두 } h_a = \alpha \dfrac{V_a^2}{2g}\right)$

정답 71 ②

CHAPTER 05

관수로

01 관수로 개론
02 Hagen-Poiseuille 법칙
03 관수로 내 마찰손실
04 평균유속공식
05 미소손실수두(소손실수두)
06 관수로의 유량
07 복합 관수로 내의 흐름 해석
08 관망(Pipe network)
09 관수로의 유수에 의한 동력
10 관수로에서의 과도한 수리현상
11 관수로 흐름의 특성

01 관수로 개론

1. 관수로의 정의 및 특징

정의	특징
유수가 관 내에 가득 차서 압력차 때문에 흐르는 흐름 (관수로는 두 단면의 압력차로 흐른다.)	① 흐름을 지배하는 힘은 점성력 ② 흐름을 지속시키는 요소는 압력차 ③ 자유수면을 갖지 않는 흐름

> - 관수로 내에서는 점성으로 인한 마찰효과를 고려한다.
> - 자유수면을 갖는 원형단면은 (개수로)로 해석한다.

2. 윤변과 경심

윤변(P)	경심(동수반경, 수리반경, 수리 평균심)
유체가 벽면에 접하는 길이 (물이 닿은 변의 길이의 합)	$R = \dfrac{A}{P}$ ① 유수단면적(A)을 윤변(P)으로 나눔 ② 동수반경(R)이 큰 수로는 마찰에 의한 수두손실이 작다.

> - A : 유수 단면적
> - P : 윤변
>
> - 경심(원형관수로)
> $$R = \frac{A}{P} = \frac{\frac{\pi D^2}{4}}{\pi D} = \frac{D}{4}$$
>
> - 경심(정사각형 관수로)
> $$R = \frac{A}{P} = \frac{b^2}{4b} = \frac{b}{4}$$
>
> - 경심(개수로)
> $$R = \frac{A}{P} = \frac{bh}{b+2h}$$

3. 관수로 내의 손실수두 및 동수경사

손실수두 및 동수경사

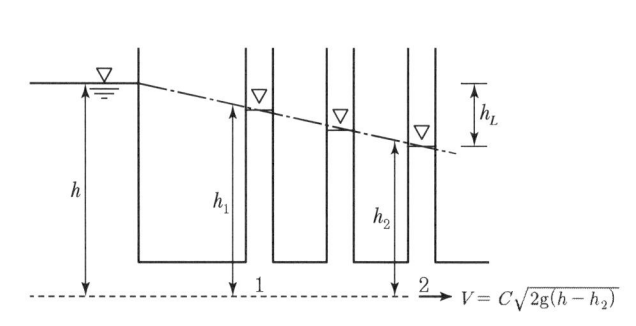

$V = C\sqrt{2g(h-h_2)}$

손실수두(h_L)	에너지 손실로 발생 $\left(h_L = \dfrac{p}{\omega} - \dfrac{p_2}{\omega}\right)$
동수경사(I)	동수경사선의 경사 $\left(I = \dfrac{h_L}{l}\right)$
동수경사선	위치수두(z)+압력수두$\left(\dfrac{p}{\omega}\right)$
유량	$Q = AV = A\sqrt{2gh}$

> - 손실수두
> 압력수두의 차이
>
> - 두 단면이 일정하고 마찰 손실만 발생하는 경우 동수경사선은 에너지선에서 속도수두$\left(\dfrac{V^2}{2g}\right)$만큼 아래에 위치하며 서로 나란하다.

예 / 상 / 문 / 제

01 관수로에서 흐름의 지배력은 무엇인가?

① 중력　　　　　② 관성력
③ 점성력　　　　④ 원심력

해설
관수로의 흐름을 지배하는 주된 힘은 점성력이고 지속시키는 요소는 압력차이다.

02 원관 내에 물이 반(半)만 차서 흐르고 있다. 관경(管經)을 D라고 할 때 경심(동수반경)은?

① D　　　　　② $D/2$
③ $D/4$　　　　④ $D/8$

해설
$$R = \frac{A}{P} = \frac{\frac{1}{2} \times \frac{\pi \times D^2}{4}}{\frac{1}{2} \times \pi \times D} = \frac{D}{4}$$

03 지름 20cm의 원형 단면 관수로에 물이 가득 차서 흐를 때의 동수반경(R)은?

① 5cm　　　　　② 10cm
③ 15cm　　　　　④ 20cm

해설
$R = \frac{D}{4} = \frac{20}{4} = 5\text{cm}$

04 반지름 a인 관수로에 물이 가득 차서 흐를 때, 경심 R는?

① $\frac{a}{4}$　　　　　② $\frac{a}{3}$
③ $\frac{a}{2}$　　　　　④ a

해설
$$R = \frac{A}{P} = \frac{\frac{\pi(2a)^2}{4}}{\pi(2a)} = \frac{a}{2} \text{ 또는,}$$
$$R = \frac{D}{4} = \frac{2a}{4} = \frac{a}{2}$$

05 폭이 2m이고 수심이 1m인 직사각형 단면수로에서 수리반경(경심)은?

① 0.3m　　　　　② 0.5m
③ 1m　　　　　　④ 2m

해설
경심 $R = \frac{A}{P} = \frac{2 \times 1}{2 + 1 \times 2} = 0.5\text{m}$

06 관수로에서 동수경사선에 대한 설명으로 옳은 것은?

① 수평기준선에서 손실수두와 속도수두를 더한 수두선이다.
② 관로중심선에서 압력수두와 속도수두를 더한 수두선이다.
③ 전수두에서 손실수두를 제외한 수두선이다.
④ 에너지선에서 속도수두를 제외한 수두선이다.

해설
동수경사선은 위치수두(z)와 압력수두($\frac{p}{w}$)의 합을 연결한 선으로, 에너지선에서 속도수두($\frac{V^2}{2g}$)만큼 아래에 위치한다.

07 그림에서 손실수두가 $\frac{3V^2}{2g}$일 때 지름 0.1m의 관을 통과하는 유량은?(단, 수면은 일정하게 유지된다.)

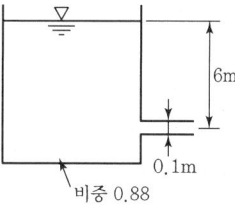

① 0.085m³/sec　　　② 0.0426m³/sec
③ 0.0399m³/sec　　④ 0.0798m³/sec

해설
수면과 출구에서 베르누이 정리를 적용
$6 = \frac{V^2}{2g} + \frac{3V^2}{2g}$ 에서 $V = \sqrt{\frac{19.6 \times 6}{4}} = 5.422$
$\therefore Q = AV = \frac{\pi \times 0.1^2}{4} \times 5.422 = 0.0426\text{m}^3/\text{sec}$

정답 01 ③　02 ③　03 ①　04 ③　05 ②　06 ④　07 ②

02 Hagen-Poiseuille 법칙

1. 하아젠-포아쥬 법칙

구분	식	특징
하아젠-포아쥬 원리	$Q = \dfrac{\pi \cdot w \cdot h_L}{8\mu l} R^4$ $= \dfrac{\Delta P \pi R}{8\mu l}$	① 압력강하($w \cdot h_L$)에 비례 ② 단위중량(w)에 비례 ③ 반지름(R)의 4승에 비례 ④ 동수경사$\left(\dfrac{h_L}{l}\right)$에 비례 　(관길이($l$)에 반비례) ⑤ 점성계수($\mu$)에 반비례

> **GUIDE**
>
> - **하아젠-포아쥬 법칙**
>   관을 통해 흐르는 층류의 유량은 압력 강하량에 비례하고 관 반지름의 4승에 비례하며 점성계수에 반비례
>
> - **하아젠-포아쥬 원리**
>   원관 내 층류 시 유량 구함
>   ($w \cdot h_L = \Delta P$)

2. 유속분포 및 마찰응력

구분	식
평균유속(V_m)	$V_m = \dfrac{Q}{A} = \dfrac{Q}{\pi r^2} = \dfrac{w \cdot h_L}{8\mu l} r^2 = \dfrac{1}{2} V_{\max}$
최대유속($V_{\max}$)	$V_{\max} = \dfrac{w \cdot h_L}{4\mu l} r^2 = 2 V_m,\ \dfrac{V_{\max}}{V_m} = 2$
관벽의 마찰력(τ_o)	$\tau_o = \dfrac{w \cdot h_L}{2l} r = \dfrac{\Delta P}{2l} r = wRI$

> - 원형관 내 흐름이 포물선형 유속 분포를 가질 경우에 평균유속은 관 중심축 유속의 1/2이다.
>
> - **경심**
> $R = \dfrac{A}{P}$

3. 유속분포 및 마찰력 분포(층류)

유속분포	마찰력 분포
(포물선형 유속분포 그림, $v_{\max}$)	($\tau_{\max}$ 표시, 직선 마찰력 분포)
중심축에서는 $V_{\max}$, 관벽에서는 $V=0$인 포물선	중심축에서 $\tau=0$, 관벽에서는 $\tau_{\max}$인 직선

> - **유속 분포(포물선)**
>
> - **마찰력 분포**
>   (거리에 비례, 직선분포)
>
> - **관벽의 마찰력**
>   관수로에 층류가 흐를 때 마찰(전단)응력 분포는 직선이고 거리에 비례하여 증가한다.

4. 마찰력(τ)과 관벽의 마찰력(τ_0)과의 관계

식	모식도
$\dfrac{\tau}{\tau_0} = \dfrac{r}{r_0},\ \tau = \tau_0 \left(\dfrac{r}{r_0}\right)$	(관 내 τ_0, r_0, τ, r 표시 모식도)

예 / 상 / 문 / 제

01 Hagen-Poiseuille 법칙에 의해 관을 흐르는 층류의 유량에 대한 관계식은?(단, 관은 원관이며 R은 관의 반지름, h_l은 손실수두, l은 관의 길이, μ는 유체의 점성계수, w_o은 유체의 단위중량, Q는 유량이다.)

① $Q = \dfrac{\pi w_o \mu}{8lh_l R^4}$ ② $Q = \dfrac{w_o \mu}{4lh_l R^2}$

③ $Q = \dfrac{w_o h_l}{4l\mu} R^2$ ④ $Q = \dfrac{\pi w_o h_l}{8l\mu} R^4$

해설

Hagen-Poiseuille의 법칙 $Q = \dfrac{\pi w_o h_l}{8l\mu} R^4$

02 수평 원관 속에 층류의 흐름이 있을 때 유량에 대한 설명으로 옳은 것은?

① 점성(μ)에 비례한다.
② 반지름(d)의 4제곱에 비례한다.
③ 압력변화(ΔP)에 반비례한다.
④ 관의 길이(L)에 비례한다.

해설

유량은 점성계수(μ)와 관의 길이(l)에 반비례한다.

03 관수로에서 최대유속이 $V_{\max}$이고 평균유속이 V_m이라고 하면, 최대유속 $V_{\max}$와 평균유속 V_m의 관계에 가장 가까운 것은?(단, 층류로 흐르는 경우)

① 평균유속 V_m은 최대유속 $V_{\max}$의 1/2이다.
② 평균유속 V_m은 최대유속 $V_{\max}$의 1/3이다.
③ 평균유속 V_m은 최대유속 $V_{\max}$의 1/4이다.
④ 평균유속 V_m은 최대유속 $V_{\max}$의 1/6이다.

해설

관 중심에서 최대유속($V_{\max}$)은 평균유속(V_m)의 2배이다.

04 층류에서 속도 분포는 포물선을 그리게 된다. 이때 전단응력의 분포 형태는?

① 포물선   ② 쌍곡선
③ 직선   ④ 반원

해설

관수로에서 층류의 흐름일 때 유속분포는 포물선이며, 전단응력 분포는 직선이다.

05 지름이 30cm, 길이 1m인 관에 물이 흐르고 있을 때 마찰손실이 30cm이라면 관벽에 작용하는 마찰력 τ_0는?

① 451.6Pa   ② 220.5Pa
③ 176.4Pa   ④ 58.6Pa

해설

$\tau_0 = wRI = w\dfrac{D}{4}\dfrac{h_L}{l} = \left(1 \times 9,800 \dfrac{\text{N}}{\text{m}^3}\right) \times \dfrac{0.3}{4} \times \dfrac{0.3}{1}$
$= 220.5 \text{N/m}^2 (\text{Pa})$

06 원관 내 흐름이 포물선형 유속분포를 가질 때 관 중심선상에서의 유속을 V_o, 전단응력을 τ_o, 관 벽면에서의 전단응력을 τ_s, 관 내의 평균유속을 V_m, 관 중심선에서 y만큼 떨어져 있는 곳의 유속을 V라 할 때 다음 중 옳지 않은 것은?

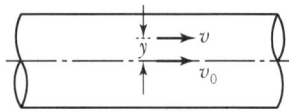

① $V_o > V$ ② $V_o = 2V_m$
③ $\tau_s = 2\tau_o$ ④ $\tau_s > \tau_o$

해설

관 중심에서 최대유속($V_{\max}$)은 평균유속(V_m)의 2배이고, 전단응력은 0이며, 관벽으로 갈수록 유속은 감소하며 전단응력은 증가한다.

정답 01 ④ 02 ② 03 ① 04 ③ 05 ② 06 ③

03 관수로 내 마찰손실

1. 마찰손실수두(h_L)

정의	Darcy – Weisbach 식	해설
단면이 일정한 원관 속을 물이 흐를 때 발생	$h_L = f \dfrac{l}{D} \dfrac{V^2}{2g}$	① 마찰손실수두는 관경에 반비례 ② 관의 길이와 유속의 2승에 비례 ③ h_L은 관수로에서 가장 큰 손실 ④ 관의 조도(e)에 비례

2. 마찰손실계수(f)

구분	식	해설	
층류, 난류	$f = \dfrac{64}{Re}$	① 층류는 Reynolds 수의 함수 ② 난류는 Reynolds 수와 상대조도의 함수	
Chezy 공식	$f = \dfrac{8 \cdot g}{C^2}$	매끄러운 관	Reynolds 수의 함수
		거친 관 (난류)	상대조도의 함수 (Reynolds 수와 무관)
Manning 공식	$f = \dfrac{124.5 n^2}{D^{\frac{1}{3}}}$	① D의 계산은 m 단위로 ② n : 조도계수(차원이 있다.)	

3. 상대조도 및 매끈한 관과 거친 관

구분	식	해설
상대조도	(그림)	상대조도 = $\dfrac{e}{D}$ (무차원, 절대조도(e)를 관경(D)으로 나눈 값)
매끈한 관	(그림)	벽면의 미소 요철 높이가 층류저층의 두께보다 작은 관 ($e < t$)
거친 관	(그림)	벽면의 미소 요철 높이가 층류저층의 두께보다 큰 관 ($e > t$)

GUIDE

- h_L(베르누이 정리로 유도)
  f : 마찰손실계수
  D : 관경
  L : 관 길이
  V : 평균유속

- 관수로에서 마찰손실이 일어나는 에너지선이 손실수두만큼 내려오므로 동수경사선과 서로 나란하다.

- Chezy 공식
  ① 매끄러운 관
  $f = 0.3164 Re^{-1/4}$
  ② 거친 관
  $\dfrac{1}{\sqrt{f}} = 1.74 + \ln \dfrac{D}{2e}$
  $\left(\dfrac{e}{D}\text{는 상대조도}\right)$
  ③ C는 Chezy의 평균유속계수

- 절대조도(e)
  벽면의 요철

- 층류(점성)저층(t)
  난류상태인 흐름에서 벽면 부근에 나타난 층류 부분

예 / 상 / 문 / 제

01 지름이 800mm인 원관 내에 1.20m/sec의 유속으로 물이 흐르고 있다. 관 길이가 600m에 대한 마찰손실수두는?(단, 마찰손실계수(f)는 0.04이다.)

① 2.2m ② 2.6m
③ 3.0m ④ 3.4m

해설

$$h_L = f \frac{l}{D} \frac{V^2}{2g} = 0.04 \times \frac{600}{0.8} \times \frac{1.2^2}{19.6} = 2.2\text{m}$$

02 안지름이 0.1m인 관에서 관마찰손실수두가 속도수두와 같을 때 관의 길이는?(단, $f = 0.03$이다.)

① 1.33m ② 2.33m
③ 3.33m ④ 4.33m

해설

$$h_L = f \frac{l}{D} \frac{V^2}{2g} = \frac{V^2}{2g} \text{에서 } l = \frac{D}{f} = \frac{0.1}{0.33} = 3.33\text{m}$$

03 관수로의 마찰손실수두(h_L)에 대한 설명 중 옳지 않은 것은?

① 관의 지름(D)에 비례한다.
② 레이놀즈수(Re)에 반비례한다.
③ 관수로의 길이(l)에 비례한다.
④ 관 내 유속(V)의 제곱에 비례한다.

해설

관의 지름(D)은 마찰손실수두에 반비례한다.

04 직경이 0.2cm인 매끈한 관 속을 3cm³/sec의 물이 흐를 때, 관의 길이 0.5m에 대한 마찰손실수두는?(단, 물의 동점성 계수 $\nu = 1.12 \times 10^{-2}$ cm²/sec이다.)

① 37.3cm ② 43.7cm
③ 57.3cm ④ 61.6cm

해설

$$h_L = f \frac{l}{D} \frac{V^2}{2g} = \frac{64}{Re} \times \frac{l}{D} \times \frac{V^2}{2g}$$
$$= \frac{64}{1,705.2} \times \frac{50}{0.2} \times \frac{95.49^2}{1,960}$$
$$= 43.62\text{cm}$$

$$\left(V = \frac{Q}{A} = \frac{4Q}{\pi D^2} = \frac{4 \times 3}{\pi \times 0.2^2} = 95.49\text{cm/sec} \right)$$
$$\left(Re = \frac{VD}{\nu} = \frac{95.49 \times 0.2}{1.12 \times 10^{-2}} = 1,705.2 \right)$$

05 관망 문제해석에서 손실수두를 유량의 함수로 표시하여 사용할 경우 지름 D인 원형단면관에 대하여 $h_L = kQ^2$으로 표시할 수 있다. 관의 특성제원에 따라 결정되는 상수 k의 값은?(단, f는 마찰손실계수, L은 관의 길이이며 다른 손실은 무시한다.)

① $\dfrac{0.0827f \cdot L}{D^3}$ ② $\dfrac{0.0827L \cdot D}{f}$
③ $\dfrac{0.0827f \cdot D}{L^2}$ ④ $\dfrac{0.0827f \cdot L}{D^5}$

해설

$$h_L = f \cdot \frac{l}{D} \cdot \frac{V^2}{2g}$$
$$= f \cdot \frac{l}{D} \cdot \frac{\left(\frac{4Q}{\pi D^2}\right)^2}{2g} = 0.0827 \times \frac{fl}{D^5} Q^2 = KQ^2$$
$$\therefore K = \frac{0.0827fl}{D^5}$$

06 관수로를 흐르는 난류 흐름에서 관마찰손실계수 f에 대한 설명으로 옳은 것은?

① Reynolds 수만의 함수이다.
② Reynolds 수와 상대조도의 함수이다.
③ 상대조도와 Froude 수의 함수이다.
④ 유속과 관지름의 함수이다.

해설

관수로에서 마찰손실계수 f는 층류에서는 레이놀즈 수만의 함수이며, 난류에서는 레이놀즈 수와 상대조도의 함수이다.

정답 01 ① 02 ③ 03 ① 04 ② 05 ④ 06 ②

4. 마찰속도(전단속도)

정의	식	기타
벽면부근의 마찰에 의한 속도	$U_* = \sqrt{\dfrac{\tau_0}{\rho}} = \sqrt{gRI}$	R : 경심, I : 동수경사

GUIDE

- $\tau_o = \dfrac{w \cdot h_L}{2l} r$
  $= \dfrac{\Delta P}{2l} r$
  $= wRI$

04 평균유속공식

1. Chezy의 평균유속공식과 Manning의 평균유속공식

구분	식	해설
Chezy 공식	$V = C\sqrt{RI}$ (m/sec) ($C = \sqrt{\dfrac{8g}{f}}$, $f = \dfrac{8g}{C^2}$)	① $g = 9.8$ m/sec² ② 모든 단위는 m로
Manning 공식	$V = \dfrac{1}{n} R^{2/3} I^{1/2}$ (m/sec)	① $g = 9.8$ m/sec² ② 모든 단위는 m로 ③ n : 조도계수
Hazen-Williams 공식	$V = 0.84935\, CR^{0.63} I^{0.54}$	미국상하수도의 표준공식

- 유량
  $Q = AV$

- 관수로 경심(R)
  $R = \dfrac{D}{4}$

- 조도계수(n)
  ① 수로의 표면구성물질에 따라 변하는 값
  ② sec/m$^{1/3}$ = m$^{-1/3}$ · sec

2. 유속계수(C)와 마찰손실계수(f)의 관계

식	해설
$C = \dfrac{1}{n} R^{1/6}$	① $V = C\sqrt{RI} = \dfrac{1}{n} R^{\frac{2}{3}} I^{\frac{1}{2}}$ ② $C = \dfrac{1}{n} R^{1/6}$
$C = \sqrt{\dfrac{8g}{f}}$	① $f = \dfrac{8g}{C^2} = \dfrac{8g}{\left(\dfrac{1}{n} R^{\frac{1}{6}}\right)^2}$ ② $C = \sqrt{\dfrac{8g}{f}}$

- 원형관의 경심(R)
  $R = \dfrac{A}{P} = \dfrac{\dfrac{\pi D^2}{4}}{\pi D} = \dfrac{D}{4}$

예 / 상 / 문 / 제

01 내경 600mm인 송수관 내에 유량 2m³/s가 흐를 때 평균유속은 얼마인가?

① 6.9m/s ② 7.1m/s
③ 7.4m/s ④ 7.9m/s

해설
평균유속
$$V = \frac{Q}{A} = \frac{Q}{\frac{\pi D^2}{4}} = \frac{4Q}{\pi D^2} = \frac{4 \times 2}{\pi \times 0.6^2}$$
$$= 7.07 \text{m/sec}$$

02 거리가 50m일 때 손실수두가 1m인 직사각형 개수로의 유량을 Manning의 평균유속공식을 사용하여 구한 값은?(단, 수로폭=10m, 수심=2m, 수로의 조도계수=0.03)

① 120m³/sec ② 100m³/sec
③ 80m³/sec   ④ 60m³/sec

해설
$$Q = AV = A\frac{1}{n}R^{2/3}I^{1/2}$$
$$= (10 \times 2) \times \frac{1}{0.03} \times \left(\frac{10 \times 2}{10 + 2 \times 2}\right)^{2/3} \times \left(\frac{1}{50}\right)^{1/2}$$
$$= 119.6 \text{m}^3/\text{sec}$$

03 유량 147.6L/sec를 송수하기 위하여 안지름 0.4m인 관을 700.0m 설치하고자 할 때 알맞은 관로의 경사는?(단, 조도계수 $n=0.012\text{m}^{-1/3} \cdot \text{s}$이고, Manning 공식을 이용)

① 1/700 ② 3/700
③ 1/500 ④ 3/500

해설
$0.1476\text{m}^3/\text{s} = \frac{\pi \times 0.4^2}{4} \times \frac{1}{0.012} \times \left(\frac{0.4}{4}\right)^{2/3} \times I^{1/2}$ 에서
$0.06542 = I^{1/2}$ 이므로
$\therefore I = 0.00428 = \frac{3}{700}$

04 $n=0.013$인 지름 600mm의 원형 주철관의 동수경사가 1/180일 때 유량은?(단, Manning 공식을 사용할 것)

① 1.62m³/s   ② 0.148m³/s
③ 0.458m³/s ④ 4.122m³/s

해설
유량 $Q = AV = A\frac{1}{n}R^{2/3}I^{1/2}$
$$= \frac{\pi \times 0.6^2}{4} \times \frac{1}{0.013} \times \left(\frac{0.6}{4}\right)^{2/3} \times \left(\frac{1}{180}\right)^{1/2}$$
$$= 0.458 \text{m}^3/\text{sec}$$

05 경심이 1m이고 동수경사가 1/500인 관수로에서의 레이놀즈 수가 1,500인 흐름의 유속은?

① 1.4m/sec ② 1.9m/sec
③ 2.4m/sec ④ 2.9m/sec

해설
마찰손실계수 $f = \frac{64}{Re} = \frac{64}{1,500} = 0.043$ 이므로
유속 $V = C\sqrt{RI} = \sqrt{\frac{8g}{f}}\sqrt{RI}$
$$= \sqrt{\frac{8 \times 9.8}{0.043}}\sqrt{1 \times 1/500} = 1.9 \text{m/s}$$

06 경심이 5m이고 동수경사가 1/200인 관로에서의 Reynolds 수가 1,000인 흐름으로 흐를 때 관내의 평균 유속은?

① 7.5m/s ② 5.5m/s
③ 3.5m/s ④ 2.5m/s

해설
마찰손실계수 $f = \frac{64}{Re} = \frac{64}{1,000} = 0.064$ 이므로
$V = C\sqrt{RI} = \sqrt{\frac{8g}{f}}\sqrt{RI}$
$$= \sqrt{\frac{8 \times 9.8}{0.064}} \times \sqrt{5 \times 1/200}$$
$$= 5.53 \text{ m/s}$$

정답 01 ② 02 ① 03 ② 04 ③ 05 ② 06 ②

05 미소손실수두(소손실수두)

1. 미소손실수두

정의
① 관수로는 유체와 관벽 마찰로 인한 마찰손실이 발생(가장 큰 손실)
② 관수로의 단면 및 방향이 변화하면 손실이 추가 발생(미소손실)
③ 마찰손실 이외의 손실을 미소손실이라 한다.

· 미소손실 무시
관수로 설계에서 관 길이가 긴 장관 $\left(\dfrac{l}{D} > 3,000\right)$에서는 미소손실을 무시하고 마찰손실만 고려(마찰손실에 비하여 상대적으로 작으므로)

2. 마찰 이외의 미소손실수두

특징	식	해설
미소손실은 속도수두에 대략적으로 비례한다.	$h_L' = f_x \dfrac{V^2}{2g}$	관 길이가 짧은 단관 $\left(\dfrac{l}{D} < 3,000\right)$일 때 미소손실 고려

· f_x : 미소손실계수

3. 유입손실수두

모식도			
$f_i = 1$	$f_i = 0.5$	$f_i = 0.25$	$f_i = 0.01$

· 유입손실계수(f_i)는 유입구의 형상에 따라 다르다.

· $f_i = 0.5$(통상 각이 진 입구부)

4. 유출손실수두

모식도	식
E.L, H.G.L, $\dfrac{V^2}{2g}$, h_o, 운동에너지의 완전손실, $h_o = \dfrac{V^2}{2g}$	$h_o = f_o \dfrac{V^2}{2g}$ $(f_o = 1)$

· f_o : 유출손실계수

· $f_o = 1$(큰 수조나 저수지의 수중유출)

예 / 상 / 문 / 제

01 다음 설명 중 옳지 않은 것은?(단, l =관의 총 길이, D =관의 지름)

① 관수로의 출구손실계수는 보통 1로 본다.
② 관수로 내의 손실수두는 유속수두에 비례한다.
③ 관수로에서 마찰 이외의 손실수두를 무시할 수 있는 경우는 $\dfrac{l}{D} > 3,000$이다.
④ 마찰손실수두는 모든 손실수두 가운데 가장 큰 것으로 마찰손실계수에 유속수두를 곱한 것과 같다.

[해설]
마찰손실수두 $(h_L) = f\dfrac{l}{D}\dfrac{V^2}{2g}$

02 관수로 계산에서 l/D이 몇 이상이면 마찰손실 이외의 소손실을 무시할 수 있는가?(단, D : 관의 지름, l : 관의 길이)

① 100   ② 300
③ 1,000   ④ 3,000

[해설]
$\dfrac{l}{D} > 3,000$이면 관 길이가 상대적으로 길기 때문에 미소손실은 거의 무시하고 마찰손실만 고려한다.

03 그림에서 유입손실이 제일 큰 것은?

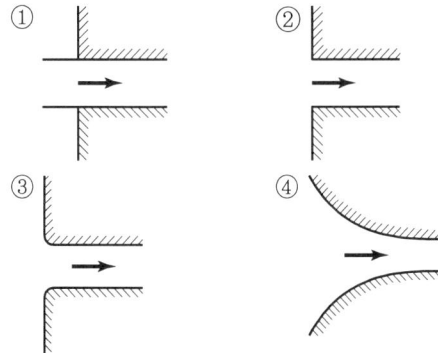

04 관수로에서 물이 넓은 저수지(貯水池)로 유출될 때 관의 유출손실계수(流出損失係數)는?

① 0.5   ② 1.0
③ 1.5   ④ 2.0

[해설]
유출손실계수 f_o의 값은 1.0으로 미소손실계수 중 가장 크다.

05 Pipe의 배관에 있어서 엘보(Elbow)에 의한 손실수두와 직선관의 마찰손실수두가 같아지는 직선관의 길이는 직경의 몇 배에 해당하는가?(단, 관의 마찰계수 f는 0.025이고 엘보(Elbow)의 미소손실계수 K는 0.9이다.)

① 48배   ② 40배
③ 36배   ④ 20배

[해설]
엘보(Elbow)에 의한 손실수두 $h_L' = f_x \dfrac{V^2}{2g}$과 마찰손실수두
$h_L = f\dfrac{l}{D}\dfrac{V^2}{2g}$을 같다고 하면
$0.9\dfrac{V^2}{2g} = 0.025\dfrac{l}{D}\dfrac{V^2}{2g}$ 이므로 $l = 36D$

06 관수로 내의 손실수두에 관한 설명으로 옳지 않은 것은?

① 마찰 이외의 손실수두를 무시할 수 있는 것은 $l/D > 3,000$일 때이다.(여기서, l : 길이, D : 관경)
② 관수로 내의 모든 손실수두는 유속수두에 비례한다.
③ 관수로의 입구손실계수(f_i)와 출구손실계수(f_o)는 일반적으로 각각 0.5, 1.0으로 본다.
④ 마찰손실수두는 모든 손실수두 가운데 가장 큰 것으로 마찰손실계수에 유속수두를 곱한 것이다.

[해설]
- 마찰손실수두 : 손실수두 가운데 가장 크다.
- 마찰손실수두 $(h_L) = f \cdot \dfrac{l}{D} \cdot \dfrac{V^2}{2g}$

정답 01 ④ 02 ④ 03 ① 04 ② 05 ③ 06 ④

5. 기타 미소손실수두

급확대손실수두	급축소손실수두	굴절손실수두
$h_{se} = f_{se} \dfrac{V^2}{2g}$	$h_{sc} = f_{sc} \dfrac{V^2}{2g}$	$h_{be} = f_{be} \dfrac{V^2}{2g}$

GUIDE

- 유입손실계수 : $f_i = 0.5$
- 유출손실계수 : $f_o = 1.0$

- 유출손실계수가 미소손실 중 가장 크다.

- 단면급확대 손실계수(f_{se})

$$f_{se} = \left(1 - \dfrac{A_1}{A_2}\right)^2$$

06 관수로의 유량

1. 두 수조를 연결하는 등단면 단일관수로(마찰고려)

모식도	해설
	① 관 속의 평균유속 $V = \sqrt{\dfrac{2gH}{f\dfrac{l}{D} + f_i + f_o}}$ ② 관 속의 유량 $Q = AV = \dfrac{\pi D^2}{4}\sqrt{\dfrac{2gH}{\sum f_x + f\dfrac{l}{D}}}$

- 물이 흐를 때 H만큼의 수두를 잃게 된다. 이것은 마찰손실, 유입손실, 유출손실 때문이다.

2. 베르누이 정리에 의한 유도과정

특징	식
총 수두차는 각종 손실수두의 합과 같다.	① $\dfrac{V_1^2}{2g} + \dfrac{P_1}{w} + Z_1 = \dfrac{V_2^2}{2g} + \dfrac{P_2}{w} + Z_2 + h_L + \sum f_e$ ② $f\dfrac{l}{D}\dfrac{V^2}{2g} + f_i\dfrac{V^2}{2g} + f_o\dfrac{V^2}{2g} = H$ ③ $V = \sqrt{\dfrac{2gH}{f\dfrac{l}{D} + f_i + f_o}}$ ④ $Q = AV = \dfrac{\pi D^2}{4}\sqrt{\dfrac{2gH}{\sum f_x + f\dfrac{l}{D}}}$

- 두 수조의 수면에서 유속(V)=0

- 두 수조의 수면에서 압력(P)=0

- $Z_1 - Z_2$
 $= h_L + \sum f_e$
 $= H$

예/상/문/제

01 다음 관수로에서의 손실 중 미소손실이 아닌 것은?

① 입구손실 ② 마찰손실
③ 단면급확대손실 ④ 굴절손실

해설
마찰손실은 주손실이다.

02 수위차가 3m인 2개의 저수지를 지름 50cm, 길이 80m의 직선관으로 연결하였을 때 유량은?(단, 입구손실계수=0.5, 관의 마찰손실계수=0.0265, 출구손실계수=1.0, 이외의 손실은 없다.)

① $0.124\text{m}^3/\text{s}$ ② $0.314\text{m}^3/\text{s}$
③ $0.628\text{m}^3/\text{s}$ ④ $1.280\text{m}^3/\text{s}$

해설

유량 $Q = \dfrac{\pi \times D^2}{4} \times \sqrt{\dfrac{2gH}{\sum f_x + f\dfrac{l}{D}}}$

$= \dfrac{\pi \times 0.5^2}{4} \times \sqrt{\dfrac{19.6 \times 3}{1.5 + 0.0265 \times \dfrac{80}{0.5}}} = 0.628\text{m}^3/\text{sec}$

03 그림은 두 개의 수조를 연결하는 등단면 단일관수로이다. 관의 유속을 나타낸 식은?(단, f : 마찰손실계수, $f_o = 1.0$, $f_i = 0.5$, $\dfrac{L}{D} < 3,000$)

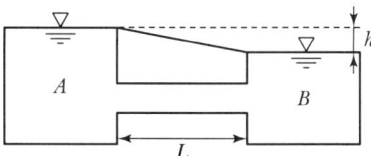

① $V = \sqrt{2gH}$
② $V = \sqrt{\dfrac{2gH}{f} \cdot \left(\dfrac{L}{D}\right)}$
③ $V = \sqrt{\dfrac{2gh}{1.5 + f\left(\dfrac{L}{D}\right)}}$
④ $V = \sqrt{\dfrac{2gH}{1.0 + f\left(\dfrac{L}{D}\right)}}$

해설

단일관수로의 유속 $V = \sqrt{\dfrac{2gh}{f_i + f_o + f\dfrac{l}{D}}}$ 에서

$f_i = 0.5$, $f_o = 1$ 이므로

$V = \sqrt{\dfrac{2gh}{1.5 + f\dfrac{l}{D}}}$

04 A 저수지에서 1km 떨어진 B 저수지에 유량 $8\text{m}^3/\text{s}$를 송수한다. 저수지의 수면차를 10m로 하기 위한 관의 직경은?(단, 마찰손실만을 고려하고 마찰손실계수는 $f = 0.030$이다.)

① 2.15m ② 1.92m
③ 1.74m ④ 1.52m

해설

$8 = \dfrac{\pi D^2}{4} \times \sqrt{\dfrac{19.6 \times 10}{0.03 \times \dfrac{1,000}{D}}}$ 에서

$D^{5/2} = 3.985$ ∴ $D = 1.74\text{m}$

05 아래 그림과 같이 지름 10cm인 원 관이 지름 20cm로 급확대되었다. 관의 확대 전 유속이 4.9m/s라면 단면 급확대에 의한 손실수두는?

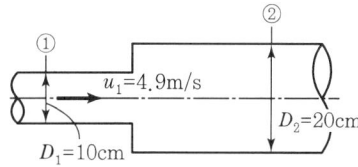

① 0.69m ② 0.96m
③ 1.14m ④ 2.45m

해설

- $f_{se} = \left(1 - \dfrac{A_1}{A_2}\right)^2 = \left(1 - \dfrac{d^2}{D^2}\right)^2 = 0.5625$

- $h_{se} = f_{se} \dfrac{V^2}{2g} = 0.5625 \times \dfrac{4.9^2}{2 \times 9.8} = 0.69\text{m}$

정답 01 ② 02 ③ 03 ③ 04 ③ 05 ④

3. 사이폰(펀)

모식도
(그림)

사이폰	① 유체를 동수경사선보다 높은 곳으로 끌어올린 후 낮은 곳으로 방출하는 관수로 ② 관수로의 일부가 동수경사선보다 위에 있는 관수로 ③ 동수경사선보다 위에 있는 부분의 관 내 압력은 부압이라는 점이 일반 관수로와 다르다.
유량	$Q = AV = \dfrac{\pi D^2}{4} V = \dfrac{\pi D^2}{4} \sqrt{\dfrac{2gH}{f_i + f_b + f_o + f\dfrac{l_1 + l_2}{D}}}$
H_c	① 사이폰 작용이 지속되는 C점의 최대 부압수두는 대기압(P_a)에 해당하는 수두 ② $H_c = \dfrac{P_c}{w} = -\dfrac{P_a}{w} = -10.34\text{m} = 8 \sim 9\text{m}$

- 사이폰(펀) 설계
  ① H_c를 8~9m 이하로 설계 (사이폰 정상 작동)
  ② 마찰저항 등의 영향

4. 역사이폰

모식도
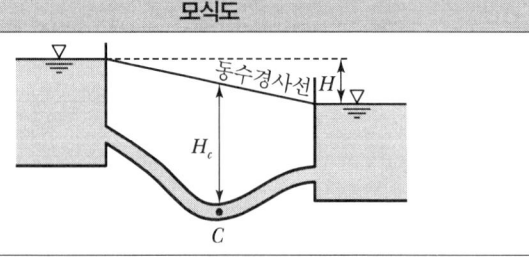

역사이폰	① 계곡이나 하천을 횡단하기 위해 역사이폰 설치 ② 하천이나 철도를 횡단할 때 장애물 횡단방법으로 적합 ③ 최저점인 C의 압력이 상당히 커서 주의 요함

- 수압은 수심에 비례

예 / 상 / 문 / 제

01 고수조에서 저수조로 관로에 의해서 송수할 때 관로의 일부가 동수경사선보다 높은 부분이 있을 경우가 있다. 이와 같은 관로를 무엇이라 하는가?

① 관망 ② 분기관
③ 사이폰 ④ 피토관

[해설]
고수조에서 저수조로 관로에 의해서 송수할 때 관로의 일부가 동수경사선보다 높은 부분이 있을 경우의 관로를 사이폰이라 한다.

02 사이폰(syphon)에 관한 사항 중 옳지 않은 것은?

① 관수로의 일부가 동수경사선보다 높은 곳을 통과하는 것을 말한다.
② 사이폰 내에서는 부압(負壓)이 생기는 곳이 많다.
③ 수로(水路)가 하천이나 철도를 횡단할 때도 이것을 설치한다.
④ 사이폰의 정점과 동수경사선과의 고저차는 8.0m 이하로 설계하는 것이 보통이다.

[해설]
병렬 하천이나 철도를 횡단할 때는 역사이폰을 설치한다.

03 역(逆)사이폰에서 특히 주의해야 할 점은?

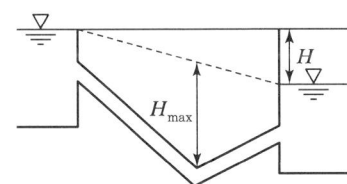

① 부압
② 만곡에 의한 손실수두
③ 마찰손실수두
④ 관 내의 H_{max}에 상당하는 큰 수압

[해설]
병렬 하천이나 철도를 횡단할 때는 역사이폰을 설치하며 최저점에 압력이 커서 주의해야 한다.

04 다음 중 사이폰에 대한 설명으로 가장 옳은 것은?

① 사이폰이란 만곡된 수로이다.
② 역사이폰과 보통사이폰은 현상은 반대이나 수리학적 이론은 같다.
③ 부압이 생기는 부분이 없는 관로이다.
④ 관의 일부가 동수경사선보다 위에 있는 관로이다.

[해설]
관로의 일부가 동수경사선보다 높은 부분이 있을 경우의 관로를 사이폰이라 한다.

05 syphon과 동수경사선과의 수두차에 대하여 옳은 것은?

① 이론상 760[cm]이다.
② $\sqrt{2gH}$만큼 보는 것이 좋다.
③ 4~5[m] 정도이다.
④ 7~8[m] 이하이면 작동이 된다.

[해설]
이론상의 수두차는 10.33m이며, 실제의 수두차는 이론상 수두차의 약 80% 정도, 즉 8.0m 이하일 때 작동이 된다.

06 A, B, C, D점에서의 압력강도를 각각 p_a, p_b, p_c, p_d라 할 때 다음 사항 중 옳지 않은 것은?

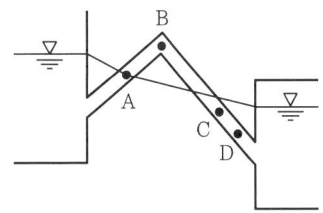

① $p_c > p_d$ ② $p_b < 0$
③ $p_c > 0$ ④ $p_a = 0$

[해설]
$p = wh$에서 면적이 같고 수심이 다르므로 수심이 깊어질수록 수압(압력강도)이 커지고, B점의 압력은 부압이다.

정답 01 ③ 02 ③ 03 ④ 04 ④ 05 ④ 06 ①

07 복합 관수로 내의 흐름 해석

1. 다지 관수로

구분	모식도	식
분기 관수로	I 수조에서 II, III 수조로 물이 흐르는 경우	$Q_I = Q_{II} + Q_{III}$ (연속방정식)
합류 관수로	I 수조에서 II, III 수조로 물이 흐르는 경우	$Q_I + Q_{II} = Q_{III}$ (연속방정식)

GUIDE

• **다지 관수로**
한 개의 교차점을 갖는 여러 개의 관이 각각 서로 다른 수조 혹은 저수지에 연결되어 있는 관수로

2. 병렬 관수로

구분	모식도
병렬 관수로	$Q = Q_1 + Q_2 + Q_3 = Q$ (연속방정식) $$h_{L1} = h_{L2} = h_{L3} = \left(\frac{p_A}{\omega} + z_A\right) - \left(\frac{p_B}{\omega} + z_B\right)$$ ① 하나의 관수로가 도중에 두 개 이상 관으로 분기되었다가 다시 하나로 합류하는 관로 ② 병렬 관수로에서 수두손실은 서로 같다.($h_{L1} = h_{L2} = h_{L3}$) ③ 총 유량은 합한 것과 같다.

• **병렬 관수로**
병렬 관수로 내의 흐름문제 해석 시에는 미소손실과 속도수두는 통상 무시

• 병렬로 연결된 관들의 손실수두는 같다.

예 / 상 / 문 / 제

01 다음 그림과 같이 원관으로 된 관로에서 $D_2=200mm$, $Q_2=150\,l/sec$이고 $D_3=150mm$, $V_3=2.2m/sec$인 경우 $D_1=300mm$에서의 유량 Q_1은?

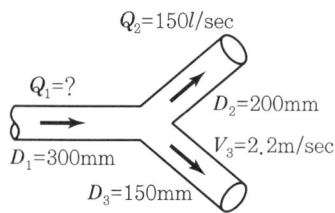

① $188.9l/\sec$ ② $180.0l/\sec$
③ $170.4l/\sec$ ④ $190.2l/\sec$

합류 관수로

$Q_1 = Q_2 + Q_3 = 150 \times 10^3 + \dfrac{\pi \times 15^2}{4} \times 220$

$\qquad = 188,877 \text{ cm}^3/s = 188.88 l/\sec$

02 그림과 같이 A에서 분기된 관이 B에서 다시 합류하는 경우, 관 Ⅰ과 관 Ⅱ의 손실수두를 비교하면?

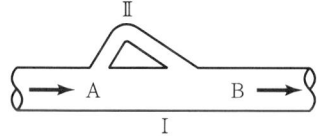

① 관 Ⅰ의 손실수두가 크다.
② 관 Ⅱ의 손실수두가 크다.
③ 두 관의 손실수두는 같다.
④ 경우에 따라서 다르다.

병렬 관수로에서의 각 관의 손실수두는 같다.

03 그림과 같은 관로의 흐름에 대한 설명으로 옳지 않은 것은?(단, h_1, h_2는 위치 1, 2에서의 손실수두, h_{LA}, h_{LB}는 각각 관로 A 및 B에서의 손실수두이다.)

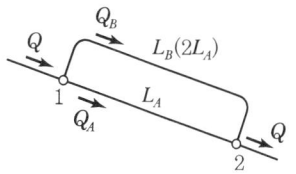

① $h_{LA} = h_{LB}$ ② $Q = Q_A + Q_B$
③ $h_2 = h_1 + 2h_{LB}$ ④ $h_2 = h_1 + h_{LA}$

해설

병렬 관수로
- $Q = Q_A + Q_B$
- $h_2 = h_1 + h_{LA} = h_1 + h_{LB}$
- $h_{LA} = h_{LB}$

2지점에서의 손실수두 h_2는 1지점에서의 손실수두 h_1과 A지점에서의 손실수두의 합인 $h_2 = h_1 + h_{LA}$이다.

04 그림과 같은 병렬 관수로에서 $d_1 : d_2 = 2 : 1$, $l_1 : l_2 = 1 : 2$이며 $f_1 = f_2$일 때 $\dfrac{V_1}{V_2}$는?

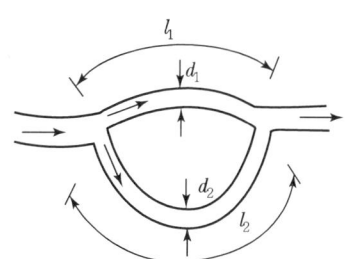

① $\dfrac{1}{2}$ ② 1
③ 2 ④ 4

해설

병렬 관수로에서는 $h_{L1} = h_{L2}$이므로

$f_1 \dfrac{l_1}{d_1} \dfrac{V_1^{\,2}}{2g} = f_2 \dfrac{l_2}{d_2} \dfrac{V_2^{\,2}}{2g}$, $f_1 = f_2$이므로

$\dfrac{l_1}{d_1} V_1^{\,2} = \dfrac{l_2}{d_2} V_2^{\,2}$이고

$\left(\dfrac{V_1}{V_2}\right)^2 = \dfrac{l_2 \times d_1}{d_2 \times l_1} = \dfrac{2l_1 \times 2d_2}{d_2 \times l_1} = 4$

$\therefore \dfrac{V_1}{V_2} = 2$

정답 01 ① 02 ③ 03 ③ 04 ③

08 관망(Pipe network)

1. 관망의 해석

정의	모식도
생활용수 급수관, 가스관처럼 여러 개의 관이 서로 복잡하게 연결되어 망(network)을 구성하는 복잡한 복합 관수로	(그림: 관 1~9로 연결된 교차점 ①②③④)

• 관망해석
 ① 교차점 방정식
 ② 폐합회로 방정식

2. Hardy-Cross 방법

정의	기본가정
주어진 조건의 관의 내경, 관의 길이, 관 내의 조도, 관망에 유입하는 유량, 관망으로부터 유출하는 유량을 산정하는 근사해법이다.	① 각 분기점 또는 합류점에 유입하는 유량은 전부 유출된다.(유량의 합은 0) ② 각 폐합관의 손실수두의 합은 0이다.(경로에 관계없이 일정) ③ 손실은 마찰손실만 고려한다.(미소손실 무시) ④ 보정량은 +, - 값 모두를 갖는다. ⑤ 초기유량을 가정한다.

• 관망해석
 가장 널리 쓰이고 있는 관망해석 방법은 Hardy-Cross의 관망 계산법으로서 시행오차법에 의한 근사치 해석(시산법, Trial and error method)

3. 유량계산법

모식도	해석
(그림: 폐합관 ABDE, Q', ΔQ)	$Q = Q' + \Delta Q$ $\sum h_a = \sum k(Q' + \Delta Q)^2 = 0$ $\sum h_a = \sum kQ'^2 + 2\sum kQ'\Delta Q = 0$ $\therefore \Delta Q = \dfrac{-\sum kQ'^2}{2\sum kQ'}$

• 각 폐합관에 대한 가정유량 : Q'
• 실제유량 : Q
• 보정유량 : ΔQ
• 손실수두 : h_a

예/상/문/제

01 관수로의 관망설계에 있어서 각 분기점 또는 합류점에 유입하는 유량은 그 점에서 정지하지 않고 전부 유출하는 것을 가정 조건으로 한 계산 방법은?

① Manning 방법
② Hardy-Cross 방법
③ Darcy-Weisbach 방법
④ Ganguillet-Kutter 방법

해설
Hardy-Cross 방법은 관망해석 방법이며 ①번과 ④번은 평균유속공식, ③번은 관수로에서 마찰손실수두를 나타내는 공식이다.

02 관망의 유량계산법에서 하디-크로스 방법 중 틀린 것은?

① 합류점에서 $\sum Q = 0$
② 폐회로의 $\sum h_L = 0$
③ 보정량 ΔQ는 항상 (+)이다.
④ 처음 유량을 가정한다.

해설
보정량 ΔQ는 (+), (-)값 모두를 갖는다.

03 관망계산에 대한 설명 중 틀린 것은?

① 관망은 Hardy-Cross 방법으로 근사계산 할 수 있다.
② 관망계산에서 시계방향과 반시계방향으로 흐를 때의 마찰손실수두의 합은 0이라고 가정한다.
③ 관망계산 시 각 관에서의 유량을 임의로 가정해도 결과는 같아진다.
④ 관망계산 시 극히 작은 손실의 무시로도 결과에 큰 차를 가져올 수 있으므로 무시하여서는 안 된다.

해설
Hardy Cross 관망계산법의 가정조건
• 각 분기점 또는 합류점에 유입하는 수량은 그 점에서 정지하지 않고 전부 유출한다.($\sum Q = 0$)
• 각 폐합관에서 시계방향 또는 반시계방향으로 흐르는 관로의 손실수두의 합은 0이다.($\sum h_L = 0$)
• 유량은 초기 유량을 가정하며 손실은 마찰손실만을 고려한다.
• 보정량(ΔQ)은 +, -값 모두를 갖는다.

04 Hardy-Cross의 관망계산 시 가정조건에 대한 설명으로 옳은 것은?

① 합류점에 유입하는 유량은 그 점에서 1/2만 유출된다.
② Hardy-Cross 방법은 관경에 관계없이 관수로의 분할 개수에 의해 유량 분배를 하면 된다.
③ 각 분기점에 유입하는 유량은 그 점에서 정지하지 않고 전부 유출한다.
④ 폐합관에서 시계방향 또는 반시계방향으로 흐르는 관로의 손실수두의 합은 0이 될 수 없다.

05 관망에 대한 설명으로 옳지 않은 것은?

① 다수의 분기관과 합류관으로 혼합되어 하나의 관계통으로 연결된 관로를 칭한다.
② Hardy-Cross법은 관망을 가장 정확하게 계산할 수 있는 해석방법이다.
③ 관망계산은 각 관로의 유량과 손실수두의 관계로부터 해석한다.
④ 각 폐합관에서 관로 손실수두의 합이 0이라고 가정하여 해석하는 것이 효과적이다.

해설
Hardy-Cross법은 관망을 시행오차법에 의한 근사치로 계산하는 해석방법이다.

06 관망 문제 해석에서 손실수두를 유량의 함수로 표시하여 사용할 경우 지름이 D인 원형 단면관에 대하여 $h_L = kQ^2$으로 표시할 수 있다. 관의 특성 제원에 따라 결정되는 상수 k의 값은?(단, f는 마찰손실계수이고, l은 관의 길이이며, 다른 손실은 무시한다.)

① $\dfrac{0.0827 f \cdot l}{D^3}$
② $\dfrac{0.0827 l \cdot D}{f}$
③ $\dfrac{0.0827 f \cdot l}{D^5}$
④ $\dfrac{0.0827 f \cdot D}{l^2}$

해설
$h_L = f \dfrac{l}{D} \dfrac{V^2}{2g} = f \dfrac{l}{D} \dfrac{\left(\dfrac{4Q}{\pi D^2}\right)^2}{2g} = 0.0827 \dfrac{fl}{D^5} Q^2 = kQ^2$ 이므로
$k = 0.0827 \dfrac{fl}{D^5}$

정답 01 ② 02 ③ 03 ④ 04 ③ 05 ② 06 ③

09 관수로의 유수에 의한 동력

1. 동력

정의	단위
① 단위시간당 기계가 한 일(일/시간) ② $E = w \cdot Q \cdot H$	① $1\text{HP}(\text{마력}) = 75 \text{ kg} \cdot \text{m/sec}$ ② $1\text{kW}(\text{킬로와트}) = 102 \text{ kg} \cdot \text{m/sec}$

2. 펌프의 동력

모식도	구분	단위	식
	이론 출력	HP	$E = \dfrac{1,000}{75} QH_e$
		kW	$E = \dfrac{1,000}{102} QH_e$
	실제 출력	HP	$E = \dfrac{1,000}{75} Q(H + \Sigma h_L)/\eta$
		kW	$E = \dfrac{1,000}{102} Q(H + \Sigma h_L)/\eta$

3. 수차의 동력

모식도	구분	단위	식
	이론 출력	HP	$E = \dfrac{1,000}{75} QH_e$
		kW	$E = \dfrac{1,000}{102} QH_e$
	실제 출력	HP	$E = \dfrac{1,000}{75} Q(H - \Sigma h_L)\eta$
		kW	$E = \dfrac{1,000}{102} Q(H - \Sigma h_L)\eta$

GUIDE

- **동력**
  압력에 유량을 곱하면 동력이 된다.(압력 $= w \cdot H$)

- **펌프**
  낮은 곳에 있는 물을 높은 곳으로 양수하는 기계

- H_e (**펌프의 유효수두**)
  양수높이(H) + 총손실수두(h_L)
  (손실수두만큼 힘이 가중)

- Q : 유량

- h_L : 손실수두

- η : 수차의 효율(1보다 작음)
  $\eta = \eta_1 \times \eta_2$

- 펌프에서 H는 양수높이(양정)

- **수차(발전기)**
  높은 곳에 있는 물이 낮은 곳으로 흐를 때 동력을 얻음

- H_e (**수차의 유효수두**)
  총낙차(H) − 총손실수두(h_L)

- η : 수차의 효율(1보다 작음)
  $\eta = \eta_1 \times \eta_2$

- 수차에서 H는 낙차거리

예 / 상 / 문 / 제

01 0.3m³/sec의 물을 실양정 45m의 높이로 양수하는 데 필요한 펌프의 동력은?(단, 마찰손실수두는 18.6m이다.)

① 186.98kW ② 196.98kW
③ 214.4kW ④ 224.4kW

해설

$E_p = \dfrac{1,000}{102} Q(H + \Sigma h_L)$

$= \dfrac{1,000}{102} \times 0.3 \times (45 + 18.6) = 187\text{kW}$

02 관의 마찰 및 기타 손실수두를 양정고의 10%로 가정할 경우 펌프의 동력을 마력으로 구하면? (단, 유량은 $Q = 0.07\text{m}^3/\text{s}$이며, 효율은 100%로 가정한다.)

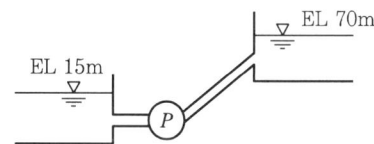

① 57.2HP ② 48.0HP
③ 51.3HP ④ 56.5HP

해설

$E = \dfrac{1,000}{75} Q(H + h_L)$

$= \dfrac{1,000}{75} \times 0.07 \times (55 + 5.5) = 56.5\text{HP}$

03 수면표고가 18m인 정수장에서 직경 600mm인 강관 900m를 이용하여 수면표고 39m인 배수지로 양수하려고 한다. 유량이 1.0m³/s이고 관로의 마찰손실계수가 0.03일 때 모터의 소요 동력은? (단, 마찰손실만 고려하며, 펌프 및 모터의 효율은 각각 80% 및 70%이다.)

① 520kW ② 620kW
③ 780kW ④ 870kW

해설

유속 $V = \dfrac{4 \times 1}{\pi \times 0.6^2} = 3.537\text{m/s}$

마찰손실 $h_L = f \dfrac{l}{D} \dfrac{V^2}{2g} = 0.03 \times \dfrac{900}{0.6} \times \dfrac{3.537^2}{19.6} = 28.7\text{m}$

$\therefore E = \dfrac{1,000}{102} Q(H_e + h_L)/\eta$

$= \dfrac{1,000}{102} \times 1 \times (21 + 28.7)/(0.8 \times 0.7)$

$= 870.1\text{kW}$

04 폭 5m인 직사각형 단면 수로에서 유량이 100.5 m³/sec일 때 도수 전후의 수심이 각각 2.0m 및 5.5m이었다면 도수로 인한 동력손실은?

① 955.4kW ② 1,300.2kW
③ 1,969.4kW ④ 5,417.2kW

해설

$\triangle H_e = \dfrac{(h_2 - h_1)^3}{4h_1 h_2} = \dfrac{(5.5-2)^3}{4 \times 2 \times 5.5} = 0.97$ (개수로 참고)

$E = \dfrac{1,000}{102} Q \triangle H_e = \dfrac{1,000}{102} \times 100.5 \times 0.97$

$= 955.7\text{kW}$

05 지름 20cm, 길이 100m인 주철관으로 매초 0.1m³의 물을 40m의 높이까지 양수하려고 한다. 펌프의 효율이 100%라 할 때, 필요한 펌프의 동력은?(단, 마찰손실계수는 0.03, 유출 및 유입손실계수는 각각 1.0과 0.5이다.)

① 40HP ② 65HP
③ 75HP ④ 85HP

해설

$V = \dfrac{4 \times 0.1}{\pi \times 0.2^2} = 3.183\text{m/s}$

- 유입손실 $h_L' = f_i \dfrac{V^2}{2g} = 0.5 \times \dfrac{3.183^2}{19.6} = 0.26$
- 유출손실 $h_L' = f_o \dfrac{V^2}{2g} = 1.0 \times \dfrac{3.183^2}{19.6} = 0.52$
- 마찰손실 $h_L = f \dfrac{l}{D} \dfrac{V^2}{2g} = 0.03 \times \dfrac{100}{0.2} \times \dfrac{3.183^2}{19.6} = 7.754\text{m}$

$\therefore E = \dfrac{1,000}{75} Q(H_e + h_L)/\eta$

$= \dfrac{1,000}{75} \times 0.1 \times (40 + 7.754 + 0.26 + 0.52)$

$= 64.7\text{HP}$

정답 01 ① 02 ④ 03 ④ 04 ① 05 ②

10 관수로에서의 과도한 수리현상

1. 수격작용

모식도	해설
밸브(갑자기 닫힌다)	① 관수로에 물이 흐를 때 밸브를 갑자기 잠그면 순간적으로 유속이 0이 되고 관벽의 수압은 급격히 상승한다. ② 밸브를 갑자기 열면 관벽의 수압은 급격히 저하 ③ 급격히 증감하는 압력을 수격압이라 한다.

• 수격작용(water hammer)
 수격압의 작용

2. 서징(Surging)

모식도	해설
수조	① 수격작용에 의해 수격파가 발생 ② 수격작용을 완화하기 위해 조절수조를 설치 ③ 수격파에 의해 물이 진동하며 수면이 상승하거나 상하로 진동하는 현상 ④ 이때의 진동을 서징이라 한다.

3. 공동현상

구분	해설
공동현상 (Cavitation)	① 빠른 속도로 유속이 증가할 때 액체의 압력이 증기압 이하로 낮아져서 물속에 있던 공기가 분리되어 물속에 공기덩어리(기포)가 생기는 현상 ② 공동 속의 압력은 절대압 0보다 크다. ③ 공동의 발생과 소멸은 연속적으로 발생

• 공동현상
 댐 여수로 설계 시 중요한 사항으로 여수로 표면에 심각한 손상을 발생시키는 현상

11 관수로 흐름의 특성

① 난류에서의 마찰손실계수는 레이놀즈수(Re)와 상대조도$\left(\dfrac{e}{D}\right)$의 함수이다.
② 난류에서는 관 벽의 조도가 유속에 주는 영향이 층류일 때보다 크다.
③ 난류에서는 관성력이 점성력에 비하여 크므로 관성력과 점성력의 비율이 층류의 경우보다 크다.
④ 점성에 의한 에너지 손실은 난류보다는 층류에서 발생한다.

예 / 상 / 문 / 제

01 관수로 내의 흐름을 밸브(valve)에 의해서 급히 차단하면 어떤 작용을 하는가?

① 손상작용 ② 수격작용
③ 공동작용 ④ 서징(surging)

해설
물이 흐를 때 밸브를 갑자기 열거나 닫으면 압력이 갑자기 저하하거나 상승하게 되는데 이와 같은 작용을 수격작용이라 한다.

02 긴 관로상의 유량조절 밸브를 갑자기 폐쇄시키면 관로 내의 유량은 갑자기 크게 변화하게 되며 관 내의 물의 질량과 운동량 때문에 관벽에 큰 힘을 가하게 되어 정상적인 동수압보다 몇 배의 큰 압력상승이 일어난다. 이와 같은 현상을 무엇이라 하는가?

① 공동현상 ② 도수현상
③ 수격작용 ④ 배수현상

해설
관수로 속의 유량조절밸브를 갑자기 폐쇄시키면 밸브위치에서 유속은 0이고 수압은 현저히 상승한다. 또, 닫혀 있는 밸브를 갑자기 열면 반대로 수압은 현저히 저하된다. 이와 같이 급격히 증감하는 수압을 수격압이라 하고, 이러한 작용을 수격작용(Water Hammer)이라 한다.

03 관 내에 유속 v로 물이 흐르고 있을 때 밸브의 급격한 폐쇄 등에 의하여 유속이 줄어들면 이에 따라 관 내에 압력의 변화가 생기는데 이것을 무엇이라 하는가?

① 수격압(水擊壓) ② 동압(動壓)
③ 정압(靜壓) ④ 정체압(停滯壓)

해설
관 내를 유속 V로 물이 흐르고 있을 때 밸브 등의 급격한 폐쇄 등에 의하여 유속이 줄어들면 이에 따라 관 내의 압력변화가 생기는데 이것을 수격압(水擊壓)이라고 한다.

04 댐 여수로 설계 시 중요한 사항으로 국부적인 저압부가 발생하여 여수로 표면에 심각한 손상을 발생시키는 현상을 무엇이라 하는가?

① 수격작용 ② 공동현상
③ 서징(Surging) ④ 도수현상

해설
댐 여수로 설계 시 중요한 사항으로 국부적인 저압부가 발생하여 여수로 표면에 심각한 손상을 발생시키는 현상을 공동현상이라 한다.

05 관로상의 유량조절 밸브나 펌프의 급조작으로 유수의 운동에너지가 압력에너지로 변환되어 관벽에 큰 압력이 작용하는 현상은?

① 난류현상 ② 수격작용
③ 공동현상 ④ 도수현상

해설
펌프의 급정지, 급가동 또는 밸브의 급폐쇄로 관로 내 유속의 급격한 변화가 발생하여 관 벽에 큰 힘이 가해져 큰 압력 상승이 일어나는 현상을 수격작용이라 한다.

정답 01 ② 02 ③ 03 ① 04 ② 05 ②

CHAPTER 05 실 / 전 / 문 / 제

01 지름 100cm의 원형 단면 관수로에 물이 만수되어 흐를 때의 동수반경(Hydraulic Radius)은?

① 50cm ② 75cm
③ 25cm ④ 20cm

해설

경심(동수반경) $R = \dfrac{D}{4} = \dfrac{100}{4} = 25\text{cm}$

02 단면이 일정한 긴 관에서 마찰손실만 일어나는 경우 에너지선과 동수경사선은?

① 서로 나란하다. ② 일치한다.
③ 교차한다. ④ 일정하지 않다.

해설

두 단면이 일정한 경우에 동수경사선은 에너지선에 대해 속도수두만큼 아래에 위치하고 서로 나란하다.

03 반지름이 R인 수평 원관 내를 물이 층류로 흐를 경우 Hagen-Poiseuille의 법칙에서 유량 Q에 대한 설명으로 옳은 것은?(단, w : 물의 단위 질량, l : 관의 길이, h_L : 손실수두, μ : 점성계수)

① 반지름 R인 원관에서 유량 $Q = \dfrac{wh_L\pi R^4}{128\mu l}$ 이다.

② 유량과 압력차 ΔP와의 관계에서 $Q = \dfrac{\Delta P\pi R^4}{8\mu l}$ 이다.

③ 유량과 동수경사 I와의 관계에서 $Q = \dfrac{w\pi I R^4}{8\mu l}$ 이다.

④ 반지름 R 대신에 지름 D이면 유량 $Q = \dfrac{wh_L\pi D^4}{8\mu l}$ 이다.

해설

Hagen-Poiseuille 법칙

$Q = \dfrac{\pi\,\Delta P}{8\mu l}r^4 = \dfrac{\pi\,wh_l}{8\mu l}r^4$

유량은 단위길이당 압력강하량(ΔP)에 비례한다.

04 원관 내를 유체가 흐를 때 마찰력에 관한 설명 중 옳지 않은 것은?

① 수두경사에 비례한다.
② 관의 직경에 비례한다.
③ 관의 길이에 비례한다.
④ 점성계수에 비례한다.

해설

$\tau = wRI = w\cdot\dfrac{D}{4}\cdot\dfrac{h_L}{l}$, 관의 길이($l$)에는 반비례한다.

05 원관 내 층류 흐름에 대한 설명 중 틀린 것은?

① 최대유속은 평균유속의 제곱이다.
② 원관 내 유속분포는 관 벽면에서 0이고, 관 중심선에서 최대가 되는 포물선 분포를 한다.
③ 마찰력은 관 벽면에서 최대가 되고, 관 중심선에서 0이 되는 선형 분포를 한다.
④ 관마찰 손실수두는 속도수두의 항으로 표시될 수 있다.

해설

관수로에서 유속분포는 포물선 분포이며 관 중심에서의 최대유속($V_{\max}$)은 평균유속(V_m)의 2배이다. 마찰력 분포는 관 중심에서는 0이고 관벽에서는 최대가 되는 직선분포를 한다.

06 그림과 같이 반지름 R인 원형관에서 물이 층류로 흐를 때 중심부에서의 최대속도를 V라 할 경우 평균속도 V_m은?

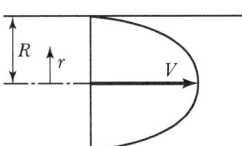

① $V_m = \dfrac{V}{2}$ ② $V_m = \dfrac{V}{3}$
③ $V_m = \dfrac{V}{4}$ ④ $V_m = \dfrac{V}{5}$

정답 01 ③ 02 ① 03 ② 04 ③ 05 ① 06 ①

07 그림과 같은 관(管)에서 V의 유속으로 물이 흐르고 있는 경우에 대한 설명으로 옳지 않은 것은?

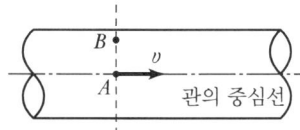

① 흐름이 층류인 경우 A점에서의 유속(流速)은 단면(斷面) I의 평균유속의 2배이다.
② A점에서의 마찰저항력은 V^2에 비례한다.
③ A점에서 B점(管壁)으로 갈수록 마찰저항력은 커진다.
④ 유속은 A점에서 최대인 포물선 분포를 한다.

해설
관 중심(A점)에서 최대유속(V_{max})은 평균유속(V_m)의 2배이고, 마찰저항력(τ)은 0이다. 관벽(B점)으로 갈수록 유속은 감소하며 마찰저항력(τ)은 증가한다.

08 흐르는 물속에 연직으로 세운 두 고정 평행판 사이의 흐름에 대한 설명으로 옳은 것은?

① 전단응력과 유속분포는 전단면에서 일정하다.
② 전단응력과 유속분포는 판의 벽에서 0이고 판과 판의 중점을 향해서 직선 형태로 분포한다.
③ 전단응력과 유속분포는 전단면에서 포물선 형태로 분포한다.
④ 전단응력은 두 판의 중점에서 0이고, 중점으로부터 거리에 따라 직선 형태로 분포하며, 유속은 중점에서 최대인 포물선 형태로 분포한다.

해설
전단응력은 중심에서 0이고 유속은 중심에서 최대로 발생한다.

09 원형 관수로 내의 층류 흐름에 관한 설명으로 옳은 것은?

① 속도분포는 포물선이며, 유량은 지름의 4제곱에 반비례한다.
② 속도분포는 대수분포곡선이며, 유량은 압력강하량에 반비례한다.
③ 마찰응력 분포는 포물선이며, 유량은 점성계수와 관의 길이에 반비례한다.
④ 속도분포는 포물선이며, 유량은 압력강하량에 비례한다.

해설
관수로의 층류 흐름에서 유속분포는 포물선 분포이며, Hazen-Poiseuille 법칙에서 유량은 압력강하량(ΔP)에 비례한다.

10 수평 원형관 내를 물이 층류로 흐를 경우 Hagen-Poiseuille의 법칙의 유량 Q에 대한 설명으로 옳은 것은?(여기서, w : 물의 단위중량, l : 관의 길이, h_L : 손실수두, μ : 점성계수)

① 유량과 반지름 R의 관계는 $Q = \dfrac{wh_L\pi R^4}{128\mu l}$이다.
② 유량과 압력차 ΔP의 관계는 $Q = \dfrac{\Delta P\pi R^4}{8\mu l}$이다.
③ 유량과 동수경사 I의 관계는 $Q = \dfrac{w\pi I R^4}{8\mu l}$이다.
④ 유량과 지름 D의 관계는 $Q = \dfrac{wh_L\pi D^4}{8\mu l}$이다.

해설
Hagen-Poiseuille 법칙
① $Q = \dfrac{\pi wh_L R^4}{8\mu l}$
② $wh_L = \Delta P$
∴ $Q = \dfrac{\Delta P \pi R^4}{8\mu l}$

11 매끈한 원관 속으로 완전발달 상태의 물이 흐를 때 단면의 전단응력은?

① 관의 중심에서 0이고 관 벽에서 가장 크다.
② 관 벽에서 변화가 없고 관의 중심에서 가장 큰 직선 변화를 한다.
③ 단면의 어디서나 일정하다.
④ 유속분포와 동일하게 포물선형으로 변화한다.

CHAPTER 05 실/전/문/제

[해설]

관수로 흐름의 특성
- 유속분포는 중앙에서 최대이고 관 벽에서는 0인 포물선 분포
- 전단응력 분포는 관 벽에서 최대이고 중앙에서 0인 직선 비례

12 관 내의 흐름이 층류일 때 마찰응력 τ와 τ_0의 관계로 옳은 것은?

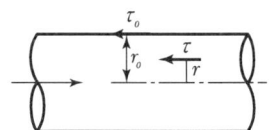

① $\tau_0 = \tau(1-r)$
② $\tau_0 = \tau(r-1)$
③ $\tau = \tau_0 \left(\dfrac{r}{r_0}\right)$
④ $\tau = \tau_0 \left(\dfrac{r_0}{r}\right)$

[해설]

$\dfrac{\tau}{\tau_0} = \dfrac{r}{r_0}$ 에서 $\tau = \tau_0 \left(\dfrac{r}{r_0}\right)$

13 관수로의 흐름에 대한 설명으로 옳지 않은 것은?(단, R_e : 레이놀즈 수)

① 층류에서 관 마찰에 의한 손실수두는 속도수두와 관 길이에 비례한다.
② Darcy-Weisbach의 마찰손실공식에서 층류일 경우, 마찰손실계수 $f = \dfrac{64}{R_e}$ 로 표시한다.
③ 관로 내를 흐르는 물의 에너지 손실은 마찰력 τ에 반비례한다.
④ 층류의 경우 평균유속은 최대 유속의 1/2이다.

[해설]

원관 내 유체가 흐를 때 물의 에너지 손실(h_L)은 마찰력 τ에 비례한다.

14 매끈한 원관 속으로 완전발달 상태의 물이 흐를 때 단면의 전단응력은?

① 관의 중심에서 0이고 관 벽에서 가장 크다.
② 관 벽에서 변화가 없고 관의 중심에서 가장 큰 직선 변화를 한다.
③ 단면의 어디서나 일정하다.
④ 유속분포와 동일하게 포물선형으로 변화한다.

[해설]

관수로 흐름의 특성
① 유속분포는 중앙에서 최대이고 관 벽에서 0인 포물선 분포
② 전단응력 분포는 관 벽에서 최대이고 중앙에서 0인 직선 비례

15 각 변의 길이가 2cm×3cm인 직사각형 단면의 매끈한 관에 평균유속 1.0m/s로 물이 흐른다. 관의 길이 100m 구간에서 발생하는 손실수두는?(단, 관의 마찰손실계수 $f = 0.03$이다.)

① 3.2m   ② 6.4m
③ 13.8m   ④ 25.5m

[해설]

- $R = \dfrac{A}{P} = \dfrac{0.02 \times 0.03}{(0.02 \times 2) + (0.03 \times 2)} = 0.006\text{m}$
- $h_L = f \dfrac{l}{D} \dfrac{V^2}{2g} = f \cdot \dfrac{l}{4R} \cdot \dfrac{V^2}{2g}$

  $\left(R = \dfrac{D}{4},\ D = 4R\right)$

  $= 0.03 \times \dfrac{100}{4 \times 0.006} \times \dfrac{1^2}{2 \times 9.8}$

  $= 6.38\text{m}$

16 유량 6.28m³/sec를 흐르게 하기 위하여 내경 2m의 주철관 100m를 설치할 경우의 관로 경사는?(단, 마찰손실계수는 0.03이다.)

① 1/1,000   ② 2/1,000
③ 3/1,000   ④ 4/1,000

정답 12 ③ 13 ③ 14 ① 15 ② 16 ③

해설

$Q = AV = AC\sqrt{RI}$ 에서

$6.28 \text{m}^3/\text{s} = \dfrac{\pi \times 2^2}{4} \times \sqrt{\dfrac{8 \times 9.8}{0.03}} \times \sqrt{\dfrac{2}{4} \times I}$ 이므로

$\therefore I = 0.003 = \dfrac{3}{1,000}$

17 Darcy–Weisbach의 마찰손실수두공식 $h_L = f \cdot \dfrac{l}{D} \cdot \dfrac{v^2}{2g}$에서 층류인 경우 f는?(단, Re는 레이놀즈수(Reynolds Number)이다.)

① $\dfrac{Re}{64}$ ② $\dfrac{64}{Re}$

③ $\dfrac{1}{Re}$ ④ $\dfrac{32}{Re}$

해설

Darcy–Weisbach의 마찰손실수두

$h_L = f \dfrac{l}{D} \dfrac{V^2}{2g}$ 에서 층류인 경우 $f = \dfrac{64}{Re}$

18 레이놀즈수가 1,500인 관수로 흐름에 대한 마찰손실계수 f의 값은?

① 0.030 ② 0.043
③ 0.054 ④ 0.066

해설

레이놀즈수가 2,000 이하인 층류에서는

$f = \dfrac{64}{Re} = \dfrac{64}{1,500} = 0.043$

19 내경 10cm인 관수로에 있어서 관벽의 마찰에 의한 손실수두가 속도수두와 같을 때 관의 길이는? (단, 마찰손실계수 $f = 0.03$)

① 2.21m ② 3.33m
③ 4.99m ④ 5.46m

해설

$h_L = f \dfrac{l}{D} \dfrac{V^2}{2g} = \dfrac{V^2}{2g}$ 에서 $l = \dfrac{D}{f} = \dfrac{0.1}{0.33} = 3.33\text{m}$

20 직경 20cm인 관수로에 39.25cm³/sec의 유량이 흐를 때 동점성 계수가 $\nu = 1.0 \times 10^{-2}$cm²/sec이면 마찰손실계수 f는?

① 0.010 ② 0.025
③ 0.256 ④ 0.560

해설

$f = \dfrac{64}{Re} = \dfrac{64\nu}{VD} = \dfrac{64 \times 1 \times 10^{-2}}{\dfrac{4 \times 39.25}{\pi \times 20^2} \times 20} = 0.256$

21 직경 2cm인 유리관 속을 8cm³/sec의 물이 흐를 때 관의 길이 20m에 대한 마찰손실수두(h_L)는?(단, 동점성 계수 $\nu = 0.012$cm²/sec이다.)

① 0.5cm ② 0.8cm
③ 5cm ④ 8cm

해설

$h_L = f\dfrac{l}{D}\dfrac{V^2}{2g} = \dfrac{64}{Re}\dfrac{l}{D}\dfrac{V^2}{2g}$

$= \dfrac{64}{424} \times \dfrac{2,000}{2} \times \dfrac{2.546^2}{1,960} = 0.5\text{cm}$

$\left(V = \dfrac{Q}{A} = \dfrac{4Q}{\pi D^2} = \dfrac{4 \times 8}{\pi \times 2^2} = 2.546\text{cm/sec}\right)$

$\left(Re = \dfrac{VD}{\nu} = \dfrac{2.546 \times 2}{0.012} = 424\right)$

22 물이 가득 차서 흐르는 원형 관수로에서 마찰손실계수 f를 Manning의 조도계수 n과 연관시킨 식으로 옳은 것은?(단, d : 관지름, R : 동수반경, g : 중력가속도)

① $f = \dfrac{124.5n^2}{d^{1/3}}$ ② $f = \dfrac{8gn^2}{d^{1/3}}$

③ $f = \dfrac{124.5n^2}{R^{1/3}}$ ④ $f = \dfrac{8gn^2}{R^{1/3}}$

해설

마찰손실계수 $f = \dfrac{124.5n^2}{d^{1/3}}$

정답 17 ② 18 ② 19 ② 20 ③ 21 ① 22 ①

CHAPTER 05 실/전/문/제

23 지름 1cm, 길이 3m인 원형관에 유속 0.2m/s의 물이 흐를 때 관 길이에 대한 마찰손실수두는? (단, $\nu = 1.12 \times 10^{-2} \text{cm}^2/\text{sec}$, $\rho = 1,000 \text{kg/m}^3$)

① 8.023cm   ② 6.525cm
③ 4.388cm   ④ 2.194cm

[해설]
$$h_L = f \frac{l}{D} \frac{V^2}{2g} = \frac{64}{Re} \frac{l}{D} \frac{V^2}{2g} = \frac{64\nu}{VD} \frac{l}{D} \frac{V^2}{2g}$$
$$= \frac{64 \times 1.12 \times 10^{-2}}{20 \times 1} \times \frac{300}{1} \times \frac{20^2}{1,960}$$
$$= 2.194 \text{cm}$$

24 관수로에 있어서 마찰손실수두 $h_L = f \cdot \frac{l}{D} \cdot \frac{V^2}{2g}$ 를 유량 Q와 경심 R를 사용한 식으로 변형한 것으로 옳은 것은?

① $\frac{f}{16} \cdot \frac{l}{\pi^2 g} \cdot \frac{Q^2}{R^5}$

② $\frac{f}{32} \cdot \frac{l}{\pi^2 g} \cdot \frac{Q^2}{R^5}$

③ $\frac{f}{64} \cdot \frac{l}{\pi^2 g} \cdot \frac{Q^2}{R^5}$

④ $\frac{f}{128} \cdot \frac{l}{\pi^2 g} \cdot \frac{Q^2}{R^5}$

[해설]
$$h_L = f \cdot \frac{l}{D} \cdot \frac{V^2}{2g}$$
$$= f \cdot \frac{l}{4R} \cdot \frac{\left(\frac{4Q}{\pi D^2}\right)^2}{2g}$$
$$= f \cdot \frac{l}{4R} \cdot \frac{\left(\frac{4Q}{\pi (4R)^2}\right)^2}{2g} = \frac{f}{128} \cdot \frac{l}{\pi^2 g} \cdot \frac{Q^2}{R^5}$$
$\left(R = \frac{D}{4}\text{에서 } D = 4R\right)$
$\left(V = \frac{4Q}{\pi D^2}\right)$

25 Darcy-Weisbach의 마찰손실공식에 대한 다음 설명 중 틀린 것은?

① 마찰손실수두는 관경에 반비례한다.
② 마찰손실수두는 관의 조도에 반비례한다.
③ 마찰손실수두는 물의 점성에 비례한다.
④ 마찰손실수두는 관의 길이에 비례한다.

[해설]
$$h_L = f \frac{l}{D} \frac{V^2}{2g} = \frac{124.5 n^2}{D^{1/3}} \frac{l}{D} \frac{V^2}{2g}$$
마찰손실수두는 조도(n)에 비례한다.

26 Darcy-Weisbach의 마찰손실수두공식 $h = f \frac{l}{D} \frac{V^2}{2g}$ 에 있어서 f는 마찰손실계수이다. 원형관의 관벽이 완전 조면인 거친 관이고, 흐름이 난류라고 하면 f는?

① 프루드 수만의 함수로 표현할 수 있다.
② 상대조도만의 함수로 표현할 수 있다.
③ 레이놀즈수만의 함수로 표현할 수 있다.
④ 레이놀즈수와 조도의 함수로 표현할 수 있다.

[해설]
거친 관에서 마찰손실계수(f)는 Reynolds 수와는 관계가 없고 상대조도만의 함수이다.

27 길이 100m의 관에서 양단의 압력 수두차가 20m인 조건에서 0.5m³/s를 송수하기 위한 관경은?(단, 마찰손실계수 $f = 0.03$)

① 21.5cm   ② 23.5cm
③ 29.5cm   ④ 31.5cm

[해설]
$$0.5 = \frac{\pi D^2}{4} \times \sqrt{\frac{19.6 \times 20}{0.03 \times \frac{100}{D}}}$$ 에서
$D^{5/2} = 0.0557$
∴ $D = 0.315\text{m} = 31.5\text{cm}$

정답 23 ④ 24 ④ 25 ② 26 ② 27 ④

28 지름이 20cm인 관수로에 평균유속 5m/s로 물이 흐른다. 관의 길이가 50m일 때 5m의 손실수두가 나타났다면, 마찰속도(U_*)는?

① $U_* = 0.022$m/s ② $U_* = 0.22$m/s
③ $U_* = 2.21$m/s   ④ $U_* = 22.1$m/s

해설
$U_* = \sqrt{gRI} = \sqrt{9.8 \times \dfrac{0.2}{4} \times \dfrac{5}{50}} = 0.22$m/s

29 관수로 흐름에 대한 설명으로 옳지 않은 것은?

① 자유표면이 존재하지 않는다.
② 관수로 내의 흐름이 층류인 경우 포물선 유속분포를 이룬다.
③ 관수로 내의 흐름에서는 점성저층(층류저층)이 존재하지 않는다.
④ 관수로의 전단응력은 반지름에 비례한다.

해설
관수로 내의 흐름에서는 난류상태로 흐를 때 벽면 부근에서 나타나는 층류 부분인 점성저층(층류저층)이 존재한다.

30 경계층에 대한 설명으로 틀린 것은?

① 전단저항은 경계층 내에서 발생한다.
② 경계층 내에서는 층류가 존재할 수 없다.
③ 이상유체일 경우는 경계층이 존재하지 않는다.
④ 경계층에서는 레이놀즈(Reynolds) 응력이 존재한다.

해설
경계층 내의 흐름은 저층의 흐름이고 층류가 존재한다.

31 관수로 흐름에서 난류에 대한 설명으로 옳은 것은?

① 마찰손실계수는 레이놀즈수만 알면 구할 수 있다.
② 관벽 조도가 유속에 주는 영향은 층류일 때보다 작다.
③ 관성력의 점성력에 대한 비율이 층류의 경우보다 크다.
④ 에너지 손실은 주로 난류효과보다 유체의 점성 때문에 발생된다.

해설
레이놀즈수 $Re = \dfrac{VD}{\nu}$가 2,000보다 작으면 층류이고, 4,000보다 크면 난류이므로 난류상태일 때는 관성력(V)의 점성력(ν)에 대한 비율이 층류의 경우보다 크다.

32 관수로의 평균유속 공식 중 Chezy 공식과 Manning 공식의 관계를 옳게 나타낸 것은?(단, C : Chezy의 유속계수, R : 경심, n : Manning의 조도계수)

① $C = \dfrac{1}{n} R^{\frac{1}{6}}$ ② $C = \dfrac{1}{n} R^{\frac{1}{3}}$
③ $C = \dfrac{1}{n} R^{\frac{1}{2}}$ ④ $C = \dfrac{1}{n} R$

33 경심이 10.0m이고 동수경사가 1/100인 관수로에서 마찰손실계수가 0.04일 때 유속은?

① 12.0m/sec ② 14.0m/sec
③ 16.0m/sec ④ 18.0m/sec

해설
$V = C\sqrt{RI} = \sqrt{\dfrac{8g}{f}} \times \sqrt{RI}$
$= \sqrt{\dfrac{8 \times 9.8}{0.04}} \times \sqrt{10 \times 1/100} = 14.0$m/s

34 관수로에서 Darcy-Weisbach 공식의 마찰손실계수 f가 0.04일 때 Chezy의 평균유속공식 $V = C\sqrt{RI}$에서 C는?

① 25.5 ② 44.3
③ 51.1 ④ 62.4

해설
$C = \sqrt{\dfrac{8g}{f}} = \sqrt{\dfrac{8 \times 9.8}{0.04}} = 44.3$

CHAPTER 05 실 / 전 / 문 / 제

35 Darcy–Weisbach의 마찰손실계수 $f = \dfrac{64}{Re}$ 이고, 지름 0.2cm인 유리관 속을 0.8cm³/s의 물이 흐를 때 관의 길이 1.0m에 대한 손실수두는?(단, 레이놀즈수는 500이다.)

① 1.1cm   ② 2.1cm
③ 11.3cm   ④ 21.2cm

[해설]

$V = \dfrac{Q}{A} = \dfrac{0.8}{\dfrac{\pi \times 0.2^2}{4}} = 25.48 \text{cm/s}$

$f = \dfrac{64}{500} = 0.128$

$h_L = f \dfrac{l}{D} \dfrac{V^2}{2g} = 0.128 \times \dfrac{100}{0.2} \times \dfrac{25.48^2}{2 \times 980} = 21.2 \text{cm}$

36 관수로의 마찰손실공식에서 난류에서의 마찰손실계수 f에 대한 내용으로 옳은 것은?

① 상대조도만의 함수이다.
② 레이놀즈수와 상대조도의 함수이다.
③ 프루드 수와 상대조도의 함수이다.
④ 레이놀즈수만의 함수이다.

[해설]
난류에서의 마찰손실계수는 레이놀즈수와 상대조도의 함수이다.

37 관수로 흐름에서 난류에 대한 설명으로 옳은 것은?

① 마찰손실계수는 레이놀즈수만 알면 구할 수 있다.
② 관벽 조도가 유속에 주는 영향은 층류일 때보다 작다.
③ 관성력의 점성력에 대한 비율이 층류의 경우보다 크다.
④ 에너지 손실은 주로 난류효과보다 유체의 점성 때문에 발생한다.

[해설]
관수로 흐름의 특징
• 난류에서의 마찰손실계수는 레이놀즈수(Re)와 상대조도 $\left(\dfrac{e}{D}\right)$의 함수이다.
• 난류에서는 관 벽의 조도가 유속에 주는 영향이 층류일 때보다 크다.
• 난류에서는 관성력이 점성력에 비하여 크므로 관성력의 점성력에 대한 비율이 층류의 경우보다 크다.
• 점성에 의한 에너지 손실은 난류보다 층류에서 발생한다.

38 마찰손실계수(f)와 Reynolds 수(Re) 및 상대조도(ε/d)의 관계를 나타낸 Moody 도표에 대한 설명으로 옳지 않은 것은?

① 층류와 난류의 물리적 상이점은 f–Re관계가 한계 Reynolds 수 부근에서 갑자기 변한다.
② 층류영역에서는 단일 직선이 관의 조도에 관계없이 적용된다.
③ 난류영역에서는 f–Re곡선은 상대조도(ε/d)에 따라 변하며 Reynolds 수보다는 관의 조도가 더 중요한 변수가 된다.
④ 완전 난류의 완전히 거친 영역에서 f는 Re^n과 반비례하는 관계를 보인다.

[해설]
Moody 도표에서 층류영역에서는 단일 직선이 관의 조도에 관계없이 적용되며, 완전 난류의 완전히 매끄러운 영역에서 f는 Re^n과 반비례하는 관계를 보인다.

39 그림은 관 내의 손실수두와 유속과의 관계를 나타낸 것이다. 유속 V_a에 대한 설명으로 옳은 것은?

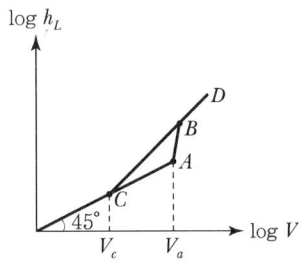

정답 35 ④ 36 ② 37 ③ 38 ④ 39 ①

① 층류-난류로 변화하는 유속
② 난류-층류로 변화하는 유속
③ 등류-부등류로 변화하는 유속
④ 부등류-등류로 변화하는 유속

해설
- 상한계 유속(V_a) : 층류에서 난류로 변할 때의 유속
- 하한계 유속(V_c) : 난류에서 층류로 변할 때의 유속

40 상대조도(相對粗度)를 옳게 설명한 것은?

① 차원(次元)이 [L]이다.
② 절대조도를 관경으로 곱한 값이다.
③ 거친 원관 내의 난류인 흐름에서 속도분포에 영향을 준다.
④ 원형관 내의 난류 흐름에서 마찰손실계수와 관계가 없는 값이다.

해설
상대조도 $\left(\dfrac{e}{D}\right)$는 절대조도($e$)를 관경으로 나눈 값으로 무차원이고 난류흐름일 때는 마찰손실계수와 관계가 있다.

41 관수로 내의 마찰손실 이외의 모든 손실을 무시해도 좋은 경우는?

① $\dfrac{l}{D} > 1,000$
② $\dfrac{l}{D} < 1,000$
③ $\dfrac{l}{D} > 3,000$
④ $\dfrac{l}{D} < 3,000$

해설
$\dfrac{l}{D} > 3,000$이면 관수로 내의 마찰손실 이외의 모든 손실(미소손실)을 무시하여 계산

42 직경 D인 관을 배관할 때 마찰 손실이 elbow에 의한 손실과 같도록 직선 관을 배관한다면 직선 관의 길이는?(단, 관의 마찰손실계수(f)=0.025, elbow에 의한 미소손실계수(K)=0.9)

① $4D$
② $8D$
③ $36D$
④ $42D$

해설
$h_L = f \dfrac{l}{D} \dfrac{V^2}{2g}$ 에서

$0.025 \times \dfrac{l}{D} \times \dfrac{V^2}{2g} = 0.9 \times \dfrac{V^2}{2g}$ 이므로

$\therefore l = 36D$

43 다음 중 차원이 있는 것은?

① 조도계수 n
② 동수경사 I
③ 상대조도 e/D
④ 마찰손실계수 f

해설
$V = \dfrac{1}{n} R^{\frac{2}{3}} I^{\frac{1}{2}}$ 에서 $n = \dfrac{1}{V} R^{\frac{2}{3}} I^{\frac{1}{2}}$ 이고

$n = \dfrac{1}{V} R^{\frac{2}{3}} = \dfrac{1}{LT^{-1}} L^{\frac{2}{3}} = L^{-\frac{1}{3}} T$ 이므로

$\therefore$ 조도계수 n은 차원이 있다.

44 물이 단면적, 수로의 재료 및 동수경사가 동일한 정사각형 관과 원관을 가득 차서 흐를 때 유량비 $\left(\dfrac{Q_s}{Q_c}\right)$는?(단, Q_s : 정사각형의 유량, Q_c : 원관의 유량, Manning 공식을 적용)

① 0.645
② 0.923
③ 1.083
④ 1.341

해설
$Q_s = AV = A \dfrac{1}{n} R_s^{2/3} I^{1/2}$ 이고

$Q_c = AV = A \dfrac{1}{n} R_c^{2/3} I^{1/2}$ 이므로

$\dfrac{Q_s}{Q_c} = \dfrac{R_s^{2/3}}{R_c^{2/3}} = \dfrac{\left(\dfrac{1}{2\sqrt{\pi}D}\right)^{2/3}}{\left(\dfrac{1}{\pi D}\right)^{2/3}} = \left(\dfrac{\sqrt{\pi}}{2}\right)^{2/3} = 0.923$

$\left(d^2 = \dfrac{\pi D^2}{4}, \ d = \dfrac{\sqrt{\pi} D}{2}\right), \left(R_s = \dfrac{A}{P_s} = \dfrac{1}{4d} = \dfrac{1}{2\sqrt{\pi}D}\right),$

$\left(R_c = \dfrac{A}{P_c} = \dfrac{1}{\pi D}\right)$

정답 40 ③ 41 ③ 42 ③ 43 ① 44 ②

CHAPTER 05 실 / 전 / 문 / 제

45 유량 147.6L/sec를 송수하기 위하여 안지름 0.4m인 관을 700.0m 설치하고자 할 때 알맞은 관로의 경사는?(단, 조도계수 $n=0.012$이고, Manning 공식을 이용)

① 1/700 ② 3/700
③ 1/500 ④ 3/500

[해설]

$0.1476\text{m}^3/\text{s} = \dfrac{\pi \times 0.4^2}{4} \times \dfrac{1}{0.012} \times \left(\dfrac{0.4}{4}\right)^{2/3} \times I^{1/2}$

$0.06542 = I^{1/2}$ 이므로

$\therefore I = 0.00428 = \dfrac{3}{700}$

46 Manning의 조도계수 n에 대한 설명으로 옳지 않은 것은?

① 콘크리트관이 유리관보다 일반적으로 값이 작다.
② Kutter의 조도계수보다 이후에 제안되었다.
③ Chezy의 C계수와는 $C = 1/n \times R^{1/6}$의 관계가 성립한다.
④ n의 값은 대부분 1보다 작다.

[해설]
조도계수는 관이나 하상바닥의 까칠까칠한 정도이므로 콘크리트관이 유리관보다 일반적으로 값이 크다.

47 직경 20cm의 관 내 유속을 Chezy의 평균유속공식으로 구하려 할 때 유속계수 C는?(단, 마찰손실계수 $f = 0.03$)

① 35.5 ② 40.9
③ 51.1 ④ 60.2

[해설]

$C = \sqrt{\dfrac{8g}{f}} = \sqrt{\dfrac{8 \times 9.8}{0.03}}$
$\quad = 51.12\text{m}^{\frac{1}{2}}/\text{sec}$

48 Chezy의 평균유속 공식($C\sqrt{RI}$)에서 C의 차원은?

① $[L^{1/2}T^{-1}]$ ② $[LMT^{-2}]$
③ $[MT^{-2}]$ ④ $[L^{-3}M]$

[해설]

$C = V/\sqrt{RI} = LT^{-1}/L^{\frac{1}{2}} = L^{\frac{1}{2}}T^{-1}$

49 A 저수지에서 100m 떨어진 B 저수지로 3.6 m³/s의 유량을 송수하기 위해 지름 2m의 주철관을 설치할 때 적정한 관로의 경사(I)는?(단, 마찰손실만 고려하고, 마찰손실계수 $f = 0.03$이다.)

① 1/1,000 ② 1/500
③ 1/250 ④ 1/100

[해설]

$Q = AV = AC\sqrt{RI}$

$3.6 = \dfrac{\pi \times 2^2}{4} \times \sqrt{\dfrac{8 \times 9.8}{0.03}} \times \sqrt{\dfrac{2}{4} \times I}$ 이므로

$\therefore I = 0.001 = \dfrac{1}{1,000}$

50 그림과 같이 일정한 수위차가 계속 유지되는 두 수조를 서로 연결하는 관 내를 흐르는 유속의 근사값은?(단, 관의 마찰손실계수 = 0.03, 관의 지름 $D = 0.3$m, 관의 길이 $l = 300$m이고 관의 유입 및 유출손실수두는 무시한다.)

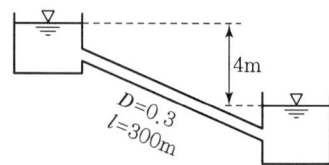

① 1.6m/s ② 2.3m/s
③ 16m/s ④ 23m/s

[해설]

$V = \sqrt{\dfrac{2gH}{f_i + f_o + f\dfrac{l}{D}}}, (f_i = f_o = 0)$

정답 45 ② 46 ① 47 ③ 48 ① 49 ① 50 ①

$$\therefore V = \sqrt{\frac{2gH}{f\frac{l}{D}}} = \sqrt{\frac{19.6 \times 4}{0.03 \times \frac{200}{0.3}}} = 1.62 \text{m/sec}$$

51 A 저수지에서 300m 떨어진 B 저수지에 직경 30cm, 마찰손실계수 0.013인 주철관으로 유량 0.173m³/sec를 송수하고자 할 때, 두 저수지 간의 수면차(H)는 얼마로 하면 되는가?(단, 관의 유입 및 유출, 마찰손실만 존재한다.)

① $H = 2.56$m ② $H = 4.43$m
③ $H = 10.0$m ④ $H = 25.6$m

해설

$$Q = \frac{\pi \times D^2}{4} \times \sqrt{\frac{2gH}{1.5 + f\frac{l}{D}}}$$

$$0.173 = \frac{\pi \times 0.3^2}{4} \sqrt{\frac{19.6 \times H}{1.5 + 0.013 \times \frac{300}{0.3}}}$$

$\therefore H = 4.43$m

52 두 수조가 관길이 $L = 50$m, 지름 $D = 0.8$m, Manning의 조도계수 $n = 0.013$인 원형관으로 연결되어 있다. 이 관을 통하여 유량 $Q = 1.2$m³/s의 난류가 흐를 때, 두 수조의 수위차(H)는?(단, 유입, 유출 손실만 고려한다.)

① 0.98m ② 0.85m
③ 0.54m ④ 0.36m

해설

$$f = \frac{124.5n^2}{D^{\frac{1}{3}}} = \frac{124.5 \times 0.013^2}{0.8^{\frac{1}{3}}} = 0.0227$$

$$Q = \frac{\pi D^2}{4} \times \sqrt{\frac{2gH}{1.5 + f\frac{l}{D}}}$$

$$1.2 = \frac{\pi \times 0.8^2}{4} \times \sqrt{\frac{2 \times 9.8 \times H}{1.5 + 0.0227 \times \frac{50}{0.8}}}$$

$\therefore H = 0.85$m

53 관수로의 흐름이 층류인 경우 마찰손실계수(f)에 대한 설명으로 옳은 것은?

① 조도에만 영향을 받는다.
② 레이놀즈수에만 영향을 받는다.
③ 항상 0.2778로 일정한 값을 갖는다.
④ 조도와 레이놀즈수에 영향을 받는다.

해설

층류 영역에서의 마찰손실계수는 레이놀즈수에만 영향을 받는다. $\left(f = \frac{64}{Re}\right)$

54 수면 높이차가 항상 20m인 두 수조가 지름 30cm, 길이 500m, 마찰손실계수가 0.03인 수평관으로 연결되었다면 관 내의 유속은?(단, 마찰, 단면 급확대 및 급축소에 따른 손실을 고려한다.)

① 2.76m/s ② 4.72m/s
③ 5.76m/s ④ 6.72m/s

해설

$$V = \sqrt{\frac{2gH}{1.5 + f\frac{l}{D}}}$$

$$= \sqrt{\frac{2 \times 9.8 \times 20}{1.5 + 0.03 \times \frac{500}{0.3}}} = 2.76 \text{m/s}$$

55 관수로에서의 미소손실(Minor Loss)은?

① 위치수두에 비례한다.
② 압력수두에 비례한다.
③ 속도수두에 비례한다.
④ 레이놀즈수의 제곱에 반비례한다.

해설

미소손실수두는 속도(유속)수두에 비례한다.

정답 51 ② 52 ② 53 ② 54 ① 55 ③

CHAPTER 05 실 / 전 / 문 / 제

56 다음의 손실계수 중 특별한 형상이 아닌 경우, 일반적으로 그 값이 가장 큰 것은?

① 입구손실계수(f_e)
② 단면 급확대 손실계수(f_{se})
③ 단면 급축소 손실계수(f_{sc})
④ 출구손실계수(f_o)

[해설]
손실계수에서 가장 큰 값은 출구손실계수($f_o = 1.0$)이다.

57 그림과 같이 단면적이 A_1, A_2인 두 관이 연결되어 있고 관 내 두 점의 수두차가 H일 때 유량을 계산하는 식은?

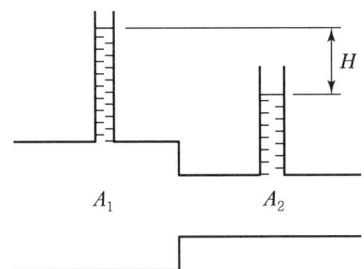

① $Q = \dfrac{A_1 - A_2}{\sqrt{A_1^2 - A_2^2}} \sqrt{2gH}$

② $Q = \dfrac{A_1 A_2}{\sqrt{A_1^2 + A_2^2}} \sqrt{2gH}$

③ $Q = \dfrac{A_1 - A_2}{\sqrt{A_1^2 + A_2^2}} \sqrt{2gH}$

④ $Q = \dfrac{A_1 A_2}{\sqrt{A_1^2 - A_2^2}} \sqrt{2gH}$

[해설]
$Q = \dfrac{A_1 A_2}{\sqrt{A_1^2 - A_2^2}} \sqrt{2gH}$

58 관수로에 물이 흐르고 있을 때 유속을 구하기 위하여 적용할 수 있는 식은?

① Torricelli 정리
② 파스칼의 원리
③ 운동량 방정식
④ 물의 연속방정식

[해설]
연속방정식
• 질량보존의 법칙에 의해 만들어진 방정식이다.
• $Q = A_1 V_1 = A_2 V_2$
• 관수로에 물이 흐를 때 유속을 구함

59 관물이 저수지에서 25mm 원관을 통해 600m를 흘러 대기 중으로 유출된다. 유출구가 저수지 수면보다 0.3m 아래에 위치하고 있을 때 관 내의 흐름이 층류이면 유출구에서의 유량은?(단, 마찰손실만 있는 것으로 보고, 물의 동점성계수는 $1.334 \times 10^{-6} \text{m}^2/\text{sec}$이다.)

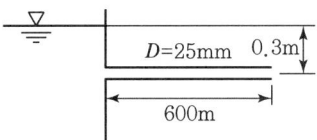

① 35cm³/sec
② 594cm³/sec
③ 1,188cm³/sec
④ 1,464cm³/sec

[해설]
$f = \dfrac{64}{Re} = \dfrac{64\nu}{VD} = \dfrac{64 \times 1.334 \times 10^{-6}}{V \times 0.025} = \dfrac{3.42 \times 10^{-3}}{V}$

$h_L = f \cdot \dfrac{l}{D} \cdot \dfrac{V^2}{2g}$

$0.3 = \dfrac{3.42 \times 10^{-3}}{V} \times \dfrac{600}{0.025} \times \dfrac{V^2}{19.6}$

$V = 0.0716 \text{m/sec} = 7.16 \text{cm/sec}$

$Q = AV = \dfrac{\pi \times 2.5^2}{4} \times 7.16 = 35.14 \text{m}^3/\text{sec}$

60 지름이 4cm인 원형관 속에 물이 흐르고 있다. 관로 길이 1.0m 구간에서 압력강하가 0.1N/m^2이었다면 관벽의 마찰응력은?

① 0.001N/m^2
② 0.002N/m^2
③ 0.01N/m^2
④ 0.02N/m^2

정답 56 ④ 57 ④ 58 ④ 59 ① 60 ①

> [해설]
> $\tau = \dfrac{\Delta Pr}{2l} = \omega RI$
> $\tau = \dfrac{\Delta Pr}{2l} = \dfrac{0.1 \times 0.02}{2 \times 1} = 0.001 \text{N/m}^2$

61 층류영역에서 사용 가능한 마찰손실계수의 산정식은?(단, Re : Reynolds 수)

① $\dfrac{1}{Re}$
② $\dfrac{4}{Re}$
③ $\dfrac{24}{Re}$
④ $\dfrac{64}{Re}$

> [해설]
> 마찰손실계수 $f = \dfrac{64}{R_e}$ 이다.

62 단면이 일정한 긴 관에서 마찰손실만이 발생하는 경우 에너지선과 동수경사선은?

① 일치한다.
② 교차한다.
③ 서로 나란하다.
④ 관의 두께에 따라 다르다.

> [해설]
> 관수로에서 마찰손실이 일어난 경우에는 에너지선이 손실수두만큼 내려오므로 동수경사선과 서로 나란하다.

63 관수로에 대한 설명 중 틀린 것은?

① 단면 점확대로 인한 수두손실은 단면 급확대로 인한 수두손실보다 클 수 있다.
② 관수로 내의 마찰손실수두는 유속수두에 비례한다.
③ 아주 긴 관수로에서는 마찰 이외의 손실수두를 무시할 수 있다.
④ 마찰손실수두는 모든 손실수두 가운데 가장 큰 것으로 마찰손실계수에 유속수두를 곱한 것과 같다.

> [해설]
> $h_L = f \dfrac{l}{D} \dfrac{V^2}{2g}$
> 마찰손실수두는 모든 손실수두 가운데 가장 큰 것으로 마찰손실계수에 속도수두, 직경과 길이의 비를 곱한 것과 같다.

64 그림과 같은 원형관에 물이 흐를 경우 1, 2, 3 단면에 대한 설명으로 옳은 것은?(단, $D_1 = 30\text{cm}$, $D_2 = 10\text{cm}$, $D_3 = 20\text{cm}$이며 에너지 손실은 없다고 가정한다.)

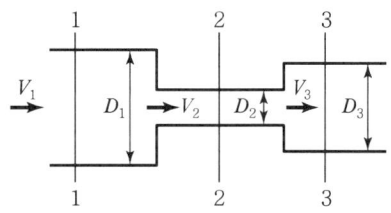

① 유속은 $V_2 > V_3 > V_1$이 되며, 압력은 1단면 > 3단면 > 2단면이다.
② 유속은 $V_1 > V_3 > V_2$이 되며, 압력은 2단면 > 3단면 > 1단면이다.
③ 유속은 $V_2 < V_3 < V_1$이 되며, 압력은 3단면 > 1단면 > 2단면이다.
④ 1, 2, 3단면의 유속과 압력은 같다.

> [해설]
> 수평관
> • $z_1 = z_2 = z_3$
> • $V_2 > V_3 > V_1$
> • 압력은 1단면 > 3단면 > 2단면

65 그림과 같이 원형관을 통하여 정상 상태로 흐를 때 관의 축소부로 인한 수두손실은?(단, $V_1 = 0.5\text{m/s}$, $D_1 = 0.2\text{m}$, $D_2 = 0.1\text{m}$, $f_c = 0.36$)

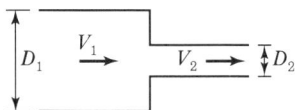

정답 61 ④ 62 ③ 63 ④ 64 ① 65 ④

① 0.46cm ② 0.92cm
③ 3.65cm ④ 7.30cm

해설

$0.2^2 \times 0.5 = 0.1^2 \times V_2$에서 ∴ $V_2 = 2\text{m/sec}$
관의 급축소로 인한 수두손실
$h_{sc} = f_{sc}\dfrac{V^2}{2g} = 0.36 \times \dfrac{2^2}{19.6} = 0.073\text{m} = 7.3\text{cm}$

66 그림과 같이 흐름의 단면을 A_1에서 A_2로 급히 확대할 경우의 손실수두(h_{se})를 나타내는 식은?

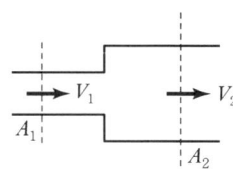

① $h_{se} = \left(1 - \dfrac{A_1}{A_2}\right)^2 \dfrac{V_1^2}{2g}$

② $h_{se} = \left(1 - \dfrac{A_1}{A_2}\right)^2 \dfrac{V_2^2}{2g}$

③ $h_{se} = \left(1 + \dfrac{A_2}{A_1}\right)^2 \dfrac{V_1^2}{2g}$

④ $h_{se} = \left(1 + \dfrac{A_2}{A_1}\right)^2 \dfrac{V_2^2}{2g}$

해설

• 단면급확대 손실계수
$f_{se} = \left(1 - \dfrac{A_1}{A_2}\right)^2$

• 단면급확대 손실수두
$h_{se} = f_{se}\dfrac{V_1^2}{2g}$

∴ $h_{se} = \left(1 - \dfrac{A_1}{A_2}\right)^2 \dfrac{V_1^2}{2g}$

67 두 단면 간의 거리가 1km, 손실수두가 5.5m, 관의 지름이 3m라고 하면 관 벽의 마찰력은?(단, 무게 1kg=9.8N)

① 65.5N/m² ② 26.0N/m²
③ 80.9N/m² ④ 40.4N/m²

해설

$\tau = wRI = w\dfrac{D}{4}\dfrac{h}{l} = 1 \times \dfrac{3}{4} \times \dfrac{5.5}{1,000}$
$= 0.004125\text{t/m}^2 = 4.125\text{kg/m}^2 = 40.4\text{N/m}^2$

68 관망(pipe network) 계산에 대한 설명으로 옳지 않은 것은?

① 관 내의 흐름은 연속방정식을 만족한다.
② 가정 유량에 대한 보정을 통한 시산법(trial and error method)으로 계산한다.
③ 관 내에서는 Darcy-Weisbach 공식을 만족한다.
④ 임의 두 점 간의 압력강하량은 연결하는 경로에 따라 다를 수 있다.

해설

각 폐합관의 손실수두의 합은 0이다.(경로에 관계없이 일정하다.)

69 관망의 유량을 계산하는 방법인 Hardy-Cross의 방법에서 가정조건이 아닌 것은?

① 분기점에서 유입하는 유량은 그 점에서 정지하지 않고 전부 유출한다.
② 각 폐합관에서 시계방향 또는 반시계방향으로 흐르는 관로의 손실수두의 합은 0이다.
③ 합류점에 유입하는 유량은 그 점에서 정지하지 않고 전부 유출된다.
④ 보정유량 ΔQ는 크기와 상관없이 균등하게 배분하여 유량을 결정한다.

해설

Hardy-Cross의 시행착오법 가정조건
• 각 관에 유입된 유량은 그 관에 정지하지 않고 모두 유출된다.
• 각 폐합관의 손실수두의 합은 0이다.
• 마찰 이외의 손실은 무시한다.

정답 66 ① 67 ④ 68 ④ 69 ④

실 / 전 / 문 / 제

70 그림과 같은 병렬관수로에서 $d_1 : d_2 = 3 : 1$, $l_1 : l_2 = 1 : 3$이며 $f_1 = f_2$일 때 $\dfrac{V_1}{V_2}$는?

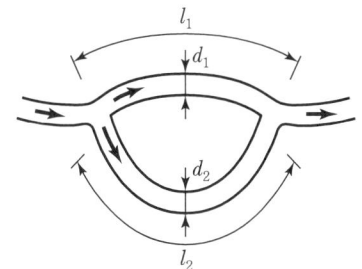

① $\dfrac{1}{2}$ ② 1
③ 2 ④ 3

해설
$h_{L1} = h_{L2}$
$f_1 \dfrac{l_1}{d_1} \dfrac{V_1^2}{2g} = f_2 \dfrac{l_2}{d_2} \dfrac{V_2^2}{2g}$, $\therefore \dfrac{l_1 V_1^2}{d_1} = \dfrac{l_2 V_2^2}{d_2}$

$\dfrac{V_1^2}{V_2^2} = \dfrac{l_2 d_1}{l_1 d_2} = 3 \times 3 = 9 \quad (d_1 = 3d_2, l_2 = 3l_1)$

$\left(\dfrac{V_1}{V_2}\right)^2 = 9, \quad \therefore \left(\dfrac{V_1}{V_2}\right) = 3$

71 수위차가 3m인 2개의 저수지를 지름 50cm, 길이 80m의 직선관으로 연결하였을 때 유량은? (단, 입구손실계수＝0.5, 관의 마찰손실계수＝0.0265, 출구손실계수＝1.0, 이외의 손실은 없다.)

① 0.124m³/s ② 0.314m³/s
③ 0.628m³/s ④ 1.280m³/s

해설
$Q = \dfrac{\pi \times D^2}{4} \times \sqrt{\dfrac{2gH}{\sum f_x + f\dfrac{l}{D}}}$

$= \dfrac{\pi \times 0.5^2}{4} \times \sqrt{\dfrac{19.6 \times 3}{1.5 + 0.0265 \times \dfrac{80}{0.5}}} = 0.628 \text{m}^3/\text{sec}$

72 양수기의 동력[kW]을 구하는 공식으로 옳은 것은?(단, Q : 유량[m³/sec], η : 양수기의 효율, H : 총양정[m])

① $E = 9.8\,HQ\eta$ ② $E = 13.33\,HQ\eta$
③ $E = 9.8\,\dfrac{QH}{\eta}$ ④ $E = 13.33\,\dfrac{QH}{\eta}$

해설
펌프의 출력[kW]
$E = \dfrac{\dfrac{1,000}{102} Q(H + \Sigma h_L)}{\eta} = \dfrac{9.8\,Q(H + \Sigma h_L)}{\eta}$

73 수면표고가 28m인 정수장에서 직경 600mm인 강관 900m를 이용하여 수면표고 39m인 배수지로 양수하려고 한다. 유량이 1.0m³/sec이고 관로의 마찰손실계수가 0.03일 때 펌프의 소요동력은 얼마인가?(단, 마찰손실만 고려하며, 펌프 및 모터의 효율은 각각 80% 및 70%이다.)

① 49.6kW ② 59.7kW
③ 70.9kW ④ 694.8kW

해설
$h_L = 0.03 \times \dfrac{900}{0.6} \times \dfrac{3.5^2}{19.6} = 28.12\text{m}$

$\left(V = \dfrac{4 \times 1}{\pi \times 0.6^2} = 3.5\text{m/s}\right)$

$\therefore E = \dfrac{1,000}{102} \times 1 \times (11 + 28.12) / (0.8 \times 0.7) = 694.87\text{kW}$

74 유량 20m³/sec, 유효낙차 50m인 수력지점의 이론수력은?

① 1,000kW ② 4,900kW
③ 9,800kW ④ 10,000kW

해설
$E = \dfrac{1,000}{102} Q H_e = \dfrac{1,000}{102} \times 20 \times 50 = 9,804\text{kW}$

정답 70 ③ 71 ③ 72 ③ 73 ④ 74 ③

CHAPTER 05 실 / 전 / 문 / 제

75 동력 20,000kW, 효율 88%인 펌프를 이용하여 150m 위의 저수지로 물을 양수하려고 한다. 손실수두가 10m일 때 양수량은?

① 15.5m³/s   ② 14.5m³/s
③ 11.2m³/s   ④ 12.0m³/s

해설

$$P = \frac{1,000}{102} \times \frac{Q(H_e + H_L)}{\eta} \text{(kW)}$$
$$20,000 = \frac{9.8 \times Q \times (150+10)}{0.88}$$
$$\therefore Q = 11.22 \text{m}^3/\text{s}$$

76 저수지로부터 30m 위쪽에 위치한 수조탱크에 0.35m³/s의 물을 양수하고자 할 때 펌프에 공급되어야 하는 동력은?(단, 손실수두는 무시하고 펌프의 효율은 75%이다.)

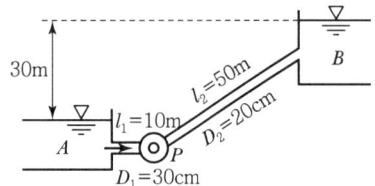

① 77.2kW   ② 102.9kW
③ 120.1kW   ④ 137.2kW

해설

$$P = \frac{9.8 Q H_e}{\eta} = \frac{9.8 \times 0.35 \times 30}{0.75} = 137.2 \text{kW}$$

77 하천수를 펌프로 양수하여 이용하고자 한다. 유량 Q(m³/sec), 양정 H(m), 모든 손실수두의 합을 Σh_L(m), 펌프의 효율을 η라 할 때, 소요동력 (kW)을 결정하는 식은?

① $13.33 Q(H + \Sigma h_L)\eta$ ② $9.8 Q(H + \Sigma h_L)\eta$
③ $\dfrac{13.33 Q(H + \Sigma h_L)}{\eta}$ ④ $\dfrac{9.8 Q(H + \Sigma h_L)}{\eta}$

해설

펌프의 출력(kW)

$$E = \frac{\frac{1,000}{102} Q(H + \Sigma h_L)}{\eta} = \frac{9.8 Q(H + \Sigma h_L)}{\eta}$$

78 양정이 5m일 때 4.9kW의 펌프로 0.03m³/sec를 양수했다면 이 펌프의 효율은 약 얼마인가?

① 0.3   ② 0.4   ③ 0.5   ④ 0.6

해설

$E = \dfrac{1,000}{102} QH_e/\eta$에서 $4.9 = \dfrac{1,000}{102} \times 0.03 \times 5/\eta$
$\therefore \eta = 0.3$

79 경심에 대한 설명으로 옳은 것은?

① 물이 흐르는 수로
② 물이 차서 흐르는 횡단면적
③ 유수단면적을 윤변으로 나눈 값
④ 횡단면적과 물이 접촉하는 수로벽면 및 바닥길이

해설

경심$(R) = \dfrac{A(\text{유수단면적})}{P(\text{윤변})}$

80 레이놀즈(Reynolds)수가 1,000인 관에 대한 마찰손실계수(f)는?

① 0.032   ② 0.046   ③ 0.052   ④ 0.064

해설

Re가 2,000 이하인 층류이므로
마찰손실계수 $f = \dfrac{64}{Re} = \dfrac{64}{1,000} = 0.064$

81 안지름 200mm인 관에 대한 조도계수 $n = 0.012$일 때, 마찰손실계수(f)는?

① 0.0255   ② 0.0307
③ 0.0410   ④ 0.0442

해설

$$f = \frac{124.5 n^2}{D^{1/3}} = \frac{124.5 \times 0.012^2}{0.2^{1/3}} = 0.0307$$

정답 75 ③ 76 ④ 77 ④ 78 ① 79 ③ 80 ④ 81 ②

CHAPTER 06

개수로

01 개수로 개론
02 평균유속
03 수로의 단면
04 개수로 내의 정상부등류
05 한계수심 및 한계유속
06 흐름의 상태
07 비력
08 도수
09 개수로의 부등류
10 곡선수로의 수류 및 단파
11 개수로 흐름의 특성

01 개수로 개론

1. 개수로의 정의 및 특징

모식도	정의	특징
▽	공기와 접촉하는 자유표면을 가지고 중력에 의해 흐르는 중력흐름	① 자유수면을 갖는다. ② 관성력의 영향을 받는다. ③ 중력이 흐름을 지배한다. ④ 동수경사선과 자유수면은 일치

2. 수리계산에 필요한 수로단면의 용어

구분	해설 및 식
윤변(P)	① 유수단면이 수로 벽면과 접하는 부분의 길이 ② 마찰이 작용하는 부변길이
경심(R)	$R = \dfrac{A}{P}$, 동수반경
수리수심(D)	$D = \dfrac{A}{B}$, 수로의 평균수심
한계류 계산을 위한 단면계수(Z)	$Z = AD^{1/2}$
등류 계산을 위한 단면계수(Z)	$Z = AR^{2/3}$

3. 각 상황에 따른 경심(R)

관수로	개수로	폭이 넓은 광폭개수로
$R = \dfrac{A}{P} = \dfrac{\pi D^2/4}{\pi D} = \dfrac{D}{4}$	$R = \dfrac{A}{P} = \dfrac{bh}{b+2h}$	$R = \dfrac{A}{P} = \dfrac{h}{1+\dfrac{2h}{b}} = h$

4. 등류의 경험공식

광폭개수로에서 등류의 마찰(유속)속도	광폭개수로에서 평균마찰응력(소류력)	Chezy의 평균유속 계수
$U = \sqrt{\dfrac{\tau}{\rho}} = \sqrt{gRI}$ $= \sqrt{ghI}$	$\tau = wRI = whI$	$C = \dfrac{1}{n} R^{1/6} = \sqrt{\dfrac{8g}{f}}$

GUIDE

- 관수로
  ① 자유 수면을 갖지 않는 흐름 (관로를 꽉 채움)
  ② 압력에 의해 흐름
  ③ 흐름을 지배하는 힘은 점성력
  ④ 관수로는 두 단면의 압력차로 흐르고 개수로는 두 단면의 경사에 의해 흐른다.

- 개수로 및 관수로의 흐름에는 마찰로 인한 에너지 손실이 발생한다.

- 경심=수리평균심
    =동수수리반경

- A : 유수단면적
- P : 윤변
- B : 수로폭(b)
- D : 수리수심

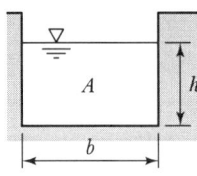

- 등류
  ① 흐름의 특성(유속, 유량)이 수로구간의 모든 단면에서 항상 동일한 흐름
  ② 수로경사 및 에너지선의 경사가 동일

- w : 유체의 단위중량
- R : 경심
- I : 수로경사

- 조도계수(n)
  ① 수로의 표면구성물질에 따라 변하는 값
  ② $\sec/m^{1/3} = m^{-1/3} \cdot \sec$

예 / 상 / 문 / 제

01 댐의 crest에 물이 흐를 때 가장 중요한 역할을 하는 힘은?

① 중력, 관성력   ② 점성력, 관성력
③ 탄성력, 압력   ④ 압력, 관성력

[해설]
댐의 crest에서 흐름은 개수로 흐름이기 때문에, 관성력과 중력에 의해 흐름이 지배된다.

02 개수로의 흐름에 가장 지배적인 영향을 미치는 것은?

① 유체의 밀도   ② 관성력
③ 중력   ④ 점성력

[해설]
개수로는 자유수면을 갖는 흐름으로 관성력의 영향을 받으며 중력이 흐름을 지배한다.

03 개수로 내의 흐름에 대한 설명으로 옳은 것은?

① 동수경사선은 에너지선과 언제나 평행하다.
② 에너지선은 자유표면과 일치한다.
③ 에너지선과 동수경사선은 일치한다.
④ 동수경사선은 자유표면과 일치한다.

[해설]
개수로에서 동수경사선(수두경사선)은 자유수면과 항상 일치한다.

04 개수로와 관수로의 흐름에 모두 적용되는 설명으로 옳은 것은?

① 중력이 흐름의 원동력이다.
② 압력이 흐름의 원동력이다.
③ 자유수면을 갖는다.
④ 마찰로 인한 에너지 손실이 발생한다.

[해설]
마찰로 인한 에너지 손실이 발생하는 경우는 관수로와 개수로의 흐름에 모두 적용된다.

05 그림과 같은 좌우가 대칭인 하천단면의 경심(R)은?

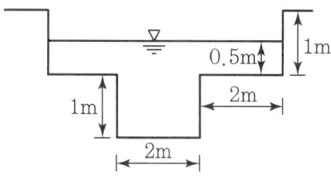

① 0.72m   ② 0.63m
③ 0.56m   ④ 0.50m

[해설]
경심 $R = \dfrac{A}{P} = \dfrac{bh}{b+2h} = \dfrac{0.5 \times 6 + 2 \times 1}{2 \times (0.5 + 2 + 1) + 2} = 0.56\text{m}$

06 그림과 같은 사다리꼴 인공수로의 유적(A)과 경심(R)은?

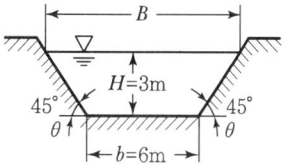

① $A = 27\text{m}^2$, $R = 2.64\text{m}$
② $A = 27\text{m}^2$, $R = 1.86\text{m}$
③ $A = 18\text{m}^2$, $R = 1.86\text{m}$
④ $A = 18\text{m}^2$, $R = 2.64\text{m}$

[해설]
유적 $A = \dfrac{1}{2}(6+12) \times 3 = 27\text{m}^2$

경심 $R = \dfrac{A}{P} = \dfrac{27}{\dfrac{3}{\sec 45°} \times 2 + 6} = 1.864\text{m}$

07 등류의 마찰속도 u_*를 구하는 공식으로 옳은 것은?(단, H : 수심, I : 수면경사, g : 중력가속도)

① $u_* = \sqrt{gHI}$ ② $u_* = gHI$
③ $u_* = gH^2I$ ④ $u_* = gHI^2$

[해설]
등류의 마찰속도 $u_* = \sqrt{gRI} ≒ \sqrt{gHI}$이다.

정답 01 ① 02 ③ 03 ④ 04 ④ 05 ③ 06 ② 07 ①

02 평균유속

1. 유속계에 의한 평균유속

모식도	구분	식
(그림)	표면법	$V_m = 0.85 V_s$
	1점법	$V_m = V_{0.6}$
	2점법	$V_m = \dfrac{V_{0.2} + V_{0.8}}{2}$
	3점법	$V_m = \dfrac{V_{0.2} + 2V_{0.6} + V_{0.8}}{4}$

GUIDE

- $V_{0.2}$: 표면에서 수심 20% 점 유속
- $V_{0.6}$: 표면에서 수심 60% 점 유속
- $V_{0.8}$: 표면에서 수심 80% 점 유속
- 최대유속이 생기는 점은 수면에서 $0.2h$ 깊이
- 평균유속과 같은 유속의 점은 수면에서 $0.6h$ 깊이

2. 공식을 이용한 평균유속

구분	식
Chezy 공식	$V = C\sqrt{RI}$ (m/sec) ① C : Chezy 평균유속계수 ② I : 수로(동수)경사
Manning 공식	$V = \dfrac{1}{n} R^{2/3} I^{1/2}$ (m/sec) n : Manning의 조도계수($\mathrm{m}^{-1/3} \cdot \mathrm{s}$) (조도계수($n$) 값을 결정하는 요소로는 하상(河床)물질의 형태, 하도(河道)의 형상, 식생의 종류 등)

- $C = \dfrac{1}{n} R^{1/6} = \sqrt{\dfrac{8g}{f}}$

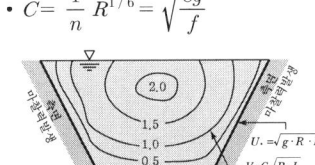

- Manning 조도계수(n)
  ① 관이나 하상바닥의 거친 정도
  ② 콘크리트관>유리관

3. 통수능(K, Manning 공식)

정의	식
K는 통수단면의 기하학적 형상과 조도계수에만 관계되는 것으로 이것이 개수로의 통수능이다.	$K = A\dfrac{1}{n} R^{2/3}$ ① $Q = AV = A\dfrac{1}{n} R^{2/3} I^{1/2} = KI^{1/2}$ ② $K = A\dfrac{1}{n} R^{2/3}$

- 통수능(K)
  단면이 물을 통수시키는 능력

4. 등류계산을 위한 수리지수

정의	식
단면형 조도가 주어질 때	$K^2 = ch^N$ (N : 수리지수)

예 / 상 / 문 / 제

01 하천의 평균유속 V를 구하는 방법으로서 적절치 못한 것은?

① 표면법 : $V = 0.85\, V_s$
② 1점법 : $V = V_{0.6}$
③ 3점법 : $V = \dfrac{1}{4}(V_{0.2} + V_{0.6} + V_{0.8})$
④ 4점법 : $V = \dfrac{1}{5}[(V_{0.2} + V_{0.4} + V_{0.6} + V_{0.8}) + \dfrac{1}{2}(V_{0.2} + \dfrac{1}{2}V_{0.6})]$

[해설]
하천의 평균유속 V를 구하기 위하여 3점법은
$V = \dfrac{1}{4}(V_{0.2} + 2V_{0.6} + V_{0.8})$로 나타낸다.

02 개수로 흐름에 대한 Manning 공식의 조도계수 값의 결정요소로 가장 거리가 먼 것은?

① 동수경사 ② 하상물질
③ 하도 형상 및 선형 ④ 식생

[해설]
개수로 흐름에 대한 Manning 공식의 조도계수(n) 값을 결정하는 요소로는 하상(河床)물질의 형태, 하도(河道)의 형상, 식생의 종류 등이 있다.

03 수심 2m, 폭 4m인 직사각형 단면 개수로의 유량을 Manning의 평균유속공식을 사용하여 구한 값은?(단, 수로경사 $i = \dfrac{1}{100}$, 수로의 조도계수 $n = 0.025$)

① 32.0m³/sec ② 64.0m³/sec
③ 128.0m³/sec ④ 160.0m³/sec

[해설]
$Q = AV = A\dfrac{1}{n}R^{2/3}I^{1/2}$
$= (4 \times 2) \times \dfrac{1}{0.025} \times \left(\dfrac{4 \times 2}{4 + 2 \times 2}\right)^{2/3} \times \left(\dfrac{1}{100}\right)^{1/2}$
$= 32\text{m}^3/\text{s}$

04 폭이 4m, 수심 2m인 직사각형 수로에 등류가 흐르고 있을 때 조도계수 $n = 0.02\text{m}^{-1/3} \cdot \text{s}$라면 Chezy의 평균유속계수 C는?

① 0.05 ② 0.5
③ 5   ④ 50

[해설]
$C = \dfrac{1}{n}R^{1/6} = \dfrac{1}{0.02} \times \left(\dfrac{4 \times 2}{4 + 2 \times 2}\right)^{1/6} = 50$

05 경심이 8m, 동수경사가 1/100, 마찰손실계수 $f = 0.03$일 때 Chezy의 유속계수 C를 구한 값은?

① $51.1\text{m}^{\frac{1}{2}}/\text{s}$ ② $25.6\text{m}^{\frac{1}{2}}/\text{s}$
③ $36.1\text{m}^{\frac{1}{2}}/\text{s}$ ④ $44.3\text{m}^{\frac{1}{2}}/\text{s}$

[해설]
$C = \sqrt{\dfrac{8g}{f}} = \sqrt{\dfrac{8 \times 9.8}{0.03}} = \sqrt{51.12} = 51.12\text{m}^{\frac{1}{2}}/\text{sec}$

06 그림과 같은 사다리꼴 수로에 등류가 흐를 때 유량은?(단, 조도계수 $n = 0.013$, 수로경사 $i = \dfrac{1}{1,000}$, 측벽의 경사= 1 : 1이며, Manning 공식 이용)

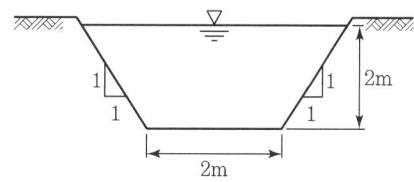

① 16.21m³/sec ② 18.16m³/sec
③ 20.04m³/sec ④ 22.16m³/sec

[해설]
단면적 $A = \dfrac{2+6}{2} \times 2 = 8\text{m}^2$
경심 $R = \dfrac{8}{2 + 2 \times 2\sqrt{2}} = 1.0448\text{m}$이므로
$\therefore Q = A\dfrac{1}{n}R^{\frac{2}{3}}I^{\frac{1}{2}} = 8 \times \dfrac{1}{0.013} \times 1.0448^{\frac{2}{3}} \times \left(\dfrac{1}{1,000}\right)^{1/2}$
$= 20.04\text{m}^3/\text{sec}$

정답 01 ③ 02 ① 03 ① 04 ④ 05 ① 06 ③

03 수로의 단면

1. 수리상 유리한 단면(최량수리단면)

수리상 유리한 단면	수리상 유리한 단면의 특징
일정한 단면적에 대해 최대유량이 흐르는 단면	① 경심(R)이 최대 ② 윤변(P)이 최소

2. 수리상 유리한 단면 유형

구분	모식도	식
직사각형 단면	(그림)	① $B = 2h$ $h = \dfrac{B}{2}$ ② $R_{max} = \dfrac{h}{2}$
사다리꼴 (제형 단면)	(그림)	① $l = \dfrac{B}{2}$ ② $R_{max} = \dfrac{h}{2}$ ③ $\theta = 60°$ (경제적 단면) ④ 수리상 유리한 단면 $\overline{OA} = \overline{OB} = \overline{OC}$(수심)

3. 원형 관수로의 수리 특성

모식도	구분	식	해설
(그림)	최대 유량	$0.94D$ (94%)	원형관일 때 관직경(D)의 약 94%일 때 최대유량이 흐른다.
	최대 유속	$0.81D$ (81%)	원형관일 때 관직경(D)의 약 81%일 때 최대유속이 흐른다.

GUIDE

- 최량수리단면
  최대유량의 소통이 가능하게 하는 가장 경제적인 단면

- 각 상황에 따른 경심(R)
  ① (관수로) $R = \dfrac{D}{4}$
  ② (개수로) $R = \dfrac{bh}{b+2h}$
  ③ (광폭수로) $R = h$
  ④ (수리상 유리한 단면)
  $R = \dfrac{h}{2}$

- 직사각형 단면에서 수리학적으로 가장 유리한 단면형은 반원이 내접하는 단면이다.

- 사다리꼴 단면 수로의 수리상 유리한 단면은 수심을 반지름으로 하는 반원에 외접하는 정육각형의 제형 단면이다.(정삼각형 3개가 모인 단면)

- 수리상 유리한 단면에서 반드시 최대유속이 발생하는 것은 아니다.

- 관수로에서 자유수면이 존재하면 개수로로 해석

예 / 상 / 문 / 제

01 개수로의 수리학적으로 유리한 단면 조건으로 옳은 것은?

① 경심(R)이 최소, 또는 윤변(P)이 최소가 되어야 한다.
② 경심(R)이 최소, 또는 윤변(P)이 최대가 되어야 한다.
③ 경심(R)이 최대, 또는 윤변(P)이 최대가 되어야 한다.
④ 경심(R)이 최대, 또는 윤변(P)이 최소가 되어야 한다.

해설

$Q = AC\sqrt{RI} = \frac{1}{n}R^{2/3}I^{1/2}$ 에서 수리상 유리한 단면은 유량이 최대($Q_{\max}$)일 때이므로 경심이 최대($R_{\max}$)이거나 윤변이 최소($P_{\min}$)이어야 한다.

02 직사각형 개수로에서 수리상 유리한 단면(Hydraulic Best Section)은?(단, b : 직사각형 수로의 폭, h : 수심, A : 단면적)

① $h = 2b$
② $h = b$
③ $h = \sqrt{\dfrac{A}{2}}$
④ $h = b^{\frac{1}{2}}$

해설

직사각형 수로에서 수리상 유리한 단면은 $b = 2h$이므로
$A = bh = 2h \times h = 2h^2$
$\therefore h = \sqrt{\dfrac{A}{2}}$

03 폭 1m인 판을 접어서 직사각형 개수로를 만들었을 때 수리상 유리한 단면의 단면적은?

① 0.111m^2
② 0.120m^2
③ 0.125m^2
④ 0.135m^2

해설

수리상 유리한 단면일 때 폭 1m인 판을 접으면 폭 0.5m, 수심 0.25m인 개수로가 된다.($\because b = 2h$)
따라서, $A = bh = 0.5\text{m} \times 0.25\text{m} = 0.125\text{m}^2$

04 유량 45m³/sec가 흐르는 직사각형 수로에서 수면경사가 0.001인 조건에서 가장 유리한 단면이 되기 위한 수로폭의 크기는?(단, Manning의 조도계수 $n = 0.035$이다.)

① 8.66m
② 8.28m
③ 7.94m
④ 7.48m

해설

$Q = A\dfrac{1}{n}R^{2/3}I^{1/2}$에서

$45 = (2h \times h) \times \dfrac{1}{0.035} \times \left(\dfrac{h}{2}\right)^{2/3} \times (0.001)^{1/2}$ 이므로

$h^{8/3} = 39.53$
$\therefore h = 3.97\text{m}$이므로 $b = 2h = 7.94\text{m}$

05 수면경사가 1/500인 직사각형 수로에 유량이 50m³/s로 흐를 때 수리상 유리한 단면의 수심(h)은?(단, Manning 공식을 이용하며, $n = 0.023$)

① 0.8m
② 1.1m
③ 2.0m
④ 3.1m

해설

- $Q = A \cdot V = A \cdot \dfrac{1}{n}R^{2/3}I^{1/2}$

$50 = (2h \times h) \times \dfrac{1}{0.023} \times \left(\dfrac{h}{2}\right)^{2/3} \times \left(\dfrac{1}{500}\right)^{1/2}$

$\therefore h = 3.1\text{m}$

06 원형단면에서 최대유속이 발생하는 수심 h와 관경 D와의 관계는?

① $h = 0.53D$
② $h = 0.72D$
③ $h = 0.81D$
④ $h = 1.0D$

해설

원형단면 관에서 최대유속이 발생하는 수심 h는 관직경 D의 81.3%이며, 최대유량이 발생하는 수심 h는 관직경 D의 94%일 때이다.

정답 01 ④ 02 ③ 03 ③ 04 ③ 05 ④ 06 ③

04 개수로 내의 정상부등류

1. 비에너지(H_e)

정의	모식도	식
① 수로 바닥을 기준으로 한 총수두(에너지) ② 단위중량의 물이 가지고 있는 에너지 ③ 등류일 때는 값이 일정	에너지선, $\frac{V^2}{2g}$, h, V, z, 기준수평면	$H_e = h + \alpha \dfrac{V^2}{2g}$ 비에너지(H_e)는 유량이 일정할 경우 수심(h)만의 함수가 된다.
	① 흐름이 상류 : 수심이 작아짐에 따라 비에너지 값도 작아진다. ② 흐름이 사류 : 수심이 작아짐에 따라 비에너지는 커진다.	

2. 수심(h)과 비에너지(H_e) 관계

모식도	해설
$H_e = h$ 곡선, h_2, h_c, h_1, $\alpha\frac{V_2^2}{2g}$, $\frac{V_1^2}{2g}$, 상류, 사류, $H_{e\min}$, H_{e1}, 45°	① 비에너지(H_e)에 대한 수심은 2개(h_1, h_2)가 있고 이를 대응수심이라 한다. ② $H_{e\min}$의 수심(h_c)을 한계수심이라 하고 이때의 평균유속을 한계유속(V_c)이라 한다.

3. 수심(h)과 유량의 관계

모식도	해설
h, $\alpha\frac{V^2}{2g}$, H_e, $Q_{\max}$, $h_c = \dfrac{2}{3}H_e$, Q	① 비에너지가 일정할 때 한계수심(h_c)에서 유량이 최대 ② 유량이 최대일 때를 제외하면 1개의 유량에 대응하는 수심은 항상 2개이다.

GUIDE

- **정상부등류**
  ① 임의 단면에서의 흐름 특성이 시간에 따라서는 변하지 않으나 공간적으로는 변하는 흐름을 의미
  ② 수면곡선이 정상등류와는 달리 수로바닥과 평행하지 않은 흐름

- h : 수심(동수경사선)
- α : 에너지 보정계수
- V : 유속
- g : 중력가속도

- **상류($h > h_c$)**
  수심이 한계수심보다 큰 흐름

- **사류($h < h_c$)**
  수심이 한계수심보다 작은 흐름

- **한계수심(h_c)**
  수로 단면 내에서 최소의 비에너지를 유지하면서 일정 유량을 유출할 수 있는 수심

- **한계수심(h_c)**
  ① Q가 일정할 때 H_e가 최소가 되는 수심
  ② H_e가 일정할 때 Q가 최대가 되는 수심
  ③ $h_c = \dfrac{2}{3}H_e$ (직사각형 단면)
  ④ Fr(프루드 수)이 1일 때 수심
  ⑤ 유량이 일정하고 비력이 최소일 때의 수심

예 / 상 / 문 / 제

01 수로의 흐름에서 비에너지의 정의로 옳은 것은?

① 단위중량의 물이 가지고 있는 에너지
② 수로의 한 단면에서 물이 가지고 있는 에너지를 단면적으로 나눈 값
③ 수로의 두 단면에서 물이 가지고 있는 에너지를 수심으로 나눈 값
④ 압력 에너지와 속도 에너지의 비

해설
비에너지는 수로 바닥을 기준으로 한 수두로 단위무게의 물이 가지고 있는 흐름의 에너지이다.

02 비에너지(Specific Energy)에 대한 설명으로 옳지 않은 것은?

① 수로바닥을 기준으로 한다.
② 상류일 때는 수심이 작아짐에 따라 비에너지는 커진다.
③ 수류가 등류이면 비에너지는 일정한 값을 갖는다.
④ 단위무게의 물이 가진 흐름의 에너지를 말한다.

해설
수심과 비에너지 관계 그래프에서 흐름이 상류일 때는 수심이 작아짐에 따라 비에너지는 작아진다.

03 다음 중 비에너지(Specific Energy)에 관한 설명으로 옳지 않은 것은?

① 어느 수로 단면의 수로 바닥을 기준으로 한 수두이다.
② 한계류인 경우 비에너지는 가장 크게 된다.
③ 상류인 경우 수심의 증가에 따라 증가한다.
④ 사류인 경우 수심의 감소에 따라 증가한다.

해설
한계류(한계수심)일 때는 비에너지가 가장 작게 된다.

04 수심이 3m, 유속이 2m/s인 개수로의 비에너지 값은?(단, 에너지 보정계수는 1.1이다.)

① 1.22m
② 2.22m
③ 3.22m
④ 4.22m

해설
비에너지 $H_e = h + \alpha \dfrac{V^2}{2g} = 3 + 1.1 \times \dfrac{2^2}{2 \times 9.8} = 3.22\text{m}$

05 직사각형 수로에서 유량이 2m³/sec일 때 비에너지를 구한 값은?(단, 에너지 보정계수 $\alpha = 1$)

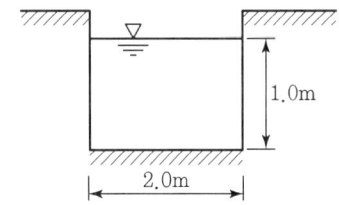

① 1.05m
② 1.51m
③ 2.05m
④ 2.51m

해설
$H_e = h + \alpha \dfrac{V^2}{2g} = h + \alpha \dfrac{1}{2g}\left(\dfrac{Q}{A}\right)^2 = 1 + \dfrac{1}{19.6}\left(\dfrac{2}{2 \times 1}\right)^2 = 1.05\text{m}$

06 폭 10m인 직사각형 단면수로에 유량 16m³/sec가 수심 80cm로 흐를 때 비에너지는?(단, 에너지 보정계수 $\alpha = 1.1$)

① 0.82m
② 1.02m
③ 1.52m
④ 2.02

해설
비에너지 $H_e = h + \alpha \dfrac{V^2}{2g} = 0.8 + \dfrac{1.1}{19.6}\left(\dfrac{16}{10 \times 0.8}\right)^2 = 1.02\text{m}$

07 한계수심 h_c와 비에너지 h_e의 관계로 옳은 것은?(단, 광폭 직사각형 단면인 경우)

① $h_c = \dfrac{1}{2} h_e$
② $h_c = \dfrac{1}{3} h_e$
③ $h_c = \dfrac{2}{3} h_e$
④ $h_c = 2 h_e$

해설
비에너지가 일정할 때 최대유량이 생기는 수심이 한계수심이며 크기는 비에너지의 $\dfrac{2}{3}$이다.

정답 01 ① 02 ② 03 ② 04 ③ 05 ① 06 ② 07 ③

05 한계수심 및 한계유속

1. 한계수심(h_c)

구분	모식도	해설 및 공식
직사각형 단면		$A = ah^n = bh$이므로 $a = b$, $n = 1$이다. $\therefore h_c = \left(\dfrac{\alpha Q^2}{gb^2}\right)^{1/3}$
포물선 단면		$A = ah^n = ah^{1.5}$이므로 $a = a$, $n = 1.5$이다. $\therefore h_c = \left(\dfrac{1.5\alpha Q^2}{ga^2}\right)^{1/4}$
삼각형 단면		$A = ah^n = mh^2$이므로 $a = m$, $n = 2$이다. $\therefore h_c = \left(\dfrac{2\alpha Q^2}{gm^2}\right)^{1/5}$

2. 한계유속(V_c)

정의	식
한계수심, 한계경사에서의 유속(V_c)	$V_c = \sqrt{\dfrac{gh_c}{\alpha}}$

3. 한계경사(I_c)

정의	식
흐름이 상류에서 사류로 변하는 지배단면에서의 경사	$I_c = \dfrac{g}{\alpha C^2} = \dfrac{g}{\alpha\left(\dfrac{1}{n}R^{\frac{1}{6}}\right)^2} = \dfrac{gn^2}{\alpha\left(R^{\frac{1}{6}}\right)^2}$
	수로의 조도계수(n)가 클수록 한계경사(I_c)는 일반적으로 커진다.

GUIDE

- 한계수심
  ① 비에너지가 최소($\dfrac{2}{3}$)인 수심
  ② 한계유속으로 흐를 때 수심
  ③ 유량이 일정할 때 비에너지가 최소인 수심

- 한계수심 일반식
  $h_c = \left(\dfrac{n\alpha Q^2}{ga^2}\right)^{\frac{1}{2n+1}}$

- h_c와 H_e의 관계
  ① 구형단면 $h_c = \dfrac{2}{3}H_e(H_{e\min})$
  ② 포물선단면 $h_c = \dfrac{3}{4}H_e(H_{e\min})$
  ③ 삼각형단면 $h_c = \dfrac{4}{5}H_e(H_{e\min})$

- $h_c = \dfrac{2}{3}H_e$
- α : 에너지 보정계수

- 한계수심으로 흐를 때의 수로경사가 한계경사이다.
- α : 에너지 보정계수
- $C = \dfrac{1}{n}R^{1/6}$

예/상/문/제

01 개수로에서 한계수심에 대한 설명으로 옳은 것은?

① 최대 비에너지에 대한 수심이다.
② 최소 비에너지에 대한 수심이다.
③ 상류 흐름에 대한 수심이다.
④ 사류 흐름에 대한 수심이다.

[해설]
개수로에서 한계수심은 비에너지는 최소일 때의 수심이고, 유량은 최대일 때의 수심이다.

02 광폭 수로에서 단위폭당 유량이 10m³/sec일 때 한계수심은?

① 1.00m ② 1.13m
③ 2.00m ④ 2.17m

[해설]
한계수심 $h_c = \left(\dfrac{\alpha Q^2}{gb^2}\right)^{1/3} = \left(\dfrac{1 \times 10^2}{9.8 \times 1^2}\right)^{1/3} = 2.17\,\mathrm{m}$

03 최소 비에너지가 1m인 직사각형 수로에서 단위폭당 최대유량은?

① 2.89m³/sec ② 2.37m³/sec
③ 1.70m³/sec ④ 1.28m³/sec

[해설]
최소 비에너지일 때의 수심이 한계수심이므로
$h_c = \left(\dfrac{\alpha Q^2}{gb^2}\right)^{1/3}$ 에서
$h_c = \dfrac{2}{3}H_e$ 이므로, $\dfrac{2}{3} \times 1 = \left(\dfrac{1 \times Q^2}{9.8 \times 1^2}\right)^{1/3}$
∴ $Q = 1.7\,\mathrm{m^3/s}$

04 단위 폭에 대하여 유량 1m³/sec가 흐르는 직사각형 단면수로의 최소 비에너지 값은?(단, $\alpha = 1.1$이다.)

① 0.48m ② 0.72m
③ 0.57m ④ 0.81m

[해설]
한계수심
$h_c = \left(\dfrac{\alpha Q^2}{gb^2}\right)^{1/3} = \left(\dfrac{1.1 \times 1^2}{9.8 \times 1^2}\right)^{1/3} = 0.48\,\mathrm{m}$
$h_c = \dfrac{2}{3}H_e$ 이므로, $H_e = \dfrac{3}{2}h_c = \dfrac{3}{2} \times 0.48 = 0.72$

05 한계수심에 대한 설명으로 틀린 것은?

① 한계유속으로 흐르고 있는 수로에서의 수심
② 프루드 수(Froude number)가 1인 흐름에서의 수심
③ 일정한 유량을 흐르게 할 때 비에너지를 최대로 하는 수심
④ 일정한 비에너지 아래에서 최대유량을 흐르게 할 수 있는 수심

[해설]
개수로에서 한계수심(h_c)은 유량이 일정할 때 비에너지가 최소로 되는 수심($H_{e\,\min}$)이며, 비에너지가 일정할 때 유량이 최대가 되는 수심($Q_{\max}$)이다.

06 폭이 10m인 직사각형 수로에서 유량 10m³/s가 1m의 수심으로 흐를 때 한계유속은?(단, 에너지 보정계수 $\alpha = 1.1$이다.)

① 3.96m/s ② 2.87m/s
③ 2.07m/s ④ 1.89m/s

[해설]
$h_c = \left(\dfrac{\alpha Q^2}{gb^2}\right)^{1/3} = \left(\dfrac{1.1 \times 10^2}{9.8 \times 10^2}\right)^{1/3} = 0.48$
$V_c = \sqrt{\dfrac{gh_c}{\alpha}} = \sqrt{\dfrac{9.8 \times 0.48}{1.1}} = 2.07\,\mathrm{m/s}$

정답 01 ② 02 ④ 03 ③ 04 ② 05 ③ 06 ③

06 흐름의 상태

1. 프루드 수(Fr)에 따른 상류 및 사류의 분류

프루드 수		구분
$Fr = \dfrac{V}{\sqrt{gh}}$	$Fr = \dfrac{V}{C} = \dfrac{V}{\sqrt{gh}} < 1$	상류
	$Fr = 1$	한계류
	$Fr = \dfrac{V}{C} = \dfrac{V}{\sqrt{gh}} > 1$	사류

GUIDE

• Froude 수
 ① 중력에 대한 관성력의 비
 ② Fr값을 1과 비교하여 상류, 한계류, 사류로 구분

• V : 유속
• h : 수심
• g : 중력가속도(9.8m/sec)

2. 상류와 사류의 구분(구형 단면)

구분	상류	사류	한계류	공식
Fr 수	$Fr < 1$	$Fr > 1$	$Fr = 1$	$Fr = \dfrac{V}{\sqrt{gh}}$
한계수심(h_c)	$h > h_c$	$h < h_c$	$h = h_c$	$h_c = \left(\dfrac{\alpha Q^2}{g b^2}\right)^{1/3}$
한계경사(I_c)	$I < I_c$	$I > I_c$	$I = I_c$	$I_c = \dfrac{g}{\alpha C^2}$
한계유속(V_c)	$V < V_c$	$V > V_c$	$V = V_c$	$V_c = \sqrt{\dfrac{g h_c}{\alpha}}$

• 무차원 단위
 ① 비중 G
 ② 레이놀즈수 Re
 ③ 에너지보정계수 α
 ④ 운동량보정계수 β
 ⑤ 프루드 수 Fr

• 개수로의 흐름은 층류, 난류, 상류, 사류가 결합된 형태이다.

3. 한계 Reynolds 수에 의한 흐름의 분류

식	구분
$Re = \dfrac{VR}{\nu} < 500$	층류
$Re = \dfrac{VR}{\nu} > 500$	난류

• 관수로에서 Re(레이놀즈)
 점성력에 대한 관성력의 비
 $Re = \dfrac{VD}{\nu}$
 ① 층류 : $Re < 2,000$
 ② 난류 : $Re > 4,000$

• R : 경심

4. 직사각형 수로의 최대유량

최대유량	식
직사각형 수로에서 한계수심으로 흐를 때의 최대유량	$Q = A V_c = (b h_c)\sqrt{\dfrac{g h_c}{\alpha}}$

• $h_c = \dfrac{2}{3} H_e$
• α : 에너지보정계수(보통 1의 값)

예/상/문/제

01 개수로에서 상류(常流)와 사류(射流)에 대한 설명으로 틀린 것은?

① 수심이 한계수심보다 클 경우 상류 상태이다.
② 프루드(Froude) 수가 1보다 클 경우 사류 상태이다.
③ 수로경사가 한계경사보다 급할 때 사류 상태이다.
④ 레이놀즈(Reynolds) 수가 1보다 클 경우 상류 상태이다.

[해설]
레이놀즈(Reynolds) 수는 층류와 난류를 구분하는 무차원 수이며 상류는 $Fr<1$이다.

02 한계 프루드 수(Froude Number)를 사용하여 구분할 수 있는 흐름 특성은?

① 등류와 부등류 ② 정류와 부정류
③ 층류와 난류 ④ 상류와 사류

[해설]
상류와 사류는 프루드(Froude) 수에 의해 구분한다.

03 폭이 20m인 직사각형 단면수로에 30.6m³/sec의 유량이 0.8m의 수심으로 흐를 때 Froude 수와 흐름은?

① 0.683, 상류 ② 0.683, 사류
③ 1.464, 상류 ④ 1.464, 사류

[해설]
$V=\dfrac{Q}{A}=\dfrac{30.6}{20\times 0.8}=1.913\text{m/sec}$

$Fr=\dfrac{V}{\sqrt{gh}}=\dfrac{1.913}{\sqrt{9.8\times 0.8}}=0.683<1$이므로 상류이다.

04 개수로 흐름에서 수심이 1m, 유속이 2m/sec라면 흐름의 상태는?

① 상류(常流) ② 난류(亂流)
③ 층류(層流) ④ 사류(射流)

[해설]
$Fr=\dfrac{V}{\sqrt{gh}}=\dfrac{2}{\sqrt{9.8\times 1}}=0.64<1$이므로 상류이다.

05 프루드 수와 한계경사 및 흐름의 상태 중 상류일 때의 조건으로 옳은 것은?(단, Fr : 프루드 수, I : 수로경사, I_c : 한계경사, V : 유속, V_c : 한계유속, y : 수심, y_c : 한계수심)

① $V>V_c$ ② $Fr>1$
③ $I<I_c$ ④ $y<y_c$

[해설]
상류일 때의 조건은 $y>y_c$, $V<V_c$, $F_r<1$, $I<I_c$이다.

06 수로 폭이 10m인 직사각형 수로에 15m³/sec의 유량이 1m의 수심으로 흐를 때 비에너지와 흐름의 상태는?(단, 에너지 보정계수는 1.0이다.)

① 0.115m, 사류 ② 0.115m, 상류
③ 1.115m, 사류 ④ 1.115m, 상류

[해설]
$H_e=h+\dfrac{\alpha V^2}{2g}=1+\dfrac{1}{19.6}\left(\dfrac{15}{10\times 1}\right)^2=1.11\text{m}$

$Fr=\dfrac{V}{\sqrt{gh}}=\dfrac{\left(\dfrac{15}{10\times 1}\right)}{\sqrt{9.8\times 1}}=0.473<1$이므로 상류이다.

07 흐름 중 상류(常流)에 대한 수식으로 옳지 않은 것은?(단, H_c : 한계수심, I_c : 한계경사, V_c : 한계유속, I : 수로경사, H : 수심, V : 유속)

① $H_c<H$ ② $I_c>I$
③ $\dfrac{V}{\sqrt{gH}}>1$ ④ $V_c>V$

[해설]
상류(常流) 흐름의 조건은
$H>H_c$, $V<V_c$, $Fr=\dfrac{V}{\sqrt{gH}}<1$, $I<I_c$이다.

정답 01 ④ 02 ④ 03 ① 04 ① 05 ③ 06 ④ 07 ③

07 비력

1. 비력(충력치)

정의	모식도
임의의 두 단면 사이에서 압력에 의한 힘과 질량(유량)에 의한 힘이 같다고 하여 얻어진 식	

① 충력치는 물의 정수압항과 운동량(동수압)항으로 구성
② 충력치는 흐름의 모든 단면에서 일정(㉠, ㉡ 단면에서 충력치는 같다.)
③ 짧은 구간 ㉠과 ㉡에 운동량 방정식 $\left[F = \dfrac{w}{g} Q(V_2 - V_1)\right]$ 적용

$$\sum F = \beta \dfrac{w}{g} Q(V_2 - V_1), \quad P_2 - P_1 = \beta \dfrac{w}{g} Q(V_2 - V_1)$$

$(P_1 = w h_{G1} A_1, \; P_2 = w h_{G2} A_2)$

$$w h_{G1} A_1 - w h_{G2} A_2 = \eta \dfrac{w}{g} Q(V_1 - V_2)$$

$$\beta_1 \dfrac{Q}{g} V_1 + h_{G1} A_1 = \beta_2 \dfrac{Q}{g} V_2 + h_{G2} A_2$$

④ 위의 값은 일정한데 이것을 비력이라 한다.
⑤ 물이 하상의 돌출부를 통과할 경우 비에너지는 일정하고 비력은 감소

2. 수심에 따른 비력(충력치, M)의 변화

모식도	식
	$M = \beta \dfrac{Q}{g} V + h_G A$

① 비력이 최소($M_{\min}$)가 되는 수심이 한계수심(h_c)
② 대응수심 : 하나의 비력 M에 대하여 두 개의 수심 h_1과 h_2

GUIDE

- 비력은 흐름 내의 운동량에 관한 식이다.

- **비력(충력치)**
  (물의 단위 무게당 운동량) + (단위 무게당 전수압의 합)

- β(운동량 보정계수)

- 물이 하상의 돌출부를 통과하면 월류(수면상승), 비에너지(수심+속도수두)는 수심의 변화가 없기 때문에 일정하다.

- 비력은 하상에서 저항을 받으므로 감소한다.

- 최소충력치($M_{\min}$)에 대한 수심이 한계수심이다. 이는 비에너지가 최소인 수심과 같다.

- 충력치는 흐름의 모든 단면에서 일정하다.

예 / 상 / 문 / 제

01 비력(Special Force)에 대한 설명으로 옳은 것은?

① 물의 충격에 의해 생기는 힘의 크기
② 비에너지가 최대가 되는 수심에서의 에너지
③ 한계수심으로 흐를 때 한 단면에서의 총 에너지 크기
④ 개수로의 어떤 단면에서 단위중량당 동수압과 정수압의 합계

해설
비력(충력치)의 정의는 개수로의 어떤 단면에서 단위중량당 운동량(동수압)과 정수압의 합이다.

02 유량 Q, 유속 V, 단면적 A, 도심거리 h_G라 할 때 충력치(M)의 값은?(단, 충력치는 비력이라고도 하며, η : 운동량 보정계수, g : 중력가속도, W : 물의 중량, w : 물의 단위중량)

① $\eta \dfrac{Q}{g} + Wh_G A$
② $\eta \dfrac{gV}{Q} + h_G A$
③ $\eta \dfrac{Q}{g} V + h_G A$
④ $\eta \dfrac{Q}{g} V + \dfrac{1}{2} w^2$

해설
비력(충력치)은 개수로 내 한 단면에서의 물의 단위 무게당 운동량과 전수압의 합으로 나타낸다.

03 그림과 같이 여수로(餘水路) 위로 단위폭당 유량 $Q = 3.27\text{m}^3/\text{sec}$가 월류할 때 ㉠ 단면의 유속 $V_1 = 2.04\text{m/sec}$, ㉡ 단면의 유속 $V_2 = 4.67\text{m/sec}$라면, 댐에 가해지는 수평성분의 힘은?(단, 무게 1kg=10N이고, 이상 유체로 가정한다.)

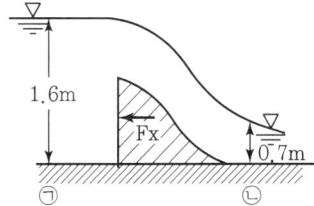

① 1,570N/m(157kg/m)
② 2,450N/m(245kg/m)
③ 6,470N/m(647kg/m)
④ 12,800N/m(1,280kg/m)

해설
• 댐 상류부 전수압
$$P_1 = wh_G A = 1,000 \times \dfrac{1.6}{2} \times 1.6 = 1,280\text{kg}$$
• 댐 하류부 전수압
$$P_2 = wh_G A = 1,000 \times \dfrac{0.7}{2} \times 0.7 = 245\text{kg}$$
• 운동량 방정식
$$P_1 - P_2 - F_x = \dfrac{w}{g} Q(V_2 - V_1) \text{이므로}$$
$$1,280 - 245 - F_x = \dfrac{1,000}{9.8} \times 3.27 \times (4.67 - 2.04)$$
$$\therefore F_x = 157\text{kg/m}$$

04 다음의 비력(M)곡선에서 한계수심을 나타내는 것은?

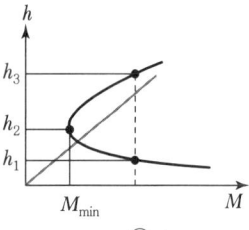

① h_1
② h_2
③ h_3
④ $h_3 - h_1$

해설
비력(M)곡선에서 h_1과 h_3는 대응수심이며 h_2는 비력이 최소인 한계수심이다.

05 직사각형 광폭 수로에서 한계류의 특징이 아닌 것은?

① 주어진 유량에 대해 비에너지가 최소이다.
② 주어진 비에너지에 대해 유량이 최대이다.
③ 한계수심은 비에너지의 2/3이다.
④ 주어진 유량에 대해 비력이 최대이다.

해설
충력치(비력)가 최소로 되는 수심은 한계수심(한계류)이다.

정답 01 ④ 02 ③ 03 ① 04 ② 05 ④

08 도수

1. 도수

정의	모식도
① 흐름이 사류에서 상류로 변할 때 불연속적으로 수면이 뛰는 현상(불연속 구간) ② 도수가 발생하기 이전과 이후의 비에너지는 다르다.	(그림)

GUIDE

- 지배단면
  상류에서 사류로 변하는 지점의 단면

- 도수로 인한 에너지 손실
  ① 사류와 상류의 비에너지 차
  ② 도수에 의한 에너지 손실은 도수 전후의 수면차가 클수록 크다.

2. 도수 후 에너지 손실과 도수 후 상류 수심

구분	모식도	식
도수 전, 후 에너지 손실 (ΔH_e)	(그림)	$\Delta H_e = \dfrac{(h_2 - h_1)^3}{4 h_1 h_2}$
도수 후 수심(h_2, 하류수심, 공액수심)	(그림)	$h_2 = -\dfrac{h_1}{2} + \dfrac{h_1}{2}\sqrt{1 + 8Fr_1^2}$ $\therefore h_2 = \dfrac{h_1}{2}(-1 + \sqrt{1 + 8Fr_1^2})$

① 흐름이 사류에서 상류로 바뀔 때 도수와 함께 큰 에너지 손실을 동반한다.
② 흐름에서 사류에서 상류로 바뀌면 도수현상으로 에너지선은 변한다.
③ 댐 여수로에서 도수를 발생시키는 것은 유수의 에너지 감쇄 목적이다.
④ 도수 전후의 수심관계는 운동량 방정식으로 구한다.

- 도수의 길이 구하는 실험식
  ① Smetana 공식
    $L = 6(h_2 - h_1)$
  ② Safranez 공식
  ③ Bahkmeteff-matzke
  ④ 미국 개척국 공식

- 도수가 발생한 후 하류의 유속은 느려지고 수심은 갑자기 증가한다.

- $Fr_1 = \dfrac{V_1}{\sqrt{gh_1}}$
  (h_1 : 도수 전 수심)

- $Fr = 1$이면 도수는 일어나지 않는다.(한계류)

- $Fr > 9$: 강도수 발생

3. 완전도수와 불완전(파상)도수

구분	식	모식도
완전도수	$Fr \geq \sqrt{3}$	(그림)
불완전(파상)도수	$1 < Fr < \sqrt{3}$	

- 완전도수
  맴돌이가 생기는 도수

- 불완전도수
  맴돌이가 생기는 않는 도수

예 / 상 / 문 / 제

01 개수로의 지배단면(Control Section)에 대한 설명으로 옳은 것은?

① 개수로 내에서 유속이 가장 크게 되는 단면이다.
② 개수로 내에서 압력이 가장 크게 작용하는 단면이다.
③ 개수로 내에서 수로경사가 항상 같은 단면을 말한다.
④ 한계수심이 생기는 단면으로서 상류에서 사류로 변하는 단면을 말한다.

> **해설**
> 지배단면(Control Section)은 한계수심(h_c)이 생기는 단면으로서 상류(常流)에서 사류(射流)로 변하는 단면이다.

02 도수(Hydraulic Jump)가 발생한 후 하류에서의 변화로 옳은 것은?

① 유량이 증가한다.
② 유속은 느려지고 물의 깊이가 갑자기 증가한다.
③ 유속은 빨라지고 물의 깊이가 감소한다.
④ 유량이 감소한다.

> **해설**
> 도수(Hydraulic Jump)는 사류에서 상류로 변할 때 수면이 불연속적으로 뛰는 현상이므로 수심(물의 깊이)이 증가하며 유속은 느려진다.

03 도수 전의 수심을 초기수심이라고 하고, 이와 대응하는 도수 후의 수심을 무엇이라고 하는가?

① 대응수심
② 한계수심
③ 등류수심
④ 공액수심

> **해설**
> 도수 전의 수심을 초기수심이라고 하고 이와 대응되는 도수 후의 수심을 공액수심(共軛水深 : Conjugate Depth)이라고 한다.

04 도수 전후의 수심이 각각 1m, 3m일 때 에너지 손실은?

① $\frac{1}{3}$ m
② $\frac{1}{2}$ m
③ $\frac{2}{3}$ m
④ $\frac{4}{5}$ m

> **해설**
> 에너지 손실 $\Delta H_e = \dfrac{(h_2 - h_1)^3}{4h_1 h_2}$
> $= \dfrac{(3-1)^3}{4 \times 1 \times 3} = \dfrac{2}{3}$ m

05 개수로에서 도수가 발생할 때 도수 전의 수심이 0.5m, 유속이 7m/sec이면 도수 후의 수심은?

① 2.5m
② 2.0m
③ 1.8m
④ 1.5m

> **해설**
> $h_2 = \dfrac{h_1}{2}\left(-1 + \sqrt{1 + 8\dfrac{V_1^2}{gh_1}}\right)$
> $= \dfrac{0.5}{2} \times \left(-1 + \sqrt{1 + 8 \times \dfrac{7^2}{9.8 \times 0.5}}\right) = 2.0$ m

06 폭 6m인 직사각형 단면수로의 경사가 0.0025이며 11m³/s의 유량이 흐르고 있다. 흐름의 어느 단면에서의 유속이 6m/s였다. 이 단면에서 도수가 발생한다면 공액수심은 얼마인가?

① 0.313m
② 0.871m
③ 1.353m
④ 2.541m

> **해설**
> $Q = AV$에서
> $11 = 6 \times h \times 6$이므로 $h = 0.306$m
> $\therefore h_2 = \dfrac{h_1}{2}\left(-1 + \sqrt{1 + 8 Fr_1^2}\right)$
> $= \dfrac{0.306}{2}\left(-1 + \sqrt{1 + 8 \times \dfrac{6^2}{9.8 \times 0.306}}\right)$
> $= 1.354$ m

정답 01 ④ 02 ② 03 ④ 04 ③ 05 ② 06 ③

09 개수로의 부등류

1. 수면 곡선형의 특성

구분	특징
$\dfrac{dh}{dx}=0$	① 흐름 방향으로 수심의 변화가 없음을 의미 ② 수면 곡선은 수로 바닥과 평행하며 등류가 발생
$\dfrac{dh}{dx}>0$	① 흐름 방향으로 수심이 증가 ② 배수곡선(Back water curve)
$\dfrac{dh}{dx}<0$	① 수심이 흐름 방향으로 감소 ② 저하곡선(Drawdown curve)

2. 부등류의 수면곡선(완경사, M 곡선)

모식도	해설
(그림: h, h_0, h_c, M_1, M_2, M_3, 완경사)	완경사일 때 등류가 상류이므로 등류수심은 한계수심보다 크다.

배수곡선 완경사$\left(I<\dfrac{g}{\alpha C^2}\right)$ (M_1 배수곡선)	$h>h_o>h_c$	$\dfrac{dh}{dx}>0$
	① 흐름 방향으로 수심이 점차적으로 커짐 ② 상류에 댐을 만들 때 생김(배수효과) ③ 한계류 또는 등류수심보다 큰 영역 ④ 수심(h)이 상류로 갈수록 등류수심(h_o)에 접근	

저하곡선 완경사$\left(I<\dfrac{g}{\alpha C^2}\right)$ (M_2 저하곡선)	$h_o>h>h_c$	$\dfrac{dh}{dx}<0$
	① 수심이 점차적으로 작아짐 ② 수로가 단락되어 수로경사가 갑자기 클 때(폭포) ③ 한계수심과 등류수심 사이	

배수곡선 완경사$\left(I<\dfrac{g}{\alpha C^2}\right)$ (M_3 곡선)	$h_o>h>h_c$	$\dfrac{dh}{dx}>0$
	① 수심이 점차적으로 커짐 ② 수로경사가 급경사에서 완경사로 급변 ③ 한계류 또는 등류수심보다 작은 영역	

GUIDE

- 개수로의 일반적 흐름은 일정한 유량이 흐르더라도 흐름 방향에 대해 수심, 유속이 변하는 부등류

- 부등류 해석을 하는 가장 중요한 이유는 흐름의 수면곡선을 구하는 데 있다.

- 개수로에 댐과 같은 구조물을 만드는 경우, 수심(h)은 수리 구조물에 접근하면서 점점 상승한다. 이러한 수위상승이 상류(上流) 쪽으로 영향을 미쳐 등류수심(h_o)에 가까워지는 현상을 배수라 하며 그 곡선을 배수곡선이라 한다.

- 흐름이 상류가 되는 경사를 완경사(mild slope)

- 흐름이 사류가 되는 경사를 급경사(steep slope)

- h : 수심
- h_o : 등류수심
- h_c : 한계수심

- 배수곡선

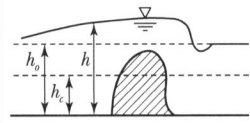

- 저하곡선

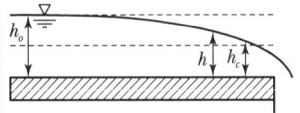

예 / 상 / 문 / 제

01 개수로에서 수면형(水面形)이 배수곡선으로 되는 수심 h의 범위를 나타내는 것은?(단, h_o : 등류수심, h_c : 한계수심, h : 고려하는 임의의 수심)

① $h_c > h_o > h$
② $h_c > h > h_o$
③ $h > h_o > h_c$
④ $h_o > h > h_c$

[해설]
배수곡선이 생기는 영역은 $h > h_o > h_c$이다.

02 개수로 구간에 댐을 설치했을 때 수심 h가 상류로 갈수록 등류수심 h_o에 접근하는 수면곡선을 무엇이라 하는가?

① 저하곡선 ② 배수곡선
③ 수문곡선 ④ 수면곡선

[해설]
개수로에 댐과 같은 구조물을 만드는 경우, 수심(h)은 수리 구조물에 접근하면서 점점 상승한다. 이러한 수위상승이 상류(上流) 쪽으로 영향을 미쳐 등류수심(h_o)에 가까워지는 현상을 배수라 하며 그 곡선을 배수곡선이라 한다.

03 상류(常流)로 흐르는 수로에 댐을 만들었을 경우 그 상류(上流)에 생기는 수면곡선은?

① 배수곡선 ② 저하곡선
③ 수리특성곡선 ④ 홍수추적곡선

04 그림과 같은 부등류 흐름에서 y는 실제수심, y_c는 한계수심, y_n은 등류수심으로 표시한다. 그림의 수로경사에 관한 설명과 수면형 명칭으로 옳은 것은?

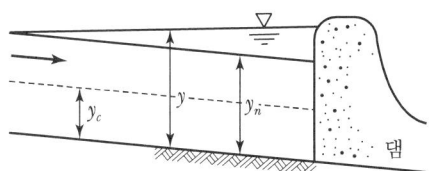

① 완경사 수로에서의 배수곡선이면 M_1곡선
② 급경사 수로에서의 배수곡선이면 S_1곡선
③ 완경사 수로에서의 배수곡선이면 M_2곡선
④ 급경사 수로에서의 배수곡선이면 S_2곡선

[해설]
그림의 수면곡선은 댐의 상류부에서 발생하는 완경사(Mild Slope)일 때의 배수곡선(M_1)

05 배수(Back Water)에 대한 설명 중 옳은 것은?

① 개수로의 어느 곳에 댐 등으로 인하여 흐름차단이 발생함으로써 수위가 상승되는 영향이 상류 쪽으로 미치는 현상을 말한다.
② 수자원 개발을 위하여 저수지에 물을 가두어 두었다가 용수 부족 시에 사용하는 물을 말한다.
③ 홍수 시에 제내지에 만든 유수지의 수면이 상승되는 현상을 말한다.
④ 관수로 내의 물을 급격히 차단할 경우 관 내의 상승 압력으로 인하여 습파가 생겨서 상류쪽으로 습파가 전달되는 현상을 말한다.

[해설]
개수로에 댐과 같은 구조물을 만드는 경우, 수위는 수리 구조물에 접근하면서 점점 상승한다. 이러한 수위상승이 상류(上流)쪽으로 영향을 미쳐 등류수심에 가까워지는 현상을 배수라 하며 그 곡선을 배수곡선(Back Water Curve)이라 한다.

06 개수로의 점변류를 설명하는 $\dfrac{dy}{dx}$에 대한 설명으로 틀린 것은?(단, y는 수심, x는 수평좌표를 나타낸다.)

① $\dfrac{dy}{dx} = 0$이면 등류이다.

② $\dfrac{dy}{dx} > 0$이면 수심은 증가한다.

③ 경사가 수평인 수로에서는 항상 $\dfrac{dy}{dx} = 0$이다.

④ 흐름방향 x에 대한 수심 y의 변화를 나타낸다.

[해설]
경사가 수평인 수로일지라도 $\dfrac{dy}{dx}$는 $(+), (-)$ 값을 가질 수 있다.

정답 01 ③ 02 ② 03 ① 04 ① 05 ① 06 ③

3. 부등류의 수면곡선(급경사, S곡선)

모식도	해설
![급경사 그림: S_1, $\frac{dh}{dx}>0$; S_2, $\frac{dh}{dx}<0$; S_3, $\frac{dh}{dx}>0$]	급경사일 때 등류가 사류이므로 등류수심은 한계수심보다 작다.
배수곡선 급경사 $\left(I > \dfrac{g}{\alpha C^2}\right)$	$h > h_c > h_o$, $\dfrac{dh}{dx} > 0$, S_1 배수곡선
저하곡선 급경사 $\left(I > \dfrac{g}{\alpha C^2}\right)$	$h_c > h > h_o$, $\dfrac{dh}{dx} < 0$, S_2 저하곡선

GUIDE

- 흐름이 상류가 되는 경사를 완경사(mild slope)
- 흐름이 사류가 되는 경사를 급경사(steep slope)
- h : 수심
- h_o : 등류수심
- h_c : 한계수심
- 급경사일 경우
  $\left(I > \dfrac{g}{\alpha C^2},\ h_o < h_c\right)$

4. 한계경사의 수면곡선

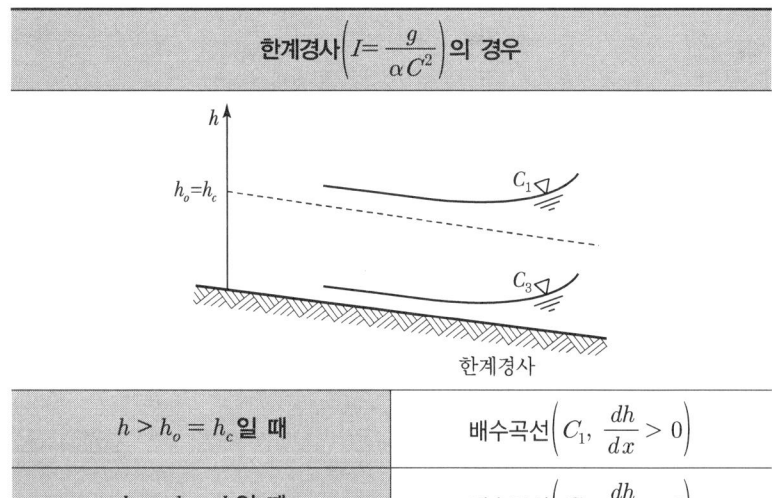

한계경사 $\left(I = \dfrac{g}{\alpha C^2}\right)$의 경우	
$h > h_o = h_c$일 때	배수곡선 $\left(C_1,\ \dfrac{dh}{dx} > 0\right)$
$h_o = h_c > h$일 때	배수곡선 $\left(C_3,\ \dfrac{dh}{dx} > 0\right)$

- h : 수심
- h_o : 등류수심
- h_c : 한계수심

- **상류 시 수면형 계산**
  지배단면에서 상류방향으로 계산
- **사류 시 수면형 계산**
  지배단면에서 하류방향으로 계산

5. 흐름의 지배단면

수면곡선을 계산하기 위해 제일 먼저 할 일		
지배단면 파악	상류일 경우 $F < 1$	사류일 경우 $F > 1$

- **지배단면**
  상류에서 사류로 변하는 지점의 단면

예/상/문/제

01 그림과 같은 개수로에서 수로경사 $S_0 = 0.001$, Manning의 조도계수 $n = 0.002$일 때 유량은?

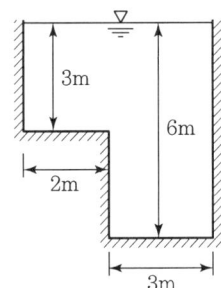

① 약 150m³/s ② 약 320m³/s
③ 약 480m³/s ④ 약 540m³/s

해설

- $Q = A \cdot \dfrac{1}{n} R^{2/3} I^{1/2}$

  $= 24 \times \dfrac{1}{0.002} \times (1.41)^{2/3} \times (0.001)^{1/2}$

  $= 480 \text{m}^3/\text{s}$

- $R(경심) = \dfrac{A}{P} = \dfrac{24}{3+2+3+3+6} = 1.41$

02 수심이 10cm, 수로 폭이 20cm인 직사각형 개수로에서 유량 Q=80cm³/s가 흐를 때 동점성계수 $v = 1.0 \times 10^{-2}$ cm²/s이면 흐름은?

① 난류, 사류 ② 층류, 사류
③ 난류, 상류 ④ 층류, 상류

해설

- $Re = \dfrac{VR}{V} = \dfrac{\dfrac{Q}{A} \cdot \left(\dfrac{bh}{b+2h}\right)}{V}$

  $= \dfrac{\dfrac{80}{10 \times 20} \times \left(\dfrac{20 \times 10}{20 + 2 \times 10}\right)}{1.0 \times 10^{-2}}$

  $= 200(층류) < 500$

- $F_r = \dfrac{V}{C} = \dfrac{V}{\sqrt{gh}} = \dfrac{0.4}{\sqrt{980 \times 10}}$

  $= 0.004(상류) < 1$

정답 01 ③ 02 ④

10 곡선수로의 수류 및 단파

1. 곡선수로의 수류

구분	해설	모식도
상류	$V \times R = C(\text{Const})$ 곡률이 큰 상류의 흐름에서 수평면의 유속은 수로의 곡률반지름에 반비례	

- **굴절수로의 수류**
  ① 굴절 전 유선과의 각 β
  ② 곡선벽일 경우
  · $\sin\beta = \dfrac{1}{Fr_1}$

- β : 마하(Mach)각

2. 단파(Surge or Hydraulic Bore)

정의	구분	설명
개수로 흐름에서 수문을 갑자기 닫아서 물의 흐름을 막으면 상류 쪽의 수면이 갑자기 상승하여 단상이 되고 이것이 상류로 향하여 전파된다. 이처럼 상류나 하류의 수문을 갑자기 열거나 닫아서, 수면이 갑자기 높아지거나 저하되는 현상을 단파라고 한다.	정단파 ($h_1 < h_2$)	단파가 일어난 후의 수심(h_2)이 처음의 수심(h_1)보다 큰 단파
	부단파 ($h_1 > h_2$)	단파가 일어난 후의 수심(h_2)이 처음의 수심(h_1)보다 작은 단파

- 정단파

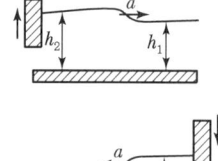
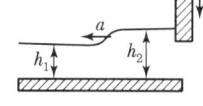

- 부단파

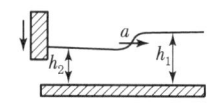
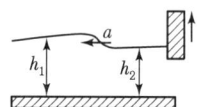

11 개수로 흐름의 특성

① 한계류 상태에서는 수심의 크기가 속도수두의 2배가 된다.
② 유량이 일정할 때 상류에서는 수심이 작아질수록 유속이 커진다.
③ 비에너지는 수로 바닥면을 기준으로 한 단위무게의 유수가 가진 에너지를 말한다.
④ 흐름이 사류에서 상류로 바뀔 때 수면이 뛰는 현상을 도수라고 하며, 도수는 큰 에너지 손실을 동반한다.

예 / 상 / 문 / 제

01 수평면상 곡선수로의 상류(常流)에서 비회전 흐름의 경우, 유속 V와 곡률반경 R의 관계로 옳은 것은?(단, C는 상수)

① $V = CR$
② $VR = C$
③ $R + \dfrac{V^2}{2g} = C$
④ $\dfrac{V^2}{2g} + CR = 0$

[해설]
곡선수로에 상류(常流)의 흐름이 발생하는 경우 $VR = C$가 성립한다.

02 개수로 흐름에서 수면이 갑자기 높아지거나 수면이 급히 저하되는 현상을 무엇이라고 하는가?

① 단파(Hydraulic Bore)
② 도수(Hydraulic Jump)
③ 수면 강하
④ 수면 상승

[해설]
단파란 수로에서 상류에 있는 수문을 갑자기 열거나 닫으면 수면이 갑자기 상승하거나 저하되어 계단모양으로 흐름이 전파되는 현상이다.

03 단파(Hydraulic Bore)에 대한 설명으로 옳은 것은?

① 수문을 급히 개방할 경우 하류로 전파되는 흐름
② 유속이 파의 전파속도보다 작은 흐름
③ 댐을 건설하여 상류 측 수로에 생기는 수면파
④ 계단식 여수로에 형성되는 흐름의 형상

[해설]
단파(Hydraulic Bore)란 수로에서 상류에 있는 수문을 갑자기 열거나 닫으면 수면이 갑자기 상승하거나 저하되어 계단모양을 이루며 하류로 흐름이 전파되는 현상이다.

04 수문을 갑자기 닫아서 물의 흐름을 막으면 상류(上流) 쪽의 수면이 갑자기 상승하여 단상(段狀)이 되고, 이것이 상류로 향하여 전파되는 현상을 무엇이라 하는가?

① 장파(長波)
② 단파(段波)
③ 홍수파(洪水波)
④ 파상도수(波狀跳水)

[해설]
수문을 갑자기 닫아서 물의 흐름을 막으면 상류 쪽의 수면이 상승하여 계단모양(段狀)이 되고, 이것이 상류로 향하여 전파되는 현상을 단파(段波)라고 한다.

05 상류수문을 열거나 상류에서 급히 다량의 물을 공급했을 때 생기는 파는?

① 정단파(正段波)라 한다.
② 부단파(負段波)라 한다.
③ Mach파라 한다.
④ 충격파라 한다.

[해설]
상류수문을 갑자기 열거나 상류에서 급히 다량의 물을 공급했을 때 또는 하류수문을 갑자기 닫으면 단파가 일어난 후의 수심(h_2)이 처음의 수심(h_1)보다 커지므로 이러한 파를 정단파라 한다.

정답 01 ② 02 ① 03 ① 04 ② 05 ①

CHAPTER 06 실 / 전 / 문 / 제

01 관수로와 개수로의 흐름에 대한 설명으로 옳지 않은 것은?
① 관수로는 자유표면이 없고 개수로는 있다.
② 관수로는 두 단면 간의 속도차로 흐르고 개수로는 두 단면 간의 압력차로 흐른다.
③ 관수로는 점성력의 영향이 크고 개수로는 중력의 영향이 크다.
④ 개수로는 프루드 수(Fr)로 상류와 사류로 구분할 수 있다.

[해설]
관수로는 두 단면의 압력차로 흐르고, 개수로는 두 단면의 경사에 의해 흐른다.

02 개수로에 대한 설명으로 옳은 것은?
① 동수경사선과 에너지경사선은 항상 평행하다.
② 에너지경사선은 자유수면과 일치한다.
③ 동수경사선은 에너지경사선과 항상 일치한다.
④ 동수경사선과 자유수면은 일치한다.

[해설]
개수로에서 동수경사선은 자유수면과 항상 일치한다.

03 물의 단위중량 w, 수면경사 I, 수리평균심 R라 할 때, 등류 내에서의 유수의 소류력 τ를 구하는 식으로 옳은 것은?
① wRI
② $\dfrac{RI}{w}$
③ $\dfrac{I}{Rw}$
④ $\dfrac{Rw}{I}$

[해설]
유수가 수로의 윤변에 작용시키는 마찰력인 소류력(Tractive Force) 공식은 $\tau = wRI$로 나타낸다.

04 그림과 같은 단면의 수로에 대한 경심은?

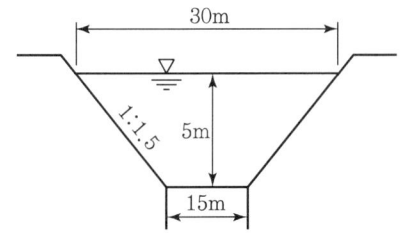

① 3.41m
② 3.55m
③ 3.73m
④ 3.92m

[해설]
$A = \dfrac{1}{2}(15+30) \times 5 = 112.5 \text{m}^2$
$R = \dfrac{A}{P} = \dfrac{112.5}{15 + 2\sqrt{7.5^2 + 5^2}} = 3.41\text{m}$

05 Manning의 조도계수 n과 Chezy의 계수 C와의 관계로 옳은 것은?(여기서 R : 경심)
① $C = \dfrac{1}{n}R^{1/6}$
② $C = \dfrac{1}{n}R^{2/3}$
③ $C = \dfrac{1}{n}R^{1/2}$
④ $C = \dfrac{1}{n}R^{1/4}$

[해설]
$V = \dfrac{1}{n}R^{2/3}I^{1/2} = C\sqrt{RI}$ ∴ $C = \dfrac{1}{n}R^{1/6}$

06 Manning 공식을 사용한 개수로 내 등류의 통수능(通水能) K_o는?(단, A_o : 유수단면적, n : 조도계수, R_o : 수리평균심, I_o : 등류 때의 수면경사이다.)
① $A_o \dfrac{1}{n} R_o^{\frac{2}{3}} I_o^{\frac{1}{2}}$
② $\dfrac{1}{n} R_o^{\frac{2}{3}}$
③ $\dfrac{1}{n} A_o R_o^{\frac{2}{3}}$
④ $A_o R_o^{\frac{2}{3}}$

[해설]
$Q = A\dfrac{1}{n}R^{\frac{2}{3}}I^{\frac{1}{2}} = KI^{\frac{1}{2}}$ 에서 통수능 $K = A\dfrac{1}{n}R^{\frac{2}{3}}$ 이다.

정답 01 ② 02 ④ 03 ① 04 ① 05 ① 06 ③

07 수심에 비해 수로 폭이 매우 큰 사각형 수로에 유량 Q가 흐르고 있다. 동수경사를 I, 평균유속계수를 C라고 할 때 Chezy 공식에 의한 수심은?(단, h : 수심, B : 수로 폭)

① $h = \dfrac{3}{2}\left(\dfrac{Q}{C^2B^2I}\right)^{1/3}$ ② $h = \left(\dfrac{Q^2}{C^2B^2I}\right)^{1/3}$

③ $h = \left(\dfrac{Q}{C^2B^2I}\right)^{2/3}$ ④ $h = \left(\dfrac{Q^2}{C^2B^2I}\right)^{7/10}$

해설
$Q = AV = Bh \times C\sqrt{RI}$ (폭이 넓은 수로, $R ≒ h$)
$Q = AV = Bh \times C\sqrt{hI}$ 에서
$h^{\frac{3}{2}} = \dfrac{Q}{BCI^{1/2}}$ $\therefore h = \left(\dfrac{Q^2}{B^2C^2I}\right)^{\frac{1}{3}}$

08 다음 중 차원이 있는 것은?

① 조도계수 n ② 동수경사 I
③ 상대조도 e/D ④ 마찰손실계수 f

해설
동수경사, 상대조도, 마찰손실계수는 무차원이고 조도계수는 $[TL^{-\frac{1}{3}}]$의 차원을 갖는다.

09 개수로 내의 흐름에서 수심 h, 유수단면적 A, 유량 Q, 비에너지 H_e라고 할 때 에너지 보정계수 $\alpha = 1$이라면 이들의 관계식으로 옳은 것은?

① $H_e = h + \dfrac{Q}{A}$ ② $H_e = h + \left(\dfrac{Q}{A}\right)^2$

③ $H_e = h + \dfrac{1}{2g}\left(\dfrac{Q}{A}\right)$ ④ $H_e = h + \dfrac{1}{2g}\left(\dfrac{Q}{A}\right)^2$

해설
비에너지는 수로 바닥을 기준으로 한 수두로 수심(h)과 속도수두 $\left(\alpha\dfrac{V^2}{2g}\right)$의 합이다.

10 수리학적으로 유리한 단면의 조건으로 옳은 것은?

① 경심(R)이 최소이어야 한다.
② 윤변(P)이 최대이어야 한다.
③ 경심(R)과 윤변(P)의 곱이 최대이어야 한다.
④ 경심(R)이 최대이거나 윤변(P)이 최소이어야 한다.

해설
개수로에서 한계수심(h_c)은 유량이 일정할 때 비에너지가 최소로 되는 수심($H_{e\min}$)이며, 비에너지가 일정할 때 유량이 최대가 되는 수심($Q_{\max}$)이다.

11 개수로의 수리학적으로 유리한 단면 조건으로 옳은 것은?

① 경심(R)이 최소, 또는 윤변(P)이 최소가 되어야 한다.
② 경심(R)이 최소, 또는 윤변(P)이 최대가 되어야 한다.
③ 경심(R)이 최대, 또는 윤변(P)이 최대가 되어야 한다.
④ 경심(R)이 최대, 또는 윤변(P)이 최소가 되어야 한다.

해설
수리상 유리한 단면은 유량이 최대($Q_{\max}$)일 때이므로 경심이 최대($R_{\max}$)이거나 윤변이 최소($P_{\min}$)이어야 한다.
$Q = AC\sqrt{RI} = \dfrac{1}{n}R^{2/3}I^{1/2}$

12 사각형 단면 개수로의 수리학적으로 유리한 단면에서 수로의 수심이 3m였다면 이 수로의 경심은?

① 3.0m   ② 1.5m
③ 1.0m   ④ 0.75m

해설
경심(수학적으로 유리한 단면) $R = \dfrac{h}{2} = \dfrac{3\text{m}}{2} = 1.5\text{m}$

정답 07 ② 08 ① 09 ④ 10 ④ 11 ④ 12 ②

CHAPTER 06 실/전/문/제

13 조도계수 $n=0.03$, 수면경사 $1/10,000$인 직사각형 수로에 유량이 100m^3이 되게 하려고 할 때, 수리상 유리한 단면의 폭(B)은?(단, Manning의 평균유속공식을 적용)

① 8.48m ② 10.52m
③ 12.97m ④ 15.57m

[해설]

$Q = A\dfrac{1}{n}R^{2/3}I^{1/2}$

$100 = 2h^2 \times \dfrac{1}{0.03} \times \left(\dfrac{h}{2}\right)^{2/3}\sqrt{\dfrac{1}{10,000}}$

$h^{8/3} = 238.11$

∴ $h = 7.786\text{m}$, $B = 2h = 15.57\text{m}$

14 개수로에서 수리학상 유리한 단면(Best Section)에 대한 설명으로 옳은 것은?

① 동수반경이 최소가 되는 단면이다.
② 유량을 최소로 하여 주는 단면이다.
③ 윤변(潤邊) 길이를 최대로 하여 주는 단면이다.
④ 주어진 유량에 대하여 단면적을 최소로 하는 단면이다.

[해설]

수리학상 유리한 단면
- 단면적이 일정할 때 유량이 최대인 단면
- 주어진 유량에 대하여 단면적을 최소로 하는 단면이다.

15 그림과 같이 폭 3m, 수심 2m인 직사각형 단면 수로에 유속 5m/sec로 흐를 때 비에너지(E)는?(단, 에너지 보정계수(α) = 1.0)

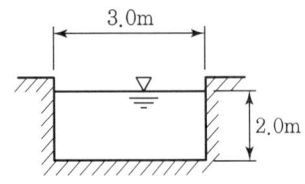

① 3.28m ② 2.28m
③ 1.28m ④ 0.28m

[해설]

비에너지 $E = h + \alpha\dfrac{V^2}{2g} = 2 + \dfrac{1 \times 5^2}{2 \times 9.8} = 3.28\text{m}$

16 개수로의 흐름을 상류와 사류로 구분할 때 기준으로 사용할 수 없는 것은?

① 프루드 수(Froude Number)
② 한계유속(Critical Velocity)
③ 한계수심(Critical Depth)
④ 레이놀즈수(Reynolds Number)

[해설]

레이놀즈수(Reynolds Number)는 층류와 난류를 구분하는 무차원 수이다.

17 직사각형 단면의 수로에서 단위폭당 유량이 $0.4\text{m}^3/\text{s/m}$이고 수심이 0.8m일 때 비에너지는?(단, 에너지 보정계수는 1.0으로 함)

① 0.801m ② 0.813m
③ 0.825m ④ 0.837m

[해설]

$H_e = h + \alpha\dfrac{V^2}{2g} = 0.8 + \dfrac{1}{19.6}\left(\dfrac{0.4}{1 \times 0.8}\right)^2 = 0.813\text{m}$

18 개수로에서 수심 h, 면적 A, 유량 Q로 흐르고 있다. 에너지 보정계수를 α 라고 할 때 비에너지 H_e를 구하는 식으로 옳은 것은?(단, h = 수심, g = 중력가속도)

① $H_e = h + \alpha\left(\dfrac{Q}{A}\right)$
② $H_e = h + \alpha\left(\dfrac{Q}{A}\right)^2$
③ $H_e = h + \alpha\left(\dfrac{Q^2}{2g}\right)$
④ $H_e = h + \alpha\dfrac{1}{2g}\left(\dfrac{Q}{A}\right)^2$

[해설]

비에너지는 수로 바닥을 기준으로 한 수두로 수심(h)과 속도수두 $\left(\alpha\dfrac{v^2}{2g}\right)$의 합이다.

정답 13 ④ 14 ④ 15 ① 16 ④ 17 ② 18 ④

실/전/문/제

19 비에너지와 한계수심에 관한 설명으로 옳지 않은 것은?

① 비에너지가 일정할 때 한계수심으로 흐르면 유량이 최소가 된다.
② 유량이 일정할 때 비에너지가 최소가 되는 수심이 한계수심이다.
③ 비에너지는 수로 바닥을 기준으로 하는 흐름의 전 에너지이다.
④ 유량이 일정할 때 직사각형 단면 수로 내 한계수심은 최소 비에너지의 $\frac{2}{3}$이다.

[해설]
개수로에서 한계수심(h_c)은 비에너지가 최소로 되는 수심($H_{e\,\min}$)이고, 비에너지가 일정할 때 유량이 최대가 되는 수심($Q_{\max}$)이다.

20 개수로 흐름에 대한 설명으로 틀린 것은?

① 한계류 상태에서는 수심의 크기가 속도수두의 2배가 된다.
② 유량이 일정할 때 상류에서는 수심이 작아질수록 유속은 커진다.
③ 비에너지는 수평기준면을 기준으로 한 단위무게의 유수가 가진 에너지를 말한다.
④ 흐름이 사류에서 상류로 바뀔 때에는 도수와 함께 큰 에너지 손실을 동반한다.

[해설]
비에너지는 수평기준면이 아닌 수로 바닥을 기준으로 한 수두(에너지)이다.

21 그림과 같은 수로에 유량이 $11m^3/s$로 흐를 때 비에너지는?(단, 에너지 보정계수 $\alpha = 1$)

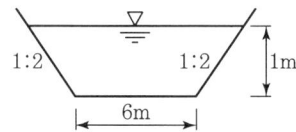

① 1.156m   ② 1.165m
③ 1.106m   ④ 1.096m

[해설]
$V = \dfrac{Q}{A} = \dfrac{11}{\dfrac{1}{2}\times(6+10)\times 1} = 1.375m$ 이므로

$E = H_e + \alpha\dfrac{V^2}{2g} = 1 + 1 \times \dfrac{1.375^2}{2\times 9.8} = 1.096m$

22 직사각형 수로에서 최소 비에너지($E_{\min}$)가 5.0m이다. 이 경우의 한계수심(y_c)은?

① 2.5m   ② 3.3m
③ 4.0m   ④ 5.0m

[해설]
한계수심 $y_c = \dfrac{2}{3}E_{\min} = \dfrac{2}{3}\times 5 = 3.33m$

23 사각형 단면의 개수로에서 비에너지의 최솟값이 $E_{\min} = 1.5m$이라면 단위폭당의 유량은?

① $1.75m^3/sec$ ② $2.73m^3/sec$
③ $3.13m^3/sec$ ④ $4.25m^3/sec$

[해설]
비에너지가 최소일 때는 한계수심으로 흐를 때이므로
$E_{\min} = \left(\dfrac{\alpha\, Q^2}{gb^2}\right)^{1/3}$ 에서 $\dfrac{2}{3}\times\dfrac{3}{2} = \left(\dfrac{Q^2}{9.8\times 1^2}\right)^{1/3}$
$\therefore Q = 3.13\,m^3/sec$

24 직사각형의 단면(폭 4m × 수심 2m) 개수로에서 Manning 공식의 조도계수 $n = 0.017$이고 유량 $Q = 15m^3/s$일 때 수로의 경사(I)는?

① 1.016×10^{-3}
② 4.548×10^{-3}
③ 15.365×10^{-3}
④ 31.875×10^{-3}

CHAPTER 06 실/전/문/제

해설

$Q = AV = A\dfrac{1}{n}R^{\frac{2}{3}}I^{\frac{1}{2}}$

$15 = (4\times 2)\times \dfrac{1}{0.017}\times \left(\dfrac{4\times 2}{4+2\times 2}\right)^{\frac{2}{3}}\times I^{\frac{1}{2}}$

$\therefore\ I = 1.016\times 10^{-3}$

25 광폭 직사각형 단면 수로의 단위폭당 유량이 $16\text{m}^3/\text{s}$일 때, 한계경사는?(단, 수로의 조도계수 $n = 0.02$이다.)

① 3.27×10^{-3} ② 2.73×10^{-3}
③ 2.81×10^{-2} ④ 2.90×10^{-2}

해설

$h_c = \left(\dfrac{\alpha Q^2}{gB^2}\right)^{\frac{1}{3}} = \left(\dfrac{1\times 16^2}{9.8\times 1^2}\right)^{\frac{1}{3}} = 2.97\text{m}$

$C = \dfrac{1}{n}R^{\frac{1}{6}} = \dfrac{1}{0.02}\times 2.97^{\frac{1}{6}} = 59.95$

(광폭개수로 : $R = h$)

$I_c = \dfrac{g}{\alpha C^2} = \dfrac{9.8}{1\times 59.95^2} = 2.73\times 10^{-3}$

26 수심 2m, 폭 4m, 경사 0.0004인 직사각형 단면수로에서 유량 $14.56\text{m}^3/\text{s}$가 흐르고 있다. 이 흐름에서 수로 표면 조도계수(n)는?(단, Manning 공식 사용)

① 0.0096   ② 0.01099
③ 0.02096 ④ 0.03099

해설

$Q = AV = A\dfrac{1}{n}R^{\frac{2}{3}}I^{\frac{1}{2}}$

$\therefore\ n = \dfrac{AR^{\frac{2}{3}}I^{\frac{1}{2}}}{Q} = \dfrac{(4\times 2)\times 1^{\frac{2}{3}}\times 0.0004^{\frac{1}{2}}}{14.56} = 0.01099$

27 직사각형 단면의 수로에서 최소 비에너지가 1.5m라면 단위폭당 최대유량은?(단, 에너지 보정계수 $\alpha = 1.0$)

① $2.86\text{m}^3/\text{s/m}$ ② $2.98\text{m}^3/\text{s/m}$
③ $3.13\text{m}^3/\text{s/m}$ ④ $3.32\text{m}^3/\text{s/m}$

해설

$h_c = \dfrac{2}{3}h_e = \dfrac{2}{3}\times 1.5 = 1\text{m}$

$h_c = \left(\dfrac{\alpha Q^2}{gb^2}\right)^{\frac{1}{3}}\qquad 1 = \left(\dfrac{1\times Q^2}{9.8\times 1^2}\right)^{\frac{1}{3}}$

$\therefore\ Q = 3.13\text{m}^3/\text{s}$

28 직사각형 단면 수로의 폭이 5m이고 한계수심이 1m일 때의 유량은?(단, 에너지 보정계수 $\alpha = 1.0$)

① $15.65\text{m}^3/\text{s}$ ② $10.75\text{m}^3/\text{s}$
③ $9.80\text{m}^3/\text{s}$ ④ $3.13\text{m}^3/\text{s}$

해설

$h_c = \left(\dfrac{\alpha Q^2}{gb^2}\right)^{\frac{1}{3}}\qquad 1 = \left(\dfrac{1\times Q^2}{9.8\times 5^2}\right)^{\frac{1}{3}}$

$\therefore\ Q = 15.65\text{m}^3/\text{s}$

29 수면폭이 1.2m인 V형 삼각 수로에서 $2.8\text{m}^3/\text{s}$의 유량이 0.9m 수심으로 흐른다면 이때의 비에너지는?(단, 에너지 보정계수 $\alpha = 1$로 가정한다.)

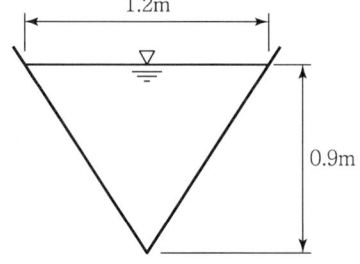

① 0.9m   ② 1.14m
③ 1.84m ④ 2.27m

정답 25 ② 26 ② 27 ③ 28 ① 29 ④

해설

$A = \dfrac{1}{2}bh = \dfrac{1}{2} \times 1.2 \times 0.9 = 0.54\text{m}^2$

$V = \dfrac{Q}{A} = \dfrac{2.8}{0.54} = 5.19\text{m/s}$

$H_e = h + \dfrac{\alpha V^2}{2g} = 0.9 + \dfrac{1 \times 5.19^2}{2 \times 9.8} = 2.27\text{m}$

30 개수로 내 정상류의 수심을 y, 수로의 경사를 S, 한계수심과 한계경사를 각각 y_c, S_c, 흐름의 Froude 수를 Fr이라 할 때 $y > y_c$일 때의 조건으로 옳은 것은?

① $Fr < 1$, $S < S_c$
② $Fr > 1$, $S > S_c$
③ $Fr > 1$, $S < S_c$
④ $Fr < 1$, $S > S_c$

해설

수심이 한계수심보다 클 경우($y > y_c$) 상류이다. Froude 수는 1보다 작고($Fr < 1$), 경사는 한계경사보다 작다.($S < S_c$)

31 다음 중 사류의 조건이 아닌 것은?(단, h_c : 한계수심, V_c : 한계유속, I_c : 한계경사, Fr : Froude Number, h : 수심, V : 유속, I : 경사)

① $Fr > 1$
② $h < h_c$
③ $V > V_c$
④ $I < I_c$

해설

• 상류조건 : $h > h_c$, $V < V_c$, $Fr < 1$, $I < I_c \left(\dfrac{g}{\alpha C^2} \right)$

• 사류조건 : $h < h_c$, $V > V_c$, $Fr > 1$, $I > I_c \left(\dfrac{g}{\alpha C^2} \right)$

32 개수로에서 유속을 V, 중력가속도를 g, 수심을 h로 표시할 때 장파(長波)의 전파속도를 나타내는 것은?

① gh
② Vh
③ $\sqrt{gh}$
④ $\sqrt{Vh}$

해설

장파(長波)의 전파(전달)속도는 $\sqrt{gh}$ 로 나타낸다.

33 직사각형 단면수로에서 폭 $B = 2\text{m}$, 수심 $H = 6\text{m}$이고, 유량 $Q = 10\text{m}^3/\text{s}$일 때 Froude 수와 흐름의 종류는?

① 0.217, 사류
② 0.109, 사류
③ 0.217, 상류
④ 0.109, 상류

해설

$Fr = \dfrac{V}{\sqrt{gh}} = \dfrac{0.833}{\sqrt{9.8 \times 6}} = 0.109 < 1$

$\left(V = \dfrac{Q}{A} = \dfrac{10}{2 \times 6} = 0.833\text{m/sec} \right)$

∴ 상류이다.

34 한계경사에 대한 설명으로 옳지 않은 것은? (단, α : 에너지보정계수, C : 평균유속계수(Chezy 계수), g : 중력가속도)

① 한계경사는 $\dfrac{g}{\alpha C^2}$ 로 표시한다.
② 지배 단면이 생기는 경사를 말한다.
③ 흐름이 상류에서 사류로 변하는 한계에서의 경사이다.
④ 수로의 조도계수가 클수록 한계경사는 일반적으로 작아진다.

해설

한계경사
수로의 조도계수가 클수록 한계경사는 일반적으로 커진다.

35 프루드 수(Froude Number)가 1보다 큰 흐름의 상태는?

① 상류(常流)
② 사류(射流)
③ 층류(層流)
④ 난류(亂流)

해설

사류 조건 : $h < h_c$, $V > V_c$, $Fr > 1$, $I > I_c$

정답 30 ① 31 ④ 32 ③ 33 ④ 34 ④ 35 ②

CHAPTER 06 실/전/문/제

36 폭 9m의 직사각형 수로에 16.2m³/s의 유량이 92cm의 수심으로 흐르고 있다. 장파의 전파속도 C와 비에너지 E는?(단, 에너지보정계수 $\alpha = 1.0$)

① $C = 2.0$m/s, $E = 1.015$m
② $C = 2.0$m/s, $E = 1.115$m
③ $C = 3.0$m/s, $E = 1.015$m
④ $C = 3.0$m/s, $E = 1.115$m

해설

- 장파의 전파속도
  $C = \sqrt{gh} = \sqrt{9.8 \times 0.92} = 3.0$m/s
- 비에너지의 산정
  $h_e = h + \dfrac{\alpha v^2}{2g} = 0.92 + \dfrac{1 \times 1.96^2}{2 \times 9.8} = 1.115$m
  ($v = \dfrac{Q}{A} = \dfrac{16.2}{9 \times 0.92} = 1.96$m/s)

37 원형 관수로의 흐름에서 레이놀즈수(Re)를 유량 Q, 지름 d 및 동점성계수 ν의 함수로 표시한 것으로 옳은 것은?

① $Re = \dfrac{4Q}{\pi d \nu}$ ② $Re = \dfrac{Q}{4\pi d \nu}$
③ $Re = \dfrac{\pi \nu}{Qd}$ ④ $Re = \dfrac{\pi d}{\nu Q}$

해설

$R_e = \dfrac{vd}{\nu} = \dfrac{d}{\nu} \dfrac{Q}{A} = \dfrac{4Q}{\pi d \nu}$

38 개수로 흐름에서 수심이 1m, 유속이 3m/s라면 흐름의 상태는?

① 사류(射流) ② 난류(亂流)
③ 층류(層流) ④ 상류(常流)

해설

$Fr = \dfrac{V}{\sqrt{gh}} = \dfrac{3}{\sqrt{9.8 \times 1}} = 0.96 < 1$
∴ 상류

39 폭이 넓은 직사각형 수로에서 폭 1m당 0.5 m³/s의 유량이 80cm의 수심으로 흐르는 경우, 이 흐름을 가장 잘 나타낸 것은?(단, 동점성계수는 0.012cm²/s)

① 층류이며 상류 ② 층류이며 사류
③ 난류이며 상류 ④ 난류이며 사류

해설

- $V = \dfrac{Q}{A} = \dfrac{0.5}{1 \times 0.8} = 0.625$m/s $= 62.5$cm/s
- $Re = \dfrac{VR}{\nu} = \dfrac{62.5 \times 80}{0.012} = 416,666$ ∴ 난류
  (광폭 개수로에서 $R \fallingdotseq h$)
- $Fr = \dfrac{V}{\sqrt{gh}} = \dfrac{0.625}{\sqrt{9.8 \times 0.8}} = 0.22$ ∴ 상류

40 관수로에서 Reynolds 수가 300일 때 추정할 수 있는 흐름의 상태는?

① 상류 ② 사류
③ 층류 ④ 난류

해설

- $Re \leq 2,000$: 층류
- $2,000 < Re < 4,000$: 천이영역
- $Re \geq 4,000$: 난류
∴ Reynolds 수 300은 층류이다.

41 한계류에 대한 설명으로 옳은 것은?

① 유속의 허용한계를 초과하는 흐름
② 유속과 장파의 전파속도의 크기가 동일한 흐름
③ 유속이 빠르고 수심이 작은 흐름
④ 동압력이 정압력보다 큰 흐름

해설

한계류는 $Fr = 1$(한계류는 유속과 장파의 전파속도의 크기가 동일한 흐름)

정답 36 ④ 37 ① 38 ④ 39 ③ 40 ③ 41 ②

42 개수로의 흐름을 상류-층류와 상류-난류, 사류-층류와 사류-난류의 네 가지 흐름으로 나누는 기준이 되는 한계 Froude 수(Fr)와 한계 Reynolds 수(Re)는?

① $Fr=1$, $Re=1$ ② $Fr=1$, $Re=500$
③ $Fr=500$, $Re=1$ ④ $Fr=500$, $Re=500$

해설
개수로 흐름에서 상류와 사류를 구분하는 한계 Froude 수는 1이고, 층류와 난류를 구분하는 한계 Reynolds 수는 500이다.

43 프루드 수와 한계경사 및 흐름의 상태 중 상류일 때의 조건으로 옳은 것은?(단, Fr : 프루드 수, I : 수로경사, I_c : 한계경사, V : 유속, V_c : 한계유속, y : 수심, y_c : 한계수심)

① $V > V_c$ ② $Fr > 1$
③ $I < I_c$ ④ $y < y_c$

해설
상류일 때의 조건 : $y > y_c$, $V < V_c$, $Fr < 1$, $I < I_c$

44 수심이 10cm, 수로 폭은 20cm인 직사각형의 개수로에서 유량이 80cm³/sec로 흐를 때 이 흐름의 종류는?(단, 물의 동점성계수(ν)=1.15×10^{-2} cm²/sec이다.)

① 층류, 상류 ② 층류, 사류
③ 난류, 상류 ④ 난류, 사류

해설
경심 $R = \dfrac{A}{P} = \dfrac{20 \times 10}{20 + 2 \times 10} = 5\,\text{cm}$

$Re = \dfrac{VR}{\nu} = \dfrac{\dfrac{80}{20 \times 10} \times 5}{1 \times 10^{-2}} = 200 < 500$ ∴ 층류

$Fr = \dfrac{\dfrac{80}{20 \times 10}}{\sqrt{980 \times 10}} = 0.004 < 1$ ∴ 상류

45 폭이 넓은 직사각형 수로에서 폭 1m당 0.5 m³/sec의 유량이 80cm의 수심으로 흐르는 경우 이 흐름은?(단, 동점성 계수는 0.012cm²/sec, 한계수심은 29.5cm이다.)

① 층류이며 상류 ② 층류이며 사류
③ 난류이며 상류 ④ 난류이며 사류

해설
$Re = \dfrac{VR}{\nu} = \dfrac{62.5 \times 80}{0.012} = 417,000 > 500$
∴ 난류(광폭 구형수로 $R \fallingdotseq h$이다.)
$Fr = \dfrac{0.625}{\sqrt{9.8 \times 0.8}} = 0.223 < 1$
∴ 상류 $\left(V = \dfrac{0.5}{1 \times 0.8} = 0.625\,\text{m/s}\right)$

46 도수 전후의 수심이 각각 2m, 4m이다. 도수로 인한 에너지 손실(수두)은 얼마인가?

① 0.1m ② 0.2m
③ 0.25m ④ 0.5m

해설
$\Delta H_e = \dfrac{(h_2 - h_1)^3}{4h_1 h_2} = \dfrac{(4-2)^3}{4 \times 2 \times 4} = 0.25\,\text{m}$

47 다음의 유량 중 수로폭이 3m인 직사각형 수로에 수심이 50cm로 흐를 때 흐름이 상류가 되는 것은?

① 2.5m³/sec ② 4.5m³/sec
③ 6.5m³/sec ④ 8.5m³/sec

해설
$Fr = \dfrac{V}{\sqrt{gh}} = \dfrac{\dfrac{Q}{3 \times 0.5}}{\sqrt{9.8 \times 0.5}} < 1$
상류가 되기 위해서는 $Q < 3.32$
∴ $Q = 2.5\,\text{m}^3/\text{sec}$

정답 42 ② 43 ③ 44 ① 45 ③ 46 ③ 47 ①

CHAPTER 06 실 / 전 / 문 / 제

48 개수로에서의 흐름에 대한 설명 중 맞는 것은?

① 한계류 상태에서는 수심의 크기가 속도수두의 2배가 된다.
② 유량이 일정할 때 상류에서는 수심이 작아질수록 유속도 작아진다.
③ 흐름이 상류에서 사류로 바뀔 때에는 도수와 함께 큰 에너지 손실을 동반한다.
④ 비에너지는 수평기준면을 기준으로 한 단위무게의 유수가 가진 에너지를 말한다.

[해설]
한계류 상태인 $Fr = \dfrac{V}{\sqrt{gh}} = 1$이며 $\dfrac{V^2}{g} = h$이므로 수심의 크기는 속도수두 $\left(\dfrac{V^2}{2g}\right)$의 2배 $\left(h = 2\dfrac{V^2}{2g}\right)$가 된다.

49 수로폭 4m, 수심 1.5m인 직사각형 수로에서 유량이 24m³/sec일 때 프루드 수(Froude Number)와 흐름의 상태는?

① 1.04, 사류
② 1.04, 상류
③ 0.74, 사류
④ 0.74, 상류

[해설]
$V = \dfrac{Q}{A} = \dfrac{24}{4 \times 1.5} = 4\,\text{m/sec}$
$Fr = \dfrac{V}{\sqrt{gh}} = \dfrac{4}{\sqrt{9.8 \times 1.5}} = 1.04 > 1$
∴ 사류이다.

50 개수로 내 흐름에서 한계수심에 대한 설명으로 옳은 것은?

① 상류 쪽의 저항이 하류 쪽의 조건에 따라 변한다.
② 유량이 일정할 때 비력이 최대가 된다.
③ 유량이 일정할 때 비에너지가 최소가 된다.
④ 비에너지가 일정할 때 유량이 최소가 된다.

[해설]
한계수심
- 유량이 일정하고 비에너지가 최소일 때의 수심
- 에너지가 일정하고 유량이 최대로 흐를 때의 수심
- 유량이 일정하고 비력이 최소일 때의 수심

51 수심이 3m, 하폭이 20m, 유속이 4m/s인 직사각형 단면 개수로에서의 비력은?(단, 운동량 보정계수 $\eta = 1.1$)

① 107.2m³
② 158.3m³
③ 197.8m³
④ 215.2m³

[해설]
$M = \eta \dfrac{Q}{g} V + h_G A$
$= 1.1 \times \dfrac{240}{9.8} \times 4 + \dfrac{3}{2} \times (20 \times 3) = 197.8\,\text{m}^3$

52 직사각형 단면 개수로의 한계유속(V_c)과 한계수심(h_c)의 관계로 옳은 것은?

① $V_c \propto h_c$
② $V_c \propto h_c^{-1}$
③ $V_c \propto h_c^{1/2}$
④ $V_c \propto h_c^2$

[해설]
$V_c = \sqrt{\dfrac{g h_c}{\alpha}}$
$V_c \propto h_c^{\frac{1}{2}}$

53 개수로의 흐름이 등류의 흐름일 때 옳은 것은?

① 유속은 점점 빨라진다.
② 유속은 점점 느려진다.
③ 유속은 일정하게 유지된다.
④ 유속은 0이다.

[해설]
등류는 공간을 기준으로 유속이 일정하게 유지되는 것을 말한다.

정답 48 ① 49 ① 50 ③ 51 ③ 52 ③ 53 ③

54 개수로의 특성에 대한 설명으로 옳지 않은 것은?

① 배수곡선은 완경사 흐름의 하천에서 장애물에 의해 발생한다.
② 상류에서 사류로 바뀔 때 한계수심이 생기는 단면을 지배단면이라 한다.
③ 사류에서 상류로 바뀌어도 흐름의 에너지선은 변하지 않는다.
④ 한계수심으로 흐를 때의 경사를 한계경사라 한다.

해설
사류에서 상류로 바뀔 때 수면이 뛰는 현상을 도수라고 하며, 이때 에너지 손실이 발생한다. 따라서 에너지선은 변한다.

55 개수로의 단면이 축소되는 부분의 흐름에 관한 설명으로 옳은 것은?

① 상류가 유입되면 수심이 감소하고 사류가 유입되면 수심이 증가한다.
② 상류가 유입되면 수심이 증가하고 사류가 유입되면 수심이 감소한다.
③ 유입되는 흐름의 상태(상류 또는 사류)와 무관하게 수심이 증가한다.
④ 유입되는 흐름의 상태(상류 또는 사류)와 무관하게 수심이 감소한다.

해설
수로 폭의 축소에 따른 변화
• 상류(subcritical flow) : $y_1 > y_2$: 수위 저하
• 사류(supercritical flow) : $y_1 < y_2$: 수위 상승

56 한계수심에 대한 설명으로 옳지 않은 것은?

① 유량이 일정할 때 한계수심에서 비에너지가 최소가 된다.
② 한계수심보다 수심이 작은 흐름이 상류이고 큰 흐름이 사류이다.
③ 비에너지가 일정하면 한계수심으로 흐를 때 유량이 최대가 된다.
④ 유량이 일정할 때 한계수심에서 비력이 최소가 된다.

해설
한계수심보다 수심이 큰 흐름은 상류, 한계수심보다 수심이 작은 흐름은 사류이다.

57 다음의 비력(M)곡선에서 한계수심을 나타내는 것은?

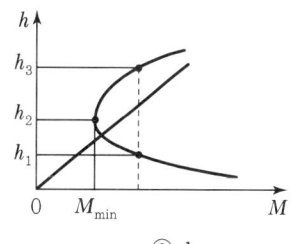

① h_1
② h_2
③ h_3
④ $h_3 - h_1$

해설
최소 비에너지일 때의 수심이 한계수심이다.

58 도수 전후의 충력치(비력)를 각각 M_1, M_2라 할 때 M_1, M_2의 크기와 충력치에 대한 설명으로 옳은 것은?

① 충력치란 물의 충격에 의해서 생기는 힘을 말하며, $M_1 = M_2$
② 충력치란 한계수심에서의 비에너지를 말하며, $M_1 > M_2$
③ 충력치란 개수로 내 한 단면에서의 물의 단위 무게당 정수압과 운동량의 합을 말하며, $M_1 = M_2$
④ 충력치란 비에너지가 최대가 되는 수심에서의 역적을 말하며, $M_1 < M_2$

해설
충력치(비력)란 개수로 내 한 단면에서의 물의 단위 무게당 정수압($h_G A$)과 운동량($\eta \dfrac{Q}{g} V$)의 합이다.

CHAPTER 06 실/전/문/제

59 도수(Hydraulic Jump)현상에 관한 설명으로 옳지 않은 것은?

① 역적-운동량 방정식으로부터 유도할 수 있다.
② 상류에서 사류로 급변할 경우 발생한다.
③ 도수로 인한 에너지 손실이 발생한다.
④ 파상도수와 완전도수는 Froude 수로 구분한다.

해설
흐름이 사류에서 상류로 바뀔 때 수면이 뛰는 현상을 도수(hydraulic jump)라고 한다.

60 댐의 여수로에서 도수를 발생시키는 목적 중 가장 중요한 것은?

① 유수의 에너지 감쇄
② 취수를 위한 수위 상승
③ 댐 하류부에서의 유속의 증가
④ 댐 하류부에서의 유량의 증가

해설
댐 여수로에서 도수를 발생시키는 것은 유수의 에너지 감쇄에 목적이 있다.

61 도수(hydraulic jump)에 대한 설명으로 옳은 것은?

① 수문을 급히 개방할 경우 하류로 전파되는 흐름
② 유속이 파의 전파속도보다 작은 흐름
③ 상류에서 사류로 변할 때 발생하는 현상
④ Froude 수가 1보다 큰 흐름에서 1보다 작아질 때 발생하는 현상

해설
도수는 Froude 수가 1보다 큰 사류에서 Froude 수가 1보다 작은 상류로 바뀔 때 발생하는 현상이다.

62 개수로 흐름에 관한 설명으로 틀린 것은?

① 사류에서 상류로 변하는 곳에 도수현상이 생긴다.
② 개수로 흐름은 중력이 원동력이 된다.
③ 비에너지는 수로 바닥을 기준으로 한 에너지이다.
④ 배수곡선은 수로가 단락(段落)이 되는 곳에 생기는 수면곡선이다.

해설
저하곡선은 수로가 단락되어 수로경사가 갑자기 클 때 생기는 수면곡선이다.

63 지배단면(Control Section)에 대한 설명으로 옳은 것은?

① 사류에서 상류로 변할 때의 단면
② 상류에서 사류로 변할 때의 단면
③ 유수단면이 최대인 단면
④ 유수단면이 최소인 단면

해설
지배단면은 상류에서 사류로 변하는 지점의 단면을 말하며, 한계수심과 한계유속이 생기는 단면이다.

64 물이 하상의 돌출부를 통과할 경우 비에너지와 비력의 변화는?

① 비에너지와 비력이 모두 감소한다.
② 비에너지는 감소하고 비력은 일정하다.
③ 비에너지는 증가하고 비력은 감소한다.
④ 비에너지는 일정하고 비력은 감소한다.

해설
물이 하상의 돌출부를 통과할 경우 비에너지는 일정하고 비력은 감소하게 된다.

정답 59 ② 60 ① 61 ④ 62 ④ 63 ② 64 ④

실 / 전 / 문 / 제

65 직사각형 광폭 수로에서 한계류의 특징이 아닌 것은?

① 주어진 유량에 대해 비에너지가 최소이다.
② 주어진 비에너지에 대해 유량이 최대이다.
③ 한계수심은 비에너지의 2/3이다.
④ 주어진 유량에 대해 비력이 최대이다.

[해설]
충력치(비력)가 최소로 되는 수심은 한계수심(한계류)이다.

66 도수(Hydraulic Jump)에 대한 설명으로 옳은 것은?

① 수로의 곡선부에 있어서 요안(凹岸) 측으로 수면이 상승하는 현상
② 사류에서 상류로 변할 때 수면이 불연속적으로 뛰어오르는 현상
③ 정수면의 외부충격에 의한 표면파의 전파현상
④ 수로를 갑자기 막았을 때 수면상승이 상류로 전파되는 현상

[해설]
도수는 흐름이 사류에서 상류로 바뀔 때 수면이 불연속적으로 뛰어올라 수면이 상승하는 현상이다.

67 도수에 대한 설명으로 틀린 것은?

① 흐름이 사류(射流)에서 상류(常流)로 바뀔 때 발생한다.
② 수면이 불연속적으로 상승하는 현상이다.
③ 도수가 발생하기 이전의 수심을 한계수심이라고 하고, 도수가 발생한 후의 수심은 대응수심이라 한다.
④ 도수 전의 Froude 수만 알면 도수 후의 수심을 구할 수 있다.

[해설]
도수가 발생하기 이전의 수심을 초기수심이라고 하고, 도수가 발생한 후의 수심은 공액수심이라 한다.

68 다음 중 도수(Hydraulic Jump)의 길이산정에 관한 공식이 아닌 것은?

① Safranez 공식
② Smetana 공식
③ Bakhmeteff – Matzke 공식
④ Chezy 공식

69 사류의 Froude 수 $Fr_1 = \dfrac{V_1}{\sqrt{gh_1}}$ 의 값으로서 완전 도수가 발생되는 범위는?

① $1 < Fr_1 < \sqrt{3}$
② $0 < Fr_1 < 0.5$
③ $0.5 < Fr_1 < 1$
④ $\sqrt{3} < Fr_1$

[해설]
Froude 수 Fr이 $1 < Fr < \sqrt{3}$ 일 때는 불완전도수가 발생하며, $Fr > \sqrt{3}$ 일 때는 완전도수가 발생한다.

70 개수로의 특성에 대한 설명으로 옳지 않은 것은?

① 배수곡선은 완경사 흐름의 하천에서 장애물에 의해 발생한다.
② 상류에서 사류로 바뀔 때 한계수심이 생기는 단면을 지배단면이라 한다.
③ 사류에서 상류로 바뀌어도 흐름의 에너지선은 변하지 않는다.
④ 한계수심으로 흐를 때의 경사를 한계경사라 한다.

[해설]
개수로 흐름에서 사류에서 상류로 바뀌면 도수현상으로 인하여 흐름의 에너지선은 변한다.

정답 65 ④ 66 ② 67 ③ 68 ④ 69 ④ 70 ③

CHAPTER 06 실/전/문/제

71 댐 여수로 내 물받이(Apron)에서 시점수위가 3.0m이고, 폭이 50m, 방류량이 2,000m³/s 인 경우, 하류 수심은?

① 2.5m ② 8.0m
③ 9.0m ④ 13.3m

해설

$Fr_1 = \dfrac{V_1}{\sqrt{gh_1}} = \dfrac{\frac{2,000}{50 \times 3}}{\sqrt{9.8 \times 3}} = 2.46$

$\therefore h_2 = \dfrac{h_1}{2}(-1 + \sqrt{1 + 8{Fr_1}^2})$

$= \dfrac{3}{2}(-1 + \sqrt{1 + 8 \times 2.46^2}) = 9.04\text{m}$

72 도수(跳水)가 15m 폭의 수문 하류 측에서 발생되었다. 도수가 일어나기 전의 깊이가 1.5m이고, 그때의 유속이 18m/sec이었다면 도수로 인한 에너지 손실수두는?(단, 에너지 보정계수 $\alpha = 1$ 이다.)

① 8.3m ② 7.6m
③ 5.4m ④ 3.2m

해설

$h_2 = \dfrac{h_1}{2}\left(-1 + \sqrt{1 + 8{Fr_1}^2}\right)$

$= \dfrac{1.5}{2}\left(-1 + \sqrt{1 + 8\left(\dfrac{18}{\sqrt{9.8 \times 1.5}}\right)^2}\right)$

$= 9.24\text{m}$

$\therefore H_e = \dfrac{(h_2 - h_1)^3}{4h_1 h_2} = \dfrac{(9.24 - 1.5)^3}{4 \times 1.5 \times 9.24}$

$= 8.36\text{m}$

73 도수(Hydraulic Jump) 전후의 수심 h_1, h_2의 관계를 도수 전의 프루드 수 Fr_1의 함수로 표시한 것으로 옳은 것은?

① $\dfrac{h_1}{h_2} = \dfrac{1}{2}(\sqrt{8{Fr_1}^2 + 1} - 1)$

② $\dfrac{h_1}{h_2} = \dfrac{1}{2}(\sqrt{8{Fr_1}^2 + 1} + 1)$

③ $\dfrac{h_2}{h_1} = \dfrac{1}{2}(\sqrt{8{Fr_1}^2 + 1} - 1)$

④ $\dfrac{h_2}{h_1} = \dfrac{1}{2}(\sqrt{8{Fr_1}^2 + 1} + 1)$

해설

도수(Hydraulic Jump) 전후의 수심 h_1, h_2의 관계는
$\dfrac{h_2}{h_1} = \dfrac{1}{2}(\sqrt{8{Fr_1}^2 + 1} - 1)$ 이다.

74 도수에 대한 설명으로 틀린 것은?

① 도수란 흐름이 사류에서 상류로 변화할 때 수면이 불연속적으로 상승하는 현상을 말한다.
② 도수 전후의 수심에 대한 비는 흐름의 프루드 수만의 함수로 표현할 수 있다.
③ 도수 전후의 비력은 같다. ($M_1 = M_2$)
④ 도수 전후에 구조물이 없는 경우 비에너지는 같다. ($E_1 = E_2$)

해설

도수 전후에는 구조물과 상관 없이 도수 전 수심 h_1과 도수 후 수심 h_2가 다르므로 비에너지는 다르다.

75 개수로에 댐을 만들 때 그 상류에 생기는 곡선은?

① 배수곡선 ② 저하곡선
③ 수리특성곡선 ④ 유량곡선

해설

개수로에 댐과 같은 구조물을 만드는 경우, 수위는 수리 구조물에 접근하면서 점점 상승한다. 이러한 수위상승이 상류(上流) 쪽으로 영향을 미쳐 등류수심에 가까워지는 현상을 배수라 하며 그 곡선을 배수곡선이라 한다.

정답 71 ③ 72 ① 73 ③ 74 ④ 75 ①

76 완경사 수로에서 배수곡선(M_1)이 발생할 경우 각 수심 간의 관계로 옳은 것은?(단, 흐름은 완경사의 상류흐름 조건이고, y : 측정수심, y_n : 등류수심, y_c : 한계수심)

① $y > y_n > y_c$
② $y < y_n < y_c$
③ $y > y_c > y_n$
④ $y_n > y > y_c$

[해설]
배수곡선은 $y > y_n > y_c$ 이다.

77 배수곡선(backwater curve)에 해당하는 수면곡선은?

① 댐을 월류할 때의 수면곡선
② 홍수 시의 하천의 수면곡선
③ 하천 단락부(段落部) 상류의 수면곡선
④ 상류 상태로 흐르는 하천에 댐을 구축했을 때 저수지의 수면곡선

[해설]
배수곡선(부등류의 수면곡선, 완경사)
• 수심이 점차적으로 커짐
• 상류에 댐을 만들 때 생김(배수효과)
• 한계류 또는 등류 수심보다 큰 영역

78 수평면상 곡선수로의 상류에서 비회전흐름인 경우, 유속 V와 곡률반지름 R의 관계로 옳은 것은?

① $V = CR$
② $VR = C$
③ $R + \dfrac{V^2}{2g} = C$
④ $\dfrac{V^2}{2g} + CR = 0$

[해설]
곡선 수로에서 상류의 흐름이 발생하는 경우 $VR = C$가 성립한다.

79 개수로에서 유량을 측정할 수 있는 장치가 아닌 것은?

① 위어
② 벤투리미터
③ 파샬플룸
④ 수문

[해설]
벤투리미터(Venturimeter)에 의한 유량측정은 관수로의 유량측정방법이다.

80 수리학적으로 유리한 단면에 관한 설명 중 옳지 않은 것은?

① 동수반지름(경심)을 최대로 하는 단면이다.
② 일정한 단면적에 최대유량을 흐르게 하는 단면이다.
③ 가장 유리한 단면은 직각 이등변삼각형이다.
④ 직사각형 수로에서는 수로 폭이 수심의 2배인 단면이다.

[해설]
수리학적으로 가장 유리한 단면형은 반원이 내접하는 직사각형 단면이다.

정답 76 ① 77 ④ 78 ② 79 ② 80 ③

CHAPTER 07

지하수와 수리학적 상사성

01 지하수의 흐름
02 투수계수(k, 수리전도계수)의 측정
03 지하수의 연직분포
04 대수층의 종류
05 우물의 수리
06 제방 내부의 침투
07 집수암거
08 수리학적 상사성
09 해안수리

01 지하수의 흐름

1. 지하수

내용	지하수면
① 강수가 지상에 떨어져 지표면을 통해 침투한 후 지하에 머무르면서 흐르는 물 ② 지하수에서 모세관 현상을 고려하지 않으며 지하수면에는 대기압이 작용	(우물, 지하수면, 압력수두, 위치수두, 전체수두, 기준면)

- **지하수**
  지하수의 흐름을 지배하는 것은 중력이다.

- **지하수의 유속**
  수온이 높으면 지하수의 유속은 크다.

2. Darcy 법칙(지하수 흐름의 기본 방정식)

모식도	단위시간당 침투유량
(그림)	$Q = Av = Ak\dfrac{h_L}{L} = Aki$ ① v : 평균유출속도, 이론유속(cm/sec) ② k : 투수계수(cm/sec) ③ A : 흐름에 대한 시료단면적(cm²) ④ Q : 단위시간(1sec)당 유량(cm³/sec) ⑤ i : 동수경사 $\left(i = \dfrac{\Delta h}{L} = \dfrac{h_L}{L}\right)$ ⑥ L : 침투길이 길이(cm) ⑦ Δh : 수두차($h_1 - h_2$)

- **Darcy 법칙**
  흙 속의 유속은 동수경사에 비례하고 침투길이(간격)에 반비례한다.
  $v = -ki$

- **Darcy의 법칙에서 이론유속**
  $v = nv_s$(실제유속)이므로 유속 v는 입자 사이를 흐르는 이론유속을 의미한다.

- 실제침투유속(v_s)이 평균유속(v)보다 크다.
  $v_s = \dfrac{v}{n}$

3. Darcy 법칙의 3대 가정과 적용범위

Darcy 법칙의 3대 가정	Darcy 법칙의 적용범위
① 다공층 물질의 특성이 균일하고 동질이다. ② 대수층 내에 모관수대가 존재하지 않는다.(모세관 현상이 발생하지 않는다.) ③ 흐름은 정류이다.	① 지하수의 흐름이 층류인 경우에 잘 맞는다. ② 레이놀즈수 적용의 일반적인 범위 : $Re < 1 \sim 10$(특히 $Re < 4$ 층류인 경우 가장 잘 성립)

- 자연 대수층 내의 지하수의 흐름은 $Re < 1$이므로 Darcy 법칙 적용 가능

예 / 상 / 문 / 제

01 다음 중 지하수의 흐름을 지배하는 힘은?

① 관성력   ② 점성력
③ 중력   ④ 표면장력

[해설]
지하수에서 모세관 현상을 고려하지 않으면 지하수면에는 대기압이 작용한다. 따라서, 지하수는 중력에 의하여 지배받게 된다.

02 다르시의 법칙(Darcy's Law)에 대한 설명으로 옳은 것은?

① 점성계수를 구하는 법칙이다.
② 지하수의 유속은 동수경사에 비례한다는 법칙이다.
③ 관수로의 흐름에 대한 수류상사의 법칙이다.
④ 개수로의 흐름에 대한 수류상사의 법칙이다.

[해설]
흙 속의 유속은 동수경사에 비례하고 침투길이(간격)에 반비례한다.

03 두 개의 수조를 연결하는 길이 3.7m의 수평관 속에 모래가 가득 차 있다. 두 수조의 수위차를 2.5m, 투수계수를 0.5m/sec라고 하면 모래를 통과할 때의 평균유속은?

① 0.104m/sec   ② 0.207m/sec
③ 0.338m/sec   ④ 0.446m/sec

[해설]
$V = ki$
$= k \cdot \frac{\Delta h}{L} = 0.5 \times \frac{2.5}{3.7}$
$= 0.338 \text{m/sec}$

04 대수층이 두께 2.7m, 폭 1.3m일 때 지하수의 유량은?(단, 상·하류 두 지점 사이의 수두차 1.8m, 수평거리 620m, 투수계수 $K = 300$m/day이다.)

① 3.06m³/day   ② 4.28m³/day
③ 5.26m³/day   ④ 6.38m³/day

[해설]
유량 $Q = AV = Aki = Ak\frac{\Delta h}{L}$
$= (1.3 \times 2.7) \times 300 \times \frac{1.8}{620} = 3.06 \text{m}^3/\text{day}$

05 모래여과지에서 사층 두께 2.4m, 투수계수를 0.04cm/sec로 하고 여과수두를 50cm로 할 때 10,000m³/day의 물을 여과시키는 경우 여과지 면적은?

① 1,289m²   ② 1,389m²
③ 1,489m²   ④ 1,589m²

[해설]
$Q = Aki = Ak\frac{\Delta h}{L}$ 에서
$\frac{10,000}{86,400} = A \times 0.04 \times 10^{-2} \times \frac{0.5}{2.4}$
$\therefore A = 1,388.8 \text{m}^2$

06 지하수의 흐름은 Darcy의 법칙을 이용하여 표현할 수 있다. 이때 지하수의 흐름과 가장 잘 일치되는 경우는?

① 층류인 경우   ② 난류인 경우
③ 상류인 경우   ④ 사류인 경우

[해설]
지하수 흐름에 대한 Darcy 법칙은 $Re < 1\sim10$(특히, $R_e < 4$)인 층류인 경우에 적용

07 지하수의 흐름에서 Darcy 법칙을 적용하는 레이놀즈수(Re)의 일반적인 범위는?

① $Re < 0.1$ ② $Re < 1\sim10$
③ $Re < 500$ ④ $Re < 2,000$

[해설]
지하수 흐름에 대한 Darcy 법칙은 $Re < 1\sim10$(특히, $Re < 4$)인 층류인 경우에 적용

정답 01 ③ 02 ② 03 ③ 04 ① 05 ② 06 ① 07 ②

4. Darcy 법칙을 층류에만 적용하는 이유

Darcy 법칙을 층류에만 적용하는 이유	
유속(v)과 손실수두(h_L)가 비례하기 때문	① Darcy 법칙 $v = ki$에서 동수경사(i) = $\dfrac{h_L}{L}$ 이다. ② 유속(V)과 손실수두(h_L)가 비례한다. ③ 그러므로 Darcy 법칙은 층류에만 적용

02 투수계수(k, 수리전도계수)의 측정

1. 정수위 투수시험(조립토에 적용)

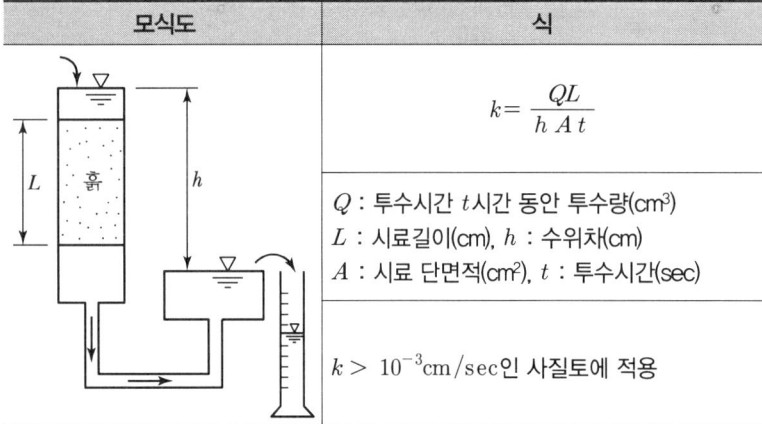

모식도	식
(그림)	$k = \dfrac{QL}{h\,A\,t}$
	Q : 투수시간 t시간 동안 투수량(cm³) L : 시료길이(cm), h : 수위차(cm) A : 시료 단면적(cm²), t : 투수시간(sec)
	$k > 10^{-3}$ cm/sec인 사질토에 적용

2. 변수위 투수시험(세립토에 적용)

모식도	식
(그림)	$k = 2.3 \dfrac{aL}{AT} \log_{10} \dfrac{h_1}{h_2}$
	a : stand pipe의 단면적(cm²) L : 시료길이(cm) A : 시료 단면적(cm²) T : 시험시간(sec), $T = t_2 - t_1$ h_1 : t_1 시각일 때의 최초 수위차(cm) h_2 : t_2 시각일 때의 최종 수위차(cm)
	투수계수를 $10^{-1} \sim 10^{-8}$ cm/sec 정도까지 폭넓게 사용

GUIDE

- **투수계수(k, 수리전도계수) 영향인자**
  ① 흙입자의 모양 및 크기
  ② 토사의 간극비
  ③ 흙의 구조
  ④ 흙입자의 구성
  ⑤ 유체의 점성
  ⑥ 유체의 단위중량
  ⑦ 지하수의 온도
  (k는 토사의 단위중량과는 관계가 없다.)

- **정수위 투수 시험**
  ① 투수계수가 큰 조립토(사질토)에 적용
  ② 수두차를 일정하게 유지
  ③ Darcy 법칙 적용
  ④ 투수량 Q를 측정하여 투수계수(k)를 결정한다.

- **변수위 투수 시험**
  ① 세립토의 투수계수(k)를 결정하는 시험
  ② 스탠드 파이프 내에 들어 있는 물이 시료를 통과해 양 수두(h_1, h_2) 사이를 흐르며 통과하는 데 소요되는 시간을 측정하여 투수계수(k)를 결정

예 / 상 / 문 / 제

01 Darcy의 법칙을 층류에만 적용하여야 하는 이유는?

① 유속과 손실수두가 비례하기 때문이다.
② 지하수 흐름은 항상 층류이기 때문이다.
③ 투수계수의 물리적 특성 때문이다.
④ 레이놀즈 수가 크기 때문이다.

해설

Darcy 법칙 $V = KI$ 에서 동수경사 $I = \dfrac{h_L}{l}$, 유속(V)과 손실수두(h_L)가 비례하기 때문에 Darcy 법칙을 층류에만 적용한다.

02 지하수의 투수계수와 관계가 없는 것은?

① 토사의 형상 ② 토사의 입도
③ 물의 단위중량 ④ 토사의 단위중량

해설

투수계수 K는 토사의 단위중량과 무관하다.

03 지름 7cm의 연직관에 높이 1m만큼 모래를 넣었다. 이 모래 위에 물을 20cm만큼 일정하게 유지하여 투수량 $Q = 5.0 L/h$를 얻었다. 모래의 투수계수(k)를 구한 값은?

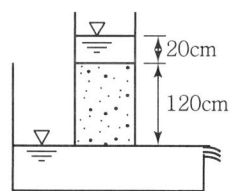

① 6.495m/h ② 649.5m/h
③ 1.083m/h ④ 108.3m/h

해설

- $Q = A \cdot V = A \cdot Ki$
  $A \cdot K \cdot \dfrac{\Delta h}{L}$
- $\dfrac{5.0 l}{h} \times 10^{-3} \mathrm{m^3} = \dfrac{\pi \times 0.07^2}{4} \times k \times \dfrac{1.2}{1}$

∴ $k = 1.083 \mathrm{m/h}$

04 직경 10cm인 연직관 속에 높이 1m만큼 모래가 들어있다. 모래면 위의 수위를 10cm로 일정하게 유지시켰더니 투수량 $Q = 4 L/hr$이었다. 이때 모래의 투수계수 k는?

① 0.4m/hr ② 0.5m/hr
③ 3.8m/hr ④ 5.1m/hr

해설

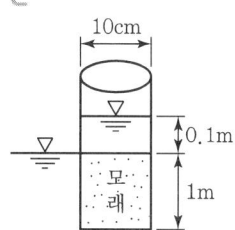

$Q = Av = AkI$

$4 \times 10^{-3} = \dfrac{\pi \times 0.1^2}{4} \times k \times \dfrac{0.1}{1}$

∴ $k = 5.09 \mathrm{m/hr}$

05 그림은 정수위투수시험에 의한 투수계수 측정 모습이다. $h = 100 \mathrm{cm}$, $L = 20 \mathrm{cm}$, $Q = 45 \mathrm{cm^3/sec}$이고 시료의 단면적 $A = 300 \mathrm{cm^2}$일 때 투수계수는?

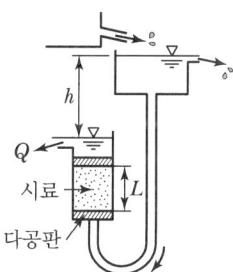

① 0.004cm/sec ② 0.03cm/sec
③ 0.2cm/sec ④ 1.0cm/sec

해설

$Q = AK\dfrac{\Delta h}{L}$ 에서 $45 = 300 \times K \times \dfrac{100}{20}$

∴ $K = 0.03 \mathrm{cm/sec}$

정답 01 ① 02 ④ 03 ③ 04 ④ 05 ②

03 지하수의 연직분포

1. 통기대

내용	구분
공기와 물로 차 있는 부분	① 토양수대 : 지표에서 식물뿌리가 박혀 있는 면까지를 말하며 이때 존재하는 물은 토양수이다.
	② 중간수대 : 토양수대 하단에서 모관수대 상단까지를 말하며 피막수와 중력수가 존재한다.
	③ 모관수대 : 지하수가 모세관현상으로 올라가는 지하수면부터 상승점까지를 말하며, 이때 존재하는 물은 모관수이다.

GUIDE

- **피막수**
  모관력과 흡습력에 의해 토립자에 붙어 있는 물

- **중력수**
  중력에 의해 토양층을 통과하는 토양수의 여유분의 물

2. 포화대

내용	모식도
지하수면 아래의 물로 포화되어 있는 부분 (지하수대)	(모식도)

04 대수층의 종류

1. 비피압 대수층과 피압 대수층

비피압 대수층	피압 대수층
① 지하수가 압력을 받지 않고 흐르는 지하수면이 있는 대수층	① 불투수층 사이를 지하수가 흐르고 있어 대기압보다 큰 압력으로 흐르는 지하수면이 없는 대수층
② 비피압 대수층의 지하수를 자유면 지하수라 한다.	② 피압 대수층의 지하수를 피압 지하수라 한다.

- **피압지하수**
  두 개의 불투수층 사이에 끼어 있어 대기압보다 큰 압력을 받고 있는 대수층의 지하수

- **피압대수층 내 지하수 해석법**
  ① Theis법
  ② Jacob법
  ③ Chow법

예 / 상 / 문 / 제

01 토양수대와 모관수대를 연결하는 중간수대가 있다. 중간수대에 존재하는 물은?

① 토양수 ② 지하수
③ 모관수 ④ 중력수

[해설]
통기대는 토양수대(토양수), 중간수대(중력수), 모관수대(모관수)로 나눌 수 있다.

02 지하수의 연직분포를 크게 나누면 통기대와 포화대로 나눌 수 있다. 다음 중 통기대에 속하지 않는 것은?

① 토양수대 ② 중간수대
③ 모관수대 ④ 지하수대

[해설]
통기대는 토양수대, 중간수대, 모관수대로 이루어져 있고 포화대는 지하수대라고도 한다.

03 지하수에 대한 설명으로 옳지 않은 것은?

① 불투수층 사이에 낀 투수층 내에서 압력을 받고 있는 지하수를 자유면 지하수라 한다.
② 불투수층 위 대수층 내의 자유면 지하수를 양수하는 우물 중 우물바닥이 불투수층까지 도달한 것을 심정이라 한다.
③ 피압면 지하수를 양수하는 우물을 굴착정이라 한다.
④ 양수하는 우물 중 우물바닥이 불투수층까지 도달하지 않는 것을 천정이라 한다.

[해설]
불투수층 사이를 지하수가 흐르고 있어 대기압보다 큰 압력으로 흐르는 지하수면이 없는 대수층을 피압 대수층이라 하며 피압 대수층의 지하수를 피압 지하수라 한다.

04 피압 지하수를 설명한 것으로 옳은 것은?

① 지하수와 공기가 접해 있는 지하수면을 가지는 지하수
② 두 개의 불투수층 사이에 끼어 있어 대기압보다 큰 압력을 받고 있는 대수층의 지하수
③ 하상 밑의 지하수
④ 한 수원이나 조직에서 다른 지역으로 보내는 지하수

05 피압 대수층에 관한 설명으로 옳은 것은?

① 피압 대수층은 지하수면이 대기와 접하여 대기압만을 받는 대수층이다.
② 피압 대수층은 상부는 투수층으로 하부는 불투수층으로 구성되어 있다.
③ 피압 대수층은 상부와 하부가 불투수층으로 구성되어 있다.
④ 피압 대수층의 상부는 불투수층으로 하부는 투수층으로 구성되어 있다.

[해설]
피압 대수층은 상부와 하부가 불투수층으로 이루어진 사이를 지하수가 흐르고 있어 대기압보다 큰 압력으로 흐르는 대수층이다.

06 지하수에 대한 설명으로 옳은 것은?

① 지하수의 연직분포는 지하수위 상부층인 포화대, 지하수위, 하부층인 통기대로 구분된다.
② 지표면의 물이 지하로 침투되어 투수성이 높은 암석 또는 흙에 포함되어 있는 포화상태의 물을 지하수라 한다.
③ 지하수면이 대기압의 영향을 받고 자유수면을 갖는 지하수를 피압 지하수라 한다.
④ 상하의 불투수층 사이에 낀 대수층 내에 포함되어 있는 지하수를 비피압 지하수라 한다.

[해설]
지하수
① 지하의 연직분포는 지하수위 상층부인 통기대와 지하수위 하층부인 포화대로 나뉜다.
② 지표면의 물이 지하로 침투하여 투수성 암석이나 흙에 포화되어 있는 물을 지하수라고 한다.
③ 자유수면을 갖는 지하수를 자유면 지하수라고 한다.
④ 상하의 불투수층 사이에 낀 대수층 내에 포함되어 있는 지하수를 피압면 지하수라고 한다.

정답 01 ④ 02 ④ 03 ① 04 ② 05 ③ 06 ②

05 우물의 수리

1. 비피압 대수층과 피압 대수층

구분	모식도	식
굴착정		집수정을 불투수층 사이에 있는 투수층까지 판 후 투수층 사이에 낀 투수층 내의 압력을 받고 있는 피압 지하수를 양수하는 우물 $Q = \dfrac{2\pi cK(H-h_o)}{\ln(R/r_o)}$ $= \dfrac{2\pi cK(H-h_o)}{2.3\log_{10}(R/r_o)}$
깊은 우물 (심정호)		집수정의 바닥이 불투수층까지 도달한 우물 $Q = \dfrac{\pi K(H^2 - h_o^2)}{\ln(R/r_o)}$ $= \dfrac{\pi K(H^2 - h_o^2)}{2.3\log_{10}(R/r_o)}$
얕은 우물 (천정)		집수정의 바닥이 불투수층까지 도달하지 않은 우물 ① 집수정 바닥이 수평인 경우 $Q = 4Kr_0(H-h_0)$ ② 집수정 바닥이 둥근 경우 $Q = 2\pi Kr_0(H-h_0)$

GUIDE

- h_o : 우물의 수위
  H : 최초의 지하수위
  c : 피압대수층 높이(두께)
  R : 영향원의 반경
  r_o : 우물의 반경

- **우물의 영향원(권)**
  우물에서 지하수를 양수 시에 수면이 영향을 받지 않는 곳까지의 거리(범위)

- **부정류의 흐름의 지하수 해석**
  ① Theis법(타이스)
  ② Jacob법(야콥)
  ③ Chow법(쵸우)

예 / 상 / 문 / 제

01 다음 중 피압 지하수를 양수하는 우물은?

① 굴착정 ② 심정(깊은 우물)
③ 천정(얕은 우물) ④ 집수암거

02 굴착정의 유량 공식으로 옳은 것은?(여기서, C : 피압 대수층의 두께, K : 투수계수, h : 압력수면의 높이, h_o : 우물 안의 수심, R : 영향원의 반경, r_o : 우물 안의 반경)

① $\dfrac{2\pi CK(h-h_o)}{\ln\left(\dfrac{R}{r_o}\right)}$ ② $\dfrac{2\pi CK(h-h_o)}{\ln\left(\dfrac{r_o}{R}\right)}$

③ $\dfrac{2\pi CK(h+h_o)}{\ln\left(\dfrac{r_o}{R}\right)}$ ④ $\dfrac{2\pi CK(h+h_o)}{\ln\left(\dfrac{R}{r_o}\right)}$

> **해설**
> 굴착정에서의 유량 $Q = \dfrac{2\pi CK(H-h_o)}{\ln(R/r_o)} = \dfrac{2\pi CK(H-h_o)}{2.3\log_{10}(R/r_o)}$

03 심정(깊은 우물)에서 유량(양수량)을 구하는 식은?(단, H_0 : 우물 수심, r_o : 우물 반경, K : 투수계수, R : 영향원 반경, H : 지하수면 수위)

① $Q = \dfrac{\pi K(H-H_0)}{2.3\log(R/r_o)}$ ② $Q = \dfrac{2\pi K(H-H_0)}{2.3\log(r_o/R)}$

③ $Q = \dfrac{2\pi K(H+H_0)^2}{2.3\log(R/r_0)}$ ④ $Q = \dfrac{\pi K(H^2-H_0^2)}{2.3\log(R/r_o)}$

> **해설**
> 심정에서의 유량 $Q = \dfrac{\pi K(H^2-h_0^2)}{\ln(R/r_0)} = \dfrac{\pi K(H^2-h_0^2)}{2.3\log_{10}(R/r_o)}$

04 깊은 우물(심정호)에 대한 설명으로 옳은 것은?

① 집수 깊이가 100m 이상인 우물
② 집수 우물 바닥이 불투수층까지 도달한 우물
③ 집수 우물 바닥이 불투수층을 통과하여 새로운 대수층에 도달한 우물
④ 불투수층에서 50m 이상 도달한 우물

> **해설**
> 심정호(깊은 우물)
> 집수정(또는 우물)의 바닥이 불투수층에 도달한 경우

05 지름이 2m이고 영향권의 반지름이 1,000m이며, 원지하수의 수위 $H=7$m, 집수정의 수위 $h_o=5$m인 심정호의 양수량은?(단, $k=0.0038$m/sec)

① 0.0415m³/sec ② 0.0461m³/sec
③ 0.0831m³/sec ④ 1.8232m³/sec

> **해설**
> 심정호의 양수량
> $Q = \dfrac{\pi K(H^2-h_0^2)}{\ln(R/r_0)} = \dfrac{\pi \times 0.0038 \times (7^2-5^2)}{\ln(1,000/1)} = 0.0415$m³/sec

06 두께 20.0m의 피압 대수층에서 0.1m³/s로 양수했을 때 평형상태에 도달하였다. 이 양수정에서 각각 50.0m, 200.0m 떨어진 관측점에서 수위가 39.20m, 40.66m이었다면 이 대수층의 투수계수(k)는?

① 0.2m/day ② 6.5m/day
③ 20.7m/day ④ 65.3m/day

> **해설**
> $Q = \dfrac{2\pi c K(H-h_o)}{\ln(R/r_o)}$ 에서
> $K = \dfrac{0.1/\dfrac{1}{86,400} \times \ln(200/50)}{2\pi \times 20 \times (40.66-39.20)} = 65.3$m/day

07 우물에서 장기간 양수를 한 후에도 수면 강하가 일어나지 않는 지점까지의 우물로부터 거리(범위)를 무엇이라 하는가?

① 용수효율권 ② 대수층권
③ 수류영역권 ④ 영향권

> **해설**
> 우물로부터 지하수를 양수할 경우 지하수면으로부터 그 우물에 물이 모여드는 범위를 영향권(영향원)이라 한다.

정답 01 ① 02 ① 03 ④ 04 ② 05 ① 06 ④ 07 ④

06 제방 내부의 침투

1. Dupuit의 침윤선

모식도	단위 폭당 유량식
(그림: h_1, h_2, a, b, b', 실제의 침윤선, l)	$q = A k i$ $= \dfrac{(h_1 + h_2)}{2} \times 1 \times k \times \dfrac{(h_1 - h_2)}{l}$ $= \dfrac{k(h_1^2 - h_2^2)}{2l}$

- **Dupuit 가정**
  ① 침윤선의 경사가 작은 경우 물은 수평으로 흐른다.
  ② 동수경사는 자유수면의 경사와 같고 이는 깊이에 관계없이 일정

07 집수암거

1. 집수암거

집수암거의 정의	불투수층에 달하는 집수암거의 유량
하안 또는 하상의 투수층에 암거나 구멍 뚫린 관을 매설하여 하천에서 침투한 침투수를 취수하는 것	① 암거의 측벽에서만 유입할 때의 유량 ② 암거 전체에 대한 유량

- 집수암거

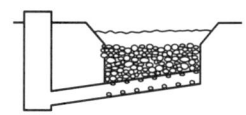

- 다공판

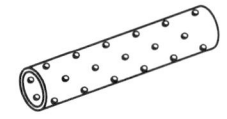

2. 집수암거에서 용수량

모식도	구분	유량(용수량)
(그림: 지하수면, 투수층, 불투수층, h_0, H, R)	한쪽 방향 유입	$Q = \dfrac{kl}{2R}(H^2 - h_0^2)$
	양쪽에서 유입	$Q = \dfrac{kl}{R}(H^2 - h_0^2)$

l : 집수암거의 길이, H : 최초의 지하수위
h_0 : 암거의 수심, R : 영향원의 반경

- **우물의 영향원(권)**
  우물에서 지하수를 양수 시에 수면이 영향을 받지 않는 곳까지의 거리(범위)

예 / 상 / 문 / 제

01 자유수면이 있는 지하수에 대한 Dupuit의 방정식은?(단, q : 단위폭당 유량, l : 침윤거리, h_1, h_2 : 상, 하류의 수심, k : 투수계수)

① $q = \dfrac{k}{2l}(h_1^2 - h_2^2)$ ② $q = \dfrac{k}{2l}(h_1^2 + h_2^2)$

③ $q = \dfrac{k}{l}(h_1^{\frac{3}{2}} - h_2^{\frac{3}{2}})$ ④ $q = \dfrac{k}{l}(h_1^{\frac{3}{2}} + h_2^{\frac{3}{2}})$

해설

Dupuit의 침윤선 공식

$q = \dfrac{k}{2l}(h_1^2 - h_2^2)$

02 Dupuit의 침윤선(浸潤線) 공식의 유량은? (단, 직사각형 단면 제방 내부의 투수인 경우이며, 제방의 저면은 불투수층이고 q : 단위폭당 유량, L : 침윤거리, h_1, h_2 : 상하류의 수위, k : 투수계수)

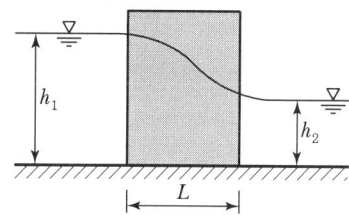

① $q = \dfrac{k}{2L}(h_1^2 - h_2^2)$ ② $q = \dfrac{k}{2L}(h_1^2 + h_2^2)$

③ $q = \dfrac{k}{L}(h_1^2 - h_2^2)$ ④ $q = \dfrac{k}{L}(h_1^2 + h_2^2)$

03 그림과 같이 불투수층까지 미치는 암거에서의 용수량(湧水量) Q는?(단, 투수계수 $k = 0.009$ m/s)

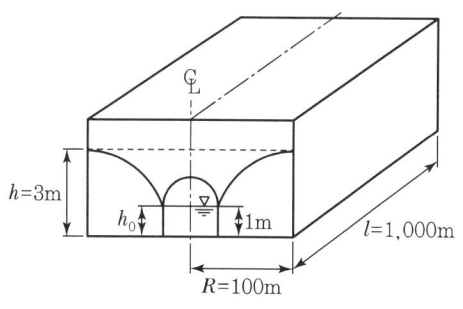

① $0.36\text{m}^3/\text{s}$ ② $0.72\text{m}^3/\text{s}$

③ $36\text{m}^3/\text{s}$ ④ $72\text{m}^3/\text{s}$

해설

집수암거의 용수량

$Q = \dfrac{Kl}{R}(h^2 - h_0^2) = \dfrac{0.009 \times 1{,}000}{100}(3.0^2 - 1^2) = 0.72\text{m}^3/\text{s}$

04 그림과 같은 불투수층에 도달하는 집수암거의 집수량은?(단, 투수계수는 k, 암거의 길이는 l이며, 양쪽 측면에서 유입됨)

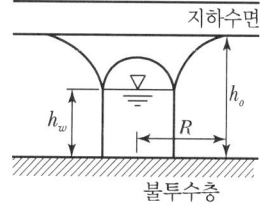

① $\dfrac{kl}{R}(h_o^2 - h_w^2)$ ② $\dfrac{kl}{2R}(h_o^2 - h_w^2)$

③ $\dfrac{\pi k(h_o^2 - h_w^2)}{2.3 \log R}$ ④ $\dfrac{2\pi k(h_o^2 - h_w^2)}{2.3 \log R}$

해설

불투수층에 달하는 집수암거의 집수량

$Q = \dfrac{Kl}{R}(h_o^2 - h_w^2)$

05 우물에서 장기간 양수를 한 후에도 수면강하가 일어나지 않는 지점까지의 우물로부터 거리(범위)를 무엇이라 하는가?

① 용수효율권   ② 대수층권
③ 수류영역권   ④ 영향권

해설

우물에서 장기간 양수를 한 후에도 수면강하가 일어나지 않는 지점까지의 우물로부터 거리(범위)를 영향권이라 한다.

정답 01 ①   02 ①   03 ②   04 ①   05 ④

08 수리학적 상사성

1. 모형과 원형의 상사성

구분	해설
기하학적 상사성	3개축에서 길이에 대한 축척 비
운동학적 상사성	모든 점에서 원형과 모형 사이의 유속 비
동역학적 상사성	힘의 비, 길이 비, 시간 비로 표시

• 수리학적 상사
수리모형 실험의 결과를 원형에 적용 시 필요

• 수리학적 상사는 원형과 모형 간의 기하학적, 운동학적, 동역학적 상사가 성립할 때 얻어진다.

2. 길이의 비로서 표시한 물리량의 비

구분	식
길이비 (축척)	$L_r = \dfrac{\text{모형의 거리}}{\text{원형의 거리}} = \dfrac{l_m}{l_p}$
면적비	$A_r = \dfrac{\text{모형의 면적}}{\text{원형의 면적}} = \dfrac{A_m}{A_p} = L_r^2$
시간비	$T_r = \dfrac{\text{모형의 시간}}{\text{원형의 시간}} = \dfrac{T_m}{T_p} = \sqrt{\dfrac{L_r}{g_r}} = \sqrt{L_r}$ (지구상)
유속비 (속도비)	$V_r = \dfrac{\text{모형의 유속}}{\text{원형의 유속}} = \dfrac{V_m}{V_p} = \dfrac{L_r}{T_r}$
유량비	$Q_r = \dfrac{\text{모형의 유량}}{\text{원형의 유량}} = \dfrac{Q_m}{Q_p} = \dfrac{L_r^3}{T_r} = \dfrac{L_r^3}{\sqrt{L_r}} = L_r^{\frac{5}{2}}$ (지구상)

• g_r : 중력비
$g_r = \dfrac{\text{모형의 중력}}{\text{원형의 중력}}$

3. 특별상사의 법칙

구분	흐름	흐름 지배
Reynolds 상사법칙	• 관수로 흐름에 해당	점성력 마찰력
Froude 상사법칙	• 개수로 내 흐름(하천) • 댐의 여수토의 흐름, 파동	관성력 중력
Weber 상사법칙	• 위어의 월류 수심이 작을 때 • 파고가 작은 파동	표면장력
Cauchy 상사법칙	• 수격작용에 해당	탄성력

• 수리모형 법칙
① 모형과 원형에서 완전상사를 얻기는 불가능하다.
② 실제 수리현상에서는 흐름을 지배하는 힘 하나만 고려
③ 완전 상사 조건 중 해당조건 1개에 맞추어 수리 모형실험 및 자료분석을 실시한다.

예/상/문/제

01 수리학적 완전상사를 이루기 위한 조건이 아닌 것은?

① 기하학적 상사(Geometric Similarity)
② 운동학적 상사(Kinematic Similarity)
③ 동역학적 상사(Dynamic Similarity)
④ 대수학적 상사(Algebraic Similarity)

해설

수리학적 상사성
① 기하학적 상사(크기만 비교)
② 운동학적 상사(시간이나 유속을 비교)
③ 동역학적 상사(힘을 비교)

02 저수지의 물을 방류하는 데 1 : 225로 축소된 모형에서 4분이 소요되었다면, 원형에서는 얼마나 소요되겠는가?

① 60분
② 120분
③ 900분
④ 3,375분

해설

시간비 $T_r = \dfrac{T_m}{T_p} = \sqrt{L_r}$ 이므로 $\dfrac{4}{T_p} = \sqrt{\dfrac{1}{225}}$

∴ $T_p = 60\text{min}$

03 축척이 1 : 50인 하천 수리모형에서 원형 유량 10,000m³/sec에 대한 모형 유량은?

① 0.40m³/sec
② 0.566m³/sec
③ 14.142m³/sec
④ 28.284m³/sec

해설

$Q_r = \dfrac{Q_m}{Q_p} = L_r^{5/2}$ 에서 $\dfrac{Q_m}{10,000} = \left(\dfrac{1}{50}\right)^{5/2}$

∴ $Q_m = 0.566$

04 원형 댐의 월류량(Q_p)이 1,000m³/s 이고, 수문을 개방하는 데 필요한 시간(T_p)이 40초라 할 때 1/50 모형(模形)에서의 유량(Q_m)과 개방 시간(T_m)은?(단, 중력가속도비(g_r)는 1로 가정한다.)

① $Q_m = 0.057\text{m}^3/\text{s},\ T_m = 5.657s$
② $Q_m = 1.623\text{m}^3/\text{s},\ T_m = 0.825s$
③ $Q_m = 56.56\text{m}^3/\text{s},\ T_m = 0.825s$
④ $Q_m = 115.00\text{m}^3/\text{s},\ tT_m = 5.657s$

해설

$Q_r = \dfrac{Q_m}{Q_p} = L_r^{5/2}$ 에서 $\dfrac{Q_m}{1,000} = \left(\dfrac{1}{50}\right)^{5/2}$

∴ $Q_m = 0.057\text{m}^3/\text{s}$

$T_r = \dfrac{T_m}{T_p} = \sqrt{\dfrac{L_r}{g_r}} = \sqrt{L_r}$ 에서 $\dfrac{T_m}{40} = \sqrt{\dfrac{1}{50}}$

∴ $T_m = 5.657\text{sec}$

05 흐름을 지배하는 가장 큰 요인이 점성일 때 흐름의 상태를 구분하는 방법으로 쓰이는 무차원수는?

① Froude 수
② Reynolds 수
③ Weber 수
④ Cauchy 수

해설

Reynolds 상사법칙은 관수로와 같이 압력과 점성력(마찰력)이 흐름을 지배하는 경우의 상사법칙이다.

06 흐름을 지배하는 가장 큰 요소가 중력일 때, 이에 따라 흐름을 구분하는 방법으로 쓰이는 수는?

① Froude 수
② Reynolds 수
③ Weber 수
④ Cauchy 수

해설

- 흐름을 지배하는 가장 큰 요소가 중력일 때는 Froude 수로 흐름을 구분
- 흐름을 지배하는 가장 큰 요소가 점성력일 때는 Reynolds 수로 흐름을 구분

07 하천의 모형실험에 주로 사용되는 상사법칙은?

① Froude의 상사법칙
② Reynolds의 상사법칙
③ Weber의 상사법칙
④ Cauchy의 상사법칙

해설

Froude 상사법칙은 하천모형 실험, 댐의 여수토, 수공 구조물의 설계 등 개수로와 같이 중력이 흐름을 지배하는 경우의 상사법칙이다.

정답 01 ④ 02 ① 03 ② 04 ① 05 ② 06 ① 07 ①

09 해안수리

1. 미소진폭파

정의	미소진폭파 기본가정
파고가 아주 작아서 파형경사가 무시할만하고 또한 수심에 비하여 파고가 아주 작아서 파고 수심비가 무시할만하다는 가정, 즉 미소진폭의 가정을 하고 있기 때문에 미소진폭파라 하다.	① 파고는 수심에 비해 매우 작다. ② 유체는 비압축성이다 ③ 바닥은 평평한 불투수층이다. ④ 해저는 수평, 고정, 불투수성이어서 물입자의 연직속도가 해저에서 영(0)이다.

2. 상대수심에 의한 분류

파랑의 종류	파랑의 반사율 식
① 천해파 : $\dfrac{h(수심)}{L(파장)} < 0.05$ ② 전이파 : $0.05 \leq \dfrac{h(수심)}{L(파장)} \leq 0.5$ ③ 심해파 : $\dfrac{h(수심)}{L(파장)} > 0.5$	

E(파랑에너지)$= E_k$(운동에너지)$+ E_P$(위치에너지)$= \dfrac{1}{8}wH^2 = \dfrac{\rho g H^2}{8}$

3. 파랑의 반사율

내용	파랑의 반사율 식
① 반사율은 구조물의 특성과 파랑 특성에 따라 변함 ② 일반적으로 파형경사와 반사율은 반비례의 관계가 있다.	$K_R = \dfrac{H_R}{H_I}$ ① K_R : 반사율 ② H_R : 반사파고 ③ H_I : 입사파고

4. 천해파의 파장과 파속

파장	파속
$L = \sqrt{gh} \cdot T$	$C = \sqrt{gh}$

GUIDE

- **파장**
  하나의 파봉(wave crest)에서 인접하는 파봉까지의 수평거리

- **파고**
  파봉과 파곡(wave trough) 사이의 연직거리

- **천해파**(shallow water wave)
  수심이 파장의 1/20보다 얕을 때의 해파

- **심해파**(deep water wave)
  수심이 파장의 1/2보다 얕을 때의 해파

- **전이파**
  천해파와 심해파의 중간 형태

- 천해파 : $\dfrac{h}{L} < 0.05$
- 파장(L)
- 주기(T) : sec

예 / 상 / 문 / 제

01 미소진폭파(small-amplitude wave) 이론에 포함된 가정이 아닌 것은?

① 파장이 수심에 비해 매우 크다.
② 유체는 비압축성이다.
③ 바닥은 평평한 불투수층이다.
④ 파고는 수심에 비해 매우 작다.

해설
파고가 아주 작아서 파형경사가 무시할만하고 또한 수심에 비하여 파장이 아주 작아서 파고 수심비가 무시할만하다는 가정, 즉 미소진폭의 가정을 하고 있기 때문에 미소진폭파라 한다.

02 미소진폭파(small-amplitude wave) 이론을 가정할 때 일정 수심 h의 해역을 전파하는 파장 L, 파고 H, 주기 T의 파랑에 대한 설명 중 틀린 것은?

① h/L이 0.05보다 작을 때, 천해파로 정의한다.
② h/L이 1.0보다 클 때, 심해파로 정의한다.
③ 분산관계식은 L, h, T 사이의 관계를 나타낸다.
④ 파랑의 에너지는 H^2에 비례한다.

해설
심해파(deep water wave)
수심이 파장의 1/20보다 얕을 때의 해파

03 컨테이너 부두 안벽에 입사하는 파랑의 입사파고가 0.8m이고, 안벽에서 반사된 파랑의 반사파고가 0.3m일 때 반사율은?

① 0.325
② 0.375
③ 0.425
④ 0.475

해설
파랑의 반사율 $K_R = \dfrac{H_R}{H_I} = \dfrac{0.3}{0.8} = 0.375$

여기서, K_R : 반사율
H_R : 반사파고
H_I : 입사파고

04 동해의 일본 측으로부터 300km 파장의 지진해일이 발생하여 수심 3,000m의 동해를 가로질러 2,000km 떨어진 우리나라 동해안에 도달한다고 할 때 걸리는 시간은?(단, 파속 $C = \sqrt{gh}$, 중력가속도는 9.8m/s²이고, 수심은 일정한 것으로 가정)

① 약 150분
② 약 194분
③ 약 274분
④ 약 332분

해설
- $C = \sqrt{gh} = \sqrt{9.8 \times 3,000} = 171.46$m/s
- 시간 $= \dfrac{2,000,000}{171.46} = 11,664.53$초 $= 194.41$분

05 방파제 건설을 위한 해안지역의 수심이 5.0m, 입사파랑의 주기가 14.5초인 장파(Long Wave)의 파장(Wave Length)은?(단, 중력가속도 $g = 9.8$m/s²)

① 49.5m
② 70.5m
③ 101.5m
④ 190.5m

해설
파장과 주기의 관계는
$\dfrac{h}{L} < 0.05$인 천해파일 때 $L = \sqrt{gh}\,T$
여기서, L : 파장, T : 주기(sec)
∴ $L = \sqrt{gh}\,T = \sqrt{9.8 \times 5} \times 14.5 = 101.5$m/s

06 수심이 50m로 일정하고 무한히 넓은 해역에서 주태양반일주조(S_2)의 파장은?(단, 주태양반일주조의 주기는 12시간, 중력가속도 $g = 9.81$m/s²이다.)

① 9.56km
② 95.6km
③ 956km
④ 9,560km

해설
$L = \sqrt{gh}\,T = \sqrt{9.8 \times 50} \times (12 \times 3,600) = 956,272$m $= 956$km

주태양반일주조
주로 태양의 운동에 기인한 조석성분으로 12시간의 주기를 가지며 S_2로 표기한다.

정답   01 ①   02 ②   03 ②   04 ②   05 ③   06 ③

4. 파랑의 굴절

관계식	모식도
$\dfrac{\sin\alpha_1}{\sin\alpha_2} = \dfrac{C_1}{C_2} = \dfrac{h_1}{h_2}$ ① α_1, α_2 : 입사각 ② C_1, C_2 : 파랑의 파속 ③ h_1, h_2 : 수심	

수심이 h_1에서 h_2로 감소하는 직선의 경계면에서 파가의 (β)각으로 입사하는 경우

5. 유의파고와 최대파고

유의파고	최대파고
임의 관측시간 동안 관측된 파고 중에서 파고가 높은 순서로 전체의 1/3에 해당하는 파고들의 평균	임의 관측시간 동안 관측된 파고 중에서 최대인 파고

6. 방파제의 활동에 대한 안전율

활동에 대한 안전율

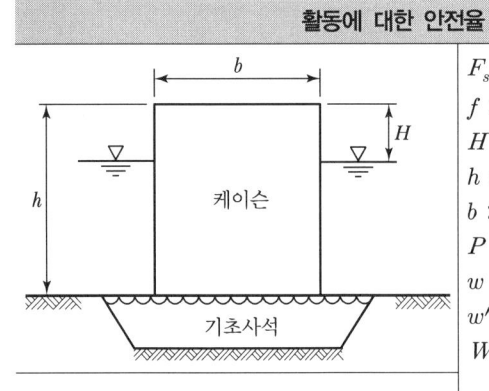

F_s : 활동에 대한 안전율
f : 마찰계수
H : 파고의 높이
h : 케이슨 높이
b : 케이슨 폭
P : 파압 ($P = 1.5w'H$)
w : 케이슨의 단위중량
w' : 해수의 단위중량
W : 기초에 작용하는 연직력
 (W=케이슨의 용적$\times w$)
P_h : 케이슨 작용하는 수평력
 ($P_h = P \times h$)

$$F_s = \dfrac{f \cdot W}{P_h}$$

- W(기초에 작용하는 연직력)
 W=케이슨의 자중－케이슨의 부력

예 / 상 / 문 / 제

01 수심 10.0m에서 파속(C_1)이 50.0m/s인 파랑이 입사각(β_1) 30°로 들어올 때, 수심 8.0m에서 굴절된 파랑의 입사각(β_2)은?(단, 수심 8.0m에서 파랑의 파속(C_2) = 40.0m/s)

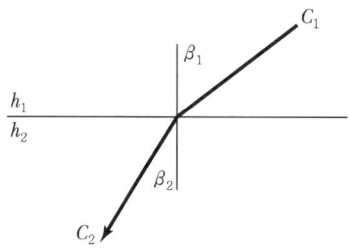

① 20.58° ② 23.58°
③ 38.68° ④ 46.15°

해설

- $\dfrac{\sin\alpha_1}{\sin\alpha_2} = \dfrac{C_1}{C_2} = \dfrac{h_1}{h_2}$

  여기서, α_1, α_2 : 입사각
  C_1, C_2 : 파랑의 파속
  h_1, h_2 : 수심

- $\dfrac{\sin\beta_1}{\sin\beta_2} = \dfrac{10}{8} = \dfrac{50}{40}$

  $\therefore \beta_2 = \sin^{-1}\left(\dfrac{h_2}{h_1}\right)\sin\beta_1 = \sin^{-1}\left(\dfrac{8}{10}\right)\times\sin 30° = 23.58°$

02 항만을 설계하기 위해 관측한 불규칙 파랑의 주기 및 파고가 다음 표와 같을 때, 유의파고($H_{1/3}$)는?

연번	파고(m)	주기(s)
1	9.5	9.8
2	8.9	9.0
3	7.4	8.0
4	7.3	7.4
5	6.5	7.5
6	5.8	6.5
7	4.2	6.2
8	3.3	4.3
9	3.2	5.6

① 9.0m ② 8.6m
③ 8.2m ④ 7.4m

해설

유의파고는 임의 관측시간 동안 관측된 파고 중에서 파고가 높은 순서로 전체의 1/3에 해당하는 파고들의 평균값이다.

$H_{1/3} = \dfrac{9.5 + 8.9 + 7.4}{3} = 8.6\text{m}$

03 그림과 같이 단위폭당 자중이 3.5×10^6N/m인 직립식 방파제에 1.5×10^6N/m의 수평 파력이 작용할 때, 방파제의 활동 안전율은?(단, 중력가속도 = 10.0m/s², 방파제와 바닥의 마찰계수 = 0.7, 해수의 비중 = 1로 가정하며, 파랑에 의한 양압력은 무시하고, 부력은 고려한다.)

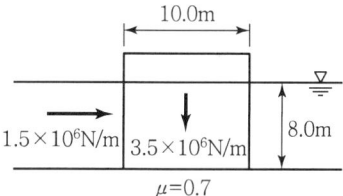

① 1.20 ② 1.22
③ 1.24 ④ 1.26

해설

- W = 케이슨의 자중 − 케이슨의 부력
  $= 3.5\times 10^6 \times 10^{-3} - (10\times 8 \times 1)\times 10$
  $= 2,700\text{kN/m}$

- 안전율 계산

  $F_s = \dfrac{fW_V}{P_h} = \dfrac{0.7 \times 2,700}{1.5\times 10^6 \times 10^{-3}} = 1.26$

정답 01 ② 02 ② 03 ④

CHAPTER 07 실/전/문/제

01 다음 중 지하수 수리에서 Darcy 법칙이 가장 잘 적용될 수 있는 Reynolds 수(Re)의 범위로 옳은 것은?

① $Re < 2,000$ ② $Re < 500$
③ $Re < 45$ ④ $Re < 4$

[해설]
지하수 흐름에 대한 Darcy 법칙은 $Re < 1 \sim 10$(특히, $Re < 4$)인 층류인 경우에 적용

02 지하수의 유속에 대한 설명으로 옳은 것은?

① 수온이 높으면 크다.
② 수온이 낮으면 크다.
③ 4℃에서 가장 크다.
④ 수온에 관계없이 일정하다.

[해설]
지하수는 수온이 높으면 유속이 크다.

03 지하수 흐름의 기본방정식으로 이용되는 법칙은?

① Chezy의 법칙   ② Darcy의 법칙
③ Manning의 법칙   ④ Reynolds의 법칙

[해설]
지하수 흐름의 기본방정식으로 사용되는 법칙은 Darcy 법칙이다. Chezy 법칙과 Manning 법칙은 유수의 평균유속 측정에 사용되는 법칙이다.

04 다르시(Darcy)의 법칙에 대한 설명으로 옳은 것은?

① 지하수 흐름이 층류일 경우 적용된다.
② 투수계수는 무차원의 계수이다.
③ 유속이 클 때에만 적용된다.
④ 유속이 동수경사에 반비례하는 경우에만 적용된다.

[해설]
지하수 흐름에 대한 Darcy 법칙은 보통 $Re < 1\sim10$에 적용하며 특히, $Re < 4$인 층류인 경우에 적합하다.

05 Darcy의 법칙에 대한 설명으로 틀린 것은?

① Reynolds 수가 클수록 안심하고 적용할 수 있다.
② 평균유속이 손실수두와 비례관계를 가지고 있는 흐름에 적용될 수 있다.
③ 정상류 흐름에서 적용될 수 있다.
④ 층류 흐름에서 적용 가능하다.

[해설]
Darcy 법칙의 특징
• 지하수의 층류 흐름에 대한 마찰저항 공식이다.
• 투수계수는 물의 점성계수에 따라서도 변화한다.
• 정상류 흐름에 층류에만 적용된다.
 (특히, $R_e < 4$일 때 잘 적용된다.)

06 지하수의 흐름에서 Darcy 법칙을 사용할 때의 가정조건으로 옳지 않은 것은?

① 흐름은 정상류이다.
② 다공층의 매질은 균일하며 동질이다.
③ 유속은 입자 사이를 흐르는 평균이론유속이다.
④ 흐름이 층류보단 난류인 경우에 더욱 정확하다.

[해설]
지하수 흐름에 대한 Darcy 법칙은 층류인 경우에 적용한다.(특히, $Re < 4$)

07 Darcy의 법칙에서 지하수의 유속공식은?(단, k = 투수계수, C = 유속계수, H = 수두차, I = 동수경사, n = 조도계수, g = 중력가속도)

① $V = C\sqrt{kH}$ ② $V = kI$
③ $V = \dfrac{1}{n}k^{\frac{2}{3}}I^{\frac{1}{2}}$ ④ $V = \sqrt{2gH}$

[해설]
Darcy의 법칙에서 $V = KI = K \cdot \dfrac{dh}{dl}$ 이다.

정답 01 ④ 02 ① 03 ② 04 ① 05 ① 06 ④ 07 ②

08 대수층의 두께가 2m, 폭이 1.2m이고 지하수 흐름의 상·하류 두 점 사이의 수두차가 1.5m, 두 점 사이의 평균거리가 300m, 지하수 유량이 2.4m³/d일 때 투수계수는?

① 200m/d
② 225m/d
③ 267m/d
④ 360m/d

[해설]
$Q = AKI$
$2.4 = (1.2 \times 2) \times K \times \dfrac{1.5}{300}$
$\therefore K = 200\text{m/day}$

09 지하수의 유량을 구하는 Darcy의 법칙으로 옳은 것은?(단, Q=유량, k=투수계수, I=동수경사, A=투과단면적, C=유출계수)

① $Q = CIA$
② $Q = kIA$
③ $Q = C^2 IA$
④ $Q = k^2 IA$

[해설]
Darcy의 법칙에서 유량 $Q = kIA$

10 지하의 사질 여과층에서 수두 차가 0.4m이고 투과거리가 3.0m일 때에 이곳을 통과하는 지하수의 유속은?(단, 투수계수는 0.2cm/sec이다.)

① 0.0135cm/sec
② 0.0267cm/sec
③ 0.0324cm/sec
④ 0.0417cm/sec

[해설]
$V = KI = K\dfrac{dh}{dl}$
$= 0.2 \times \dfrac{40}{300} = 0.0267 \text{cm/sec}$

11 지하수 흐름에서 Darcy 법칙에 관한 설명 중 옳은 것은?

① 정상상태이면 난류영역에서도 적용된다.
② 투수계수(수리전도계수)는 지하수의 특성과 관계가 있다.
③ Darcy 공식에 의한 유속은 공극 내 실제유속의 평균치를 나타낸다.
④ 대수층의 모세관 작용은 이 공식에 간접적으로 반영되었다.

[해설]
지하수 흐름의 Darcy 법칙에서 투수계수는 지하수의 특성과 관계가 있다.

12 지하수에서 Darcy의 법칙에 대한 설명으로 옳지 않은 것은?

① 투수계수는 물의 점성계수와 토사의 공극률 등에 따라 변하는 계수이다.
② 지하수의 평균유속은 동수경사에 반비례한다.
③ Darcy 법칙에서 투수계수의 차원은 속도의 차원과 같다.
④ Darcy 법칙은 층류로 취급했으며 실험에 의하면 대략적으로 레이놀즈수(Re)<4에서 주로 성립한다.

[해설]
Darcy법칙 $V = KI$이므로
유속(V)는 동수경사(I)에 비례한다.

13 지하수에 대한 Darcy 법칙의 유속에 대한 설명으로 옳은 것은?

① 영향권의 반지름에 비례한다.
② 동수경사에 비례한다.
③ 동수반경에 비례한다.
④ 수심에 비례한다.

[해설]
Darcy의 법칙에서 $V = KI$이므로 유속 V는 동수경사 I에 비례한다.

정답 08 ① 09 ② 10 ② 11 ② 12 ② 13 ②

CHAPTER 07 실 / 전 / 문 / 제

14 Darcy의 법칙($v = k \cdot l$)에 관한 설명으로 틀린 것은?(단, k는 투수계수, l는 동수경사)

① Darcy의 법칙은 물의 흐름이 층류일 경우에만 적용 가능하고, 흐름 방향과는 무관하다.
② 대수층의 유속은 동수경사에 비례한다.
③ 유속 v는 입자 사이를 흐르는 실제유속을 의미한다.
④ 투수계수 k는 흙입자 크기, 공극률, 물의 점성계수 등에 관계된다.

> 해설
> Darcy의 법칙에서 v는 이론유속($v = nv_s$)을 의미한다.

15 다음 중 다르시(Darcy) 법칙에 관한 식으로 옳은 것은?(여기서, v : 평균유속, h : 수두, dh : 수두차, ds : 흐름의 길이, k : 투수계수)

① $v = \dfrac{1}{k}\dfrac{dh}{ds}$ ② $v = -k\dfrac{dh}{ds}$
③ $v = h\dfrac{dh}{ds}$ ④ $v = -\dfrac{1}{h}\dfrac{dh}{ds}$

> 해설
> Darcy의 법칙에서 $v = -k\dfrac{dh}{ds} = -kI$이다.

16 Darcy의 법칙 $V = k\dfrac{\Delta h}{\Delta l}$에 대한 설명으로 틀린 것은?

① k는 투수계수를 의미한다.
② $\dfrac{\Delta h}{\Delta l}$는 동수 경사를 의미한다.
③ k의 차원은 $[LT^{-1}]$이다.
④ $\dfrac{\Delta h}{\Delta l}$는 토사의 공극률에 의해 결정된다.

> 해설
> 토사의 공극률과 관계있는 것은 투수계수이다.

17 Darcy의 법칙에 대한 설명으로 옳지 않은 것은?

① Darcy의 법칙은 지하수의 층류흐름에 대한 마찰저항공식이다.
② 투수계수는 물의 점성계수에 따라서도 변화한다.
③ Reynolds가 클수록 안심하고 적용할 수 있다.
④ 평균유속이 동수경사와 비례관계를 가지고 있는 흐름에 적용될 수 있다.

> 해설
> 지하수 흐름에 대한 Darcy 법칙은 $Re = 1 \sim 10$(특히, $Re < 4$)에 적용한다. 따라서 Re수가 작은 층류인 경우에 적용한다.

18 투수계수가 0.1cm/sec이고 지하수위의 동수경사가 1/10인 지하수 흐름의 속도는?

① 0.005cm/sec ② 0.01cm/sec
③ 0.5cm/sec ④ 1cm/sec

> 해설
> $V = KI = 0.1 \times \dfrac{1}{10} = 0.01\text{cm/s}$

19 지하수의 유수 이동에 적용되는 다르시(Darcy)의 법칙은?(단, v : 유속, k : 투수계수, I : 동수경사, h : 수심, R : 동수반경, C : 유속계수)

① $v = -kI$ ② $v = C\sqrt{RI}$
③ $v = -kCI$ ④ $v = -kh$

> 해설
> Darcy의 법칙에서 $V = -kI = -k \cdot \dfrac{dh}{dl}$

20 지하수의 흐름에서 상·하류 두 지점의 수두차가 1.6m이고, 두 지점의 수평거리가 480m인 경우, 대수층의 두께가 3.5m, 폭이 1.2m일 때의 지하수 유량은?(단, $K = 208$m/day)

① 3.82m³/day ② 2.91m³/day
③ 2.12m³/day ④ 2.08m³/day

정답 14 ③ 15 ② 16 ④ 17 ③ 18 ② 19 ① 20 ②

[해설]

지하수 유량

$Q = Av = AKI = AK\dfrac{dh}{dl}$

$= (1.2 \times 3.5) \times 208 \times \dfrac{1.6}{480} = 2.91 \text{m}^3/\text{day}$

21 다음 중 무차원이 아닌 것은?

① 프루드 수 ② 투수계수
③ 운동량 보정계수 ④ 비중

[해설]

투수계수의 차원은 속도(유속)의 차원과 같다.

22 지하수의 투수계수에 관한 설명으로 틀린 것은?

① 같은 종류의 토사라 할지라도 그 간극률에 따라 변한다.
② 흙입자의 구성, 지하수의 점성계수에 따라 변한다.
③ 지하수의 유량을 결정하는 데 사용된다.
④ 지역 특성에 따른 무차원 상수이다.

[해설]

투수계수는 지하수 유량을 결정하는 데 사용되며, 속도의 차원을 갖는다.

23 지하수의 투수계수에 영향을 주는 인자로 거리가 먼 것은?

① 토양의 평균입경
② 지하수의 단위중량
③ 지하수의 점성계수
④ 토양의 단위중량

[해설]

투수계수와 관련이 없는 인자는 토양의 단위중량이다.

24 직경 10cm인 연직관 속에 높이 1m만큼 모래가 들어 있다. 모래면 위의 수위를 10cm로 일정하게 유지시켰더니 투수량 $Q = 4\text{L/hr}$이었다. 이때 모래의 투수계수 k는?

① 0.4m/hr ② 0.5m/hr
③ 3.8m/hr ④ 5.1m/hr

[해설]

$Q = A \cdot V = A \cdot K \cdot I = A \cdot K \cdot \dfrac{\Delta h}{L}$

$K = \dfrac{Q}{AI} = \dfrac{Q}{A\dfrac{\Delta h}{L}} = \dfrac{4 \times 10^{-3}}{\dfrac{\pi \times 0.1^2}{4} \times \dfrac{0.1}{1}} = 5.1 \text{m/hr}$

25 대수층에서 지하수가 2.4m의 투과거리를 통과하면서 0.4m의 수두손실이 발생할 때 지하수의 유속은?(단, 투수계수=0.3m/s)

① 0.01m/s ② 0.05m/s
③ 0.1m/s ④ 0.5m/s

[해설]

$Q = A \cdot V = A \cdot K \cdot I = A \cdot K \cdot \dfrac{h_L}{L}$

$V = K \cdot \dfrac{h_L}{L} = 0.3 \times \dfrac{0.4}{2.4} = 0.05 \text{m/s}$

26 Darcy의 법칙에 대한 설명으로 옳은 것은?

① 지하수 흐름이 층류일 경우 적용된다.
② 투수계수는 무차원의 계수이다.
③ 유속이 클 때에만 적용된다.
④ 유속이 동수경사에 반비례하는 경우에만 적용된다.

[해설]

- Darcy의 법칙은 층류에만 적용된다.(특히, $Re < 4$일 때 잘 적용된다.)
- 투수계수는 속도의 차원을 갖는다.
- 유속은 동수경사에 비례한다.

정답 21 ② 22 ④ 23 ④ 24 ④ 25 ② 26 ①

CHAPTER 07 실 / 전 / 문 / 제

27 지하수의 흐름에 대한 Darcy의 법칙은?(단, V : 지하수의 유속, K : 투수계수, Δh : 길이 Δl에 대한 손실수두)

① $V = K\left(\dfrac{\Delta h}{\Delta l}\right)^2$ ② $V = K\left(\dfrac{\Delta h}{\Delta l}\right)$

③ $V = K\left(\dfrac{\Delta h}{\Delta l}\right)^{-1}$ ④ $V = K\left(\dfrac{\Delta h}{\Delta l}\right)^{-2}$

해설

$Q = A \cdot V = A \cdot K \cdot I = A \cdot K \cdot \dfrac{h_L}{L}$

$\therefore V = KI = K\left(\dfrac{\Delta h}{\Delta l}\right)$

28 Darcy 법칙에서 투수계수의 차원은?

① 동수경사의 차원과 같다.
② 속도수두의 차원과 같다.
③ 유속의 차원과 같다.
④ 점성계수의 차원과 같다.

해설

Darcy의 법칙
- $V = K \cdot I = K \cdot \dfrac{h_L}{L}$
- 투수계수의 차원은 속도의 차원과 같다.

29 지하수에서의 Darcy의 법칙에 대한 설명으로 틀린 것은?

① 지하수의 유속은 동수경사에 비례한다.
② Darcy의 법칙에서 투수계수의 차원은 $[LT^{-1}]$이다.
③ Darcy의 법칙은 지하수의 흐름이 정상류라는 가정에서 성립된다.
④ Darcy의 법칙은 주로 난류로 취급했으며 레이놀즈 수 $Re > 2{,}000$의 범위에서 주로 잘 적용된다.

해설

Darcy의 법칙은 정상류 흐름의 층류에만 적용(특히, $Re < 4$일 때 잘 적용)

30 지하대수층에서의 지하수 흐름에 대하여 Darcy 법칙을 적용하기 위한 가정으로 옳지 않은 것은?

① 수식의 속도는 지하대수층 내의 실제 흐름속도를 의미한다.
② 다공층을 구성하고 있는 물질의 특성이 균일하고 동질이라 가정한다.
③ 지하수 흐름이 정상류이며 또한 층류로 가정한다.
④ 대수층 내에 모관수대가 존재하지 않는다고 가정한다.

해설

수식의 평균속도는 지하대수층 내의 평균흐름속도를 의미한다.

31 지하수 흐름의 기본방정식으로 이용되는 법칙은?

① Chezy의 법칙
② Darcy의 법칙
③ Manning의 법칙
④ Reynolds의 법칙

해설

Darcy의 법칙은 지하수 흐름의 기본방정식으로 이용되고 있다.

32 지하수의 흐름에서 Darcy 공식에 관한 설명으로 옳지 않은 것은?(단, dh : 수두 차, ds : 흐름의 길이)

① Darcy 공식은 물의 흐름이 층류인 경우에만 적용할 수 있다.
② 투수계수 K의 차원은 $[LT^{-1}]$이다.
③ 투수계수는 흙입자의 크기에만 관계된다.
④ 동수경사는 $I = -\dfrac{dh}{ds}$로 표현할 수 있다.

해설

투수계수는 흙입자의 직경, 단위중량, 점성계수, 간극비, 형상계수 등에 영향을 받는다.

정답 27 ② 28 ③ 29 ④ 30 ① 31 ② 32 ③

실/전/문/제

33 그림과 같이 안지름 10cm의 연직관 속에 1.2m 만큼의 모래가 들어있다. 모래면 위의 수위를 일정하게 하여 유량을 측정하였더니 유량이 4L/hr이었다면 모래의 투수계수 k는?

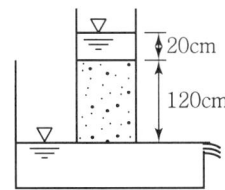

① 0.012cm/s ② 0.024cm/s
③ 0.033cm/s ④ 0.044cm/s

해설

$$K = \frac{Q}{AI} = \frac{Q}{A\frac{\Delta h}{L}} = \frac{\frac{4,000}{3,600}}{\frac{\pi \times 10^2}{4} \times \frac{140}{120}} = 0.012 \text{cm/s}$$

34 지하수의 투수계수에 관한 설명으로 틀린 것은?

① 같은 종류의 토사라 할지라도 그 간극률에 따라 변한다.
② 흙입자의 구성, 지하수의 점성계수에 따라 변한다.
③ 지하수의 유량을 결정하는 데 사용된다.
④ 지역에 따른 무차원 상수이다.

해설

투수계수의 차원은 속도(유속)의 차원과 같다.

35 Darcy의 법칙($V = KI$)에 대한 설명으로 옳은 것은?

① 정상류의 흐름에서는 층류와 난류에 상관없이 식을 적용할 수 있다.
② V는 동수경사와는 관계없이 흙의 특성에 좌우된다.
③ K의 차원은 $[LT]$이며 단위는 [Darcy]로도 표시한다.
④ K는 투수계수이며 흙입자의 모양 및 크기, 유체의 점성 등에 비해 변화한다.

해설

• Darcy 법칙은 층류일 때 적용한다.
• Darcy 법칙 $V = KI$에서 유속 V는 동수경사 I에 비례한다.
• 투수계수 K의 차원은 동수경사 I가 무차원이므로 속도(V)의 차원인 LT^{-1}이다.

36 직경 10cm인 연직관 속에 높이 2m만큼 모래가 들어 있다. 모래면 위의 수위를 20cm로 일정하게 유지시켰더니 투수량 $Q = 3$L/hr이었다. 이때 모래의 투수계수 k는?

① 0.382m/hr ② 0.637m/hr
③ 3.82m/hr   ④ 6.37m/hr

해설

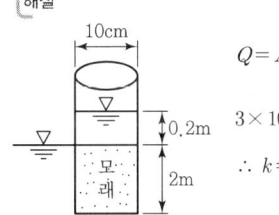

$Q = Ak\dfrac{dh}{dl}$에서

$3 \times 10^{-3} = \dfrac{\pi \times 0.1^2}{4} \times k \times \dfrac{0.2}{2}$

$\therefore k = 3.82$m/hr

37 깊은 우물(심정호)에 대한 설명으로 옳은 것은?

① 집수 깊이가 100m 이상인 우물
② 집수 우물 바닥이 불투수층까지 도달한 우물
③ 집수 우물 바닥이 불투수층을 통과하여 새로운 대수층에 도달한 우물
④ 불투수층에서 50m 이상 도달한 우물

해설

심정호는 집수정(또는 우물)의 바닥이 불투수층에 도달한 경우를 말한다.

38 그림과 같은 굴착정(Artesian Well)의 유량을 구하는 공식은?(단, R : 영향원의 반지름, m : 피압 대수층의 두께, K : 투수계수)

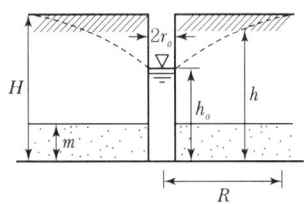

정답 33 ① 34 ④ 35 ④ 36 ③ 37 ② 38 ③

CHAPTER 07 실 / 전 / 문 / 제

① $Q = \dfrac{2\pi mK(H+h_o)}{\ln(R/r_o)}$

② $Q = \dfrac{2\pi mK(H+h_o)}{\ln(r_o/R)}$

③ $Q = \dfrac{2\pi mK(H-h_o)}{\ln(R/r_o)}$

④ $Q = \dfrac{2\pi mK(H-h_o)}{\ln(r_o/R)}$

해설

굴착정의 유량

$Q = \dfrac{2\pi mK(H-h_o)}{\ln(R/r_o)} = \dfrac{2\pi mK(H-h_o)}{2.3\log(R/r_o)}$

39 2개의 불투수층 사이에 있는 대수층의 두께 a, 투수계수 k인 곳에 반지름 r_o인 굴착정(Artesian Well)을 설치하고 일정 양수량 Q를 양수하였더니, 양수 전 굴착정 내의 수위 H가 h_o로 강하하여 정상 흐름이 되었다. 굴착정의 영향원 반지름을 R이라 할 때 $(H-h_o)$의 값은?

① $\dfrac{2Q}{\pi ak}\ln\left(\dfrac{R}{r_o}\right)$ ② $\dfrac{Q}{2\pi ak}\ln\left(\dfrac{R}{r_o}\right)$

③ $\dfrac{2Q}{\pi ak}\ln\left(\dfrac{r_o}{R}\right)$ ④ $\dfrac{Q}{2\pi ak}\ln\left(\dfrac{r_o}{R}\right)$

해설

$Q = \dfrac{2\pi ak(H-h_o)}{\ln\left(\dfrac{R}{r_o}\right)}$ 에서

$H-h_0 = \dfrac{Q}{2\pi ak}\ln\left(\dfrac{R}{r_o}\right)$

40 자유수면을 가지고 있는 깊은 우물에서 양수량 Q를 일정하게 퍼냈더니 최초의 수위 H가 h_o로 강하하여 정상흐름이 되었다. 이때의 양수량은? (단, 우물의 반지름 $= r_o$, 영향원의 반지름 $= R$, 투수계수 $= k$)

① $Q = \dfrac{\pi k(H^2 - h_o^2)}{\ln\dfrac{R}{r_o}}$

② $Q = \dfrac{2\pi k(H^2 - h_o^2)}{\ln\dfrac{R}{r_o}}$

③ $Q = \dfrac{\pi k(H^2 - h_o^2)}{2\ln\dfrac{R}{r_o}}$

④ $Q = \dfrac{\pi k(H^2 - h_o^2)}{2\ln\dfrac{r_o}{R}}$

해설

심정에서의 양수량

$Q = \dfrac{\pi K(H^2 - h_o^2)}{\ln(R/r_o)} = \dfrac{\pi K(H^2 - h_o^2)}{2.3\log_{10}(R/r_o)}$

41 두께가 10m인 피압 대수층에서 우물을 통해 양수한 결과, 50m 및 100m 떨어진 두 지점에서 수면 강하가 각각 20m 및 10m로 관측되었다. 정상상태를 가정할 때 우물의 양수량은? (단, 투수계수는 0.3m/hr)

① $7.6 \times 10^{-2} \text{m}^3/\text{s}$ ② $6.0 \times 10^{-3} \text{m}^3/\text{s}$

③ $9.4 \text{m}^3/\text{s}$ ④ $21.6 \text{m}^3/\text{s}$

해설

$Q = \dfrac{2\pi aK(H-h_o)}{2.3\log(R/r_o)} = \dfrac{2\times\pi\times 10\times(0.3/3,600)\times(20-10)}{2.3\log(100/50)}$

$= \dfrac{2\times\pi\times 10\times(0.3/3,600)\times(20-10)}{2.3\log(100/50)} = 7.6\times 10^{-3} \text{m}^3/\text{s}$

42 하천의 모형실험에 주로 사용되는 상사법칙은?

① Reynolds의 상사법칙
② Weber의 상사법칙
③ Cauchy의 상사법칙
④ Froude의 상사법칙

정답 39 ② 40 ① 41 ① 42 ④

실/전/문/제

[해설]
수리모형의 상사법칙

종류	특징
Reynolds의 상사법칙	점성력이 흐름을 주로 지배하고, 관수로 흐름의 경우에 적용
Froude의 상사법칙	중력이 흐름을 주로 지배하고, 개수로 흐름의 경우에 적용(하천의 모형실험)

43 수리실험에서 점성력이 지배적인 힘이 될 때 사용할 수 있는 모형법칙은?

① Reynolds 모형법칙
② Froude 모형법칙
③ Weber 모형법칙
④ Cauchy 모형법칙

[해설]

종류	특징
Reynolds의 상사법칙	점성력이 흐름을 주로 지배하고, 관수로 흐름의 경우에 적용
Froude의 상사법칙	중력이 흐름을 주로 지배하고, 개수로 흐름의 경우에 적용

44 저수지의 물을 방류하는 데 1 : 225로 축소된 모형에서 4분이 소요되었다면, 원형에서의 소요시간은?

① 60분
② 120분
③ 900분
④ 3,375분

[해설]
$$T_r = \frac{T_p}{T_m} = L_r^{\frac{1}{2}}$$
$$T_p = T_m L_r^{\frac{1}{2}} = 4 \times 225^{\frac{1}{2}} = 60\text{min}$$

45 두께 3m인 피압대수층에서 반지름 1m인 우물로 양수한 결과, 수면강하 10m일 때 정상상태로 되었다. 투수계수 0.3m/hr, 영향권 반지름 400m라면 이때의 양수량은?

① 2.6×10^{-3}m³/s
② 6.0×10^{-3}m³/s
③ 9.4m³/s
④ 21.6m³/s

[해설]
$$Q = \frac{2\pi cK(H-h_o)}{\ln(R/r_o)}$$
$$= \frac{2\pi \times 3 \times 0.3/3{,}600 \times 10}{\ln(400/1)}$$
$$= 0.0026 = 2.6 \times 10^{-3} \text{ m}^3/\text{sec}$$

46 비피압 대수층의 우물에서 100m 떨어진 지점의 지하수위가 50m이고, 지하수위의 경사가 0.05, 투수계수가 20m/day일 때 우물의 양수량은?

① 약 28,200m³/day
② 약 31,400m³/day
③ 약 36,800m³/day
④ 약 42,500m³/day

[해설]
우물의 유량공식(비피압 대수층)
$$Q = 2\pi RkH \frac{dH}{dr}$$
$$= 2\pi \times 100 \times 20 \times 50 \times 0.05$$
$$= 31{,}416 \text{m}^3/\text{day}$$

47 원형 댐의 월류량이 400m³/sec이고 수문을 개방하는 데 필요한 시간이 40초라 할 때 1/50 모형(模形)에서의 유량과 개방 시간은?(단, g_r은 1로 가정한다.)

① $Q_m = 0.0226$m³/sec, $T_m = 5.657$sec
② $Q_m = 1.6232$m³/sec, $T_m = 0.825$sec
③ $Q_m = 56.560$m³/sec, $T_m = 0.825$sec
④ $Q_m = 115.00$m³/sec, $T_m = 5.657$sec

정답 43 ① 44 ① 45 ① 46 ② 47 ①

CHAPTER 07 실 / 전 / 문 / 제

해설

$Q_r = \dfrac{Q_m}{Q_p} = L_r^{5/2}$ 에서

$\dfrac{Q_m}{400} = \left(\dfrac{1}{50}\right)^{5/2}$

$\therefore Q_m = 0.0226 \text{m}^3/\text{s}$

$T_r = \dfrac{T_m}{T_p} = \sqrt{\dfrac{L_r}{g_r}} = \sqrt{L_r}$ 에서

$\dfrac{T_m}{40} = \sqrt{\dfrac{1}{50}}$

$\therefore T_m = 5.657 \text{sec}$

48 왜곡모형에서 Froude 상사법칙을 이용하여 물리량을 표시한 것으로 틀린 것은?(단, X_r은 수평 축척비, Y_r은 연직축척비이다.)

① 유속비 : $V_r = \sqrt{Y_r}$

② 시간비 : $T_r = \dfrac{X_r}{Y_r^{1/2}}$

③ 경사비 : $S_r = \dfrac{Y_r}{X_r}$

④ 유량비 : $Q_r = X_r Y_r^{5/2}$

해설

유량비 $Q_r = X_r Y_r^{3/2}$ 이다.

49 그림과 같은 제방에서 단위폭당의 유량 q가 $0.414 \times 10^{-2} \text{m}^3/\text{sec}$라면 투수계수는?

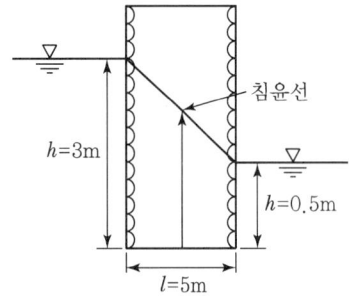

① 0.37cm/sec ② 0.47cm/sec
③ 0.57cm/sec ④ 0.67cm/sec

해설

Dupuit의 침윤선 공식

$q = \dfrac{K}{2l}(h_1^2 - h_2^2)$ 에서

$0.414 \times 10^{-2} = \dfrac{K}{2 \times 5}(3^2 - 0.5^2)$

$\therefore K = 4.73 \times 10^{-3} \text{m/sec} = 0.473 \text{cm/sec}$

50 그림과 같은 집수암거에서 $H = 8\text{m}$, $h_o = 0.45\text{m}$, 투수계수 $K = 0.009 \text{m/sec}$, 길이 $l = 300\text{m}$, 영향원의 반경 $R = 170\text{m}$라면 용수량은?

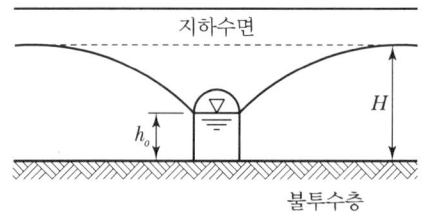

① $1.01 \text{m}^3/\text{sec}$ ② $2.01 \text{m}^3/\text{sec}$
③ $0.14 \text{m}^3/\text{sec}$ ④ $0.24 \text{m}^3/\text{sec}$

해설

$Q = \dfrac{Kl}{R}(H^2 - h_o^2) = \dfrac{0.009 \times 300}{170}(8^2 - 0.45^2)$

$\qquad = 1.01 \text{m}^3/\text{sec}$

51 Darcy공식에 관한 설명으로 옳지 않은 것은?

① Darcy공식은 물의 흐름이 층류인 경우에만 적용할 수 있다.

② 투수계수 k의 차원은 $[LT^{-1}]$이다.

③ 투수계수는 흙입자의 성질에만 관계된다.

④ 동수경사는 $I = -\dfrac{dh}{ds}$로 표현할 수 있다.

해설

투수계수에 영향을 미치는 인자
- 흙입자의 형상 및 크기
- 토사의 공극률 및 흙입자의 구조
- 지하수의 온도 및 유체의 단위중량

정답 48 ④ 49 ② 50 ① 51 ③

CHAPTER 08

수문학

01 수문학 개론
02 강수
03 강수량 자료의 해석
04 증발과 증산
05 침투와 침루
06 유출
07 하천의 유량
08 수문곡선(Q-t curve)
09 단위도(단위유량도)
10 합리식

01 수문학 개론

1. 수문학

정의	모식도
지구상에 존재하는 물의 생성부터 소멸까지 물 순환의 전 과정을 연구하는 학문	(그림: 구름 → 구름(응결), 4.증산 3.차단 2.강수, 1.증발, 8.유출, 7.저류, 6.침루, 5.침투, 바다, 지하수, 불투수층)

강수량(P) ⇔ 유출량(R) + 증발산량(E) + 침투량(C) + 저류량(S)

GUIDE

- 물의 순환
  대기 중으로 방출(증발)된 수분이 강수의 형태로 다시 지상에 떨어지는 과정

- 강수량은 지하수 흐름과 지표면 흐름의 합과 동일하지 않다.

2. 수문분석 기법

확정론적 기법	확률론적 기법	빈도해석 기법	추계학적 기법
수문사상의 입·출력관계가 확정적인 법칙을 따름	관측된 자료집단의 확률 통계학적 특성만을 고려	재현기간(생기빈도)을 확률적으로 예측하는 방법	수문사상의 발생 순서와 크기만을 고려하여 확률을 분석

3. 물의 순환과정 영역구분

수문기상학	지표수문학	지하수문학
강우가 지상에 도달하기 이전까지의 대기현상을 취급	지표면 유출부터 하천 유출까지의 전 과정을 취급	지표면에서 지하로 유입된 물의 흐름을 취급

- 수문기상학의 3요소
  (대기의 성질을 결정)
  ① 기온
  ② 바람
  ③ 습도

- 바람은 풍속계로 측정

4. 수문기상학

기온	바람
① 평균(일,월) : 최대와 최소를 평균 ② 정상(일,월,연) : 30년 평균	① 바람은 이동하는 기단 ② 고기압 → 저기압 (추운 → 더운)

습도	① 습도 : 대기 중의 공기가 함유하고 있는 수분의 정도 ② 상대습도(h) = $\dfrac{e(\text{실제 증기압})}{e_s(\text{포화증기압})} \times 100(\%)$ ③ 포화증기압 : 공기가 수증기로 포화되어 있을 때의 압력

- 연평균 기온
  해당 연의 각 월평균 기온의 평균값

- 대기권의 열순환 원인
  ① 우리나라의 편서풍
  ② 대기권 내 열순환

- 고도와 풍속의 관계식
  $$\dfrac{V}{V_1} = \left(\dfrac{Z}{Z_1}\right)^K$$
  여기서, V : 고도 Z에서 풍속
  V_1 : 고도 Z_1에서 풍속

예 / 상 / 문 / 제

01 다음 중 물의 순환과정에 대한 순서를 옳게 나열한 것은?

① 증발→강수→차단→증산→침투→침루→유출
② 증발→강수→증산→차단→침투→침루→유출
③ 증발→강수→차단→증산→침루→침투→침루
④ 증발→강수→증산→차단→침투→유출→침루

해설
물의 순환과정
증발 → 구름의 생성 → 강수 → 차단 → 증산 → 침투 → 침루 → 유출

02 강수량 P, 증발산량 E, 침투량 C, 유출량 R, 그리고 저류량을 S라고 할 때, 물의 순환을 옳게 나타낸 물수지 방정식은?

① $P \to R + E + C + S$
② $P = R + E + C + S$
③ $P \leftarrow R + E + C + S$
④ $P \rightleftarrows R + E + C + S$

03 다음 중 물의 순환에 관한 설명으로 틀린 것은?

① 지구상에 존재하는 수자원이 대기권을 통해 지표면에 공급되고, 지하로 침투하여 지하수를 형성하는 등 복잡한 반복과정이다.
② 지표면 또는 바다로부터 증발된 물이 강수, 침투 및 침루, 유출 등의 과정을 거치는 물의 이동현상이다.
③ 물의 순환과정은 성분과정 간의 물의 이동이 일정률로 연속된다는 것을 의미한다.
④ 물의 순환과정 중 강수, 증발 및 증산은 수문기상학 분야이다.

해설
물의 순환은 일정하지 않다.

04 기온에 관한 다음 설명 중 옳지 않은 것은?

① 연 평균기온은 해당 연의 월 평균기온의 평균치로 정의한다.
② 월 평균기온은 해당 월의 일 평균기온의 평균치로 정의한다.
③ 일 평균기온은 일 최고 및 최저 기온을 평균하여 주로 사용한다.
④ 정상 일 평균기온은 30년간의 특정일의 일 평균기온을 평균하여 정의한다.

해설
월 평균기온은 해당 월의 일 평균기온 중 최고, 최저치의 평균값

05 기온 25℃에서 실제 증기압이 16.8mb일 때 상대습도는?(단, 이때의 포화증기압은 32.3mb이다.)

① 38.6% ② 48.0%
③ 52.0% ④ 92.3%

해설
상대습도$(h) = \dfrac{e}{e_s} \times 100 = \dfrac{16.8}{32.3} \times 100 = 52\%$

06 대기의 온도가 t_1, 상대습도 75%인 상태에서 증발이 진행되어 온도가 t_2로 상승하고 대기 중의 증기압은 20% 증가하였다. 온도 t_1 및 t_2에서의 포화 증기압을 각각 10.0mmHg 및 18.0mmHg라 할 때 온도 t_2에서의 상대습도는?

① 50% ② 75%
③ 90% ④ 95%

해설
$h_1 = \dfrac{e_1}{e_{s1}} \times 100(\%)$ 에서
$e_1 = h_1 \times e_{s1} = 0.75 \times 10 = 7.5\text{mmHg}$
증기압 e_2는 e_1보다 20% 높으므로
$e_2 = 7.5 \times (1 + 0.2) = 9.0\text{mmHg}$
$\therefore h_2 = \dfrac{e_2}{e_{s2}} = \dfrac{9.0}{18.0} \times 100 = 50\%$

정답 01 ① 02 ② 03 ③ 04 ② 05 ③ 06 ①

5. 우리나라 수자원 및 하천의 특성

우리나라 수자원의 특성	하상계수
① 연평균 강우량 : 약 1,280mm ② 가장 많은 이용 분야는 농업용수 분야이다. ③ 유로연장이 짧고 하천경사가 급한 곳이 많으며 하상계수가 크다.	① 하상계수 = $\dfrac{최대유량}{최소유량}$ ② 하상계수가 크면(300 이상) 물관리가 곤란하다.

- **하상계수**
  우리나라 하천의 하상계수는 보통 300이 넘는다.

6. 하천의 수위

우리나라 수자원의 특성	모식도
① 평수위는 1년 중 185일은 저하되지 않는 수위 ② 저수위는 1년 중 275일은 저하되지 않는 수위 ③ 갈수위는 1년 중 355일은 저하되지 않는 수위	홍수위 풍수위 — 95일 평수위 — 185일 저수위 — 275일 갈수위 — 355일 (365일)

예/상/문/제

01 자연하천의 특성을 표현할 때 이용되는 하상계수에 대한 설명으로 옳은 것은?

① 홍수 전과 홍수 후의 하상 변화량의 비를 말한다.
② 최심하상고와 평형하상고의 비이다.
③ 개수 전과 개수 후의 수심 변화량의 비를 말한다.
④ 최대유량과 최소유량의 비를 나타낸다.

해설

하상계수= $\dfrac{\text{최대유량}}{\text{최소유량}}$ 의 비로 정의하며, 우리나라의 하천은 다른 나라에 비해 하상계수가 10배 이상 커서 여름철의 홍수 시 상당히 불리한 여건을 가지고 있다.

02 하상계수(河狀係數)에 대한 설명으로 옳은 것은?

① 대하천의 주요 지점에서의 풍수량과 저수량의 비
② 대하천의 주요 지점에서의 최소유량에 대한 최대유량의 비
③ 대하천의 주요 지점에서의 홍수량과 하천유지유량의 비
④ 대하천의 주요 지점에서의 최소유량과 갈수량의 비

해설

하상계수= $\dfrac{\text{최대유량}}{\text{최소유량}}$

03 수문학에서 저수위(LWL)란 1년을 통해서 며칠 동안 이보다 저하하지 않은 수위인가?

① 185일 ② 200일
③ 275일 ④ 355일

해설

저수위는 1년을 통하여 275일은 이보다 저하하지 않는 수위이다.

정답 01 ④ 02 ② 03 ③

02 강수

1. 강수의 유형

구분	조건	모식도
대류형 강수	따뜻하고 가벼워진 공기가 대류현상에 의해 차갑고 밀도가 큰 공기 속으로 상승하면서 급격히 냉각하며 발생 (국지적 소나기, 낮은 강도의 강우가 형성)	
산악형 강수	산맥에 부딪혀서 기단이 산 위로 상승할 때 생기는 강수 (뒤편은 건조)	
전선형 강수	서로 다른 두 기단이 부딪쳐서 발생	

2. 강수량의 측정(누가우량곡선)

누가우량곡선	누가우량곡선의 특징
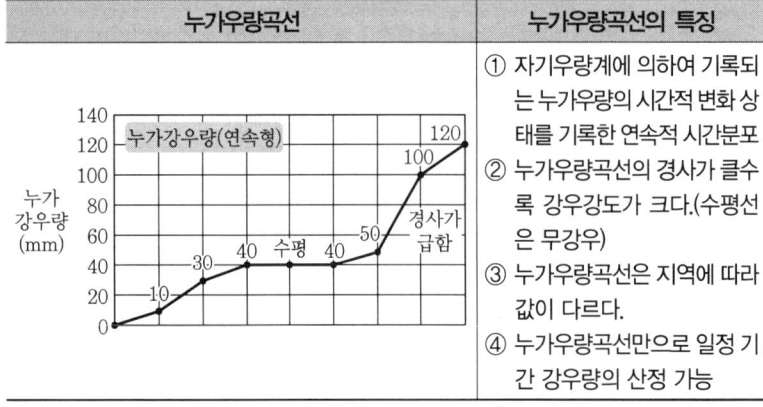	① 자기우량계에 의하여 기록되는 누가우량의 시간적 변화 상태를 기록한 연속적 시간분포 ② 누가우량곡선의 경사가 클수록 강우강도가 크다.(수평선은 무강우) ③ 누가우량곡선은 지역에 따라 값이 다르다. ④ 누가우량곡선만으로 일정 기간 강우량의 산정 가능

GUIDE

- 무강우 0.1mm 이하

- **강우량**
  산지 > 평지

- **강수조건**
  ① 이슬점까지 냉각
  ② 충분한 수분의 공급
  ③ 수분입자의 성장
  ④ 수분입자들의 응결을 위한 응결핵이 존재

- **우량측정시간**
  매일 1회 24시간(오전 10시부터 다음 날 오전 10시)

- **강우량 크기**
  우리나라에서는 mm 사용

- 평균우량의 표준오차는 계측망의 밀도가 클수록, 유역면적이 클수록 작아지고 유역평균우량이 클수록 커진다.

- **정확도**
  자기우량기록계 > 보통우량계

예 / 상 / 문 / 제

01 강수에 대한 설명이다. 잘못된 것은 어느 것인가?

① 비, 눈 또는 우박 등과 같이 지상에 강하한 수분량을 강수량이라 한다.
② 우량은 지역적으로 균일하며 산지가 평지보다 우량이 작다.
③ 강수량 중 대부분이 비인 관계로 강우량이라고도 한다.
④ 강설량은 설량계, 적설계로 측정한다.

[해설]
강우량은 고도가 높은 산지가 평지보다 더 많다.

02 다음 중 낮은 강도의 강우가 형성되는 냉각과정은?

① 대류형　　　　② 한랭전선형
③ 온난전선형　　④ 산악형

[해설]
대류형 강수는 낮은 강도의 강우가 형성되는 냉각과정에 의하여 형성된다.

03 일 강우량을 무강우(無降雨)로 취급하는 것은 다음 중 어느 것인가?

① 0.1mm 이하　　② 0.3mm 이하
③ 0.5mm 이하　　④ 1.0mm 이하

[해설]
일 강우량이 0.1mm 이하일 때는 무강우로 취급한다.

04 온도 및 수분함량이 다른 두 기단이 충돌하여 그 접촉면에서 발생하는 강수는?

① 대류형 강수　　② 전선형 강수
③ 기단형 강수　　④ 산악형 강수

[해설]
전선형 강수는 온도와 밀도가 서로 다른 두 기단(air mass)이 서로 충돌할 때 그 접촉면(front : 전선)에서 발생하는 강수이다.

05 다음 중 누가우량곡선(Rainfall Mass Curve)의 특성으로 옳은 것은?

① 누가우량곡선은 자기우량기록에 의하여 작성하는 것보다 보통우량계의 기록에 의하여 작성하는 것이 더 정확하다.
② 누가우량곡선으로부터 일정기간 내의 강우량을 산출하는 것은 불가능하다.
③ 누가우량곡선의 경사는 지역에 관계없이 일정하다.
④ 누가우량곡선의 경사가 클수록 강우강도가 크다.

[해설]
누가우량곡선의 경사가 클수록 강우강도는 커진다.

06 다음 설명 중 옳지 않은 것은?

① 자연하천에서 대부분 동일 수위에 대한 수위 상승 시와 하강 시의 유량이 다르다.
② 수위-유량 관계곡선의 연장방법인 Stevens 법은 Chezy의 유속공식을 이용한다.
③ 유량누가곡선의 경사가 급하면 홍수가 드물고 지하수의 하천 방출이 크다.
④ 합리식은 어떤 배수영역에 발생한 강우강도와 첨두유량 간 관계를 나타낸다.

[해설]
누가우량곡선의 경사가 클수록 강우강도는 크다.

정답　01 ②　02 ①　03 ①　04 ②　05 ④　06 ③

3. 강수자료의 조정(2중 누가우량 분석)

2중 누가우량 분석	2중 누가우량 분석곡선의 특징
(그래프: 연강우량 누가치(y축 측정)(10³mm) vs 연강우량 누가치(25개 관측점 평균치)(10³mm), 1945, 1950, 1955, 1959, 1960, 1965 표시, 직선경사 = 2.3/3.5 = 0.657, 직선경사 = 1.9/2.1 = 0.905)	① 장기간에 걸친 강수량 자료의 일관성을 검사 또는 교정하는 방법 ② 2중 누가우량곡선이 직선으로 표시되면 자료의 일관성이 있다고 판단된다.

• 일관성 검증
우량관측소의 관측방법 변화, 관측기기의 교체, 관측소의 이동 등

4. 강수기록의 결측치 추정방법

구분	해설
산술 평균법	① 3개의 관측점 중 정상 연평균 강우량의 차가 10% 이내일 경우 ② $P_X = \dfrac{1}{3}(P_A + P_B + P_C)$ ③ P_A, P_B, P_C : 3개의 부근 관측점의 강수량
정상 연강수량 비율법	① 3개의 관측점 중 정상 연평균 강우량의 차가 10% 이상일 경우 ② $P_X = \dfrac{N_X}{3}\left(\dfrac{P_A}{N_A} + \dfrac{P_B}{N_B} + \dfrac{P_C}{N_C}\right)$ ③ P_A, P_B, P_C : 관측점의 연강수량
단순 비례법	결측치를 가진 관측점 부근에 다른 관측점이 1개일 때 사용

• 결측치 추정방법
관측소에서 관측자의 실수, 장비의 고장 등으로 일정 기간 관측을 못한 경우 인근 관측소의 자료를 이용하여 보완하는 것

• P_X : 결측점의 강수량

• N_A, N_B, N_C : 정상 연평균 강수량

※ 참고

강수기록의 결측치 추정방법	평균강우량 산정
① 산술평균법 ② 정상 연강수량 비율법 ③ 단순비례법	① 산술평균법 ② Thissen의 가중법 ③ 등우선법

예 / 상 / 문 / 제

01 강우자료의 변화요소가 발생한 과거의 기록치를 보정하기 위하여 전반적인 자료의 일관성을 조사하려고 할 때, 사용할 수 있는 가장 적절한 방법은?

① 정상 연강수량 비율법
② DAD 분석
③ Thiessen의 가중법
④ 이중 누가우량 분석

[해설]
이중 누가우량 분석은 강우량 자료의 일관성이 부족한 경우에 교정하는 방법이다.

02 이중 누가우량 분석법(Double Mass Curve Analysis)에 관한 설명 중 옳은 것은?

① 유역의 평균우량 산정법이다.
② 우량자료를 확충하기 위한 방법이다.
③ 우량자료가 결측되었을 경우 사용한다.
④ 강우자료에 일관성을 주기 위한 방법이다.

[해설]
이중 누가우량 분석은 관측점 누적총량과 비교하여 자료로서의 일관성에 대한 조사를 하는 것이다.

03 다음의 강수에 대한 설명 중 틀린 것은?

① 강수는 구름이 응축되어 지상으로 강하하는 모든 형태의 수분을 총칭한다.
② 일우량(24hr 우량)이 0.1mm 이하일 경우에는 무강우로 취급한다.
③ 누가우량곡선(Mass Curve)은 자기우량계에 의해 측정된 누가강우의 시간적 변화를 기록한 곡선이다.
④ 이중 누가우량 분석법은 강수량 자료의 결측치를 보완하는 방법이다.

[해설]
이중 누가우량 분석은 강우량 자료의 일관성이 부족한 경우에 교정하는 방법이다.

04 다음 중 강수 결측자료의 보완을 위한 추정방법이 아닌 것은?

① 단순비례법
② 이중 누가우량 분석법
③ 산술평균법
④ 정상 연강수량 비율법

[해설]
강우자료의 결측치 보완 추정방법에는 산술평균법, 정상 연강수량 비율법, 단순비례법 등이 있다.

05 강우와 강우 해석에 대한 설명으로 옳지 않은 것은?

① 강우강도의 단위는 mm/hr이다.
② DAD 해석은 지속기간별·면적별 최대강우량을 구하는 방법이다.
③ 정상 연강수 비율법(Normal Ratio Method)은 면적평균 강수량을 구하는 방법이다.
④ 대류형 강우는 주위보다 더운 공기의 상승으로 일어난다.

[해설]
정상 연강수 비율법은 강수기록의 결측치 보완방법이다.

06 관측소 X의 우량계 고장으로 1개월 동안 관측을 실시하지 못하였다. 이 기간 동안 인접 관측소 A, B, C에서 관측된 강우량은 110, 85, 125mm이었다. 관측소 X, A, B, C에서의 정상 연평균강우량이 각각 980, 1,120, 950, 1,200mm이면 결측기간 동안의 관측소 X의 강우량은?

① 95.3mm
② 106.7mm
③ 113.5mm
④ 127.4mm

[해설]
$$P_X = \frac{N_X}{3}\left(\frac{P_A}{N_A} + \frac{P_B}{N_B} + \frac{P_C}{N_C}\right)$$
$$= \frac{980}{3}\left(\frac{110}{1,120} + \frac{85}{950} + \frac{125}{1,200}\right)$$
$$= 95.34\text{mm}$$

정답 01 ④ 02 ④ 03 ④ 04 ② 05 ③ 06 ①

5. 평균강우량 산정

구분	식	특징
산술 평균법	$P_m = \dfrac{P_1 + P_2 + \cdots + P_N}{N}$	① 평야 지역에 적용 ② 약 500km² 미만의 유역 면적에 사용
Thissen의 가중법	$P_m = \dfrac{A_1 P_1 + A_2 P_2 + \cdots + A_N P_N}{A_1 + A_2 + \cdots + A_N}$	① 약 500~5,000km² 미만의 유역면적에 사용 ② 지형의 영향을 고려할 수 없는 단점 ③ 가중인자를 이용 ④ 관측소 간 우량변화를 선형으로 단순화한 방법
등우선법	$P_m = \dfrac{A_1 P_{1m} + A_2 P_{2m} + \cdots A_N P_{Nm}}{A_1 + A_2 + \cdots + A_N}$	① 강우에 대한 산악의 영향을 고려 ② 5,000km² 이상의 유역면적에 사용

GUIDE

- P_N : 강수량
  N : 관측점 총수

- P_N : 유역 내 강수량
  A_N : 관측점 지배면적

- P_m : 두 인접 등우선 간의 평균강우량(mm)

03 강수량 자료의 해석

1. 강수량 자료의 해석

구분	해설
강우강도(I)	단위시간에 내리는 강우량(mm/hr)
지속시간(t) (=지속기간)	강우가 계속되는 시간(min)
생기빈도(재현기간)	임의의 강우량이 1회 이상 같거나 초과하는 데 소요되는 연수

- 강수량 자료의 해석
  ① 강우강도
  ② 지속시간(지속기간)
  ③ 생기빈도(재현기간)
  ④ 지역적 범위

2. 강우강도와 지속기간의 관계

구분	경험공식	적용
Talbot형	$I = \dfrac{a}{t+b}$	광주 지역에 적합
Sherman형	$I = \dfrac{c}{t^n}$	서울, 부산 지역 등에 적합
Japanese형	$I = \dfrac{d}{\sqrt{t}+e}$	대구, 인천 지역 등에 적합

- I : 강우강도(mm/hr)
- t : 지속시간(min)
- 강우지속시간(t)이 길수록 강우강도(I)는 작아진다.(강우강도와 지속시간은 반비례)
- 강우강도와 지속시간의 관계는 지역에 따라 다르다.
- a, b, c, d, e, n : 지역에 따라 결정되는 상수

예 / 상 / 문 / 제

01 다음 중 유역의 평균강우량 산정방법이 아닌 것은?

① 산술평균법 ② 등우선법
③ Thiessen의 가중법 ④ 기하평균법

[해설]
평균강우량 산정방법
산술평균법, Thiessen의 가중법, 등우선법

02 유역의 평균 강우량을 계산하기 위하여 사용되는 Thiessen 방법의 단점으로 옳은 것은?

① 지형의 영향(산악효과)을 고려할 수 없다.
② 지형의 영향은 고려되나 강우 형태는 고려되지 않는다.
③ 우량계의 종류에 따라 크게 영향을 받는다.
④ 계산은 간편하나 산술평균법보다 부정확하다.

[해설]
Thiessen의 가중법은 관측소 간 우량변화를 선형으로 단순화한 방법으로 지형의 영향(산악효과)을 고려할 수 없는 단점이 있다.

03 유역 내 5개 강우량 관측점에 기록된 강우량과 지배면적이 표와 같을 때 Thiessen법으로 계산된 유역평균 강우량은 얼마인가?

관측점	A	B	C	D	E
강우량(mm)	20	30	40	35	30
지배면적(km²)	20	30	10	20	15

① 31.0mm ② 30.0mm
③ 29.0mm ④ 28.0mm

[해설]
$$P_m = \frac{\sum_{i=1}^{N} A_i P_i}{\sum_{i=1}^{N} A_i}$$
$$= \frac{20\times20+30\times30+10\times40+20\times35+15\times30}{20+30+10+20+15}$$
$$= 30.0\text{mm}$$

04 어떤 유역에 20분간 지속된 강우강도가 31mm/hr이었다면 강우량은?

① 1.00mm ② 6.67mm
③ 10.33mm ④ 20.00mm

[해설]
20분간 강우량 $= 31 \times \frac{20}{60} = 10.33\text{mm}$

05 강우강도 $I = \frac{5,000}{t+40}$ mm/hr로 표시되는 어느 도시에 있어서 20분간의 강우량 R_{20}은?(단, t의 단위는 분이다.)

① 17.8mm ② 27.8mm
③ 37.8mm ④ 47.8mm

[해설]
$60\text{min} : 83.3\text{mm} = 20\text{min} : X\text{mm}$
$\therefore X = 27.8\text{mm}$

06 다음의 강우강도에 대한 설명 중 틀린 것은?

① 강우깊이(mm)가 일정할 때 강우지속시간이 길면 강우강도는 커진다.
② 강우강도와 지속시간의 관계는 Talbot, Sherman, Japanese형 등의 경험공식에 의해 표현된다.
③ 강우강도식은 지역에 따라 다르며, 자기우량계의 우량자료로부터 그 지역의 특성 상수를 결정한다.
④ 강우강도식은 댐, 우수관거 등의 수공구조물의 중요도에 따라 그 설계 재현기간이 다르다.

[해설]
강우강도는 시간당 강우량이므로 강우깊이가 일정할 때 강우지속시간이 길면 강우강도는 작아진다.

정답 01 ④ 02 ① 03 ② 04 ③ 05 ② 06 ①

3. IDF를 이용하여 강우강도를 구하기 위해서 필요한 요소

I (강우강도, Intensity)	D (강우지속기간, Duration)	F (재현기간, 발생빈도)
단위시간(hr)에 내린 강우량(단위 : mm/hr)	강우가 내리는 기간	빈도란 일정한 기간 동안 어떤 크기의 강우가 발생하는 횟수
$I = \dfrac{k \cdot T^x}{t^n}$	① T : 강우의 생기빈도(재현기간) ② t : 지속시간(min) ③ k, x, n : 지역에 따른 상수	

GUIDE

- F(Frequency)
  재현기간, 발생빈도

- 강우강도와 지속시간은 반비례

- **강우강도와 발생빈도는 비례**
  강우 지속시간(t)이 길수록 강우강도(I)는 작아진다.

4. 평균우량깊이(D)–유역면적(A)–강우지속기간(D) 관계 해석

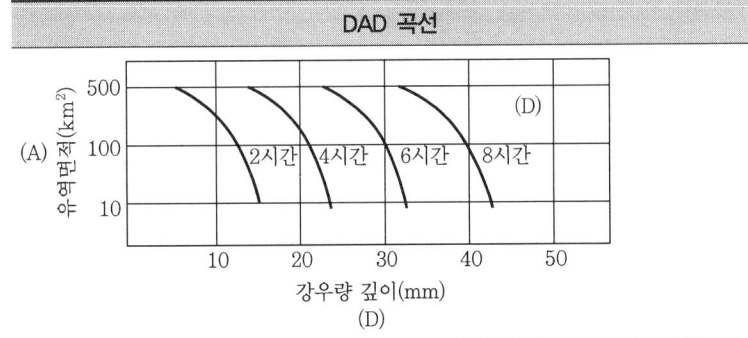

DAD 곡선

① 평균우량깊이(Depth, 강우량)–유역면적(Area)–지속기간(Duration)
② 각종 크기의 유역면적(A)에 지속시간(D)이 다른 강우가 발생할 때 예상되는 최대 강우량을 산정하는 것
③ 작성방법 : 반대수지에 작성(유역면적은 대수 축, 최대평균 우량은 산술 축)

DAD 곡선 해석(A–D의 관계)

① 유역면적이 커질수록 강우량 깊이는 작아짐
② 유역면적이 일정하면 지속시간이 커질수록 강우량 깊이가 커짐

- DAD 작성순서
  ① 누가우량곡선으로부터 지속기간별 최대우량을 결정
  ② 소구역에 대한 평균누가우량을 결정한다.
  ③ 누가면적에 대한 평균누가유량을 산정한다.
  ④ 반대수지에 DAD 곡선을 작성한다.

5. 최대 가능강수량(PMP : Probable Maximum Precipitation)

정의	어떤 지역에서 생성될 수 있는 최악의 기상조건에서 발생 가능한 호우로 인한 최대강수량 (설계기간 내 올 수 있는 가장 큰 강우)
특징	① 대규모 수공구조물을 설계할 때 기준으로 삼는 우량 ② PMP로서 수공구조물의 크기(치수)를 결정한다.

- PMP(최대 가능강수량)
  ① 과거의 최대 강우량뿐만 아니라 이보다 더 큰 강우는 발생하지 않을 것이라는 가정하의 강우량
  ② 어떤 경우의 홍수라도 설계홍수량을 초과해서는 안 되도록 설계 시 사용

예 / 상 / 문 / 제

01 강우강도(I), 지속시간(D), 생기빈도(F) 관계를 표현하는 $I-D-F$관계식 $I=\dfrac{kT^2}{t^n}$에 대한 설명으로 틀린 것은?

① t : 강우의 지속시간(min)으로서, 강우가 계속 지속될수록 강우강도(I)는 커진다.
② I : 단위시간에 내리는 강우량(mm/hr)인 강우강도이며 각종 수문학적 해석 및 설계에 필요하다.
③ T : 강우의 생기빈도를 나타내는 연수(年數)로서 재현기간(연)을 말한다.
④ k, x, n : 지역에 따라 다른 값을 가지는 상수이다.

[해설]
강우강도와 지속시간은 반비례의 관계를 갖는다.

02 얻어진 강우 기록으로부터 우량의 값, 유역면적 및 강우 계속시간 등의 관계를 규명하는 것은?

① 유출함수법
② DAD 해석
③ 단위도법
④ 비우량해석

[해설]
DAD(Depth-Area-Duration) 해석은 최대 평균우량깊이 – 유역면적 – 강우지속시간의 관계를 규명하는 방법이다.

03 DAD 해석에 관계되는 요소로 짝지어진 것은?

① 수심, 하천 단면적, 홍수기간
② 강우깊이, 면적, 지속기간
③ 적설량, 분포면적, 적설일수
④ 강우량, 유수단면적, 최대수심

[해설]
DAD(Depth-Area-Duration) 해석은 최대 평균우량깊이 – 유역면적 – 강우지속시간의 관계를 규명하는 방법이다.

04 DAD(Depth-Area-Duration) 해석에 관한 설명 중 옳은 것은?

① 최대 평균우량깊이, 유역면적, 강우강도와의 관계를 수립하는 작업이다.
② 유역면적을 대수 축(Logarithmic Scale)에 최대평균강우량을 산술 축(Arithmetic Scale)에 표시한다.
③ DAD 해석 시 상대습도 자료가 필요하다.
④ 유역면적과 증발산량과의 관계를 알 수 있다.

[해설]
DAD(Depth – Area – Duration) 해석에서 최대 평균우량깊이는 산술 축에 유역면적은 대수 축에 표시한다.

05 DAD 곡선을 작성하는 순서가 옳은 것은?

> 가. 누가우량곡선으로부터 지속기간별 최대우량을 결정한다.
> 나. 누가면적에 대한 평균누가우량을 산정한다.
> 다. 소구역에 대한 평균누가우량을 결정한다.
> 라. 지속기간에 대한 최대우량깊이를 누가면적별로 결정한다.

① 가-다-나-라
② 나-가-라-다
③ 다-나-가-라
④ 라-다-나-가

06 대규모 수공구조물의 설계홍수량 산정에 가장 적합한 것은?

① 기록상의 최대우량
② 면적평균강우량
③ 가능 최대강수량
④ 재현기간 5년에 해당하는 강우량

[해설]
가능 최대 강수량(Probable Maximum Precipitation)
어떤 유역에 태풍이나 호우 등 최악의 기상조건이 발생할 경우 유역에 내릴 수 있는 가상의 최대 강우량을 말하며, 대규모 수공구조물의 설계 홍수량의 기준이 된다.

정답 01 ① 02 ② 03 ② 04 ② 05 ① 06 ③

04 증발과 증산

1. 증발산(증발+승화+증산)

구분	해설
증발	물이 액체상태에서 기체상태로 변화는 것
승화	물이 고체상태에서 기체상태로 기화되는 것
증산	식물의 엽면을 통해 대기 중으로 수분이 방출되는 현상
소비수량	식생으로 피복된 지면에서의 증발량과 증산량만을 의미 (소비수량≠증발산량)

2. 저수지 증발량의 산정방법

증발량 산정방법	① 증발접시에 의한 방법 ② 물수지 방정식에 의한 방법(Water Budget) ③ 에너지 수지식(열수지법, Penman 이론법) ④ 경험공식에 의한 방법(Dalton의 법칙)

3. 증발접시에 의한 방법으로 저수지 증발량 산정

증발접시계수	증발률(mm/day)	일 증발량(유입유량)
$\dfrac{\text{저수지증발량}}{\text{접시증발량}} < 1$	$\dfrac{\text{일 증발량}(m^3/day)}{\text{수표면적}(km^2)}$	증발률×수표 면적

4. 물수지 방법에 의하여 저수지 증발산량 산정

물수지 방법	모식도
$E = P + I \pm U - O \pm S$ (유입)=(유출) $P + I + U + S = E + U + S + O$	증발산량(E), 강우량(P), 유입량(I), 유출량(O), 저류량(S), 지하수, 지하수유출입량(u)

① E : 증발산량 ② P : 강우량 ③ I : 유입량
④ U : 지하수 유출입량 ⑤ O : 유출량 ⑥ S : 지표 및 지하 저류량

GUIDE

- **증발**
  태양이 방사하는 열에너지에 의해 증발된다.

- **증발산**
  지표면에 떨어진 강수량이 대기 중으로 되돌아 가는 현상(증발+승화+증산)

- **증발에 영향을 주는 인자**
  ① 온도
  ② 바람
  ③ 상대습도
     (상대습도 증가 → 증발률 감소)
  ④ 대기압
     (고도 증가 → 증발률 증가)
  ⑤ 수질
     (불순물 증가 → 증발률 감소)

- 땅속에 저류된 물과 지표하수는 태양이 방사하는 열에너지에 의해 증발된다.

- **증발접시계수**
  증발접시 증발량에 대한 수표면의 실제 증발량의 비

- **물수지 방법**
  저수지를 기준으로
  들어오면 (+)
  나가면 (−)

예 / 상 / 문 / 제

01 물의 순환과정인 증발에 관한 다음 사항 중 옳지 않은 것은?

① 증발량은 물수지방정식에 의하여 산정될 수 있다.
② 증발산은 증발, 증산, 차단을 포함한다.
③ 증발접시계수는 저수지 증발량의 증발접시 증발량에 대한 비이다.
④ 증발량은 수면과 수면에서의 일정 높이에서의 포화증기압의 차이에 비례한다.

[해설]
증발산은 증발과 증산을 말하며, 차단은 포함되지 않는다.

02 증발에 영향을 미치는 인자와 거리가 먼 것은?

① 온도
② 바람
③ 수질
④ 수심

[해설]
증발에 영향을 미치는 인자는 온도, 바람, 습도, 대기압, 수질, 증발면의 성질 등이 있다.

03 증발현상을 지배하는 인자가 아닌 것은?

① 바람
② 상대습도
③ 대기압
④ 유출

[해설]
증발에 영향을 미치는 인자는 온도, 바람, 습도, 대기압, 수질, 증발면의 성질 등이 있다.

04 다음 중 증발량 산정방법이 아닌 것은?

① 에너지 수지(Energy Budget) 방법
② 물수지(Water Budget) 방법
③ IDF 곡선 방법
④ Penman 방법

[해설]
증발량 산정방법으로는 증발접시에 의한 방법, 물수지 방정식에 의한 방법, 에너지 수지법(Penman 이론), 경험공식(Dalton의 법칙) 등이 있다.

05 증발량 산정방법이 아닌 것은?

① Dalton법칙
② Horton공식
③ Penman공식
④ 물수지법

[해설]
증발량 산정방법으로는 증발접시에 의한 방법, 물수지 방정식에 의한 방법, 에너지 수지법(Penman 이론), 경험공식(Dalton의 법칙) 등이 있다.

06 수표면적이 $10km^2$인 저수지에서 24시간 동안 측정된 증발량이 2mm이며, 이 기간 동안 저수지 수위의 변화가 없었다면, 저수지로 유입된 유량은?(단, 저수지의 수표면적은 수심에 따라 변화하지 않음)

① $0.23m^3/s$
② $2.32m^3/s$
③ $0.46m^3/s$
④ $4.63m^3/s$

[해설]
Q(일 증발량, 유입유량) = 증발률 × 수표면적
∴ $Q = (0.002/86,400) \times (10 \times 10^6) = 0.23m^3/sec$

07 어떤 유역 내의 총강수량을 P, 지표수 유입량을 I, 지표수 유출량을 O, 지하수 유출입량을 U, 유역 내 저류량의 변화량을 S라 할 때 물수지 원리에 의한 증발량 E를 구하는 방정식으로 옳은 것은?

① $E = P - I \pm U + O \pm S$
② $E = P + I - U - O + S$
③ $E = P + I \pm U - O \pm S$
④ $E = P + I + U + O - S$

[해설]
$P + I + U + S = E + U + S + O$에서
∴ $E = P + I \pm U - O \pm S$이다.

정답 01 ② 02 ④ 03 ④ 04 ③ 05 ② 06 ① 07 ③

05 침투와 침루

1. 정의

구분	해설
침투	중력과 모세관 현상에 의해 물이 흙 속으로 스며드는 현상
침루	토양면을 통해 스며든 물이 중력작용에 의하여 계속 지하로 이동하여 지하수면(불투수층)까지 도달하는 현상
침투능	① 토양면을 통해 물이 침투할 수 있는 최대비율 ② 단위는 (mm/hr, in/hr), 최대 침투율을 의미 ③ 침투능은 강우강도에 따라 변화한다.

2. 침투능의 지배인자

구분	해설
토양	① 토양의 종류 (침투능 : 모래＞점토) ② 다짐의 정도 (침투능 : 비다짐＞다짐) ③ 공극의 크기 (침투능 : 큰 공극＞작은 공극) ④ 함유수분 (침투능 : 건조한 흙＞젖은 흙) ⑤ 포화층의 두께 (침투능 : 얇은 포화층＞두꺼운포화층)
식생피복	① 식생 (침투능 : 풀 많은 곳＞풀 없는 곳) ② 토지이용 (침투능 : 자연적인 곳＞이용하는 곳) ③ 침투능에 미치는 영향이 가장 적다.
대기온도	온도 (침투능 : 더운 곳 〉 추운 곳)
선행강수지수	① 토양의 초기 함수조건을 양적으로 표시한 것 ② 선행강수지수(API)가 크다 : 토양에 물이 많음
습도	대기 중의 상대습도는 침투능과 관계있다.

GUIDE

- 토양이 다져지면 공극의 크기가 작아져 침투능은 감소
- 토양이 건조하면 침투능이 크고 포화될수록 침투능은 감소
- 포화층이 두꺼울수록 흐름의 마찰이 커져서 침투능은 저하

3. 토양의 침투능 결정방법

구분	해설
① 침투계에 의한 방법	소 유역에 실시한다.
② 침투모형(model)에 의한 침투능 산정	Horton의 침투능
③ 침투지수법(index)에 의한 침투능 추정방법	ϕ – index법
	w – index법

- **Horton의 침투능곡선**
  시간에 따라 침투량이 변한다.

- **침투지수법(index)**
  시간에 따른 침투량 변화가 없다.

예 / 상 / 문 / 제

01 다음 중 토양의 침투능 결정방법에 해당되지 않는 것은?

① 침투계에 의한 실측법
② 경험공식(Horton)에 의한 계산법
③ 침투지수에 의한 수문곡선법
④ 물수지 원리에 의한 산정법

[해설]
물수지 원리에 의한 산정법은 증발량 산정방법이다.

02 다음 중 침투능을 추정하는 방법은?

① N-day법
② ϕ-index법
③ DAD 해석법
④ Theis법

[해설]
침투능 추정방법으로는 ϕ-index법과 W-index법이 있다.

03 다음 중 침투능을 측정하는 방법으로 옳은 것은?

① DAD해석법
② N-day 법
③ Thiessen 법
④ W-index 법

[해설]
침투능 추정방법으로는 ϕ-index법과 W-index법이 있다.

04 어느 지역에서 100분간 200mm의 강우가 발생하였다고 하면 이때 강우강도는?

① 333mm/hr
② 200mm/hr
③ 120mm/hr
④ 100mm/hr

[해설]
$100 : 200 = 60 : x$ ∴ $x = 120$mm

05 T시의 하수도 배수계획에 있어서 20분간의 강우강도식 $I = \dfrac{b}{t+a}$를 사용했을 때 그 사이의 강우량은?(단, $a = 40$, $b = 5,000$이다.)

① 27.8mm
② 83.3mm
③ 126.4mm
④ 166.8mm

[해설]
$I = \dfrac{5,000}{20+40} = 83.33$mm/hr

따라서 20분간의 강우량은 $83.33 \times \dfrac{20}{60} = 27.8$mm이다.
$(60 : 83.33 = 20 : x)$

06 어떤 유역에 표와 같이 30분간 집중호우가 발생하였다면 지속시간 15분인 최대 강우 강도는?

시간(분)	0~5	5~10	10~15
우량(mm)	2	4	6
시간(분)	15~20	20~25	25~30
우량(mm)	4	8	6

① 50mm/h
② 64mm/h
③ 72mm/h
④ 80mm/h

[해설]
15분 : 18mm = 60분 : x
$x = 72$mm/h

07 다음과 같은 집중호우가 자기기록지에 기록되었다. 지속기간 20분 동안의 최대 강우강도를 구한 값은?

시간(분)	5	10	15	20	25	30	35	40
누가우량(mm)	2	5	10	20	35	40	43	45

① 35mm/hr
② 75mm/hr
③ 95mm/hr
④ 105mm/hr

[해설]
20분 지속 최대 강우강도

$I = n$시간 최대 강우량 $\dfrac{60}{\text{지속시간}}$

$= [(10-5) + (20-10) + (35-20) + (40-35)] \times \dfrac{60}{20}$

$= 105$mm/hr

정답 01 ④ 02 ② 03 ④ 04 ③ 05 ① 06 ③ 07 ④

4. 침투량 산정방법(유효우량 산정방법)

기본개념(유출자료가 있는 경우)

| 총 강우량(P) | ① 총 강우량(P)=유효우량(초과우량)+손실우량
② 총 강우량(P)=유출량(Q)+침투량(F) |

• 침투량을 산정하는 이유는 총강우에서 유효우량을 산정하기 위함이다.

5. 침투지수법(index)에 의한 유역의 평균 침투능 결정

구분	특징
ϕ – index 법	① 침투능을 산정하기 위한 가장 간단한 방법 ② 총 침투량(F)을 강우지속시간(T)으로 나눈 것 $$\left(\phi = \frac{F}{T} = \frac{P-Q}{T}\right)$$ ③ 침투능의 시간에 따른 변화를 고려하지 않았다.
w – index 법	① 강우강도가 침투능보다 큰 호우기간 동안의 평균침투능 ② ϕ – index법을 개선한 것 ③ 지면보류 고려 ④ 강우강도가 침투능보다 작은 기간에 대하여 고려

• **침투지수법**
토양의 함유 수분이 대체로 크거나 호우의 강도가 크고 지속기간이 길어서 강우 초기에 침투율이 거의 일정한 경우에 적합

예/상/문/제

01 어떤 유역에 내린 호우사상의 시간적 분포는 다음과 같다. 유역의 출구에서 측정한 지표유출량이 15mm일 때 ϕ-지표는?

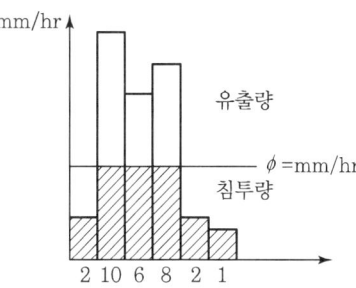

시간(hr)	0~1	1~2	2~3	3~4	4~5	5~6
강우강도(mm/hr)	2	10	6	8	2	1

① 2mm/hr ② 3mm/hr
③ 5mm/hr ④ 7mm/hr

[해설]
총강우량은 $2+10+6+8+2+1=29$mm이고, 이 중 15mm가 유출되었으므로 14mm가 침투량이다.
$(10-3)+(6-3)+(8-3)=15$mm
∴ ϕ-index=3mm/hr이다.

02 1시간 간격의 강우량이 10mm, 20mm, 40mm, 10mm이다. 직접 유출이 50%일 때 ϕ-index를 구하시오.

① 16mm/hr ② 18mm/hr
③ 10mm/hr ④ 12mm/hr

[해설]
총 강우량 $P=10+20+40+10=80$mm이고 직접 유출이 50%이므로 침투량은 40mm이다.
∴ ϕ-index$=\dfrac{40}{4}=10$mm/hr이다.

03 1시간 간격의 강우량이 12.6mm, 23.3mm, 18.3mm, 5.7mm이다. 지표 유출량이 38mm일 때 ϕ-index는?

① 3.34mm/hr ② 4.72mm/hr
③ 5.47mm/hr ④ 6.91mm/hr

[해설]
총 강우량은 $12.6+23.3+18.3+5.7=59.9$mm/hr이고, 이 중 38mm가 지표 유출량이므로 침투량은 21.9mm이다.
∴ ϕ-index$=\dfrac{21.9}{4}=5.475$mm/hr이다.

04 침투지수법에 의한 침투능 추정방법에 관한 다음 설명 중 틀린 것은?

① 침투지수란 호우기간의 총 침투량을 호우지속기간으로 나눈 것이다.
② ϕ-index는 강우주상도에서 유효우량과 손실우량을 구분하는 수평선에 상응하는 강우강도와 크기가 같다.
③ W-index는 강우강도가 침투능보다 큰 호우기간 동안의 평균침투율이다.
④ ϕ-index법은 침투능의 시간에 따른 변화를 고려한 방법으로서 가장 많이 사용된다.

[해설]
ϕ-index법은 침투능의 시간적 변화를 고려하지 않는다는 단점이 있다.

정답 01 ④ 02 ③ 03 ③ 04 ④

06 유출

1. 유출의 분류

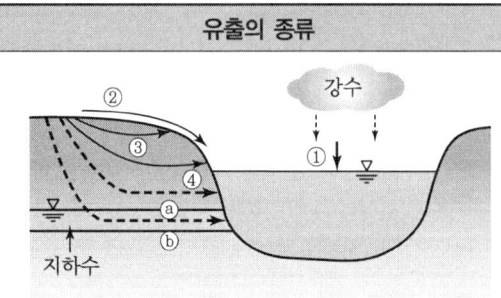

유출의 종류

구분		설명
직접유출 (유효강우량)	① 수로상 강수	하천 위에 떨어지는 강수
	② 지표면 유출	지표면을 따라 하천으로 흘러가는 물로 홍수에 직접적인 영향을 미침
	③ 복류수 유출	침투된 물이 지표면으로 나와 지표면 유출과 합쳐지는 유출
	④ 조기지표하 유출	지표 상부 토층을 통해 단시간 내에 하천으로 유출
기저유출	ⓐ 지연지표하 유출	상부 토층을 통해 장시간에 걸쳐 하천으로 유입되는 유출
	ⓑ 지하수 유출	지하수에 도달된 강우의 유출
총 유효우량	총 유효우량= $\dfrac{\text{직접유출의 총량}}{\text{유역면적}}$	

2. 유출의 지배인자

기후학적 인자	지상학적 인자(유역 특성)	
① 강수 ② 차단 ③ 증발, 증산	① 면적	유역면적이 클수록 홍수량(m³/sec)이 크다. (유역면적이 클수록 비유량은 작다.)
	② 경사	유역경사가 급할수록 홍수량이 크다.
	③ 방향성	강우 진행방향과 일치할수록 홍수량이 크다.
	④ 고도	고도가 높을수록 홍수량이 크다.
	⑤ 형상	도달시간이 짧은 형상일수록 홍수량이 크다.

GUIDE

- 강우량 중 일부는 침투, 침루, 증발, 증산, 차단, 저류되고 나머지는 유출된다.

- **유출**
  강수의 일부분이 지표상의 각종 수로에 도달하여 하천수를 형성하는 현상

- **직접유출(유효강우량)**
  ① 비가 내린 후 비교적 단시간 내 하천으로 흘러 들어가는 유출
  ② 지표면 유출+복류수 유출

- **기저유출**
  ① 비가 오기 전 건조 시 유출
  ② 장시간에 걸쳐 하천으로 유출

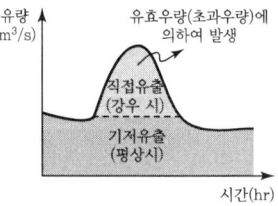

- **비유량**
  비유량 = $\dfrac{\text{홍수량(유량)}}{\text{배수면적}}$

예 / 상 / 문 / 제

01 유출에 대한 설명 중 틀린 것은?

① 직접유출은 강수 후 비교적 단시간 내에 하천으로 흘러 들어가는 부분을 말한다.
② 지표유하수(Overland Flow)가 하천에 도달한 후 다른 성분의 유출수와 합쳐진 유수를 총 유출수라 한다.
③ 총 유출은 통상 직접유출과 기저유출로 분류된다.
④ 지하유출은 토양을 침투한 물이 지하수를 형성하는 것으로 총 유출량에는 고려되지 않는다.

[해설]
총 유출량은 직접유출과 기저유출로 분류하며 지하유출은 기저유출로 분류한다.

02 수문 순환과정의 우량에 대한 성분을 직접유출, 기저유출, 손실량 등으로 구분할 때 다음 중 그 성분이 다른 것은?

① 지표 유출수
② 지표하 유출수
③ 수로상 강수
④ 지표면 저류수

[해설]

구분	내용	
직접유출	① 수로상 강수 ③ 복류수 유출	② 지표면 유출 ④ 조기지표하 유출
기저유출	① 지연지표하 유출	② 지하수 유출

03 다음 중 유효강우량과 가장 관계가 깊은 것은?

① 직접유출량
② 기저유출량
③ 지표면 유출량
④ 지표하 유출량

[해설]
유효강우량(직접유출) = 수로상 강수 지표면유출 + 복류수유출 + 조기지표하유출

04 유효강우량(Effective Rainfall)에 대한 설명으로 옳은 것은?

① 지표면 유출에 해당하는 강우량이다.
② 총 유출에 해당하는 강우량이다.
③ 기저유출에 해당하는 강우량이다.
④ 직접유출에 해당하는 강우량이다.

[해설]
유효우량은 직접유출의 근원이 되는 강우량이다.

05 유출(流出)에 대한 설명으로 옳지 않은 것은?

① 비가 오기 전의 유출을 기저유출이라 한다.
② 강우량은 그 전량이 하천으로 유출된다.
③ 일정 기간에 하천으로 유출되는 수량의 합을 유출량(流出量)이라 한다.
④ 유출량과 그 기간의 강수량과의 비(比)를 유출계수 또는 유출률(流出率)이라 한다.

[해설]
강우량 중 일부는 침투, 침루, 증발, 증산, 차단, 저류되고 나머지는 유출된다.

06 비유량에 대한 설명으로 옳은 것은?

① 유량측정 단면에서의 유량을 그 유역의 배수면적으로 나눈 것
② 하천의 유량을 단위폭으로 나눈 것
③ 유입량을 유출량으로 나눈 것
④ 유량을 비에너지로 나눈 것

[해설]
비유량 = $\dfrac{홍수량(유량)}{배수면적}$

07 다음 중 유출에 영향이 있는 인자로 볼 수 없는 것은?

① 유역의 면적
② 유역의 경사
③ 유역의 형상
④ 유역의 위치

[해설]
유출에 영향을 주는 인자 중 기후학적 인자로는 증발, 증산, 강수 등이 있고 지상학적 인자로는 유역의 경사, 유역의 면적, 유역의 방향, 유역의 형상, 유역의 고도 등이 있다.

정답 01 ④ 02 ④ 03 ① 04 ④ 05 ② 06 ① 07 ④

07 하천의 유량

1. 하천의 유량 산정

구분	간접적으로 유량 산정		직접 유량 산정
방법	수위표	유속계	
유량 산정	Rating-Curve를 이용하여 유량 산정	점유속(V) 및 A 측정 후 $Q = A \cdot V$ 적용	위어 오리피스 공식에 대입하여 산정

2. 유속계에 의한 평균유속

모식도	구분	식
(그림)	표면법	$V_m = 0.85 V_s$
	1점법	$V_m = V_{0.6}$
	2점법	$V_m = \dfrac{V_{0.2} + V_{0.8}}{2}$
	3점법	$V_m = \dfrac{V_{0.2} + 2V_{0.6} + V_{0.8}}{4}$

- $V_{0.2}$: 표면에서 수심 20% 점 유속
- $V_{0.6}$: 표면에서 수심 60% 점 유속
- $V_{0.8}$: 표면에서 수심 80% 점 유속
- 최대유속이 생기는 점은 수면에서 $0.2h$ 깊이
- 평균유속과 같은 유속의 점은 수면에서 $0.6h$ 깊이
- 평균유속은 표면유속의 85%

3. 공식을 이용한 평균유속

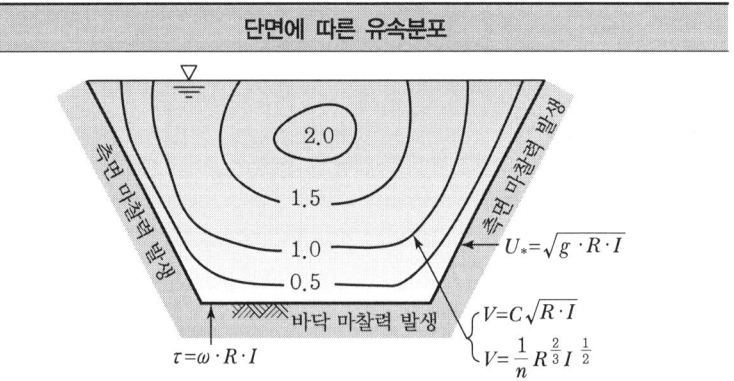

- m 단위로 풀이
- C : Chezy 평균유속계수
- $C = \dfrac{1}{n} R^{1/6} = \sqrt{\dfrac{8g}{f}}$
- I : 수로(동수)경사
- n : Manning의 조도계수

Chezy 공식	Manning 공식
$V = C\sqrt{RI}$ (m/sec)	$V = \dfrac{1}{n} R^{2/3} I^{1/2}$ (m/sec)

예 / 상 / 문 / 제

01 하천의 평균유속 V를 구하는 방법으로서 적절치 못한 것은?(단, V_s는 표면유속, $V_{0.2}$, $V_{0.4}$, $V_{0.6}$, $V_{0.8}$는 수면으로부터 수심의 20%, 40%, 60%, 80%에 해당하는 수심을 나타낸다.)

① 표면법 : $V = 0.85 V_s$
② 1점법 : $V = V_{0.6}$
③ 3점법 : $V = \dfrac{1}{4}(V_{0.2} + V_{0.6} + V_{0.6})$
④ 4점법 : $V = \dfrac{1}{5}\left[(V_{0.2} + V_{0.4} + V_{0.6} + V_{0.6}) + \dfrac{1}{2}\left(V_{0.2} + \dfrac{1}{2}V_{0.6}\right)\right]$

해설
하천의 평균유속 V를 구하기 위한 3점법은
$V = \dfrac{1}{4}(V_{0.2} + 2V_{0.6} + V_{0.8})$로 나타낸다.

02 수심이 4m인 하천의 연직 단면에서 측정된 유속은 다음 표와 같다. 평균유속을 1점법, 2점법과 표면 유속법으로 결정할 경우 평균유속의 크기가 큰 순서대로 바르게 나타낸 것은?

수심(m)	0.0	0.2	0.8	1.6	2.4	3.2	3.8
유속(m)	1.11	1.10	1.05	1.00	0.90	0.70	0.20

① 1점법 > 2점법 > 표면유속법
② 1점법 > 표면유속법 > 2점법
③ 2점법 > 1점법 > 표면유속법
④ 표면유속법 > 1점법 > 2점법

해설
• 표면유속법 : $V_m = 0.85 V_s = 0.85 \times 1.11 = 0.944$
• 1점법 : $V_m = V_{0.6} = 0.90$
   ($4\text{m} \times 0.6 = 2.4\text{m}$의 유속은 0.9)
• 2점법 : $V_m = \dfrac{V_{0.2} + V_{0.8}}{2} = \dfrac{1.05 + 0.7}{2} = 0.875$
∴ 표면유속법 > 1점법 > 2점법

03 수심 2m, 폭 4m의 직사각형 단면 개수로의 유량을 Manning의 평균유속공식을 사용하여 구한 값은?(단, 수로경사 $i = \dfrac{1}{100}$, 수로의 조도계수 $n = 0.025$)

① $32.0\text{m}^3/\text{sec}$
② $64.0\text{m}^3/\text{sec}$
③ $128.0\text{m}^3/\text{sec}$
④ $160.0\text{m}^3/\text{sec}$

해설
$Q = AV = A\dfrac{1}{n}R^{2/3}I^{1/2}$
$= (4 \times 2) \times \dfrac{1}{0.025} \times \left(\dfrac{4 \times 2}{4 + 2 \times 2}\right)^{2/3} \times \left(\dfrac{1}{100}\right)^{1/2}$
$= 32\text{m}^3/\text{s}$

04 폭이 4m, 수심 2m인 직사각형 수로에 등류가 흐르고 있을 때 조도계수 $n = 0.02$라면 Chezy의 평균유속계수 C는?

① 0.05
② 0.5
③ 5
④ 50

해설
Chezy의 평균유속계수
$C = \dfrac{1}{n}R^{1/6} = \dfrac{1}{0.02} \times \left(\dfrac{4 \times 2}{4 + 2 \times 2}\right)^{1/6} = 50$

05 경심이 8m, 동수경사가 1/100, 마찰손실계수 $f = 0.03$일 때 Chezy의 유속계수 C를 구한 값은?

① $51.1\text{m}^{\frac{1}{2}}/\text{s}$
② $25.6\text{m}^{\frac{1}{2}}/\text{s}$
③ $36.1\text{m}^{\frac{1}{2}}/\text{s}$
④ $44.3\text{m}^{\frac{1}{2}}/\text{s}$

해설
Chezy 유속계수
$C = \sqrt{\dfrac{8g}{f}} = \sqrt{\dfrac{8 \times 9.8}{0.03}} = 51.12\text{m}^{\frac{1}{2}}/\text{sec}$

정답 01 ③ 02 ④ 03 ① 04 ④ 05 ①

4. 수위표에 의한 유량 산정

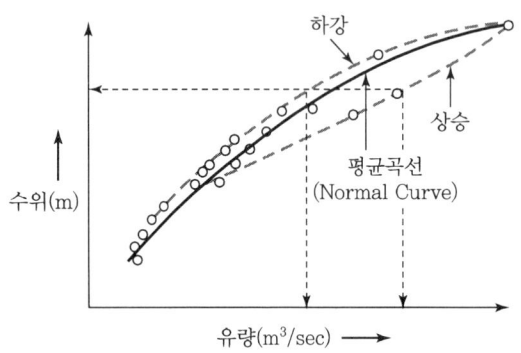

Rating-Curve 정의	수위-유량 관계식 Graph
수위표 지점에서 실측한 홍수위와 유량과의 관계식을 미리 작성하여 수위만 알면 홍수량를 산정할 수 있게 한 것	① 같은 유량이라도 홍수위는 하강 시가 상승 시보다 높다. ② 같은 수위라도 상승 시가 하강 시보다 홍수량이 크다.

- Rating-Curve
  ① 한강대교 수위-유량 관계곡선식
  $Q = 781.03(H-0.3)^{1.601}$
  ② 관측수위가 2.0m이면
  $Q = 781.03(2-0.3)^{1.601}$
  $ = 781.03(2-0.3)^{1.601}$
  $ = 1,826 \text{m}^3/\text{sec}$

5. 수위-유량 관계곡선이 loop형인 이유

수위-유량 관계곡선이 loop형인 이유는? (같은 수위라도 홍수 상승 시와 하강 시 유량이 같지 않은 이유)
① 준설, 세굴, 퇴적, 식생 등 하도의 인위적, 자연적 변화 때문에 ② 배수 및 저하효과, 홍수 시 수위의 급상승 및 급강하 때문에

- 유량빈도곡선(유량지속곡선)
  ① 유량빈도곡선의 경사가 급경사 : 홍수가 빈번, 지하수의 하천방출이 미소
  ② 유량 빈도 곡선의 경사가 완경사 : 홍수가 드물고 지하수의 하천 방출이 크다.

6. 수위-유량 관계곡선(rating curve)의 연장

수위-유량 관계곡선을 연장하는 이유	rating curve 연장방법
대부분 Rating-Curve는 유량측정 후 작성된 것으로 고유량에 대한 자료가 필요하고 실무에서 작성된 Rating-Curve를 고유량까지 연장하여야 하기 때문	① 전대수지법 ② Stevens 방법 ③ Manning 공식

예 / 상 / 문 / 제

01 하천유출에서 Rating Curve는 무엇과 관련된 것인가?

① 수위 – 시간   ② 수위 – 유량
③ 수위 – 단면적   ④ 수위 – 유속

[해설]
하천유출에서 수위 – 유량 관계곡선을 Rating Curve라고 정의한다.

02 자연하천에서 여러 가지 이유로 인하여 수위 – 유량 관계곡선은 loop형을 이루고 있다. 그 이유가 아닌 것은?

① 배수 및 저하효과   ② 홍수 시 수위의 급변화
③ 하도의 인공적 변화   ④ 하천유량의 계절적 변화

[해설]
자연하천에서 수위 – 유량 관계곡선(rating-curve)은 준설, 세굴, 퇴적 등에 의한 하도의 인공적 변화, 배수 및 저하효과, 홍수 시 수위의 급상승 및 강하로 인하여 loop형을 이루고 있다.

03 자연하천에서 수위–유량관계곡선이 loop형을 이루게 되는 이유가 아닌 것은?

① 배수 및 저수효과   ② 하도의 인공적 변화
③ 홍수 시 수위의 급변화   ④ 조류 발생

[해설]
자연하천에서 수위 – 유량 관계곡선(Rating – Curve)은 준설, 세굴, 퇴적 등에 의한 하도의 인공적 변화, 배수 및 저하효과, 홍수 시 수위의 급상승 및 강하로 인하여 loop형을 이루고 있다.

04 rating curve 연장방법이 아닌 것은?

① Stevens 방법   ② Manning 공식
③ 지하수 감수곡선법   ④ 전대수지법

[해설]
수위유량 관계곡선(rating curve)의 연장방법은 전대수지법, Stevens 방법, Manning 공식이 있다.

05 수위 – 유량 관계곡선의 연장방법이 아닌 것은?

① 전대수지법
② Stevens 방법
③ Manning 공식에 의한 방법
④ 유량 빈도 곡선법

[해설]
수위 – 유량 관계곡선(Rating Curve)은 관측점이 위치한 하천에서의 수위와 유량과의 관계곡선이며, 연장방법으로는 전대수지법, Stevens법, Manning 공식에 의한 방법 등이 있다.

06 관측점이 위치한 하천에서의 수위와 유량과의 관계곡선인 Rating Curve(수위 – 유량 관계곡선)의 연장방법으로 옳은 것은?

① Thiessen 방법   ② 유량빈도곡선법
③ Stevens 방법   ④ ϕ – 지표법

[해설]
수위 – 유량 관계곡선(Rating Curve)은 관측점이 위치한 하천에서의 수위와 유량과의 관계곡선이며, 연장방법으로는 전대수지법, Stevens 방법, Manning 공식에 의한 방법 등이 있다.

07 다음 설명 중 옳지 않은 것은?

① 유량빈도곡선의 경사가 급하면 홍수가 드물고 지하수의 하천방출이 크다.
② 수위 – 유량 관계곡선의 연장방법인 Stevens법은 Chezy의 유속공식을 이용한다.
③ 자연하천에서 대부분 동일 수위에 대한 수위 상승 시와 하강 시의 유량이 다르다.
④ 합리식은 어떤 배수영역에 발생한 호우강도와 첨두유량 간 관계를 나타낸다.

[해설]
유량빈도곡선은 급경사일 때는 홍수가 빈번하고 지하수의 하천방출이 작으며, 완경사일 때는 홍수가 드물고 지하수의 하천방출이 크다.

정답 01 ② 02 ④ 03 ④ 04 ③ 05 ④ 06 ③ 07 ①

08 수문곡선(Q-t curve)

1. 수문곡선(Q-t curve)

모식도	수문곡선 구성
(강우량(mm), 홍수량(m³/sec) 그래프: 유효우량(초과강우), 손실우량, t_1, t_p, t_c, A B C(첨두유량 Q_p) D E, 직접유출, 기저유출, 기저시간(T_b))	① AB : 기저유출 감소 ② BC : 상승부 곡선 ③ CD : 하강부 곡선 ④ DE : 기저유출 감소 ⑤ t_l : 지체시간 ⑥ t_p : 첨두발생시간 ⑦ t_c : 도달시간 ⑧ T_b : 기저시간

GUIDE

- **수문곡선**
  ① 유량의 시간에 대한 변화를 나타내는 곡선(Q-t curve)이다.
  ② 초기에는 지하수에 의한 기저유출만이 하천에 존재한다.
  ③ 표면유출은 점차적으로 수문곡선을 상승시킨다.

2. 수문곡선의 구성

구분	내용
지체시간(t_l)	유효우량 주상도의 중심점에서 첨두유량(C점)까지의 시간
첨두(발생)시간(t_p)	유효우량의 시작부터 첨두유량(C점)까지의 시간
도달시간(t_c)	① 유효우량이 끝나는 시간부터 감속곡선상의 변곡점까지의 시간 ② 강수가 최상류에서 하구까지 도달하는 시간 → 합리식 적용 시
기저시간(T_b)	직접유출의 시작부터 끝까지 걸리는 시간($B-D$)

- **지체시간**
  lag time : t_l

- **첨두발생시간**
  time of peak : t_p

- **도달시간**
  time of concentration : t_c

- **기저시간**
  time base : T_b

3. 지체시간(t_l)에 영향을 주는 중요인자(Snyder)

중요 인자	모식도
$t_l = C_t(L_c \cdot L_k)$ ① L_c : 유역 중심까지의 하천길이($A-B$) ② L_k : 유역 경계까지의 하천길이($A-C$) ③ C_t : 유역평균경사에 따른 계수	(유역 모식도: 상류 C, 유역중심 B, 본류하천, 하류 A, 분수계)

- 일반적으로 우수 도달시간이 길 경우 첨두유량은 시간적으로는 늦게 나타나기 때문에 첨두유량의 크기는 작다.

예 / 상 / 문 / 제

01 수문곡선에 대한 설명으로 옳지 않은 것은?

① 하천유로상의 임의의 한 점에서 수문량의 시간에 대한 관계곡선이다.
② 초기에는 지하수에 의한 기저유출만이 하천에 존재한다.
③ 시간이 경과함에 따라 지수분포형의 감수곡선이 된다.
④ 표면유출은 점차적으로 수문곡선을 하강시키게 된다.

[해설]
표면유출은 점차적으로 수문곡선을 상승시키며 시간이 경과함에 따라 지수분포형의 감수곡선이 된다.

02 수문곡선 중 기저시간의 정의로 가장 옳은 것은?

① 수문곡선의 상승시점에서 첨두까지의 시간폭
② 강우중심에서 첨두까지의 시간폭
③ 유출구에서 유역의 수리학적으로 가장 먼 지점의 물입자가 유출구까지 유하하는 데 소요되는 시간
④ 직접유출이 시작되는 시간에서 끝나는 시간까지의 시간폭

[해설]
수문곡선에서 기저시간은 수문곡선의 상승기점인 직접유출이 시작되는 지점에서 끝나는 지점까지의 시간폭이다.

03 수문곡선에 있어서 지체시간에 대한 설명 중 옳은 것은?

① 직접유출의 시작점부터 첨두유출이 생기는 데까지의 시간
② 직접유출의 시작점인 직접유출이 끝나는 데까지의 시간
③ 유효강우주상도의 중심부터 첨두유출이 생기는 데까지의 시간
④ 유효강우주상도의 중심부터 직접유출이 끝나는 데까지의 시간

[해설]
수문곡선에서 지체시간(lag time)은 유효우량주상도의 중심에서 첨두유출(peak flow)이 발생하는 곳까지의 시간이다.

04 수문곡선의 시간 매개변수에 대한 정의 중 틀린 것은?

① 첨두시간은 수문곡선의 상승부 변곡점부터 첨두유량이 발생하는 시각까지의 시간차이다.
② 지체시간은 유효우량주상도의 중심에서 첨두유량이 발생하는 시각까지의 시간차이다.
③ 도달시간은 유효우량이 끝나는 시각에서 수문곡선의 감수부 변곡점까지의 시간차이다.
④ 기저시간은 직접유출이 시작되는 시각에서 끝나는 시각까지의 시간차이다.

[해설]
첨두시간은 수문곡선의 상승부 변곡점부터 첨두유량이 발생하는 시각까지의 시간차가 아닌 첨두유량일 때의 시간이다.

05 강우로 인한 유수가 그 유역 내의 가장 먼 지점으로부터 유역 출구까지 도달하는 데 소요되는 시간을 의미하는 것은?

① 강우지속시간 ② 지체시간
③ 도달시간   ④ 기저시간

[해설]
강우로 인한 유수가 그 유역 내의 가장 먼 지점으로부터 유역 출구까지 도달하는 데 소요되는 시간을 도달시간이라고 한다.(강수가 최상류에서 하구까지 도달하는 시간 → 합리식 적용 시)

06 "일반적으로 우수 도달시간이 길 경우 첨두유량은 시간적으로는 (　) 나타나고 그 크기는 (　)."
(　) 안에 들어갈 알맞은 말이 순서대로 바르게 짝지어진 것은?

① 일찍, 크다   ② 늦게, 크다
③ 일찍, 작다   ④ 늦게, 작다

[해설]
일반적으로 우수 도달시간이 길 경우 첨두유량은 시간적으로는 늦게 나타나기 때문에 첨두유량의 크기는 작다.

정답 01 ④ 02 ④ 03 ③ 04 ① 05 ③ 06 ④

4. 호우조건 및 토양수분 미흡량에 따른 수문곡선의 모양

강우 및 토양조건	모식도
① 호우조건 : 강우강도(I) ② 토양 수분조건 　－ 침투율(f) 　－ 침투량($F = \Sigma f$) 　－ 토양수분 미흡량	강우 I 수로　$F = \Sigma f$ 　　　M(수분 미흡량) 지하수 불투수층

• 토양수분 미흡량
실제 토양수분량과 토양수분 보유능과의 차이. 강우 시 침투율의 크기와 지하수 함양 여부를 판단하는 기준이 됨

5. 유출조건

조건		설명	유출
지표	$I < f$	수로상 강수를 제외하고 모두 토양 속으로 침투됨	① 수로상 강수만 유출 ② 지표유출 없음
	$I > f$	수로상 강수 및 강우 일부가 유출됨	수로상 강수 및 지표유출 발생
지하	$F < M$	침투량이 토양을 포화시키지 못하므로 유출 없음	지하 및 중간 유출 없음
	$F > M$	침투량이 토양을 포화시키고 남으므로 유출됨	지하 및 중간 유출 발생

• 지표유출 발생 조건
$I > f$

• 지하유출 발생 조건
$F > M$

6. 호우조건 및 토양수분 미흡량에 따른 구성양상

구분	내용
$I < f,\ F < M$	① 지표유출 없고 수로상 강수만 유출 ② 중간 · 지하 유출 없음
$I < f,\ F > M$	① 지표 유출 없고 수로상 강수 유출 ② 중간 · 지하 유출 발생(지하수위 상승)
$I > f,\ F < M$	① 지표유출 및 수로상 강수 유출 ② 중간 · 지하 유출 없음(지하수위가 상승하지 않음)
$I > f,\ F > M$	① 모든 유출 발생 ② 대규모 호우로 인한 호우 시 발생 ③ 중간유출과 지하수유출이 시작되며 강수와 함께 수문곡선을 그릴 수 있는 조건

예 / 상 / 문 / 제

01 강우강도를 I, 침투능을 f, 총 침투량을 F, 토양수분 미흡량을 D라 할 때 다음 중 지표유출은 발생하나 지하수위는 상승하지 않는 경우에 대한 조건식은?

① $I<f$, $F<D$
② $I<f$, $F>D$
③ $I>f$, $F<D$
④ $I>f$, $F>D$

해설
지표유출이 발생하는 경우는 $I>f$ 이고,
지하수위가 상승하지 않는 경우는 $F<D$ 이다.

02 다음 중 지표유출은 없고 지하유출만 발생하여 지하수위가 상승하는 경우에 대한 조건식은?(강우강도를 I, 침투능을 f, 총 침투량을 F, 토양수분 미흡량을 M이라 한다.)

① $I<f$, $F<M$
② $I<f$, $F>M$
③ $I>f$, $F<M$
④ $I>f$, $F>M$

해설
지표유출이 발생하지 않는 경우는 $I<f$이고, 지하수위가 상승하지 않는 경우는 $F>M$이다.

03 강우강도 I, 침투율 f_i, 침투수량 F_i, 토양의 미흡량 M_d일 때, 중간유출과 지하수유출이 시작되며 강수와 함께 수문곡선을 그릴 수 있는 조건은?

① $I<f_i$, $F_i<M_d$
② $I<f_i$, $F_i>M_d$
③ $I>f_i$, $F_i<M_d$
④ $I>f_i$, $F_i>M_d$

해설
중간유출이 발생하는 경우는 $I<f_i$이고, 지하수유출이 시작되는 경우는 $F_i>M_d$이다.

정답 01 ③ 02 ② 03 ④

7. 수문곡선의 분리(직접유출과 기저유출의 분리)

구분 지하수 감수곡선법	모식도
(a) 수평직선 분리법	
(b) N-day법	
(c) 수정 N-day법	
(d) 가변 경사법	

GUIDE

- 확률분포형의 매개변수를 추정하는 방법
  ① 모멘트법
  ② 최우도법
  ③ 확률가중모멘트법
  ④ L-모멘트법

8. 직접유출과 기저유출의 분리방법

구분	내용
지하수 감수곡선법	① 수문곡선의 상승부 기점과 지하수 감수곡선이 수문곡선과 만나는 교점을 연결 ② 가장 정확한 방법
수평직선 분리법	상승부 기점(A)에서 그은 수평선에 의하여 분리
N-day법	① 첨두유량(Q_p)이 발생하는 시간으로부터 N일 후의 유량을 산정 후 표시하여 분리 ② $N = A_1^{0.2} = 0.8267\,A_2^{0.2}$ ③ N : 일(day) ④ A_1 : mil²으로 표시된 유역면적 ⑤ A_2 : km²으로 표시된 유역면적
수정 N-day법	감수곡선(G-A)을 Q_p(첨두유량) 발생시간까지 연장한 후, N-day법 적용

- **mil(밀)**
  길이의 단위로, 1인치의 1,000분의 1을 나타낸다.

- h(유출깊이) = $\dfrac{V(총유출량)}{A(유역면적)}$
  (수문곡선에서는 삼각형 면적이 총유출량이다.)

예/상/문/제

01 다음 중 기저유출과 직접유출의 분리방법이 아닌 것은?

① 수평직선 분리법 ② N-day 법
③ 지하수 감수곡선법 ④ SCS 법

수문곡선의 분리방법
- 지하수 감수곡선법
- 수평직선 분리법
- N-day법
- 수정 N-day 법

02 다음 중 수문곡선의 기저유출과 직접유출의 분리방법이 아닌 것은?

① 지하수 감수곡선법
② N-day 법
③ Snyder 방법
④ 수평직선 분리법

수문곡선의 분리방법
- 지하수 감수곡선법
- 수평직선 분리법
- N-day법
- 수정 N-day법

03 유역면적 20km² 지역에서 수공구조물의 축조를 위해 다음 아래의 수문곡선을 얻었을 때, 총유출량은?

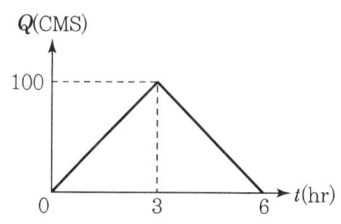

① 108m³
② 108×10^4 m³
③ 300m³
④ 300×10^4 m³

해설
- $V = \dfrac{6 \times (60 \times 60) \times 100 \text{m}^3/\text{s}}{2} = 108 \times 10^4 \text{m}^3$
- CMS(Qubic Meter per Sec, m³/s)
- 수문곡선에서는 삼각형 면적이 총유출량이다.

04 수문곡선이 나타내는 유출을 깊이로 나타내면 얼마인가?(단, $A = 10\text{km}^2$이다.)

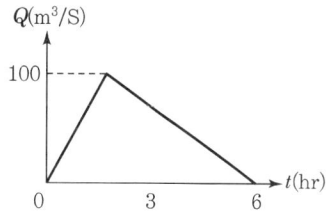

① 112mm ② 108mm
③ 96mm ④ 94mm

해설
- 총 유출량 $(V) = \dfrac{6 \times (60 \times 60) \times 100}{2}$
  $= 108 \times 10^4 \text{m}^3$
- 수문곡선에서는 삼각형 면적이 총유출량이다.
- 유출깊이 $(h) = \dfrac{\text{총 유출량}(V)}{\text{유역면적}(A)}$
  $= \dfrac{108 \times 10^4 \text{m}^3}{10 \times 10^6 \text{m}^2}$
  $= 0.108\text{m} = 108\text{mm}$

정답 01 ④ 02 ③ 03 ② 04 ②

09 단위도(단위유량도)

1. 단위도(단위유량도)

단위도(단위유량도) 정의	단위도 작성 시 필요사항
① 단위 유효우량으로 인해 발생하는 직접유출의 수문곡선 ② 유효강우 1cm(10mm)로 인한 우량 ③ 직접유출의 근원이 되는 유량 (기저유출(유량)은 미포함)	① 직접유출량 ② 유역면적 ③ 유효우량의 강우지속시간(특정 단위시간)

2. 단위도(단위유량도)의 3대 가정

구분	내용	모식도
일정 기저시간 가정	유효우량의 지속시간만 일정하면 강우강도와 관계없이 기저시간은 일정함	
비례 가정	유효우량의 강우강도가 변하면 유출수문곡선 종거도 비례하며 변함(강우에 대한 반응은 선형)	
중첩 가정	일정기간 동안 균일한 강도를 가진 유효우량에 의한 총 직접유출량은 개개의 유효우량에 의한 유출량을 산술적으로 합한 것과 같음	

3. 유효우량과 직접유출 수문 Graph와의 관계

직접유출면적(Q)	모식도
$Q = I \times A \quad \therefore I = \dfrac{Q}{A}$ ① $Q(\text{m}^3/\text{sec})$ ② $I(\text{mm/hr})$ ③ $A(\text{km}^2)$ 유효강우강도(I)에 유역면적(A)을 곱하면 직접유출 수문곡선의 면적과 같음	

GUIDE

- 단위유량도에서 강우자료를 유효우량으로 쓰게 되는 이유는?
  → 직접유출의 근원이 되는 우량이기 때문에

- 단위 유량도
  ① 강우지속기간 동안 강우강도의 변화가 가급적 일정한 분포를 택한다.
  ② 단시간 지속시간의 단일 호우사상을 선택하여 대유역 면적에 적용

- 단위도의 특정 단위시간은 강우 지속시간을 의미한다(1시간을 의미하지 않는다).

- 동일 기저시간을 가진 모든 직접유출 수문곡선의 종거들은 각 수문곡선에 의하여 주어진 총 직접유출 수문곡선에 비례하여야 한다.

예 / 상 / 문 / 제

01 단위도(단위 유량도)에 대한 설명으로 옳지 않은 것은?

① 단위도의 3가정은 일정 기저시간 가정, 비례 가정, 중첩 가정이다.
② 단위도는 기저유량과 직접유출량을 포함하는 수문곡선이다.
③ S-Curve를 이용하여 단위도의 단위시간을 변경할 수 있다.
④ Snyder는 합성단위도법을 연구 발표하였다.

[해설]
단위유량도(단위도)란 특정 단위시간 동안 균일한 강도로 유역 전반에 걸쳐 균등하게 내린 단위 유효우량으로 인하여 발생되는 직접유출의 수문곡선이다.

02 단위유량도(Unit Hydrograph)에서 강우자료를 유효우량으로 쓰게 되는 이유는?

① 기저유출이 포함되어 있기 때문에
② 손실우량을 산정할 수 없기 때문에
③ 직접유출의 근원이 되는 우량이기 때문에
④ 대상유역 내 균일하게 분포하는 것으로 볼 수 있기 때문에

[해설]
단위유량도(단위도)란 특정 단위시간 동안 균일한 강도로 유역 전반에 걸쳐 균등하게 내린 단위 유효우량으로 인하여 발생되는 직접유출의 수문곡선이다.

03 ( ) 안에 들어갈 용어로 알맞은 것은?

> 단위도의 정의에서 "특정 단위시간"은 강우의 ( )이 특정 시간으로 표시됨을 뜻한다.

① 지속시간 ② 기저시간
③ 도달시간 ④ 유도시간

[해설]
단위도의 정의에서 "특정 단위시간"은 유효강우의 지속시간이 특정 시간으로 표시됨을 뜻한다.

04 단위도의 정의에서 특정 단위시간은 단위도의 지속시간을 말하며 이는 또한 무엇을 의미하는가?

① 직접유출의 지속기간
② 중간유출의 지속기간
③ 유효강우의 지속기간
④ 초과강우의 지속기간

[해설]
단위도의 정의에서 "특정 단위시간"은 유효강우의 지속시간이 특정 시간으로 표시됨을 뜻한다.

05 단위유량도 이론의 기본가정에 충실한 호우사상을 선별하여 분석하기 위해 선별 시 고려해야 할 사항으로 적당하지 않은 것은?

① 가급적 단순호우사상을 택한다.
② 강우지속기간 동안 강우강도의 변화가 가급적 큰 분포를 택한다.
③ 유역 전반에 걸쳐 강우의 공간적 분포가 가급적 균일한 것을 택한다.
④ 강우의 지속기간이 비교적 짧은 호우사상을 택한다.

[해설]
단위유량도 이론의 기본가정에 맞도록 강우지속기간 동안 강우강도의 변화가 가급적 일정한 분포를 택해야 한다.

06 단위유량도를 작성하고자 할 때 필요한 3가지 기본 가정이 아닌 것은?

① 산술평균 가정
② 일정 기저시간 가정
③ 중첩 가정
④ 비례 가정

[해설]
단위도 작성 시의 세 가지 기본가정은 일정 기저시간 가정, 중첩 가정, 비례 가정이다.

정답 01 ② 02 ③ 03 ① 04 ③ 05 ② 06 ①

4. 단위도(단위유량도) 지속시간 변경

단위도 지속시간 변경 이유	지속시간 변경 방법
강우자료의 지속시간과 일치시키기 위해	① 정배수 방법(지체-중첩방법) : 정수배로 늘릴 때 ② S-곡선 방법 : 지속시간을 길게 또는 짧게 할 때

GUIDE

• 첨두유량(Q)

$Q = q \times U$

① $q(t$시간동안 유량)
② U(첨두유량의 종거)

5. S-curve method(S-곡선 방법)

내용	S-curve 형상지배인자
① 단위도의 지속시간을 변경시킬 때 사용되는 방법 ② 긴 지속기간을 가진 단위도로부터 짧은 지속기간을 가진 단위도를 유도할 때 사용	① 단위도의 지속시간 ② 평형 유출량 ③ 직접유출 수문곡선

6. 합성(종합)단위도

합성 단위(유량)도	합성 단위(유량)도의 종류
강우유출 자료가 없는 지역에서 유역 및 하천 특성인자만을 이용하여 미계측 유역에서 경험적으로 단위도를 구하는 방법	① Snyder 합성 단위도 ② NRCS(구 SCS) 합성 단위도 ③ Nakayasu 합성 단위도 ④ Clark 합성 단위도(실무에서 가장 많이 적용)

• SCS

① 유출량 자료가 없는 경우에 유역의 토양 특성과 식생 피복상태 등에 대한 상세한 자료만으로도 총 우량으로부터 유효우량을 산정할 수 있는 방법
② 투수성 지역의 유출곡선 지수는 불투수성 지역의 유출곡선 지수보다 작은 값을 갖는다.

7. 합성 단위도의 인자

합성 단위도를 결정하는 주요 인자	지체시간(t_l)에 영향을 주는 인자
① 기저시간(T_b) ② 지체시간(t_l) ③ 첨두유량(Q_p)	① L_c : 유역 중심까지의 하천길이 ② L_k : 유역 경계까지의 하천길이 ③ C_t : 유역평균경사에 따른 계수

• 유역의 지체시간(t_l)

$t_l = C_t (L_c \cdot L_k)$

• 합성단위유량도의 매개변수

① 지체시간 : $t_p = c_t (L_{ca} \cdot L)^{0.3}$

② 첨두유량 : $Q_p = C_p \dfrac{640A}{t_p}$

③ 기저시간 : $T = 3 + 3\left(\dfrac{t_p}{24}\right)$

예 / 상 / 문 / 제

01 10mm 단위도의 종거가 0, 20, 8, 3, 0[m³/sec]이고, 유효강우량이 20mm, 10mm일 경우 첨두유량[m³/sec]은?(단, 단위시간은 2시간이다.)

① 20 ② 34
③ 40 ④ 42

해설
첨두유량일 때는 종거가 20m³/sec이고, 유효강우량은 20mm일 경우(∵ 단위시간은 2시간)이다.
따라서 첨두유량 $Q = q \times U = 2 \times 20 = 40\text{m}^3/\text{sec}$ 이다.

02 다음과 같은 1시간 단위도로부터 3시간 단위도를 유도하였을 경우 3시간 단위도의 최대종거는 얼마인가?

시간(hr)	0	1	2	3	4	5	6
1시간 단위도 종거(m³/sec)	0	2	8	10	6	3	0

① 3.3m³/sec ② 8.0m³/sec
③ 10.0m³/sec ④ 24.0m³/sec

해설
3시간 단위도를 유도하였으므로
$0 + 2 + 8 = 10$에서 종거 $= \frac{10}{3} = 3.33$
$2 + 8 + 10 = 20$에서 종거 $= \frac{20}{3} = 6.67$
$8 + 10 + 6 = 24$에서 종거 $= \frac{24}{3} = 8.0$
$10 + 6 + 3 = 19$에서 종거 $= \frac{19}{3} = 6.3$

03 단위유량도(Unit Hydrograph) 작성에서 긴 강우지속기간을 가진 단위도로부터 짧은 지속기간을 가진 단위도로 변환하기 위해서 사용하는 방법으로 맞는 것은?

① S-Curve법 ② 지하수 감수곡선법
③ 단위도의 비례가정법 ④ 단위 유량 분포도법

해설
S-curve 방법은 긴 강우지속시간을 가진 단위도로부터 짧은 지속시간을 가진 단위도를 유도하기 위해 사용하는 방법이다.

04 다음 중 합성 단위유량도를 작성할 때 필요한 자료는?

① 우량 주상도 ② 유역면적
③ 직접유출량 ④ 강우의 공간적 분포

해설
합성단위유량도의 매개변수
• 지체시간 : $t_p = c_t (L_{ca} \cdot L)^{0.3}$
• 첨두유량 : $Q_p = C_p \frac{640A}{t_p}$
• 기저시간 : $T = 3 + 3\left(\frac{t_p}{24}\right)$

05 유출량 자료가 없는 경우에 유역의 토양특성과 식생피복상태 등에 대한 상세한 자료만으로도 총 우량으로부터 유효우량을 산정할 수 있는 방법은?

① f-지표법 ② φ-지표법
③ W-지표법 ④ SCS법

해설
유출량 자료가 없는 경우에는 φ-지표, W-지표를 구할 수 없으므로, SCS의 초과 강우량 산정법으로 유역의 토양특성과 식생 피복상태 등에 대한 상세한 자료만으로 초과 강우량을 산정한다.

06 지속기간이 2hr인 어느 단위도의 기저시간이 10hr이다. 강우강도가 각각 2.0, 3.0 및 5.0[cm/hr]이고 강우지속기간은 똑같이 모두 2hr인 3개의 유효강우가 연속해서 내릴 경우 이로 인한 직접유출 수문곡선의 기저시간은 얼마인가?

① 2hr ② 10hr
③ 14hr ④ 16hr

해설
기저시간 = 10 + 2 + 2 = 14시간

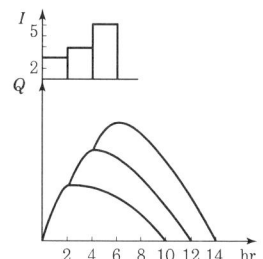

정답 01 ③ 02 ② 03 ① 04 ② 05 ④ 06 ③

10 합리식

1. 합리식의 개요

합리식의 개요
① 강우강도와 첨두유량과의 관계를 나타내는 데 대표적인 방법
② 합리식은 소규모 유역의 첨두유량(홍수량)을 산정하는 간단한 방법으로 강우강도 및 유역면적 유출계수와 첨두유량은 비례한다는 가정
③ 합리식은 수문곡선을 이등변삼각형이라고 가정하여 첨두유량을 계산하는 방법
④ 강우의 지속시간이 유역의 도달시간과 같거나 큰 경우에 첨두유량은 강우강도에 유역면적을 곱한 값과 같다.

합리식의 가정
① 강우강도는 지속시간 내에 변하지 않는다.
② 강우지속시간은 우수도달시간과 같다고 본다.
③ 유역면적과 유출계수는 항상 일정하다.
④ 첨두유량은 지속시간 동안 발생한 평균 강우강도의 직접적인 함수이다.
⑤ 첨두유량의 발생빈도와 평균강우강도의 빈도는 같다.

GUIDE

- 합리식은 좌우변의 단위가 서로 일치하여 합리적이기 때문에 합리식이라 한다.(첨두 홍수량을 구하는 간단한 공식)

- 도달시간(지속시간)
  time of concentration : t_c

- 일반적으로 우수 도달시간이 길 경우 첨두유량은 시간적으로는 늦게 나타나기 때문에 첨두유량의 크기는 작다.

- 유출량 차원
  m^3/sec, $[L^3T^{-1}]$

2. 공식

합리식 공식	해설
$Q = 0.2778\, CIA$ $= \dfrac{1}{3.6} CIA$	① 첨두유량(유출량), 평형 유출량(Q) : m^3/sec ② 유출계수(C) : 무차원 ③ 강우강도(I) : mm/hr ④ 유역면적(A) : km^2

- 강우강도 적용 시 강우지속시간(t)은 도달시간(t_c)과 같아야 한다.
- 도달시간(t_c) = 유입시간(t_1) + 유하시간(t_2)

- A : 유역면적(ha)

$$Q = \dfrac{1}{360} CIA$$

$$Q = \left(\dfrac{mm}{hr}\right) \times (km^2)$$
$$= \left(\dfrac{10^{-3}m}{3,600sec}\right) \times (10^6 m^2)$$
$$= \dfrac{1(m^3)}{3.6(sec)}$$

3. 도달시간(t_c, 유달시간, 지속시간)

도달시간(유달시간)	모식도
강우로 인한 유수가 그 유역 내의 가장 먼 지점으로부터 유역출구까지 도달하는 데 소요되는 시간 ① 도달시간(t_c) 　t_c = 유입시간(t_1) + 유하시간(t_2) ② 강우강도 적용 시 강우지속시간(t)은 도달시간(t_c)과 같아야 한다.	유입시간(t_1), 하천, 유하시간(t_2)

- 유역형상계수(F)
  ① 유역의 형상이나 성질을 나타내는 계수
  ② 유역의 면적을 그 유역 내의 주 하천 길이의 제곱 값으로 나눈 값
  ③ $F = \dfrac{A}{L^2}$
  　F : 형상계수
  　A : 유역면적
  　L : 유역 주 하천의 길이

예/상/문/제

01 합리식에 관한 설명으로 틀린 것은?

① 첨두유량을 계산할 수 있다.
② 강우강도를 고려할 필요가 없다.
③ 도시와 농촌지역에 적용할 수 있다.
④ 유출계수는 유역의 특성에 따라 다르다.

해설
합리식 $Q = CIA$에서 C는 유출계수, I는 강우강도, A는 유역면적이다. 강우강도 I는 합리식 계산 시 반드시 고려해야 한다.

02 유역면적이 0.2km²인 어느 유역에 강우가 20mm/30min으로 지속적으로 내렸을 때 유역출구에서의 관측된 첨두유출량이 1m³/sec이었다면 이 유역의 유출계수는?(단, 합리식으로 계산할 것)

① 0.15　　② 0.25
③ 0.35　　④ 0.45

해설
$Q = \dfrac{1}{3.6} CIA$에서, $1 = \dfrac{1}{3.6} \times C \times 40 \times 0.2$
∴ $C = 0.45$

03 유역면적이 1.2km²인 유역에서 강우강도 $I = \dfrac{5358}{t+37}$ [mm/hr]로 나타나고 도달시간이 10분이라 할 때 유역출구에서 첨두유출량을 측정한 결과 22.80m³/sec이었다면 유출계수는?

① 0.55　　② 0.60
③ 0.65　　④ 0.70

해설
$Q = \dfrac{1}{3.6} CIA$, $22.8 = \dfrac{1}{3.6} \times C \times \left(\dfrac{5,358}{10+37}\right) \times 1.2$
∴ $C = 0.6$

04 신도시에 위치한 택지조성지구의 우수배제를 위하여 우수거를 설계하고자 한다. 신도시에서 재현기간 10년의 강우강도 식이 $I = \dfrac{6,000}{(t+40)}$ [t : 분]일 때 합리식에 의한 설계유량은?(단, 유역의 평균유출계수는 0.5, 유역면적은 1km², 우수의 도달시간은 20분)

① 4.6m³/sec　　② 13.9m³/sec
③ 16.7m³/sec　　④ 20.8m³/sec

해설
- 강우강도 $(I) = \dfrac{6,000}{(20+40)} = 100$mm/hr
- 합리식에 의한 설계유량
$Q = \dfrac{1}{3.6} \times 0.5 \times 100 \times 1 = 13.89$m³/sec

05 그림에서와 같이 130m×250m의 주차장이 있다. 주차장 중앙으로 우수거가 설치되어 있으며 이 우수거를 통한 도달시간은 5분이고 지표흐름(Overland Flow)으로 인하여 우수거에 수직으로 도달하는 도달시간(예로 B에서 C까지)은 15분이라 한다. 만일 50mm/hr의 강도를 가진 강우가 5분간만 내렸다고 할 때 A점에서의 첨두 유량은?(단, 주차장의 유출계수는 0.85라 한다.)

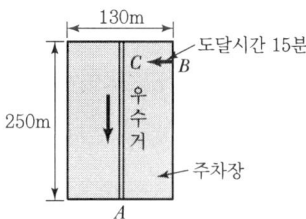

① 3.837m³/sec　　② 0.387m³/sec
③ 0.128m³/sec　　④ 0.0320m³/sec

해설
- 도달시간은 (15+5)=20분
- 지속시간은 도달시간과 같다$\left(강우강도\ I = 50\text{mm/hr} \times \dfrac{1}{3}\right)$.
- A점에서의 첨두유량은
$Q = \dfrac{1}{3.6} CIA = \dfrac{1}{3.6} \times 0.85 \times \left(50 \times \dfrac{1}{3}\right) \times (0.13 \times 0.25)$
$= 0.128$m³/sec

정답　01 ②　02 ④　03 ②　04 ②　05 ③

CHAPTER 08 실 / 전 / 문 / 제

01 물의 순환에 대한 다음 수문 사항 중 성립되지 않는 것은?

① 지하수 일부는 지표면으로 용출해서 다시 지표수가 되어 하천으로 유입된다.
② 지표면에 도달한 우수는 토양 중에 수분을 공급하고 나머지가 아래로 침투해서 지하수가 된다.
③ 땅속에 저류된 물과 지표하수는 토양 면에서 증발하고 일부는 식물에 흡수되어 증산한다.
④ 지표에 강하한 우수는 지표면에 도달 전에 그 일부가 식물의 나무와 가지에 의하여 차단된다.

해설
땅속에 저류된 물과 지표하수가 아닌 하천수 등이 태양이 방사하는 열에너지에 의해 증발된다.

02 물의 순환과정에 포함되는 용어로 짝지어지지 않은 것은?

① 강수 – 증산
② 침투 – 침루
③ 침루 – 저류
④ 풍향 – 상대습도

해설
물의 순환과정
증발 → 구름의 생성 → 강수 → 차단 → 증산 → 침투 → 침루 → 유출

03 다음 용어에 대한 설명으로 옳지 않은 것은?

① 일평균기온 : 일 최대 및 최저 기온을 산술 평균한 기온
② 월평균기온 : 해당 월의 일평균기온 중 최고 및 최저 기온을 산술 평균한 기온
③ 연평균기온 : 해당 연의 월평균기온 중 최고 및 최저 기온을 산술 평균한 기온
④ 정상 월평균기온 : 특정 월에 대한 장기간 동안의 월평균기온을 산술 평균한 온도

해설
연평균기온은 해당 연의 각 월평균기온의 평균값이다.

04 이중누가해석(Double Mass Analysis)에 관한 설명으로 옳은 것은?

① 유역의 평균강우량 결정에 사용된다.
② 자료의 일관성을 조사하는 데 사용된다.
③ 구역별 적합한 강우강도 식의 산정에 사용된다.
④ 일부 결측된 강우기록을 보충하기 위하여 사용된다.

해설
2중 누가우량곡선(Double Mass Analysis)은 장기간에 걸친 강수량 자료의 일관성을 검증 또는 교정하는 방법

05 강수량 자료를 분석하는 방법 중 이중 누가해석(Double Mass Analysis)에 대한 설명으로 옳은 것은?

① 강수량 자료의 일관성을 검증하기 위하여 이용한다.
② 강수의 지속기간을 알기 위하여 이용한다.
③ 평균 강수량을 계산하기 위하여 이용한다.
④ 결측자료를 보완하기 위하여 이용한다.

해설
이중 누가우량곡선(Double Mass Analysis)은 장기간에 걸친 강수량 자료의 일관성을 검증 또는 교정하기 위해 쓰는 방법이다.

06 측정된 강우량 자료가 기상학적 원인 이외에 다른 영향을 받았는지의 여부를 판단하는 방법 즉, 일관성(Consistency)에 대한 검사방법은?

① 순간 단위유량도법
② 합성 단위유량도법
③ 이중 누가우량 분석법
④ 선행 강수 지수법

해설
이중 누가우량 분석(Double Mass Analysis)이란 강우량 자료의 일관성이 부족한 경우에 교정하는 방법이다.

정답 01 ③ 02 ④ 03 ③ 04 ② 05 ① 06 ③

07 어떤 유역 내에 5개의 우량관측소에서 표와 같은 지배면적에 우량이 측정되었을 때 Thiessen법으로 산정한 유역의 평균우량은?

우량관측소	A	B	C	D	E
지배면적(km²)	12	15	20	14	18
우량(mm)	32	27	25	36	40

① 31.81mm ② 32.00mm
③ 32.72mm ④ 33.04mm

해설

$$P_m = \frac{\sum_{i=1}^{N} A_i P_i}{\sum_{i=1}^{N} A_i}$$

$$= \frac{12 \times 32 + 15 \times 27 + 20 \times 25 + 14 \times 36 + 18 \times 40}{12 + 15 + 20 + 14 + 18}$$

$$= 31.81 \text{mm}$$

08 티센(Thiessen) 면적평균강우량(R) 산정식으로 옳은 것은?(단, A_i : i 관측소의 면적, R_i : i 관측소의 강우량)

① $R = \dfrac{\sum_{i=1}^{n} A_i \cdot R_i}{\sum_{i=1}^{n} A_i}$ ② $R = \dfrac{\sum_{i=1}^{n} A_i \sum_{i=1}^{n} R_i}{\sum_{i=1}^{n} A_i}$

③ $R = \dfrac{\sum_{i=1}^{n} A_i \sum_{i=1}^{n} R_i^2}{\sum_{i=1}^{n} A_i}$ ④ $R = \dfrac{1}{n}\sum_{i=1}^{n} R_i$

해설

티센(Thiessen)의 면적 평균강우량 산정식은

$R = \dfrac{\sum_{i=1}^{n} A_i \cdot R_i}{\sum_{i=1}^{n} A_i}$ 이다.

09 비교적 평야지역에서 강우계의 관측 분포가 균일하고 500km² 정도의 작은 유역에 발생한 강우에 대한 적합한 유역평균강우량 산정법은?

① Thiessen의 가중법 ② Talbot의 강도법
③ 산술평균법   ④ 등우선법

해설

산술평균법은 평야지역에서 유역면적이 500km² 미만인 작은 유역에 사용하는 평균강우량 산정방법이다.

10 면적평균강수량 계산법에 관한 설명으로 옳은 것은?

① 관측소의 수가 적은 산악지역에는 산술평균법이 적합하다.
② 티센망이나 등우선도 작성에서 유역 밖의 관측소는 고려하지 말아야 한다.
③ 등우선도 작성에 지형도가 반드시 필요하다.
④ 티센 가중법은 관측소 간의 우량 변화를 선형으로 단순화한 것이다.

해설

Thiessen 가중법은 관측소 간 우량 변화를 선형으로 단순화한 방법이며, 지형의 영향을 고려할 수 없는 단점이 있다.

11 그림과 같은 유역(12km×8km)의 평균강우량을 Thiessen 방법으로 구한 값은?(단, 1, 2, 3, 4번 관측점의 강우량은 각각 140, 130, 110, 100mm이며, 작은 사각형은 2km×2km의 정사각형으로 모두 크기가 동일하다.)

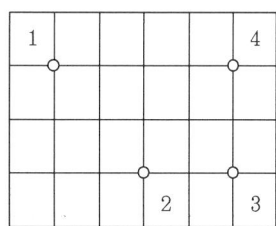

① 120mm ② 123mm
③ 125mm ④ 130mm

CHAPTER 08 실/전/문/제

해설

관측소 간 우량의 중간선을 긋고 관측소가 차지하는 면적을 구한다.

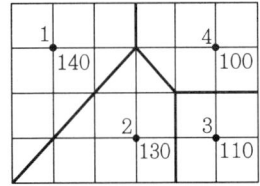

$A_1 = 30\text{m}^2$, $A_2 = 28\text{m}^2$, $A_3 = 16\text{m}^2$, $A_4 = 22\text{m}^2$ 이므로

$$P_m = \frac{\sum_{i=1}^{N} A_i P_i}{\sum_{i=1}^{N} A_i}$$

$$= \frac{30 \times 140 + 28 \times 130 + 16 \times 110 + 22 \times 100}{30 + 28 + 16 + 22}$$

$$= 122.9\text{mm}$$

12 어느 지역에서 100분간 200mm의 강우가 발생하였다고 하면 이때의 강우강도는?

① 333mm/hr   ② 200mm/hr
③ 120mm/hr   ④ 100mm/hr

해설

$100 : 200 = 60 : x$ 에서 $x = 120\text{mm}$

13 다음 표는 어느 지역의 40분간 집중 호우를 매 5분마다 관측한 것이다. 지속기간이 20분인 최대강우강도는?

시간(분)	우량(mm)
0 ~ 5	1
5 ~ 10	4
10 ~ 15	2
15 ~ 20	5
20 ~ 25	8
25 ~ 30	7
30 ~ 35	3
35 ~ 40	2

① $I = 49\text{mm/h}$ ② $I = 59\text{mm/h}$
③ $I = 69\text{mm/h}$ ④ $I = 72\text{mm/h}$

해설

15분에서 35분 사이일 때가 20분 최대 강우량이다.
∴ 20분 지속 최대 강우강도

$$I = n\text{시간 최대 강우량} \times \frac{60}{\text{지속시간}}$$

$$= (5 + 8 + 7 + 3) \times \frac{60}{20} = 69\text{ mm/hr}$$

14 IDF 곡선의 강우강도와 지속기간의 관계에서 Talbot형으로 표시된 식은?(단, I는 강우강도, t는 지속기간, T는 생기빈도(지속기간)이고 a, b, c, d, e, n, k, x는 지역에 따라 다른 값을 갖는 상수)

① $I = \dfrac{c}{t^n}$ ② $I = \dfrac{kT^x}{t^n}$

③ $I = \dfrac{d}{\sqrt{t} + e}$ ④ $I = \dfrac{a}{t + b}$

해설

- Talbot형 : $I = \dfrac{a}{t + b}$
- Sherman형 : $I = \dfrac{c}{t^n}$
- Japanese형 : $I = \dfrac{d}{\sqrt{t} + e}$
- IDF curve : $I = \dfrac{kT^x}{t^n}$

15 강우깊이 – 유역면적 – 지속시간(Depth – Area – Duration ; DAD) 관계 곡선에 대한 설명으로 옳지 않은 것은?

① DAD 작성 시 대상유역의 지속시간별 강우량이 필요하다.
② 최대평균우량은 지속시간에 비례한다.
③ 최대평균우량은 유역면적에 반비례한다.
④ 최대평균우량은 재현기간과 반비례한다.

해설

최대평균우량은 유역면적이 커지면 감소하고, 지속시간과 재현기간이 길면 증가한다.

정답 12 ③ 13 ③ 14 ④ 15 ④

16 강수량 자료를 해석하기 위한 DAD 해석 시 필요한 자료는?

① 강우량, 단면적, 최대수심
② 적설량, 분포면적, 적설일수
③ 강우량, 집수면적, 강우기간
④ 수심, 유송단면적, 홍수기간

해설
DAD(Depth – Area – Duration)
- 평균우량깊이(강우량)
- 유역(집수)면적
- 강우지속시간

17 다음 중 DAD 해석 시 직접적으로 불필요한 요소는?

① 자기우량 기록지
② 유역면적
③ 최대 강우량 기록
④ 상대 습도

해설
유역면적을 측정 시 구적기(Planimeter)를 사용하며, 자기우량 기록지는 자기우량 관측소에서 얻어진 강우 기록지를 말한다. 그리고 최대 강우량 기록자료가 DAD 해석 시 필요하다.

18 가능최대강수량(Probable Maximum Precipitation ; PMP)에 대한 설명으로 틀린 것은?

① 정상적인 조건하에서 발생 가능한 최대강수량으로 가장 극심한 기상조건에서 발생한 최대강수량은 제외한다.
② 유역면적에 따라 그 크기가 달라진다.
③ 강우지속기간에 따라 그 크기가 달라진다.
④ 과거 발생 호우의 극치를 사용한 통계학적 방법에 의해 추정하는 것이 보통이다.

해설
가능최대강수량(Probable Maximum Precipitation)
- 어떤 유역에 태풍이나 호우 등 정상적인 조건이 아닌 최악의 기상조건이 발생할 경우 유역에 내릴 수 있는 가상의 최대강우량

- 가능최대홍수량을 결정하는 기준으로 사용
- 대규모 수공 구조물의 설계 홍수량의 기준이 된다.

19 자유수면으로부터 증발량을 산정하는 방법이 아닌 것은?

① 에너지 수지에 의한 방법
② 물 수지에 의한 방법
③ 증발접시 측정에 의한 방법
④ 평균강우량으로부터의 추정에 의한 방법

해설
증발량 산정방법으로는 증발접시에 의한 방법, 물수지 방정식에 의한 방법, 에너지 수지법(Penman 이론), 경험공식(Dalton의 법칙) 등이 있다.

20 어떤 유역에 70mm의 강우량이 그림과 같은 분포로 내렸을 때 유역의 직접유출량이 30mm이었다면 이때의 ϕ – index는?

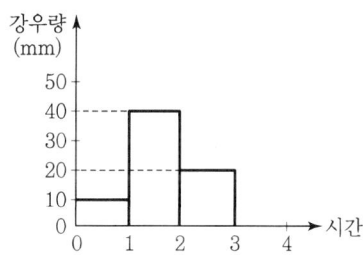

① 10mm/h
② 12.5mm/h
③ 15mm/h
④ 20mm/h

해설
우량주상도의 위에서부터 수평선을 그어 내려온다. 유출량이 30mm가 되도록 하기 위해서 종좌표의 15mm에서 계산하면 '침투량=총강우량－유출량'에 의하여 $(40-25)+(20-5)=30mm$ 가 되므로 ϕ – index = 15mm/hr 이다.

CHAPTER 08 실/전/문/제

21 하천의 평균유속 V를 구하는 방법으로서 적절치 못한 것은?(단, V_s는 표면유속, $V_{0.2}$, $V_{0.4}$, $V_{0.6}$, $V_{0.8}$는 수면으로부터 수심의 20%, 40%, 60%, 80%에 해당하는 수심을 나타낸다.)

① 표면법 : $V = 0.85 V_s$
② 1점법 : $V = V_{0.6}$
③ 3점법 : $V = \dfrac{1}{4}(V_{0.2} + V_{0.6} + V_{0.6})$
④ 4점법 : $V = \dfrac{1}{5}\left[(V_{0.2} + V_{0.4} + V_{0.6} + V_{0.6}) + \dfrac{1}{2}\left(V_{0.2} + \dfrac{1}{2}V_{0.6}\right)\right]$

[해설]
하천의 평균유속 V를 구하기 위한 3점법은
$V = \dfrac{1}{4}(V_{0.2} + 2V_{0.6} + V_{0.8})$로 나타낸다.

22 다음 중 수위-유량 관계곡선의 연장방법이 아닌 것은?

① 전 대수지법
② Stevens 방법
③ Manning 공식에 의한 방법
④ 유량 빈도 곡선법

[해설]
수위-유량 관계곡선(Rating Curve)
관측점이 위치한 하천에서의 수위와 유량과의 관계곡선이며, 연장방법으로는 전 대수지법, Stevens 방법, Manning 공식에 의한 방법 등이 있다.

23 단위유량도(Unit Hydrograph)를 작성함에 있어서 주요 기본가정(또는 원리)만으로 짝지어진 것은?

① 비례 가정, 중첩 가정, 시간불변성(Stationary)의 가정
② 직접유출의 가정, 시간불변성(Stationary)의 가정, 중첩 가정
③ 시간불변성(Stationary)의 가정, 직접유출의 가정, 비례 가정
④ 비례 가정, 중첩 가정, 직접유출의 가정

[해설]
단위유량도(단위도)란 특정 단위시간 동안 균일한 강도로 유역 전반에 걸쳐 균등하게 내린 단위 유효우량으로 인하여 발생되는 직접유출의 수문곡선으로, 단위도 작성 시 세 가지 기본가정으로는 일정 기저시간 가정(시간불변성의 가정), 중첩 가정, 비례 가정 등이 있다.

24 단위유량도(Unit Hydrograph)에 대한 설명으로 틀린 것은?

① 동일한 유역에 강도가 다른 강우에 대해서도 지속기간이 같으면 기저시간도 같다.
② 일정기간 동안에 n배 큰 강도의 강우 발생 시 수문곡선 종거는 n배 커진다.
③ 지속기간이 비교적 긴 강우사상을 택하여 해석하여야 정확한 결과가 얻어진다.
④ n개의 강우로 인한 총 유출수문 곡선은 이들 n개의 수문곡선 종거를 시간에 따라 합함으로써 얻어진다.

[해설]
단위도(Unit Hydrograph)는 비교적 단시간 지속시간의 단일 호우사상을 선택하여 대유역 면적에 적용할 때에 정확한 결과를 얻을 수 있다.

25 단위 유량도 작성 시 필요 없는 사항은?

① 직접유출량
② 유효우량의 지속시간
③ 유역면적
④ 투수계수

[해설]
단위 유량도(단위도)란 직접유출의 수문곡선으로, 기저시간은 포함하지 않으며 단위도 작성 시 투수계수는 필요하지 않다.

정답 21 ③ 22 ④ 23 ① 24 ③ 25 ④

실/전/문/제

26 S-curve와 가장 관계가 먼 것은?

① 단위도의 지속시간 ② 평형 유출량
③ 등우선도 ④ 직접 유출 수문곡선

해설
S-curve 방법
긴 강우지속시간을 가진 단위도로부터 짧은 지속시간을 가진 단위도로 유도하기 위해 사용하는 방법으로 S-curve의 형상을 지배하는 인자는 단위도의 지속시간, 평형 유출량, 직접유출의 수문곡선 등이 있다.

27 합성단위 유량도(Synthetic Unit Hydrograph) 작성법이 아닌 것은?

① Snyder 방법
② SCS의 무차원 단위유량도 이용법
③ Nakayasu 방법
④ 순간 단위유량도법

해설
미계측 유역에 대한 단위유량도의 합성방법으로는 Snyder 방법, SCS 방법, Clark 방법, Nakayasu 방법 등이 있다.

28 단위도(Unit Hydrograph)에 관한 설명으로 옳지 않은 것은?

① 어느 유역에 지속시간 t의 유효우량이 1cm 또는 1inch 내렸을 때의 직접유출 수문곡선이다.
② 단위도 작성시 필요한 기본가정은 일정기저시간 가정, 비례가정, 중첩가정이다.
③ 장시간 지속시간의 단일 호우사상을 선택하여 대유역 면적에 적용할 때에 정확한 결과를 얻을 수 있다.
④ 단위도 작성에는 직접유출량, 강우지속시간, 유역면적 등이 필요하다.

해설
단위도는 단시간 지속시간의 단일 호우사상을 선택하여 대유역 면적에 적용할 때에 정확한 결과를 얻을 수 있다.

29 SCS의 초과강우량 산정방법에 대한 설명 중 옳지 않은 것은?

① 유역의 토지이용 형태는 유효우량의 크기에 영향을 미친다.
② 유출곡선지수(Runoff Curve Number)는 총 우량으로부터 유효우량의 잠재력을 표시하는 지수이다.
③ 투수성 지역의 유출곡선지수는 불투수성 지역의 유출곡선지수보다 큰 값을 갖는다.
④ 선행토양함수조건(Antecedent Soil Moisture Condition)은 1년을 성수기와 비성수기로 나누어 각 경우에 대하여 3가지 조건으로 구분하고 있다.

해설
SCS 유출곡선지수(Runoff Curve Number)
투수성 지역의 유출곡선지수는 불투수성 지역의 유출곡선지수보다 작은 값을 갖는다.

30 유역면적이 25km²이고, 1시간에 내린 강우량이 120mm일 때 하천의 유출량이 360m³/sec이면 이 지역에 대한 합리식의 유출계수는?

① 0.32 ② 0.43
③ 0.56 ④ 0.72

해설
합리식 $Q = \dfrac{1}{3.6} CIA$에서

$360 = \dfrac{1}{3.6} \times C \times 120 \times 25$

∴ $C = 0.432$

31 면적 10km²의 지역에 3시간에 10mm의 강우강도로 무한히 내릴 때 평형유출량(Q_e)은 약 얼마인가?

① 9.72m³/sec ② 9.26m³/sec
③ 8.94m³/sec ④ 8.33m³/sec

해설
$Q = \dfrac{1}{3.6} CIA = \dfrac{1}{3.6} \times 1 \times \dfrac{10mm}{3hr} \times 10 = 9.26 \text{m}^3/\text{sec}$

정답 26 ③ 27 ④ 28 ③ 29 ③ 30 ② 31 ②

CHAPTER 08 실 / 전 / 문 / 제

32 어느 관측소의 경우 기록이 다음 표와 같다. 6시간 연속 최대 강우강도는?

시각	2	4	6	8	10	12
2시간 강우량	0.5	4.0	10.5	18.6	16.0	10.6

① 9.30mm/h ② 8.65mm/h
③ 7.53mm/h ④ 6.91mm/h

해설

6시간 지속 최대 강우강도

$I = n$시간 최대 강우량 $\times \dfrac{60}{\text{지속시간}}$

$= (18.6 + 16.0 + 10.6) \times \dfrac{60}{360}$

$= 7.53 \text{mm/hr}$

정답 32 ③

부록 1

과년도 출제문제

2015년	토목기사/산업기사	제1회 기출문제
	토목기사/산업기사	제2회 기출문제
	토목기사/산업기사	제4회 기출문제
2016년	토목기사/산업기사	제1회 기출문제
	토목기사/산업기사	제2회 기출문제
	토목기사/산업기사	제4회 기출문제
2017년	토목기사/산업기사	제1회 기출문제
	토목기사/산업기사	제2회 기출문제
	토목기사/산업기사	제4회 기출문제
2018년	토목기사/산업기사	제1회 기출문제
	토목기사/산업기사	제2회 기출문제
	토목기사	제3회 기출문제
	토목산업기사	제4회 기출문제
2019년	토목기사/산업기사	제1회 기출문제
	토목기사/산업기사	제2회 기출문제
	토목기사	제3회 기출문제
	토목산업기사	제4회 기출문제
2020년	토목기사/산업기사	제1·2회 기출문제
	토목기사/산업기사	제3회 기출문제
	토목기사	제4회 기출문제
2021년	토목기사	제1회 기출문제
	토목기사	제2회 기출문제
	토목기사	제3회 기출문제
2022년	토목기사	제1회 기출문제
	토목기사	제2회 기출문제
	토목기사	제3회 CBT 복원문제
2023년	토목기사	제1~3회 CBT 복원문제
2024년	토목기사	제1~3회 CBT 복원문제
2025년	토목기사	제1~3회 CBT 복원문제

2015년 토목기사 제1회 수리수문학 기출문제

01 평면상 x, y 방향의 속도성분이 각각 $u = ky$, $v = kx$인 유선의 형태는?

① 원 ② 타원
③ 쌍곡선 ④ 포물선

[해설]

2차원 흐름의 유선의 방정식 : $\dfrac{dx}{u} = \dfrac{dy}{v}$

① $\dfrac{dx}{ky} = \dfrac{dy}{kx}$에 $u = ky$, $v = kx$를 대입

② $xdx = ydy$이므로 $xdx - ydy = 0$

③ 적분 : $\dfrac{1}{2}x^2 - \dfrac{1}{2}y^2 = C \rightarrow x^2 - y^2 = C$

∴ 유선은 쌍곡선의 형태

02 자연하천에서 수위-유량관계곡선이 loop형을 이루게 되는 이유가 아닌 것은?

① 배수 및 저수효과
② 하도의 인공적 변화
③ 홍수 시 수위의 급변화
④ 조류 발생

[해설]

수위 유량 관계곡선이 loop형인 이유(같은 수위라도 홍수상승 시와 하강시 유량이 같지 않은 이유)
① 준설, 세굴, 퇴적, 식생 등 하도의 인위적, 자연적 변화
② 배수 및 저하효과, 홍수 시 수위의 급상승 및 급강하

03 비중이 0.9인 목재가 물에 떠 있다. 수면 위에 노출된 체적이 1.0m³이라면 목재 전체의 체적은? (단, 물의 비중은 1.0이다.)

① 1.9m³ ② 2.0m³
③ 9.0m³ ④ 10.0m³

[해설]

① $W = B$
② $\omega_s \cdot V_{전체} = \omega_w \cdot V_{잠김}$
③ $0.9 V_{전체} = 1(V_{전체} - 1)$
∴ $V_{전체} = 10\text{m}^3$

04 이중누가해석(Double Mass Analysis)에 관한 설명으로 옳은 것은?

① 유역의 평균강우량 결정에 사용된다.
② 자료의 일관성을 조사하는 데 사용된다.
③ 구역별 적합한 강우강도 식의 산정에 사용된다.
④ 일부 결측된 강우기록을 보충하기 위하여 사용된다.

[해설]

이중 누가우량곡선은 장기간에 걸친 강수량 자료의 일관성을 검증 또는 교정하기 위해 쓰는 방법이다.

05 개수로 흐름에 대한 설명으로 틀린 것은?

① 한계류 상태에서는 수심의 크기가 속도수두의 2배가 된다.
② 유량이 일정할 때 상류에서는 수심이 작아질수록 유속은 커진다.
③ 비에너지는 수평기준면을 기준으로 한 단위무게의 유수가 가진 에너지를 말한다.
④ 흐름이 사류에서 상류로 바뀔 때에는 도수와 함께 큰 에너지 손실을 동반한다.

[해설]

비에너지는 수로 바닥을 기준으로 한 수두 에너지이다.

06 그림과 같이 일정한 수위가 유지되는 충분히 넓은 두 수조의 수중 오리피스에서 오리피스의 직경 $d = 20$cm 일 때, 유출량 Q는?(단, 유량계수 $C = 1$이다.)

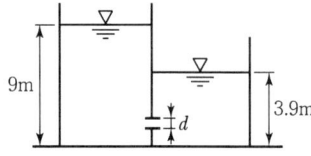

① 0.314m³/s ② 0.628m³/s
③ 3.14m³/s ④ 6.28m³/s

[해설]

$Q = Ca\sqrt{2gH}$

정답 01 ③ 02 ④ 03 ④ 04 ② 05 ③ 06 ①

$$= 1 \times \frac{\pi \times 0.2^2}{4} \times \sqrt{19.6 \times (9-3.9)}$$
$$= 0.314 \text{m}^3/\text{sec}$$

07 원형 관수로 흐름에서 Manning 식의 조도계수와 마찰계수의 관계식은?(단, f는 마찰계수, n은 조도계수, d는 관의 직경, 중력가속도는 9.8m/s^2이다.)

① $f = \frac{98.8n^2}{d^{1/3}}$ ② $f = \frac{124.5n^2}{d^{1/3}}$

③ $f = \sqrt{\frac{98.8n^2}{d^{1/3}}}$ ④ $f = \sqrt{\frac{124.5n^2}{d^{1/3}}}$

[해설]
마찰손실계수$(f) = \frac{124.5 \cdot n^2}{d^{1/3}}$

08 절대압력 P_{ab}, 계기압력(또는 상대압력) P_g, 그리고 대기압 P_{at}라고 할 때 이들의 관계식으로 옳은 것은?

① $P_{ab} - P_g = P_{at}$ ② $P_{ab} + P_g = P_{at}$
③ $P_g - P_{at} = P_{ab}$ ④ $P_g + P_{at} = P_{ab} - 1$

[해설]
① 절대압력(P_{ab}) = 대기압(P_{at}) + 계기압력(P_g)
② 절대압력(P_{ab}) - 계기압력(P_g) = 대기압(P_{at})

09 직사각형 단면 개수로에서 수심이 1m, 평균 유속이 4.5m/s, 에너지보정계수 $\alpha = 1.0$일 때 비에너지(H_e)는?

① 1.03m   ② 2.03m
③ 3.03m   ④ 4.03m

[해설]
비에너지$(H_e) = h + \frac{\alpha V^2}{2g} = 1 + \frac{1 \times 4.5^2}{2 \times 9.8} = 2.03\text{m}$

10 어떤 유역에 70mm의 강우량이 그림과 같은 분포로 내렸을 때 유역의 직접유출량이 30mm이었다면 이때의 $\phi - \text{index}$는?

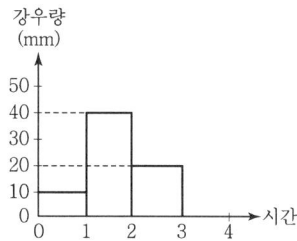

① 10mm/h   ② 12.5mm/h
③ 15mm/h   ④ 20mm/h

[해설]
① 종좌표의 15mm에서 계산하면
② 총강우량 - 유출량 = 침투량
 $(40-25) + (20-5) = 30\text{mm}$
∴ $\phi - \text{index} = 15\text{mm/hr}$ 이다.

11 한 유선상에서의 속도수두를 $\frac{V^2}{2g}$, 압력수두를 $\frac{P}{w}$, 위치수두를 Z라 할 때 동수경사선(E)을 표시하는 식은?(단, V는 유속, P는 압력, w는 단위중량, g는 중력가속도, Z는 기준면으로부터의 높이이다.)

① $\frac{V^2}{2g} + \frac{P}{w} + Z = E$ ② $\frac{V^2}{2g} + \frac{P}{w} = E$

③ $\frac{V^2}{2g} + Z = E$ ④ $\frac{P}{w} + Z = E$

[해설]
① 동수경사선 = 위치수두(z) + 압력수두$\left(\frac{p}{w}\right)$
② 동수경사선은 에너지선에서 속도수두$\left(\frac{V^2}{2g}\right)$만큼 아래에 위치
③ 개수로일 때의 동수경사선은 수면과 일치

정답 07 ② 08 ① 09 ② 10 ③ 11 ④

12 그림과 같은 부등류 흐름에서 y는 실제수심, y_c는 한계수심, y_n은 등류수심으로 표시한다. 그림의 수로경사에 관한 설명과 수면형 명칭으로 옳은 것은?

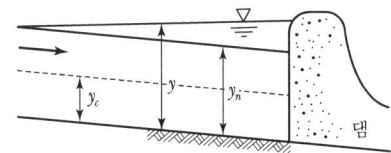

① 완경사 수로에서의 배수곡선이면 M_1곡선
② 급경사 수로에서의 배수곡선이면 S_1곡선
③ 완경사 수로에서의 배수곡선이면 M_2곡선
④ 급경사 수로에서의 배수곡선이면 S_2곡선

[해설]
배수곡선(M_1)의 완경사(Mild Slope)
$h(y) > h_0(y_n) > h_c(y_c)$

13 수표면적이 10km²인 저수지에서 24시간 동안 측정된 증발량이 2mm이며, 이 기간 동안 저수지 수위의 변화가 없었다면, 저수지로 유입된 유량은?(단, 저수지의 수표면적은 수심에 따라 변화하지 않음)

① 0.23m³/s
② 2.32m³/s
③ 0.46m³/s
④ 4.63m³/s

[해설]
Q(일 증발량, 유입유량) = 증발률 × 수표면적
∴ $Q = (0.002/86,400) \times (10 \times 10^6) = 0.23$m³/sec

14 두께 20.0m의 피압대수층에서 0.1m³/s로 양수했을 때 평형상태에 도달하였다. 이 양수정에서 각각 50.0m, 200.0m 떨어진 관측점에서 수위가 39.20m, 40.66m이었다면 이 대수층의 투수계수(k)는?

① 0.2m/day
② 6.5m/day
③ 20.7m/day
④ 65.3m/day

[해설]
양수량 $Q = \dfrac{2\pi c K(H-h_o)}{\ln(R/r_o)}$ 에서

$k = \dfrac{\dfrac{0.1}{86,400} \times \ln(200/50)}{2\pi \times 20 \times (40.66 - 39.20)} = 65.3$m/sec

15 베르누이 정리가 성립하기 위한 조건으로 틀린 것은?

① 압축성 유체에서 성립한다.
② 유체의 흐름은 정상류이다.
③ 개수로 및 관수로 모두에 적용된다.
④ 하나의 유선에 대하여 성립한다.

[해설]
베르누이 정리의 성립조건
① 흐름은 정상류(부정류에서는 불성립)
② 유체는 비압축성 유체
③ 비점성 유체
④ 임의 두 점은 동일 유선상에 있음(하나의 유선)
⑤ 하나의 유선에 대해서는 총에너지가 일정

16 부등류에 대한 표현으로 가장 적합한 것은? (단, t: 시간, ℓ: 거리, v: 유속)

① $\dfrac{dv}{d\ell} = 0$
② $\dfrac{dv}{d\ell} \neq 0$
③ $\dfrac{dv}{dt} = 0$
④ $\dfrac{dv}{dt} \neq 0$

[해설]
• 정류: $\dfrac{\partial V}{\partial t} = 0$, $\dfrac{\partial Q}{\partial t} = 0$
• 등류: $\dfrac{\partial V}{\partial t} = 0$, $\dfrac{\partial V}{\partial l} = 0$
• 부등류: $\dfrac{\partial V}{\partial t} = 0$, $\dfrac{\partial V}{\partial l} \neq 0$
• 부정류: $\dfrac{\partial V}{\partial t} \neq 0$, $\dfrac{\partial Q}{\partial t} \neq 0$

정답 12 ① 13 ① 14 ④ 15 ① 16 ②

17 수위차가 3m인 2개의 저수지를 지름 50cm, 길이 80m의 직선관으로 연결하였을 때 유량은? (단, 입구손실계수=0.5, 관의 마찰손실계수=0.0265, 출구손실계수=1.0, 이외의 손실은 없다고 한다.)

① 0.124m³/s
② 0.314m³/s
③ 0.628m³/s
④ 1.280m³/s

해설

유량(Q) = $\dfrac{\pi \times D^2}{4} \times \sqrt{\dfrac{2gH}{\sum f_x + f\dfrac{l}{D}}}$

= $\dfrac{\pi \times 0.5^2}{4} \times \sqrt{\dfrac{19.6 \times 3}{1.5 + 0.0265 \times \dfrac{80}{0.5}}}$ = 0.628m³/sec

18 직각삼각형 위어에서 월류수심이 0.25m일 때 일반식에 의한 유량은?(단, 유량계수(C)는 0.6이고, 접근속도는 무시한다.)

① 0.0143m³/s
② 0.0243m³/s
③ 0.0343m³/s
④ 0.0443m³/s

해설

삼각형 위어의 유량

$Q = \dfrac{8}{15} C \tan\dfrac{\theta}{2} \sqrt{2g}\, h^{5/2}$

= $\dfrac{8}{15} \times 0.6 \times \tan\dfrac{90°}{2} \times \sqrt{19.6} \times 0.25^{5/2}$

= 0.0443m³/sec

19 Darcy-Weisbach의 마찰손실수두공식 $h = f\dfrac{\ell}{D}\dfrac{V^2}{2g}$에서 f는 마찰손실계수이다. 원형관의 관벽이 완전 조면인 거친 관이고, 흐름이 난류라고 하면 f는?

① 프루드 수만의 함수로 표현할 수 있다.
② 상대조도만의 함수로 표현할 수 있다.
③ 레이놀즈수만의 함수로 표현할 수 있다.
④ 레이놀즈수와 조도의 함수로 표현할 수 있다.

해설

Chezy 공식	$f = \dfrac{8 \cdot g}{C^2}$	매끄러운관	Reynolds 수의 함수
		거친관	상대조도의 함수 (Reynolds 수와 무관)

20 단위유량도(Unit Hydrograph)에서 강우자료를 유효우량으로 쓰게 되는 이유는?

① 기저유출이 포함되어 있기 때문에
② 손실우량을 산정할 수 없기 때문에
③ 직접유출의 근원이 되는 우량이기 때문에
④ 대상유역 내 균일하게 분포하는 것으로 볼 수 있기 때문에

해설

단위유량도(단위도)란 특정 단위시간 동안 균일한 강도로 유역 전반에 걸쳐 균등하게 내린 단위 유효우량으로 인하여 발생되는 직접유출의 수문곡선이다.

정답 17 ③ 18 ④ 19 ② 20 ③

2015년 토목산업기사 제1회 수리수문학 기출문제

01 유량 14.13m³/s를 송수하기 위하여 안지름 3m의 주철관 980m를 설치할 경우, 적당한 관로의 경사는?(단, $f=0.03$)

① 1/600 ② 1/490
③ 1/200 ④ 1/100

해설

① $V = \dfrac{Q}{A} = \dfrac{14.13}{\dfrac{\pi \times 3^2}{4}} = 2\text{m/sec}$

② $h_L = f\dfrac{l}{D}\dfrac{V^2}{2g}$

∴ $I = \dfrac{h_L}{l} = f\dfrac{1}{D}\dfrac{V^2}{2g}$

$= 0.03 \times \dfrac{1}{3} \times \dfrac{2^2}{2 \times 9.8} = \dfrac{1}{490}$

02 수면의 높이가 일정한 저수지의 일부에 길이 30m의 월류 위어를 만들어 40m³/s의 물을 취수하기 위한 위어 마루로부터의 상류 측 수심(H)은?(단, $C=1.0$이고, 접근 유속은 무시한다.)

① 0.70m ② 0.75m
③ 0.80m ④ 0.85m

해설

$Q = 1.7\,Cb\,h^{3/2}$에서
$40 = 1.7 \times 1 \times 30 \times h^{3/2}$
∴ $h = 0.85\text{m}$

03 정류에 대한 설명으로 옳지 않은 것은?

① 어느 단면에서 지속적으로 유속이 균일해야 한다.
② 흐름의 상태가 시간에 관계없이 일정하다.
③ 유선과 유적선이 일치한다.
④ 유선에 따라 유속이 일정하게 변한다.

해설
정류는 모든 점에서 유동상태(속도, 압력, 밀도, 유량)가 시간에 관계없이 변하지 않는 흐름이다.

04 Darcy-Weisbach의 마찰손실 공식에 대한 다음 설명 중 틀린 것은?

① 마찰손실수두는 관경에 반비례한다.
② 마찰손실수두는 관의 조도에 반비례한다.
③ 마찰손실수두는 물의 점성에 비례한다.
④ 마찰손실수두는 관의 길이에 비례한다.

해설

① $h_L = f\dfrac{l}{D}\dfrac{V^2}{2g}$

② $f = \phi\left(\dfrac{1}{R_e},\,\dfrac{e}{D}\right)$

마찰손실수두는 관의 조도에 비례한다.

05 다음 중 사류의 조건이 아닌 것은?(단, h_c : 한계수심, V_c : 한계유속, I_c : 한계경사, Fr : Froude Number, h : 수심, V : 유속, I : 경사)

① $Fr > 1$ ② $h < h_c$
③ $V > V_c$ ④ $I < I_c$

해설
• 상류 조건 : $h > h_c$, $V < V_c$, $Fr < 1$, $I < I_c$
• 사류 조건 : $h < h_c$, $V > V_c$, $Fr > 1$, $I > I_c$

06 수면 아래 30m 지점의 압력을 수은주 높이로 표시한 것으로 옳은 것은?(단, 수은의 비중=13.596)

① 0.285m ② 2.21m
③ 22.1m ④ 28.5m

해설

① $p = wh = 1 \times 30 = 30\text{t/m}^2$
② $30 = 13.596 \times h$
∴ $h = 2.21\text{m}$

정답 01 ② 02 ④ 03 ④ 04 ② 05 ④ 06 ②

07 수리학적으로 유리한 단면에 관한 설명 중 옳지 않은 것은?

① 동수반지름(경심)을 최대로 하는 단면이다.
② 일정한 단면적에 최대 유량을 흐르게 하는 단면이다.
③ 가장 유리한 단면은 직각이등변삼각형이다.
④ 직사각형 수로에서는 수로 폭이 수심의 2배인 단면이다.

[해설]
수리학적으로 가장 유리한 단면은 직사각형 단면이다.

08 부체의 경심(M), 부심(C), 무게중심(G)에 대하여 부체가 안정되기 위한 조건은?

① $\overline{MG} > 0$
② $\overline{MG} = 0$
③ $\overline{MG} < 0$
④ $\overline{MG} = \overline{CG}$

[해설]
부체의 안정조건 : $\overline{MG} = \overline{CM} - \overline{CG} > 0$

09 그림과 같은 불투수층에 도달하는 집수암거의 집수량은?(단, 투수계수는 k, 암거의 길이는 ℓ이며 양쪽 측면에서 유입됨)

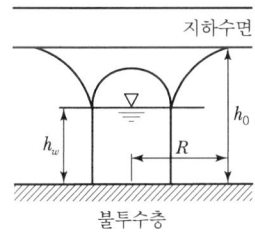

① $\dfrac{k\ell}{R}(h_0^2 - h_w^2)$
② $\dfrac{k\ell}{2R}(h_0^2 - h_w^2)$
③ $\dfrac{\pi k(h_0^2 - h_w^2)}{2.3 \log R}$
④ $\dfrac{2\pi k(h_0^2 - h_w^2)}{2.3 \log R}$

[해설]
집수암거에서 용수량(양쪽유입)
$Q = \dfrac{k\ell}{R}(H^2 - h_o^2)$ 이다.

10 유관(Stream Tube)에 대한 설명으로 옳은 것은?

① 한 개의 유선(流線)으로 이루어지는 관을 말한다.
② 어떤 폐곡선(閉曲線)을 통과하는 여러 개의 유선으로 이루어지는 관을 말한다.
③ 개방된 곡선을 통과하는 유선으로 이루어지는 평면을 말한다.
④ 임의의 여러 유선으로 이루어지는 유동체를 말한다.

[해설]
유관은 가상적인 관으로 어떤 폐곡선을 통과하는 여러 개의 유선으로 이루어지는 관을 말한다.

11 내경 2cm의 관 내를 수온 20℃의 물이 25cm/s의 유속으로 흐를 때 흐름의 상태는?(단, 20℃의 동점성계수는 $0.01 \text{cm}^2/\text{s}$이다.)

① 사류
② 상류
③ 층류
④ 난류

[해설]
$Re = \dfrac{VD}{\nu} = \dfrac{25 \times 2}{0.01} = 5,000 > 4,000$
∴ 난류

12 물의 성질에 대한 설명으로 옳지 않은 것은?

① 압력이 증가하면 물의 압축계수(C_w)는 감소하고 체적탄성계수(E_w)는 증가한다.
② 내부마찰력이 큰 것은 내부마찰력이 작은 것보다 그 점성계수의 값이 크다.
③ 물의 점성계수는 수온(℃)이 높을수록 그 값이 커진다.
④ 공기에 접촉하는 액체의 표면장력은 온도가 상승하면 감소한다.

[해설]
물의 점성계수는 수온이 높을수록 그 값이 작아진다.

정답 07 ③ 08 ① 09 ① 10 ② 11 ④ 12 ③

13 층류와 난류를 구분할 수 있는 것은?

① Reynolds 수 ② 한계구배
③ 한계수심 ④ Mach 수

[해설]
레이놀즈수(Reynolds Number)는 층류와 난류를 구분하는 기준이다.

14 도수(跳水)에 관한 설명으로 옳지 않은 것은?

① 상류에서 사류로 변화될 때 발생된다.
② 사류에서 상류로 변화될 때 발생된다.
③ 도수 전후의 충력치(비력)는 동일하다.
④ 도수로 인해 때로는 막대한 에너지 손실도 유발된다.

[해설]
도수
① 흐름이 사류에서 상류로 변할 때 수면이 불연속적으로 뛰는 현상
② 가지고 있는 에너지의 일부를 와류와 난류를 통해 소모하는 현상

15 오리피스에서 유출되는 실제유량은 $Q = C_a \cdot C_v \cdot A \cdot V$로 표현한다. 이때 수축계수 C_a는?(단, A_0는 수맥의 최소 단면적, A는 오리피스의 단면적, V는 실제유속, V_O는 이론유속)

① $C_a = \dfrac{A_O}{A}$ ② $C_a = \dfrac{V_O}{V}$

③ $C_a = \dfrac{A}{A_O}$ ④ $C_a = \dfrac{V}{V_O}$

[해설]
작은 오리피스에서 수축계수 : $C_a = \dfrac{A_0}{A}$

16 그림과 같이 직경 8cm인 분류가 35m/s의 속도로 관의 벽면에 부딪힌 후 최초의 흐름 방향에서 150° 수평방향 변화를 하였다. 관의 벽면이 최초의 흐름 방향으로 10m/s의 속도로 이동할 때, 관벽면에 작용하는 힘은?(단, 무게 1kg=9.8N)

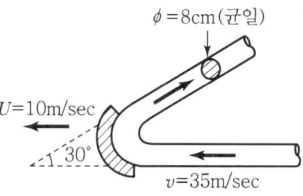

① 3.6kN ② 5.4kN
③ 6.1kN ④ 8.5kN

[해설]
① $-F_x = \dfrac{9.8}{9.8} \times \dfrac{\pi \times 0.08^2}{4} \times (35-10) \times [(35-10)\cos 150° - (35-10)]$
$= -5.86$kN
$\therefore F_x = 5.86$kN

② $F_y = \dfrac{9.8}{9.8} \times \dfrac{\pi \times 0.08^2}{4} \times (35-10) \times [(35-10)\sin 150° - 0]$
$= 1.57$kN

③ $F = \sqrt{F_x^2 + F_y^2} = \sqrt{5.86^2 + 1.57^2} = 6.1$kN

17 다음의 비력(M)곡선에서 한계수심을 나타내는 것은?

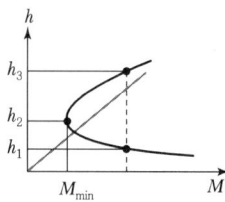

① h_1 ② h_2
③ h_3 ④ $h_3 - h_1$

[해설]
최소충력치($M_{\min}$)일 때의 수심이 한계수심이다.

18 모세관 현상에 의해서 물이 관 내로 올라가는 높이(h)와 관의 직경(D)의 관계로 옳은 것은?

① $h \propto D^2$ ② $h \propto D$
③ $h \propto 1/D$ ④ $h \propto 1/D^2$

정답 13 ① 14 ① 15 ① 16 ③ 17 ② 18 ③

해설

① $h = \dfrac{4T\cos\theta}{\omega D}$

② $h \propto \dfrac{1}{D} \propto D^{-1}$

19 절대속도 U[m/s]로 움직이고 있는 판에 같은 방향으로 절대속도 V[m/s]의 분류가 흘러 판에 충돌하는 힘을 계산하는 식으로 옳은 것은?(단, w_0는 물의 단위중량, A는 통수단면적)

① $F = \dfrac{w_0}{g} A(V-U)^2$

② $F = \dfrac{w_0}{g} A(V+U)^2$

③ $F = \dfrac{w_0}{g} A(V-U)$

④ $F = \dfrac{w_0}{g} A(V+U)$

해설

① $Q = AV = A(V-U)$

② $F = \dfrac{\omega}{g} Q(V_2 - V_1)$

  $= \dfrac{\omega}{g} A(V-U)[(V-U) - 0]$

∴ $F_x = \dfrac{\omega}{g} A(V-U)^2$

20 다음 중 지하수 수리에서 Darcy 법칙이 가장 잘 적용될 수 있는 Reynolds 수(Re)의 범위로 옳은 것은?

① Re < 2,000　② Re < 500
③ Re < 45　　　④ Re < 4

해설

지하수 흐름에 대한 Darcy 법칙은 Re < 1~10 (특히, Re < 4)인 층류의 경우에 적용

정답　19 ①　20 ④

2015년 토목기사 제2회 수리수문학 기출문제

01 원형 댐의 월류량(Q_p)이 1,000m³/s이고, 수문을 개방하는 데 필요한 시간(T_p)이 40초라 할 때 1/50 모형(模形)에서의 유량(Q_m)과 개방 시간(T_m)은?(단, 중력가속도비(g_r)는 1로 가정한다.)

① $Q_m = 0.057\text{m}^3/\text{s}$, $T_m = 5.657\text{s}$
② $Q_m = 1.623\text{m}^3/\text{s}$, $T_m = 0.825\text{s}$
③ $Q_m = 56.56\text{m}^3/\text{s}$, $T_m = 0.825\text{s}$
④ $Q_m = 115.00\text{m}^3/\text{s}$, $T_m = 5.657\text{s}$

해설

① $Q_r = \dfrac{Q_m}{Q_p} = L_r^{5/2}$ 에서 $\dfrac{Q_m}{1,000} = \left(\dfrac{1}{50}\right)^{5/2}$

∴ $Q_m = 0.057\text{m}^3/\text{s}$

② $T_r = \dfrac{T_m}{T_p} = \sqrt{\dfrac{L_r}{g_r}} = \sqrt{L_r}$ 에서 $\dfrac{T_m}{40} = \sqrt{\dfrac{1}{50}}$

∴ $T_m = 5.657\text{sec}$

02 일반 유체운동에 관한 연속 방정식은?(단, 유체의 밀도 ρ, 시간 t, $x \cdot y \cdot z$ 방향의 속도는 u, v, w이다.)

① $\dfrac{\partial \rho}{\partial t} + \dfrac{\partial u}{\partial x} + \dfrac{\partial v}{\partial y} + \dfrac{\partial w}{\partial z} = 0$

② $\dfrac{\partial \rho}{\partial t} + \dfrac{\partial \rho u}{\partial x} + \dfrac{\partial \rho v}{\partial y} + \dfrac{\partial \rho w}{\partial z} = 0$

③ $\dfrac{\partial \rho}{\partial t} + \dfrac{\partial u}{\partial \rho x} + \dfrac{\partial v}{\partial \rho y} + \dfrac{\partial w}{\partial \rho z} = 0$

④ $\dfrac{\partial u}{\partial x} + \dfrac{\partial v}{\partial y} + \dfrac{\partial w}{\partial z} = 0$

해설

① 가장 일반적인 경우의 유체운동에 관한 연속 방정식은 압축성, 부정류이다.

② $\dfrac{\partial \rho}{\partial t} + \dfrac{\partial \rho u}{\partial x} + \dfrac{\partial \rho v}{\partial y} + \dfrac{\partial \rho w}{\partial z} = 0$ (유체는 밀도가 0이 아니고 시간의 항을 고려)

03 안지름 1cm인 관로에 충만되어 물이 흐를 때 다음 중 층류 흐름이 유지되는 최대유속은?(단, 동점성계수 $\nu = 0.01\text{cm}^2/\text{s}$)

① 5cm/s
② 10cm/s
③ 20cm/s
④ 40cm/s

해설

$Re = \dfrac{VD}{\nu} = \dfrac{V_{\max} \times 1}{0.01} = 2,000$ ∴ $V_{\max} = 20\text{cm/sec}$이다.

04 면적평균강수량 계산법에 관한 설명으로 옳은 것은?

① 관측소의 수가 적은 산악지역에는 산술평균법이 적합하다.
② 티센망이나 등우선도 작성에 유역 밖의 관측소는 고려하지 말아야 한다.
③ 등우선도 작성에 지형도가 반드시 필요하다.
④ 티센 가중법은 관측소 간의 우량 변화를 선형으로 단순화한 것이다.

해설

Thiessen 가중법
① 관측소 간 우량 변화를 선형으로 단순화한 방법
② 유역면적이 500~5,000km²의 범위일 때 사용하는 평균 강우량 산정방법
③ 지형의 영향을 고려할 수 없는 단점이 있다.

05 다음 중 유역의 면적평균강우량 산정법이 아닌 것은?

① 산술평균법(Arithmetic Mean Method)
② Thiessen 방법(Thiessen Method)
③ 등우선법(Isohyetal Method)
④ 매닝 공법(Manning Method)

해설

평균강우량 산정방법
① 산술평균법
② Thiessen의 가중법
③ 등우선법

정답 01 ① 02 ② 03 ③ 04 ④ 05 ④

06 보기의 가정 중 방정식 $\Sigma F_x = \rho Q(v_2 - v_1)$ 에서 성립되는 가정으로 옳은 것은?

[보기]
가. 유속은 단면 내에서 일정하다.
나. 흐름은 정류(定流)이다.
다. 흐름은 등류(等流)이다.
라. 유체는 압축성이며 비점성 유체이다.

① 가, 나 ② 가, 라
③ 나, 라 ④ 다, 라

해설
운동량 방정식의 가정조건
① 흐름이 정상류
② 유속은 단면 내에서 일정

07 그림과 같이 우물로부터 일정한 양수율로 양수하여 우물 속의 수위가 일정하게 유지되고 있다. 대수층은 균질하며 지하수의 흐름은 우물을 향한 방사상 정상류라 할 때 양수율(Q)을 구하는 식은? (단, k는 투수계수임)

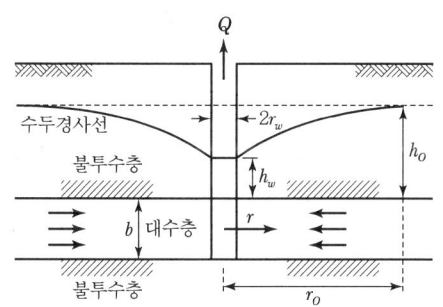

① $Q = 2\pi bk \dfrac{h_o - h_w}{\ln(r_o/r_w)}$ ② $Q = 2\pi bk \dfrac{\ln(r_o/r_w)}{h_o - h_w}$

③ $Q = 2\pi bk \dfrac{h_o^2 - h_w^2}{\ln(r_o/r_w)}$ ④ $Q = 2\pi bk \dfrac{\ln(r_o/r_w)}{h_o^2 - h_w^2}$

해설
굴착정에서의 유량
$$Q = \frac{2\pi bk(h_o - h_w)}{\ln(r_o/r_w)} = \frac{2\pi bk(h_o - h_w)}{2.3\log_{10}(r_o/r_w)}$$

08 지하수의 흐름에서 상·하류 두 지점의 수두차가 1.6m이고, 두 지점의 수평거리가 480m인 경우, 대수층의 두께가 3.5m, 폭이 1.2m일 때의 지하수 유량은?(단, 투수계수 $k = 208$m/day이다.)

① $3.82\text{m}^3/\text{day}$ ② $2.91\text{m}^3/\text{day}$
③ $2.12\text{m}^3/\text{day}$ ④ $2.08\text{m}^3/\text{day}$

해설
$$Q = Av = AKi = AK\frac{\Delta h}{L}$$
$$= (1.2 \times 3.5) \times 208 \times \frac{1.6}{480} = 2.91\text{m}^3/\text{day}$$

09 수문을 갑자기 닫아서 물의 흐름을 막으면 상류(上流) 쪽의 수면이 갑자기 상승하여 단상(段狀)이 되고, 이것이 상류로 향하여 전파되는 현상을 무엇이라 하는가?

① 장파(長波)   ② 단파(段波)
③ 홍수파(洪水波) ④ 파상도수(波狀跳水)

해설
단파
수문을 갑자기 닫아서 물의 흐름을 막으면 상류 쪽의 수면이 상승하여 이것이 상류로 향하여 전파되는 현상

10 그림과 같은 수로에서 단면 1의 수심 $h_1 = 1$m, 단면 2의 수심 $h_2 = 0.4$m라면 단면 2에서의 유속 V_2는?(단, 단면 1과 2의 수로 폭은 같으며, 마찰손실은 무시한다.)

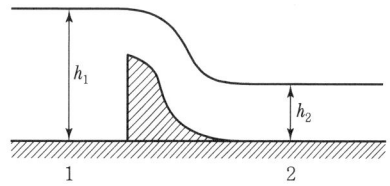

① 3.74m/s   ② 4.05m/s
③ 5.56m/s   ④ 2.47m/s

해설

베르누이 정리

$1 + \dfrac{V_1^2}{19.6} = 0.4 + \dfrac{V_2^2}{19.6}$ (∵ 대기압 = 0)

연속방정식

$1 \times V_1 = 0.4 \times V_2$, $V_1 = 0.4\,V_2$

따라서, $1 + \dfrac{(0.4\,V_2)^2}{19.6} = 0.4 + \dfrac{V_2^2}{19.6}$

$1 - 0.4 = \dfrac{V_2^2(1-0.16)}{19.6}$

∴ $V_2 = 3.74\,\text{m/sec}$

11 댐 여수로 내 물받이(Apron)에서 시점수위가 3.0m이고, 폭이 50m, 방류량이 2,000m³/s인 경우, 하류수심은?

① 2.5m
② 8.0m
③ 9.0m
④ 13.3m

해설

하류수심(도수 후 수심, h_2)

① $Q = AV$ 에서 $2,000 = (3 \times 50)V$
∴ $V = 13.33\,\text{m/sec}$

② $Fr_1 = \dfrac{V_1}{\sqrt{gh_1}} = \dfrac{13.33}{\sqrt{9.8 \times 3}} = 2.46$

∴ $h_2 = \dfrac{h_1}{2}\left(-1 + \sqrt{1 + 8\,Fr_1^2}\right)$
$= \dfrac{3}{2}\left(-1 + \sqrt{1 + 8 \times 2.46^2}\right) = 9.04\,\text{m}$

12 다음 중 토양의 침투능(Infiltration Capacity) 결정방법에 해당되지 않는 것은?

① 침투계에 의한 실측법
② 경험공식에 의한 계산법
③ 침투지수에 의한 방법
④ 물수지 원리에 의한 산정법

해설

물수지 원리에 의한 산정법은 증발량 산정방법이다.

13 그림과 같은 직사각형 위어(Weir)에서 유량계수를 고려하지 않을 경우 유량은?(단, g = 중력가속도)

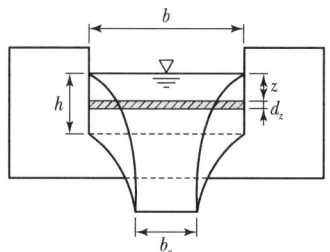

① $\dfrac{2}{5}b\sqrt{2g}\,h^{\frac{5}{2}}$
② $\dfrac{2}{3}b\sqrt{2g}\,h^{\frac{3}{2}}$
③ $\dfrac{2}{5}b_o\sqrt{2g}\,h^{\frac{5}{2}}$
④ $\dfrac{2}{3}b_o\sqrt{2g}\,h^{\frac{3}{2}}$

해설

직사각형 위어의 유량

① $Q = \dfrac{2}{3}Cb\sqrt{2g}\,h^{3/2}$

② 유량계수를 고려하지 않으면

$Q = \dfrac{2}{3}b\sqrt{2g}\,h^{3/2}$

14 유출(流出)에 대한 설명으로 옳지 않은 것은?

① 비가 오기 전의 유출을 기저유출이라 한다.
② 강우량은 그 전량이 하천으로 유출된다.
③ 일정기간에 하천으로 유출되는 수량의 합을 유출량(流出量)이라 한다.
④ 유출량과 그 기간의 강수량과의 비(比)를 유출계수 또는 유출률(流出率)이라 한다.

해설

강우량 중 일부는 침투, 침루, 증발, 증산, 차단, 저류되고 나머지는 유출된다.

15 $n = 0.013$인 지름 600mm의 원형 주철관의 동수경사가 1/180일 때 유량은?(단, Manning 공식을 사용할 것)

① 1.62m³/s
② 0.148m³/s
③ 0.458m³/s
④ 4.122m³/s

정답   11 ③   12 ④   13 ②   14 ②   15 ③

해설

$$Q = AV = A\frac{1}{n}R^{2/3}I^{1/2}$$
$$= \frac{\pi \times 0.6^2}{4} \times \frac{1}{0.013} \times \left(\frac{0.6}{4}\right)^{2/3} \times \left(\frac{1}{180}\right)^{\frac{1}{2}}$$
$$= 0.458 \text{m}^3/\text{sec}$$

16 액체와 기체의 경계면에 작용하는 분자인력에 의한 힘은?

① 모관현상 ② 점성력
③ 표면장력 ④ 내부마찰력

해설
액체와 기체의 경계면에 작용하는 분자인력에 의한 힘을 의미하는 것은 표면장력이다.

17 빙산의 비중이 0.92이고 바닷물의 비중은 1.025일 때 빙산이 바닷물 속에 잠겨 있는 부분의 부피는 수면 위에 나와 있는 부분의 약 몇 배인가?

① 10.8배 ② 8.8배
③ 4.8배   ④ 0.8배

해설
$W = B$
① $0.92(V' + \overline{V}) = 1.025\overline{V}$
② $0.92V' = (1.025 - 0.92)\overline{V}$
∴ $\frac{\overline{V}}{V'} = 8.76$

18 오리피스(Orifice)의 이론과 가장 관계가 먼 것은?

① 토리첼리(Torricelli) 정리
② 베르누이(Bernoulli) 정리
③ 베나콘트랙타(Vena Contracta)
④ 모세관 현상의 원리

해설
① 오리피스 이론에서 베르누이 정리
$h + 0 + 0 = 0 + 0 + \frac{V^2}{2g}$ (토리첼리 정리)

② 토리첼리(Torricelli)의 정리에서 $V = \sqrt{2gh}$ 이다.
③ 오리피스의 이론유속으로 오리피스는 유출 시 베나콘트랙타(Vena Contracta)라는 수축단면이 발생

19 점성을 가지는 유체가 흐를 때 다음 설명 중 틀린 것은?

① 원형관 내의 층류흐름에서 유량은 점성계수에 반비례하고 직경의 4제곱(승)에 비례한다.
② Darcy-Weisbach의 식은 원형관 내의 마찰손실수두를 계산하기 위하여 사용된다.
③ 층류의 경우 마찰손실계수는 Reynolds 수에 반비례한다.
④ 에너지 보정계수는 이상유체에서의 압력수두를 보정하기 위한 무차원 상수이다.

해설
에너지 보정계수 α는 이상유체에서 속도수두를 보정하기 위한 무차원 상수이다.

20 수위-유량 관계곡선의 연장방법이 아닌 것은?

① 전대수지법
② Stevens 방법
③ Manning 공식에 의한 방법
④ 유량 빈도 곡선법

해설
수위-유량 관계곡선(Rating Curve)의 연장방법
① 전대수지법
② Stevens법
③ Manning 공식에 의한 방법

정답 16 ③ 17 ② 18 ④ 19 ④ 20 ④

2015년 토목산업기사 제2회 수리수문학 기출문제

01 유체의 기본성질에 대한 설명으로 틀린 것은?

① 압축률과 체적탄성계수는 비례 관계에 있다.
② 압력변화와 체적변화율의 비를 체적탄성계수라 한다.
③ 액체와 기체의 경계면에 작용하는 분자 인력을 표면장력이라 한다.
④ 액체 내부에서 유체분자가 상대적인 운동을 할 때, 이에 저항하는 전단력이 작용한다. 이 성질을 점성이라 한다.

[해설]
압축률과 체적탄성계수는 반비례 관계이다. $\left(E=\dfrac{1}{C}\right)$

02 그림에서 (a), (b) 바닥이 받는 총수압을 각각 P_a, P_b라 표시할 때 두 총수압의 관계로 옳은 것은?(단, 바닥 및 상면의 단면적은 그림과 같고, (a), (b)의 높이는 같다.)

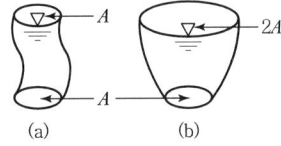

① $P_a = 2P_b$
② $P_a = P_b$
③ $2P_a = P_b$
④ $4P_a = P_b$

[해설]
① 총수압(전수압) $P = \omega h_G A$
② 그림(a), (b)의 높이와 바닥면의 단면적이 같다.
∴ 총수압은 서로 같다.

03 그림과 같은 사다리꼴 수로에 등류가 흐를 때 유량은?(단, 조도계수 $n=0.013$, 수로경사 $I=\dfrac{1}{1,000}$, 측벽의 경사는 1 : 1이며, Manning 공식 이용)

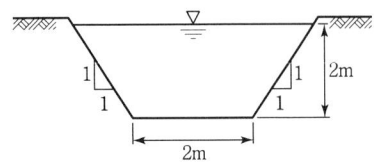

① $16.21\text{m}^3/\text{s}$
② $18.16\text{m}^3/\text{s}$
③ $20.04\text{m}^3/\text{s}$
④ $22.16\text{m}^3/\text{s}$

[해설]
① $A = \dfrac{2+6}{2} \times 2 = 8\text{m}^2$
② $R = \dfrac{8}{2+2 \times 2\sqrt{2}} = 1.0448\text{m}$
∴ $Q = A\dfrac{1}{n}R^{\frac{2}{3}}I^{\frac{1}{2}} = 8 \times \dfrac{1}{0.013} \times 1.0448^{\frac{2}{3}} \times \sqrt{\dfrac{1}{1,000}}$
$= 20.04\text{m}^3/\text{sec}$

04 그림과 같이 불투수층까지 미치는 암거에서의 용수량(湧水量) Q는?(단, 투수계수 $K=0.009$ m/s)

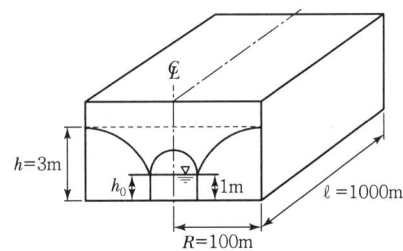

① $0.36\text{m}^3/\text{s}$
② $0.72\text{m}^3/\text{s}$
③ $36\text{m}^3/\text{s}$
④ $72\text{m}^3/\text{s}$

[해설]
$Q = \dfrac{Kl}{R}(h^2 - h_0^2) = \dfrac{0.009 \times 300}{100}(3.0^2 - 1^2) = 0.72\text{m}^3/\text{s}$

05 그림은 두 개의 수조를 연결하는 등단면 단일관수로이다. 관의 유속을 나타낸 식은?(단, f : 마찰손실계수, $f_o = 1.0$, $f_i = 0.5$, $\dfrac{L}{D} < 3,000$)

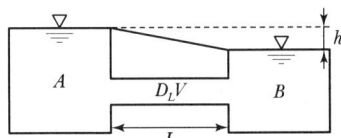

정답 01 ① 02 ② 03 ③ 04 ② 05 ③

① $V = \sqrt{2gH}$ ② $V = \sqrt{\dfrac{2gH}{f} \cdot \left(\dfrac{L}{D}\right)}$

③ $V = \sqrt{\dfrac{2gh}{1.5+f\left(\dfrac{L}{D}\right)}}$ ④ $V = \sqrt{\dfrac{2gH}{1.0+f\left(\dfrac{L}{D}\right)}}$

해설

① $V = \sqrt{\dfrac{2gh}{f_i + f_o + f\dfrac{L}{D}}}$

② $f_i = 0.5,\ f_o = 1$

∴ $V = \sqrt{\dfrac{2gh}{1.5+f\dfrac{L}{D}}}$

06 Darcy의 법칙을 층류에만 적용하여야 하는 이유는?

① 유속과 손실수두가 비례하기 때문이다.
② 지하수 흐름은 항상 층류이기 때문이다.
③ 투수계수의 물리적 특성 때문이다.
④ 레이놀즈수가 크기 때문이다.

해설

Darcy 법칙을 층류에만 적용하여야 하는 이유는 유속(V)과 손실수두(h_L)가 비례하기 때문

07 지름 100cm의 원형 단면 관수로에 물이 만수되어 흐를 때의 동수반경(Hydraulic Radius)은?

① 50cm ② 75cm
③ 25cm ④ 20cm

해설

① 동수반경(경심, R)

② $R = \dfrac{D}{4} = \dfrac{100}{4} = 25\text{cm}$

08 그림과 같은 오리피스에서 유출되는 유량은? (단, 이론유량을 계산한다.)

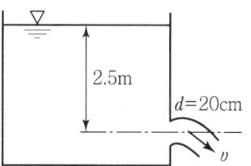

① $0.12\text{m}^3/\text{s}$ ② $0.22\text{m}^3/\text{s}$
③ $0.32\text{m}^3/\text{s}$ ④ $0.42\text{m}^3/\text{s}$

해설

$Q = AV = A\sqrt{2gH} = \dfrac{\pi \times 0.2^2}{4} \times \sqrt{19.6 \times 2.5} = 0.22\text{m}^3/\text{s}$

09 그림과 같은 완전수중 오리피스에서 유속을 구하려고 할 때 사용되는 수두는?

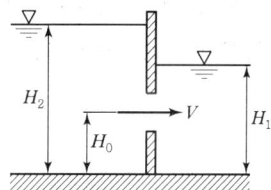

① $H_2 - H_1$ ② $H_1 - H_0$
③ $H_2 - H_0$ ④ $H_1 + \dfrac{H_2}{2}$

해설

수두(수두차)는 $H = (H_2 - H_1)$이다.

10 개수로의 특성에 대한 설명으로 옳지 않은 것은?

① 배수곡선은 완경사 흐름의 하천에서 장애물에 의해 발생한다.
② 상류에서 사류로 바뀔 때 한계수심이 생기는 단면을 지배단면이라 한다.
③ 사류에서 상류로 바뀌어도 흐름의 에너지선은 변하지 않는다.
④ 한계수심으로 흐를 때의 경사를 한계경사라 한다.

정답 06 ① 07 ③ 08 ② 09 ① 10 ③

2015년 토목산업기사 제2회 수리수문학 기출문제

[해설]
개수로 흐름에서 사류에서 상류로 바뀌면 도수현상으로 인하여 흐름의 에너지선은 변화한다.

11 유체의 연속방정식에 대한 설명으로 옳은 것은?

① 뉴턴(Newton)의 제2법칙을 만족시키는 방정식이다.
② 에너지와 일의 관계를 나타내는 방정식이다.
③ 유선상 두 점 간의 단위체적당의 운동량에 관한 방정식이다.
④ 질량 보존의 법칙을 만족시키는 방정식이다.

[해설]
흐름의 연속방정식은 질량 보존의 법칙을 표시해주는 방정식이다.

12 베르누이 정리를 압력의 항으로 표시할 때, 동압력(Dynamic Pressure) 항에 해당되는 것은?

① P
② $\rho g z$
③ $\dfrac{1}{2}\rho V^2$
④ $\dfrac{V^2}{2g}$

[해설]
동압력 $= \dfrac{1}{2}\rho V^2$

13 유량이 일정한 직사각형 수로의 흐름에서 한계류일 경우, 한계수심(y_c)과 최소비에너지($E_{\min}$)의 관계로 적절한 것은?

① $y_c = E_{\min}$
② $y_c = \dfrac{1}{2}E_{\min}$
③ $y_c = \dfrac{\sqrt{3}}{2}E_{\min}$
④ $y_c = \dfrac{2}{3}E_{\min}$

[해설]
한계수심은 최소비에너지의 $\dfrac{2}{3}\left(y_c = \dfrac{2}{3}E_{\min}\right)$

14 직사각형 단면수로에서 폭 $B=2\text{m}$, 수심 $H=6\text{m}$이고, 유량 $Q=10\text{m}^3/\text{s}$일 때 Froude 수와 흐름의 종류는?

① 0.217, 사류
② 0.109, 사류
③ 0.217, 상류
④ 0.109, 상류

[해설]
① $V = \dfrac{Q}{A} = \dfrac{10}{2 \times 6} = 0.833\text{m/sec}$
② $Fr = \dfrac{V}{\sqrt{gh}} = \dfrac{0.833}{\sqrt{9.8 \times 6}} = 0.109 < 1$
∴ 상류이다.

15 에너지선과 동수경사선이 항상 평행하게 되는 흐름은?

① 등류
② 부등류
③ 난류
④ 상류

[해설]
① 동수경사선은 에너지선에 대해 속도수두만큼 아래에 위치한다.
② 동수경사선과 에너지선은 서로 나란하며 이때의 흐름을 등류라고 한다.

16 부체의 안정성을 판단할 때 관계가 없는 것은?

① 경심(Metacenter)
② 수심(Water Depth)
③ 부심(Center of Buoyancy)
④ 무게중심(Center of Gravity)

[해설]
경심(M)은 부체의 중심선과 부력의 작용선과의 교점이며 수심은 부체의 안정성과 관계가 없다.

17 레이놀즈수가 1,500인 관수로 흐름에 대한 마찰손실계수 f의 값은?

① 0.030
② 0.043
③ 0.054
④ 0.066

정답 11 ④ 12 ③ 13 ④ 14 ④ 15 ① 16 ② 17 ②

[해설]

마찰손실계수 $(f) = \dfrac{64}{Re} = \dfrac{64}{1,500} = 0.043$

18 폭 1.2m인 양단수축 직사각형 위어 정상부로부터의 평균수심이 42cm일 때 Francis의 공식으로 계산한 유량은?(단, 접근유속은 무시한다.)

[참고 : Francis의 공식]
$$Q = 1.84(b - nh/10)h^{3/2}$$

① $0.427 \text{m}^3/\text{s}$ ② $0.462 \text{m}^3/\text{s}$
③ $0.504 \text{m}^3/\text{s}$ ④ $0.559 \text{m}^3/\text{s}$

[해설]

$Q = 1.84 \times (1.2 - 0.1 \times 2 \times 0.42) \times 0.42^{3/2} = 0.559 \text{m}^3/\text{sec}$

19 그림과 같이 수평으로 놓은 원형관의 안지름이 A에서 50cm이고 B에서 25cm로 축소되었다가 다시 C에서 50cm로 되었다. 물이 340L/s의 유량으로 흐를 때 A와 B의 압력차$(P_A - P_B)$는?(단, 에너지 손실은 무시한다.)

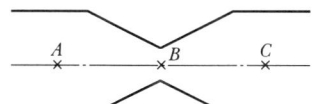

① 0.225N/cm^2 ② 2.25N/cm^2
③ 22.5N/cm^2 ④ 225N/cm^2

[해설]

① $V_A = \dfrac{Q}{A} = \dfrac{4 \times 340 \times 10^{-3}}{\pi \times 0.5^2} = 1.73 \text{m/s}$

② $V_B = \dfrac{Q}{A} = \dfrac{4 \times 340 \times 10^{-3}}{\pi \times 0.25^2} = 6.93 \text{m/s}$

③ 베르누이 정리

$\dfrac{p_A}{9,800} + \dfrac{1.73^2}{19.6} = \dfrac{p_B}{9,800} + \dfrac{6.93^2}{19.6}$

$\therefore p_A - p_B = \dfrac{6.93^2 - 1.73^2}{19.6} \times 9,800$

$= 22,516 \text{N/m}^2 = 2.25 \text{N/cm}^2$

20 어떤 액체의 밀도가 $1.0 \times 10^{-5} \text{N} \cdot \text{s}^2/\text{cm}^4$이라면 이 액체의 단위 중량은?

① $9.8 \times 10^{-3} \text{N/cm}^3$ ② $1.02 \times 10^{-3} \text{N/cm}^3$
③ 1.02N/cm^3 ④ 9.8N/cm^3

[해설]

① 액체의 단위중량 $(w) = \rho g$
② $w = 1.0 \times 10^{-5} \times 980$
$= 0.0098 \text{N/cm}^3$
$= 9.8 \times 10^{-3} \text{N/cm}^3$

정답 18 ④ 19 ② 20 ①

2015년 토목기사 제4회 수리수문학 기출문제

01 경심이 8m, 동수경사가 1/100, 마찰손실계수 $f = 0.03$일 때 Chezy의 유속계수 C를 구한 값은?

① $51.1 \text{m}^{\frac{1}{2}}/\text{s}$ ② $25.6 \text{m}^{\frac{1}{2}}/\text{s}$
③ $36.1 \text{m}^{\frac{1}{2}}/\text{s}$ ④ $44.3 \text{m}^{\frac{1}{2}}/\text{s}$

[해설]

$C = \sqrt{\dfrac{8g}{f}} = \sqrt{\dfrac{8 \times 9.8}{0.03}} = 51.12 \text{m}^{\frac{1}{2}}/\text{sec}$

02 상대조도(相對粗度)를 바르게 설명한 것은?

① 차원(次元)이 [L]이다.
② 절대조도를 관경으로 곱한 값이다.
③ 거친 원관 내의 난류인 흐름에서 속도분포에 영향을 준다.
④ 원형관 내의 난류 흐름에서 마찰손실계수와 관계가 없는 값이다.

[해설]

상대조도 $\left(\dfrac{e}{D}\right)$

① 절대조도(e)를 관경으로 나눈값
② 차원은 무차원
③ 난류 흐름일 때 마찰손실계수와 관계가 있다.

03 물의 순환에 대한 다음 수문 사항 중 성립이 되지 않는 것은?

① 지하수 일부는 지표면으로 용출해서 다시 지표수가 되어 하천으로 유입된다.
② 지표면에 도달한 우수는 토양 중에 수분을 공급하고 나머지가 아래로 침투해서 지하수가 된다.
③ 땅속에 보류된 물과 지표하수는 토양 면에서 증발하고 일부는 식물에 흡수되어 증산한다.
④ 지표에 강하한 우수는 지표면에 도달 전에 그 일부가 식물의 나무와 가지에 의하여 차단된다.

[해설]
땅속에 저류된 물과 지표하수는 태양이 방사하는 열에너지에 의해 증발된다.

04 그림과 같이 $d_1 = 1\text{m}$인 원통형 수조의 측벽에 내경 $d_2 = 10\text{cm}$인 관으로 송수할 때의 평균유속(V_2)이 2m/s이었다면 이때의 유량 Q와 수조의 수면이 강하하는 유속 V_1은?

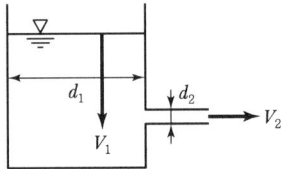

① $Q = 1.57 \text{L/s}$, $V_1 = 2\text{cm/s}$
② $Q = 1.57 \text{L/s}$, $V_1 = 3\text{cm/s}$
③ $Q = 15.7 \text{L/s}$, $V_1 = 2\text{cm/s}$
④ $Q = 15.7 \text{L/s}$, $V_1 = 3\text{cm/s}$

[해설]

① 유량
$Q = AV_2 = \dfrac{\pi \times 0.1^2}{4} \times 2 \times 10^3 = 15.7 \text{L/sec}$ 이므로

② 수면이 강하하는 유속 V_1
$Q = AV_1$ 에서
$15.7 \times 10^3 = \dfrac{\pi \times 100^2}{4} \times V_1$
$\therefore V_1 = 2 \text{cm/sec}$

05 누가우량곡선(Rainfall Mass Curve)의 특성으로 옳은 것은?

① 누가우량곡선은 자기우량기록에 의하여 작성하는 것보다 보통우량계의 기록에 의하여 작성하는 것이 더 정확하다.
② 누가우량곡선으로부터 일정기간 내의 강우량을 산출하는 것은 불가능하다.
③ 누가우량곡선의 경사는 지역에 관계없이 일정하다.
④ 누가우량곡선의 경사가 클수록 강우강도가 크다.

[해설]
누가우량곡선은 자기우량계에 의해 관측점별로 누가우량의 시간적 변화를 기록한 것으로, 누가우량곡선의 경사가 클수록 강우강도는 커진다.

정답 01 ① 02 ③ 03 ③ 04 ③ 05 ④

06 그림에서 $h=25cm$, $H=40cm$이다. A, B점의 압력차는?

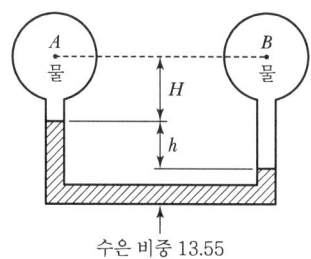
수은 비중 13.55

① $1N/cm^2$
② $3N/cm^2$
③ $49N/cm^2$
④ $100N/cm^2$

[해설]
① $p_A + \omega_1 H - \omega_2 h = p_B + \omega_1(H+h)$
② $p_B - p_A = \omega_2 h - \omega_1 h$
$\quad = (13.55 \times 0.25) - (1 \times 0.25)$
$\quad = 3.14 t/m^2 = 0.314 kg/cm^2$
∴ $p_B - p_A = 3N/cm^2$

07 Bernoulli의 정리로서 가장 옳은 것은?

① 동일한 유선상에서 유체입자가 가지는 Energy는 같다.
② 동일한 단면에서의 Energy의 합이 항상 같다.
③ 동일한 시각에는 Energy의 양이 불변한다.
④ 동일한 질량이 가지는 Energy는 같다.

[해설]
베르누이 정리는 동일한 유선상에서 유체입자가 가지는 Energy는 같다는 이론이다.

08 지하수의 유속에 대한 설명으로 옳은 것은?

① 수온이 높으면 크다.
② 수온이 낮으면 크다.
③ 4℃에서 가장 크다.
④ 수온에 관계없이 일정하다.

[해설]
지하수에서의 유속은 수온이 높으면 크다.

09 직사각형 단면의 수로에서 단위폭당 유량이 $0.4m^3/s/m$이고 수심이 $0.8m$일 때 비에너지는? (단, 에너지 보정계수는 1.0으로 함)

① $0.801m$
② $0.813m$
③ $0.825m$
④ $0.837m$

[해설]
$H_e = h + \alpha \dfrac{V^2}{2g} = 0.8 + \dfrac{1}{19.6}\left(\dfrac{0.4}{1 \times 0.8}\right)^2 = 0.813m$

10 단위중량 w 또는 밀도 ρ인 유체가 유속 V로 수평방향으로 흐르고 있다. 직경 d, 길이 l인 원주가 유체의 흐름방향에 직각으로 중심축을 가지고 놓였을 때 원주에 작용하는 항력(D)은? (단, C : 항력계수, g : 중력가속도)

① $D = C \cdot \dfrac{\pi d^2}{4} \cdot \dfrac{wV^2}{2}$
② $D = C \cdot d \cdot l \cdot \dfrac{\rho V^2}{2}$
③ $D = C \cdot \dfrac{\pi d^2}{4} \cdot \dfrac{\rho V^2}{2}$
④ $D = C \cdot d \cdot l \cdot \dfrac{wV^2}{2}$

[해설]
항력(D) = $C_D A \dfrac{\rho V_o^2}{2}$
① A : 흐름방향의 투영면적
② 원주의 투영면적 $A = dl$이다.
∴ $D = C_D dl \dfrac{\rho V_o^2}{2}$

11 관 내에 유속 V로 물이 흐르고 있을 때 밸브의 급격한 폐쇄 등에 의하여 유속이 줄어들면 이에 따라 관 내에 압력의 변화가 생기는데 이것을 무엇이라 하는가?

① 수격압(水擊壓)
② 동압(動壓)
③ 정압(靜壓)
④ 정체압(停滯壓)

정답 06 ② 07 ① 08 ① 09 ② 10 ② 11 ①

해설
관 내를 유속 V로 물이 흐르고 있을 때 밸브 등의 급격한 폐쇄 등에 의하여 유속이 줄어들면 이에 따라 관 내의 압력 변화가 생기는 것을 수격압(水擊壓)이라고 한다.

12 자연하천의 특성을 표현할 때 이용되는 하상계수에 대한 설명으로 옳은 것은?

① 홍수 전과 홍수 후의 하상 변화량의 비를 말한다.
② 최심하상고와 평형하상고의 비이다.
③ 개수 전과 개수 후의 수심 변화량의 비를 말한다.
④ 최대유량과 최소유량의 비를 나타낸다.

해설
$$\text{하상계수} = \frac{\text{최대유량}}{\text{최소유량}}$$

13 유속분포의 방정식이 $v = 2y^{1/2}$로 표시될 때 경계면에서 0.5m인 점에서의 속도경사는?(단, y : 경계면으로부터의 거리)

① $4.232 \sec^{-1}$ ② $3.564 \sec^{-1}$
③ $2.831 \sec^{-1}$ ④ $1.414 \sec^{-1}$

해설
속도경사
$$\frac{dV}{dy} = (2y^{1/2})' = 2 \times \frac{1}{2} y^{-1/2} = 0.5^{-1/2} = 1.414 \sec^{-1}$$

14 지하수의 투수계수와 관계가 없는 것은?

① 토사의 형상
② 토사의 입도
③ 물의 단위중량
④ 토사의 단위중량

해설
투수계수 K는 토사의 단위중량과는 관계가 없다.

15 Manning의 조도계수 n에 대한 설명으로 옳지 않은 것은?

① 콘크리트관이 유리관보다 일반적으로 값이 작다.
② Kutter의 조도계수보다 이후에 제안되었다.
③ Chezy의 C계수와는 $C = 1/n \times R^{1/6}$의 관계가 성립한다.
④ n의 값은 대부분 1보다 작다.

해설
Manning의 조도계수는 관이나 하상바닥의 까칠까칠한 정도이므로 콘크리트관이 유리관보다 일반적으로 값이 크다.

16 물이 하상의 돌출부를 통과할 경우 비에너지와 비력의 변화는?

① 비에너지와 비력이 모두 감소한다.
② 비에너지는 감소하고 비력은 일정하다.
③ 비에너지는 증가하고 비력은 감소한다.
④ 비에너지는 일정하고 비력은 감소한다.

해설
물이 하상의 돌출부를 통과할 경우 비에너지는 일정하고 비력은 감소하게 된다.

17 삼각 위어(Weir)로 월류 수심을 측정할 때 2%의 오차가 있었다면 유량 산정 시 발생하는 오차는?

① 2% ② 3%
③ 4% ④ 5%

해설
삼각위어의 유량오차와 수두오차와의 관계
$$\frac{dQ}{Q} = \frac{5}{2} \frac{dh}{H} = \frac{5}{2} \times 2\% = 5\%$$

정답 12 ④ 13 ④ 14 ④ 15 ① 16 ④ 17 ④

18 수문곡선에서 시간 매개변수에 대한 정의 중 틀린 것은?

① 첨두시간은 수문곡선의 상승부 변곡점부터 첨두유량이 발생하는 시각까지의 시간차이다.
② 지체시간은 유효우량주상도의 중심에서 첨두유량이 발생하는 시각까지의 시간차이다.
③ 도달시간은 유효우량이 끝나는 시각에서 수문곡선의 감수부 변곡점까지의 시간차이다.
④ 기저시간은 직접유출이 시작되는 시각에서 끝나는 시각까지의 시간차이다.

[해설]
첨두시간은 유효우량의 시작부터 첨두유량까지의 시간

19 그림과 같이 기하학적으로 유사한 대소(大小) 원형 오리피스의 비가 $n = \dfrac{D}{d} = \dfrac{H}{h}$인 경우에 두 오리피스의 유속, 축류단면의 비, 유량의 비로 옳은 것은?(단, 유속계수 C_v, 수축계수 C_a는 대·소 오리피스가 같다.)

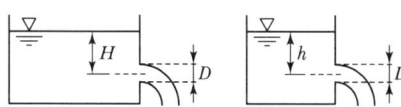

① 유속의 비 $= n^2$, 축류단면의 비 $= n^{\frac{1}{2}}$, 유량의 비 $= n^{\frac{2}{3}}$
② 유속의 비 $= n^{\frac{1}{2}}$, 축류단면의 비 $= n^2$, 유량의 비 $= n^{\frac{5}{2}}$
③ 유속의 비 $= n^{\frac{1}{2}}$, 축류단면의 비 $= n^{\frac{1}{2}}$, 유량의 비 $= n^{\frac{5}{2}}$
④ 유속의 비 $= n^2$, 축류단면의 비 $= n^{\frac{1}{2}}$, 유량의 비 $= n^{\frac{5}{2}}$

[해설]
① 유속의 비 $= \dfrac{\sqrt{2gH}}{\sqrt{2gh}} = \sqrt{\dfrac{H}{h}} = n^{1/2}$

② 축류단면의 비 $= \dfrac{A}{a} = \dfrac{\frac{\pi D^2}{4}}{\frac{\pi d^2}{4}} = \left(\dfrac{D}{d}\right)^2 = n^2$

③ 유량의 비 $= \dfrac{CA\sqrt{2gH}}{Ca\sqrt{2gh}} = n^2 \, n^{1/2} = n^{5/2}$

20 다음 중 합성 단위유량도를 작성할 때 필요한 자료는?

① 우량 주상도
② 유역 면적
③ 직접 유출량
④ 강우의 공간적 분포

[해설]
합성단위유량도의 매개변수
① 지체시간 : $t_p = c_t (L_{ca} \cdot L)^{0.3}$
② 첨두유량 : $Q_p = C_p \dfrac{640A}{t_p}$
③ 기저시간 : $T = 3 + 3\left(\dfrac{t_p}{24}\right)$

정답 18 ① 19 ② 20 ②

2015년 토목산업기사 제4회 수리수문학 기출문제

01 유량 147.6L/s를 송수하기 위하여 내경 0.4m의 관을 700m 설치하였을 때의 관로 경사는?(단, 조도계수 $n=0.012$, Manning 공식 적용)

① $\dfrac{3}{700}$ ② $\dfrac{2}{700}$

③ $\dfrac{3}{500}$ ④ $\dfrac{2}{500}$

해설

① $Q = AV = A\dfrac{1}{n}R^{2/3}I^{1/2}$ (Manning의 유량공식)

② $0.1476 \times 10^{-3} = \dfrac{\pi \times 0.4^2}{4} \times \dfrac{1}{0.012} \times \left(\dfrac{0.4}{4}\right)^{2/3} \times I^{1/2}$

③ $0.06542 = I^{1/2}$

∴ $I = 0.00428 = \dfrac{3}{700}$

02 등류의 마찰속도 u_*를 구하는 공식으로 옳은 것은?(단, H : 수심, I : 수면경사, g : 중력가속도)

① $u_* = \sqrt{gHI}$ ② $u_* = gHI$

③ $u_* = gH^2I$ ④ $u_* = gHI^2$

해설

등류의 마찰속도 $u_* = \sqrt{gRI} ≒ \sqrt{gHI}$

03 한계 프루드수(Froude Number)를 사용하여 구분할 수 있는 흐름 특성은?

① 등류와 부등류
② 정류와 부정류
③ 층류와 난류
④ 상류와 사류

해설

프루드(Froude) 수에 의해 상류와 사류를 구분한다.

04 그림과 같이 지름 3m, 길이 8m인 수문에 작용하는 수평분력 작용점까지의 수심(h_c)은?

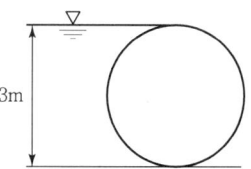

① 2.00m ② 2.12m
③ 2.34m ④ 2.43m

해설

① 수평분력의 작용점 $h_c = \dfrac{2}{3}h$

② $h_c = \dfrac{2}{3}h = \dfrac{2}{3} \times 3 = 2\text{m}$

05 2초에 10m를 흐르는 물의 속도수두는?

① 1.18m ② 1.28m
③ 1.38m ④ 1.48m

해설

속도수두 $= \dfrac{V^2}{2g} = \dfrac{5^2}{2 \times 9.8} = 1.28\text{m}$

($V = 10/2 = 5\text{m/s}$)

06 지름 20cm, 길이가 100m인 관수로 흐름에서 손실수두가 0.2m라면 유속은?(단, 마찰손실계수 $f = 0.03$이다.)

① 0.61m/s ② 0.57m/s
③ 0.51m/s ④ 0.48m/s

해설

① 마찰손실수두 $(h_L) = f\dfrac{l}{D}\dfrac{V^2}{2g}$

② $0.2 = 0.03 \times \dfrac{100}{0.2} \times \dfrac{V^2}{19.6}$

∴ $V = 0.51\text{m/sec}$

정답 01 ① 02 ① 03 ④ 04 ① 05 ② 06 ③

07 대수층의 두께가 2m, 폭이 1.2m이고 지하수 흐름의 상·하류 두 점 사이의 수두차가 1.5m, 두 점 사이의 평균거리가 300m, 지하수 유량이 2.4m³/d일 때 투수계수는?

① 200m/d
② 225m/d
③ 267m/d
④ 360m/d

해설

① $Q = AKI$ (지하수의 유량)
② $2.4 = (1.2 \times 2) \times K \times \dfrac{1.5}{300}$
∴ $K = 200\text{m/day}$

08 관망 문제 해석에서 손실수두를 유량의 함수로 표시하여 사용할 경우 지름이 D인 원형 단면관에 대하여 $h_L = kQ^2$으로 표시할 수 있다. 관의 특성 제원에 따라 결정되는 상수 k의 값은?(단, f는 마찰손실계수이고, l은 관의 길이이며, 다른 손실은 무시함)

① $\dfrac{0.0827f \cdot l}{D^3}$
② $\dfrac{0.0827l \cdot D}{f}$
③ $\dfrac{0.0827f \cdot l}{D^5}$
④ $\dfrac{0.0827f \cdot D}{l^2}$

해설

$h_L = f\dfrac{l}{D}\dfrac{V^2}{2g} = f\dfrac{l}{D}\dfrac{\left(\dfrac{4Q}{\pi D^2}\right)^2}{2g}$
$= 0.0827\dfrac{fl}{D^5}Q^2 = kQ^2$
∴ $k = 0.0827\dfrac{fl}{D^5}$

09 직경 20cm인 원형 오리피스로 0.1m³/s의 유량을 유출시키려 할 때 필요한 수심(오리피스 중심으로부터 수면까지의 높이)은?(단, 유량계수 $C = 0.6$)

① 1.24m
② 1.44m
③ 1.56m
④ 2.00m

해설

① $Q = CA\sqrt{2gH}$
② $0.1 = 0.6 \times \dfrac{\pi \times 0.2^2}{4} \times \sqrt{19.6 \times H}$
∴ $H = 1.44\text{m}$

10 굴착정의 유량 공식으로 옳은 것은?(여기서, C : 피압대수층의 두께, K : 투수계수, h : 압력수면의 높이, h_o : 우물 안의 수심, R : 영향원의 반지름, r_o : 우물의 반지름)

① $\dfrac{2\pi CK(h-h_o)}{\ln\left(\dfrac{R}{r_o}\right)}$
② $\dfrac{2\pi CK(h-h_o)}{\ln\left(\dfrac{r_o}{R}\right)}$
③ $\dfrac{2\pi CK(h+h_o)}{\ln\left(\dfrac{r_o}{R}\right)}$
④ $\dfrac{2\pi CK(h+h_o)}{\ln\left(\dfrac{R}{r_o}\right)}$

해설

굴착정에서 유량 공식
$Q = \dfrac{2\pi CK(h-h_o)}{\ln\left(\dfrac{R}{r_o}\right)} = \dfrac{2\pi CK(h-h_o)}{2.3\log_{10}\left(\dfrac{R}{r_o}\right)}$

11 물의 성질에 대한 설명으로 옳지 않은 것은? (단, C_w : 물의 압축률, E_w : 물의 체적탄성률, 0℃에서 일정한 수온 상태)

① 물의 압축률이란 압력 변화에 대한 부피의 감소율을 단위부피당으로 나타낸 것이다.
② 기압이 증가함에 따라 E_w는 감소하고 C_w는 증가한다.
③ C_w와 E_w의 상관식은 $C_w = 1/E_w$이다.
④ E_w는 C_w 값보다 대단히 크다.

해설

압력이 증가하면 체적탄성계수는 증가한다.

12 지름이 20cm인 A관에서 지름이 10cm인 B관으로 축소되었다가 다시 지름이 15cm인 C관으로 단면이 변화되었다. B관의 평균유속이 3m/s일 때 A관과 C관의 유속은?(단, 유체는 비압축성이며, 에너지 손실은 무시한다.)

① A관의 유속 V_A=0.75m/s,
  C관의 유속 V_C=2.00m/s
② A관의 유속 V_A=1.50m/s,
  C관의 유속 V_C=1.33m/s
③ A관의 유속 V_A=0.75m/s,
  C관의 유속 V_C=1.33m/s
④ A관의 유속 V_A=1.50m/s,
  C관의 유속 V_C=0.75m/s

[해설]
$Q = A_1 V_1 = A_2 V_2$

① $\dfrac{\pi \times 0.2^2}{4} \times V_A = \dfrac{\pi \times 0.1^2}{4} \times 3$
  ∴ $V_A = 0.75$m/s

② $\dfrac{\pi \times 0.15^2}{4} \times V_C = \dfrac{\pi \times 0.1^2}{4} \times 3$
  ∴ $V_C = 1.33$m/s

13 개수로에 대한 설명으로 옳은 것은?

① 동수경사선과 에너지경사선은 항상 평행하다.
② 에너지경사선은 자유수면과 일치한다.
③ 동수경사선은 에너지경사선과 항상 일치한다.
④ 동수경사선과 자유수면은 일치한다.

[해설]
개수로에서 동수경사선(수두경사선)은 자유수면과 항상 일치한다.

14 한계수심 h_c와 비에너지 h_e의 관계로 옳은 것은?(단, 광폭 직사각형 단면인 경우)

① $h_c = \dfrac{1}{2} h_e$
② $h_c = \dfrac{1}{3} h_e$
③ $h_c = \dfrac{2}{3} h_e$
④ $h_c = 2 h_e$

[해설]
① 한계수심은 비에너지가 일정할 때 최대유량이 생기는 수심
② 한계수심은 비에너지의 $\dfrac{2}{3}$

∴ $h_c = \dfrac{2}{3} h_e$

15 뉴턴 유체(Newtonian Fluid)에 대한 설명으로 옳은 것은?

① 전단속도 $\left(\dfrac{dv}{dy}\right)$의 크기에 따라 선형으로 점도가 변한다.
② 전단응력(τ)과 전단속도 $\left(\dfrac{dv}{dy}\right)$의 관계는 원점을 지나는 직선이다.
③ 물이나 공기 등 보통의 유체는 비뉴턴 유체이다.
④ 유체가 압력의 변화에 따라 밀도의 변화를 무시할 수 없는 상태가 된 유체를 의미한다.

[해설]
① 전단응력 $\tau = \mu \dfrac{dv}{dy}$
② 중심에서는 0이고 거리에 비례하여 증가하므로 원점을 지나는 직선 분포

16 4각 위어의 유량(Q)과 수심(h)의 관계가 $Q \propto h^{3/2}$일 때, 3각 위어의 유량(Q)과 수심(h)의 관계로 옳은 것은?

① $Q \propto h^{1/2}$
② $Q \propto h^{3/2}$
③ $Q \propto h^2$
④ $Q \propto h^{5/2}$

[해설]
① 삼각 위어의 유량 $Q = \dfrac{8}{15} C \tan\dfrac{\theta}{2} \sqrt{2g}\, h^{5/2}$
② 유량은 $h^{5/2}$에 비례

정답 12 ③ 13 ④ 14 ③ 15 ② 16 ④

17 다음 설명 중 옳지 않은 것은?

① 베르누이 정리는 에너지 보존의 법칙을 의미한다.
② 연속방정식은 질량 보존의 법칙을 의미한다.
③ 부정류(Unsteady Flow)란 시간에 대한 변화가 없는 흐름이다.
④ Darcy 법칙의 적용은 레이놀즈수에 대한 제한을 받는다.

해설
시간에 대한 변화가 없는 흐름은 정류(Steady Flow)이다.

18 단면적 $2.5cm^2$, 길이 1.5m인 강철봉이 공기 중에서 무게가 28N이었다면 물(비중=1.0)속에서 강철봉의 무게는?

① 2.37N
② 2.43N
③ 23.72N
④ 24.32N

해설
① $W = B + W'$에서
② $28 = 9,800 \times 2.5 \times 10^{-4} \times 1.5 + W'$
∴ $W' = 24.32N$

19 정수압의 성질에 대한 설명으로 옳지 않은 것은?

① 정수압은 수중의 가상면에 항상 직각방향으로 존재한다.
② 대기압을 압력의 기준(0)으로 잡은 정수압은 반드시 절대압력으로 표시된다.
③ 정수압의 강도는 단위면적에 작용하는 압력의 크기로 표시한다.
④ 정수 중의 한 점에 작용하는 수압의 크기는 모든 방향에서 같은 크기를 갖는다.

해설
대기압을 압력의 기준으로 잡은 정수압은 절대압력이 아닌 계기 압력으로 표시한다.

20 레이놀즈수가 갖는 물리적인 의미는?

① 점성력에 대한 중력의 비(중력/점성력)
② 관성력에 대한 중력의 비(중력/관성력)
③ 점성력에 대한 관성력의 비(관성력/점성력)
④ 관성력에 대한 점성력의 비(점성력/관성력)

해설
Reynolds 수
① 층류와 난류를 구분하기 위함
② 실험에 의해 얻어진 점성력에 대한 관성력의 비
③ $Re = \dfrac{VD}{\nu}$ 로 나타낸다.

정답 17 ③ 18 ④ 19 ② 20 ③

2016년 토목기사 제1회 수리수문학 기출문제

01 개수로 지배단면의 특성으로 옳은 것은?

① 하천흐름의 부정류인 경우에 발생한다.
② 완경사의 흐름에서 배수곡선이 나타나면 발생한다.
③ 상류 흐름에서 사류 흐름으로 변화할 때 발생한다.
④ 사류인 흐름에서 도수가 발생할 때 발생한다.

해설
개수로에서 흐름이 상류에서 사류로 바뀌는 지점의 단면을 지배단면이라 한다.

02 그림과 같은 액주계에서 수은면의 차가 10cm 이었다면 A, B점의 수압차는?(단, 수은의 비중=13.6, 무게 1kg=9.8N)

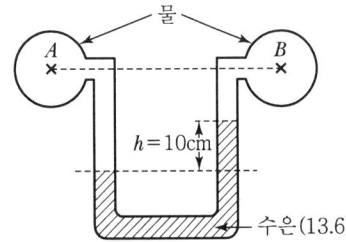

① 133.5kPa
② 123.5kPa
③ 13.35kPa
④ 12.35kPa

해설
① $P_A + w_1 h = P_B + w_2 h = w_s h - wh$
② $P_B - P_A = w_2 h - w_1 h = 13.6 \times 0.1 - 1 \times 0.1$
$= 1.26 t/m^2 = 1.26 \times 9.8 kN \cdot m^2 = 12.35 kN/m^2$
$= 12.35 kPa (1Pa = 1N/m^2)$

03 도수(hydraulic jump) 전후의 수심 h_1, h_2의 관계를 도수 전의 Froude 수 Fr_1의 함수로 표시한 것으로 옳은 것은?

① $\dfrac{h_1}{h_2} = \dfrac{1}{2}\left(\sqrt{8Fr_1^2 + 1} - 1\right)$
② $\dfrac{h_1}{h_2} = \dfrac{1}{2}\left(\sqrt{8Fr_1^2 + 1} + 1\right)$
③ $\dfrac{h_2}{h_1} = \dfrac{1}{2}\left(\sqrt{8Fr_1^2 + 1} - 1\right)$
④ $\dfrac{h_2}{h_1} = \dfrac{1}{2}\left(\sqrt{8Fr_1^2 + 1} + 1\right)$

해설
① 도수 후의 수심(h_2)
$h_2 = -\dfrac{h_1}{2} + \dfrac{h_1}{2}\sqrt{1 + 8F_{r1}^2}$
② $\dfrac{h_2}{h_1} = \dfrac{1}{2}\left(\sqrt{8F_{r1}^2 + 1} - 1\right)$

04 관로 길이 100m, 안지름 30cm의 주철관에 $0.1 m^3/s$의 유량을 송수할 때 손실수두는?(단, $v = C\sqrt{RI}$, $C = 63 m^{\frac{1}{2}}/s$ 이다.)

① 0.54m
② 0.67m
③ 0.74m
④ 0.88m

해설
① $V = \dfrac{Q}{A} = \dfrac{0.1}{\dfrac{\pi \times 0.3^2}{4}} = 1.42 m/s$
② $V = C\sqrt{RI} = C\sqrt{\dfrac{D}{4} \times \dfrac{h_L}{l}}$
$\therefore 1.42 = 63 \times \sqrt{\dfrac{0.3}{4} \times \dfrac{h_L}{100}}$
③ 손실수두 (h_L) = 0.678m

05 안지름 2m의 관 내를 20℃의 물이 흐를 때 동점성계수가 $0.0101 cm^2/s$ 이고 속도가 50cm/s라면 이때의 레이놀즈수(Reynolds number)는?

① 960,000
② 970,000
③ 980,000
④ 990,000

해설
$R_e = \dfrac{VD}{\nu} = \dfrac{50 \times 200}{0.0101} = 990,099$

정답 01 ③ 02 ③ 03 ③ 04 ② 05 ④

06 관 벽면의 마찰력 τ_o, 유체의 밀도 ρ, 점성계수를 μ라 할 때 마찰속도(U_*)는?

① $\dfrac{\tau_o}{\rho\mu}$ ② $\sqrt{\dfrac{\tau_o}{\rho\mu}}$
③ $\sqrt{\dfrac{\tau_o}{\rho}}$ ④ $\sqrt{\dfrac{\tau_o}{\mu}}$

해설

$U_* = \sqrt{\dfrac{\tau_0}{\rho}} = \sqrt{\dfrac{wRI}{\rho}} = \sqrt{gRI}$

07 저수지의 물을 방류하는 데 1:225로 축소된 모형에서 4분이 소요되었다면, 원형에서의 소요시간은?

① 60분 ② 120분
③ 900분 ④ 3,375분

해설

① $T_r = \dfrac{T_p}{T_m} = L_r^{\frac{1}{2}}$

② $T_p = T_m L_r^{\frac{1}{2}} = 4 \times 225^{\frac{1}{2}} = 60\text{min}$

08 강우강도(I), 지속시간(D), 생기빈도(F) 관계를 표현하는 식 $I = \dfrac{kT^x}{t^n}$ 에 대한 설명으로 틀린 것은?

① t : 강우의 지속시간(min)으로서, 강우가 계속 지속될수록 강우강도(I)는 커진다.
② I : 단위시간에 내리는 강우량(mm/hr)인 강우강도이며 각종 수문학적 해석 및 설계에 필요하다.
③ T : 강우의 생기빈도를 나타내는 연수(年數)로 재현기간(년)을 의미한다.
④ k, x, n : 지역에 따라 다른 값을 가지는 상수이다.

해설

강우지속시간(t)이 클수록 강우강도(I)는 작아진다.

09 지속기간 2hr인 어느 단위유량도의 기저시간이 10hr이다. 강우강도가 각각 2.0, 3.0 및 5.0cm/hr이고 강우지속기간은 똑같이 모두 2hr인 3개의 유효강우가 연속해서 내릴 경우 이로 인한 직접유출 수문곡선의 기저시간은?

① 2hr ② 10hr
③ 14hr ④ 16hr

해설

기저시간 = 10 + 2 + 2 = 14시간

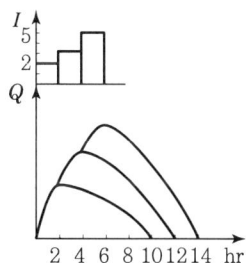

10 직사각형의 단면(폭 4m × 수심 2m) 개수로에서 Manning 공식의 조도계수 $n = 0.017$이고 유량 $Q = 15\text{m}^3/\text{s}$일 때 수로의 경사($I$)는?

① 1.016×10^{-3}
② 4.548×10^{-3}
③ 15.365×10^{-3}
④ 31.875×10^{-3}

해설

$Q = AV = A\dfrac{1}{n}R^{\frac{2}{3}}I^{\frac{1}{2}}$

$15 = (4 \times 2) \times \dfrac{1}{0.017} \times \left(\dfrac{4 \times 2}{4 + 2 \times 2}\right)^{\frac{2}{3}} \times I^{\frac{1}{2}}$

$\therefore I = 1.016 \times 10^{-3}$

정답 06 ③ 07 ① 08 ① 09 ③ 10 ①

11 하상계수(河狀係數)에 대한 설명으로 옳은 것은?

① 대하천의 주요 지점에서의 강우량과 저수량의 비
② 대하천의 주요 지점에서의 최소유량과 최대유량의 비
③ 대하천의 주요 지점에서의 홍수량과 하천유지유량의 비
④ 대하천의 주요 지점에서의 최소유량과 갈수량의 비

해설

$$하상계수 = \frac{최대유량}{최소유량}$$

12 어떤 유역에 표와 같이 30분간 집중호우가 발생하였다. 지속시간 15분인 최대강우강도는?

시간(분)	0~5	5~10	10~15	15~20	20~25	25~30
우량(mm)	2	4	6	4	8	6

① 80mm/hr   ② 72mm/hr
③ 64mm/hr   ④ 50mm/hr

해설

$$I = \frac{(6+4+8)\text{mm}}{15\text{min}} \times 60 = 72\text{mm/hr}$$

13 수평으로 관 A와 B가 연결되어 있다. 관 A에서 유속은 2m/s, 관 B에서의 유속은 3m/s이며, 관 B에서의 유체압력이 9.8kN/m²라 하면 관 A에서의 유체압력은?(단, 에너지 손실은 무시한다.)

① 2.5kN/m²   ② 12.3kN/m²
③ 22.6kN/m² ④ 37.6kN/m²

해설

① 베르누이 정리

$$z_1 + \frac{p_1}{w} + \frac{v_1^2}{2g} = z_2 + \frac{p_2}{w} + \frac{v_2^2}{2g}$$

② $\frac{p_A}{1} + \frac{2^2}{2\times 9.8} = \frac{1}{1} + \frac{3^2}{2\times 9.8}$

∴ $p_A = 1.256\text{t/m}^2 = 12.3\text{kN/m}^2$

14 연직오리피스에서 일반적인 유량계수 C의 값은?

① 대략 1.00 전후이다.
② 대략 0.80 전후이다.
③ 대략 0.60 전후이다.
④ 대략 0.40 전후이다.

해설

유량계수는 대략 0.6 전후이다.

15 직사각형 단면의 수로에서 최소 비에너지가 1.5m라면 단위폭당 최대유량은?(단, 에너지보정계수 $\alpha = 1.0$)

① 2.86m³/s/m   ② 2.98m³/s/m
③ 3.13m³/s/m   ④ 3.32m³/s/m

해설

① $h_c = \frac{2}{3} h_e$

$h_c = \frac{2}{3} \times 1.5 = 1\text{m}$

② $h_c = \left(\frac{\alpha Q^2}{gb^2}\right)^{\frac{1}{3}}$

$1 = \left(\frac{1 \times Q^2}{9.8 \times 1^2}\right)^{\frac{1}{3}}$

∴ $Q = 3.13\text{m}^3/\text{s}$

16 부피가 4.6m³인 유체의 중량이 51.548kN일 때 이 유체의 비중은?

① 1.14   ② 5.26
③ 11.40 ④ 1,143.48

해설

① $W = \frac{51.548}{9.8} = 5.26\text{t}$

② $w = \frac{W}{V} = \frac{5.26}{4.6} = 1.14\text{t/m}^3$

③ 비중(G) = $\frac{w}{w_w} = \frac{1.14}{1} = 1.14$

정답 11 ② 12 ② 13 ② 14 ③ 15 ③ 16 ①

17 여과량이 2m³/s이고 동수경사가 0.2, 투수계수가 1cm/s일 때 필요한 여과지 면적은?

① 2,500m²   ② 2,000m²
③ 1,500m²   ④ 1,000m²

해설

① $V = K \cdot I = K \cdot \dfrac{h_L}{L}$

$Q = A \cdot V = A \cdot K \cdot I = A \cdot K \cdot \dfrac{h_L}{L}$

② $A = \dfrac{Q}{KI} = \dfrac{2}{1 \times 10^{-2} \times 0.2} = 1,000 \text{m}^2$

18 2개의 불투수층 사이에 있는 대수층의 두께 a, 투수계수 k인 곳에 반지름 r_0인 굴착정(artesian well)을 설치하고 일정 양수량 Q를 양수하였더니, 양수 전 굴착정 내의 수위 H가 h_0로 하강하여 정상흐름이 되었다. 굴착정의 영향원 반지름을 R이라 할 때 $(H - h_0)$의 값은?

① $\dfrac{2Q}{\pi ak} \ln\left(\dfrac{R}{r_0}\right)$ ② $\dfrac{Q}{2\pi ak} \ln\left(\dfrac{R}{r_0}\right)$

③ $\dfrac{2Q}{\pi ak} \ln\left(\dfrac{r_0}{R}\right)$ ④ $\dfrac{Q}{2\pi ak} \ln\left(\dfrac{r_0}{R}\right)$

해설

① 굴착정 : $Q = \dfrac{2\pi ak(H - h_o)}{\ln\dfrac{R}{r_o}}$

② $(H - h_0) = \dfrac{Q}{2\pi aK} \ln\left(\dfrac{R}{r_0}\right)$

19 베르누이 정리를 $\dfrac{\rho}{2}V^2 + wZ + P = H$로 표현할 때, 이 식에서 정체압(stagnation pressure)은?

① $\dfrac{\rho}{2}V^2 + wZ$로 표시한다.
② $\dfrac{\rho}{2}V^2 + P$로 표시한다.
③ $wZ + P$로 표시한다.
④ P로 표시한다.

해설

① 정체압은 정압과 동압력의 합
② 정체압 $= \dfrac{\rho V^2}{2} + P$

20 합성 단위유량도의 모양을 결정하는 인자가 아닌 것은?

① 기저시간   ② 첨두유량
③ 지체시간   ④ 강우강도

해설

합성 단위도 결정인자
① 기저시간(T)
② 지체시간(t_p)
③ 첨두홍수량(Q_p)

정답 17 ④ 18 ② 19 ② 20 ④

2016년 토목산업기사 제1회 수리수문학 기출문제

01 그림과 같은 병렬관수로에서 $d_1 : d_2 = 3 : 1$, $\ell_1 : \ell_2 = 1 : 3$이며 $f_1 = f_2$일 때 $\dfrac{V_1}{V_2}$는?

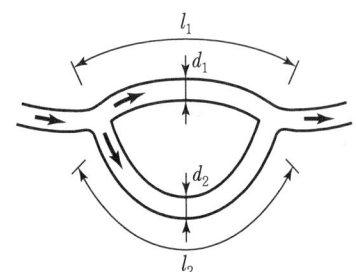

① $\dfrac{1}{2}$ ② 1
③ 2 ④ 3

【해설】

① $h_{L1} = h_{L2}$

$$f_1 \dfrac{l_1}{d_1} \dfrac{V_1^2}{2g} = f_2 \dfrac{l_2}{d_2} \dfrac{V_2^2}{2g}$$

$$\therefore \dfrac{l_1 V_1^2}{d_1} = \dfrac{l_2 V_2^2}{d_2}$$

② $\dfrac{V_1^2}{V_2^2} = \dfrac{l_2 d_1}{l_1 d_2} = 3 \times 3 = 9$

 $(d_1 = 3d_2, l_2 = 3l_1)$

③ $\left(\dfrac{V_1}{V_2}\right)^2 = 9$

$\therefore \left(\dfrac{V_1}{V_2}\right) = 3$

02 안지름 0.5m, 두께 20mm의 수압관이 15 N/cm²의 압력을 받고 있을 때, 관벽에 작용하는 인장응력은?

① 46.8N/cm² ② 93.7N/cm²
③ 140.6N/cm² ④ 187.5N/cm²

【해설】

① 강관의 두께 : $t = \dfrac{pD}{2\sigma_{ta}}$

② 인장응력의 두께 산정 : $\sigma_{ta} = \dfrac{pD}{2t} = \dfrac{15 \times 50}{2 \times 2}$
 $= 187.5 \text{N/cm}^2$

03 그림과 같은 콘크리트 케이슨이 바닷물에 떠 있을 때 흘수는?(단, 콘크리트 비중은 2.4이며, 바닷물의 비중은 1.025이다.)

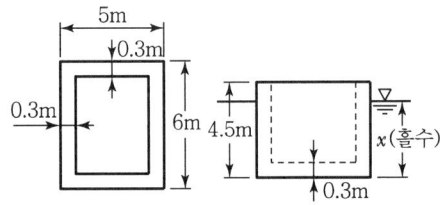

① $x = 2.35\text{m}$ ② $x = 2.55\text{m}$
③ $x = 2.75\text{m}$ ④ $x = 2.95\text{m}$

【해설】

① $W(무게) = B(부력)$
 $2.4 \times \{(5 \times 6 \times 4.5) - (4.4 \times 5.4 \times 4.2)\}$
 $= 1.025(5 \times 6 \times x)$

② $x = 2.75\text{m}$

04 물의 밀도 ρ, 점성계수 μ, 그리고 동점성계수 ν 사이의 관계식으로 옳은 것은?

① $\rho = \dfrac{\nu}{\mu}$ ② $\rho = \dfrac{\mu}{(\nu - 1)}$
③ $\nu = \dfrac{\mu}{\rho}$ ④ $\nu = \dfrac{\rho}{\mu}$

【해설】

동점성계수
$\nu = \dfrac{\mu}{\rho}$

05 관수로에 물이 흐르고 있을 때 유속을 구하기 위하여 적용할 수 있는 식은?

① Torricelli 정리 ② 파스칼의 원리
③ 운동량 방정식 ④ 물의 연속방정식

【해설】

연속방정식
① 질량보존의 법칙에 의해 만들어진 방정식이다.
② $Q = A_1 V_1 = A_2 V_2$
③ 관수로에 물이 흐를 때 유속을 구함

정답 01 ④ 02 ④ 03 ③ 04 ③ 05 ④

06 그림과 같은 역사이폰의 A, B, C, D점에서 압력수두를 각각 P_A, P_B, P_C, P_D라 할 때 다음 사항 중 옳지 않은 것은?(단, 점선은 동수경사선으로 가정한다.)

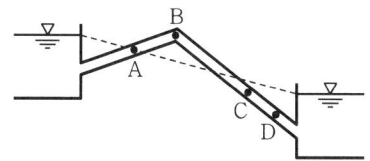

① $P_C > P_D$
② $P_B < 0$
③ $P_C > 0$
④ $P_A = 0$

해설
수압은 수심에 비례한다.
① $P_D > P_C > P_A > P_B$
② $P_A = 0$
③ $P_B < 0$

07 양쪽의 수위가 다른 저수지를 벽으로 차단하고 있는 상태에서 벽의 오리피스를 통하여 ①에서 ②로 물이 흐르고 있을 때 하류 측에서의 유속은?

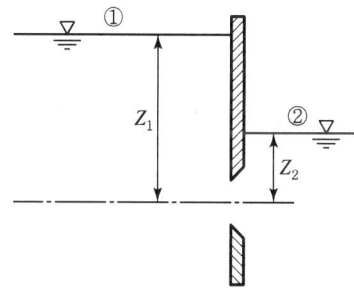

① $\sqrt{2gz_1}$
② $\sqrt{2gz_2}$
③ $\sqrt{2g(z_1 - z_2)}$
④ $\sqrt{2g(z_1 + z_2)}$

해설
완전수중 오리피스의 유속
$V = \sqrt{2gh} = \sqrt{2g(z_1 - z_2)}$

08 유속은 20m/s, 수평면과의 각 60°로 사출된 분수가 도달하는 최대 연직높이는?(단, 공기 및 기타 저항은 무시한다.)

① 12.3m
② 13.3m
③ 14.3m
④ 15.3m

해설
$H_{max} = \dfrac{V^2}{2g} \sin^2\theta = \dfrac{20^2}{2 \times 9.8} \sin^2 60°$
$= 15.3m$

09 그림에서 곡면 AB에 작용하는 전수압의 수평분력은?(단, 곡면의 폭은 1m이고, γ는 물의 단위중량임)

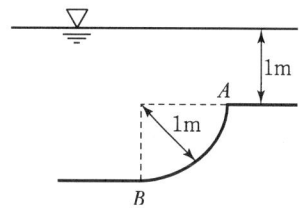

① $4.7\gamma m^3$
② $3.5\gamma m^3$
③ $3\gamma m^3$
④ $1.5\gamma m^3$

해설
$P_H = \omega h_G A = \gamma \times \left(1 + \dfrac{1}{2}\right) \times (1 \times 1) = 1.5\gamma m^3$

10 Darcy의 법칙에 대한 설명으로 옳은 것은?

① 점성계수를 구하는 법칙이다.
② 지하수의 유속은 동수경사에 비례한다는 법칙이다.
③ 관수로의 흐름에 대한 상사법칙이다.
④ 개수로의 흐름에 대한 상사법칙이다.

해설
Darcy의 법칙
① $V = K \cdot I = K \cdot \dfrac{h_L}{L}$
② Darcy의 법칙은 지하수 유속은 동수경사에 비례한다는 법칙이다.

11 사다리꼴 수로에서 수리학상 가장 경제적인 단면의 조건은?(단, R : 동수반경, B : 수면폭, H : 수심)

① $R=2H$ ② $B=2H$
③ $R=H/2$ ④ $B=H$

해설
사다리꼴 단면에서는 정삼각형 3개가 모인 단면이 가장 유리한 단면이 된다.
∴ $b=l$, $\theta=60°$, $R=\dfrac{H}{2}$

12 유체의 흐름이 일정한 방향이 아니고 무작위하게 3차원 방향으로 이동하면서 흐르는 흐름은?

① 층류 ② 난류
③ 정상류 ④ 등류

해설
유체입자가 3차원 방향으로 상하좌우 운동을 하면서 흐르는 흐름을 난류라고 한다.

13 대수층이 두께 3.8m, 폭 1.5m일 때 지하수의 유량은?(단, 상·하류 두 지점 사이의 수두차 1.6m, 수평거리 520m, 투수계수 $K=300$m/d)

① 4.28m³/d ② 5.26m³/d
③ 6.38m³/d ④ 7.46m³/d

해설
$Q = A \cdot K \cdot \dfrac{h_L}{L}$
$= (3.8 \times 1.5) \times 300 \times \dfrac{1.6}{520} = 5.26\text{m}^3/\text{d}$

14 모세관현상에 의하여 상승한 액체기둥은 어떤 힘들이 평형을 이루어서 정지상태를 유지하고 있는가?

① 부착력에 의한 상방향의 힘과 중력에 의한 하방향의 힘
② 표면장력에 의한 상방향의 힘과 중력에 의한 하방향의 힘
③ 표면장력에 의한 상방향의 힘과 응집력에 의한 하방향의 힘
④ 응집력에 의한 상방향의 힘과 부착력에 의한 하방향의 힘

해설
모세관현상은 부착력과 표면장력에 의해 액체가 가는 관을 따라 상승 또는 하강하는 현상이며 표면장력에 의한 상방향의 힘과 중력에 의한 하방향의 힘이 평형을 이루어서 정지상태를 유지하게 됩니다.

15 관수로의 마찰손실수두에 관한 설명으로 틀린 것은?

① 관의 조도에 반비례한다.
② 관수로의 길이에 정비례한다.
③ 층류에서는 레이놀즈수에 반비례한다.
④ 관내의 직경에 반비례한다.

해설
마찰손실 수두 관의 조도계수에 비례한다. ($f = \dfrac{124.5n^2}{D^{\frac{1}{3}}}$)

16 그림과 같은 피토관에서 A점의 유속을 구하는 식으로 옳은 것은?

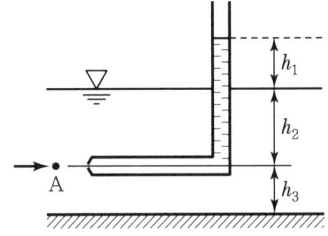

① $V = \sqrt{2gh_1}$ ② $V = \sqrt{2gh_2}$
③ $V = \sqrt{2gh_3}$ ④ $V = \sqrt{2g(h_1+h_2)}$

해설
$V = \sqrt{2gh} = \sqrt{2gh_1}$
(h는 수두차)

정답 11 ③ 12 ② 13 ② 14 ② 15 ① 16 ①

17 직각 삼각위어(weir)에서 월류 수심이 1m이면 유량은?(단, 유량계수 $C=0.59$이다.)

① $1.0m^3/s$ ② $1.4m^3/s$
③ $1.8m^3/s$ ④ $2.2m^3/s$

해설

$Q = \frac{8}{15} C \tan\frac{\theta}{2} \sqrt{2g} \, h^{\frac{5}{2}}$

$= \frac{8}{15} \times 0.59 \times \tan\frac{90°}{2} \times \sqrt{2 \times 9.8} \times 1^{\frac{5}{2}}$

$= 1.4 m^3/s$

18 폭 3m인 직사각형 단면 수로에서 최소비에너지가 2m일 때 발생할 수 있는 최대유량은?

① $9.83m^3/s$ ② $11.7m^3/s$
③ $13.3m^3/s$ ④ $14.4m^3/s$

해설

$h_c = \left(\frac{\alpha Q^2}{gb^2}\right)^{\frac{1}{3}}$

① $h_c = \frac{2}{3} h_e = \frac{2}{3} \times 2 = 1.33m$

② $1.33 = \left(\frac{1 \times Q^2}{9.8 \times 3^2}\right)^{\frac{1}{3}}$

∴ $Q_{max} = 14.4 m^3/s$

19 그림과 같은 원형관에 물이 흐를 경우 1, 2, 3 단면에 대한 설명으로 옳은 것은?(단, $D_1 = 30cm$, $D_2 = 10cm$, $D_3 = 20cm$이며 에너지 손실은 없다고 가정한다.)

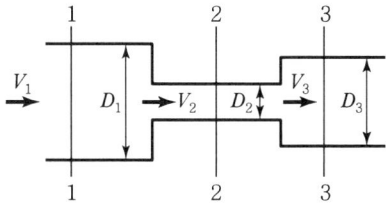

① 유속은 $V_2 > V_3 > V_1$이 되며 압력은 1단면>3단면>2단면이다.

② 유속은 $V_1 > V_3 > V_2$이 되며 압력은 2단면>3단면>1단면이다.

③ 유속은 $V_2 < V_3 < V_1$이 되며 압력은 3단면>1단면>2단면이다.

④ 1, 2, 3단면의 유속과 압력은 같다.

해설

수평관
① $z_1 = z_2 = z_3$
② $V_2 > V_3 > V_1$
③ 압력은 1단면>3단면>2단면

20 직사각형 단면의 개수로에 흐르는 한계유속을 표시한 것은?(단, V_c : 한계유속, h_c : 한계수심, α : 에너지보정계수)

① $V_c = \left(\frac{gh_c}{\alpha}\right)^{1/2}$ ② $V_c = \left(\frac{\alpha h_c}{g}\right)^{1/2}$

③ $V_c = \left(\frac{\alpha h_c^2}{g}\right)^{1/3}$ ④ $V_c = \left(\frac{gh_c^2}{\alpha}\right)^{1/3}$

해설

$V_c = \sqrt{\frac{g h_c}{\alpha}}$

여기서, V_c : 한계유속
g : 중력가속도
h_c : 한계수심
α : 에너지보정계수

2016년 토목기사 제2회 수리수문학 기출문제

01 단위유량도에 대한 설명 중 틀린 것은?

① 일정기저시간가정, 비례가정, 중첩가정은 단위도의 3대 기본가정이다.
② 단위도의 정의에서 특정 단위시간은 1시간을 의미한다.
③ 단위도의 정의에서 단위 유효우량은 유역 전 면적상의 등가우량 깊이로 측정되는 특정량의 우량을 의미한다.
④ 단위 유효우량은 유출량의 형태로 단위도상에 표시되며, 단위도 아래의 면적은 부피의 차원을 가진다.

[해설]
단위도의 특정 단위시간은 강우지속시간을 나타낸다.

02 물의 순환과정인 증발에 관한 설명으로 옳지 않은 것은?

① 증발량은 물수지방정식에 의하여 산정될 수 있다.
② 증발은 자유수면뿐만 아니라 식물의 엽면 등을 통하여 기화되는 모든 현상을 의미한다.
③ 증발접시계수는 저수지 증발량의 증발접시 증발량에 대한 비이다.
④ 증발량은 수면온도에 대한 공기의 포화증기압과 수면에서 일정 높이에서의 증기압의 차이에 비례한다.

[해설]
① 증발 : 자유수면으로부터 물이 대기 중으로 방출되는 현상
② 증산 : 식물의 엽면으로부터 대기 중으로 방출되는 현상

03 관망(pipe network) 계산에 대한 설명으로 옳지 않은 것은?

① 관 내의 흐름은 연속 방정식을 만족한다.
② 가정 유량에 대한 보정을 통한 시산법(trial and error method)으로 계산한다.
③ 관 내에서는 Darcy-Weisbach 공식을 만족한다.
④ 임의 두 점 간의 압력강하량은 연결하는 경로에 따라 다를 수 있다.

[해설]
각 폐합관의 손실수두의 합은 0이다.(경로에 관계없이 일정하다.)

04 강우 강도 $I = \dfrac{5,000}{t+40}$ [mm/hr]로 표시되는 어느 도시에 있어서 20분간의 강우량 R_{20}은?(단, t의 단위는 분이다.)

① 17.8mm
② 27.8mm
③ 37.8mm
④ 47.8mm

[해설]
$I = \dfrac{5,000}{t+40} = \dfrac{5,000}{20+40} = 83.33 \text{mm/hr}$

∴ $R_{20} = \dfrac{83.33}{60} \times 20 = 27.78 \text{mm}$

05 그림과 같은 수로의 단위폭당 유량은?(단, 유출계수 $C=1$이며 이외 손실은 무시함)

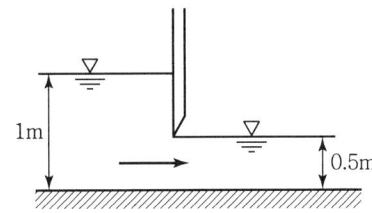

① 2.5m³/s/m
② 1.6m³/s/m
③ 2.0m³/s/m
④ 1.2m³/s/m

[해설]
$Q = CA\sqrt{2gH}$
$= 1 \times (1 \times 0.5) \times \sqrt{2 \times 9.8 \times (1-0.5)}$
$= 1.6 \text{m}^3/\text{sec}$

06 경심이 5m이고 동수경사가 1/200인 관로에서 Reynolds 수가 1,000인 흐름의 평균유속은?

① 0.70m/s
② 2.24m/s
③ 5.00m/s
④ 5.53m/s

정답 01 ② 02 ② 03 ④ 04 ② 05 ② 06 ④

해설

① $f = \dfrac{64}{Re} = \dfrac{64}{1,000} = 0.064$

② $C = \sqrt{\dfrac{8g}{f}} = \sqrt{\dfrac{8 \times 9.8}{0.064}} = 35$

∴ $V = C\sqrt{RI} = 35 \times \sqrt{5 \times \dfrac{1}{200}} = 5.53 \text{m/sec}$

---

07 그림과 같이 물속에 수직으로 설치된 2m×3m 넓이의 수문을 올리는 데 필요한 힘은?(단, 수문의 물속 무게는 1,960N이고, 수문과 벽면 사이의 마찰계수는 0.25이다.)

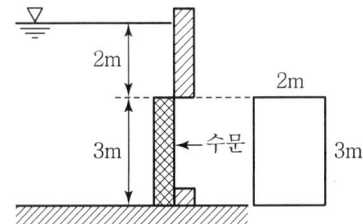

① 5.45kN ② 53.4kN
③ 126.7kN ④ 271.2kN

해설

$P = wh_G A = 1 \times \left(2 + \dfrac{3}{2}\right) \times (2 \times 3) = 21\text{t} = 205.8\text{kN}$

∴ $F = fP + W - B = 0.25 \times 205.8 + 1.96 = 53.4\text{kN}$

---

08 강수량 자료를 해석하기 위한 DAD 해석 시 필요한 자료는?

① 강우량, 단면적, 최대수심
② 적설량, 분포면적, 적설일수
③ 강우량, 집수면적, 강우기간
④ 수심, 유속단면적, 홍수기간

해설

DAD 해석은 최대평균우량깊이(강우량), 유역면적, 강우지속시간 간 관계의 해석을 말한다.

---

09 단위무게 5.88kN/m³, 단면 40cm×40cm, 길이 4m인 물체를 물속에 완전히 가라앉히려 할 때 필요한 최소 힘은?

① 2.51kN ② 3.76kN
③ 5.88kN ④ 6.27kN

해설

$W(\text{무게}) + P = B(\text{부력})$

$5.88(0.4 \times 0.4 \times 4) + P = 9.8(0.4 \times 0.4 \times 4)$

∴ $P = 2.51\text{kN}$

---

10 원형관의 중앙에 피토관(Pito tube)을 넣고 관벽의 정수압을 측정하기 위하여 정압관과의 수면차를 측정하였더니 10.7m였다. 이때의 유속은?(단, 피토관 상수 $C = 1$이다.)

① 8.4m/s ② 11.7m/s
③ 13.1m/s ④ 14.5m/s

해설

$V = \sqrt{2gh} = \sqrt{2 \times 9.8 \times 10.7} = 14.5\text{m/s}$

---

11 위어(weir)에 관한 설명으로 옳지 않은 것은?

① 위어를 월류하는 흐름은 일반적으로 상류에서 사류로 변한다.
② 위어를 월류하는 흐름이 사류일 경우(완전월류) 유량은 하류 수위의 영향을 받는다.
③ 위어는 개수로의 유량측정, 취수를 위한 수위증가 등의 목적으로 설치한다.
④ 작은 유량을 측정할 경우 삼각위어가 효과적이다.

해설

완전월류일 때 위어의 흐름은 사류가 되므로 월류량은 하류수심의 영향을 받지 않는다.

12 유선(streamline)에 대한 설명으로 옳지 않은 것은?

① 유선이란 유체입자가 움직인 경로를 말한다.
② 비정상류에서는 시간에 따라 유선이 달라진다.
③ 정상류에서는 유적선(pathline)과 일치한다.
④ 하나의 유선은 다른 유선과 교차하지 않는다.

해설
① 유선 : 어느 시각에 각 입자의 속도벡터가 접선이 되는 가상적인 곡선
② 유적선 : 유체입자의 움직이는 경로

13 다음의 손실계수 중 특별한 형상이 아닌 경우, 일반적으로 그 값이 가장 큰 것은?

① 입구 손실계수(f_e)
② 단면 급확대 손실계수(f_{se})
③ 단면 급축소 손실계수(f_{sc})
④ 출구 손실계수(f_o)

해설
손실계수에서 가장 큰 값은 출구 손실계수($f_o = 1.0$)이다.

14 다음 설명 중 기저유출에 해당되는 것은?

- 유출은 유수의 생기원천에 따라 (A) 지표면 유출, (B) 지표하(중간) 유출, (C) 지하수 유출로 분류되며, 지표하 유출은 (B₁) 조기 지표하 유출(prompt subsurface runoff), (B₂) 지연 지표하 유출(delayed subsurface runoff)로 구성된다.
- 또한 실용적인 유출해석을 위해 하천수로를 통한 총 유출은 직접유출과 기저유출로 분류된다.

① (A)+(B)+(C)
② (B)+(C)
③ (A)+(B₁)
④ (C)+(B₂)

해설

구분	종류
직접유출	① 수로상 강수
	② 지표면 유출
	③ 복류수 유출
	④ 조기 지표하 유출
기저유출	① 지연 지표하 유출
	② 지하수 유출

15 개수로에서 일정한 단면적에 대하여 최대유량이 흐르는 조건은?

① 수심이 최대이거나 수로 폭이 최소일 때
② 수심이 최소이거나 수로 폭이 최대일 때
③ 윤변이 최소이거나 경심이 최대일 때
④ 윤변이 최대이거나 경심이 최소일 때

해설
수리학적으로 유리한 단면은 경심(R)이 최대이거나, 윤변(P)이 최소일 때 성립된다.

16 폭이 1m인 직사각형 개수로에서 0.5m³/s의 유량이 80cm의 수심으로 흐르는 경우, 이 흐름을 가장 잘 나타낸 것은?(단, 동점성계수는 0.012cm²/s, 한계수심은 29.5cm이다.)

① 층류이며 상류
② 층류이며 사류
③ 난류이며 상류
④ 난류이며 사류

해설
① $V = \dfrac{Q}{A} = \dfrac{0.5}{1 \times 0.8} = 0.625 \text{m/s} = 62.5 \text{cm/s}$
② $R = \dfrac{A}{P} = \dfrac{1 \times 0.8}{1 + (0.8 \times 2)} = 0.31$
③ $Re = \dfrac{VR}{\nu} = \dfrac{62.5 \times 0.31}{0.012} = 1,614.58 > 500 \quad \therefore \text{난류}$
④ $Fr = \dfrac{V}{\sqrt{gh}} = \dfrac{0.625}{\sqrt{9.8 \times 0.8}} = 0.22 < 1 \quad \therefore \text{상류}$

17 직각삼각형 위어에서 월류수심의 측정에 1%의 오차가 있다고 하면 유량에 발생하는 오차는?

① 0.4%   ② 0.8%
③ 1.5%   ④ 2.5%

> **해설**
> $\dfrac{dQ}{Q} = \dfrac{5}{2}\dfrac{dH}{H} = \dfrac{5}{2} \times 1\% = 2.5\%$

18 다음 중 부정류 흐름의 지하수를 해석하는 방법은?

① Theis 방법   ② Dupuit 방법
③ Thiem 방법   ④ Laplace 방법

> **해설**
> 피압 대수층 내 부정류 흐름의 지하수 해석법
> ① Theis
> ② Jacob
> ③ Chow

19 Darcy의 법칙에 대한 설명으로 옳은 것은?

① 지하수 흐름이 층류일 경우 적용된다.
② 투수계수는 무차원의 계수이다.
③ 유속이 클 때에만 적용된다.
④ 유속이 동수경사에 반비례하는 경우에만 적용된다.

> **해설**
> ① Darcy의 법칙은 층류에만 적용된다.(특히, $Re < 4$일 때 잘 적용된다.)
> ② 투수계수는 속도의 차원을 갖는다.
> ③ 유속은 동수경사에 비례한다.

20 흐르는 유체 속에 물체가 있을 때, 물체가 유체로부터 받는 힘은?

① 장력(張力)   ② 충력(衝力)
③ 항력(抗力)   ④ 소류력(掃流力)

> **해설**
> ① 흐르는 유체 속에 물체가 잠겨 있을 때 유체에 의해 물체가 받는 힘을 항력(drag force)이라 한다.
> ② $D = C_D \cdot A \cdot \dfrac{\rho V^2}{2}$

정답 17 ④ 18 ① 19 ① 20 ③

2016년 토목산업기사 제2회 수리수문학 기출문제

01 단면적이 200cm²인 90° 굽어진 관(1/4 원의 형태)을 따라 유량 $Q=0.05$m³/s의 물이 흐르고 있다. 이 굽어진 면에 작용하는 힘(P)은?(단, 무게 1kg=9.8N)

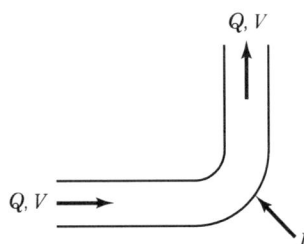

① 157N ② 177N
③ 1,570N ④ 1,770N

[해설]

① $V = \dfrac{Q}{A} = \dfrac{0.05}{200 \times 10^{-4}} = 2.5$m/s

② $F_x = \dfrac{wQ}{g}(V_1 - V_2) = \dfrac{1 \times 0.05}{9.8} \times (2.5 - 0) = 0.013$t

③ $F_y = \dfrac{wQ}{g}(V_1 - V_2) = \dfrac{1 \times 0.05}{9.8} \times (0 - 2.5) = -0.013$t

④ $F = \sqrt{F_x^2 + F_y^2} = \sqrt{0.013^2 + (-0.013)^2}$
   $= 0.018$t $= 18$kg $= 176.4$N

02 수평으로부터 상향으로 60°를 이루고 20m/s로 사출되는 분수의 최대 연직 도달높이는?(단, 공기 및 기타의 저항은 무시함)

① 15.3m ② 17.2m
③ 19.6m ④ 21.4m

[해설]

$y = \dfrac{V_o^2 \sin^2 \theta}{2g} = \dfrac{20^2 \times (\sin 60°)^2}{2 \times 9.8} = 15.3$m

03 직사각형 단면의 개수로에서 한계유속(V_c)과 한계수심(h_c)의 관계로 옳은 것은?

① $V_c \propto h_c$ ② $V_c \propto h_c^{-1}$
③ $V_c \propto h_c^{1/2}$ ④ $V_c \propto h_c^2$

[해설]

$V_c = \sqrt{\dfrac{g h_c}{\alpha}}$

$\therefore V_c \propto h_c^{\frac{1}{2}}$

04 비에너지와 수심의 관계 그래프에서 한계수심보다 수심이 작은 흐름은?

① 사류 ② 상류
③ 한계류 ④ 난류

[해설]

상류 : $h > h_c$
사류 : $h < h_c$

05 부체가 안정되기 위한 조건으로 옳은 것은? (단, C=부심, G=중심, M=경심)

① $\overline{CM} = \overline{CG}$ ② $\overline{CM} < \overline{CG}$
③ $\overline{CM} < 2\overline{CG}$ ④ $\overline{CM} > \overline{CG}$

[해설]

① 안정 : $\overline{CM} > \overline{CG}$
② 불안정 : $\overline{CM} < \overline{CG}$

06 지하수에서 Darcy의 법칙이 실측값과 가장 잘 일치하는 경우의 지하수 흐름은?

① 난류 ② 층류
③ 사류 ④ 한계류

[해설]

Darcy의 법칙은 정상류 흐름의 층류에만 적용된다.
(특히, $Re < 4$일 때 잘 적용)

정답 01 ② 02 ① 03 ③ 04 ① 05 ④ 06 ②

07 두 단면 간의 거리가 1km, 손실수두가 5.5m, 관의 지름이 3m라고 하면 관 벽의 마찰력은?(단, 무게 1kg=9.8N)

① 65.5N/m² ② 26.0N/m²
③ 80.9N/m² ④ 40.4N/m²

해설

$\tau = wRI = w\dfrac{D}{4}\dfrac{h}{l} = 1 \times \dfrac{3}{4} \times \dfrac{5.5}{1,000}$

$= 0.004125\text{t/m}^2 = 4.125\text{kg/m}^2 = 40.4\text{N/m}^2$

08 두 개의 수조를 연결하는 길이 3.7m의 수평관 속에 모래가 가득 차 있다. 두 수조의 수위차를 2.5m, 투수계수를 0.5m/s라고 하면 모래를 통과할 때의 평균유속은?

① 0.104m/s ② 0.207m/s
③ 0.338m/s ④ 0.446m/s

해설

$V = ki = k\dfrac{h_L}{L} = 0.5 \times \dfrac{2.5}{3.7} = 0.338\text{m/s}$

09 관수로에 대한 설명으로 옳은 것은?

① 관내의 유체마찰력은 관 벽면에서 가장 크고 관 중심에서는 0이다.
② 관내의 유속은 관 벽으로부터 관 중심으로 1/3 떨어진 지점에서 최대가 된다.
③ 유체마찰력의 크기는 관 중심으로부터의 거리에 반비례한다.
④ 관의 최대유속은 평균유속의 3배이다.

해설

관수로 흐름의 특성
㉠ 유속분포는 중앙에서 최대이고 관 벽에서 0이다.
㉡ 전단응력 분포는 관 벽에서 최대이고 중앙에서 0이다.

10 관의 길이가 80m, 관경 400mm인 주철관으로 0.1m³/s의 유량을 송수할 때 손실수두는?(단, Chezy의 평균 유속계수 $C=70$이다.)

① 1.565m ② 0.129m
③ 0.103m ④ 0.092m

해설

① $V = \dfrac{Q}{A} = \dfrac{0.1}{\dfrac{\pi \times 0.4^2}{4}} = 0.8\text{m/s}$

② $V = C\sqrt{RI} = C\sqrt{\dfrac{D}{4} \times \dfrac{h_L}{l}}$

∴ $0.8 = 70 \times \sqrt{\dfrac{0.4}{4} \times \dfrac{h_L}{80}}$

$h_L = 0.103\text{m}$

11 수로의 취입구에 폭 3m의 수문이 있다. 문을 h 올린 결과, 그림과 같이 수심이 각각 5m와 2m가 되었다. 그때 취수량이 8m³/s이었다고 하면 수문의 개방 높이 h는?(단, $C=0.60$)

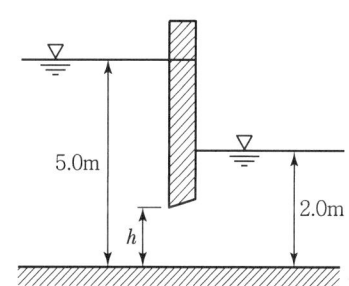

① 0.36m ② 0.58m
③ 0.67m ④ 0.73m

해설

$Q = CA\sqrt{2gH}$
$8 = 0.6 \times (3 \times h) \times \sqrt{2 \times 9.8 \times (5-2)}$
∴ $h = 0.58\text{m}$

12 Bernoulli 정리의 적용 조건이 아닌 것은?

① Bernoulli 방정식이 적용되는 임의의 두 점은 같은 유선상에 있다.
② 정상상태의 흐름이다.
③ 압축성 유체의 흐름이다.
④ 마찰이 없는 흐름이다.

[해설]
Bernoulli 정리 성립 가정
① 하나의 유선에서만 성립된다.
② 정상류 흐름이다.
③ 이상유체(비점성, 비압축성)에만 성립된다.

13 어떠한 경우라도 전단응력 및 인장력이 발생하지 않으며 전혀 압축되지도 않고, 마찰저항 $h_L = 0$인 유체는?

① 소성유체 ② 점성유체
③ 탄성유체 ④ 완전유체

[해설]
점성도 고려하지 않고 압축성도 고려하지 않으므로 이상유체(완전유체)이다.

14 등류의 정의로 옳은 것은?

① 흐름 특성이 어느 단면에서나 같은 흐름
② 단면에 따라 유속 등의 흐름 특성이 변하는 흐름
③ 한 단면에 있어서 유적, 유속, 흐름의 방향이 시간에 따라 변하지 않는 흐름
④ 한 단면에 있어서 유량이 시간에 따라 변하는 흐름

[해설]
등류는 흐름 특성이 어느 단면에서나 같은 흐름을 말한다.

15 그림과 같이 높이 2m인 물통에 물이 1.5m만큼 담겨져 있다. 물통이 수평으로 4.9m/s^2의 일정한 가속도를 받고 있을 때 물통의 물이 넘쳐흐르지 않기 위한 물통의 최소 길이는?

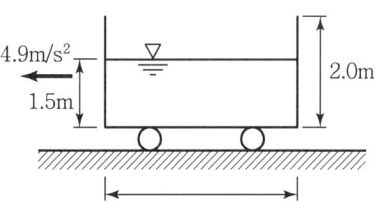

① 2.0m ② 2.4m
③ 2.8m ④ 3.0m

[해설]
① $\tan\theta = \dfrac{\alpha}{g} = \dfrac{h}{L/2}$
② $\dfrac{4.9}{9.8} = \dfrac{2-1.5}{L/2}$
∴ $L = 2\text{m}$

16 삼각위어의 유량공식으로 옳은 것은?(단, 위어의 각 : θ, 유량계수 : C, 월류 수심 : H)

① $Q = \dfrac{8}{15} C \tan\dfrac{\theta}{2} \sqrt{2g}\, H^{\frac{5}{2}}$

② $Q = \dfrac{1}{15} C \tan\dfrac{\theta}{2} \sqrt{2gH}$

③ $Q = \dfrac{4}{15} C \tan\dfrac{\theta}{2} \sqrt{2gH}$

④ $Q = \dfrac{2}{3} C \tan\dfrac{\theta}{2} \sqrt{2g}\, H^{\frac{1}{3}}$

[해설]
삼각위어의 유량 : $Q = \dfrac{8}{15} C \tan\dfrac{\theta}{2} \sqrt{2g}\, h^{\frac{5}{2}}$

17 층류와 난류에 관한 설명으로 옳지 않은 것은?

① 층류 및 난류는 레이놀즈(Reynolds)수의 크기로 구분할 수 있다.
② 층류란 직선상의 흐름으로 직각방향의 속도성분이 없는 흐름을 말한다.
③ 층류인 경우는 유체의 점성계수가 흐름에 미치는 영향이 유체의 속도에 의한 영향보다 큰 흐름이다.
④ 관수로에서 한계 레이놀즈수의 값은 약 4,000 정도이고 이것은 속도의 차원이다.

정답 12 ③ 13 ④ 14 ① 15 ① 16 ① 17 ④

해설

$Re = \dfrac{VD}{\nu}$, 레이놀즈수는 무차원이다.

해설

물의 단위중량은 $1t/m^3$이고 해수에서는 $1.0251t/m^3$으로 값이 다르다.

18 수심이 3m, 하폭이 20m, 유속이 4m/s인 직사각형 단면 개수로에서 비력은?(단, 운동량 보정계수 $\eta = 1.1$)

① $107.2m^3$
② $158.3m^3$
③ $197.8m^3$
④ $215.2m^3$

해설

비력$(M) = \eta \dfrac{Q}{g}V + h_G A$

$= 1.1 \times \dfrac{240}{9.8} \times 4 + \dfrac{3}{2} \times (20 \times 3) = 197.8m^3$

19 직사각형 단면 개수로의 수리상 유리한 형상의 단면에서 수로의 수심이 2m라면 이 수로의 경심(R)은?

① 0.5m
② 1m
③ 2m
④ 4m

해설

수리학적으로 유리한 단면이 되기 위한 조건
$B = 2H$
$\therefore R = \dfrac{H}{2} = \dfrac{2}{2} = 1m$

20 물의 성질에 관한 설명 중 틀린 것은?

① 물은 압축성을 가지며 온도, 압력 및 물에 포함되어 있는 공기의 양에 따라 다르다.
② 물의 단위중량이란 단위체적당 무게로 담수, 해수를 막론하고 항상 동일하다.
③ 물의 밀도는 단위체적당 질량으로 비질량(比質量)이라고도 한다.
④ 물의 비중은 그 질량에 최대밀도가 생기게 하는 온도에서 그것과 같은 체적을 갖는 순수한 물의 질량과의 비이다.

정답 18 ③ 19 ② 20 ②

2016년 토목기사 제4회 수리수문학 기출문제

01 직경 10cm인 연직관 속에 높이 1m만큼 모래가 들어 있다. 모래면 위의 수위를 10cm로 일정하게 유지시켰더니 투수량 $Q=4L/hr$이었다. 이때 모래의 투수계수 k는?

① 0.4m/hr
② 0.5m/hr
③ 3.8m/hr
④ 5.1m/hr

 해설

$Q = A \cdot V = A \cdot K \cdot I = A \cdot K \cdot \dfrac{h_L}{L}$

$\therefore K = \dfrac{Q}{AI} = \dfrac{Q}{A\dfrac{h}{l}} = \dfrac{4 \times 10^{-3}}{\dfrac{\pi \times 0.1^2}{4} \times \dfrac{0.1}{1}} = 5.1\text{m/hr}$

02 개수로의 흐름에 대한 설명으로 옳지 않은 것은?

① 사류(supercritical flow)에서는 수면변동이 일어날 때 상류(上流)로 전파될 수 없다.
② 상류(subcritical flow)일 때는 Froude 수가 1보다 크다.
③ 수로경사가 한계경사보다 클 때 사류(supercritical flow)가 된다.
④ Reynolds 수가 500보다 커지면 난류(turbulent flow)가 된다.

해설

구분	상류	사류
Fr	$Fr<1$	$Fr>1$
I_c	$I<I_c$	$I>I_c$
V_c	$V<V_c$	$V>V_c$

$\therefore$ Froude 수가 1보다 적어야 상류이다.

03 반지름($\overline{OP}$)이 6m이고, $\theta'=30°$인 수문이 그림과 같이 설치되었을 때, 수문에 작용하는 전수압(저항력)은?

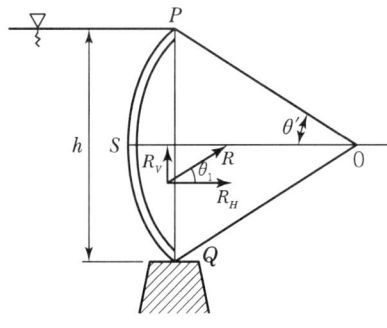

① 185.5kN/m
② 179.5kN/m
③ 169.5kN/m
④ 159.5kN/m

해설

① 수평분력의 산정

$P_H = wh_G A = 1 \times \dfrac{6\sin30° \times 2}{2} \times (6\sin30° \times 2 \times 1) = 18\text{t}$

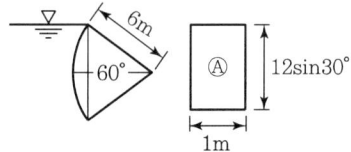

② 연직분력의 산정

$P_V = w \times \bigcirc \times b$

$P_V = W = wV = 1 \times \left[\left(\pi \times 6^2 \times \dfrac{60°}{360°}\right) - \left(\dfrac{1}{2} \times 6 \times 6 \times \sin60°\right)\right] \times 1 = 3.25\text{t}$

③ 합력의 산정

$P = \sqrt{P_H^2 + P_V^2} = \sqrt{18^2 + 3.25^2} = 18.291\text{t}$

④ 보기에는 단위폭당 전수압으로 표기

$18.291\text{t/m} \times 1,000(\text{kg}) \times 9.8 \div 1,000(\text{kN}) = 179.3\text{kN/m}$

04 유효강수량과 가장 관계가 깊은 유출량은?

① 지표하 유출량
② 직접 유출량
③ 지표면 유출량
④ 기저 유출량

해설

유효강수량은 지표면 유출과 복류수 유출을 합한 직접유출에 해당하는 강수량이다.

정답 01 ④ 02 ② 03 ② 04 ②

05 강우강도 공식에 관한 설명으로 틀린 것은?

① 강우강도(I)와 강우지속시간(D)의 관계로서 Talbot, Shermam, Japanese형의 경험공식에 의해 표현될 수 있다.
② 강우강도 공식은 자기우량계의 유량자료로부터 결정되며, 지역에 무관하게 적용 가능하다.
③ 도시지역의 우수거, 고속도로 암거 등의 설계 시에 기본자료로서 널리 이용된다.
④ 강우강도가 커질수록 강우가 계속되는 시간은 일반적으로 작아지는 반비례 관계이다.

[해설]
강우강도와 지속기간의 관계는 지역에 따라 다르다.

06 하천의 임의 단면에 교량을 설치하고자 한다. 원통형 교각 상류(전면)에 2m/s의 유속으로 물이 흘러간다면 교각에 가해지는 항력은?(단, 수심은 4m, 교각의 직경은 2m, 항력계수는 1.5이다.)

① 16kN   ② 24kN
③ 43kN   ④ 62kN

[해설]
$$D = C_D \cdot A \cdot \frac{\rho V^2}{2} = 1.5 \times (2 \times 4) \times \frac{\frac{1}{9.8} \times 2^2}{2}$$
$$= 2.45t \times 9.8 = 24kN$$

07 원형 단면의 수맥이 그림과 같이 곡면을 따라 유량 0.018m³/s가 흐를 때 x 방향의 분력은?(단, 관 내의 유속은 9.8m/s, 마찰은 무시한다.)

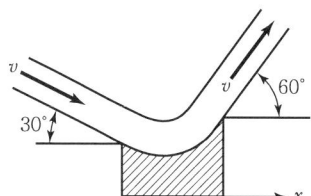

① -18.25N   ② -37.83N
③ -64.56N   ④ 17.64N

[해설]
$$F = \frac{wQ}{g}(V_2 - V_1) = \frac{1 \times 0.018}{9.8}(9.8\cos60° - 9.8\cos30°)$$
$$= -6.59 \times 10^{-3}t = -64.56N$$

08 강수량 자료를 분석하는 방법 중 이중누가해석(double mass analysis)에 대한 설명으로 옳은 것은?

① 강수량 자료의 일관성을 검증하기 위하여 이용한다.
② 강수의 지속기간을 알기 위하여 이용한다.
③ 평균 강수량을 계산하기 위하여 이용한다.
④ 결측자료를 보완하기 위하여 이용한다.

[해설]
강수자료의 일관성 검증을 위해 이중누가우량분석을 실시한다.

09 지름 D인 원관에 물이 반만 차서 흐를 때 경심은?

① $D/4$ ② $D/3$
③ $D/2$ ④ $D/5$

[해설]
$$R = \frac{A}{P} = \frac{\frac{\pi D^2}{4} \times \frac{1}{2}}{\pi D \times \frac{1}{2}} = \frac{D}{4}$$

10 SCS 방법(NRCS 유출곡선번호방법)으로 초과 강우량을 산정하여 유출량을 계산할 때에 대한 설명으로 옳지 않은 것은?

① 유역의 토지이용형태는 유효우량의 크기에 영향을 미친다.
② 유출곡선지수(runoff curve number)는 총 우량으로부터 유효우량의 잠재력을 표시하는 지수이다.
③ 투수성 지역의 유출곡선지수는 불투수성 지역의 유출곡선지수보다 큰 값을 갖는다.
④ 선행토양함수조건(antecedent soil moisture condition)은 1년을 성수기와 비성수기로 나누어 각 경우에 대하여 3가지 조건으로 구분하고 있다.

정답 05 ② 06 ② 07 ③ 08 ① 09 ① 10 ③

[해설]
투수성 지역의 유출곡선지수는 불투수성 지역의 유출곡선지수보다 작은 값을 갖는다.

11 그림에서 A와 B의 압력차는?(단, 수은의 비중 = 13.50)

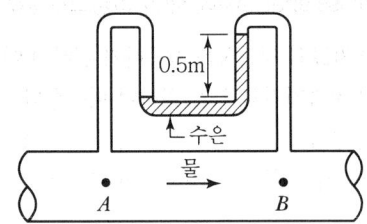

① 32.85kN/m² ② 57.50kN/m²
③ 61.25kN/m² ④ 78.94kN/m²

[해설]
$P_A + wh = P_B + w_s h$
∴ $P_A - P_B = 13.5 \times 0.5 - 1 \times 0.5 = 6.25t$
$= 61.25 kN/m^2$

12 xy평면이 수면에 나란하고, 질량력의 x, y, z축 방향성분을 X, Y, Z라 할 때, 정지평형상태에 있는 액체 내부의 미소 육면체의 부피를 dx, dy, dz라 하면 등압면(等壓面)의 방정식은?

① $Xdx + Ydy + Zdz = 0$
② $\dfrac{X}{dx} + \dfrac{Y}{dy} + \dfrac{Z}{dz} = 0$
③ $\dfrac{dx}{X} + \dfrac{dy}{Y} + \dfrac{dz}{Z} = 0$
④ $\dfrac{X}{x}dx + \dfrac{Y}{y}dy + \dfrac{Z}{z}dz = 0$

[해설]
등압면 방정식 : 수면의 이동상태를 해석하는 방정식
$X \cdot dx + Y \cdot dy + Z \cdot dz = 0$

13 오리피스에서 C_c를 수축계수, C_v를 유속계수라 할 때 실제유량과 이론유량의 비(C)는?

① $C = C_c$ ② $C = C_v$
③ $C = C_c / C_v$ ④ $C = C_c \cdot C_v$

[해설]
유량계수(C) = $C_a \times C_v$ ≒ 0.62

14 유역 내의 DAD 해석과 관련된 항목으로 옳게 짝지어진 것은?

① 우량, 유역면적, 강우지속시간
② 우량, 유출계수, 유역면적
③ 유량, 유역면적, 강우강도
④ 우량, 수위, 유량

[해설]
DAD(Rainfall Depth-Area-Duration) 해석은 최대평균 우량깊이(강우량), 유역면적, 강우지속시간 간 관계의 해석을 말한다.

15 사각형 개수로 단면에서 한계수심(h_c)과 비에너지(h_e)의 관계로 옳은 것은?

① $h_c = \dfrac{2}{3}h_e$ ② $h_c = h_e$
③ $h_c = \dfrac{3}{2}h_e$ ④ $h_c = 2h_e$

[해설]
비에너지와 한계수심의 관계는 $h_c = \dfrac{2}{3}h_e$

16 매끈한 원관 속으로 완전발달 상태의 물이 흐를 때 단면의 전단응력은?

① 관의 중심에서 0이고 관 벽에서 가장 크다.
② 관 벽에서 변화가 없고 관의 중심에서 가장 큰 직선 변화를 한다.
③ 단면의 어디서나 일정하다.
④ 유속분포와 동일하게 포물선형으로 변화한다.

정답 11 ③ 12 ① 13 ④ 14 ① 15 ① 16 ①

[해설]
관수로 흐름의 특성
① 유속분포는 중앙에서 최대이고 관 벽에서 0인 포물선 분포
② 전단응력 분포는 관 벽에서 최대이고 중앙에서 0인 직선 비례

17 폭 9m의 직사각형 수로에 $16.2m^3/s$의 유량이 92cm의 수심으로 흐르고 있다. 장파의 전파속도 C와 비에너지 E는?(단, 에너지보정계수 $\alpha = 1.0$)

① $C = 2.0m/s$, $E = 1.015m$
② $C = 2.0m/s$, $E = 1.115m$
③ $C = 3.0m/s$, $E = 1.015m$
④ $C = 3.0m/s$, $E = 1.115m$

[해설]
① 장파의 전파속도
$$C = \sqrt{gh} = \sqrt{9.8 \times 0.92} = 3.0 \text{m/s}$$
② 비에너지의 산정
$$h_e = h + \frac{\alpha v^2}{2g} = 0.92 + \frac{1 \times 1.96^2}{2 \times 9.8} = 1.115 \text{m}$$
$$(v = \frac{Q}{A} = \frac{16.2}{9 \times 0.92} = 1.96 \text{m/s})$$

18 폭 35cm인 직사각형 위어(weir)의 유량을 측정하였더니 $0.03m^3/s$이었다. 월류수심의 측정에 1mm의 오차가 생겼다면, 유량에 발생하는 오차(%)는?(단, 유량계산은 프란시스(Francis) 공식을 사용하되 월류 시 단면수축은 없는 것으로 가정한다.)

① 1.84%   ② 1.67%
③ 1.50%   ④ 1.16%

[해설]
① $Q = 1.84 b_o h^{\frac{3}{2}}$
$0.03 = 1.84 \times 0.35 \times h^{\frac{3}{2}}$
∴ $h = 0.129 \text{m}$
② 오차의 산정
$$\frac{dQ}{Q} = \frac{3}{2} \frac{dh}{h} = \frac{3}{2} \times \frac{0.001}{0.129} = 0.0116 = 1.16\%$$

19 관수로에서의 미소손실(Minor Loss)은?

① 위치수두에 비례한다.
② 압력수두에 비례한다.
③ 속도수두에 비례한다.
④ 레이놀즈수의 제곱에 반비례한다.

[해설]
미소손실수두는 속도(유속)수두에 비례한다.

20 동해의 일본 측으로부터 300km 파장의 지진해일이 발생하여 수심 3,000m의 동해를 가로질러 2,000km 떨어진 우리나라 동해안에 도달한다고 할 때, 걸리는 시간은?(단, 파속 $c = \sqrt{gh}$, 중력가속도는 $9.8m/s^2$이고 수심은 일정한 것으로 가정)

① 약 150분   ② 약 194분
③ 약 274분   ④ 약 332분

[해설]
① 장파의 전파속도
$$C = \sqrt{gh} = \sqrt{9.8 \times 3,000} = 171.46 \text{m/s}$$
$$= 10,287.86 \text{m/min}$$
② 지진해일 도달시간의 산정
$$t(\text{시간}) = \frac{2,000 \times 1,000}{10,287.86} = 194.4 \text{min}$$

정답 17 ④ 18 ④ 19 ③ 20 ②

2016년 토목산업기사 제4회 수리수문학 기출문제

01 정수압의 성질에 대한 설명으로 옳지 않은 것은?

① 정수압은 작용하는 면에 수직으로 작용한다.
② 정수 내의 1점에 있어서 수압의 크기는 모든 방향에 대하여 동일하다.
③ 정수압의 크기는 수두에 비례한다.
④ 같은 깊이의 정수압 크기는 모든 액체에서 동일하다.

[해설]
수심이 같아도 액체의 단위중량이 다르면 정수압의 크기는 동일하지 않다.

02 밑면이 7.5m×3m이고 깊이가 4m인 빈 상자의 무게가 4×10^5N이다. 이 상자를 물에 띄웠을 때 수면 아래로 잠기는 깊이는?

① 3.54m ② 2.32m
③ 1.81m ④ 0.75m

[해설]
① $1N = \dfrac{1}{9.8}$ kg
② $W(무게) = B(부력)$
   $w \cdot V = w_w \cdot V'$
③ $\dfrac{4 \times 10^5}{9.8 \times 1,000(t)} = 1 \times (7.5 \times 3 \times D)$
   ∴ $D = 1.81$m

03 Darcy의 법칙을 지하수에 적용시킬 때 다음 어느 경우가 잘 일치되는가?

① 층류인 경우 ② 난류인 경우
③ 상류인 경우 ④ 사류인 경우

[해설]
Darcy의 법칙은 정상류 흐름의 층류에만 적용된다.
(특히, $Re < 4$일 때 잘 적용된다.)

04 에너지선에 대한 설명으로 옳은 것은?

① 유체의 흐름방향을 결정한다.
② 이상유체 흐름에서는 수평기준면과 평행하다.
③ 유량이 일정한 흐름에서는 동수경사선과 평행하다.
④ 유선 상의 각 점에서의 압력수두와 위치수두의 합을 연결한 선이다.

[해설]
이상유체 흐름에서는 손실이 발생하지 않으므로 에너지선과 수평기준면은 평행하다.

05 개수로의 설계와 수공 구조물의 설계에 주로 적용되는 수리학적 상사법칙은?

① Reynolds 상사법칙
② Froude 상사법칙
③ Weber 상사법칙
④ Mach 상사법칙

[해설]
개수로 설계와 수공구조물 설계는 Froude의 상사법칙을 적용한다.(중력이 흐름을 지배)

06 U자관에서 어떤 액체 15cm의 높이와 수은 5cm의 높이가 평형을 이루고 있다면 이 액체의 비중은?(단, 수은의 비중은 13.6이다.)

① 3.45 ② 5.43
③ 5.34 ④ 4.53

[해설]
① $w \times 15 = 13.6 \times 5$
② $w = 4.53$ t/m³
   ∴ 비중은 4.53

07 관수로에서 Reynolds 수가 300일 때 추정할 수 있는 흐름의 상태는?

① 상류 ② 사류
③ 층류 ④ 난류

정답 01 ④ 02 ③ 03 ① 04 ② 05 ② 06 ④ 07 ③

[해설]
① $Re \leq 2,000$: 층류
② $2,000 < Re < 4,000$: 천이영역
③ $Re \geq 4,000$: 난류
∴ Reynolds 수 300은 층류이다.

08 수로 폭 4m, 수심 1.5m인 직사각형 단면 수로에 유량 24m³/s가 흐를 때, 프루드수(Froude number)와 흐름의 상태는?

① 1.04, 상류
② 1.04, 사류
③ 0.74, 상류
④ 0.74, 사류

[해설]
① $V = \dfrac{Q}{A} = \dfrac{24}{4 \times 1.5} = 4\text{m/sec}$
② $F_r = \dfrac{V}{\sqrt{gh}} = \dfrac{4}{\sqrt{9.8 \times 1.5}} = 1.04$
∴ 사류

09 긴 관로의 유량조절 밸브를 갑자기 폐쇄시킬 때, 관로 내 물의 질량과 운동량 때문에 정상적인 동수압보다 몇 배의 큰 압력 상승이 일어나는 현상은?

① 공동현상
② 도수현상
③ 수격작용
④ 배수현상

[해설]
밸브를 급폐쇄하면 관로 내 유속이 급격히 변하여 관 내의 물의 질량과 운동량 때문에 관 벽에 큰 힘을 가하게 되어 정상적인 동수압보다 몇 배의 큰 압력 상승이 일어난다. 이러한 현상을 수격작용이라 한다.

10 직사각형 단면 개수로의 수리학적으로 유리한 형상의 단면에서 수로 수심이 1.5m였다면, 이 수로의 경심은?

① 0.75m
② 1.0m
③ 2.25m
④ 3.0m

[해설]
수리학적으로 유리한 단면
$R = \dfrac{H}{2} = \dfrac{1.5}{2} = 0.75\text{m}$

11 직사각형 단면의 개수로에서 비에너지의 최소값이 $E_{\min} = 1.5\text{m}$라면 단위폭당 유량은?

① 1.75m³/s
② 2.73m³/s
③ 3.13m³/s
④ 4.25m³/s

[해설]
① $h_c = \dfrac{2}{3} h_e = \dfrac{2}{3} \times 1.5 = 1\text{m}$
② $h_c = \left(\dfrac{\alpha Q^2}{gb^2} \right)^{\frac{1}{3}}$
③ $1 = \left(\dfrac{1 \times Q^2}{9.8 \times 1^2} \right)^{\frac{1}{3}}$
∴ $Q = 3.13\text{m}^3/\text{s}$

12 유량 Q, 유속 V, 단면적 A, 도심거리 h_G라 할 때 충력치(M)의 값은?(단, 충력치는 비력이라고도 하며, η : 운동량 보정계수, g : 중력가속도, W : 물의 중량, w : 물의 단위중량)

① $\eta \dfrac{Q}{g} + W h_G A$
② $\eta \dfrac{Q}{g} V + h_G A$
③ $\eta \dfrac{gV}{Q} + h_G A$
④ $\eta \dfrac{Q}{g} V + \dfrac{1}{2} w^2$

[해설]
충력치(비력)
$M = \eta \dfrac{Q}{g} V + h_G A$

정답 08 ② 09 ③ 10 ① 11 ③ 12 ②

13 그림과 같은 오리피스를 통과하는 유량은? (단, 오리피스 단면적 $A=0.2m^2$, 손실계수 $C=0.780$이다.)

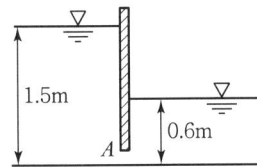

① $0.36m^3/s$
② $0.46m^3/s$
③ $0.56m^3/s$
④ $0.66m^3/s$

[해설]
$Q = CA\sqrt{2gH}$
$= 0.78 \times 0.2 \times \sqrt{2 \times 9.8 \times (1.5-0.6)} = 0.66m^3/sec$

14 동점성계수인 ν를 나타내는 단위로 옳은 것은?

① Poise
② mega
③ Stokes
④ Gal

[해설]
동점성계수의 단위 : $1Stokes = 1cm^2/sec$

15 관수로 내의 흐름을 지배하는 주된 힘은?

① 인력
② 중력
③ 자기력
④ 점성력

[해설]
관수로 흐름을 지배하는 힘은 압력과 점성력이다.

16 지하수의 흐름에 대한 Darcy의 법칙은? (단, V : 지하수의 유속, K : 투수계수, Δh : 길이 Δl에 대한 손실수두)

① $V = K\left(\dfrac{\Delta h}{\Delta l}\right)^2$
② $V = K\left(\dfrac{\Delta h}{\Delta l}\right)$
③ $V = K\left(\dfrac{\Delta h}{\Delta l}\right)^{-1}$
④ $V = K\left(\dfrac{\Delta h}{\Delta l}\right)^{-2}$

[해설]
$Q = A \cdot V = A \cdot K \cdot I = A \cdot K \cdot \dfrac{h_L}{L}$
$\therefore V = KI = K\left(\dfrac{\Delta h}{\Delta l}\right)$

17 수축단면에 관한 설명으로 옳은 것은?

① 오리피스의 유출수맥에서 발생한다.
② 상류에서 사류로 변화할 때 발생한다.
③ 사류에서 상류로 변화할 때 발생한다.
④ 수축단면에서의 유속을 오리피스의 평균유속이라 한다.

[해설]
오리피스를 통과할 때 최대로 수축되는 단면적을 수축단면이라 한다.

18 그림과 같이 흐름의 단면을 A_1에서 A_2로 급히 확대할 경우의 손실수두(h_{se})를 나타내는 식은?

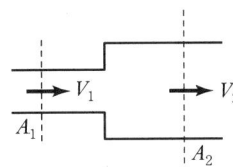

① $h_{se} = \left(1 - \dfrac{A_1}{A_2}\right)^2 \dfrac{V_1^2}{2g}$
② $h_{se} = \left(1 - \dfrac{A_1}{A_2}\right)^2 \dfrac{V_2^2}{2g}$
③ $h_{se} = \left(1 + \dfrac{A_2}{A_1}\right)^2 \dfrac{V_1^2}{2g}$
④ $h_{se} = \left(1 + \dfrac{A_2}{A_1}\right)^2 \dfrac{V_2^2}{2g}$

[해설]
① 단면급확대 손실계수
$f_{se} = \left(1 - \dfrac{A_1}{A_2}\right)^2$

② 단면급확대 손실수두
$h_{se} = f_{se} \dfrac{V_1^2}{2g}$
$\therefore h_{se} = \left(1 - \dfrac{A_1}{A_2}\right)^2 \dfrac{V_1^2}{2g}$

정답 13 ④ 14 ③ 15. ④ 16 ② 17 ① 18 ①

19 안지름 15cm의 관에 10℃의 물이 유속 3.2m/s로 흐르고 있을 때 흐름의 상태는?(단, 10℃ 물의 동점성계수(ν)=0.0131cm²/s)

① 층류 ② 한계류
③ 난류 ④ 부정류

해설

$Re = \dfrac{VD}{\nu} = \dfrac{320 \times 15}{0.0131} = 366,412$

∴ 난류

20 지름이 변하면서 위치도 변하는 원형 관로에 1.0m³/s의 유량이 흐르고 있다. 지름이 1.0m인 구간의 압력이 34.3kPa(0.35kg/cm²)이라면, 그보다 2m 더 높은 곳에 위치한 지름 0.7m인 구간의 압력은?(단, 마찰 및 미소손실은 무시한다.)

① 11.8kPa ② 14.7kPa
③ 17.6kPa ④ 19.6kPa

해설

① $V_1 = \dfrac{Q}{A_1} = \dfrac{1}{\dfrac{\pi \times 1^2}{4}} = 1.27 \text{m/s}$

② $V_2 = \dfrac{Q}{A_2} = \dfrac{1}{\dfrac{\pi \times 0.7^2}{4}} = 2.6 \text{m/s}$

③ 압력의 산정

$z_1 + \dfrac{p_1}{w} + \dfrac{v_1^2}{2g} = z_2 + \dfrac{p_2}{w} + \dfrac{v_2^2}{2g}$

∴ $\dfrac{3.5}{1} + \dfrac{1.27^2}{2 \times 9.8} = 2 + \dfrac{p_2}{1} + \dfrac{2.6^2}{2 \times 9.8}$

④ $p_2 = 1.235 \text{t/m}^2 = 12.1 \text{kPa} ≒ 11.8 \text{kPa}$

2017년 토목기사 제1회 수리수문학 기출문제

01 수심 h, 단면적 A, 유량 Q로 흐르고 있는 개수로에서 에너지 보정계수를 α라고 할 때 비에너지 H_e를 구하는 식은?(단, h=수심, g=중력가속도)

① $H_e = h + \alpha\left(\dfrac{Q}{A}\right)$
② $H_e = h + \alpha\left(\dfrac{Q}{A}\right)^2$
③ $H_e = h + \alpha\left(\dfrac{Q^2}{A}\right)$
④ $H_e = h + \dfrac{\alpha}{2g}\left(\dfrac{Q}{A}\right)^2$

해설

비에너지 $H_e = h + \dfrac{\alpha v^2}{2g} = h + \dfrac{\alpha}{2g}\left(\dfrac{Q}{A}\right)^2$

02 두 수조가 관길이 L=50m, 지름 D=0.8m, Manning의 조도계수 n=0.013인 원형관으로 연결되어 있다. 이 관을 통하여 유량 Q=1.2m³/s의 난류가 흐를 때, 두 수조의 수위차(H)는?(단, 마찰, 단면 급확대 및 급축소 손실만을 고려한다.)

① 0.98m
② 0.85m
③ 0.54m
④ 0.36m

해설

① $f = \dfrac{124.6 n^2}{D^{\frac{1}{3}}} = \dfrac{124.6 \times 0.013^2}{0.8^{\frac{1}{3}}} = 0.0227$

② $Q = \dfrac{\pi D^2}{4} \times \sqrt{\dfrac{2gH}{1.5 + f\dfrac{l}{D}}}$

$1.2 = \dfrac{\pi \times 0.8^2}{4} \times \sqrt{\dfrac{2 \times 9.8 \times H}{1.5 + 0.0227 \times \dfrac{50}{0.8}}}$

∴ H = 0.85m

03 어떤 유역에 내린 호우사상의 시간적 분포가 표와 같고 유역의 출구에서 측정한 지표유출량이 15mm일 때 ϕ-지표는?

시간(hr)	0~1	1~2	2~3	3~4	4~5	5~6
강우강도 (mm/hr)	2	10	6	8	2	1

① 2mm/hr
② 3mm/hr
③ 5mm/hr
④ 7mm/hr

해설

총강우량은 2+10+6+8+2+1=29mm이고, 이 중 15mm가 유출되었으므로 14mm가 침투량이다.
$(10-3)+(6-3)+(8-3)=15$mm
∴ ϕ-index=3mm/hr이다.

04 DAD(Depth-Area-Duration) 해석에 관한 설명으로 옳은 것은?

① 최대평균우량깊이, 유역면적, 강우강도와의 관계를 수립하는 작업이다.
② 유역면적을 대수 축(Logarithmic Scale)에, 최대평균강우량을 산술축(Arithmetic Scale)에 표시한다.
③ DAD 해석 시 상대습도 자료가 필요하다.
④ 유역면적과 증발산량과의 관계를 알 수 있다.

해설

면적을 대수 축에, 최대평균강우량을 산술 축에, 지속시간을 제3의 변수로 표기하는 방법이 DAD 해석이다.

05 정상류(Steady Flow)의 정의로 가장 적합한 것은?

① 수리학적 특성이 시간에 따라 변하지 않는 흐름
② 수리학적 특성이 공간에 따라 변하지 않는 흐름
③ 수리학적 특성이 시간에 따라 변하는 흐름
④ 수리학적 특성이 공간에 따라 변하는 흐름

해설

시간에 따른 흐름의 특성이 변하지 않는 경우를 정류(정상류), 변하는 경우를 부정류라 한다.

정답 01 ④ 02 ② 03 ② 04 ② 05 ①

06 개수로 내 흐름에 있어서 한계수심에 대한 설명으로 옳은 것은?

① 상류 쪽의 저항이 하류 쪽의 조건에 따라 변한다.
② 유량이 일정할 때 비력이 최대가 된다.
③ 유량이 일정할 때 비에너지가 최소가 된다.
④ 비에너지가 일정할 때 유량이 최소가 된다.

해설

한계수심
① 유량이 일정하고 비에너지가 최소일 때의 수심
② 에너지가 일정하고 유량이 최대로 흐를 때의 수심
③ 유량이 일정하고 비력이 최소일 때의 수심

07 단위유량도 작성 시 필요 없는 사항은?

① 유효우량의 지속시간
② 직접유출량
③ 유역면적
④ 투수계수

해설

단위도의 구성요소
① 직접유출량
② 유효우량 지속시간
③ 유역면적

08 컨테이너 부두 안벽에 입사하는 파랑의 입사파고가 0.8m이고, 안벽에서 반사된 파랑의 반사파고가 0.3m일 때 반사율은?

① 0.325
② 0.375
③ 0.425
④ 0.475

해설

① 파랑의 반사율 $K_R = \dfrac{H_R}{H_I}$

여기서, K_R : 반사율
H_R : 반사파고
H_I : 입사파고

② 반사율 $K_R = \dfrac{H_R}{H_I} = \dfrac{0.3}{0.8} = 0.375$

09 댐의 여수로에서 도수를 발생시키는 목적 중 가장 중요한 것은?

① 유수의 에너지 감쇄
② 취수를 위한 수위 상승
③ 댐 하류부에서의 유속의 증가
④ 댐 하류부에서의 유량의 증가

해설

댐 여수로에서 도수를 발생시키는 것은 유수의 에너지 감쇄에 목적이 있다.

10 강우계의 관측분포가 균일한 평야지역의 작은 유역에 발생한 강우에 적합한 유역 평균강우량 산정법은?

① Thiessen의 가중법
② Talbot의 강도법
③ 산술평균법
④ 등우선법

해설

산술평균법은 강우계의 관측분포가 균일한 평야지역에 적용한다.

11 흐름에 대한 설명 중 틀린 것은?

① 흐름이 층류일 때는 뉴턴의 점성법칙을 적용할 수 있다.
② 등류란 모든 점에서의 흐름의 특성이 공간에 따라 변하지 않는 흐름이다.
③ 유관이란 개개의 유체입자가 흐르는 경로를 말한다.
④ 유선이란 각 점에서 속도벡터에 접하는 곡선을 연결한 선이다.

해설

유관이란 여러 개의 유선이 모여 만든 하나의 가상 폐합관을 말한다.

정답 06 ③ 07 ④ 08 ② 09 ① 10 ③ 11 ③

12 우량관측소에서 측정된 5분 단위 강우량 자료가 표와 같을 때 10분 지속 최대 강우강도는?

시각(분)	0	5	10	15	20
누가우량(mm)	0	2	8	18	25

① 17mm/hr ② 48mm/hr
③ 102mm/hr ④ 120mm/hr

[해설]

시각(분)	0	5	10	15	20
우량(mm)	0	2	6	10	7

$I = (10+7) \times \dfrac{60}{10} = 102\text{mm/h}$

13 흐르는 유체 속에 잠겨 있는 물체에 작용하는 항력과 관계가 없는 것은?

① 유체의 밀도 ② 물체의 크기
③ 물체의 형상 ④ 물체의 밀도

[해설]

$D = C_D \cdot A \cdot \dfrac{\rho V^2}{2}$

여기서, C_D : 항력계수 $\left(C_D = \dfrac{24}{Re}\right)$

A : 투영면적, $\dfrac{\rho V^2}{2}$: 동압력

∴ 항력과 관련이 없는 인자는 물체의 밀도이다.

14 그림과 같이 반지름 R인 원형관에서 물이 층류로 흐를 때 중심부에서의 최대속도를 V라 할 경우 평균속도 V_m은?

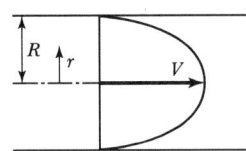

① $V_m = \dfrac{V}{2}$ ② $V_m = \dfrac{V}{3}$
③ $V_m = \dfrac{V}{4}$ ④ $V_m = \dfrac{V}{5}$

[해설]

$V = 2V_m$

∴ $V_m = \dfrac{V}{2}$

15 관수로의 흐름이 층류인 경우 마찰손실계수(f)에 대한 설명으로 옳은 것은?

① 조도에만 영향을 받는다.
② 레이놀즈수에만 영향을 받는다.
③ 항상 0.2778로 일정한 값을 갖는다.
④ 조도와 레이놀즈수에 영향을 받는다.

[해설]

층류영역에서의 마찰손실계수는 레이놀즈수에만 영향을 받는다. $\left(f = \dfrac{64}{Re}\right)$

16 중량이 600N, 비중이 3.0인 물체를 물(담수) 속에 넣었을 때 물속에서의 중량은?

① 100N ② 200N
③ 300N ④ 400N

[해설]

① $W = W \cdot V$
   $0.6\text{kN} = (3 \times 9.8\text{kN}) \times V$
   ∴ $V = 0.02\text{m}^3$

② $W = B + W'$
   $W' = W - B(W \cdot V)$
   ∴ $W' = 0.6\text{kN} - [(1 \times 9.8\text{kN}) \times 0.02]$
   $= 0.404\text{kN}$
   $= 404\text{N}$

17 물속에 존재하는 임의의 면에 작용하는 정수압의 작용방향은?

① 수면에 대하여 수평방향으로 작용한다.
② 수면에 대하여 수직방향으로 작용한다.
③ 정수압의 수직압은 존재하지 않는다.
④ 임의의 면에 직각으로 작용한다.

정답 12 ③ 13 ④ 14 ① 15 ② 16 ④ 17 ④

[해설]
정수압의 작용방향은 모든 면에 직각으로 작용

18 저수지의 측벽에 폭 20cm, 높이 5cm의 직사각형 오리피스를 설치하여 유량 200L/s를 유출시키려고 할 때 수면으로부터의 오리피스 설치 위치는?(단, 유량계수 $C=0.62$)

① 33m ② 43m
③ 53m ④ 63m

[해설]
$Q = Ca\sqrt{2gh}$

$\therefore h = \dfrac{Q^2}{C^2 a^2 2g} = \dfrac{0.2^2}{0.62^2 \times (0.2 \times 0.05)^2 \times 2 \times 9.8} = 53\text{m}$

19 대수층에서 지하수가 2.4m의 투과거리를 통과하면서 0.4m의 수두손실이 발생할 때 지하수의 유속은?(단, 투수계수 = 0.3m/s)

① 0.01m/s ② 0.05m/s
③ 0.1m/s   ④ 0.5m/s

[해설]
$Q = A \cdot V = A \cdot K \cdot I = A \cdot K \cdot \dfrac{h_L}{L}$

$\therefore V = K \cdot \dfrac{h_L}{L} = 0.3 \times \dfrac{0.4}{2.4} = 0.05\text{m/s}$

20 삼각위어에 있어서 유량계수가 일정하다고 할 때 유량변화율(dQ/Q)이 1% 이하가 되기 위한 월류수심의 변화율(dH/H)은?

① 0.4% 이하
② 0.5% 이하
③ 0.6% 이하
④ 0.7% 이하

[해설]
① $\dfrac{dQ}{Q} = \dfrac{5}{2} \dfrac{dH}{H}$

$\therefore 1 = \dfrac{5}{2} \dfrac{dH}{H}$

② $\dfrac{dH}{H} = \dfrac{2}{5}\% = 0.4\%$ 이하

정답 18 ③ 19 ② 20 ①

2017년 토목산업기사 제1회 수리수문학 기출문제

01 수조 1과 수조 2를 단면적 A인 완전수중 오리피스 2개로 연결하였다. 수조 1로부터 지속적으로 일정한 유량의 물을 수조 2로 송수할 때 두 수조의 수면차(H)는?(단, 오리피스의 유량계수는 C이고, 접근유속수두(h_a)는 무시한다.)

① $H = \left(\dfrac{Q}{A\sqrt{2g}}\right)^2$ ② $H = \left(\dfrac{Q}{2A\sqrt{2g}}\right)^2$

③ $H = \left(\dfrac{Q}{2CA\sqrt{2g}}\right)^2$ ④ $H = \left(\dfrac{Q}{CA\sqrt{2g}}\right)^2$

[해설]

$Q = CA\sqrt{2gH} \times 2$

∴ $H = \left(\dfrac{Q}{2CA\sqrt{2g}}\right)^2$

02 폭 7.0m의 수로 중간에 폭 2.5m의 직사각형 위어를 설치하였더니 월류수심이 0.35m였다면 이 때 월류량은?(단, $C=0.63$이며 접근유속은 무시한다.)

① $0.401\text{m}^3/\text{s}$ ② $0.439\text{m}^3/\text{s}$
③ $0.963\text{m}^3/\text{s}$ ④ $1.444\text{m}^3/\text{s}$

[해설]

$Q = \dfrac{2}{3} Cb\sqrt{2g}\, h^{\frac{3}{2}}$

$= \dfrac{2}{3} \times 0.63 \times 2.5 \sqrt{2 \times 9.8} \times 0.35^{\frac{3}{2}}$

$= 0.963\text{m}^3/\text{s}$

03 압력을 P, 물의 단위무게를 W_o라 할 때, P/W_o의 단위는?

① 시간   ② 길이
③ 질량   ④ 중량

[해설]

$\dfrac{P}{W_o} = \dfrac{\text{t/m}^2}{\text{t/m}^3} = \text{m}$

∴ 길이의 단위(m)와 같다.

04 그림과 같이 원관이 중심축에 수평하게 놓여 있고 계기압력이 각각 1.8kg/cm^2, 2.0kg/cm^2일 때 유량은?(단, 압력계의 kg은 무게를 표시한다.)

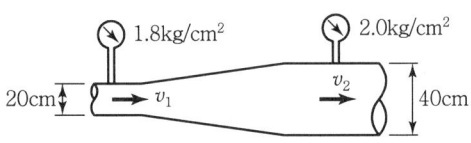

① 203L/s   ② 223L/s
③ 243L/s   ④ 263L/s

[해설]

① $h_1 = \dfrac{P}{w} = \dfrac{18\text{t/m}^2}{1\text{t/m}^3} = 18\text{m}$

② $h_2 = \dfrac{P}{w} = \dfrac{20\text{t/m}^2}{1\text{t/m}^3} = 20\text{m}$

③ $H = 20 - 18 = 2\text{m}$

④ 유량계수는 1로 가정

⑤ $A_1 = \dfrac{\pi \times 0.4^2}{4} = 0.1256\text{m}^2$

⑥ $A_2 = \dfrac{\pi \times 0.2^2}{4} = 0.0314\text{m}^2$

∴ $Q = \dfrac{CA_1 A_2}{\sqrt{A_1^2 - A_2^2}} \sqrt{2gH}$

$= \dfrac{1 \times 0.1256 \times 0.0314}{\sqrt{0.1256^2 - 0.0314^2}} \sqrt{2 \times 9.8 \times 2} = 203\text{L/s}$

05 지름 1m인 원형 관에 물이 가득 차서 흐른다면 이때의 경심은?

① 0.25m   ② 0.5m
③ 1.0m   ④ 2.0m

[해설]

$R = \dfrac{A}{P} = \dfrac{\dfrac{\pi D^2}{4}}{\pi D} = \dfrac{D}{4} = \dfrac{1}{4} = 0.25\text{m}$

06 개수로에서 중력가속도를 g, 수심을 h로 표시할 때 장파(長波)의 전파속도는?

① $\sqrt{gh}$ ② gh
③ $\sqrt{\dfrac{h}{g}}$ ④ $\dfrac{h}{g}$

정답 01 ③ 02 ③ 03 ② 04 ① 05 ① 06 ①

해설

$C = \sqrt{gh}$

여기서, C : 장파의 전파속도
g : 중력가속도
h : 수심

07 물의 점성계수의 단위는 g/cm·s이다. 동점성계수의 단위는?

① cm³/s
② cm/s²
③ s/cm²
④ cm²/s

해설

$\nu = \dfrac{\mu}{\rho} = \dfrac{g/\text{cm}^2 \cdot \text{sec}}{g \cdot \text{sec}^2/\text{cm}^4} = \text{cm}^2/\text{sec}$

08 정상적인 흐름에서 한 유선 상의 유체입자에 대하여 그 속도수두 $\dfrac{V^2}{2g}$, 압력수두 $\dfrac{P}{w_o}$, 위치수두 Z라면 동수경사로 옳은 것은?

① $\dfrac{V^2}{2g} + \dfrac{P}{w_o}$
② $\dfrac{V^2}{2g} + Z + \dfrac{P}{w_o}$
③ $\dfrac{V^2}{2g} + Z$
④ $\dfrac{P}{w_o} + Z$

해설

동수경사선
① 위치수두와 압력수두의 합을 연결한 선
② 동수경사선은 $\dfrac{P}{w_o} + Z$

09 원관 내 흐름이 포물선형 유속분포를 가질 때, 관 중심선 상에서 유속이 V_o, 전단응력이 τ_o, 관 벽면에서 전단응력이 τ_s, 관 내의 평균유속이 V_m, 관 중심선에서 y만큼 떨어져 있는 곳의 유속이 V, 전단응력이 τ라 할 때 옳지 않은 것은?

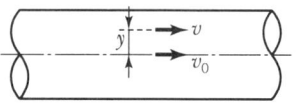

① $V_o > V$
② $V_o = 2V_m$
③ $\tau_s = 2\tau_o$
④ $\tau_s > \tau$

해설

① 유속은 관중앙에서 최대이고 관벽에서 0이다. ($V_o > V$)
② 관수로 최대유속은 평균유속의 2배($V_o = 2V_m$)
③ 전단응력분포는 관벽에서 최대이고 중앙에서 0이다.($\tau_s > \tau$)

10 개수로를 따라 흐르는 한계류에 대한 설명으로 옳지 않은 것은?

① 주어진 유량에 대하여 비에너지(Specific Energy)가 최소이다.
② 주어진 비에너지에 대하여 유량이 최대이다.
③ 프루드(Froude) 수는 1이다.
④ 일정한 유량에 대한 비력(Specific Force)이 최대이다.

해설

한계류 조건
① 유량이 일정하고 비에너지가 최소일 때의 흐름을 한계류라고 한다.
② 비에너지가 일정하고 유량이 최대로 흐를 때의 흐름을 한계류라고 한다.
③ 유량이 일정하고 비력이 최소일 때의 흐름을 한계류라고 한다.
④ Froude 수가 1일 때의 흐름을 한계류라고 한다.

11 Darcy 법칙에서 투수계수의 차원은?

① 동수경사의 차원과 같다.
② 속도수두의 차원과 같다.
③ 유속의 차원과 같다.
④ 점성계수의 차원과 같다.

해설

Darcy의 법칙
① $V = K \cdot I = K \cdot \dfrac{h_L}{L}$
② 투수계수의 차원은 속도의 차원과 같다.

12 2m×2m×2m인 고가수조에 관로를 통해 유입되는 물의 유입량이 0.15L/s일 때 만수가 되기까지 걸리는 시간은?(단, 현재 고가수조의 수심은 0.5m이다.)

① 5시간 20분 ② 8시간 22분
③ 10시간 5분 ④ 11시간 7분

해설
① 고가수조체적=총 유입량
② $2 \times 2 \times 1.5 = (0.15 \times 10^{-3}) \times t$
∴ $t = 40,000$초 = 11시간 6분 40초

13 개수로 흐름에서 수심이 1m, 유속이 3m/s이라면 흐름의 상태는?

① 사류(射流) ② 난류(亂流)
③ 층류(層流) ④ 상류(常流)

해설
$Fr = \dfrac{V}{\sqrt{gh}} = \dfrac{3}{\sqrt{9.8 \times 1}} = 0.96 < 1$
∴ 상류

14 도수(Hydraulic Jump)현상에 관한 설명으로 옳지 않은 것은?

① 역적-운동량 방정식으로부터 유도할 수 있다.
② 상류에서 사류로 급변할 경우 발생한다.
③ 도수로 인한 에너지 손실이 발생한다.
④ 파상도수와 완전도수는 Froude 수로 구분한다.

해설
흐름이 사류에서 상류로 바뀔 때 수면이 뛰는 현상을 도수(hydraulic jump)라고 한다.

15 그림과 같이 물속에 잠긴 원판에 작용하는 전수압은?(단, 무게 1kg=9.8N)

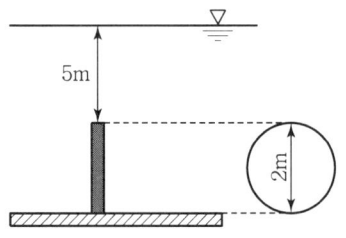

① 92.3kN ② 184.7kN
③ 369.3kN ④ 738.5kN

해설
$P = wh_G A = 1 \times \left(5 + \dfrac{1}{2}\right) \times \dfrac{\pi \times 2^2}{4}$
$= 18.84t = 18.84 \times 9.8 = 184.7$kN

16 부체가 물 위에 떠 있을 때, 부체의 중심(G)과 부심(C)의 거리($\overline{CG}$)를 e, 부심(C)과 경심(M)의 거리($\overline{CM}$)를 a, 경심(M)에서 중심(G)까지의 거리($\overline{MG}$)를 b라 할 때, 부체의 안정조건은?

① $a > e$ ② $a < b$
③ $b < e$ ④ $b > e$

해설
부체의 안정조건 : $a > e$

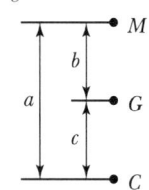

17 그림에서 판 AB에 가해지는 힘 F는?(단, ρ는 밀도이다.)

① $Q\dfrac{V_1^2}{2g}$
② $\rho Q V_1$
③ $\rho Q V_1^2$
④ $\rho Q V_2$

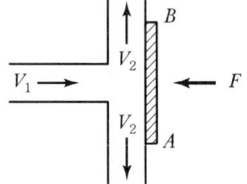

정답 12 ④ 13 ④ 14 ② 15 ② 16 ① 17 ②

해설

$F = \rho Q(V_1 - V_2) = \rho Q V_1$
($V_2 = 0$)

18 Darcy의 법칙을 지하수에 적용시킬 때 가장 잘 일치하는 흐름은?

① 층류　　② 난류
③ 사류　　④ 상류

해설

Darcy의 법칙은 정상류흐름의 층류에만 적용.(특히, $Re < 4$일 때 잘 적용)

19 물의 흐름에서 단면과 유속 등 유동 특성이 시간에 따라 변하지 않는 흐름은?

① 층류　　② 난류
③ 정상류　　④ 부정류

해설

정상류(정류)는 흐름의 특성이 시간에 따라 변하지 않는 흐름을 말한다.

20 레이놀즈(Reynolds)수가 1,000인 관에 대한 마찰손실계수 f의 값은?

① 0.016　　② 0.022
③ 0.032　　④ 0.064

해설

$f = \dfrac{64}{Re} = \dfrac{64}{1,000} = 0.064$

정답 18 ①　19 ③　20 ④

2017년 토목기사 제2회 수리수문학 기출문제

01 삼각위어에서 수두를 H라 할 때 위어를 통해 흐르는 유량 Q와 비례하는 것은?

① $H^{-1/2}$ ② $H^{1/2}$
③ $H^{3/2}$ ④ $H^{5/2}$

[해설]

$Q = \dfrac{8}{15} C \tan \dfrac{\theta}{2} \sqrt{2g}\, H^{\frac{5}{2}}$

$\therefore Q \propto H^{\frac{5}{2}}$

02 도수(hydraulic jump)에 대한 설명으로 옳은 것은?

① 수문을 급히 개방할 경우 하류로 전파되는 흐름
② 유속이 파의 전파속도보다 작은 흐름
③ 상류에서 사류로 변할 때 발생하는 현상
④ Froude 수가 1보다 큰 흐름에서 1보다 작아질 때 발생하는 현상

[해설]

도수는 Froude 수가 1보다 큰 사류에서 Froude 수가 1보다 작은 상류로 바뀔 때 발생하는 현상이다.

03 어떤 계속된 호우에 있어서 총 유효우량 $\sum R_e$ (mm), 직접유출의 총량 $\sum Q_e$ (m³), 유역면적 A (km²) 사이에 성립하는 식은?

① $\sum R_e = A \times \sum Q_e$
② $\sum R_e = \dfrac{10^3 \times A}{\sum Q_e}$
③ $\sum R_e = 10^3 \times A \times \sum Q_e$
④ $\sum R_e = \dfrac{\sum Q_e}{10^3 \times A}$

[해설]

총 유효우량 $\sum R_e$ (mm)은 직접유출의 총량 $\sum Q_e$을 유역면적 A로 나누어서 구할 수 있다.

$\sum R_e \text{(cm)} = \dfrac{\sum Q_e \times 10^6 \,(\text{cm}^3)}{A \times 10^{10}\,(\text{cm}^2)}$

$\therefore \sum R_e \text{(mm)} = \dfrac{\sum Q_e}{A \times 10^3}$

04 DAD 해석에 관계되는 요소로 짝지어진 것은?

① 강우깊이, 면적, 지속기간
② 적설량, 분포면적, 적설일수
③ 수심, 하천 단면적, 홍수기간
④ 강우량, 유수단면적, 최대수심

[해설]

DAD 해석의 구성요소는 강우량(강우깊이), 유역면적, 강우지속시간이다.

05 그림과 같이 원형관 중심에서 V의 유속으로 물이 흐르는 경우에 대한 설명으로 틀린 것은?(단, 흐름은 층류로 가정한다.)

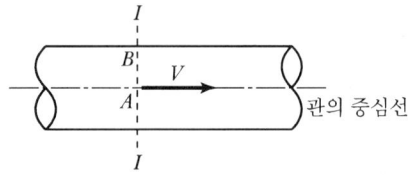

① A점에서의 유속은 단면 평균유속의 2배다.
② A점에서의 마찰은 V^2에 비례한다.
③ A점에서 B점으로 갈수록 마찰력은 커진다.
④ 유속은 A점에서 최대인 포물선 분포를 한다.

[해설]

A점의 마찰력은 0이다.

06 두 개의 수평한 판이 5mm 간격으로 놓여 있고, 점성계수 0.01N·s/cm²인 유체로 채워져 있다. 하나의 판을 고정시키고 다른 하나의 판을 2m/s로 움직일 때 유체 내에서 발생되는 전단응력은?

① 1N/cm² ② 2N/cm²
③ 3N/cm² ④ 4N/cm²

[해설]

$\tau = \mu \dfrac{dv}{dy} = 0.01 \times \dfrac{200}{0.5} = 4\text{N/cm}^2$

정답 01 ④ 02 ④ 03 ④ 04 ① 05 ② 06 ④

07 관 내의 손실수두(h_L)와 유량(Q)의 관계로 옳은 것은?(단, Darcy-Weisbach 공식을 사용)

① $h_L \propto Q$ ② $h_L \propto Q^{1.85}$
③ $h_L \propto Q^2$ ④ $h_L \propto Q^{2.5}$

해설

$$h_L = f\frac{l}{D}\frac{V^2}{2g} = f\frac{l}{D}\frac{1}{2g}\left(\frac{Q}{A}\right)^2$$

$$\therefore h_L \propto Q^2$$

08 유역의 평균 폭 B, 유역면적 A, 본류의 유로 연장 L인 유역의 형상을 양적으로 표시하기 위한 유역형상계수는?

① $\dfrac{A}{L}$ ② $\dfrac{A}{L^2}$
③ $\dfrac{B}{L}$ ④ $\dfrac{B}{L^2}$

해설

유역형상계수 $F = \dfrac{A}{L^2}$

여기서, F : 형상계수
A : 유역면적
L : 유역 주 하천의 길이

09 지하수 흐름과 관련된 Dupuit의 공식으로 옳은 것은?(단, q=단위폭당 유량, ℓ=침윤선 길이, k=투수계수)

① $q = \dfrac{k}{2\ell}(h_1^2 - h_2^2)$ ② $q = \dfrac{k}{2\ell}(h_1^2 + h_2^2)$
③ $q = \dfrac{k}{\ell}(h_1^{\frac{3}{2}} - h_2^{\frac{3}{2}})$ ④ $q = \dfrac{k}{\ell}(h_1^{\frac{3}{2}} + h_2^{\frac{3}{2}})$

해설

Dupuit의 침윤선 공식
$q = \dfrac{k}{2l}(h_1^2 - h_2^2)$

10 강우자료의 변화요소가 발생한 과거의 기록치를 보정하기 위하여 전반적인 자료의 일관성을 조사하려고 할 때, 사용할 수 있는 가장 적절한 방법은?

① 정상 연강수량 비율법 ② Thiessen의 가중법
③ 이중 누가우량 분석 ④ DAD 분석

해설

이중 누가우량 분석은 강수자료의 일관성 검증을 위해 실시하는 방법이다.

11 수면폭이 1.2m인 V형 삼각 수로에서 2.8m³/s의 유량이 0.9m 수심으로 흐른다면 이때의 비에너지는?(단, 에너지보정계수 $\alpha = 1$로 가정한다.)

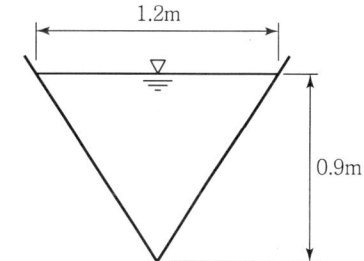

① 0.9m ② 1.14m
③ 1.84m ④ 2.27m

해설

① $A = \dfrac{1}{2}bh = \dfrac{1}{2} \times 1.2 \times 0.9 = 0.54\text{m}^2$

② $V = \dfrac{Q}{A} = \dfrac{2.8}{0.54} = 5.19\text{m/s}$

$\therefore h_e = h + \dfrac{\alpha V^2}{2g} = 0.9 + \dfrac{1 \times 5.19^2}{2 \times 9.8} = 2.27\text{m}$

12 층류영역에서 사용 가능한 마찰손실계수의 산정식은?(단, Re : Reynolds 수)

① $\dfrac{1}{Re}$ ② $\dfrac{4}{Re}$
③ $\dfrac{24}{Re}$ ④ $\dfrac{64}{Re}$

정답 07 ③ 08 ② 09 ① 10 ③ 11 ④ 12 ④

해설

마찰손실계수 $f = \dfrac{64}{Re}$ 이다.

---

13 수심 10.0m에서 파속(C_1)이 50.0m/s인 파랑이 입사각(β_1) 30°로 들어올 때, 수심 8.0m에서 굴절된 파랑의 입사각(β_2)은?(단, 수심 8.0m에서 파랑의 파속(C_2) = 40.0m/s)

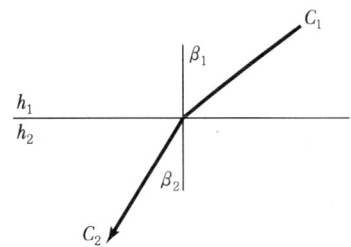

① 20.58° ② 23.58°
③ 38.68° ④ 46.15°

해설

① $\dfrac{\sin\alpha_1}{\sin\alpha_2} = \dfrac{C_1}{C_2} = \dfrac{L_1}{L_2}$

여기서, α_1, α_2 : 입사각
C_1, C_2 : 파랑의 파속
L_1, L_2 : 수심

② $\dfrac{\sin\beta_1}{\sin\beta_2} = \dfrac{10}{8} = \dfrac{50}{40}$

∴ $\beta_2 = \sin^{-1}\left(\dfrac{L_2}{L_1}\right)\sin\beta_1 = \sin^{-1}\left(\dfrac{8}{10}\right)\times\sin 30°$
$= 23.58°$

---

14 벤투리미터(Venturi Meter)의 일반적인 용도로 옳은 것은?

① 수심 측정   ② 압력 측정
③ 유속 측정   ④ 단면 측정

해설

벤투리미터
관 내에 축소부를 두어 축소 전과 축소 후의 압력차를 측정하여 관수로의 유속 및 유량을 측정하는 기구를 말한다.

---

15 단면적 20cm²인 원형 오리피스(Orifice)가 수면에서 3m의 깊이에 있을 때, 유출수의 유량은? (단, 유량계수는 0.6이라 한다.)

① 0.0014m³/s   ② 0.0092m³/s
③ 0.0119m³/s   ④ 0.1524m³/s

해설

$Q = Ca\sqrt{2gh} = 0.6 \times (20\times 10^{-4}) \times \sqrt{2\times 9.8\times 3}$
$= 0.0092\text{m}^3/\text{sec}$

---

16 그림과 같은 관로의 흐름에 대한 설명으로 옳지 않은 것은?(단, h_1, h_2는 위치 1, 2에서의 수두, h_{LA}, h_{LB}는 각각 관로 A 및 B에서의 손실수두이다.)

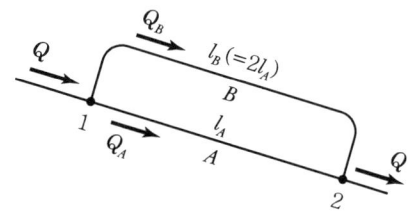

① $h_{LA} = h_{LB}$ ② $Q = Q_A + Q_B$
③ $Q_A = Q_B$ ④ $h_2 = h_1 - h_{LA}$

해설

① 병렬 관수로의 해석에서 각 관수로의 손실수두의 크기는 같다고 본다.
∴ $h_{LA} = h_{LB}$
② 병렬 관수로의 연속방정식
$Q = Q_A + Q_B$

---

17 1시간 간격의 강우량이 15.2mm, 25.4mm, 20.3mm, 7.6mm이고, 지표 유출량이 47.9mm일 때 ϕ-index는?

① 5.15mm/hr   ② 2.58mm/hr
③ 6.25mm/hr   ④ 4.25mm/hr

정답 13 ② 14 ③ 15 ② 16 ③ 17 ①

해설

ϕ – index의 산정
① 총 강우량 $= 15.2 + 25.4 + 20.3 + 7.6 = 68.5$mm
② 침투량 $= 68.5 - 47.9 = 20.6$mm
$\therefore \phi - \text{index} = \dfrac{20.6}{4} = 5.15$mm/hr

---

해설

펌프와 터빈을 모두 설치한 경우
$$z_1 + \dfrac{p_1}{\gamma} + \dfrac{v_1^{\,2}}{2g} + E_P = z_2 + \dfrac{p_2}{\gamma} + \dfrac{v_2^{\,2}}{2g} + E_T + h_L$$
$$\therefore z_1 + \dfrac{p_1}{\gamma} + \dfrac{v_1^{\,2}}{2g} = z_2 + \dfrac{p_2}{\gamma} + \dfrac{v_2^{\,2}}{2g} - E_P + E_T + h_L$$

---

18 비중 γ_1의 물체가 비중 $\gamma_2(\gamma_2 > \gamma_1)$의 액체에 떠 있다. 액면 위의 부피($V_1$)와 액면 아래의 부피($V_2$) 비 $\left(\dfrac{V_1}{V_2}\right)$는?

① $\dfrac{V_1}{V_2} = \dfrac{\gamma_2}{\gamma_1} + 1$ ② $\dfrac{V_1}{V_2} = \dfrac{\gamma_2}{\gamma_1} - 1$

③ $\dfrac{V_1}{V_2} = \dfrac{\gamma_1}{\gamma_2}$ ④ $\dfrac{V_1}{V_2} = \dfrac{\gamma_2}{\gamma_1}$

해설

① W(무게) $= B$(부력)
② $\gamma_1 V$(총 체적) $= \gamma_2 V_2$(물에 잠긴 만큼의 체적)
$\gamma_1(V_1 + V_2) = \gamma_2 V_2$
③ $\gamma_1 V_1 = V_2(\gamma_2 - \gamma_1)$
$\therefore \dfrac{V_1}{V_2} = \dfrac{\gamma_2 - \gamma_1}{\gamma_1} = \dfrac{\gamma_2}{\gamma_1} - 1$

---

20 수심 2m, 폭 4m, 경사 0.0004인 직사각형 단면 수로에서 유량 14.56m³/s가 흐르고 있다. 이 흐름에서 수로표면 조도계수(n)는?(단, Manning 공식 사용)

① 0.0096   ② 0.01099
③ 0.02096   ④ 0.03099

해설

$$Q = AV = A \dfrac{1}{n} R^{\frac{2}{3}} I^{\frac{1}{2}}$$
$$\therefore n = \dfrac{AR^{\frac{2}{3}} I^{\frac{1}{2}}}{Q}$$
$$= \dfrac{(4 \times 2) \times 1^{\frac{2}{3}} \times 0.0004^{\frac{1}{2}}}{14.56}$$
$$= 0.01099$$

---

19 기계적 에너지와 마찰손실을 고려하는 베르누이 정리에 관한 표현식은?(단, E_P 및 E_T는 각각 펌프 및 터빈에 의한 수두를 의미하며, 유체는 점 1에서 점 2로 흐른다.)

① $\dfrac{v_1^{\,2}}{2g} + \dfrac{p_1}{\gamma} + z_1 = \dfrac{v_2^{\,2}}{2g} + \dfrac{p_2}{\gamma} + z_2 + E_P + E_T + h_L$

② $\dfrac{v_1^{\,2}}{2g} + \dfrac{p_1}{\gamma} + z_1 = \dfrac{v_2^{\,2}}{2g} + \dfrac{p_2}{\gamma} + z_2 - E_P - E_T - h_L$

③ $\dfrac{v_1^{\,2}}{2g} + \dfrac{p_1}{\gamma} + z_1 = \dfrac{v_2^{\,2}}{2g} + \dfrac{p_2}{\gamma} + z_2 - E_P + E_T + h_L$

④ $\dfrac{v_1^{\,2}}{2g} + \dfrac{p_1}{\gamma} + z_1 = \dfrac{v_2^{\,2}}{2g} + \dfrac{p_2}{\gamma} + z_2 + E_P - E_T + h_L$

정답   18 ②   19 ③   20 ②

2017년 토목산업기사 제2회 수리수문학 기출문제

01 그림과 같은 사다리꼴 인공수로의 유적(A)과 동수반경(R)은?

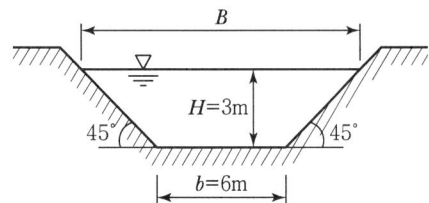

① $A = 27\text{m}^2$, $R = 2.64\text{m}$
② $A = 27\text{m}^2$, $R = 1.86\text{m}$
③ $A = 18\text{m}^2$, $R = 1.86\text{m}$
④ $A = 18\text{m}^2$, $R = 2.64\text{m}$

[해설]

① 유적 $A = \dfrac{(B+b)}{2}H = \dfrac{(12+6)}{2} \times 3 = 27\text{m}^2$

② 경심 $R = \dfrac{A}{P} = \dfrac{27}{6 + 4.24 \times 2} = 1.86\text{m}$

(경사길이 : $l = \sqrt{3^2 + 3^2} = 4.24\text{m}$)

02 수심 h가 폭 b에 비해서 매우 작아 $R \fallingdotseq h$가 될 때 Chezy 평균유속계수 C는?(단, Manning의 평균유속공식 사용)

① $C = \dfrac{1}{n} h^{\frac{1}{3}}$ ② $C = \dfrac{1}{n} h^{\frac{1}{4}}$
③ $C = \dfrac{1}{n} h^{\frac{1}{5}}$ ④ $C = \dfrac{1}{n} h^{\frac{1}{6}}$

[해설]

$C = \dfrac{1}{n} R^{\frac{1}{6}} = \dfrac{1}{n} h^{\frac{1}{6}}$ (광폭 개수로)

03 초속 20m/s, 수평과의 각 45°로 사출된 분수가 도달하는 최대 연직 높이는?(단, 공기 및 기타 저항은 무시한다.)

① 10.2m   ② 11.6m
③ 15.3m   ④ 16.8m

[해설]

$h = \dfrac{V_o^2 \sin^2\theta}{2g} = \dfrac{20^2 \times (\sin 45°)^2}{2 \times 9.8} = 10.2\text{m}$

04 비에너지(Specific Energy)에 관한 설명으로 옳지 않은 것은?

① 한계류인 경우 비에너지는 최대가 된다.
② 상류인 경우 수심의 증가에 따라 비에너지가 증가한다.
③ 사류인 경우 수심의 감소에 따라 비에너지가 증가한다.
④ 어느 수로단면의 수로 바닥을 기준으로 하여 측정한 단위 무게의 물이 가지는 흐름의 에너지이다.

[해설]

한계류인 경우 비에너지는 최소가 된다.

05 지하수에서의 Darcy의 법칙에 대한 설명으로 틀린 것은?

① 지하수의 유속은 동수경사에 비례한다.
② Darcy의 법칙에서 투수계수의 차원은 $[LT^{-1}]$이다.
③ Darcy의 법칙은 지하수의 흐름이 정상류라는 가정에서 성립된다.
④ Darcy의 법칙은 주로 난류로 취급했으며 레이놀즈수 $Re > 2,000$의 범위에서 주로 잘 적용된다.

[해설]

Darcy의 법칙은 정상류흐름의 층류에만 적용(특히, $Re < 4$일 때 잘 적용)

06 관 내의 흐름에서 레이놀즈수(Reynolds Number)에 대한 설명으로 옳지 않은 것은?

① 레이놀즈수는 물의 동점성계수에 비례한다.
② 레이놀즈수가 2,000보다 작으면 층류이다.
③ 레이놀즈수가 4,000보다 크면 난류이다.
④ 레이놀즈수는 관의 내경에 비례한다.

정답 01 ② 02 ④ 03 ① 04 ① 05 ④ 06 ①

[해설]
레이놀즈 수는 물의 동점성계수에 반비례($R_e = \dfrac{VD}{\nu}$)

07 삼각위어(weir)에서 $\theta = 60°$일 때 월류 수심은?(단, Q : 유량, C : 유량계수, H : 위어 높이)

① $\left(\dfrac{Q}{1.36C}\right)^{\frac{2}{5}}$ ② $\left(\dfrac{Q}{1.36C}\right)^{\frac{5}{2}}$

③ $1.36CH^{\frac{5}{2}}$ ④ $1.36CH^{\frac{2}{5}}$

[해설]
$Q = \dfrac{8}{15} C \tan\dfrac{\theta}{2} \sqrt{2g} H^{\frac{5}{2}}$

$= \dfrac{8}{15} \times C \times \tan\dfrac{60°}{2} \times \sqrt{2 \times 9.8} \times H^{\frac{5}{2}}$

$\therefore Q = 1.36CH^{\frac{5}{2}}$

따라서 월류수심은 $H = \left(\dfrac{Q}{1.36C}\right)^{\frac{2}{5}}$

08 유체에서 1차원 흐름에 대한 설명으로 옳은 것은?

① 면만으로는 정의될 수 없고 하나의 체적요소의 공간으로 정의되는 흐름
② 여러 개의 유선으로 이루어지는 유동면으로 정의되는 흐름
③ 유동 특성이 1개의 유선을 따라서만 변화하는 흐름
④ 유동 특성이 여러 개의 유선을 따라서 변화하는 흐름

[해설]
유체의 1차원 흐름의 유동 특성은 직각방향의 속도성분을 갖지 않고 1개의 유선을 따라 흐르는 흐름방향 속도성분만을 갖는 흐름을 말한다.

09 오리피스에서 지름이 1cm, 수축단면(Vena Contracta)의 지름이 0.8cm이고 유속계수(C_V)가 0.9일 때 유량계수(C)는?

① 0.584 ② 0.720
③ 0.576 ④ 0.812

[해설]
① $C_a = \dfrac{A_0}{A} = \dfrac{0.8^2}{1^2} = 0.64$
② $C = C_a \times C_v = 0.64 \times 0.9 = 0.576$

10 최적수리단면(수리학적으로 가장 유리한 단면)에 대한 설명으로 틀린 것은?

① 동수반경(경심)이 최소일 때 유량이 최대가 된다.
② 수로의 경사, 조도계수, 단면이 일정할 때 최대유량을 통수시키게 하는 가장 경제적인 단면이다.
③ 최적수리단면에서는 직사각형 수로 단면이나 사다리꼴 수로 단면이나 모두 동수반경이 수심의 절반이 된다.
④ 기하하적으로는 반원 단면이 최적수리단면이나 시공상의 이유로 직사각형 단면 또는 사다리꼴 단면이 주로 사용된다.

[해설]
경심(R)이 최대이거나, 윤변(P)이 최소일 때 유량은 최대가 된다.

11 A 저수지에서 1km 떨어진 B 저수지에 유량 8m³/s를 송수한다. 저수지의 수면차를 10m로 하기 위한 관의 지름은?(단, 마찰손실만을 고려하고 마찰손실 계수 $f = 0.03$이다.)

① 2.15m ② 1.92m
③ 1.74m ④ 1.52m

[해설]
① $h_L = f\dfrac{l}{D}\dfrac{V^2}{2g} = f\dfrac{l}{D}\dfrac{1}{2g}\left(\dfrac{Q}{A}\right)^2$

$\therefore h_L = \dfrac{8flQ^2}{g\pi^2 D^5}$

② $D = \left(\dfrac{8flQ^2}{g\pi^2 h_L}\right)^{\frac{1}{5}} = \left(\dfrac{8 \times 0.03 \times 1,000 \times 8^2}{9.8 \times \pi^2 \times 10}\right)^{\frac{1}{5}} = 1.74$m

정답 07 ① 08 ③ 09 ③ 10 ① 11 ③

12 2개의 수조를 연결하는 길이 1m의 수평관 속에 모래가 가득 차 있다. 양수조의 수위차는 0.5m이고 투수계수가 0.01cm/s이면 모래를 통과할 때의 평균 유속은?

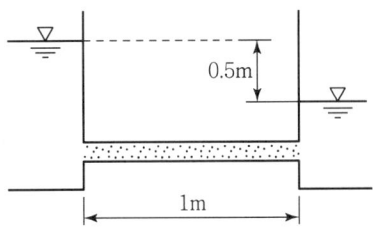

① 0.05cm/s   ② 0.0025cm/s
③ 0.005cm/s   ④ 0.0075cm/s

해설

$V = K \cdot \dfrac{h_L}{L} = 0.01 \times \dfrac{50}{100} = 0.005 \text{cm/sec}$

13 개수로의 흐름이 사류일 때를 나타내는 것은?(단, h : 수심, h_c : 한계수심, F_r : Froude 수)

① $h < h_c$, $F_r < 1$
② $h < h_c$, $F_r > 1$
③ $h > h_c$, $F_r < 1$
④ $h > h_c$, $F_r > 1$

해설

구분	상류	사류
F_r	$F_r < 1$	$F_r > 1$
I	$I < I_c$	$I > I_c$
y_c	$y > y_c$	$y < y_c$
V_c	$V < V_c$	$V > V_c$

∴ 사류일 경우에는 $h < h_c$, $F_r > 1$일 경우

14 관로상의 유량조절 밸브나 펌프의 급조작으로 유수의 운동에너지가 압력에너지로 변환되어 관 벽에 큰 압력이 작용하게 되는 현상은?

① 난류현상   ② 수격작용
③ 공동현상   ④ 도수현상

해설

펌프의 급정지, 급가동 또는 밸브를 급폐쇄하면 관로 내 유속의 급격한 변화가 발생하여 관 벽에 큰 힘을 가하게 되어 큰 압력 상승이 일어나는 현상을 수격작용이라 한다.

15 흐름의 상태를 나타낸 것 중 옳지 않은 것은? (단, t=시간, l=공간, v=유속)

① $\dfrac{\partial v}{\partial t} = 0$ (정상류)
② $\dfrac{\partial v}{\partial t} \neq 0$ (부정류)
③ $\dfrac{\partial v}{\partial l} = 0$, $\dfrac{\partial v}{\partial t} = 0$ (정상등류)
④ $\dfrac{\partial v}{\partial t} \neq 0$, $\dfrac{\partial v}{\partial l} \neq 0$ (정상부등류)

해설

∴ $\dfrac{\partial v}{\partial t} \neq 0$, $\dfrac{\partial v}{\partial l} \neq 0$는 부정부등류이다.

16 그림과 같은 직사각형 평면이 연직으로 서 있을 때 그 중심의 수심을 H_G라 하면 압력의 중심 위치(작용점)를 a, b, H_G로 표현한 것으로 옳은 것은?

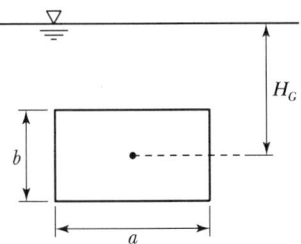

① $H_G + \dfrac{1}{H_G \cdot a \cdot b}$ ② $H_G + \dfrac{ab^2}{12}$
③ $H_G + \dfrac{b}{12 \cdot H_G}$ ④ $H_G + \dfrac{b^2}{12 \cdot H_G}$

해설

$h_c = H_G + \dfrac{I}{H_G A} = H_G + \dfrac{\frac{ab^3}{12}}{H_G ab} = H_G + \dfrac{b^2}{12 H_G}$

정답 12 ③ 13 ② 14 ② 15 ④ 16 ④

17 밑면이 7.5m×3m이고 깊이가 4m인 빈 상자의 무게가 4×10^5N이다. 이 상자를 물속에 완전히 가라앉히기 위하여 상자에 넣어야 할 최소 추가 무게는?(단, 물의 단위 무게=9,800N/m³)

① 340,000N ② 375,000N
③ 400,000N ④ 482,000N

해설
$P = B - W = 9,800 \times (7.5 \times 3 \times 4) - 4 \times 10^5$
$= 482,000$N

해설
① 위치수두(Z) : 수평기준면에서 임의점까지의 높이
② 압력수두$\left(\dfrac{P}{w}\right)$: 임의점에서 수면까지의 높이(수심)
③ 속도수두$\left(\dfrac{V^2}{2g}\right)$: 수면에서 에너지선까지의 높이

18 물의 성질에 대한 설명으로 옳지 않은 것은?

① 물의 점성계수는 수온이 높을수록 작아진다.
② 동점성계수는 수온에 따라 변하며 온도가 낮을수록 그 값은 크다.
③ 물은 일정한 체적을 갖고 있으나 온도와 압력의 변화에 따라 어느 정도 팽창 또는 수축을 한다.
④ 물의 단위중량은 0℃에서 최대이고 밀도는 4℃에서 최대이다.

해설
물의 단위중량과 밀도는 온도 4℃에서 가장 무겁고 온도의 증가와 감소에 따라 가벼워진다.

19 물의 밀도에 대한 차원으로 옳은 것은?

① $[FL^{-4}T^2]$ ② $[FL^{-1}T^2]$
③ $[FL^{-2}T]$ ④ $[FL]$

해설
$\rho = \dfrac{w}{g} = \dfrac{g/\text{cm}^3}{\text{cm}/\text{sec}^2} = g \cdot \sec^2/\text{cm}^4$
∴ 차원은 $[FL^{-4}T^2]$

20 임의로 정한 수평기준면으로부터 유선상의 해당 지점까지의 연직거리를 의미하는 것은?

① 기준수두 ② 위치수두
③ 압력수두 ④ 속도수두

정답 17 ④ 18 ④ 19 ① 20 ②

2017년 토목기사 제4회 수리수문학 기출문제

01 개수로 흐름에 대한 설명으로 틀린 것은?

① 한계류 상태에서는 수심의 크기가 속도수두의 2배가 된다.
② 유량이 일정할 때 상류에서는 수심이 작아질수록 유속이 커진다.
③ 비에너지는 수평기준면을 기준으로 한 단위무게의 유수가 가진 에너지를 말한다.
④ 흐름이 사류에서 상류로 바뀔 때에는 도수와 함께 큰 에너지 손실을 동반한다.

해설
비에너지는 수로 바닥면을 기준으로 한 단위무게의 유수가 가진 에너지를 말한다.

02 밀도가 ρ인 유체가 일정한 유속 V_O로 수평방향으로 흐르고 있다. 이 유체 속에 지름 d, 길이 l인 원주가 그림과 같이 놓였을 때 원주에 작용되는 항력(抗力)을 구하는 공식은?(단, C_D는 항력계수)

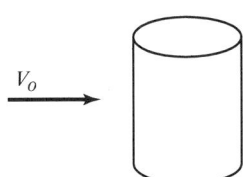

① $C_D \cdot \dfrac{\pi d^2}{4} \cdot \dfrac{\rho V_O}{2}$

② $C_D \cdot d \cdot l \cdot \dfrac{\rho V_O^2}{2}$

③ $C_D \cdot \dfrac{\pi d^2}{4} \cdot l \cdot \dfrac{\rho V_O}{2}$

④ $C_D \cdot \pi d \cdot l \cdot \dfrac{\rho V_O}{2}$

해설
항력$(D) = C_D \cdot A \cdot \dfrac{\rho V^2}{2} = C_D \cdot d \cdot l \cdot \dfrac{\rho V_O^2}{2}$

03 폭 3.5m, 수심 0.4m인 직사각형 수로의 Francis 공식에 의한 유량은?(단, 접근유속은 무시하고 양단수축이다.)

① 1.59m³/s ② 2.04m³/s
③ 2.19m³/s ④ 2.34m³/s

해설
$Q = 1.84(b - 0.1nh)h^{\frac{3}{2}} = 1.84(3.5 - 0.1 \times 2 \times 0.4) \times 0.4^{\frac{3}{2}}$
$= 1.59 \text{m}^3/\text{sec}$

04 개수로에서 단면적이 일정할 때 수리학적으로 유리한 단면에 해당되지 않는 것은?(단, H : 수심, R_h : 동수반경, l : 측면의 길이, B : 수면폭, P : 윤변, θ : 측면의 경사)

① H를 반지름으로 하는 반원에 외접하는 직사각형 단면
② R_h가 최대 또는 P가 최소인 단면
③ $H = B/2$이고 $R_h = B/2$인 직사각형 단면
④ $l = B/2$, $R_h = H/2$, $\theta = 60°$인 사다리꼴 단면

해설
직사각형 단면에서 수리학적으로 유리한 단면이 되기 위한 조건은 $B = 2H$, $R = \dfrac{H}{2}$이다.
(수심 H를 반지름으로 하는 반원에 외접하는 단면)

05 Thiessen 다각형에서 각각의 면적이 20km², 30km², 50km²이고, 이에 대응하는 강우량이 각각 40mm, 30mm, 20mm일 때, 이 지역의 면적평균 강우량은?

① 25mm ② 27mm
③ 30mm ④ 32mm

해설
$P_m = \dfrac{\sum\limits_{i=1}^{N} A_i P_i}{\sum\limits_{i=1}^{N} A_i}$

정답 01 ③ 02 ② 03 ① 04 ③ 05 ②

$$= \frac{(20\times 40)+(30\times 30)+(50\times 20)}{20+30+50}$$
$$= 27\text{mm}$$

06 미소진폭파(small-amplitude wave)이론을 가정할 때 일정 수심 h의 해역을 전파하는 파장 L, 파고 H, 주기 T의 파랑에 대한 설명 중 틀린 것은?

① h/L이 0.05보다 작을 때, 천해파로 정의한다.
② h/L이 1.0보다 클 때, 심해파로 정의한다.
③ 분산관계식은 L, h 및 T 사이의 관계를 나타낸다.
④ 파랑의 에너지는 H^2에 비례한다.

해설
심해파(deep water wave)
수심이 파장의 1/20보다 얕을 때의 해파

07 면적 10km²인 저수지의 수면으로부터 2m 위에서 측정된 대기의 평균온도가 25℃, 상대습도가 65%, 풍속이 4m/s일 때 증발률이 1.44mm/day이었다면 저수지 수면에서 일증발량은?

① 9,360m³/day
② 3,600m³/day
③ 7,200m³/day
④ 14,400m³/day

해설
일증발량 = 수표면적 × 증발률
$= (10\times 10^6)\times (1.44\times 10^{-3})$
$= 14,400\text{m}^3/\text{day}$

08 정상류의 흐름에 대한 설명으로 옳은 것은?

① 흐름 특성이 시간에 따라 변하지 않는 흐름이다.
② 흐름 특성이 공간에 따라 변하지 않는 흐름이다.
③ 흐름 특성이 단면에 관계없이 동일한 흐름이다.
④ 흐름 특성이 시간에 따라 일정한 비율로 변하는 흐름이다.

해설
정상류는 흐름의 특성이 시간에 따라 변하지 않는 흐름을 말한다.

09 지하수의 투수계수에 영향을 주는 인자와 거리가 먼 것은?

① 토양의 평균입경
② 지하수의 단위중량
③ 지하수의 점성계수
④ 토양의 단위중량

해설
투수계수와 관련이 없는 인자는 토양의 단위중량이다.

10 차원계를 $[MLT]$에서 $[FLT]$로 변환할 때 사용하는 식으로 옳은 것은?

① $[M]=[LFT]$
② $[M]=[L^{-1}FT^2]$
③ $[M]=[LFT^2]$
④ $[M]=[L^2FT]$

해설
$F=MLT^{-2}$ ∴ $M=L^{-1}FT^2$

11 수면 높이차가 항상 20m인 두 수조가 지름 30cm, 길이 500m, 마찰손실계수가 0.03인 수평관으로 연결되었다면 관 내의 유속은?(단, 마찰, 단면 급확대 및 급축소에 따른 손실을 고려한다.)

① 2.76m/s
② 4.72m/s
③ 5.76m/s
④ 6.72m/s

해설
$$V = \sqrt{\frac{2gH}{1.5+f\frac{l}{D}}} = \sqrt{\frac{2\times 9.8\times 20}{1.5+0.03\times \frac{500}{0.3}}} = 2.76\text{m/s}$$

12 그림에서 배수구의 면적이 5cm²일 때 물통에 작용하는 힘은?(단, 물의 높이는 유지되고, 손실은 무시한다.)

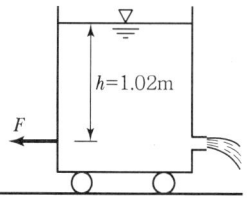

① 1N   ② 10N
③ 100N ④ 102N

[해설]
① $V = \sqrt{2gh} = \sqrt{2 \times 980 \times 102} = 447 \text{cm/sec}$
② $F_x = \dfrac{wQ}{g}(V_1 - V_2) = \dfrac{1 \times 5 \times 447}{980} \times (447 - 0)$
   $= 1019\text{g} = 1.019\text{kg} \times 9.8$
   $= 10\text{N}$

13 수심 H에 위치한 작은 오리피스(orifice)에서 물이 분출할 때 일어나는 손실수두(Δh)의 계산식으로 틀린 것은?(단, V_a는 오리피스에서 측정된 유속이며 C_v는 유속계수이다.)

① $\Delta h = H - \dfrac{V_a^2}{2g}$ ② $\Delta h = H(1 - C_v^2)$

③ $\Delta h = \dfrac{V_a^2}{2g}\left(\dfrac{1}{C_v^2} - 1\right)$ ④ $\Delta h = \dfrac{V_a^2}{2g}\left(\dfrac{1}{C_v^2 + 1}\right)$

[해설]
오리피스의 손실수두
오리피스에서 물이 분출할 때 일어나는 손실수두는 다음 식에 의해 계산한다.
① $\Delta h = H - \dfrac{V_a^2}{2g}$
② $\Delta h = H(1 - C_v^2)$
③ $\Delta h = \dfrac{V_a^2}{2g}\left(\dfrac{1}{C_v^2} - 1\right)$

14 그림과 같이 정수 중에 있는 판에 작용하는 전수압을 계산하는 식은?

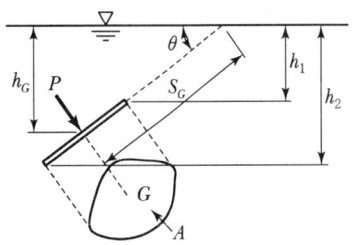

① $P = \gamma S_G A$ ② $P = \gamma \dfrac{h_1 + h_2}{2} A$
③ $P = \gamma h_G A$ ④ $P = \gamma h_G A \sin\theta$

[해설]
① $P = \gamma h_G A$
② $h_G = S_G \sin\theta$

15 다음 중에서 차원이 다른 것은?

① 증발량   ② 침투율
③ 강우강도 ④ 유출량

[해설]

물리량	단위	차원
증발량	mm/day	LT^{-1}
침투율	mm/hr	LT^{-1}
강우강도	mm/hr	LT^{-1}
유출량	m³/sec	$L^3 T^{-1}$

16 두께가 10m인 피압대수층에서 우물을 통해 양수한 결과, 50m 및 100m 떨어진 두 지점에서 수면강하가 각각 20m 및 10m로 관측되었다. 정상상태를 가정할 때 우물의 양수량은?(단, 투수계수는 0.3m/hr)

① $7.6 \times 10^{-2} \text{m}^3/\text{s}$
② $6.0 \times 10^{-3} \text{m}^3/\text{s}$
③ $9.4 \text{m}^3/\text{s}$
④ $21.6 \text{m}^3/\text{s}$

[해설]
$Q = \dfrac{2\pi a K(H - h_o)}{2.3 \log(R/r_o)}$
$= \dfrac{2 \times \pi \times 10 \times (0.3/3,600) \times (20 - 10)}{2.3 \log(100/50)}$
$= 7.6 \times 10^{-2} \text{m}^3/\text{s}$

정답 13 ④ 14 ③ 15 ④ 16 ①

17 폭이 넓은 하천에서 수심이 2m이고 경사가 $\dfrac{1}{200}$인 흐름의 소류력(Tractive Force)은?

① 98N/m²   ② 49N/m²
③ 196N/m² ④ 294N/m²

해설

$\tau = whI = 1 \times 2 \times \dfrac{1}{200} = 0.01 \text{t/m}^2$
$= 10 \text{kg/m}^2 = 98 \text{N/m}^2 \; (1\text{kg} = 9.8\text{N})$

18 강우량 자료를 분석하는 방법 중 이중누가곡선법에 대한 설명으로 옳은 것은?

① 평균강수량을 산정하기 위하여 사용한다.
② 강수의 지속기간을 구하기 위하여 사용한다.
③ 결측자료를 보완하기 위하여 사용한다.
④ 강수량 자료의 일관성을 검증하기 위하여 사용한다.

해설

이중누가우량분석
강수자료의 일관성 검증을 위해 실시하는 방법이다.

19 지름이 4cm인 원형관 속에 물이 흐르고 있다. 관로 길이 1.0m 구간에서 압력강하가 0.1N/m²이었다면 관벽의 마찰응력은?

① 0.001N/m²
② 0.002N/m²
③ 0.01N/m²
④ 0.02N/m²

해설

① $\tau = \dfrac{\Delta P r}{2l} = \omega RI$

② $\tau = \dfrac{\Delta P r}{2l} = \dfrac{0.1 \times 0.02}{2 \times 1} = 0.001 \text{N/m}^2$

20 관수로 흐름에서 난류에 대한 설명으로 옳은 것은?

① 마찰손실계수는 레이놀즈수만 알면 구할 수 있다.
② 관벽 조도가 유속에 주는 영향은 층류일 때보다 작다.
③ 관성력의 점성력에 대한 비율이 층류의 경우보다 크다.
④ 에너지 손실은 주로 난류효과보다 유체의 점성 때문에 발생한다.

해설

관수로 흐름의 특징
① 난류에서의 마찰손실계수는 레이놀즈수(Re)와 상대조도 $\left(\dfrac{e}{D}\right)$의 함수이다.
② 난류에서는 관벽의 조도가 유속에 주는 영향이 층류일 때보다 크다.
③ 난류에서는 관성력이 점성력에 비하여 크므로 관성력과 점성력의 비율이 층류의 경우보다 크다.
④ 점성에 의한 에너지 손실은 난류보다 층류의 경우에 발생된다.

2017년 토목산업기사 제4회 수리수문학 기출문제

01 초속 V_o의 사출수가 도달하는 수평 최대거리는?

① 최대연직높이의 1.2배이다.
② 최대연직높이의 1.5배이다.
③ 최대연직높이의 2.0배이다.
④ 최대연직높이의 3.0배이다.

[해설]
① $L_{\max} = \dfrac{V_o^2}{g}$
② $H_{\max} = \dfrac{V_o^2}{2g}$
∴ $L_{\max} = 2H_{\max}$

02 지하대수층에서의 지하수 흐름에 대하여 Darcy 법칙을 적용하기 위한 가정으로 옳지 않은 것은?

① 수식의 속도는 지하대수층 내의 실제 흐름속도를 의미한다.
② 다공층을 구성하고 있는 물질의 특성이 균일하고 동질이라 가정한다.
③ 지하수 흐름이 정상류이며 또한 층류로 가정한다.
④ 대수층 내에 모관수대가 존재하지 않는다고 가정한다.

[해설]
수식의 평균속도는 지하대수층 내의 평균흐름속도를 의미한다.

03 다음 설명 중 옳지 않은 것은?

① 유선이란 임의 순간에 각 점의 속도벡터에 접하는 곡선이다.
② 유관이란 개방된 곡선을 통과하는 유선으로 이루어진 평면을 말한다.
③ 흐름이 층류일 때 뉴턴의 점성법칙을 적용할 수 있다.
④ 정상류란 한 점에서 흐름의 특성이 시간에 따라 변하지 않는 흐름이다.

[해설]
여러 개의 유선이 모여 만들어진 하나의 가상 관을 유관(stream tube)이라 한다.

04 그림과 같이 단면적이 A_1, A_2인 두 관이 연결되어 있고 관 내 두 점의 수두차가 H일 때 유량을 계산하는 식은?

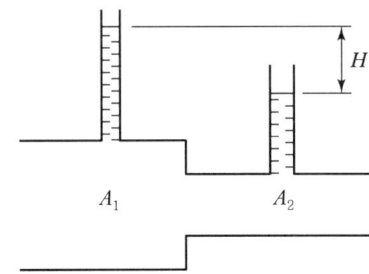

① $Q = \dfrac{A_1 - A_2}{\sqrt{A_1^2 - A_2^2}}\sqrt{2gH}$

② $Q = \dfrac{A_1 \cdot A_2}{\sqrt{A_1^2 + A_2^2}}\sqrt{2gH}$

③ $Q = \dfrac{A_1 - A_2}{\sqrt{A_1^2 + A_2^2}}\sqrt{2gH}$

④ $Q = \dfrac{A_1 \cdot A_2}{\sqrt{A_1^2 - A_2^2}}\sqrt{2gH}$

[해설]
$Q = \dfrac{A_1 A_2}{\sqrt{A_1^2 - A_2^2}}\sqrt{2gH}$

05 관망의 유량을 계산하는 방법인 Hardy – Cross의 방법에서 가정조건이 아닌 것은?

① 분기점에서 유입하는 유량은 그 점에서 정지하지 않고 전부 유출한다.
② 각 폐합관에서 시계방향 또는 반시계방향으로 흐르는 관로의 손실수두의 합은 0이다.
③ 합류점에 유입하는 유량은 그 점에서 정지하지 않고 전부 유출한다.
④ 보정유량 ΔQ는 크기와 상관없이 균등하게 배분하여 유량을 결정한다.

[해설]
Hardy – Cross의 시행착오법 가정조건
① 각 관에 유입된 유량은 그 관에 정지하지 않고 모두 유출된다.

정답 01 ③ 02 ① 03 ② 04 ④ 05 ④

② 각 폐합관의 손실수두의 합은 0이다.
③ 마찰 이외의 손실은 무시한다.

06 동수경사선(hydraulic grade line)에 대한 설명으로 옳은 것은?

① 위치수두를 연결한 선이다.
② 속도수두와 위치수두를 합해 연결한 선이다.
③ 압력수두와 위치수두를 합해 연결한 선이다.
④ 전수두를 연결한 선이다.

해설
동수경사선
① 위치수두와 압력수두의 합을 연결한 선
② 동수구배선, 수두경사선, 압력선이라고도 부른다.
③ 동수경사선은 $\frac{P}{w_o} + Z$를 연결한 값이다.

07 길이 130m인 관로에서 양단의 압력수두차가 8m가 되도록 하고 0.3m³/s의 물을 송수하기 위한 관의 직경은?(단, 관로의 마찰손실계수는 0.03이다.)

① 43.0cm
② 32.5cm
③ 30.3cm
④ 25.4cm

해설
① $h_L = f \frac{l}{D} \frac{1}{2g} \left(\frac{Q}{A}\right)^2$
∴ $h_L = \frac{8flQ^2}{g\pi^2 D^5}$

② $D = \left(\frac{8flQ^2}{g\pi^2 h_L}\right)^{\frac{1}{5}} = \left(\frac{8 \times 0.03 \times 130 \times 0.3^2}{9.8 \times \pi^2 \times 8}\right)^{\frac{1}{5}}$
$= 0.325\text{m} = 32.5\text{cm}$

08 그림과 같은 수중오리피스에서 오리피스 단면적이 30cm²일 때 유출량은?(단, 유량계수 $C=0.6$)

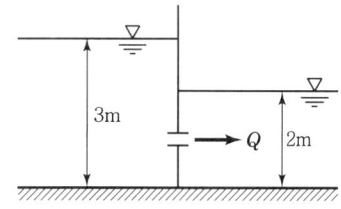

① 13.7L/s
② 12.5L/s
③ 10.2L/s
④ 8.0L/s

해설
$Q = CA\sqrt{2gH} = 0.6 \times (30 \times 10^{-4}) \times \sqrt{2 \times 9.8 \times (3-2)}$
$= 8.0 \times 10^{-3} \text{m}^3/\text{sec}$
$= 8\text{L/s}$

09 물의 점성계수(Coefficient of Viscosity)에 대한 설명 중 옳은 것은?

① 수온에서 관계없이 점성계수는 일정하다.
② 점성계수와 동점성계수는 반비례한다.
③ 수온이 낮을수록 점성계수는 크다.
④ 4°C에서의 점성계수가 가장 크다.

해설
점성계수는 온도가 상승하면 그 값은 작아진다.

10 한계류에 대한 설명으로 옳은 것은?

① 유속의 허용한계를 초과하는 흐름
② 유속과 장파의 전파속도의 크기가 동일한 흐름
③ 유속이 빠르고 수심이 작은 흐름
④ 동압력이 정압력보다 큰 흐름

해설
한계류
① 흐름의 유속이 한계유속을 초과하는 흐름
   ($V > V_c$)
② 유속과 장파의 전파속도의 크기가 동일한 흐름
   $\left(Fr = \frac{V}{C} = 1\right)$

정답 06 ③ 07 ② 08 ④ 09 ③ 10 ②

11 다음 중 차원이 있는 것은?

① 조도계수 n
② 동수경사 I
③ 상대조도 e/D
④ 마찰손실계수 f

해설
동수경사, 상대조도, 마찰손실계수는 무차원이고 조도계수는 $[TL^{-\frac{1}{3}}]$의 차원을 갖는다.

12 유체 내부 임의의 점 (x, y, z)에서의 시간 t에 대한 속도성분을 각각 u, v, w로 표시할 때 정류이며 비압축성인 유체에 대한 연속방정식으로 옳은 것은?(단, ρ는 유체의 밀도이다.)

① $\dfrac{\partial u}{\partial x} + \dfrac{\partial v}{\partial y} + \dfrac{\partial w}{\partial z} = 0$

② $\dfrac{\partial \rho u}{\partial x} + \dfrac{\partial \rho v}{\partial y} + \dfrac{\partial \rho w}{\partial z} = 0$

③ $\dfrac{\partial \rho}{\partial t} + \rho\left(\dfrac{\partial u}{\partial x} + \dfrac{\partial v}{\partial y} + \dfrac{\partial w}{\partial z}\right) = 0$

④ $\dfrac{\partial \rho}{\partial t} + \dfrac{\partial (\rho u)}{\partial x} + \dfrac{\partial (\rho v)}{\partial y} + \dfrac{\partial (\rho w)}{\partial z} = 0$

해설
① 3차원 부정류 비압축성 유체의 연속방정식
$\dfrac{\partial (\rho u)}{\partial x} + \dfrac{\partial (\rho v)}{\partial y} + \dfrac{\partial (\rho w)}{\partial z} = -\dfrac{\partial \rho}{\partial t}$

② 3차원 비압축성 정류의 연속방정식
$\dfrac{\partial u}{\partial x} + \dfrac{\partial v}{\partial y} + \dfrac{\partial w}{\partial z} = 0$

13 원형 관수로의 흐름에서 레이놀즈수 (Re)를 유량 Q, 지름 d 및 동점성계수 ν의 함수로 표시한 것으로 옳은 것은?

① $Re = \dfrac{4Q}{\pi d \nu}$
② $Re = \dfrac{Q}{4\pi d \nu}$
③ $Re = \dfrac{\pi \nu}{Qd}$
④ $Re = \dfrac{\pi d}{\nu Q}$

해설
$Re = \dfrac{vd}{\nu} = \dfrac{d}{\nu} \dfrac{Q}{A} = \dfrac{4Q}{\pi d \nu}$

14 개수로의 흐름에서 등류의 흐름일 때 옳은 것은?

① 유속은 점점 빨라진다.
② 유속은 점점 느려진다.
③ 유속은 일정하게 유지된다.
④ 유속은 0이다.

해설
등류는 공간을 기준으로 유속이 일정하게 유지되는 것을 말한다.

15 투수계수가 0.1cm/s이고 지하수위의 동수경사가 1/10인 지하수 흐름의 속도는?

① 0.005cm/s
② 0.01cm/s
③ 0.5cm/s
④ 1cm/s

해설
$V = k \cdot I = 0.1 \times 1/10 = 0.01$cm/s

16 오리피스에서 유출되는 실제 유량을 계산하기 위한 수축계수 C_a로 옳은 것은?(단, a_0 : 수축단면의 단면적, a : 오리피스의 단면적, V : 실제 유속, V_0 : 이론유속)

① $\dfrac{a}{a_0}$
② $\dfrac{V_0}{V}$
③ $\dfrac{a_0}{a}$
④ $\dfrac{V}{V_0}$

해설
수축계수(C_a) = 수축 단면의 단면적/오리피스의 단면적 ≒ 0.64

17 부체(浮體)가 불안정해지는 조건에 대한 설명으로 옳은 것은?

① 부양면에 대한 단면 1차 모멘트가 클수록
② 부양면에 대한 단면 1차 모멘트가 작을수록
③ 부양면에 대한 단면 2차 모멘트가 클수록
④ 부양면에 대한 단면 2차 모멘트가 작을수록

정답 11 ① 12 ① 13 ① 14 ③ 15 ② 16 ③ 17 ④

해설

$\dfrac{I}{V} < \overline{GC}$: 불안정

∴ 단면 2차 모멘트가 작을수록 부체는 불안정해진다.

18 콘크리트 직사각형 수로 폭이 8m, 수심이 6m일 때 Chezy의 공식에서 유속계수(C)의 값은?(단, Manning의 조도계수 $n = 0.014$이다.)

① 79
② 83
③ 87
④ 92

해설

$C = \dfrac{1}{n} R^{\frac{1}{6}} = \dfrac{1}{0.014} \times 2.4^{\frac{1}{6}} = 82.64 = 83$

19 수압 98kPa(1kg/cm²)을 압력수두로 환산한 값으로 옳은 것은?

① 1m
② 10m
③ 100m
④ 1,000m

해설

$h = \dfrac{P}{w} = \dfrac{10\text{t/m}^2}{1\text{t/m}^3} = 10\text{m}$

($P = 1\text{kg/cm}^2 = 10\text{t/m}^2$)

20 개수로의 수면기울기가 1/1,200이고, 경심 0.85m, Chezy의 유속계수 56일 때 평균유속은?

① 1.19m/s
② 1.29m/s
③ 1.39m/s
④ 1.49m/s

해설

$V = C\sqrt{RI} = 56 \times \sqrt{0.85 \times 1/1,200} = 1.49\text{m/s}$

정답 18 ② 19 ② 20 ④

2018년 토목기사 제1회 수리수문학 기출문제

01 수리학에서 취급되는 여러 가지 양에 대한 차원이 옳은 것은?

① 유량= $[L^3T^{-1}]$
② 힘= $[MLT^{-3}]$
③ 동점성계수= $[L^3T^{-1}]$
④ 운동량= $[MLT^{-2}]$

[해설]

물리량	공학단위계	절대단위계
유량	L^3T^{-1}	L^3T^{-1}
힘	F	MLT^{-2}
동점성계수	L^2T^{-1}	L^2T^{-1}
운동량	FT	MLT^{-1}

02 폭이 b인 직사각형 위어에서 접근유속이 작은 경우 월류수심이 h일 때 양단수축 조건에서 월류수맥에 대한 단수축 폭(b_0)은?(단, Francis 공식을 적용)

① $b_0 = b - \dfrac{h}{5}$
② $b_0 = 2b - \dfrac{h}{5}$
③ $b_0 = b - \dfrac{h}{10}$
④ $b_0 = 2b - \dfrac{h}{10}$

[해설]
$b_o = b - 0.1 \times 2 \times h = b - \dfrac{2h}{10} = b - \dfrac{h}{5}$

03 누가우량곡선(Rainfall mass curve)의 특성으로 옳은 것은?

① 누가우량곡선의 경사가 클수록 강우강도가 크다.
② 누가우량곡선의 경사는 지역에 관계없이 일정하다.
③ 누가우량곡선으로 일정기간 내의 강우량을 산출할 수는 없다.
④ 누가우량곡선은 자기우량 기록에 의하여 작성하는 것보다 보통우량계의 기록에 의하여 작성하는 것이 더 정확하다.

[해설]
누가우량곡선 특징
① 곡선의 경사가 클수록 강우강도가 크다.
② 누가우량곡선은 지역에 따라 그 값이 다르다.
③ 누가우량 곡선으로 일정기간 강우량의 산정이 가능하다.
④ 자기우량기록계가 보통우량계보다 정확하다.

04 폭 4.8m, 높이 2.7m의 연직 직사각형 수문이 한쪽 면에서 수압을 받고 있다. 수문의 밑면은 힌지로 연결되어 있고 상단은 수평 체인(Chain)으로 고정되어 있을 때 이 체인에 작용하는 장력(張力)은?(단, 수문의 정상과 수면은 일치한다.)

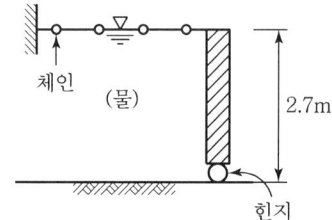

① 29.23kN
② 57.15kN
③ 7.87kN
④ 0.88kN

[해설]

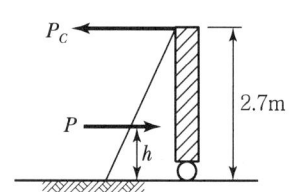

① $P = wh_G A = 1 \times \dfrac{2.7}{2} \times (4.8 \times 2.7) = 17.5t$
② $17.5 \times \dfrac{1}{3} \times 2.7 = P_c \times 2.7$
∴ $P_c = 5.85t = 5.85 \times 9.8 = 57.16kN$

05 어느 소유역의 면적이 20ha, 유수의 도달시간이 5분이다. 강수자료의 해석으로부터 얻어진 이 지역의 강우강도식이 아래와 같을 때 합리식에 의한 홍수량은?(단, 유역의 평균 유출계수는 0.6이다.)

정답 01 ① 02 ① 03 ① 04 ② 05 ②

강우강도식 : $I = \dfrac{6,000}{(t+35)}$ [mm/hr]

여기서, t : 강우지속시간[분]

① 18.0m³/s ② 5.0m³/s
③ 1.8m³/s   ④ 0.5m³/s

해설

① $I = \dfrac{6,000}{(t+35)} = \dfrac{6,000}{(5+35)} = 150$mm/hr

② $Q = \dfrac{1}{360} CIA = \dfrac{1}{360} \times 0.6 \times 150 \times 20 = 5$m³/s

06 비력(special force)에 대한 설명으로 옳은 것은?

① 물의 충격에 의해 생기는 힘의 크기
② 비에너지가 최대가 되는 수심에서의 에너지
③ 한계수심으로 흐를 때 한 단면에서의 총에너지 크기
④ 개수로의 어떤 단면에서 단위중량당 운동량과 정수압의 합계

해설

충력치(비력)
① 개수로 어떤 단면에서 수로바닥을 기준으로 단위중량당의 운동량(동수압과 정수압의 합)

② $M = \eta \dfrac{Q}{g} V + h_G A$

07 지름이 20cm인 관수로에 평균유속 5m/s로 물이 흐른다. 관의 길이가 50m일 때 5m의 손실수두가 나타났다면, 마찰속도(U_*)는?

① $U_* = 0.022$m/s   ② $U_* = 0.22$m/s
③ $U_* = 2.21$m/s   ④ $U_* = 22.1$m/s

해설

$U_* = \sqrt{gRI} = \sqrt{9.8 \times \dfrac{0.2}{4} \times \dfrac{5}{50}} = 0.22$m/s

08 항만을 설계하기 위해 관측한 불규칙 파랑의 주기 및 파고가 다음 표와 같을 때, 유의파고($H_{1/3}$)는?

연번	파고(m)	주기(s)
1	9.5	9.8
2	8.9	9.0
3	7.4	8.0
4	7.3	7.4
5	6.5	7.5
6	5.8	6.5
7	4.2	6.2
8	3.3	4.3
9	3.2	5.6

① 9.0m   ② 8.6m
③ 8.2m   ④ 7.4m

해설

유의파고는 임의 관측시간 동안 관측된 파고 중에서 파고가 높은 순서로 전체 1/3에 해당하는 파고들의 평균값이다.

$H_{1/3} = \dfrac{9.5 + 8.9 + 7.4}{3} = 8.6$m

09 비에너지와 한계수심에 관한 설명으로 옳지 않은 것은?

① 비에너지가 일정할 때 한계수심으로 흐르면 유량이 최소가 된다.
② 유량이 일정할 때 비에너지가 최소가 되는 수심이 한계수심이다.
③ 비에너지는 수로바닥을 기준으로 하는 단위 무게당 흐름에너지이다.
④ 유량이 일정할 때 직사각형 단면 수로 내 한계수심은 최소 비에너지의 $\dfrac{2}{3}$이다.

해설

비에너지가 일정하고 유량이 최대로 흐를 때의 수심을 한계수심이라 한다.

정답 06 ④ 07 ② 08 ② 09 ①

10 토양면을 통해 스며든 물이 중력의 영향 때문에 지하로 이동하여 지하수면까지 도달하는 현상은?

① 침투(infiltration)
② 침투능(infiltration capacity)
③ 침투율(infiltration rate)
④ 침루(percolation)

해설
① 침투는 토양면을 통해 물이 스며드는 현상
② 침루는 스며든 물이 중력에 의해 지하수위까지 도달하는 현상

11 오리피스(orifice)의 이론유속 $V=\sqrt{2gh}$ 이 유도되는 이론으로 옳은 것은?(단, V : 유속, g : 중력가속도, h : 수두차)

① 베르누이(Bernoulli)의 정리
② 레이놀즈(Reynolds)의 정리
③ 벤투리(Venturi)의 이론식
④ 운동량방정식 이론

해설
Torricelli 정리($V=\sqrt{2gh}$)
베르누이 정리를 이용하여 오리피스의 유출구의 이론유속을 구하는 공식이다.

12 3차원 흐름의 연속방정식을 아래와 같은 형태로 나타낼 때 이에 알맞은 흐름의 상태는?

$$\frac{\partial u}{\partial x}+\frac{\partial v}{\partial y}+\frac{\partial w}{\partial z}=0$$

① 비압축성 정상류
② 비압축성 부정류
③ 압축성 정상류
④ 압축성 부정류

해설
$\frac{\partial u}{\partial x}+\frac{\partial v}{\partial y}+\frac{\partial w}{\partial z}=0$는 3차원 비압축성 정상류 흐름이다.

13 동력 20,000kW, 효율 88%인 펌프를 이용하여 150m 위의 저수지로 물을 양수하려고 한다. 손실수두가 10m일 때 양수량은?

① 15.5m³/s
② 14.5m³/s
③ 11.2m³/s
④ 12.0m³/s

해설
① $P=\frac{1,000}{75}\times\frac{Q(H_e+H_L)}{\eta}$ (HP)
② $20,000=\frac{9.8\times Q\times(150+10)}{0.88}$
∴ $Q=11.22$m³/s

14 측정된 강우량 자료가 기상학적 원인 이외에 다른 영향을 받았는지의 여부를 판단하는, 즉 일관성(consistency)에 대한 검사방법은?

① 순간단위유량도법
② 합성단위유량도법
③ 이중누가우량분석법
④ 선행강수지수법

해설
이중누가우량분석은 강수자료의 일관성 검증을 위한 방법이다.

15 레이놀즈(Reynolds)수에 대한 설명으로 옳은 것은?

① 중력에 대한 점성력의 상대적인 크기
② 관성력에 대한 점성력의 상대적인 크기
③ 관성력에 대한 중력의 상대적인 크기
④ 압력에 대한 탄성력의 상대적인 크기

해설
레이놀즈수
① $Re=\frac{VD}{\nu}$
② Re수는 점성력에 대한 관성력의 비이다.

정답 10 ④ 11 ① 12 ① 13 ③ 14 ③ 15 ②

16 하천의 모형실험에 주로 사용되는 상사법칙은?

① Reynolds의 상사법칙
② Weber의 상사법칙
③ Cauchy의 상사법칙
④ Froude의 상사법칙

해설
수리모형의 상사법칙

종류	특징
Reynolds의 상사법칙	점성력이 흐름을 주로 지배하고, 관수로 흐름의 경우에 적용
Froude의 상사법칙	중력이 흐름을 주로 지배하고, 개수로 흐름의 경우에 적용(하천의 모형실험)

17 Darcy의 법칙에 대한 설명으로 옳지 않은 것은?

① Darcy의 법칙은 지하수의 흐름에 대한 공식이다.
② 투수계수는 물의 점성계수에 따라서도 변화한다.
③ Reynolds 수가 클수록 안심하고 적용할 수 있다.
④ 평균유속이 동수경사와 비례관계를 가지고 있는 흐름에 적용될 수 있다.

해설
Darcy의 법칙은 정상류흐름에 층류에만 적용된다.(특히, $R_e < 4$일 때 잘 적용된다.)

18 A저수지에서 200m 떨어진 B저수지로 지름 20cm, 마찰손실계수 0.035인 원형 관으로 0.0628 m³/s의 물을 송수하려고 한다. A저수지와 B저수지 사이의 수위차는?(단, 마찰손실, 단면 급확대 및 급축소 손실을 고려한다.)

① 5.75m   ② 6.94m
③ 7.14m   ④ 7.45m

해설
$$Q = \frac{\pi D^2}{4} \times \sqrt{\frac{2gH}{1.5 + f\frac{l}{D}}}$$

$$0.0628 = \frac{\pi \times 0.2^2}{4} \times \sqrt{\frac{2 \times 9.8 \times H}{1.5 + 0.035 \times \frac{200}{0.2}}}$$

$$\therefore H = 7.45\text{m}$$

19 다음 중 단위유량도 이론에서 사용하고 있는 기본가정이 아닌 것은?

① 일정 기저시간 가정   ② 비례가정
③ 푸아송 분포 가정   ④ 중첩가정

해설
단위도의 3가정
① 일정 기저시간 가정
② 비례가정
③ 중첩가정

20 배수곡선(backwater curve)에 해당하는 수면곡선은?

① 댐을 월류할 때의 수면곡선
② 홍수 시의 하천의 수면곡선
③ 하천 단락부(段落部) 상류의 수면곡선
④ 상류 상태로 흐르는 하천에 댐을 구축했을 때 저수지의 수면곡선

해설
배수곡선(부등류의 수면곡선, 완경사)
① 수심이 점차적으로 커짐
② 상류에 댐을 만들 때 생김(배수효과)
③ 한계류 또는 등류수심보다 큰 영역

정답 16 ④ 17 ③ 18 ④ 19 ③ 20 ④

2018년 토목산업기사 제1회 수리수문학 기출문제

01 프루드(Froude) 수와 한계경사 및 흐름의 상태 중 상류일 조건으로 옳은 것은?(단, Fr : 프루드 수, I : 수면경사, V : 유속, y : 수심, I_c : 한계경사, V_c : 한계유속, y_c : 한계수심)

① $V > V_c$
② $F_r > 1$
③ $I < I_c$
④ $y < y_c$

【해설】

구분	상류	사류
Fr	$Fr < 1$	$Fr > 1$
I_c	$I < I_c$	$I > I_c$
y_c	$y > y_c$	$y < y_c$
V_c	$V < V_c$	$V > V_c$

02 연직 평면에 작용하는 전수압의 작용점 위치에 관한 설명 중 옳은 것은?

① 전수압의 작용점은 항상 도심보다 위에 있다.
② 전수압의 작용점은 항상 도심보다 아래에 있다.
③ 전수압의 작용점은 항상 도심과 일치한다.
④ 전수압의 작용점은 도심 위에 있을 때도 있고 아래에 있을 때도 있다.

【해설】
전수압의 작용점 위치 $h_c = h_G + \dfrac{I}{h_G A}$
∴ 전수압의 작용점은 항상 도심보다 아래에 있다.

03 원형 단면의 관수로에 물이 흐를 때 층류가 되는 경우는?(단, Re는 레이놀즈(Reynolds) 수이다.)

① $Re > 4000$
② $4000 > Re > 2000$
③ $Re > 2000$
④ $Re < 2000$

【해설】
• $Re < 2,000$: 층류
• $2,000 < Re < 4,000$: 천이영역
• $Re > 4,000$: 난류

04 관수로와 개수로의 흐름에 대한 설명으로 옳지 않은 것은?

① 관수로는 자유표면이 없고 개수로는 있다.
② 관수로는 두 단면 간의 속도차로 흐르고 개수로는 두 단면 간의 압력차로 흐른다.
③ 관수로는 점성력의 영향이 크고 개수로는 중력의 영향이 크다.
④ 개수로는 프루드 수(Fr)로 상류와 사류로 구분할 수 있다.

【해설】
관수로는 두 단면의 압력차로 흐르고, 개수로는 두 단면의 경사에 의해 흐른다.

05 동수경사선(hydraulic grade line)에 대한 설명으로 옳은 것은?

① 에너지선보다 언제나 위에 위치한다.
② 개수로 수면보다 언제나 위에 있다.
③ 에너지선보다 유속수두만큼 아래에 있다.
④ 속도수두와 위치수두의 합을 의미한다.

【해설】
동수경사선은 에너지선에서 속도수두만큼 아래에 위치한다.

06 지름이 0.2cm인 미끈한 원형 관 내를 유량 0.8cm³/s로 물이 흐르고 있을 때, 관 1m당의 마찰손실수두는?(단, 동점성계수 $v = 1.12 \times 10^{-2}$cm²/s)

① 20.20cm
② 21.30cm
③ 22.20cm
④ 23.20cm

【해설】
$h_L = f \dfrac{l}{D} \dfrac{V^2}{2g} = 0.14 \times \dfrac{100}{0.2} \times \dfrac{25.48^2}{2 \times 980} = 23.2$cm

정답 01 ③ 02 ② 03 ④ 04 ② 05 ③ 06 ④

07 개수로에서 지배단면(Control Section)에 대한 설명으로 옳은 것은?

① 개수로 내에서 압력이 가장 크게 작용하는 단면이다.
② 개수로 내에서 수로경사가 항상 같은 단면을 말한다.
③ 한계수심이 생기는 단면으로서 상류에서 사류로 변하는 단면을 말한다.
④ 개수로 내에서 유속이 가장 크게 되는 단면이다.

해설

지배단면
개수로에서 흐름이 상류(常流)에서 사류(射流)로 바뀌는 지점의 단면을 지배단면(control section)이라 하고 이 지점의 수심은 한계수심이 된다.

08 심정(깊은 우물)에서 유량(양수량)을 구하는 식은?(단, H_0 : 우물 수심, r_0 : 우물 반지름, K : 투수계수, R : 영향원 반지름, H : 지하수면 수위)

① $Q = \dfrac{\pi K(H-H_0)}{\ln(R/r_0)}$

② $Q = \dfrac{2\pi K(H-H_0)}{\ln(r_0/R)}$

③ $Q = \dfrac{2\pi K(H+H_0)^2}{\ln(R/r_0)}$

④ $Q = \dfrac{\pi K(H^2-H_0^{\ 2})}{\ln(R/r_0)}$

해설

심정의 양수량 공식
$$Q = \dfrac{\pi K(H^2-h_o^2)}{\ln(R/r_o)} = \dfrac{\pi K(H^2-h_o^2)}{2.3\log(R/r_o)}$$

09 평행하게 놓여 있는 관로에서 A점의 유속이 3m/s, 압력이 294kPa이고, B점의 유속이 1m/s이라면 B점의 압력은?(단, 무게 1kg=9.8N)

① 30kPa ② 31kPa
③ 298kPa ④ 309kPa

해설

① $z_1 + \dfrac{P_1}{w} + \dfrac{V_1^2}{2g} = z_2 + \dfrac{P_2}{w} + \dfrac{V_2^2}{2g}$

② 평형수로에서는 위치수두는 동일하다.($z_1 = z_2$)

$\dfrac{P_1}{w} + \dfrac{V_1^2}{2g} = \dfrac{P_2}{w} + \dfrac{V_2^2}{2g}$

③ $\dfrac{294}{9.8} + \dfrac{3^2}{19.6} = \dfrac{P_2}{9.8} + \dfrac{1^2}{19.6}$

∴ $P_2 = 298\text{kPa}$

10 점성계수(μ)의 차원으로 옳은 것은?

① $[ML^{-2}T^{-2}]$ ② $[ML^{-1}T^{-1}]$
③ $[ML^{-1}T^{-2}]$ ④ $[ML^2T^{-1}]$

해설

$\mu = \dfrac{\tau}{\dfrac{dv}{dy}} = \dfrac{\text{g/cm}^2}{\text{sec}/1} = \text{g/cm} \cdot \text{sec}$

① 공학 단위계 : FTL^{-2}
② 절대 단위계 : $ML^{-1}T^{-1}$

11 모세관현상에 관한 설명으로 옳은 것은?

① 모세관 내의 액체의 상승 높이는 모세관 지름의 제곱에 반비례한다.
② 모세관 내의 액체의 상승 높이는 모세관의 크기에만 관계된다.
③ 모세관의 높이는 액체의 특성과 무관하게 주위의 액체면보다 높게 상승한다.
④ 모세관 내의 액체의 상승 높이는 모세관 주위의 중력과 표면장력 등에 관계된다.

해설

모세관현상은 상방향으로 작용하는 표면장력과 하방향으로 작용하는 중력 등에 관계된다.

12 정상류의 흐름에 대한 설명으로 가장 적합한 것은?

① 모든 점에서 유동특성이 시간에 따라 변하지 않는다.
② 수로의 어느 구간을 흐르는 동안 유속이 변하지 않는다.
③ 모든 점에서 유체의 상태가 시간에 따라 일정한 비율로 변한다.
④ 유체의 입자들이 모두 열을 지어 질서 있게 흐른다.

[해설]
정상류는 흐름의 특성이 시간에 따라 변하지 않는 흐름을 말한다.

13 그림에서 A점에 작용하는 정수압 P_1, P_2, P_3, P_4에 관한 사항 중 옳은 것은?

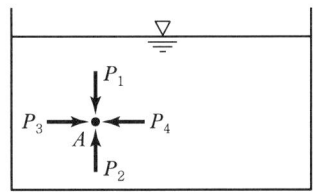

① P_1의 크기가 가장 작다.
② P_2의 크기가 가장 크다.
③ P_3의 크기가 가장 크다.
④ P_1, P_2, P_3, P_4의 크기는 같다.

[해설]
정수 중 한 점에 작용하는 압력은 모든 면에서 동일 크기의 힘이 직각방향으로 작용한다.

14 그림에서 수문에 단위폭당 작용하는 힘(F)을 구하는 운동량방정식으로 옳은 것은?(단, 바닥마찰은 무시하며, w는 물의 단위중량, ρ는 물의 밀도, Q는 단위폭당 유량이다.)

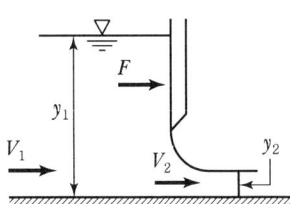

① $\dfrac{y_1^2}{2} - \dfrac{y_2^2}{2} - F = \rho Q(V_2 - V_1)$

② $\dfrac{y_1^2}{2} - \dfrac{y_2^2}{2} - F = \rho Q(V_2^2 - V_1^2)$

③ $\dfrac{w_1^2}{2} - \dfrac{w_2^2}{2} - F = \rho Q(V_2 - V_1)$

④ $\dfrac{w_1^2}{2} - \dfrac{w_2^2}{2} - F = \rho Q(V_2^2 - V_1^2)$

[해설]
① $P_1 - P_2 = F = \rho Q(V_2 - V_1)$
② P_1, P_2는 정수압

∴ $\dfrac{wy_1^2}{2} - \dfrac{wy_2^2}{2} - F = \rho Q(V_2 - V_1)$

15 Darcy의 법칙에 대한 설명으로 틀린 것은?

① Reynolds 수가 클수록 안심하고 적용할 수 있다.
② 평균유속이 손실수두와 비례관계를 가지고 있는 흐름에 적용될 수 있다.
③ 정상류 흐름에서 적용될 수 있다.
④ 층류 흐름에서 적용 가능하다.

[해설]
Darcy 법칙의 특징
① Darcy의 법칙은 지하수의 층류흐름에 대한 마찰저항공식이다.
② 투수계수는 물의 점성계수에 따라서도 변화한다.
③ Darcy의 법칙은 정상류흐름에 층류에만 적용된다.
   (특히, $Re < 4$일 때 잘 적용된다.)

16 수평 원형관 내를 물이 층류로 흐를 경우 Hagen-Poiseuille의 법칙에서 유량 Q에 대한 설명으로 옳은 것은?(여기서, w: 물의 단위 중량, l: 관의 길이, h_L: 손실수두, μ: 점성계수)

① 유량과 반지름 R의 관계는 $Q = \dfrac{wh_L \pi R^4}{128\mu l}$ 이다.

② 유량과 압력차 ΔP의 관계는 $Q = \dfrac{\Delta P \pi R^4}{8\mu l}$ 이다.

③ 유량과 동수경사 I의 관계는 $Q = \dfrac{w \pi I R^4}{8\mu l}$ 이다.

정답 12 ① 13 ④ 14 ③ 15 ① 16 ②

④ 유량과 지름 D의 관계는 $Q = \dfrac{wh_L \pi D^4}{8\mu l}$ 이다.

해설

Hagen – Poiseuille 법칙

① $Q = \dfrac{\pi w h_L R^4}{8\mu l}$

② $wh_L = \Delta P$

∴ $Q = \dfrac{\Delta P \pi R^4}{8\mu l}$

17 개수로의 단면이 축소되는 부분의 흐름에 관한 설명으로 옳은 것은?

① 상류가 유입되면 수심이 감소하고 사류가 유입되면 수심이 증가한다.
② 상류가 유입되면 수심이 증가하고 사류가 유입되면 수심이 감소한다.
③ 유입되는 흐름의 상태(상류 또는 사류)와 무관하게 수심이 증가한다.
④ 유입되는 흐름의 상태(상류 또는 사류)와 무관하게 수심이 감소한다.

해설

수로 폭의 축소에 따른 변화
① 상류(subcritical flow) : $y_1 > y_2$: 수위 저하
② 사류(supercritical flow) : $y_1 < y_2$: 수위 상승

18 단면적이 1m²인 수조의 측벽에 면적 20cm²인 구멍을 내어서 물을 빼낸다. 수위가 처음의 2m에서 1m로 하강하는 데 걸리는 시간은?(단, 유량계수 C = 0.6)

① 25.0초
② 108.2초
③ 155.9초
④ 169.5초

해설

$t = \dfrac{2A}{Ca\sqrt{2g}}(h_1^{\frac{1}{2}} - h_2^{\frac{1}{2}})$

$= \dfrac{2 \times 1}{0.6 \times 20 \times 10^{-4} \times \sqrt{2 \times 9.8}}\left(2^{\frac{1}{2}} - 1^{\frac{1}{2}}\right)$

$= 155.9 \text{sec}$

19 부체의 경심(M), 부심(C), 무게중심(G)에 대하여 부체가 안정되기 위한 조건은?

① $\overline{MG} > 0$
② $\overline{MG} = 0$
③ $\overline{MG} < 0$
④ $\overline{MG} = \overline{CG}$

해설

① $\overline{MG} > 0$: 안정
② $\overline{MG} < 0$: 불안정

20 그림과 같이 삼각위어의 수두를 측정한 결과 30cm이었을 때 유출량은?(단, 유량계수는 0.62이다.)

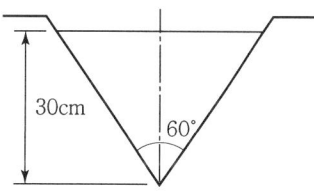

① 0.042m³/s
② 0.125m³/s
③ 0.139m³/s
④ 0.417m³/s

해설

$Q = \dfrac{8}{15}C\tan\dfrac{\theta}{2}\sqrt{2g}\,h^{\frac{5}{2}}$

$= \dfrac{8}{15} \times 0.62 \times \tan\dfrac{60}{2} \times \sqrt{2 \times 9.8} \times 0.3^{\frac{5}{2}}$

$= 0.042 \text{m}^3/\text{s}$

2018년 토목기사 제2회 수리수문학 기출문제

01 다음 중 유효강우량과 가장 관계가 깊은 것은?

① 직접유출량   ② 기저유출량
③ 지표면유출량   ④ 지표하유출량

[해설]
유효강우량과 가장 관계가 깊은 것은 직접유출이다.

02 지하수의 투수계수에 관한 설명으로 틀린 것은?

① 같은 종류의 토사라 할지라도 그 간극률에 따라 변한다.
② 흙입자의 구성, 지하수의 점성계수에 따라 변한다.
③ 지하수의 유량을 결정하는 데 사용된다.
④ 지역 특성에 따른 무차원 상수이다.

[해설]
투수계수는 지하수 유량을 결정하는 데 사용되며, 속도의 차원을 갖는다.

03 그림과 같은 노즐에서 유량을 구하기 위한 식으로 옳은 것은?(단, 유량계수는 1.0으로 가정한다.)

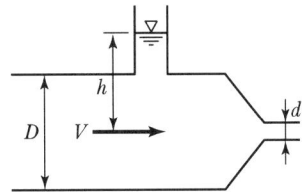

① $\dfrac{\pi d^2}{4}\sqrt{\dfrac{2gh}{1-(d/D)^2}}$

② $\dfrac{\pi d^2}{4}\sqrt{\dfrac{2gh}{1-(d/D)^4}}$

③ $\dfrac{\pi d^2}{4}\sqrt{\dfrac{2gh}{1+(d/D)^2}}$

④ $\dfrac{\pi d^2}{4}\sqrt{2gh}$

[해설]
$Q = Ca\sqrt{\dfrac{2gh}{1-\left(\dfrac{Ca}{A}\right)^2}} = \dfrac{\pi \times d^2}{4}\sqrt{\dfrac{2gh}{1-\left(\dfrac{d}{D}\right)^4}}$

04 물의 점성계수를 μ, 동점성계수를 ν, 밀도를 ρ라 할 때 관계식으로 옳은 것은?

① $\nu = \rho\mu$ ② $\nu = \dfrac{\rho}{\mu}$
③ $\nu = \dfrac{\mu}{\rho}$ ④ $\nu = \dfrac{1}{\rho\mu}$

[해설]
$\nu = \dfrac{\mu}{\rho}$, $\rho = \dfrac{w}{g}$

05 폭 2.5m, 월류수심 0.4m인 사각형 위어(weir)의 유량은?(단, Francis 공식 : $Q = 1.84 B_o h^{3/2}$에 의하며, B_o : 유효폭, h : 월류수심, 접근유속은 무시하며 양단수축이다.)

① $1.117 \text{m}^3/\text{s}$ ② $1.126 \text{m}^3/\text{s}$
③ $1.145 \text{m}^3/\text{s}$ ④ $1.164 \text{m}^3/\text{s}$

[해설]
$Q = 1.84(b-0.1nh)h^{\frac{3}{2}}$
$= 1.84 \times (2.5 - 0.1 \times 2 \times 0.4) \times 0.4^{\frac{3}{2}}$
$= 1.126 \text{m}^3/\text{s}$

06 흐름의 단면적과 수로경사가 일정할 때 최대 유량이 흐르는 조건으로 옳은 것은?

① 윤변이 최소이거나 동수반경이 최대일 때
② 윤변이 최대이거나 동수반경이 최소일 때
③ 수심이 최소이거나 동수반경이 최대일 때
④ 수심이 최대이거나 수로 폭이 최소일 때

[해설]
수리학적으로 유리한 단면이 되기 위해서는 경심(R)이 최대이거나, 윤변(P)이 최소일 때 성립된다.

정답   01 ①   02 ④   03 ②   04 ③   05 ②   06 ①

07 그림과 같이 단위폭당 자중이 $3.5 \times 10^6 \text{N/m}$인 직립식 방파제에 $1.5 \times 10^6 \text{N/m}$의 수평 파력이 작용할 때, 방파제의 활동 안전율은?(단, 중력가속도 $=10.0\text{m/s}^2$, 방파제와 바닥의 마찰계수 $=0.7$, 해수의 비중 $=1$로 가정하며, 파랑에 의한 양압력은 무시하고, 부력은 고려한다.)

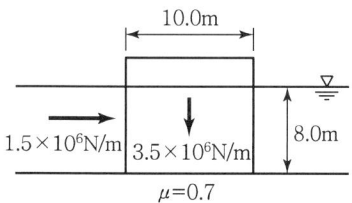

① 1.20   ② 1.22
③ 1.24   ④ 1.26

해설

① $W =$ 케이슨의 자중 $-$ 케이슨의 부력
 $= 3.5 \times 10^6 \times 10^{-3} - (10 \times 8 \times 1) \times 10$
 $= 2,700 \text{kN/m}$

② 안전율 계산

$F_s = \dfrac{fW_V}{P_h} = \dfrac{0.7 \times 2,700}{1.5 \times 10^6 \times 10^{-3}} = 1.26$

08 유역면적이 4km^2이고 유출계수가 0.8인 산지 하천의 강우강도가 80mm/hr이다. 합리식을 사용한 유역출구에서의 첨두홍수량은?

① $35.5\text{m}^3/\text{s}$ ② $71.1\text{m}^3/\text{s}$
③ $128\text{m}^3/\text{s}$ ④ $256\text{m}^3/\text{s}$

해설

$Q = \dfrac{1}{3.6} CIA = \dfrac{1}{3.6} \times 0.8 \times 80 \times 4 = 71.11 \text{m}^3/\text{s}$

09 Manning의 조도계수 $n = 0.012$인 원관을 사용하여 $1\text{m}^3/\text{s}$의 물을 동수경사 1/100로 송수하려 할 때 적당한 관의 지름은?

① 70cm   ② 80cm
③ 90cm   ④ 100cm

해설

① $Q = AV = \dfrac{\pi D^2}{4} \times \dfrac{1}{n} R^{\frac{2}{3}} I^{\frac{1}{2}}$

② $1 = \dfrac{\pi D^2}{4} \times \dfrac{1}{0.012} \times \left(\dfrac{D}{4}\right)^{\frac{2}{3}} \times \left(\dfrac{1}{100}\right)^{\frac{1}{2}}$

∴ $D = 0.7\text{m} = 70\text{cm}$

10 관수로 흐름에서 레이놀즈 수가 500보다 작은 경우의 흐름 상태는?

① 상류   ② 난류
③ 사류   ④ 층류

해설

① $Re < 2,000$: 층류
② $2,000 < Re < 4,000$: 천이영역
③ $Re > 4,000$: 난류

11 광폭 직사각형 단면 수로의 단위폭당 유량이 $16\text{m}^3/\text{s}$일 때, 한계경사는?(단, 수로의 조도계수 $n = 0.02$이다.)

① 3.27×10^{-3} ② 2.73×10^{-3}
③ 2.81×10^{-2} ④ 2.90×10^{-2}

해설

① $h_c = \left(\dfrac{\alpha Q^2}{gB^2}\right)^{\frac{1}{3}} = \left(\dfrac{1 \times 16^2}{9.8 \times 1^2}\right)^{\frac{1}{3}} = 2.97\text{m}$

② $C = \dfrac{1}{n} R^{\frac{1}{6}} = \dfrac{1}{0.02} \times 2.97^{\frac{1}{6}} = 59.95$(광폭개수로 $R = h$)

∴ $I_c = \dfrac{g}{\alpha C^2} = \dfrac{9.8}{1 \times 59.95^2} = 2.73 \times 10^{-3}$

12 개수로 흐름에 관한 설명으로 틀린 것은?

① 사류에서 상류로 변하는 곳에 도수현상이 생긴다.
② 개수로 흐름은 중력이 원동력이 된다.
③ 비에너지는 수로 바닥을 기준으로 한 에너지이다.
④ 배수곡선은 수로가 단락(段落)이 되는 곳에 생기는 수면곡선이다.

정답 07 ④ 08 ② 09 ① 10 ④ 11 ② 12 ④

해설
저하곡선은 수로가 단락되어 수로경사가 갑자기 클 때 생기는 수면곡선이다.

13 정지유체에 침강하는 물체가 받는 항력(drag force)의 크기와 관계가 없는 것은?

① 유체의 밀도
② Froude 수
③ 물체의 형상
④ Reynolds 수

해설
항력$(D) = C_D \cdot A \cdot \dfrac{\rho V^2}{2}$

① C_D : 항력계수 $\left(C_D = \dfrac{24}{R_e}\right)$
② A : 투영면적
③ $\dfrac{\rho V^2}{2}$: 동압력

∴ Froude 수는 항력과 관련이 없다.

14 $\triangle t$ 시간 동안 질량 m인 물체에 속도변화 $\triangle v$가 발생할 때, 이 물체에 작용하는 외력 F는?

① $\dfrac{m \cdot \triangle t}{\triangle v}$
② $m \cdot \triangle v \cdot \triangle t$
③ $\dfrac{m \cdot \triangle v}{\triangle t}$
④ $m \cdot \triangle t$

해설
$F = ma = m\dfrac{(v_2 - v_1)}{\triangle t} = m\dfrac{\triangle v}{\triangle t}$

15 다음 중 평균강우량 산정방법이 아닌 것은?

① 각 관측점의 강우량을 산술평균하여 얻는다.
② 각 관측점의 지배면적을 가중인자로 잡아서 각 강우량에 곱하여 합산한 후 전 유역면적으로 나누어서 얻는다.
③ 각 등우선 간의 면적을 측정하고 전 유역면적에 대한 등우선 간의 면적을 등우선 간의 평균 강우량에 곱하여 이들을 합산하여 얻는다.
④ 각 관측점의 강우량을 크기순으로 나열하여 중앙에 위치한 값을 얻는다.

해설
유역의 평균우량 산정법
① 산술평균법 : 각 관측점의 강우량을 산술평균하여 구한다.
② Thiessen법 : 각 관측점의 지배면적을 가중인자로 잡아서 각 강우량에 곱하여 합산한 후 전 유역면적으로 나누어서 구한다.
③ 등우선법 : 각 등우선 간의 면적을 측정하고 전 유역면적에 대한 등우선 간의 면적을 등우선 간의 평균강우량에 곱하고 이들을 합산하여 구한다.

16 강우자료의 일관성을 분석하기 위해 사용하는 방법은?

① 합리식
② DAD 해석법
③ 누가우량곡선법
④ SCS(Soil Conservation Service) 방법

해설
이중누가우량분석은 수십 년에 걸친 장기간의 강수자료의 일관성 검증을 위해 실시한다.

17 부체의 안정에 관한 설명으로 옳지 않은 것은?

① 경심(M)이 무게중심(G)보다 낮을 경우 안정하다.
② 무게중심(G)이 부심(B)보다 아래쪽에 있으면 안정하다.
③ 부심(B)과 무게중심(G)이 동일 연직선상에 위치할 때 안정을 유지한다.
④ 경심(M)이 무게중심(G)보다 높을 경우 복원모멘트가 작용한다.

해설
부체의 안정조건
① 안정 : 경심(M) – 중심(G) – 부심(C)
② 불안정 : 중심(G) – 경심(M) – 부심(C)
∴ 부체가 안정되기 위해서는 경심(M)이 중심(G)보다 위에 있어야 한다.

정답 13 ② 14 ③ 15 ④ 16 ③ 17 ①

18 다음 중 물의 순환에 관한 설명으로서 틀린 것은?

① 지구상에 존재하는 수자원이 대기권을 통해 지표면에 공급되고, 지하로 침투하여 지하수를 형성하는 등 복잡한 반복과정이다.
② 지표면 또는 바다로부터 증발된 물이 강수, 침투 및 침루, 유출 등의 과정을 거치는 물의 이동현상이다.
③ 물의 순환과정에서 강수량은 지하수 흐름과 지표면 흐름의 합과 동일하다.
④ 물의 순환과정 중 강수, 증발 및 증산은 수문기상학 분야이다.

[해설]
강수량은 지하수 흐름과 지표면 흐름의 합과 동일하지 않다.

19 압력수두 P, 속도수두 V, 위치수두 Z라고 할 때 정체압력수두 P_s는?

① $P_s = P - V - Z$
② $P_s = P + V + Z$
③ $P_s = P - V$
④ $P_s = P + V$

[해설]
① 정체압 $= P + \dfrac{\rho V^2}{2}$
② 정체압력수두 $P_s = P + V$

20 관수로에서 관의 마찰손실계수가 0.02, 관의 지름이 40cm일 때, 관내 물의 흐름이 100m를 흐르는 동안 2m의 마찰손실수두가 발생하였다면 관내의 유속은?

① 0.3m/s ② 1.3m/s
③ 2.8m/s ④ 3.8m/s

[해설]
① $h_L = f \dfrac{l}{D} \dfrac{V^2}{2g}$
② $V = \sqrt{\dfrac{2gDh_L}{fl}} = \sqrt{\dfrac{2 \times 9.8 \times 0.4 \times 2}{0.02 \times 100}} = 2.8 \text{m/s}$

정답 18 ③ 19 ④ 20 ③

2018년 토목산업기사 제2회 수리수문학 기출문제

01 그림과 같이 안지름 10cm의 연직관 속에 1.2m만큼의 모래가 들어있다. 모래면 위의 수위를 일정하게 하여 유량을 측정하였더니 유량이 4L/hr 이었다면 모래의 투수계수 k는?

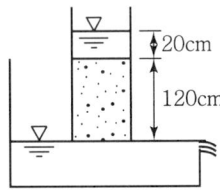

① 0.012cm/s ② 0.024cm/s
③ 0.033cm/s ④ 0.044cm/s

[해설]

$$K = \frac{Q}{AI} = \frac{Q}{A\frac{h_L}{l}} = \frac{\frac{4,000}{3,600}}{\frac{\pi \times 10^2}{4} \times \frac{140}{120}}$$
$$= 0.012 \text{cm/s}$$

02 원관 내를 흐르고 있는 층류에 대한 설명으로 옳지 않은 것은?

① 유량은 관의 반지름의 4제곱에 비례한다.
② 유량은 단위길이당 압력강하량에 반비례한다.
③ 유속은 점성계수에 반비례한다.
④ 평균유속은 최대유속의 $\frac{1}{2}$이다.

[해설]
유량은 단위길이당 압력강하량에 비례한다.

03 유량 147.6 L/s를 송수하기 위하여 내경 0.4m의 관을 700m 설치하였을 때의 관로 경사는?(단, 조도계수 $n=0.012$, Manning 공식 적용)

① $\frac{2}{700}$ ② $\frac{2}{500}$
③ $\frac{3}{700}$ ④ $\frac{3}{500}$

[해설]

① $V = \frac{1}{n} R^{\frac{2}{3}} I^{\frac{1}{2}}$

② $A = \frac{\pi D^2}{4} = \frac{\pi \times 0.4^2}{4} = 0.1256 \text{m}^2$

③ $I = \left(\frac{Q}{A \frac{1}{n} R^{\frac{2}{3}}}\right)^2 = \left(\frac{0.1476}{0.1256 \times \frac{1}{0.012} \times \frac{0.4}{4^{\frac{2}{3}}}}\right)^2$

$= \frac{1}{233.4} = \frac{3}{700}$

04 수심 2m, 폭 4m인 직사각형 단면 개수로에서 Manning의 평균유속공식에 의한 유량은?(단, 수로의 조도계수 $n=0.025$, 수로경사 $I=1/100$)

① 32m³/s ② 64m³/s
③ 128m³/s ④ 160m³/s

[해설]

$Q = A \frac{1}{n} R^{\frac{2}{3}} I^{\frac{1}{2}}$

$= (4 \times 2) \times \frac{1}{0.025} \times \left(\frac{4 \times 2}{4 + 2 \times 2}\right)^{\frac{2}{3}} \times \left(\frac{1}{100}\right)^{\frac{1}{2}}$

$= 32 \text{m}^3/\text{s}$

05 수면의 높이가 일정한 저수지의 일부에 길이(B) 30m의 월류 위어를 만들어 40m³/s의 물을 취수하기 위한 위어 마루부로부터의 상류 측 수심(H)은?(단, $C=1.0$이고, 접근유속은 무시한다.)

① 0.70m ② 0.75m
③ 0.80m ④ 0.85m

[해설]

$Q = 1.7 CBH^{\frac{3}{2}}$

$\therefore H = \left(\frac{Q}{1.7 CB}\right)^{\frac{2}{3}} = \left(\frac{40}{1.7 \times 1 \times 30}\right)^{\frac{2}{3}} = 0.85 \text{m}$

정답 01 ① 02 ② 03 ③ 04 ① 05 ④

06 베르누이의 정리에 관한 설명으로 옳지 않은 것은?

① 베르누이의 정리는 (운동에너지)+(위치에너지)가 일정함을 표시한다.
② 베르누이의 정리는 에너지(energy) 불변의 법칙을 유수의 운동에 응용한 것이다.
③ 베르누이의 정리는 (속도수두)+(위치수두)+(압력수두)가 일정함을 표시한다.
④ 베르누이의 정리는 이상유체에 대하여 유도되었다.

해설
Bernoulli 정리는 '위치수두+압력수두+속도수두'가 일정함을 표시한다.

07 단면이 일정한 긴 관에서 마찰손실만이 발생하는 경우 에너지선과 동수경사선은?

① 일치한다.
② 교차한다.
③ 서로 나란하다.
④ 관의 두께에 따라 다르다.

해설
관수로에서 마찰손실이 일어난 경우에는 에너지선이 손실수두 만큼 내려오므로 동수경사선과 서로 나란하다.

08 단면적 2.5cm², 길이 2m인 원형 강철봉의 무게가 대기 중에서 27.5N이었다면 단위무게가 10kN/m³인 수중에서의 무게는?

① 22.5N
② 25.5N
③ 27.5N
④ 28.5N

해설
수중 물체의 무게
① $W' = W(공기 중 무게) - B(부력) = W - w_w \cdot V$
② $W' = (2.75 \times 10^{-3}) - (1 \times 2.5 \times 10^{-4} \times 2)$
   $= 2.25 \times 10^{-3} t$
   $= 2.25 kg = 22.5N$

09 모세혈관현상에서 액체기둥의 상승 또는 하강 높이의 크기를 결정하는 힘은?

① 응집력
② 부착력
③ 마찰력
④ 표면장력

해설
모세관현상은 유체입자 간의 표면장력으로 인해 수면이 상승하는 현상을 말한다.

10 1차원 정상류 흐름에서 질량 m인 유체가 유속이 v_1인 단면 1에서 유속이 v_2인 단면 2로 흘러가는데 짧은 시간 $\triangle t$가 소요된다면 이 경우의 운동량방정식으로 옳은 것은?

① $F \cdot m = \triangle t(v_1 - v_2)$
② $F \cdot m = (v_1 - v_2)/\triangle t$
③ $F \cdot \triangle t = m(v_2 - v_1)$
④ $F \cdot \triangle t = (v_2 - v_1)/m$

해설
$F = m\left(\dfrac{V_2 - V_1}{\triangle t}\right) = m(V_2 - V_1)$

11 저수지로부터 30m 위쪽에 위치한 수조탱크에 0.35m³/s 의 물을 양수하고자 할 때 펌프에 공급되어야 하는 동력은?(단, 손실수두는 무시하고 펌프의 효율은 75%이다.)

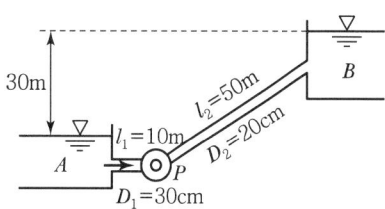

① 77.2 kW
② 102.9 kW
③ 120.1 kW
④ 137.2 kW

정답 06 ① 07 ③ 08 ① 09 ④ 10 ③ 11 ④

해설

$$P = \frac{9.8QH_e}{\eta} = \frac{9.8 \times 0.35 \times 30}{0.75} = 137.2\text{kW}$$

12 폭 1.5m인 직사각형 수로에 유량 1.8m³/s의 물이 항상 수심 1m로 흐르는 경우 이 흐름의 상태는?(단, 에너지보정계수 $\alpha = 1.1$)

① 한계류 ② 부정류
③ 사류 ④ 상류

해설

$$Fr = \frac{V}{\sqrt{gh}} = \frac{\frac{1.8}{1.5 \times 1}}{\sqrt{9.8 \times 1}} = 0.38$$

∴ 상류

13 개수로의 지배단면(control section)에 대한 설명으로 옳은 것은?

① 홍수 시 하천흐름이 부정류인 경우에 발생한다.
② 급경사의 흐름에서 배수곡선이 나타나면 발생한다.
③ 상류흐름에서 사류흐름으로 변화할 때 발생한다.
④ 사류흐름에서 상류흐름으로 변화하면서 도수가 발생할 때 나타난다.

해설

개수로의 흐름이 상류에서 사류로 바뀌는 지점의 단면을 지배단면(control section)이라 한다.

14 수로폭이 B이고 수심이 H인 직사각형 수로에서 수리학상 유리한 단면은?

① $B = H^2$ ② $B = 0.3H^2$
③ $B = 0.5H$ ④ $B = 2H$

해설

직사각형 단면에서 수리학적 유리한 단면이 되기 위한 조건은 $B = 2H$, $R = \frac{H}{2}$이다.

15 부력과 부체 안정에 관한 설명 중에서 옳지 않은 것은?

① 부체의 무게중심과 경심의 거리를 경심고라 한다.
② 부체가 수면에 의하여 절단되는 가상면을 부양면이라 한다.
③ 부력의 작용선과 물체 중심축의 교점을 부심이라 한다.
④ 수면에서 부체의 최심부까지의 거리를 흘수라 한다.

해설

부력의 작용선과 물체 중심축의 교점을 경심(M)이라 한다.

16 오리피스에서 에너지 손실을 보정한 실제유속을 구하는 방법은?

① 이론유속에 유량계수를 곱한다.
② 이론유속에 유속계수를 곱한다.
③ 이론유속에 동점성계수를 곱한다.
④ 이론유속에 항력계수를 곱한다.

해설

에너지 손실을 실제유속에 반영하기 위하여 이론유속에 유속계수를 곱한다.

17 하나의 유관 내의 흐름이 정류일 때, 미소거리 dl만큼 떨어진 1, 2 단면에서 단면적 및 평균유속을 각각 A_1, A_2 및 V_1, V_2라 하면, 이상유체에 대한 연속방정식으로 옳은 것은?

① $A_1V_1 = A_2V_2$
② $d(A_1V_1 - A_2V_2)/dl = $ 일정(一定)
③ $d(A_1V_1 + A_2V_2)/dl = $ 일정(一定)
④ $A_1V_2 = A_2V_1$

해설

연속방정식
① 질량보존의 법칙에 의해 만들어진 방정식이다.
② $Q = A_1V_1 = A_2V_2$ (체적유량)

정답 12 ④ 13 ③ 14 ④ 15 ③ 16 ② 17 ①

18 다음 물리량에 대한 차원을 설명한 것 중 옳지 않은 것은?

① 압력 : $[ML^{-1}T^{-2}]$
② 밀도 : $[ML^{-2}]$
③ 점성계수 : $[ML^{-1}T^{-1}]$
④ 표면장력 : $[MT^{-2}]$

해설

물리량	FLT	MLT
밀도	$FL^{-4}T^2$	ML^{-3}

19 지하수 흐름의 기본방정식으로 이용되는 법칙은?

① Chezy의 법칙
② Darcy의 법칙
③ Manning의 법칙
④ Reynolds의 법칙

해설
Darcy의 법칙은 지하수 흐름의 기본방정식으로 이용되고 있다.

20 그림과 같이 직경 8cm인 분류가 35m/s의 속도로 vane에 부딪친 후 최초의 흐름방향에서 150° 수평방향 변화를 하였다. vane이 최초의 흐름방향으로 10m/s의 속도로 이동하고 있을 때, vane에 작용하는 힘의 크기는?(단, 무게 1kg=9.8N)

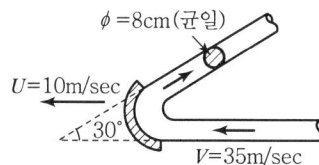

① 3.6kN
② 5.4kN
③ 6.1kN
④ 8.5kN

해설
$F = \dfrac{w}{g} A(V_1 - U)^2 (1 - \cos\theta)$
$= \dfrac{1}{9.8} \times \dfrac{\pi \times 0.08^2}{4} \times (35-10)^2 (1 - \cos 150°)$
$= 0.6t = 5.9kN$

정답 18 ② 19 ② 20 ③

2018년 토목기사 제3회 수리수문학 기출문제

01 유속이 3m/s인 유수 중에 유선형 물체가 흐름 방향으로 향하여 $h=3$m 깊이에 놓여 있을 때 정체압력(stagnation pressure)은?

① 0.46kN/m² ② 12.21kN/m²
③ 33.90kN/m² ④ 102.35kN/m²

해설
정체압 $= P + \dfrac{\rho V^2}{2} = 1 \times 3 + \dfrac{\dfrac{1}{9.8} \times 3^2}{2}$
$= 3.459 \text{t/m}^2 \times 3.459 \times 9.8 = 33.9 \text{kN/m}^2$

02 다음 중 직접 유출량에 포함되는 것은?

① 지체지표하 유출량   ② 지하수 유출량
③ 기저 유출량   ④ 조기지표하 유출량

해설
직접 유출은 비교적 단시간에 발생된 유출을 말하며, 지표면 유출과 조기지표하 유출로 구성된다.

03 직사각형 단면수로의 폭이 5m이고 한계수심이 1m일 때의 유량은?(단, 에너지 보정계수 $\alpha = 1.0$)

① 15.65m³/s   ② 10.75m³/s
③ 9.80m³/s   ④ 3.13m³/s

해설
① $h_c = \left(\dfrac{\alpha Q^2}{gb^2}\right)^{\frac{1}{3}}$
② $1 = \left(\dfrac{1 \times Q^2}{9.8 \times 5^2}\right)^{\frac{1}{3}}$
∴ $Q = 15.65 \text{m}^3/\text{s}$

04 표와 같은 집중호우가 자기기록지에 기록되었다. 지속기간 20분 동안의 최대강우강도는?

시간(분)	5	10	15	20	25	30	35	40
누가우량(mm)	2	5	10	20	35	40	43	45

① 95mm/hr   ② 105mm/hr
③ 115mm/hr ④ 135mm/hr

해설

시간(분)	5	10	15	20	25	30	35	40
우량(mm)	2	3	5	10	15	5	3	2

① 누가우량을 우량으로 환산
② 최대치는 $5+10+15+5=35$mm
③ 지속시간 20분 최대강우강도의 산정
$\dfrac{35\text{mm}}{20\text{min}} \times 60 = 105 \text{mm/hr}$

05 단위유량도 이론의 가정에 대한 설명으로 옳지 않은 것은?

① 초과강우는 유효지속기간 동안에 일정한 강도를 가진다.
② 초과강우는 전 유역에 걸쳐서 균등하게 분포된다.
③ 주어진 지속기간의 초과 강우로부터 발생된 직접유출수문곡선의 기저시간은 일정하다.
④ 동일한 기저시간을 가진 모든 직접유출 수문곡선의 종거들은 각 수문곡선에 의하여 주어진 총 직접유출 수문곡선에 반비례한다.

해설
동일 기저시간을 가진 모든 직접유출 수문곡선의 종거들은 각 수문곡선에 의하여 주어진 총 직접유출 수문곡선에 비례하여야 한다.

06 사각 위어에서 유량산출에 쓰이는 Francis 공식에 대하여 양단 수축이 있는 경우에 유량으로 옳은 것은?(단, B : 위어 폭, h : 월류수심)

① $Q = 1.84(B - 0.4h)h^{\frac{3}{2}}$
② $Q = 1.84(B - 0.3h)h^{\frac{3}{2}}$
③ $Q = 1.84(B - 0.2h)h^{\frac{3}{2}}$
④ $Q = 1.84(B - 0.1h)h^{\frac{3}{2}}$

정답 01 ③ 02 ④ 03 ① 04 ② 05 ④ 06 ③

해설

$$Q = 1.84(B-0.1nh)h^{\frac{3}{2}} = 1.84(B-0.2h)h^{\frac{3}{2}}$$

07 비에너지(specific energy)와 한계수심에 대한 설명으로 옳지 않은 것은?

① 비에너지는 수로의 바닥을 기준으로 한 단위무게 유수가 가진 에너지이다.
② 유량이 일정할 때 비에너지가 최소가 되는 수심이 한계수심이다.
③ 비에너지가 일정할 때 한계수심으로 흐르면 유량이 최소가 된다.
④ 직사각형 단면에서 한계수심은 비에너지의 2/3가 된다.

해설
비에너지가 일정할 때 유량이 최대로 흐를 때의 수심을 한계수심이라 한다.

08 관수로의 마찰손실공식 중 난류에서의 마찰손실계수 f는?

① 상대조도만의 함수이다.
② 레이놀즈 수와 상대조도의 함수이다.
③ 프루드 수와 상대조도의 함수이다.
④ 레이놀즈 수만의 함수이다.

해설
난류에서의 마찰손실계수는 레이놀즈 수와 상대조도의 함수이다.

09 우물에서 장기간 양수를 한 후에도 수면강하가 일어나지 않는 지점까지의 우물로부터 거리(범위)를 무엇이라 하는가?

① 용수효율권   ② 대수층권
③ 수류영역권   ④ 영향권

해설
우물로부터 지하수를 양수할 경우 지하수면으로부터 그 우물에 물이 모여드는 범위를 영향권(영향원)이라 한다.

10 빙산(氷山)의 부피가 V, 비중이 0.92이고, 바닷물의 비중은 1.025라 할 때 바닷물 속에 잠겨 있는 빙산의 부피는?

① $1.1V$ ② $0.9V$
③ $0.8V$ ④ $0.7V$

해설
$0.92V = 1.025V'$

$\therefore V' = \dfrac{0.92V}{1.025} = 0.9V$

11 지름 d인 구(球)가 밀도 ρ의 유체 속을 유속 V로 침강할 때 구의 항력 D는?(단, 항력계수는 C_D라 한다.)

① $\dfrac{1}{8}C_D\pi d^2 \rho V^2$ ② $\dfrac{1}{2}C_D\pi d^2 \rho V^2$

③ $\dfrac{1}{4}C_D\pi d^2 \rho V^2$ ④ $C_D\pi d^2 \rho V^2$

해설

$D = C_D \cdot A \cdot \dfrac{\rho V^2}{2}$

$\therefore D = C_D \times \dfrac{\pi d^2}{4} \times \dfrac{\rho V^2}{2} = \dfrac{1}{8}C_D\pi d^2 \rho V^2$

12 수리실험에서 점성력이 지배적인 힘이 될 때 사용할 수 있는 모형법칙은?

① Reynolds 모형법칙
② Froude 모형법칙
③ Weber 모형법칙
④ Cauchy 모형법칙

해설

종류	특징
Reynolds의 상사법칙	점성력이 흐름을 주로 지배하고, 관수로 흐름의 경우에 적용
Froude의 상사법칙	중력이 흐름을 주로 지배하고, 개수로 흐름의 경우에 적용

정답 07 ③ 08 ② 09 ④ 10 ② 11 ① 12 ①

13 개수로의 상류(subcritical flow)에 대한 설명으로 옳은 것은?

① 유속과 수심이 일정한 흐름
② 수심이 한계수심보다 작은 흐름
③ 유속이 한계유속보다 작은 흐름
④ Froude 수가 1보다 큰 흐름

해설

구분	상류(常流)	사류(射流)
Fr	$Fr < 1$	$Fr > 1$
I_c	$I < I_c$	$I > I_c$
y_c	$y > y_c$	$y < y_c$
V_c	$V < V_c$	$V > V_c$

∴ 상류 조건에서는 유속이 한계유속보다 작은 흐름을 말한다.

14 그림과 같은 높이 2m인 물통에 물이 1.5m만큼 담겨 있다. 물통이 수평으로 4.9m/s²의 일정한 가속도를 받고 있을 때, 물통의 물이 넘쳐흐르지 않기 위한 물통의 길이(L)는?

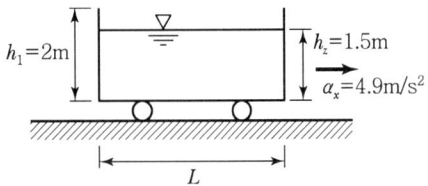

① 2.0m ② 2.4m
③ 2.8m ④ 3.0m

해설

① $\tan\theta = \dfrac{\alpha}{g} = \dfrac{h}{L/2}$

② $\dfrac{4.9}{9.8} = \dfrac{2-1.5}{L/2}$

∴ $L = 2\text{m}$

15 미소진폭파(small-amplitude wave) 이론에 포함된 가정이 아닌 것은?

① 파장이 수심에 비해 매우 크다.
② 유체는 비압축성이다.
③ 바닥은 평평한 불투수층이다.
④ 파고는 수심에 비해 매우 작다.

해설

파고가 아주 작아서 파형경사가 무시할만하고 또한 수심에 비하여 파장이 아주 작아서 파고 수심비가 무시할만하다는 가정, 즉, 미소진폭의 가정을 하고 있기 때문에 미소진폭파라 한다.

16 관수로에 대한 설명 중 틀린 것은?

① 단면 점확대로 인한 수두손실은 단면 급확대로 인한 수두손실보다 클 수 있다.
② 관수로 내의 마찰손실수두는 유속수두에 비례한다.
③ 아주 긴 관수로에서는 마찰 이외의 손실수두를 무시할 수 있다.
④ 마찰손실수두는 모든 손실수두 가운데 가장 큰 것으로 마찰손실계수에 유속수두를 곱한 것과 같다.

해설

① $h_L = f \dfrac{l}{D} \dfrac{V^2}{2g}$

② 마찰손실수두는 모든 손실수두 가운데 가장 큰 것으로 마찰손실계수에 속도수두, 직경과 길이의 비를 곱한 것과 같다.

17 수문자료의 해석에 사용되는 확률분포형의 매개변수를 추정하는 방법이 아닌 것은?

① 모멘트법(method of moments)
② 회선적분법(convolution integral method)
③ 확률가중모멘트법(method of probability weighted moments)
④ 최우도법(method of maximum likelihood)

해설

매개변수의 추정법
- 모멘트법
- 최우도법
- 확률가중모멘트법
- L-모멘트법

정답 13 ③ 14 ① 15 ① 16 ④ 17 ②

18 에너지선에 대한 설명으로 옳은 것은?

① 언제나 수평선이 된다.
② 동수경사선보다 아래에 있다.
③ 속도수두와 위치수두의 합을 의미한다.
④ 동수경사선보다 속도수두만큼 위에 위치하게 된다.

해설

① 동수경사선은 $\dfrac{P}{w_o} + Z$를 연결한 값이다.
② 총수두(에너지선)= 위치수두 + 압력수두 + 속도수두
③ 에너지선은 동수경사선보다 속도수두만큼 위에 위치하게 된다.

해설

물리량	공학단위계	절대단위계
동점성계수	L^2T^{-1}	L^2T^{-1}

19 대기의 온도 t_1, 상대습도 70%인 상태에서 증발이 진행되었다. 온도가 t_2로 상승하고 대기 중의 증기압이 20% 증가하였다면 온도 t_1 및 t_2에서의 포화 증기압이 각각 10.0mmHg 및 14.0mmHg라 할 때 온도 t_2에서의 상대습도는?

① 50%   ② 60%
③ 70%   ④ 80%

해설

① t_1℃일 때 상대습도 70%
   $70 = \dfrac{e}{10} \times 100$ ∴ 실제증기압 $e = 7\text{mmHg}$
② t_2℃일 때 증기압이 20% 증가하였으므로
   실제증기압 : $e = 7.0 \times 1.2 = 8.4\text{mmHg}$
③ 상대습도 : $h = \dfrac{e}{e_s} \times 100(\%)$
   $= \dfrac{8.4}{14} \times 100(\%)$
   $= 60\%$

20 다음 물리량 중에서 차원이 잘못 표시된 것은?

① 동점계수 : $[FL^2T]$
② 밀도 : $[FL^{-4}T^2]$
③ 전단응력 : $[FL^{-2}]$
④ 표면장력 : $[FL^{-1}]$

정답 18 ④ 19 ② 20 ①

2018년 토목산업기사 제4회 수리수문학 기출문제

01 개수로의 특성에 대한 설명으로 옳지 않은 것은?

① 배수곡선은 완경사 흐름의 하천에서 장애물에 의해 발생한다.
② 상류에서 사류로 바뀔 때 한계수심이 생기는 단면을 지배단면이라 한다.
③ 사류에서 상류로 바뀌어도 흐름의 에너지선은 변하지 않는다.
④ 한계수심으로 흐를 때의 경사를 한계경사라 한다.

[해설]
사류에서 상류로 바뀔 때 수면이 뛰는 현상을 도수라고 하며, 이때 에너지손실이 발생한다. 따라서 에너지선은 변한다.

02 폭이 b인 직사각형 위어에서 양단수축이 생길 경우 유효폭 b_0은?(단, Francis 공식 적용)

① $b_0 = b - \dfrac{h}{10}$
② $b_0 = b - \dfrac{h}{5}$
③ $b_0 = 2b - \dfrac{h}{10}$
④ $b_0 = 2b - \dfrac{h}{5}$

[해설]
$b_o = b - 0.1 \times 2 \times h = b - \dfrac{2h}{10} = b - \dfrac{h}{5}$

03 수심이 3m, 폭이 2m인 직사각형 수로를 연직으로 가로막을 때 연직판에 작용하는 전수압의 작용점($\overline{y}$) 위치는?(단, $\overline{y}$는 수면으로부터의 거리)

① 2m
② 2.5m
③ 3m
④ 6m

[해설]
$h_c = h_G + \dfrac{I}{h_G A} = 1.5 + \dfrac{\frac{2 \times 3^3}{12}}{1.5 \times (2 \times 3)} = 2\text{m}$

04 관수로에서 Darcy-Weisbach 공식의 마찰손실계수 f가 0.04일 때 Chezy의 평균유속공식 $V = C\sqrt{RI}$에서 C는?

① 25.5
② 44.3
③ 51.1
④ 62.4

[해설]
$C = \sqrt{\dfrac{8g}{f}} = \sqrt{\dfrac{8 \times 9.8}{0.04}} = 44.3$

05 관수로 내의 흐름에서 가장 큰 손실수두는?

① 마찰 손실수두
② 유출 손실수두
③ 유입 손실수두
④ 급확대 손실수두

[해설]
관수로의 가장 큰 손실은 마찰손실수두이다.

06 다음 중 점성계수의 차원으로 옳은 것은?

① $L^2 T^{-1}$
② $ML^{-1}T^{-1}$
③ MLT^{-1}
④ $ML^{-3}ML^{-3}$

[해설]
$\mu = \text{g/cm} \cdot \text{sec}$
① 공학차원으로 바꾸면 FTL^{-2}
② 절대차원으로 바꾸면 $ML^{-1}T^{-1}$

07 모세관현상에 대한 설명으로 옳지 않은 것은?

① 모세관현상은 액체와 벽면 사이의 부착력과 액체분자 간 응집력의 상대적인 크기에 의해 영향을 받는다.
② 물과 같이 부착력이 응집력보다 클 경우 세관 내의 물은 물 표면보다 위로 올라간다.
③ 액체와 고체 벽면이 이루는 접촉각은 액체의 종류와 관계없이 동일하다.
④ 수은과 같이 응집력이 부착력보다 크면 세관 내의 수은은 수은 표면보다 아래로 내려간다.

정답 01 ③ 02 ② 03 ① 04 ② 05 ① 06 ② 07 ③

[해설]
액체와 고체 벽면이 이루는 접촉각은 액체의 비중에 따라서 다르다.

08 지하수에 대한 설명으로 옳은 것은?

① 지하수의 연직분포는 지하수위 상부층인 포화대, 지하수위, 하부층인 통기대로 구분된다.
② 지표면의 물이 지하로 침투되어 투수성이 높은 암석 또는 흙에 포함되어 있는 포화상태의 물을 지하수라 한다.
③ 지하수면이 대기압의 영향을 받고 자유수면을 갖는 지하수를 피압지하수라 한다.
④ 상하의 불투수층 사이에 낀 대수층 내에 포함되어 있는 지하수를 비피압지하수라 한다.

[해설]
지하수
① 지하수의 연직분포는 지하수위 상층부인 통기대와 지하수위 하층부인 포화대로 나뉜다.
② 지표면의 물이 지하로 침투하여 투수성 암석이나 흙에 포화되어 있는 물을 지하수라고 한다.
③ 자유수면을 갖는 지하수를 자유면지하수라고 한다.
④ 상하의 불투수층 사이에 낀 대수층 내에 포함되어 있는 지하수를 피압면 지하수라고 한다.

09 개수로의 흐름에서 상류의 조건으로 옳은 것은? (단, h_c : 한계수심, V_c : 한계유속, I_c : 한계경사, h : 수심, V : 유속, I : 경사)

① $Fr > 1$
② $h < h_c$
③ $V > V_c$
④ $I < I_c$

[해설]

구분	상류	사류
Fr	$Fr < 1$	$Fr > 1$
I_c	$I < I_c$	$I > I_c$
y_c	$y > y_c$	$y < y_c$
V_c	$V < V_c$	$V > V_c$

10 정상적인 흐름 내 하나의 유선 상에서 유체 입자에 대하여 속도수두가 $\frac{V^2}{2g}$, 압력수두가 $\frac{P}{W_0}$, 위치수두가 Z라고 할 때 동수경사선은?

① $\frac{V^2}{2g} + Z$
② $\frac{V^2}{2g} + \frac{P}{W_0}$
③ $\frac{P}{W_0} + Z$
④ $\frac{V^2}{2g} + \frac{P}{W_0} + Z$

[해설]
동수경사선은 $\frac{P}{W_0} + Z$를 연결한 값이다.

11 그림과 같이 단면 ①에서 단면적 $A_1 = 10\text{cm}^2$, 유속 $V_1 = 2\text{m/s}$이고, 단면 ②에서 단면적 $A_2 = 20\text{cm}^2$일 때 단면 ②의 유속(V_2)과 유량(Q)은?

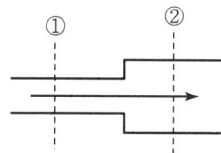

① $V_2 = 200\text{cm/s}$, $Q = 2,000\text{cm}^3/\text{s}$
② $V_2 = 100\text{cm/s}$, $Q = 1,500\text{cm}^3/\text{s}$
③ $V_2 = 100\text{cm/s}$, $Q = 2,000\text{cm}^3/\text{s}$
④ $V_2 = 200\text{cm/s}$, $Q = 1,000\text{cm}^3/\text{s}$

[해설]
① $V_2 = \frac{A_1}{A_2} V_1 = \frac{10}{20} \times 200 = 100\text{cm/s}$
② $Q = A_2 V_2 = 20 \times 100 = 2,000\text{cm}^3/\text{s}$

12 그림과 같이 1/4원의 벽면에 접하여 유량 $Q = 0.05\text{m}^3/\text{s}$이 면적 200cm^2으로 일정한 단면을 따라 흐를 때 벽면에 작용하는 힘은?(단, 무게 1kg = 9.8N)

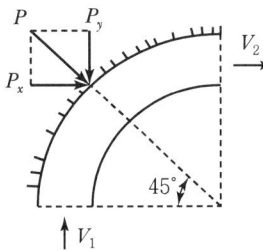

① 117.6N
② 176.4N
③ 1176N
④ 1764N

해설

① $F_x = \dfrac{wQ}{g}(V_1 - V_2) = \dfrac{1 \times 0.05}{9.8} \times (0 - 2.5)$
  $= -0.01276\text{t}$

② $F_y = \dfrac{wQ}{g}(V_1 - V_2) = \dfrac{1 \times 0.05}{9.8} \times (2.5 - 0)$
  $= 0.01276\text{t}$

따라서 $F = \sqrt{F_x^2 + F_y^2} = \sqrt{(-0.01276)^2 + 0.01276^2}$
  $= 0.018\text{t} = 18.04\text{kg} \times 9.8$
  $= 176.8\text{N}$

13 오리피스에서의 실제 유속을 구하기 위하여 에너지 손실을 고려하는 방법으로 옳은 것은?

① 이론 유속에 유속계수를 곱한다.
② 이론 유속에 유량계수를 곱한다.
③ 이론 유속에 수축계수를 곱한다.
④ 이론 유속에 모형계수를 곱한다.

해설

에너지 손실을 실제유속에 반영하기 위하여 이론유속에 유속계수를 곱한다.

14 수리학적으로 유리한 단면(best hydraulic section)에 대한 설명으로 옳은 것은?

① 동수반경이 최소가 되는 단면이다.
② 유량을 최소로 하여 주는 단면이다.
③ 윤변을 최대로 하여 주는 단면이다.
④ 주어진 유량에 대하여 단면적을 최소로 하는 단면이다.

해설

수리학적 유리한 단면은 주어진 유량에 대하여 단면적을 최소로 하는 단면이다.

15 부체에 관한 설명 중 틀린 것은?

① 수면으로부터 부체의 최심부(가장 깊은 곳)까지의 수심을 흘수라 한다.
② 경심은 물체 중심선과 부력 작용선의 교점이다.
③ 수중에 있는 물체는 그 물체가 배제한 배수량 만큼 가벼워진다.
④ 수면에 떠 있는 물체의 경우 경심이 중심보다 위에 있을 때는 불안정한 상태이다.

해설

수면에 떠 있는 물체는 경심이 중심보다 위에 있을 때는 안정상태이다.

16 Darcy-Weisbach의 마찰손실계수 $f = \dfrac{64}{Re}$이고, 지름 0.2cm인 유리관 속을 $0.8\text{cm}^3/\text{s}$의 물이 흐를 때 관의 길이 1.0m에 대한 손실수두는?(단, 레이놀즈수는 500이다.)

① 1.1cm
② 2.1cm
③ 11.3cm
④ 21.2cm

해설

① $V = \dfrac{Q}{A} = \dfrac{0.8}{\dfrac{\pi \times 0.2^2}{4}} = 25.48\text{cm/s}$

② $f = \dfrac{64}{500} = 0.128$

따라서 $h_L = f \dfrac{l}{D} \dfrac{V^2}{2g}$
  $= 0.128 \times \dfrac{100}{0.2} \times \dfrac{25.48^2}{2 \times 980}$
  $= 21.2\text{cm}$

정답 12 ② 13 ① 14 ④ 15 ④ 16 ④

17 아래 식과 같이 표현되는 것은?

$$(\Sigma F)dt = m(V_2 - V_1)$$

① 역적 – 운동량 방정식
② Bernoulli 방정식
③ 연속방정식
④ 공선조건식

[해설]
역적 운동량방정식
$$F = ma = m\frac{(v_2 - v_1)}{\Delta t} = m\frac{\Delta v}{\Delta t}$$
$$\therefore F\Delta t = m(v_2 - v_1)$$

18 폭이 1.5m인 직사각형 단면 수로에 유량 $Q = 0.5\text{m}^3/\text{s}$의 물이 흐르고 있다. 수심 $h = 1\text{m}$인 경우 이 흐름의 상태는?

① 상류   ② 사류
③ 한계류   ④ 층류

[해설]
$$F_r = \frac{V}{\sqrt{gh}} = \frac{\frac{0.5}{1.5 \times 1}}{\sqrt{9.8 \times 1}} = 0.11$$
∴ 상류

19 직사각형 광폭 수로에서 한계류의 특징이 아닌 것은?

① 주어진 유량에 대해 비에너지가 최소이다.
② 주어진 비에너지에 대해 유량이 최대이다.
③ 한계수심은 비에너지의 2/3이다.
④ 주어진 유량에 대해 비력이 최대이다.

[해설]
비에너지가 일정하고 유량이 최대로 흐를 때의 수심을 한계수심이라 한다.

20 지하수의 흐름에서 Darcy 공식에 관한 설명으로 옳지 않은 것은?(단, dh : 수두 차, ds : 흐름의 길이)

① Darcy 공식은 물의 흐름이 층류인 경우에만 적용할 수 있다.
② 투수계수 K의 차원은 $[LT^{-1}]$이다.
③ 투수계수는 흙입자의 크기에만 관계된다.
④ 동수경사는 $I = -\frac{dh}{ds}$로 표현할 수 있다.

[해설]
투수계수는 흙입자의 직경, 단위중량, 점성계수, 간극비, 형상계수 등에 영향을 받는다.

2019년 토목기사 제1회 수리수문학 기출문제

01 흐르지 않는 물에 잠긴 평판에 작용하는 전수압(全水壓)의 계산 방법으로 옳은 것은?(단, 여기서 수압이란 단위 면적당 압력을 의미한다.)

① 평판도심의 수압에 평판면적을 곱한다.
② 단면의 상단과 하단 수압의 평균값에 평판면적을 곱한다.
③ 작용하는 수압의 최댓값에 평판면적을 곱한다.
④ 평판의 상단에 작용하는 수압에 평판면적을 곱한다.

[해설]
- 전수압 $(P) = w \cdot h_G \cdot A$
- 정수압 $(p) = w \cdot h$

02 직사각형 단면의 위어에서 수두(h) 측정에 2%의 오차가 발생했을 때, 유량(Q)에 발생되는 오차는?

① 1%   ② 2%
③ 3%   ④ 4%

[해설]
$\dfrac{dQ}{Q} = \dfrac{3}{2} \cdot \dfrac{dh}{H} = \dfrac{3}{2} \times \dfrac{2}{100} = 0.03 = 3\%$

03 물체의 공기 중 무게가 750N이고 물속에서의 무게는 250N일 때 이 물체의 체적은?(단, 무게 1kg중=10N이다.)

① 0.05m³   ② 0.06m³
③ 0.50m³   ④ 0.60m³

[해설]
$W = B + W'$
$750N = (10,000N/m^3 \times V) + 250N$
∴ 잠수된 부분의 체적(V)은 0.05m³

04 그림과 같은 병렬관수로 ㉠, ㉡, ㉢에서 각 관의 지름과 관의 길이를 각각 D_1, D_2, D_3, L_1, L_2, L_3라 할 때 $D_1 > D_2 > D_3$이고 $L_1 > L_2 > L_3$이면 A점과 B점 사이의 손실수두는?

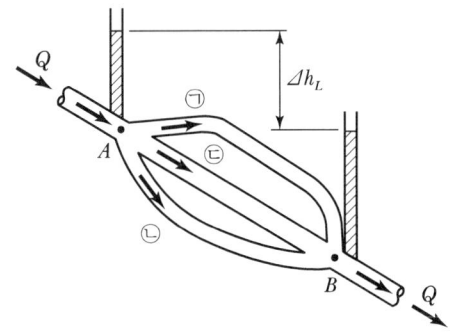

① ㉠의 손실수두가 가장 크다.
② ㉡의 손실수두가 가장 크다.
③ ㉢에서만 손실수두가 발생한다.
④ 모든 관의 손실수두가 같다.

[해설]
병렬관수로에서 모든 관의 손실수두는 같다.

05 지름 200mm인 관로에 축소부 지름이 120mm인 벤투리미터(venturimeter)가 부착되어 있다. 두 단면의 수두차가 1.0m, $C=0.98$일 때의 유량은?

① 0.00525m³/s
② 0.0525m³/s
③ 0.525m³/s
④ 5.250m³/s

[해설]
$Q = CA\sqrt{2gh}$
$= 0.98 \times \dfrac{A_1 \times A_2}{\sqrt{A_1^2 - A_2^2}} \times \sqrt{2 \times 9.8 \times 1}$
$(A_1 = \dfrac{\pi d^2}{4} = 0.0314, \ A_2 = 0.0113)$
∴ $Q = 0.0525 m^3/s$

정답 01 ① 02 ③ 03 ① 04 ④ 05 ②

06 수조의 수면에서 2m 아래 지점에 지름 10cm의 오리피스를 통하여 유출되는 유량은?(단, 유량계수 $C = 0.60$이다.)

① 0.0152m³/s   ② 0.0068m³/s
③ 0.0295m³/s   ④ 0.0094m³/s

해설

$Q = CAV = 0.6 \times \dfrac{\pi \times 0.1^2}{4} \times \sqrt{2 \times 9.8 \times 2}$
$\quad\quad = 0.0295 \text{m}^3/\text{s}$

---

07 유량 147.6L/s를 송수하기 위하여 안지름 0.4m의 관을 700m의 길이로 설치하였을 때 흐름의 에너지 경사는?(단, 조도계수 $n = 0.012$, Manning 공식을 적용한다.)

① 1/700   ② 2/700
③ 3/700   ④ 4/700

해설

$Q = A \cdot \dfrac{1}{n} R^{2/3} I^{1/2}$

$0.1476 = \dfrac{\pi \cdot 0.4^2}{4} \times \dfrac{1}{0.012} \cdot \left(\dfrac{0.4}{4}\right)^{2/3} \cdot I^{1/2}$

$\therefore I = \dfrac{3}{700}$

---

08 단위도(단위 유량도)에 대한 설명으로 옳지 않은 것은?

① 단위도의 3가지 가정은 일정기저시간 가정, 비례 가정, 중첩 가정이다.
② 단위도는 기저유량과 직접유출량을 포함하는 수문곡선이다.
③ S-Curve를 이용하여 단위도의 단위시간을 변경할 수 있다.
④ Snyder는 합성단위도법을 연구 발표하였다.

해설

단위도는 직접유출의 수문곡선이다.
(기저유출은 미포함한다.)

---

09 지하수에서 Darcy 법칙의 유속에 대한 설명으로 옳은 것은?

① 영향권의 반지름에 비례한다.
② 동수경사에 비례한다.
③ 동수반지름(hydraulic radius)에 비례한다.
④ 수심에 비례한다.

해설

$Q = A \cdot V = A \cdot K \cdot i$
∴ 유속(v)은 동수경사(i)에 비례한다.

---

10 유출(runoff)에 대한 설명으로 옳지 않은 것은?

① 비가 오기 전의 유출을 기저유출이라 한다.
② 우량은 별도의 손실 없이 그 전량이 하천으로 유출된다.
③ 일정기간에 하천으로 유출되는 수량의 합을 유출량이라 한다.
④ 유출량과 그 기간의 강수량과의 비(比)를 유출계수 또는 유출률이라 한다.

해설

우량은 침투, 침루, 증발, 증산, 차단, 저류 후 하천으로 유출된다.

---

11 상류(subcritical flow)에 관한 설명으로 틀린 것은?

① 하천의 유속이 장파의 전파속도보다 느린 경우이다.
② 관성력이 중력의 영향보다 더 큰 흐름이다.
③ 수심은 한계수심보다 크다.
④ 유속은 한계유속보다 작다.

해설

상류는 중력이 관성력의 영향보다 큰 흐름이다.

상류, 사류, 한계류 비교

구분	상류	사류	한계류
Fr 수	$Fr < 1$	$Fr > 1$	$Fr = 1$
한계수심(h_c)	$h > h_c$	$h < h_c$	$h = h_c$
한계경사(I_c)	$I < I_c$	$I > I_c$	$I = I_c$
한계유속(V_c)	$V < V_c$	$V > V_c$	$V = V_c$

정답 06 ③ 07 ③ 08 ② 09 ② 10 ② 11 ②

12 그림과 같은 굴착정(artesian well)의 유량을 구하는 공식은?(단, R : 영향원의 반지름, K : 투수계수, m : 피압대수층의 두께)

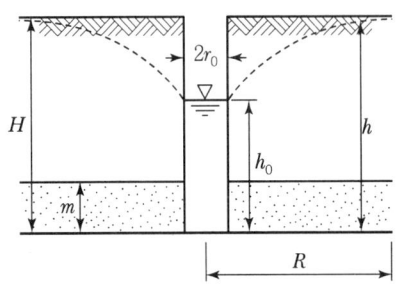

① $Q = \dfrac{2\pi mK(H+h_o)}{\ln(R/r_o)}$ ② $Q = \dfrac{2\pi mK(H+h_o)}{\ln(r_o/R)}$

③ $Q = \dfrac{2\pi mK(H-h_o)}{\ln(R/r_o)}$ ④ $Q = \dfrac{2\pi mK(H-h_o)}{\ln(r_o/R)}$

해설

굴착정	깊은 우물(심정)
집수정을 불투수층 사이에 있는 투수층까지 판 후 투수층 사이에 낀 투수층 내의 압력을 받고 있는 피압 지하수를 양수하는 우물	집수정의 바닥이 불투수층까지 도달한 우물
$Q = \dfrac{2\pi cK(H-h_o)}{\ln(R/r_o)}$ $= \dfrac{2\pi cK(H-h_o)}{2.3\log_{10}(R/r_o)}$	$Q = \dfrac{\pi K(H^2 - h_o^2)}{\ln(R/r_o)}$ $= \dfrac{\pi K(H^2 - h_o^2)}{2.3\log_{10}(R/r_o)}$

13 개수로의 흐름에서 비에너지의 정의로 옳은 것은?

① 단위 중량의 물이 가지고 있는 에너지로 수심과 속도수두의 합
② 수로의 한 단면에서 물이 가지고 있는 에너지를 단면적으로 나눈 값
③ 수로의 두 단면에서 물이 가지고 있는 에너지를 수심으로 나눈 값
④ 압력 에너지와 속도 에너지의 비

해설

비에너지(H_e) = h(수심) + $\dfrac{\alpha V^2}{2g}$ (속도수두)

14 대규모 수송구조물의 설계우량으로 가장 적합한 것은?

① 평균 면적우량
② 발생 가능 최대 강수량(PMP)
③ 기록상의 최대 우량
④ 재현기간 100년에 해당하는 강우량

해설

최대 가능 강수량(PMP ; Probable Maximum Precipitation)

정의	어떤 지역에서 생성될 수 있는 최악의 기상조건에서 발생가능한 호우로 인한 최대 강수량 (설계기간 내 올 수 있는 가장 큰 강우)
특징	• 대규모 수공구조물을 설계할 때 기준으로 삼는 우량 • PMP로서 수공구조물의 크기(치수)를 결정한다.

15 댐의 상류부에서 발생되는 수면 곡선으로 흐름 방향으로 수심이 증가함을 뜻하는 곡선은?

① 배수곡선 ② 저하곡선
③ 수리특성곡선 ④ 유사량곡선

해설

배수곡선
• 흐름방향으로 수심이 점차적으로 커진다.
• 상류에 댐을 만들 때 생긴다(배수효과).

16 관속에 흐르는 물의 속도수두를 10m로 유지하기 위한 평균 유속은?

① 4.9m/s ② 9.8m/s
③ 12.6m/s ④ 14.0m/s

해설

$V = \sqrt{2gh} = \sqrt{2 \times 9.8 \times 10} = 14\text{m/s}$

17 층류와 난류(亂流)에 관한 설명으로 옳지 않은 것은?

① 층류란 유수(流水) 중에서 유선이 평행한 층을 이루는 흐름이다.
② 층류와 난류를 레이놀즈 수에 의하여 구별할 수 있다.
③ 원관 내 흐름의 한계 레이놀즈 수는 약 2,000 정도이다.
④ 층류에서 난류로 변할 때의 유속과 난류에서 층류로 변할 때의 유속은 같다.

해설

구분	설명	구분 (Reynolds 수)
층류	물분자가 층상으로 질서정연하게 흐르는 흐름	$Re < 2,000$
난류	물분자가 흐름에 상하좌우로 직각방향의 속도성분을 가지고 이동하면서 흐르는 흐름	$Re > 4,000$

18 물리량의 차원이 옳지 않은 것은?

① 에너지 : $[ML^{-2}T^{-2}]$
② 동점성계수 : $[L^2T^{-1}]$
③ 점성계수 : $[ML^{-1}T^{-1}]$
④ 밀도 : $[FL^{-4}T^2]$

해설

물리량의 차원

물리량	식	공학단위	$[LMT]$계	$[LFT]$계
점성계수	$\tau = \mu \dfrac{dv}{dy}$	g/sec·m	$[ML^{-1}T^{-1}]$	$[FL^{-2}T]$
동점성 계수	$\nu = \dfrac{\mu}{\rho}$	cm²/sec	$[L^2T^{-1}]$	$[L^2T^{-1}]$
밀도	$\rho = m/V$	kg·s²/m⁴	$[ML^{-3}]$	$[FL^{-4}T^2]$

19 수문에 관련한 용어에 대한 설명 중 옳지 않은 것은?

① 침투란 토양면을 통해 스며든 물이 중력에 의해 계속 지하로 이동하여 불투수층까지 도달하는 것이다.
② 증산(transpiration)이란 식물의 엽면(葉面)을 통해 물이 수증기의 형태로 대기 중에 방출되는 현상이다.
③ 강수(precipitation)란 구름이 응축되어 지상으로 떨어지는 모든 형태의 수분을 총칭한다.
④ 증발이란 액체상태의 물이 기체상태의 수증기로 바뀌는 현상이다.

해설

구분	해설
침투	중력과 모세관 현상에 의해 물이 흙 속으로 스며드는 현상
침루	토양면을 통해 스며든 물이 중력작용에 의하여 계속 지하로 이동하여 지하수면(불투수층)까지 도달하는 현상

20 개수로에서 한계수심에 대한 설명으로 옳은 것은?

① 사류 흐름의 수심
② 상류 흐름의 수심
③ 비에너지가 최대일 때의 수심
④ 비에너지가 최소일 때의 수심

해설

한계수심(h_c)
• 비에너지가 최소인 수심
• 한계유속으로 흐를 때 수심
• 유량이 일정할 때 비에너지가 최소인 수심

정답 17 ④ 18 ① 19 ① 20 ④

2019년 토목산업기사 제1회 수리수문학 기출문제

01 부피가 5.8m³인 액체의 중량이 62.2N일 때, 이 액체의 비중은?

① 0.951
② 1.094
③ 1.117
④ 1.195

[해설]
$$G = \frac{w_s}{w_w} = \frac{W/V}{w_w} = \frac{\frac{62.2}{9.8} \div 5.8}{1} = 1.094$$

02 부체(浮體)의 성질에 대한 설명으로 옳지 않은 것은?

① 부양면의 단면 2차 모멘트가 가장 작은 축으로 기울어지기 쉽다.
② 부체가 평행상태일 때는 부체의 중심과 부심이 동일 직선상에 있다.
③ 경심고가 클수록 부체는 불안정하다.
④ 우력이 영(0)일 때를 중립이라 한다.

[해설]
MG > 0(안정)
∴ 경심고(MG)가 클수록 부체는 안정하다.

03 개수로에서 한계 수심에 대한 설명으로 옳은 것은?

① 상류로 흐를 때의 수심
② 사류로 흐를 때의 수심
③ 최대 비에너지에 대한 수심
④ 최소 비에너지에 대한 수심

[해설]
한계수심
• 비에너지가 최소인 수심
• 한계유속으로 흐를 때 수심
• 유량이 일정할 때 비에너지가 최소인 수심

04 초속 25m/s, 수평면과의 각 60°로 사출된 분수가 도달하는 최대 연직 높이는?(단, 공기 등 기타 저항은 무시한다.)

① 23.9m
② 20.8m
③ 27.6m
④ 15.8m

[해설]
최대 연직높이 $= \frac{V^2}{2g} \sin^2\theta$
$= \frac{25^2}{2 \times 9.8} \times \sin^2 60°$
$= 23.9m$

05 폭이 넓은 직사각형 수로에서 폭 1m당 0.5m³/s의 유량이 80cm의 수심으로 흐르는 경우에 이 흐름은?(단, 이때 동점성 계수는 0.012cm²/s이고 한계수심은 29.4cm이다.)

① 층류이며 상류
② 층류이며 사류
③ 난류이며 상류
④ 난류이며 사류

[해설]
$Re = \frac{VR}{\nu} = \frac{62.5 \times 80}{0.012} = 417,000 > 500$
∴ 난류(광폭 구형수로 $R ≒ h$이다.)
$Fr = \frac{0.625}{\sqrt{9.8 \times 0.8}} = 0.223 < 1$
∴ 상류 $\left(V = \frac{0.5}{1 \times 0.8} = 0.625 \text{m/s}\right)$

06 지하수의 투수계수와 관계가 없는 것은?

① 토사의 입경
② 물의 단위중량
③ 지하수의 온도
④ 토사의 단위중량

[해설]
투수계수(k) 영향인자
• 흙입자의 모양 및 크기
• 토사의 간극비
• 흙의 구조
• 흙입자의 구성
• 유체의 점성
• 유체의 단위중량
• 지하수의 온도
※ k는 토사의 단위중량과는 관계가 없다.

정답 01 ② 02 ③ 03 ④ 04 ① 05 ③ 06 ④

07 개수로의 흐름에서 도수 전의 Froude 수가 Fr_1일 때, 완전도수가 발생하는 조건은?

① $Fr_1 < 0.5$　　② $Fr_1 = 1.0$
③ $Fr_1 = 1.5$　　④ $Fr_1 > \sqrt{3.0}$

해설

구분	식
완전도수	$Fr \geq \sqrt{3}$
불완전(파상)도수	$1 < Fr < \sqrt{3}$

08 개수로 구간에 댐을 설치했을 때 수심 h가 상류로 갈수록 등류수심 h_0에 접근하는 수면곡선을 무엇이라 하는가?

① 저하곡선　　② 배수곡선
③ 문곡선　　　④ 수면곡선

해설
배수곡선
- 수심이 점차적으로 커진다.
- 상류에 댐을 만들 때 생긴다(배수효과).
- 한계류 또는 등류수심보다 큰 영역
- 수심이 상류로 갈수록 등류수심(h_0)에 접근한다.

09 깊은 우물(심정호)에 대한 설명으로 옳은 것은?

① 불투수층에서 50m 이상 도달한 우물
② 집수 우물 바닥이 불투수층까지 도달한 우물
③ 집수 깊이가 100m 이상인 우물
④ 집수 우물 바닥이 불투수층을 통과하여 새로운 대수층에 도달한 우물

해설
심정호(깊은 우물)
집수정(또는 우물)의 바닥이 불투수층에 도달한 경우

10 Darcy-Weisbach의 마찰손실 공식으로부터 Chezy의 평균유속 공식을 유도한 것으로 옳은 것은?

① $V = \dfrac{124.5}{D^{1/3}} \cdot \sqrt{RI}$

② $V = \sqrt{\dfrac{8g}{D^{1/3}}} \cdot \sqrt{RI}$

③ $V = \sqrt{\dfrac{f}{8}} \cdot \sqrt{RI}$

④ $V = \sqrt{\dfrac{8g}{f}} \cdot \sqrt{RI}$

해설
$V = C\sqrt{RI} = \sqrt{\dfrac{8g}{f}} \times \sqrt{RI}$

11 흐름의 연속방정식은 어떤 법칙을 기초로 하여 만들어진 것인가?

① 질량 보존의 법칙　　② 에너지 보존의 법칙
③ 운동량 보존의 법칙　④ 마찰력 불변의 법칙

해설
1차원 흐름의 기본방정식

구분	방정식 표시
연속방정식	질량보존의 법칙
에너지 방정식	베르누이(Bernoulli) 정리
운동량 방정식	Newton 운동법칙

12 관수로에서 레이놀즈(Reynolds, Re) 수에 대한 설명으로 옳지 않은 것은? (단, V : 평균유속, D : 관의 지름, ν : 유체의 동점성계수이다.)

① 레이놀즈 수는 VD/ν로 구할 수 있다.
② $Re > 4,000$이면 층류이다.
③ 레이놀즈 수에 따라 흐름상태(난류와 층류)를 알 수 있다.
④ Re는 무차원의 수이다.

해설
- 층류 $Re < 2,000$
- 난류 $Re > 4,000$

정답　07 ④　08 ②　09 ②　10 ④　11 ①　12 ②

13 오리피스의 지름이 5cm이고, 수면에서 오리피스의 중심까지가 4m인 예연 원형 오리피스를 통하여 분출되는 유량은?(단, 유속계수 C_v=0.98, 수축계수 C_c=0.62이다.)

① 1.056L/s ② 2.860L/s
③ 0.56L/s ④ 28.60L/s

[해설]

$$Q = C \cdot A \cdot V = C_c C_v \cdot \frac{\pi D^2}{4} \cdot \sqrt{2gh}$$
$$= 0.62 \times 0.98 \times \frac{\pi \times 0.05^2}{4} \times \sqrt{2 \times 9.8 \times 4}$$
$$= 0.01056 \text{m}^3/\text{s} \times 10^3 = 10.55 \text{L/s}$$

14 베르누이 정리에 관한 설명으로 옳지 않은 것은?

① $z + \frac{P}{\omega} + \frac{V^2}{2g}$ 의 수두가 일정하다.
② 정상류이어야 하며 마찰에 의한 에너지 손실이 없는 경우에 적용된다.
③ 동수경사선이 에너지선보다 항상 위에 있다.
④ 경사선과 에너지선을 설명할 수 있다.

[해설]

동수경사선은 위치수두(z)와 압력수두($\frac{p}{\omega}$)의 합을 연결한 선으로, 에너지선에서 속도수두($\frac{V^2}{2g}$)만큼 아래에 위치한다.

15 정수압의 성질에 대한 설명으로 옳지 않은 것은?

① 정수압은 수중의 가상면에 항상 수직으로 작용한다.
② 정수압의 강도는 전 수심에 걸쳐 균일하게 작용한다.
③ 정수 중의 한 점에 작용하는 수압의 크기는 모든 방향에서 동일한 크기를 갖는다.
④ 정수압의 강도는 단위 면적에 작용하는 힘의 크기를 표시한다.

[해설]

정수압의 강도는 수심에 비례한다.

16 모세관 현상에 관한 설명으로 옳지 않은 것은?

① 모세관의 상승높이는 액체의 응집력과 액체와 관벽의 부착력에 의해 좌우된다.
② 액체의 응집력이 관 벽과의 부착력보다 크면 관내의 액체 높이는 관 밖의 액체보다 낮게 된다.
③ 모세관의 상승높이는 모세관의 지름 d에 반비례한다.
④ 모세관의 상승높이는 액체의 단위중량에 비례한다.

[해설]

$h \propto T \propto \theta \propto \frac{1}{\omega} \propto \frac{1}{d}$

모관 상승높이(h)는 액체의 단위중량(ω)에 반비례한다.

17 폭이 10m인 직사각형 수로에서 유량 10m³/s가 1m의 수심으로 흐를 때 한계 유속은?(단, 에너지보정계수 $\alpha = 1.1$이다.)

① 3.96m/s ② 2.87m/s
③ 2.07m/s ④ 1.89m/s

[해설]

$$h_c = \left(\frac{\alpha Q^2}{gb^2}\right)^{1/3} = \left(\frac{1.1 \times 10^2}{9.8 \times 10^2}\right)^{1/3} = 0.48$$
$$V_c = \sqrt{\frac{gh_c}{\alpha}} = \sqrt{\frac{9.8 \times 0.48}{1.1}} = 2.07 \text{m/s}$$

18 관수로에서 발생하는 손실수두 중 가장 큰 것은?

① 유입손실 ② 유출손실
③ 만곡손실 ④ 마찰손실

[해설]

• 관수로는 유체와 관벽 마찰로 인한 마찰손실이 발생한다. (가장 큰 손실)
• 관수로의 단면 및 방향이 변화하면 손실이 추가 발생한다. (미소손실)

19 M, L, T가 각각 질량, 길이, 시간의 차원을 나타낼 때, 운동량의 차원으로 옳은 것은?

① $[MLT^{-1}]$ ② $[MLT]$
③ $[MLT^2]$ ④ $[ML^2T]$

해설

물리량	식	공학단위	$[LMT]$계	$[LFT]$계
운동량	$M=mV$	kg·sec	$[MLT^{-1}]$	$[FT]$

20 그림과 같이 지름 5cm의 분류가 30m/s의 속도로 판에 수직으로 충돌하였을 때 판에 작용하는 힘은?

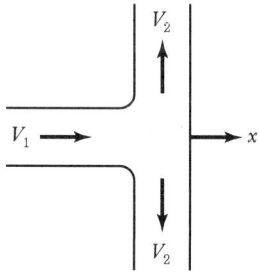

① 90N ② 180N
③ 720N ④ 1.81kN

해설

$$-F_x = \frac{\omega}{g}QV = \frac{\omega}{g}(A \cdot V)(V_2 - V_1)$$
$$= \frac{1}{9.8}\left(\frac{\pi \times 0.05^2}{4} \times 30\right) \times (0-30)$$
$$= -0.18\text{t}$$

∴ $F_x = 0.18(\text{t}) \times 1,000(\text{kg}) \times 10(\text{N})$
    $= 1,800\text{N} = 1.8\text{kN}$

2019년 토목기사 제2회 수리수문학 기출문제

01 다음 중 증발에 영향을 미치는 인자가 아닌 것은?

① 온도 ② 대기압
③ 통수능 ④ 상대습도

해설
증발에 영향을 주는 인자
- 온도
- 바람
- 상대습도(상대습도 증가 → 증발률 감소)
- 대기압(고도 증가 → 증발률 증가)
- 수질(불순물 증가 → 증발률 감소)

02 유역면적이 15km²이고 1시간에 내린 강우량이 150mm일 때 하천의 유출량이 350m³/s이면 유출률은?

① 0.56 ② 0.65
③ 0.72 ④ 0.78

해설
$Q = \dfrac{1}{3.6} CIA$

$350 = \dfrac{1}{3.6} \times C \times 150 \times 15$

$\therefore C = 0.56$

03 비압축성유체의 연속방정식을 표현한 것으로 가장 올바른 것은?

① $Q = \rho A V$
② $\rho_1 A_1 = \rho_2 A_2$
③ $Q_1 A_1 V_1 = Q_2 A_2 V_2$
④ $A_1 V_1 = A_2 V_2$

해설
비압축성 유체
$Q = A_1 V_1 = A_2 V_2 =$ 일정
$\therefore A_1 V_1 = A_2 V_2$
※ 압축성 유체
$w_1 A_1 V_1 = w_2 A_2 V_2$

04 다음 물의 흐름에 대한 설명 중 옳은 것은?

① 수심은 깊으나 유속이 느린 흐름을 사류라 한다.
② 물의 분자가 흩어지지 않고 질서 정연히 흐르는 흐름을 난류라 한다.
③ 모든 단면에 있어 유적과 유속이 시간에 따라 변하는 것을 정류라 한다.
④ 에너지선과 동수 경사선의 높이의 차는 일반적으로 $V^2/2g$이다.

해설
① 사류 → 상류
② 난류 → 층류
③ 정류 → 부정류

05 미계측 유역에 대한 단위유량도의 합성방법이 아닌 것은?

① SCS 방법 ② Clark 방법
③ Horton 방법 ④ Snyder 방법

해설
합성 단위(유량)도의 종류
- Snyder 합성 단위도
- NRCS(구 SCS) 합성 단위도
- Nakayasu 합성 단위도
- Clark 합성 단위도(실무에서 가장 많이 적용)

06 표고 20m인 저수지에서 물을 표고 50m인 지점까지 1.0m³/sec의 물을 양수하는 데 소요되는 펌프동력은?(단, 모든 손실수두의 합은 3.0m이고 모든 관은 동일한 직경과 수리학적 특성을 지니며, 펌프의 효율은 80%이다.)

① 248kW ② 330kW
③ 404kW ④ 650kW

해설
동력(kW) $= \dfrac{1,000}{102}(H + h_L) \div \eta$

$= \dfrac{1,000}{102}[(50-20)+3] \div 0.8$

$= 404$ kW

정답 01 ③ 02 ① 03 ④ 04 ④ 05 ③ 06 ③

07 폭 35cm인 직사각형 위어(weir)의 유량을 측정하였더니 0.03m³/s이었다. 월류수심의 측정에 1mm의 오차가 생겼다면, 유량에 발생하는 오차는?(단, 유량계산은 프란시스(Francis) 공식을 사용하되 월류 시 단면수축은 없는 것으로 가정한다.)

① 1.16% ② 1.50%
③ 1.67% ④ 1.84%

해설

$Q = 1.84b \cdot h^{3/2}$
$0.03 = 1.84 \times 0.35 \times h^{3/2}$
$h = \left(\dfrac{0.03}{1.84 \times 0.35}\right)^{2/3} = 0.13\text{m}$
$\therefore \dfrac{dQ}{Q} = \dfrac{3}{2} \cdot \dfrac{dh}{h} = \dfrac{3}{2} \times \dfrac{0.001}{0.13} = 0.0115 = 1.15\%$

08 여과량이 2m³/s, 동수경사가 0.2, 투수계수가 1cm/s일 때 필요한 여과지 면적은?

① 1,000m² ② 1,500m²
③ 2,000m² ④ 2,500m²

해설

$Q = A \cdot V = A \cdot Ki$
$2 = A \times 0.01 \times 0.2$
$\therefore A = 1,000\text{m}^2$

09 다음 표는 어느 지역의 40분간 집중 호우를 매 5분마다 관측한 것이다. 지속기간이 20분인 최대 강우강도는?

시간(분)	우량(mm)
0~5	1
5~10	4
10~15	2
15~20	5
20~25	8
25~30	7
30~35	3
35~40	2

① $I = 49$mm/hr ② $I = 59$mm/hr
③ $I = 69$mm/hr ④ $I = 72$mm/hr

해설

23mm : 20분 = x : 60분
$\therefore x = 69\text{mm/hr}\,(I)$

10 길이 13m, 높이 2m, 폭 3m, 무게 20ton인 바지선의 흘수는?

① 0.51m ② 0.56m
③ 0.58m ④ 0.46m

해설

$W = B$
$20(\text{t}) = 1 \times (13 \times 3 \times 흘수)$
$\therefore 흘수 = 0.51\text{m}$

11 개수로 내의 흐름에 대한 설명으로 옳은 것은?

① 에너지선은 자유표면과 일치한다.
② 동수경사선은 자유표면과 일치한다.
③ 에너지선과 동수경사선은 일치한다.
④ 동수경사선은 에너지선과 언제나 평행하다.

해설

개수로에서 동수경사선(수두경사선)은 자유수면과 항상 일치한다.

12 상대조도에 관한 사항 중 옳은 것은?

① Chezy의 유속계수와 같다.
② Manning의 조도계수를 나타낸다.
③ 절대조도를 관지름으로 곱한 것이다.
④ 절대조도를 관지름으로 나눈 것이다.

해설

상대조도 $= \dfrac{e(절대조도)}{D(관경)}$

13 그림과 같이 물속에 수직으로 설치된 넓이 2m×3m의 수문을 올리는 데 필요한 힘은?(단, 수문의 물속 무게는 1,960N이고 수문과 벽면 사이의 마찰계수는 0.25이다.)

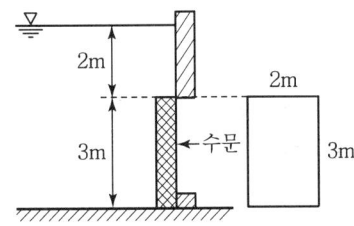

① 5.45kN ② 53.4kN
③ 126.7kN ④ 271.2kN

해설
- 수문을 끌어올리는 힘
  $F = fP + W - B$
- 수문에 작용하는 전수압
  $P = wh_G A = 1 \times \left(2 + \dfrac{3}{2}\right) \times (2 \times 3) = 21\text{t}$
  $= 205.8\text{kN}$
- 수문을 끌어올리는 힘의 산정
  $F = fP + W - B$
  $= 0.25 \times 205.8 + 1.96$
  $= 53.4\text{kN}$

14 단위중량 w, 밀도 ρ인 유체가 유속 V로서 수평방향으로 흐르고 있다. 지름 d, 길이 l인 원주가 유체의 흐름방향에 직각으로 중심축을 가치고 놓였을 때 원주에 작용하는 항력(D)은?(단, C는 항력계수이다.)

① $D = C \cdot \dfrac{\pi d^2}{4} \cdot \dfrac{wV^2}{2}$
② $D = C \cdot d \cdot l \cdot \dfrac{\rho V^2}{2}$
③ $D = C \cdot \dfrac{\pi d^2}{4} \cdot \dfrac{\rho V^2}{2}$
④ $D = C \cdot d \cdot l \cdot \dfrac{wV^2}{2}$

해설
항력 $D = C_D A \dfrac{\rho V_0^2}{2}$에서 A는 흐름방향의 투영면적이므로 원주의 투영면적 $A = dl$이다.
∴ $D = C_D dl \dfrac{\rho V_0^2}{2}$

15 도수 전후의 수심이 각각 2m, 4m일 때 도수로 인한 에너지 손실(수두)은?

① 0.1m ② 0.2m
③ 0.25m ④ 0.5m

해설
$\Delta H = \dfrac{(h_2 - h_1)^3}{4(h_2 \cdot h_1)} = \dfrac{(4-2)^3}{4(4 \times 2)} = 0.25\text{m}$

16 다음 중 부정류 흐름의 지하수를 해석하는 방법은?

① Theis 방법 ② Dupuit 방법
③ Thiem 방법 ④ Laplace 방법

해설
피압대수층 내 지하수 해석법
- Theis법
- Jacob법
- Chow법

17 부피 50m³인 해수의 무게(W)와 밀도(ρ)를 구한 값으로 옳은 것은?(단, 해수의 단위중량은 1.025t/m³)

① W=5t, ρ=0.1046kg·sec²/m⁴
② W=5t, ρ=104.6kg·sec²/m⁴
③ W=5.125t, ρ=104.6kg·sec²/m⁴
④ W=51.25t, ρ=104.6kg·sec²/m⁴

정답 13 ② 14 ② 15 ③ 16 ① 17 ④

해설
- $w = \dfrac{W}{V}$, $1.025 = \dfrac{W}{50}$
  ∴ $W = 51.25t$
- $\rho = \dfrac{w}{g} = \dfrac{1.025 \times 1,000}{9.8} = 104.6 kg \cdot sec^2/m^4$

18 수리학상 유리한 단면에 관한 설명 중 옳지 않은 것은?

① 주어진 단면에서 윤변이 최소가 되는 단면이다.
② 직사각형 단면일 경우 수심의 폭이 1/2인 단면이다.
③ 최대유량의 소통을 가능하게 하는 가장 경제적인 단면이다.
④ 수심을 반지름으로 하는 반원을 외접원으로 하는 제형단면이다.

해설
사다리꼴 단면 수로의 수리상 유리한 단면은 수심을 반지름으로 하는 반원에 외접하는 정육각형의 제형 단면이다.(정삼각형 3개가 모인 단면)

19 오리피스(orifice)에서의 유량 Q를 계산할 때 수두 H의 측정에 1%의 오차가 있으면 유량계산의 결과에는 얼마의 오차가 생기는가?

① 0.1% ② 0.5%
③ 1%   ④ 2%

해설
$\dfrac{dQ}{Q} = \dfrac{1}{2} \cdot \dfrac{dh}{h} = \dfrac{1}{2} \times 1\% = 0.5\%$

20 폭 8m의 구형단면 수로에 40m³/s의 물을 수심 5m로 흐르게 할 때, 비에너지는?(단, 에너지 보정계수 $\alpha = 1.11$로 가정한다.)

① 5.06m ② 5.87m
③ 6.19m ④ 6.73m

해설
$V = \dfrac{Q}{A} = \dfrac{40}{8 \times 5} = 1$
∴ $H_e = h + \dfrac{\alpha V^2}{2g} = 5 + \dfrac{1.11 \times 1^2}{2 \times 9.8} = 5.06m$

정답 18 ④ 19 ② 20 ①

2019년 토목산업기사 제2회 수리수문학 기출문제

01 액체표면에서 150cm 깊이의 점에서 압력강도가 14.25kN/m²이면 이 액체의 단위중량은?

① 9.5kN/m³ ② 10kN/m³
③ 12kN/m³   ④ 16kN/m³

[해설]
$P = \omega h$, $\omega = \dfrac{P}{h} = \dfrac{14.25}{1.5} = 9.5\text{kN/m}^3$

02 개수로에서 발생되는 흐름 중 상류와 사류를 구분하는 기준이 되는 것은?

① Mach 수   ② Froude 수
③ Manning 수   ④ Reynolds 수

[해설]
• 상류 : $Fr < 1$
• 사류 : $Fr > 1$

03 밀도의 차원을 공학단위[FLT]로 올바르게 표시한 것은?

① $[FL^{-3}]$ ② $[FL^4T^2]$
③ $[FL^4T^{-2}]$ ④ $[FL^{-4}T^2]$

[해설]
$\rho = \dfrac{\omega}{g} = \dfrac{1,000\text{kg/m}^3}{9.8\text{m/sec}^2} = 102\text{kg}\cdot\text{sec}^2/\text{m}^4$
∴ 차원은 $[FL^{-4}T^2]$

04 그림과 같은 단선관수로에서 200m 떨어진 곳에 내경 20cm 관으로 0.0628m³의 물을 송수하려고 한다. 두 저수지의 수면차(H)를 얼마로 유지하여야 하는가?(단, 마찰손실계수 $f = 0.035$, 급확대에 의한 손실계수 $f_{se} = 1.0$, 급축소에 의한 손실계수 $f_{sc} = 0.5$이다.)

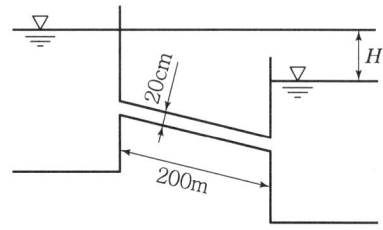

① 6.45m
② 5.45m
③ 7.45m
④ 8.27m

[해설]
$Q = AV = \dfrac{\pi D^2}{4} \times \sqrt{\dfrac{2gH}{\Sigma F_x + f\dfrac{l}{D}}}$

$0.0628 = \dfrac{\pi \times 0.2^2}{4} \times \sqrt{\dfrac{2 \times 9.8 \times H}{1.5 + 0.035\dfrac{200}{0.2}}}$

∴ $H = 7.45\text{m}$

05 그림과 같은 피토관에서 A점의 유속을 구하는 식으로 옳은 것은?

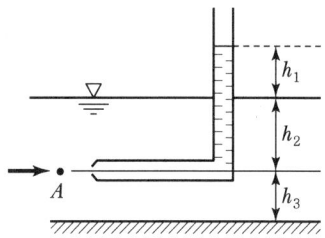

① $V = \sqrt{2gh_1}$
② $V = \sqrt{2gh_2}$
③ $V = \sqrt{2gh_3}$
④ $V = \sqrt{2g(h_1 + h_2)}$

[해설]
$V = \sqrt{2gh}$, $h = $ 수두차

정답 01 ① 02 ② 03 ④ 04 ③ 05 ①

06 유체의 기본성질에 대한 설명으로 틀린 것은?

① 압축률과 체적탄성계수는 비례관계에 있다.
② 압력변화량과 체적변화율의 비를 체적탄성계수라 한다.
③ 액체와 기체의 경계면에 작용하는 분자인력을 표면장력이라 한다.
④ 액체 내부에서 유체분자가 상대적인 운동을 할 때 이에 저항하는 전단력이 작용하는데, 이 성질을 점성이라 한다.

해설

$E(\text{체적탄성계수}) \propto \dfrac{1}{C(\text{압축률})}$

07 양정이 6m일 때 4.2마력의 펌프로 0.03m³/s를 양수했다면 이 펌프의 효율은?

① 42% ② 57%
③ 72% ④ 90%

해설

$HP = \dfrac{1,000}{75} QH \times \dfrac{1}{\eta}$

$4.2 = \dfrac{1,000}{75} \times 0.03 \times 6 \times \dfrac{1}{\eta}$

$\therefore \eta = 4.2$

08 그림에서 단면 ①, ②에서의 단면적, 평균유속, 압력강도를 각각 $A_1, V_1, P_1, A_2, V_2, P_2$ 라 하고, 물의 단위 중량을 w_0 라 할 때, 다음 중 옳지 않은 것은?(단, $Z_1 = Z_2$ 이다.)

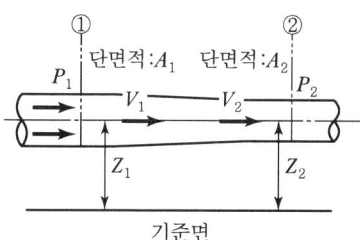

① $V_1 < V_2$
② $P_1 > P_2$
③ $A_1 \cdot V_1 = A_2 \cdot V_2$
④ $\dfrac{V_1^2}{2g} + \dfrac{P_1}{w_0} < \dfrac{V_2^2}{2g} + \dfrac{P_2}{w_0}$

해설

위치수두가 같으므로
$\dfrac{V_1^2}{2g} + \dfrac{P_1}{w_0} = \dfrac{V_2^2}{2g} + \dfrac{P_2}{w_0}$

09 정상적인 흐름 내의 1개의 유선상에서 각 단면의 위치수두와 압력수두를 합한 수두를 연결한 선은?

① 총 수두(Total Head)
② 에너지선(Energy Line)
③ 유압 곡선(Pressure Curve)
④ 동수경사선(Hydraulic Grade Line)

해설

- 에너지선 = 위치수두 + 압력수두 + 속도수두
- 동수경사선 = 위치수두 + 압력수두

10 Darcy-Weisbach의 마찰손실수두 공식에 관한 내용으로 틀린 것은?

① 관의 조도에 비례한다.
② 관의 직경에 비례한다.
③ 관로의 길이에 비례한다.
④ 유속의 제곱에 비례한다.

해설

$h_L = f \cdot \dfrac{l}{D} \cdot \dfrac{V^2}{2g}$

h_L은 관직경(D)에 반비례한다.

11 완전유체일 때 에너지선과 기준수평선의 관계는?

① 서로 평행하다. ② 압력에 따라 변한다.
③ 위치에 따라 변한다. ④ 흐름에 따라 변한다.

해설

완전유체일 때 에너지선과 기준수평선의 관계
에너지선 // 기준수평선

12 그림과 같은 용기에 물을 넣고 연직하향방향으로 가속도 α를 중력가속도만큼 작용했을 때 용기 내의 물에 작용하는 압력 P는?

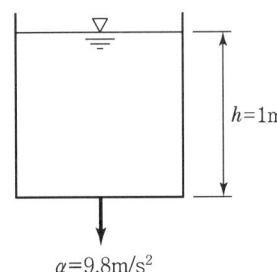

① 0
② $1t/m^2$
③ $2t/m^2$
④ $3t/m^2$

해설

$P = wh\left(1 - \dfrac{\alpha}{g}\right)$

$= 1 \times 1 \left(1 - \dfrac{9.8}{9.8}\right) = 0$

13 내경이 300mm이고 두께가 5mm인 강관이 견딜 수 있는 최대 압력수두는?(단, 강관의 허용인장응력은 $1,500kg/cm^2$이다.)

① 300m
② 400m
③ 500m
④ 600m

해설

$t = \dfrac{PD}{2\sigma} = \dfrac{whD}{2\sigma}$

$\therefore h = \dfrac{t \cdot 2\sigma}{wD} = \dfrac{0.005 \times 2 \times 1,500 \times 100^2}{1,000 \times 0.3}$

$= 500m$

14 지하수의 유량을 구하는 Darcy의 법칙으로 옳은 것은?(단, Q=유량, k=투수계수, I=동수경사, A=투과단면적, C=유출계수이다.)

① $Q = CIA$
② $Q = kIA$
③ $Q = C^2 IA$
④ $Q = k^2 IA$

해설

$Q = AV = A \cdot K \cdot i$

15 지름 20cm인 원형 오리피스로 $0.1m^3/s$의 유량을 유출시키려 할 때 필요한 수심은?(단, 수심은 오리피스 중심으로부터 수면까지의 높이이며, 유량계수 $C = 0.60$이다.)

① 1.24m
② 1.44m
③ 1.56m
④ 2.00m

해설

$Q = C \cdot A \cdot V = C \cdot A \cdot \sqrt{2gh}$

$0.1 = 0.6 \times \left(\dfrac{\pi \times 0.2^2}{4}\right) \times \sqrt{2 \times 9.8 \times h}$

$\therefore h = 1.44m$

16 다음 표의 ( ) 안에 들어갈 알맞은 용어를 순서대로 짝지은 것은?

> 흐름이 사류에서 상류를 바뀔 때에는 (㉠)을 거치고, 상류에서 사류로 바뀔 때에는 (㉡)을 거친다.

① ㉠ : 도수현상, ㉡ : 대응수심
② ㉠ : 대응수심, ㉡ : 공액수심
③ ㉠ : 도수현상, ㉡ : 지배단면
④ ㉠ : 지배단면, ㉡ : 공액수심

해설

도수현상	지배단면
사류에서 상류로 변할 때 불연속적으로 수면이 튀는 현상	상류에서 사류로 변하는 지점의 단면

17 그림과 같은 불투수층에 도달하는 집수암거의 집수량은?(단, 투수계수는 k, 암거의 길이는 l이며, 양쪽 측면에서 유입된다.)

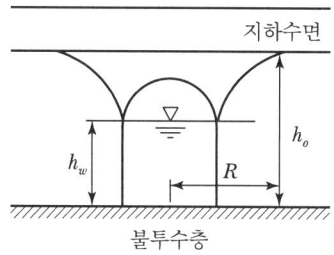

① $\dfrac{kl}{R}(h_0^2 - h_w^2)$

② $\dfrac{kl}{2R}(h_0^2 - h_w^2)$

③ $\dfrac{\pi k(h_0^2 - h_w^2)}{2.3\log R}$

④ $\dfrac{2\pi k(h_0^2 - h_w^2)}{2.3\log R}$

해설

불투수층에 도달하는 집수암거의 집수량

$Q = \dfrac{Kl}{R}(h_0^2 - h_w^2)$

18 그림과 같은 역사이폰의 A, B, C, D점에서 압력수두를 각각 P_A, P_B, P_C, P_D 라 할 때 다음 사항 중 옳지 않은 것은?(단, 점선은 동수경사선으로 가정한다.)

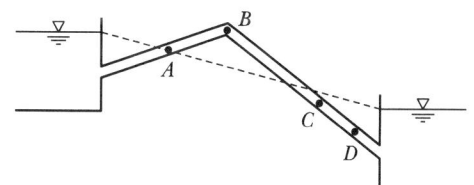

① $P_B < 0$　　　② $P_C > P_D$
③ $P_C > 0$　　　④ $P_A = 0$

해설
- B점의 압력은 부압
- 수심이 깊어질수록 수압(압력수두)이 커진다.
- $P_C < P_D$

19 수면으로부터 3m 깊이에 한 변의 길이가 1m이고 유량계수가 0.62인 정사각형 오리피스가 설치되어 있다. 현재의 오리피스를 유량계수가 0.60이고 지름 1m인 원형 오리피스로 교체한다면, 같은 유량이 유출되기 위하여 수면을 어느 정도로 유지하여야 하는가?

① 현재의 수면과 똑같이 유지하여야 한다.
② 현재의 수면보다 1.2m 낮게 유지하여야 한다.
③ 현재의 수면보다 1.2m 높게 유지하여야 한다.
④ 현재의 수면보다 2.2m 높게 유지하여야 한다.

해설

$H(3\text{m}) < 5d(5 \times 1)$: 큰 오리피스

- $Q = \dfrac{2}{3}Cb\sqrt{2g}\left(H_2^{3/2} - H_1^{3/2}\right)$

  $= \dfrac{2}{3} \times 0.62 \times 1 \times \sqrt{2 \times 9.8}\,(3.5^{3/2} - 2.5^{3/2})$

  $= 4.749\text{m}^3/\text{s}$

- $Q = CAV$

  $4.749 = 0.6 \times \dfrac{\pi \times 1^2}{4} \times \sqrt{2 \times 9.8 \times h}$

∴ $h = 5.2\text{m}$

현재의 수면 3m보다 2.2m 높게 유지해야 한다.

20 유량 1.5m³/s, 낙차 100m인 지점에서 발전할 때 이론수력은?

① 1,470kW　　② 1,995kW
③ 2,000kW　　④ 2,470kW

해설

$\text{kW} = \dfrac{1,000}{102}QH = \dfrac{1,000}{102} \times 1.5 \times 100$

　　　$= 1,470\text{kW}$

2019년 토목기사 제3회 수리수문학 기출문제

01 유선 위 한 점의 x, y, z축에 대한 좌표를 (x, y, z), x, y, z축 방향 속도성분을 각각 u, v, w라 할 때 서로의 관계가 $\dfrac{dx}{u} = \dfrac{dy}{v} = \dfrac{dz}{w}$, $u = -ky$, $v = kx$, $w = 0$인 흐름에서 유선의 형태는?(단, k는 상수이다.)

① 원 ② 직선
③ 타원 ④ 쌍곡선

해설
유선방정식은 $\dfrac{dx}{u} = \dfrac{dy}{v}$이다.
문제에서 주어진 $u = -ky$, $v = kx$를 2차원 흐름의 유선방정식에 대입하면 $\dfrac{dx}{-ky} = \dfrac{dy}{kx}$이고
$xdx + ydy = 0$이며 이를 적분하면,
$\dfrac{1}{2}x^2 + \dfrac{1}{2}y^2 = C \rightarrow x^2 + y^2 = C$이므로 원의 형태이다.

02 그림에서 손실수두가 $\dfrac{3V^2}{2g}$일 때 지름 0.1m의 관을 통과하는 유량은?(단, 수면은 일정하게 유지된다.)

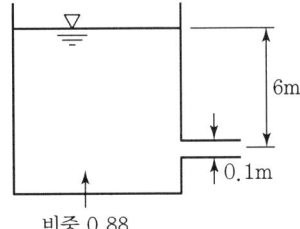

① 0.0399m³/s ② 0.0426m³/s
③ 0.0798m³/s ④ 0.085m³/s

해설
수면과 출구에서 베르누이 정리를 적용한다.
$6 = \dfrac{V^2}{2g} + \dfrac{3V^2}{2g}$에서 $V = \sqrt{\dfrac{19.6 \times 6}{4}} = 5.422$
$\therefore Q = AV = \dfrac{\pi \times 0.1^2}{4} \times 5.422 = 0.0426\text{m}^3/\text{sec}$

03 오리피스에서 수축계수의 정의와 그 크기로 옳은 것은?(단, a_0: 수축단면적, a: 오리피스 단면적, V_0: 수축단면의 유속, V: 이론유속이다.)

① $C_a = \dfrac{a_0}{a}$, 1.0~1.1 ② $C_a = \dfrac{V_0}{V}$, 1.0~1.1
③ $C_a = \dfrac{a_0}{a}$, 0.6~0.7 ④ $C_a = \dfrac{V_0}{V}$, 0.6~0.7

해설
오리피스에서 수축계수 $C_a = \dfrac{a_0}{a}$이고 그 값은 0.6~0.7 사이의 범위이다.

04 수로 폭이 3m인 직사각형 개수로에서 비에너지가 1.5m일 경우의 최대유량은?(단, 에너지 보정계수는 1.0이다.)

① 9.39m³/s ② 11.50m³/s
③ 14.09m³/s ④ 17.25m³/s

해설
$h_c = \left(\dfrac{\alpha Q^2}{gb^2}\right)^{1/3}$
• $h_c = \dfrac{2}{3}H_e = \dfrac{2}{3} \times 1.5 = 1$
• $1 = \left(\dfrac{1 \times Q_{\max}^2}{9.8 \times 3^2}\right)^{1/3}$
$\therefore Q_{\max} = 9.39\text{m}^3/\text{s}$

05 폭이 넓은 개수로($R \fallingdotseq h_c$)에서 Chezy의 평균유속계수 $C = 29$, 수로경사 $I = \dfrac{1}{80}$인 하천의 흐름 상태는?(단, $\alpha = 1.11$)

① $I_c = \dfrac{1}{105}$로 사류 ② $I_c = \dfrac{1}{95}$로 사류
③ $I_c = \dfrac{1}{70}$로 상류 ④ $I_c = \dfrac{1}{50}$로 상류

정답 01 ① 02 ② 03 ③ 04 ① 05 ②

해설

$$I_c = \frac{g}{\alpha C^2} = \frac{9.8}{1.11 \times 29^2} = \frac{1}{95}$$

$\therefore I_c < I$(사류)

06 0.3m³/s의 물을 실양정 45m의 높이로 양수하는 데 필요한 펌프의 동력은?(단, 마찰손실수두는 18.6m이다.)

① 186.98kW
② 196.98kW
③ 214.4kW
④ 224.4kW

해설

$$E_p = \frac{1,000}{102} Q(H + \Sigma h_L)/\eta$$
$$= \frac{1,000}{102} \times 0.3 \times (45 + 18.6)$$
$$= 187\text{kW}$$

07 관수로에 물이 흐를 때 층류가 되는 레이놀즈 수(Re, Reynolds Number)의 범위는?

① $Re < 2,000$
② $2,000 < Re < 3,000$
③ $3,000 < Re < 4,000$
④ $Re > 4,000$

해설

층류와 난류는 Reynolds 수로 구분한다.
- 층류 : $Re < 2,000$
- 난류 : $Re > 4,000$

08 동수반지름(R)이 10m, 동수경사(I)가 1/200, 관로의 마찰손실계수(f)가 0.04일 때 유속은?

① 8.9m/s
② 9.9m/s
③ 11.3m/s
④ 12.3m/s

해설

$$V = C\sqrt{RI} = 44.27\sqrt{10 \times \frac{1}{200}} = 9.9\text{m/s}$$
$$\left(C = \sqrt{\frac{8g}{f}} = \sqrt{\frac{8 \times 9.8}{0.04}} = 44.27\text{m/s}\right)$$

09 지하수의 투수계수와 관계가 없는 것은?

① 토사의 형상
② 토사의 입도
③ 물의 단위중량
④ 토사의 단위중량

해설

투수계수(K)는 토사의 단위중량과는 무관하다.

10 강우강도를 I, 침투능을 f, 총 침투량을 F, 토양수분 미흡량을 D라 할 때, 지표유출은 발생하나 지하수위는 상승하지 않는 경우에 대한 조건식은?

① $I < f$, $F < D$
② $I < f$, $F > D$
③ $I > f$, $F < D$
④ $I > f$, $F > D$

해설

- 지표유출 발생 : $I > f$
- 지하수위가 상승하지 않는 경우 : $F < M$

11 지하수의 흐름에 대한 Darcy의 법칙은?(단, V : 유속, Δh : 길이 ΔL에 대한 손실수두, k : 투수계수)

① $V = k\left(\dfrac{\Delta h}{\Delta L}\right)^2$

② $V = k\left(\dfrac{\Delta h}{\Delta L}\right)$

③ $V = k\left(\dfrac{\Delta h}{\Delta L}\right)^{-1}$

④ $V = k\left(\dfrac{\Delta h}{\Delta L}\right)^{-2}$

해설

$$V = K \cdot i = K \cdot \frac{\Delta h(\text{수두차})}{L(\text{침투길이})}$$

12 그림과 같이 뚜껑이 없는 원통 속에 물을 가득 넣고 중심 축 주위로 회전시켰을 때 흘러넘친 양이 전체의 20%였다. 이때, 원통 바닥면이 받는 전수압(全水壓)은?

정답 06 ① 07 ① 08 ② 09 ④ 10 ③ 11 ② 12 ④

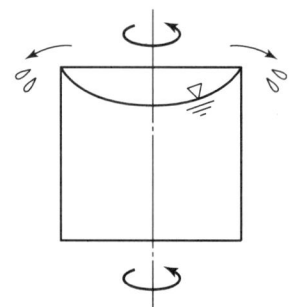

① 정지상태와 비교할 수 없다.
② 정지상태에 비해 변함이 없다.
③ 정지상태에 비해 20%만큼 증가한다.
④ 정지상태에 비해 20%만큼 감소한다.

[해설]
물이 20% 넘치면 수압은 20% 감소한다.

13 단위유량도(Unit hydrograph)를 작성함에 있어서 기본 가정에 해당되지 않는 것은?

① 비례 가정
② 중첩 가정
③ 직접 유출의 가정
④ 일정 기저시간의 가정

[해설]
단위도(단위유량도) 3대 가정
• 일정 기저시간의 가정
• 비례 가정
• 중첩 가정

14 직사각형의 위어로 유량을 측정할 경우 수두 H를 측정할 때 1%의 측정오차가 있었다면 유량 Q에서 예상되는 오차는?

① 0.5%   ② 1.0%
③ 1.5%   ④ 2.5%

[해설]
$\dfrac{dQ}{Q} = \dfrac{3}{2} \cdot \dfrac{dH}{H} = \dfrac{3}{2} \times 1\% = 1.5\%$

15 수로의 경사 및 단면의 형상이 주어질 때 최대 유량이 흐르는 조건은?

① 수심이 최소이거나 경심이 최대일 때
② 윤변이 최대이거나 경심이 최소일 때
③ 윤변이 최소이거나 경심이 최대일 때
④ 수로폭이 최소이거나 수심이 최대일 때

[해설]

수리상 유리한 단면	수리상 유리한 단면의 특징
일정한 단면적에 대해 최대 유량이 흐르는 단면	• 경심(V)이 최대 • 윤변(P)이 최소

16 정수 중의 평면에 작용하는 압력프리즘에 관한 성질 중 틀린 것은?

① 전수압의 크기는 압력프리즘의 면적과 같다.
② 전수압의 작용선은 압력프리즘의 도심을 통과한다.
③ 수면에 수평한 평면인 경우 압력프리즘은 직사각형이다.
④ 한쪽 끝이 수면에 닿는 평면인 경우에는 삼각형이다.

[해설]
전수압의 크기는 압력프리즘의 체적과 같다.

17 DAD 해석에 관련된 것으로 옳은 것은?

① 수심 – 단면적 – 홍수기간
② 적설량 – 분포면적 – 적설일수
③ 강우깊이 – 유역면적 – 강우기간
④ 강우깊이 – 유수단면적 – 최대 수심

[해설]
DAD(Depth – Area – Duration) 해석
최대 평균 우량깊이 – 유역면적 – 강우지속시간의 관계를 규명하는 방법이다.

18 단순 수문곡선의 분리방법이 아닌 것은?

① N – day법   ② S – curve법
③ 수평직선 분리법   ④ 지하수 감수곡선법

해설
S−curve법은 단위도의 지속시간을 변경시킬 때 사용하는 방법이다.

19 밀도가 ρ인 액체에 지름 d인 모세관을 연직으로 세웠을 경우 이 모세관 내에 상승한 액체의 높이는?(단, T : 표면장력, θ : 접촉각이다.)

① $h = \dfrac{4T\cos\theta}{\rho g d^2}$ ② $h = \dfrac{2T\cos\theta}{\rho g d}$

③ $h = \dfrac{2T\cos\theta}{\rho g d^2}$ ④ $h = \dfrac{4T\cos\theta}{\rho g d}$

해설
$h_c = \dfrac{4T\cos\theta}{wd} = \dfrac{4T\cos\theta}{\rho \cdot g \cdot d}$
$(\rho = \dfrac{w}{g},\ w = \rho \cdot g)$

20 도수가 15m 폭의 수문 하류 측에서 발생되었다. 도수가 일어나기 전의 깊이가 1.5m이고 그때의 유속은 18m/s였다. 도수로 인한 에너지 손실 수두는?(단, 에너지 보정계수 $\alpha = 1$이다.)

① 3.24m ② 5.40m
③ 7.62m ④ 8.34m

해설
- $\Delta H_e = \dfrac{(h_2 - h_1)^3}{4(h_2 \times h_1)} = \dfrac{(9.23 - 1.5)^3}{4(9.23 \times 1.5)} = 8.34\text{m}$
- $h_2 = \dfrac{h_1}{2}\left(-1 + \sqrt{1 + 8F_{r1}^2}\right)$
  $= \dfrac{1.5}{2}\left(-1 + \sqrt{1 + 8\times\left(\dfrac{18}{\sqrt{9.8\times 1.5}}\right)^2}\right)$
  $= 9.23$

정답 19 ④ 20 ④

2019년 토목산업기사 제4회 수리수문학 기출문제

01 흐름 중 상류(常流)에 대한 수식으로 옳지 않은 것은?(단, H_c : 한계수심, I_c : 한계경사, V_c : 한계유속, H : 수심, I : 수로경사, V : 유속이다.)

① $H_c < H$
② $I_c > 1$
③ $\dfrac{V}{\sqrt{gH}} > 1$
④ $V_c > V$

해설

상류에 대한 수식
- $Fr\left(\dfrac{V}{\sqrt{gh}}\right) < 1$
- $h > h_c$
- $I < I_c$
- $V < V_c$

02 개수로에서 파상도수가 일어나는 범위는? (단, Fr_1 : 도수 전의 Froude number이다.)

① $Fr_1 = \sqrt{3}$
② $1 < Fr_1 < \sqrt{3}$
③ $2 > Fr_1 > \sqrt{3}$
④ $\sqrt{2} < Fr_1 < \sqrt{3}$

해설

파상(불완전)도수
$1 < Fr < \sqrt{3}$

03 정수(靜水) 중의 한 점에 작용하는 정수압의 크기가 방향에 관계없이 일정한 이유로 옳은 것은?

① 물의 단위중량이 $9.81kN/m^3$으로 일정하기 때문이다.
② 정수면은 수평이고 표면장력이 작용하기 때문이다.
③ 수심이 일정하여 정수압의 크기가 수심에 반비례하기 때문이다.
④ 정수압은 면에 수직으로 작용하고, 정역학적 평형방정식에 의해 모든 방향에서 크기가 같기 때문이다.

해설

정수 중 한 점에 작용하는 정수압은 모든 방향에 대해 동일한 크기를 갖는다. 이유는 정수압은 면에 수직으로 작용하기 때문이다.

04 Darcy의 법칙을 지하수에 적용시킬 수 있는 경우는?

① 난류인 경우
② 사류인 경우
③ 상류인 경우
④ 층류인 경우

해설

Darcy 법칙의 적용범위
- 지하수의 흐름이 층류인 경우에 잘 맞는다.
- 레이놀즈 수 적용의 일반적인 범위
  $Re < 1 \sim 10$ (특히, $Re < 4$ 층류인 경우 가장 잘 성립)

05 관수로의 관망설계에서 각 분기점 또는 합류점에 유입하는 유량은 그 점에서 정지하지 않고 전부 유출하는 것으로 가정하여 관망을 해석하는 방법은?

① Manning 방법
② Hardy-Cross 방법
③ Darcy-Weisbach 방법
④ Ganguillet-Kutter 방법

해설

Hardy-Cross 방법

정의	기본가정
주어진 조건의 관의 내경, 관의 길이, 관내의 조도, 관망에 유입하는 유량, 관망으로부터 유출하는 유량을 산정하는 근사해법이다.	• 각 분기점 또는 합류점에 유입하는 유량은 전부 유출된다.(유량의 합은 0) • 각 폐합관의 손실수두의 합은 0이다.(경로에 관계없이 일정) • 손실은 마찰손실만 고려한다.(미소손실 무시) • 보정량은 +, - 값 모두를 갖는다. • 초기유량을 가정한다.

06 마찰손실계수(f)가 0.03일 때 Chezy의 평균유속계수(C, $m^{1/2}/s$)는?(단, Chezy의 평균유속 $V = C\sqrt{RI}$이다.)

① 48.1
② 51.1
③ 53.4
④ 57.4

해설

$C = \sqrt{\dfrac{8g}{f}} = \sqrt{\dfrac{8 \times 9.8}{0.03}} = 51.1$

정답 01 ③ 02 ② 03 ④ 04 ④ 05 ② 06 ②

07 그림과 같이 단면적이 200cm²인 90° 굽어진 관(1/4 원의 형태)을 따라 유량 $Q=0.05\text{m}^3/\text{s}$의 물이 흐르고 있다. 이 굽어진 면에 작용하는 힘(P)은?

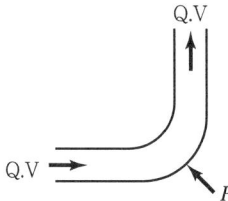

① 157N
② 177N
③ 1,570N
④ 1,770N

[해설]

- $V = \dfrac{Q}{A} = \dfrac{0.05}{200 \times 10^{-4}} = 2.5\text{m/s}$

- $F_x = \dfrac{w}{g} Q(V_2 - V_1)$
  $= \dfrac{1}{9.8} \times 2.5 \times (0 - 2.5)$
  $= -0.013\text{t}$

- $F_y = \dfrac{w}{g} Q(V_2 - V_1)$
  $= \dfrac{1}{9.8} \times 2.5 \times (2.5 - 0)$
  $= 0.013\text{t}$

$\therefore F = \sqrt{F_x^2 + F_y^2} = \sqrt{(-0.013)^2 + 0.013^2}$
$= 0.018\text{t} = 18\text{kg} = 177\text{N}$

08 그림과 같이 지름 3m 길이 8m인 수문에 작용하는 수평분력의 작용점까지 수심(h_c)은?

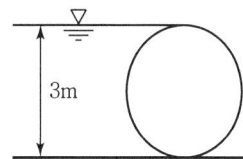

① 2.00m
② 2.12m
③ 2.34m
④ 2.43m

[해설]

$h_c = h_G + \dfrac{I_G}{h_G A} = 1.5 + \dfrac{(\pi \cdot 3^4)/64}{1.5 \times \left(\dfrac{\pi \cdot 3^2}{4}\right)} = 2\text{m}$

09 사다리꼴 단면인 개수로에서 수리학적으로 가장 유리한 단면의 조건은?(단, R : 경심, B : 수면폭, h : 수심이다.)

① $B = \dfrac{h}{2}$
② $B = h$
③ $R = \dfrac{h}{2}$
④ $R = h$

[해설]

(사다리꼴) $R = \dfrac{h}{2}$

10 수축계수 0.45, 유속계수 0.92인 오리피스의 유량계수는?

① 0.414
② 0.489
③ 0.643
④ 2.044

[해설]

유량계수(C) $= C_a \cdot C_v = 0.45 \times 0.92 = 0.414$

11 위어(weir) 중에서 수두변화에 따른 유량 변화가 가장 예민하여 유량이 적은 실험용 소규모 수로에 주로 사용하며, 비교적 정확한 유량측정이 필요할 경우 사용하는 것은?

① 원형 위어
② 삼각 위어
③ 사다리꼴 위어
④ 직사각형 위어

[해설]

삼각형 위어의 특징
- 보통 이등변 삼각형이고 실제로 많이 사용하는 것은 $\theta = 90°$인 직각삼각위어이다.
- 정확한 유량측정 시 사용한다.
- 개수로에서 유량이 적을 때 많이 사용한다.
- 보통 접근유속은 무시한다.

정답 07 ② 08 ① 09 ③ 10 ① 11 ②

12 유체의 점성(viscosity)에 대한 설명으로 옳은 것은?

① 유체의 비중을 알 수 있는 척도이다.
② 동점성계수는 점성계수에 밀도를 곱한 값이다.
③ 액체의 경우 온도가 상승하면 점성도 함께 커진다.
④ 점성계수는 전단응력(τ)을 속도 경사 $\left(\dfrac{\partial v}{\partial y}\right)$로 나눈 값이다.

해설
점성은 수온에 반비례하며 동점성계수는 점성계수를 밀도로 나눈 값이다.

13 관수로 내의 흐름을 지배하는 주된 힘은?

① 인력 ② 중력
③ 자기력 ④ 점성력

해설
관수로의 정의 및 특징
㉠ 정의
  유수가 관 내에 가득 차서 압력차 때문에 흐르는 흐름이다.
  (관수로는 두 단면의 압력차로 흐른다.)
㉡ 특징
  • 흐름을 지배하는 힘은 점성력이다.
  • 흐름을 지속시키는 요소는 압력차이다.
  • 자유수면을 갖지 않는다.

14 반지름 1.5m의 강관에 압력수두 100m의 물이 흐른다. 강재의 허용응력이 147MPa일 때 강관의 최소 두께는?

① 0.5cm ② 0.8cm
③ 1.0cm ④ 10cm

해설
$t = \dfrac{PD}{2\sigma} = \dfrac{whD}{2\sigma} = \dfrac{1 \times 100 \times (1.5 \times 2)}{2 \times 14,700}$
$= 0.01\text{m} = 1.0\text{cm}$

15 지하수의 유수 이동에 적용되는 Darcy의 법칙은?(단, v : 유속, k : 투수계수, I : 동수경사, h : 수심, R : 동수반경, C : 유속계수이다.)

① $v = -kI$ ② $v = -kh$
③ $v = -kCI$ ④ $v = C\sqrt{RI}$

해설
Darcy 법칙
흙 속의 유속은 동수경사에 비례하고 침투길이(간격)에 반비례한다.

16 그림과 같이 단면 ①에서 관의 지름이 0.5m, 유속이 2m/s이고, 단면 ②에서 관의 지름이 0.2m일 때 단면 ②에서의 유속은?

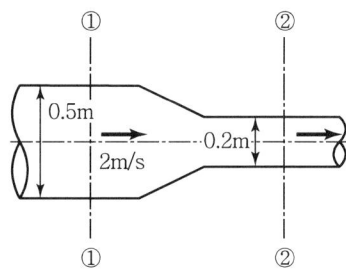

① 10.5m/s ② 11.5m/s
③ 12.5m/s ④ 13.5m/s

해설
연속방정식
$Q = A_1 V_1 = A_2 V_2$에서
$0.5^2 \times 2 = 0.2^2 \times V_2$ ∴ $V_2 = 12.5\text{m/sec}$

17 개수로에서 도수로 인한 에너지 손실을 구하는 식으로 옳은 것은?(단, h_1 : 도수 전의 수심, h_2 : 도수 후의 수심이다.)

① $H_e = \dfrac{(h_2 - h_1)^3}{h_1 h_2}$ ② $H_e = \dfrac{(h_2 - h_1)^3}{2h_1 h_2}$
③ $H_e = \dfrac{(h_2 - h_1)^3}{3h_1 h_2}$ ④ $H_e = \dfrac{(h_2 - h_1)^3}{4h_1 h_2}$

해설

- 도수 전후 에너지 손실 $(\Delta H_e) = \dfrac{(h_2 - h_1)^3}{4(h_1 h_2)}$
- $h_2 = \dfrac{h_1}{2}\left(-1 + \sqrt{1 + 8Fr_1^2}\right)$

18 에너지선에 대한 설명으로 옳은 것은?

① 유체의 흐름방향을 결정한다.
② 이상유체 흐름에서는 수평기준면과 평행하다.
③ 유량이 일정한 흐름에서는 동수경사선과 평행하다.
④ 유선상의 각 점에서의 압력수두와 위치수두의 합을 연결한 선이다.

해설

에너지선(E.L)은 전수두를 연결한 선으로 이상유체 흐름에서는 수평기준면과 평행하다.

19 지름 0.3cm인 작은 물방울에 표면장력 T_{15} = 0.00075N/cm가 작용할 때 물방울 내부와 외부의 압력차는?

① 30Pa ② 50Pa
③ 80Pa ④ 100Pa

해설

$\Delta p = \dfrac{4T}{d} = \dfrac{4 \times 0.075 \text{N/m}}{0.003 \text{m}}$

$= 100 \dfrac{\text{N}}{\text{m}^2} = 100 \text{Pa}$

20 10m 깊이의 해수 중에서 작업하는 잠수부가 받는 계기압력은?(단, 해수의 비중은 1.025이다.)

① 약 1기압
② 약 2기압
③ 약 3기압
④ 약 4기압

해설

계기압력(정수압) $= w \cdot h$
$= 1.025 \times 10 = 10.25 \text{t/m}^2$
(1기압 $= 10.33 \text{t/m}^2$)
∴ 약 1기압

정답 18 ② 19 ④ 20 ①

2020년 토목기사 제1·2회 통합 수리수문학 기출문제

01 다음 그림과 같은 사다리꼴 수로에서 수리상 유리한 단면으로 설계된 경우의 조건은?

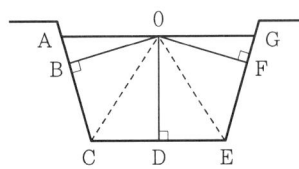

① OB = OD = OF
② OA = OD = OG
③ OC = OG + OA = OE
④ OA = OC = OE = OG

해설
수리상 유리한 단면
- 직사각형 단면 : 반원
- 사다리꼴 : 반지름이 수심(OB = OD = OF)

02 토리첼리(Torricelli) 정리는 다음 중 어느 것을 이용하여 유도할 수 있는가?

① 파스칼 원리
② 아르키메데스 원리
③ 레이놀즈 원리
④ 베르누이 정리

해설
베르누이 정리를 이용하여 토리첼리 정리($U = \sqrt{2gh}$)를 유도한다.

03 강우강도 공식에 관한 설명으로 틀린 것은?

① 자기우량계의 우량자료로부터 결정되며, 지역에 무관하게 적용 가능하다.
② 도시지역의 우수관로, 고속도로 암거 등의 설계 시 기본 자료로서 널리 이용된다.
③ 강우강도가 커질수록 강우가 계속되는 시간은 일반적으로 작아지는 반비례 관계이다.
④ 강우강도(I)와 강우지속시간(D)과의 관계로서 Talbot, Sherman, Japanese형의 경험공식에 의해 표현될 수 있다.

해설
강우강도는 단위시간에 내리는 강우량(mm/hr)이며 지역에 따라 다르게 적용한다.

04 밑변 2m, 높이 3m인 삼각형 형상의 판이 밑변을 수면과 맞대고 연직으로 수중에 있다. 이 삼각형 판의 작용점 위치는?(단, 수면을 기준으로 한다.)

① 1m
② 1.33m
③ 1.5m
④ 2m

해설
$$h_c = h_G + \frac{I_G}{h_G A} = 1 + \frac{\frac{2 \times 3^3}{36}}{1 \times \left(\frac{2 \times 3}{2}\right)} = 1.5\text{m}$$

05 지하의 사질 여과층에서 수두차가 0.5m이며 투과거리가 2.5m일 때 이곳을 통과하는 지하수의 유속은?(단, 투수계수는 0.3cm/s이다.)

① 0.03cm/s
② 0.04cm/s
③ 0.05cm/s
④ 0.06cm/s

해설
$$V = k \cdot i = k \cdot \frac{\Delta h}{L} = 0.3 \times \frac{50}{250} = 0.06\text{cm/s}$$

06 평면상 x, y방향의 속도성분이 각각 $u = ky$, $v = kx$인 유선의 형태는?

① 원
② 타원
③ 쌍곡선
④ 포물선

해설
유선방정식 $\frac{dx}{u} = \frac{dy}{v}$, $\frac{dx}{ky} = \frac{dy}{kx}$

$xdx - ydy = 0$, 적분하면 $\frac{1}{2}x^2 - \frac{1}{2}y^2 = c$

$\therefore x^2 - y^2 = c$(쌍곡선)

정답 01 ① 02 ④ 03 ① 04 ③ 05 ④ 06 ③

07 유역면적 20km² 지역에서 수공구조물의 축조를 위해 다음 아래의 수문곡선을 얻었을 때, 총 유출량은?

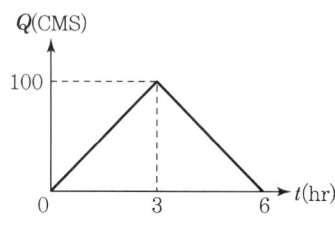

① 108m³
② 108×10⁴m³
③ 300m³
④ 300×10⁴m³

해설

총 유출량 $= \dfrac{(6hr \times 60 \times 60) \times 100 m^3/s}{2} = 108 \times 10^4 m^3$

08 주어진 유량에 대한 비에너지(Specific Energy)가 3m일 때, 한계수심은?

① 1m
② 1.5m
③ 2m
④ 2.5m

해설

한계수심$(h_c) = H_e \times \dfrac{2}{3} = 3 \times \dfrac{2}{3} = 2m$

09 그림과 같이 지름 3m, 길이 8m인 수로의 드럼 게이트에 작용하는 전수압이 수문 $\widehat{ABC}$에 작용하는 지점의 수심은?

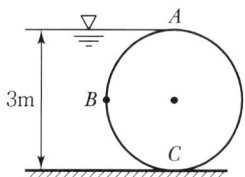

① 2.00m
② 2.25m
③ 2.43m
④ 2.68m

해설

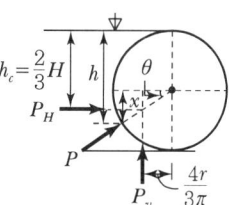

$h = 1.5 + x = 1.5 + 0.923 = 2.426m$

• θ

$\tan\theta = \dfrac{1-1.5}{\dfrac{4R}{3\pi}}$, ∴ $\theta = 38.13°$

• x

$\sin 38.13° = \dfrac{x}{1.5}$, ∴ $x = 0.926m$

10 유체의 흐름에 대한 설명으로 옳지 않은 것은?

① 이상유체에서 점성은 무시된다.
② 유관(Stream Tube)은 유선으로 구성된 가상적인 관이다.
③ 점성이 있는 유체가 계속해서 흐르기 위해서는 가속도가 필요하다.
④ 정상류의 흐름상태는 위치변화에 따라 변화하지 않는 흐름을 의미한다.

해설

정상류의 흐름상태는 시간에 따라 변화하지 않는 흐름을 의미한다.

11 광정 위어(Weir)의 유량공식 $Q = 1.704\, Cb H^{\frac{3}{2}}$에 사용되는 수두($H$)는?

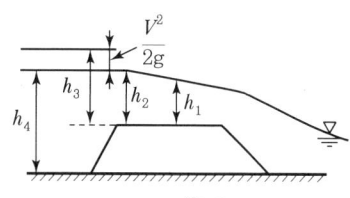

① h_1
② h_2
③ h_3
④ h_4

해설

전수두(H) = 월류수심(h_2) + 접근유속수두$\left(\dfrac{V^2}{2g}\right) = h_3$

12 오리피스(orifice)로부터의 유량을 측정한 경우 수두 H를 추정함에 1%의 오차가 있었다면 유량 Q에는 몇 %의 오차가 생기는가?

① 1% ② 0.5%
③ 1.5% ④ 2%

해설
$$\frac{dQ}{Q} = \frac{1}{2} \cdot \frac{dH}{H} = \frac{1}{2} \cdot 1 = 0.5\%$$

13 강우 강도 $I = \frac{5,000}{t+40}$ [mm/hr]로 표시되는 어느 도시에 있어서 20분간의 강우량 R_{20}은?(단, t의 단위는 분이다.)

① 17.8mm ② 27.8mm
③ 37.8mm ④ 47.8mm

해설
- $I = \frac{5,000}{20+40} = 83.3$ mm/hr
- $60 : 83.3 = 20 : x$
  $\therefore x = 27.8$ mm

14 관망계산에 대한 설명으로 틀린 것은?

① 관망은 Hardy-Cross 방법으로 근사계산할 수 있다.
② 관망계산 시 각 관에서의 유량을 임의로 가정해도 결과는 같아진다.
③ 관망계산에서 반시계방향과 시계방향으로 흐를 때의 마찰 손실수두의 합은 0이라고 가정한다.
④ 관망계산 시 극히 작은 손실의 무시로도 결과에 큰 차를 가져올 수 있으므로 무시하여서는 안 된다.

해설
관망손실은 마찰손실만 고려(미소손실 무시)한다.

15 지하수 흐름에서 Darcy 법칙에 관한 설명으로 옳은 것은?

① 정상 상태이면 난류영역에서도 적용된다.
② 투수계수(수리전도계수)는 지하수의 특성과 관계가 있다.
③ 대수층의 모세관 작용은 이 공식에 간접적으로 반영되었다.
④ Darcy 공식에 의한 유속은 공극 내 실제유속의 평균치를 나타낸다.

해설
투수계수(k)는 단위중량과는 관계가 없다.

16 일반적인 수로단면에서 단면계수 Z_c와 수심 h의 상관식은 $Z_c^2 = Ch^M$으로 표시할 수 있는데 이 식에서 M은?

① 단면지수 ② 수리지수
③ 윤변지수 ④ 흐름지수

해설
단면형 조도가 주어졌을 때 M은 수리지수를 의미한다.

17 시간을 t, 유속을 v, 두 단면 간의 거리를 l이라 할 때, 다음 조건 중 부등류인 경우는?

① $\frac{v}{t} = 0$ ② $\frac{v}{t} \neq 0$
③ $\frac{v}{t} = 0$, $\frac{v}{l} = 0$ ④ $\frac{v}{t} = 0$, $\frac{v}{l} \neq 0$

해설
- 정류($\frac{v}{t} = 0$)
- 등류($\frac{v}{t} = 0$, $\frac{v}{l} = 0$)
- 부등류($\frac{v}{t} = 0$, $\frac{v}{l} \neq 0$)

정답 12 ② 13 ② 14 ④ 15 ② 16 ② 17 ④

18 그림과 같이 A에서 분기했다가 B에서 다시 합류하는 관수로에 물이 흐를 때 관Ⅰ과 Ⅱ의 손실수두에 대한 설명으로 옳은 것은?(단, 관Ⅰ의 지름< 관Ⅱ의 지름이며, 관의 성질은 같다.)

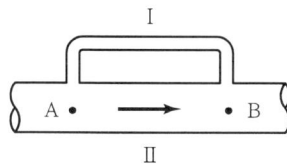

① 관Ⅰ의 손실수두가 크다.
② 관Ⅱ의 손실수두가 크다.
③ 관Ⅰ과 관Ⅱ의 손실수두는 같다.
④ 관Ⅰ과 관Ⅱ의 손실수두의 합은 0이다.

병렬 관수로에서 각 관의 손실수두는 같다.

19 강우로 인한 유수가 그 유역 내의 가장 먼 지점으로부터 유역출구까지 도달하는 데 소요되는 시간을 의미하는 것은?

① 기저시간   ② 도달시간
③ 지체시간   ④ 강우지속시간

도달시간(지속시간) = 유입시간 + 유하시간

20 다음 중 밀도를 나타내는 차원은?

① $[FL^{-4}T^{2}]$ ② $[FL^{4}T^{-2}]$
③ $[FL^{-2}T^{4}]$ ④ $[FL^{-2}T^{-4}]$

밀도 $[ML^{-3}]$, $M = FL^{-1}T^{2}$ 이므로
$FL^{-1}T^{2} \cdot L^{-3} = FL^{-4}T^{2}$

정답 18 ③ 19 ② 20 ①

2020년 토목산업기사 제1·2회 통합 수리수문학 기출문제

01 Darcy의 법칙을 층류에만 적용하여야 하는 이유는?

① 레이놀즈수가 크기 때문이다.
② 투수계수의 물리적 특성 때문이다.
③ 유속과 손실수두가 비례하기 때문이다.
④ 지하수 흐름은 항상 층류이기 때문이다.

해설

$V = ki = k \cdot \dfrac{\Delta h}{L}, \ V \alpha \Delta h(h_L)$

02 수면경사가 1/500인 직사각형 수로에 유량이 50m³/s로 흐를 때 수리상 유리한 단면의 수심(h)은? (단, Manning 공식을 이용하며, $n = 0.023$)

① 0.8m   ② 1.1m
③ 2.0m   ④ 3.1m

해설

$Q = A \cdot \dfrac{1}{n} R^{2/3} I^{1/2}$

$50 = (2h \times h) \times \dfrac{1}{0.023} \times \left(\dfrac{h}{2}\right)^{2/3} \times \left(\dfrac{1}{500}\right)^{1/2}$

$\therefore \ h = 3.1\text{m}$

03 위어에 있어서 수맥의 수축에 대한 일반적인 설명으로 옳지 않은 것은?

① 정수축은 광정위어에서 생기는 수축현상이다.
② 연직수축이란 면수축과 정수축을 합한 것이다.
③ 단수축은 위어의 측벽에 의해 월류폭이 수축하는 현상이다.
④ 면수축은 물의 위치에너지가 운동에너지로 변화하기 때문에 생긴다.

해설

정수축은 예연위어에서 생기는 수축현상이다.

04 동수경사선에 관한 설명으로 옳지 않은 것은?

① 항상 에너지선과 평행하다.
② 개수로 수면이 동수경사선이 된다.
③ 에너지선보다 속도수두만큼 아래에 있다.
④ 압력수두와 위치수두의 합을 연결한 선이다.

해설

동수경사선 + 속도수두 = 에너지선

05 물이 흐르고 있는 벤추리미터(Venturi Meter)의 관부와 수축부에 수은을 넣은 U자형 액주계를 연결하여 수은주의 높이차 $h_m = 10$cm를 읽었다. 관부와 수축부의 압력수두의 차는?(단, 수은의 비중은 13.6이다.)

① 1.26m   ② 1.36m
③ 12.35m ④ 13.35m

해설

$P_a + (0.1 \times 13.6) = P_b + (0.1 \times 1)$

$\therefore \ P_a - P_b = 1.26\text{m}$

06 어느 하천에서 H_m 되는 곳까지 양수하려고 한다. 양수량을 $Q(\text{m}^3/\text{sec})$, 모든 손실수두의 합을 Σh_e, 펌프와 모터의 효율을 각각 η_1, η_2라 할 때, 펌프의 동력을 구하는 식은?

① $\dfrac{9.8Q(H + \Sigma h_e)}{75\eta_1\eta_2}$ [kW]

② $\dfrac{9.8Q(H + \Sigma h_e)}{\eta_1\eta_2}$ [kW]

③ $\dfrac{9.8Q(H - \Sigma h_e)}{75\eta_1\eta_2}$ [kW]

④ $\dfrac{13.33Q(H - \Sigma h_e)}{\eta_1\eta_2}$ [kW]

해설

동력(kW) $= \dfrac{1,000}{102} Q \dfrac{(H + h_L)}{\eta_1\eta_2}$

정답 01 ③ 02 ④ 03 ① 04 ① 05 ① 06 ②

07 원통형의 용기에 깊이 1.5m까지는 비중이 1.35인 액체를 넣고 그 위에 2.5m의 깊이로 비중이 0.95인 액체를 넣었을 때, 밑바닥이 받는 총 압력은?(단, 물의 단위중량은 9.81kN/m³이며, 밑바닥의 지름은 2m이다.)

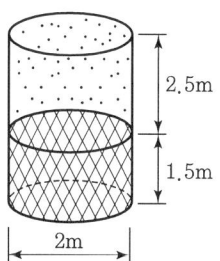

① 125.5kN   ② 135.6kN
③ 145.5kN   ④ 155.6kN

해설

$P = wh_A$

$= (0.95 \times 9.81) \times 2.5 \times \dfrac{\pi \times 2^2}{4}$

$+ (1.35 \times 9.81) \times 1.5 \times \dfrac{\pi \times 2^2}{4}$

$= 135.6 \text{kN}$

08 지름 7cm의 연직관에 높이 1m만큼 모래를 넣었다. 이 모래 위에 물을 20cm만큼 일정하게 유지하여 투수량(透水量) $Q = 5.0$L/h를 얻었다. 모래의 투수계수(k)를 구한 값은?

① 6.495m/h   ② 649.5m/h
③ 1.083m/h   ④ 108.3m/h

해설

$Q = A \cdot V = A \cdot k \cdot \dfrac{\Delta h}{L}$

$(5.0 \text{L/h} \times 10^{-3} \text{m}^3) = \dfrac{\pi \times 0.07^2}{4} \times k \times \dfrac{1.2}{1}$

$\therefore k = 1.083 \text{m/h}$

09 물의 성질에 대한 설명으로 옳지 않은 것은?

① 물의 점성계수는 수온이 높을수록 그 값이 커진다.
② 공기에 접촉하는 물의 표면장력은 온도가 상승하면 감소한다.
③ 내부마찰력이 큰 것은 내부마찰력이 작은 것보다 그 점성계수의 값이 크다.
④ 압력이 증가하면 물의 압축계수(C_W)는 감소하고 체적탄성계수(E_W)는 증가한다.

해설
물의 점성계수는 수온이 높을수록 그 값이 작아진다.

10 단위시간에 있어서 속도변화가 V_1에서 V_2로 되며 이때 질량 m인 유체의 밀도를 ρ라 할 때 운동량 방정식은?(단, Q : 유량, ω : 유체의 단위중량, g : 중력가속도)

① $F = \dfrac{\omega Q}{\rho}(V_2 - V_1)$ ② $F = \omega Q(V_2 - V_1)$
③ $F = \dfrac{Qg}{\omega}(V_2 - V_1)$ ④ $F = \dfrac{\omega}{g}Q(V_2 - V_1)$

해설
운동량 방정식
$F = \dfrac{\omega}{g} Q(V_2 - V_1)$

11 밑면적 A, 높이 H인 원주형 물체의 흘수가 h라면 물체의 단위중량 ω_m은? (단, 물의 단위중량은 ω_0이다.)

① $\omega_m = \omega_o \times \dfrac{H}{h}$ ② $\omega_m = \omega_o \times \dfrac{h}{H}$
③ $\omega_m = \omega_o \times \dfrac{H-h}{h}$ ④ $\omega_m = \omega_o \times \dfrac{H-h}{H}$

해설

$\omega_m V_a = \omega_o V_o$

$\omega_m = \dfrac{\omega_o V_o}{V_a} = \dfrac{\omega_o \times (A \times h)}{(A \times H)}$

정답 07 ② 08 ③ 09 ① 10 ④ 11 ②

12 다음 중 베르누이의 정리를 응용한 것이 아닌 것은?

① Pitot Tube
② Venturimeter
③ Pascal의 원리
④ Torricelli의 정리

해설
Pascal의 원리에 의해 정수 중의 한 점에 압력을 가하면 모든 곳에 동일하게 전달된다.

13 모세관 현상에 대한 설명으로 옳지 않은 것은?

① 모세관의 상승높이는 액체의 단위중량에 비례한다.
② 모세관의 상승높이는 모세관의 지름에 반비례한다.
③ 모세관의 상승 여부는 액체의 응집력과 액체와 관 벽의 부착력에 의해 좌우된다.
④ 액체의 응집력이 관 벽과의 부착력보다 크면 관 내 액체의 높이는 관 밖보다 낮아진다.

해설
모세관 상승높이(h_c) $\propto \dfrac{1}{\text{단위중량}}$

14 한계수심에 관한 설명으로 옳은 것은?

① 유량이 최소이다.
② 비에너지가 최소이다.
③ Reynolds 수가 1이다.
④ Froude 수가 1보다 크다.

해설
한계수심(h_c)
- $Q_{\max}$
- $H_{e\min}$
- $H_e \times \dfrac{2}{3}$

15 경심에 대한 설명으로 옳은 것은?

① 물이 흐르는 수로
② 물이 차서 흐르는 횡단면적
③ 유수단면적을 윤변으로 나눈 값
④ 횡단면적과 물이 접촉하는 수로벽면 및 바닥길이

해설
경심(R) $= \dfrac{A(\text{유수단면적})}{P(\text{윤변})}$

16 수두(水頭)가 2m인 오리피스에서의 유량은? (단, 오리피스의 지름 10cm, 유량계수 0.76)

① $0.017\text{m}^3/\text{s}$
② $0.027\text{m}^3/\text{s}$
③ $0.037\text{m}^3/\text{s}$
④ $0.047\text{m}^3/\text{s}$

해설
$$Q = C \cdot a \cdot V = C \times \dfrac{\pi \cdot D^2}{4} \times \sqrt{2gh}$$
$$= 0.76 \times \dfrac{\pi \times 0.1^2}{4} \times \sqrt{2 \times 9.8 \times 2}$$
$$= 0.037\text{m}^3/\text{s}$$

17 관망 문제해석에서 손실수두를 유량의 함수로 표시하여 사용할 경우 지름 D인 원형단면관에 대하여 $h_L = kQ^2$으로 표시할 수 있다. 관의 특성 제원에 따라 결정되는 상수 k의 값은?(단, f는 마찰손실계수, L은 관의 길이이며 다른 손실은 무시한다.)

① $\dfrac{0.0827f \cdot L}{D^3}$
② $\dfrac{0.0827L \cdot D}{f}$
③ $\dfrac{0.0827f \cdot D}{L^2}$
④ $\dfrac{0.0827f \cdot L}{D^5}$

해설
$$h_L = f \cdot \dfrac{l}{D} \cdot \dfrac{V^2}{2g} = f \cdot \dfrac{l}{D} \cdot \dfrac{\left(\dfrac{4Q}{\pi D^2}\right)^2}{2g}$$
$$= 0.0827 \times \dfrac{fl}{D^5} \times Q^2 = kQ^2$$
$$\therefore k = \dfrac{0.0827 \cdot fl}{D^5}$$

정답 12 ③ 13 ① 14 ② 15 ③ 16 ③ 17 ④

18 폭 20m인 직사각형 단면수로에 30.6m³/s의 유량이 0.8m의 수심으로 흐를 때 Froude 수(㉠)와 흐름 상태(㉡)는?

① ㉠ : 0.683, ㉡ : 상류
② ㉠ : 0.683, ㉡ : 사류
③ ㉠ : 1.464, ㉡ : 상류
④ ㉠ : 1.464, ㉡ : 사류

해설

$$F_r = \frac{V}{c} = \frac{\frac{Q}{A}}{c} = \frac{\frac{30.6}{(20 \times 0.8)}}{\sqrt{9.8 \times 0.8}}$$
$$= 0.683 < 1 (상류)$$

19 관의 단면적이 4m²인 관수로에서 물이 정지하고 있을 때 압력을 측정하니 500kPa이었고 물을 흐르게 했을 때 압력을 측정하니 420kPa이었다면, 이때 유속(V)은?(단, 물의 단위중량은 9.81kN/m³이다.)

① 10.05m/s   ② 11.16m/s
③ 12.65m/s   ④ 15.22m/s

해설

$V = \sqrt{2gh}$

$h = \dfrac{P}{\omega} = \dfrac{(500-420)\text{kPa} \fallingdotseq 9.8\text{t/m}^3}{1\text{t/m}^3}$

$\quad = 12.65\text{m/s}$

20 개수로 내의 한 단면에 있어서 평균유속을 V, 수심을 h라 할 때, 비에너지를 표시한 것은?

① $He = h + \left(\dfrac{Q}{A}\right)$ ② $He = \dfrac{V^2}{2g} + \dfrac{Q}{A}$

③ $He = h + \alpha \dfrac{V^2}{2g}$ ④ $He = \dfrac{h}{b} + \alpha 2gV^2$

해설

비에너지$(H_e) = h + \dfrac{\alpha V^2}{2g}$

정답 18 ① 19 ③ 20 ③

2020년 토목기사 제3회 수리수문학 기출문제

01 그림과 같이 1m×1m×1m인 정육면체의 나무가 물에 떠 있을 때 부체(浮體)로서 상태로 옳은 것은?(단, 나무의 비중은 0.8이다.)

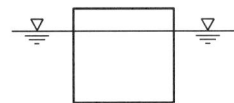

① 안정하다.
② 불안정하다.
③ 중립상태다.
④ 판단할 수 없다.

해설

$CM > CG$: 안정

① $CM = \dfrac{I}{V_{잠수}} = \dfrac{0.833}{0.8} = 1.04$

- $I = \dfrac{1 \times 1^3}{12} = 0.833$
- $W = B$
  $0.8 \times (1 \times 1 \times 1) = 1 \times (1 \times 1 \times 흘수)$
  ∴ 흘수 = 0.8

② $CG = 0.5 - 0.4 = 0.1$

02 관의 마찰 및 기타 손실수두를 양정고의 10%로 가정할 경우 펌프의 동력을 마력으로 구하면? (단, 유량은 $Q = 0.07\text{m}^3/\text{s}$이며, 효율은 100%로 가정한다.)

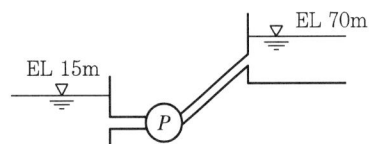

① 57.2HP
② 48.0HP
③ 51.3HP
④ 56.5HP

해설

$E_{(HP)} = \dfrac{1,000}{75} \times Q\left(\dfrac{H + h_L}{\varepsilon}\right)$

$= \dfrac{1,000}{75} \times \dfrac{0.07(55 + 5.5)}{1}$

$= 56.5\text{HP}$

03 비피압대수층 내 지름 $D = 2\text{m}$, 영향권의 반지름 $R = 1,000\text{m}$, 원지하수의 수위 $H = 9\text{m}$, 집수정의 수위 $h_o = 5\text{m}$인 심정호의 양수량은?(단, 투수계수 $k = 0.0038\text{m/s}$)

① $0.0415\text{m}^3/\text{s}$
② $0.0461\text{m}^3/\text{s}$
③ $0.0968\text{m}^3/\text{s}$
④ $1.8232\text{m}^3/\text{s}$

해설

$Q = \dfrac{\pi k (H^2 - h^2)}{\ln(R/r)}$

$= \dfrac{\pi \cdot 0.0038 (9^2 - 5^2)}{\ln(1,000/1)} = 0.0968\text{m}^3/\text{s}$

04 지름 25cm, 길이 1m의 원주가 연직으로 물에 떠 있을 때, 물속에 가라앉은 부분의 길이가 90cm라면 원주의 무게는?(단, 무게 1kgf = 9.8N)

① 253N
② 344N
③ 433N
④ 503N

해설

$W = B(\omega v)$

$= 1\text{t/m}^3 \times \left(\dfrac{\pi \cdot 0.25^2}{4} \times 0.9\right)$

$= 0.044\text{t} \times 1,000\text{kg} \times 9.8\text{N} = 433\text{N}$

05 폭이 50m인 직사각형 수로의 도수 전 수위 $h_1 = 3\text{m}$, 유량 $Q = 2,000\text{m}^3/\text{s}$일 때 대응수심은?

① 1.6m
② 6.1m
③ 9.0m
④ 도수가 발생하지 않는다.

해설

$h_2 = -\dfrac{h_1}{2} + \dfrac{h_1}{2}\sqrt{1 + 8Fr_1^2}$

$\left(Fr = \dfrac{V}{c} = \dfrac{\frac{Q}{A}}{\sqrt{gh}} = \dfrac{\frac{2,000}{(50 \times 3)}}{\sqrt{9.8 \times 3}} = 2.45\right)$

∴ $h_2 = -\dfrac{3}{2} + \dfrac{3}{2}\sqrt{1 + (8 \times 2.45^2)} = 9.0\text{m}$

정답 01 ① 02 ④ 03 ③ 04 ③ 05 ③

06 배수면적이 500ha, 유출계수가 0.70인 어느 유역에 연평균강우량이 1,300mm 내렸다. 이때 유역 내에서 발생한 최대유출량은?

① 0.1443m³/s ② 12.64m³/s
③ 14.43m³/s ④ 1,264m³/s

[해설]
$$Q = \frac{1}{360} CIA = \frac{1}{360} \times 0.7 \times \left(\frac{1,300}{365 \times 24}\right) \times 500$$
$$= 0.1443 \text{m}^3/\text{s}$$

07 그림과 같은 개수로에서 수로경사 $S_0 = 0.001$, Manning의 조도계수 $n = 0.002$일 때 유량은?

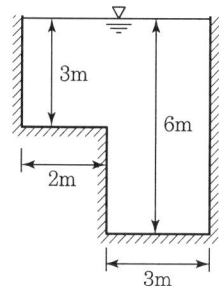

① 약 150m³/s ② 약 320m³/s
③ 약 480m³/s ④ 약 540m³/s

[해설]
$$Q = A \cdot \frac{1}{n} R^{2/3} I^{1/2}$$
$$= 24 \times \frac{1}{0.002} \times \left(\frac{24}{3+2+3+3+6}\right)^{2/3} \times (0.001)^{1/2}$$
$$= 480 \text{m}^3/\text{s}$$

08 20℃에서 지름 0.3mm인 물방울이 공기와 접하고 있다. 물방울 내부의 압력이 대기압보다 10 gf/cm²만큼 크다고 할 때 표면장력의 크기를 dyne/cm로 나타내면?

① 0.075 ② 0.75
③ 73.50 ④ 75.0

[해설]
$$T = \frac{Pd}{4} = \frac{10 \times 0.03}{4} = 0.075 \text{g/cm} \times 980 \text{dyne}$$
$$= 73.50 \text{dyne/cm}$$

09 수조에서 수면으로부터 2m의 깊이에 있는 오리피스의 이론 유속은?

① 5.26m/s ② 6.26m/s
③ 7.26m/s ④ 8.26m/s

[해설]
$$V = \sqrt{2gh} = \sqrt{2 \times 9.8 \times 2} = 6.26 \text{m/s}$$

10 수심이 10cm, 수로 폭이 20cm인 직사각형 개수로에서 유량 $Q = 80\text{cm}^3/\text{s}$가 흐를 때 동점성계수 $v = 1.0 \times 10^{-2} \text{cm}^2/\text{s}$이면 흐름은?

① 난류, 사류 ② 층류, 사류
③ 난류, 상류 ④ 층류, 상류

[해설]
- $Re = \dfrac{VR}{V} = \dfrac{0.4 \times \left(\dfrac{20 \times 10}{20 + 2 \times 10}\right)}{1 \times 10^{-2}} = 200$

  ∴ $Re < 500$(층류)

- $Fr = \dfrac{V}{c} = \dfrac{0.4}{\sqrt{980 \times 10}} = 0.004$

  ∴ $Fr < 1$(상류)

11 방파제 건설을 위한 해안지역의 수심이 5.0m, 입사파랑의 주기가 14.5초인 장파(Long Wave)의 파장(Wave Length)은?(단, 중력가속도 $g = 9.8 \text{m/s}^2$)

① 49.5m ② 70.5m
③ 101.5m ④ 190.5m

[해설]
천해파$\left(\dfrac{h}{L} < 0.05\right)$일 때
$$L = \sqrt{gh} \cdot T = \sqrt{9.8 \times 5} \times 14.5$$
$$= 101.5 \text{m/s}$$

정답 06 ① 07 ③ 08 ③ 09 ② 10 ④ 11 ③

12 수중 오리피스(Orifice)의 유속에 관한 설명으로 옳은 것은?

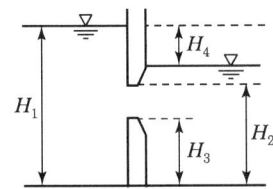

① H_1이 클수록 유속이 빠르다.
② H_2가 클수록 유속이 빠르다.
③ H_3이 클수록 유속이 빠르다.
④ H_4가 클수록 유속이 빠르다.

[해설]
$V = \sqrt{2gH}$ 이므로 H가 클수록 유속이 빠르다.

13 누가우량곡선(Rainfall Mass Curve)의 특성으로 옳은 것은?

① 누가우량곡선의 경사가 클수록 강우강도가 크다.
② 누가우량곡선의 경사는 지역에 관계없이 일정하다.
③ 누가우량곡선으로부터 일정기간 내의 강우량을 산출하는 것은 불가능하다.
④ 누가우량곡선은 자기우량기록에 의하여 작성하는 것보다 보통우량계의 기록에 의하여 작성하는 것이 더 정확하다.

[해설]
누가우량곡선의 경사가 클수록 강우강도가 크며, 보통우량계보다 자기우량기록이 더 정확하다.

14 그림과 같은 유역(12km×8km)의 평균강우량을 Thiessen 방법으로 구한 값은?(단, 작은 삼각형은 2km×2km의 정사각형으로서 모두 크기가 동일하다.)

관측점	1	2	3	4
강우량(mm)	140	130	110	100

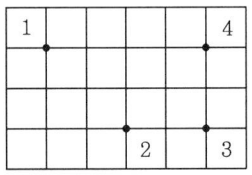

① 120mm ② 123mm
③ 125mm ④ 130mm

[해설]
평균강우량
$= \dfrac{A_1P_1 + A_2P_2 + A_3P_3 + A_4P_4}{A_1 + A_2 + A_3 + A_4}$
$= \dfrac{(30 \times 140) + (28 \times 130) + (16 \times 110) + (22 \times 100)}{30 + 28 + 16 + 22}$
$= 123\text{mm}$

15 Hardy-Cross의 관망계산 시 가정조건에 대한 설명으로 옳은 것은?

① 합류점에 유입하는 유량은 그 점에서 1/2만 유출된다.
② 각 분기점에 유입하는 유량은 그 점에서 정지하지 않고 전부 유출한다.
③ 폐합관에서 시계방향 또는 반시계방향으로 흐르는 관로의 손실수두의 합은 0이 될 수 없다.
④ Hardy-Cross 방법은 관경에 관계없이 관수로의 분할 개수에 의해 유량 분배를 하면 된다.

[해설]
Hardy-Cross 관망계산 시 가정조건
각 분기점에 유입하는 유량은 전부 유출한다.

16 정상적인 흐름에서 1개 유선상의 유체입자에 대하여 그 속도수두를 $\dfrac{V^2}{2g}$, 위치수두를 Z, 압력수두를 $\dfrac{P}{\gamma_o}$라 할 때 동수경사는?

① $\dfrac{P}{\gamma_o} + Z$를 연결한 값이다.
② $\dfrac{V^2}{2g} + Z$를 연결한 값이다.

정답 12 ④ 13 ① 14 ② 15 ② 16 ①

③ $\frac{V^2}{2g}+\frac{P}{\gamma_o}$를 연결한 값이다.

④ $\frac{V^2}{2g}+\frac{P}{\gamma_o}+Z$를 연결한 값이다.

해설

동수경사 = 위치수두 + 압력수두 = $Z+\frac{P}{\omega(r_o)}$

17 아래 그림과 같이 지름 10cm인 원 관이 지름 20cm로 급확대되었다. 관의 확대 전 유속이 4.9m/s라면 단면 급확대에 의한 손실수두는?

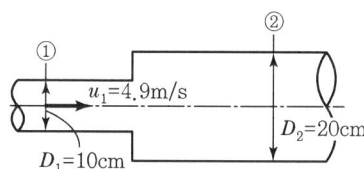

① 0.69m　　② 0.96m
③ 1.14m　　④ 2.45m

해설

$h_{se} = f_{se} \cdot \frac{V^2}{2g}$

$f_{se} = \left(1-\frac{A_1}{A_2}\right)^2 = \left(1-\frac{d^2}{D^2}\right)^2 = 0.5625$

∴ $F_{se} = 0.5625 \cdot \frac{4.9^2}{2 \times 9.8} = 0.69\text{m}$

18 왜곡모형에서 Froude 상사법칙을 이용하여 물리량을 표시한 것으로 틀린 것은? (단, X_r은 수평축척비, Y_r은 연직축척비이다.)

① 시간비 : $T_r = \dfrac{X_r}{Y_r^{1/2}}$

② 경사비 : $S_r = \dfrac{Y_r}{X_r}$

③ 유속비 : $V_r = \sqrt{Y_r}$

④ 유량비 : $Q_r = X_r Y_r^{5/2}$

해설

유량비 $(Q_r) = X_r \cdot Y_r^{3/2}$

19 관의 지름이 각각 3m, 1.5m인 서로 다른 관이 연결되어 있을 때, 지름 3m 관내에 흐르는 연속이 0.03m/s이라면 지름 1.5m 관내에 흐르는 유량은?

① 0.157m³/s　　② 0.212m³/s
③ 0.378m³/s　　④ 0.540m³/s

해설

$Q = A_1 V_1 = A_2 V_2$

$= \dfrac{\pi \cdot 3^2}{4} \cdot 0.03 = \dfrac{\pi \cdot 1.5^2}{4} \cdot V_2$

$= 0.212\text{m}^3/\text{s}$

20 홍수유출에서 유역면적이 작으면 단시간의 강우에, 면적이 크면 장시간의 강우에 문제가 발생한다. 이와 같은 수문학적 인자 사이의 관계를 조사하는 DAD 해석에 필요 없는 인자는?

① 강우량　　② 유역면적
③ 증발산량　　④ 강우지속시간

해설

DAD 해석 시 필요인자
- 평균우량 깊이(D)
- 유역면적(A)
- 강우지속기간(D)

정답　17 ①　18 ④　19 ②　20 ③

2020년 토목산업기사 제3회 수리수문학 기출문제

01 유량 Q, 유속 V, 단면적 A, 도심거리 h_G라 할 때 충력치(M)의 값은?(단, 충력치는 비력이라고도 하며, η : 운동량 보정계수, g : 중력가속도, W : 물의 중량, w : 물의 단위중량)

① $\eta \dfrac{Q}{g} + Wh_G A$
② $\eta \dfrac{Q}{g} V + h_G A$
③ $\eta \dfrac{g}{Q} V + h_G A$
④ $\eta \dfrac{Q}{g} V + \dfrac{1}{2} w^2$

해설
충력치(M) = 단위무게당 운동량 + 단위무게당 전수압
$$= \left[\beta \dfrac{1}{g} Q(V_2 - V_1)\right] + (1 \times h_G \times A)$$

02 지하수의 유속공식 $V = KI$에서 K의 크기와 관계가 없는 것은?

① 지하수위
② 흙의 입경
③ 흙의 공극률
④ 물의 점성계수

해설
투수계수(K)와 지하수위는 관계가 없다.

03 뉴턴 유체(Newtonian Fluids)에 대한 설명으로 옳은 것은?

① 물이나 공기 등 보통의 유체는 비뉴턴 유체이다.
② 각 변형률($\dfrac{dv}{dy}$)의 크기에 따라 선형으로 점도가 변한다.
③ 전단응력(τ)과 각 변형률($\dfrac{dv}{dy}$)의 관계는 원점을 지나는 직선이다.
④ 유체가 압력의 변화에 따라 밀도의 변화를 무시할 수 없는 상태가 된 유체를 의미한다.

해설

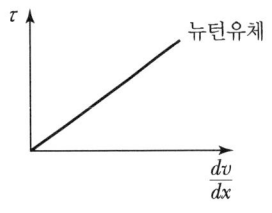

04 Chezy 공식의 평균유속계수 C와 Manning 공식의 조도계수 n 사이의 관계는?

① $C = nR^{\frac{1}{3}}$
② $C = nR^{\frac{1}{6}}$
③ $C = \dfrac{1}{n} R^{\frac{1}{3}}$
④ $C = \dfrac{1}{n} R^{\frac{1}{6}}$

해설
$$C = \dfrac{1}{n} R^{\frac{1}{6}} = \sqrt{\dfrac{8g}{f}}$$

05 관내를 유속 V로 물이 흐르고 있을 때 밸브 등의 급격한 폐쇄 등에 의하여 유속이 줄어들면 이에 따라 관내의 압력 변화가 생기는데 이것을 무엇이라 하는가?

① 정압
② 수격압
③ 동압력
④ 정체압력

해설
수격압(Water Hammer)의 설명이다.

06 보통 정도의 정밀도를 필요로 하는 관수로 계산에서 마찰 이외의 손실을 무시할 수 있는 L/D의 값으로 옳은 것은?(단, L : 관의 길이, D : 관의 지름)

① 500 이상
② 1,000 이상
③ 2,000 이상
④ 3,000 이상

해설
장관($\dfrac{l}{D} > 3{,}000$)은 미소손실 무시

07 레이놀즈의 실험으로 얻은 Reynolds 수에 의해서 구별할 수 있는 흐름은?

① 층류와 난류
② 정류와 부정류
③ 상류와 사류
④ 등류와 부등류

해설
- 층류 : $Re < 2{,}000$
- 난류 : $Re > 4{,}000$

정답 01 ② 02 ① 03 ③ 04 ④ 05 ② 06 ④ 07 ①

08 10m³/sec의 유량을 흐르게 할 수리학적으로 가장 유리한 직사각형 개수로 단면을 설계할 때 개수로의 폭은?(단, Manning 공식을 이용하며, 수로 경사 $i=0.001$, 조도계수 $n=0.020$이다.)

① 2.66m   ② 3.16m
③ 3.66m   ④ 4.16m

해설

$Q = A \cdot \dfrac{1}{n} R^{2/3} I^{1/2}$

$10 = (2h \cdot h) \times \dfrac{1}{0.020} \times \left(\dfrac{h}{2}\right)^{2/3} \times 0.001^{5/2}$

$\therefore h = 1.83, \; b = 2h = 3.66$

---

09 물의 체적 탄성계수 $E = 2 \times 10^4 \text{kg/cm}^2$일 때 물의 체적을 1% 감소시키기 위해 가해야 할 압력은?

① $2 \times 10 \text{kg/m}^2$ ② $2 \times 10 \text{kg/cm}^2$
③ $2 \times 10^2 \text{kg/m}^2$ ④ $2 \times 10^2 \text{kg/cm}^2$

해설

$E = \dfrac{\Delta P}{\Delta V / V}, \; 2 \times 10^4 = \dfrac{\Delta P}{0.01}$

$\therefore \Delta P = 2 \times 10^2 \text{kg/cm}^2$

---

10 집중호우로 인한 홍수 발생 시 지표수의 흐름은?

① 등류이고 정상류이다.
② 등류이고, 비정상류이다.
③ 부등류이고, 정상류이다.
④ 부등류이고, 비정상류이다.

해설

① 정류 : $\dfrac{\partial V}{\partial t} = 0$, 평상시 하천

② 부정류(비정상류) : $\dfrac{\partial V}{\partial t} \neq 0$

  • 등류 $\dfrac{\partial V}{\partial l} = 0$

  • 부등류 $\dfrac{\partial V}{\partial l} \neq 0$(홍수 시 하천)

---

11 그림과 같은 폭 2m의 직사각형 판에 작용하는 수압 분포도는 삼각형 분포도를 얻었는데, 이 물체에 작용하는 전수압(㉠)과 작용점의 위치(㉡)로 옳은 것은?(단, 물의 단위중량은 9.81kN/m³이며, 작용의 위치는 수면을 기준으로 한다.)

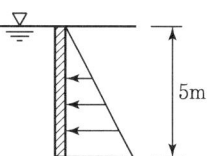

① ㉠ 100.25kN, ㉡ : 1.7m
② ㉠ 145.25kN, ㉡ : 3.3m
③ ㉠ 200.25kN, ㉡ : 1.7m
④ ㉠ 245.25kN, ㉡ : 3.3m

해설

• $P = \omega h_G A = (1 \times 9.8) \times \dfrac{5}{2} \times (5 \times 2)$
  $= 245.25 \text{kN}$

• $h_c = h_G + \dfrac{I_G}{h_G A} = \left(\dfrac{5}{2}\right) + \dfrac{\frac{2 \times 5^3}{12}}{\left(\dfrac{5}{2}\right) \times (2 \times 5)} = 3.3 \text{m}$

---

12 투수계수 0.5m/sec, 제외지 수위 6m, 제내지 수위 2m, 침투수가 통하는 길이 50m일 때 하천 제방단면 1m당 누수량은?

① 0.16m³/sec
② 0.32m³/sec
③ 0.96m³/sec
④ 1.28m³/sec

해설

$q = \dfrac{k}{2l}(h_1^2 - h_2^2) = \dfrac{0.5}{2 \times 50}(6^2 - 2^2)$
  $= 0.16 \text{m}^3/\text{sec}$

정답 08 ③ 09 ④ 10 ④ 11 ④ 12 ①

13 베르누이 정리를 압력의 항으로 표시할 때, 동압력(Dynamic Pressure) 항에 해당되는 것은?

① P
② $\frac{1}{2}\rho V^2$
③ ρgz
④ $\frac{V^2}{2g}$

[해설]
- 항력 $(D) = C_D \cdot A \cdot \frac{\rho v^2}{2}$
- 동압력 $= \frac{\rho v^2}{2}$

14 사이펀의 이론 중 동수경사선에서 정점부까지의 이론적 높이(㉠)와 실제 설계 시 적용하는 높이의 범위(㉡)로 옳은 것은?

① ㉠ : 7.0m, ㉡ : 5.6~6.0m
② ㉠ : 8.0m, ㉡ : 6.4~6.8m
③ ㉠ : 9.0m, ㉡ : 6.5~7.0m
④ ㉠ : 10.3m, ㉡ : 8.0~8.5m

[해설]
- $h = \frac{P}{\omega} = \frac{10.33 \text{t/m}^2}{1 \text{t/m}^3} = 10.3\text{m}$ (이론상)
- 실제설계 시 적용(8~9m)

15 지름 D인 관을 배관할 때 마찰 손실이 Elbow에 의한 손실과 같도록 직선 관을 배관한다면 직선 관의 길이는?(단, 관의 마찰손실계수 $f = 0.025$, Elbow에 의한 미소손실계수 $K = 0.9$)

① $4D$
② $8D$
③ $36D$
④ $42D$

[해설]
- $h_L = h_L'$
- $f \cdot \frac{l}{D} \cdot \frac{V^2}{2g} = f' \frac{V^2}{2g}$ ($f = 0.025$, $f' = 0.9$)
- $\therefore l = 36D$

16 그림과 같은 작은 오리피스에서 유속은?(단, 유속계수 $C_v = 0.9$이다.)

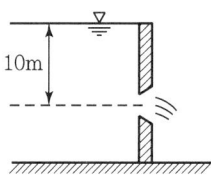

① 8.9m/s
② 9.9m/s
③ 12.6m/s
④ 14.0m/s

[해설]
$V = C_v \cdot \sqrt{2gh} = 0.9\sqrt{2 \times 9.8 \times 10} = 12.6\text{m/s}$

17 수면 아래 20m 지점의 수압으로 옳은 것은? (단, 물의 단위중량은 9.81kN/m³이다.)

① 0.1MPa
② 0.2MPa
③ 1.0MPa
④ 20MPa

[해설]
$P = \omega h = 1\text{t/m}^3 \times 20\text{m} = 20\text{t/m}^2 = 0.2\text{MPa}$

18 수로 폭 4m, 수심 1.5m인 직사각형 단면에서 유량이 24m³/sec일 때 Froude 수(F_r)는?

① 0.74
② 0.85
③ 1.04
④ 1.08

[해설]
$Fr = \frac{V}{c} = \frac{\frac{Q}{A}}{\sqrt{gh}} = \frac{\frac{24}{(4 \times 1.5)}}{\sqrt{9.8 \times 1.5}} = 1.04$

정답 13 ② 14 ④ 15 ③ 16 ③ 17 ② 18 ③

19 모세관 현상에서 모세관고(h)와 관의 지름(D)의 관계로 옳은 것은?

① h는 D에 비례한다.
② h는 D^2에 비례한다.
③ h는 D^{-1}에 비례한다.
④ h는 D^{-2}에 비례한다.

해설

$h \propto \dfrac{1}{D} \propto D^{-1}$

20 수축단면에 관한 설명으로 옳은 것은?

① 오리피스의 유출수맥에서 발생한다.
② 상류에서 사류로 변화할 때 발생한다.
③ 사류에서 상류로 변화할 때 발생한다.
④ 수축단면에서의 유속을 오리피스의 평균유속이라 한다.

해설

수축단면의 발생위치는 $d/2$이다.

정답 19 ③ 20 ①

2020년 토목기사 제4회 수리수문학 기출문제

01 유출(流出)에 대한 설명으로 옳지 않은 것은?

① 총유출은 통상 직접유출(Direct Run Off)과 기저유출(Base Flow)로 분류된다.
② 하천에 도달하기 전에 지표면 위로 흐르는 유수를 지표유하수(Overland Flow)라 한다.
③ 하천에 도달한 후 다른 성분의 유출수와 합친 유수량을 총 유출수(Total Flow)라 한다.
④ 지하수유출은 토양을 침투한 물이 침투하여 지하수를 형성하나 총 유출량에는 고려하지 않는다.

[해설]
• 총 유출 = 직접유출 + 기저유출
• 기저유출(지하수 유출, 지연지하 유출)

02 수면 아래 30m 지점의 수압을 kN/m²로 표시하면?(단, 물의 단위중량은 9.81kN/m³이다.)

① 2.94kN/m² ② 29.43kN/m²
③ 294.3kN/m² ④ 2,943kN/m²

[해설]
$P = \omega h = 1t/m^3 \times 9.81 \times 30 = 294.3kN/m^2$

03 두 개의 수평한 판이 5mm 간격으로 놓여 있고, 점성계수 0.01N·s/cm²인 유체로 채워져 있다. 하나의 판을 고정시키고 다른 하나의 판을 2m/s로 움직일 때 유체 내에서 발생되는 전단응력은?

① 1N/cm² ② 2N/cm²
③ 3N/cm² ④ 4N/cm²

[해설]
$\tau = \mu \cdot \dfrac{d_v}{d_y} = 0.01 \left(\dfrac{200}{0.5} \right) = 4N/cm^2$

04 유역면적이 2km²인 어느 유역에 다음과 같은 강우가 있었다. 직접유출용적이 140,000m³일 때, 이 유역에서의 ϕ-Index는?

시간(30min)	1	2	3	4
강우강도(mm/h)	102	51	152	127

① 36.5mm/h
② 51.0mm/h
③ 73.0mm/h
④ 80.3mm/h

[해설]
• 직접유출량 = $\dfrac{Q}{A} = \dfrac{140,000m^3}{2km^2} \times \dfrac{100^3 \times 10^3}{1,000^2 \times 100^2 \times 10^2}$

$= 70mm(30min) \rightarrow 140mm(hr)$

• $\phi = 80.3mm/h$

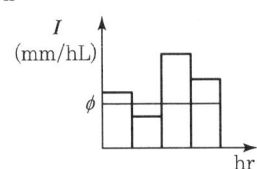

05 합성단위 유량도(Synthetic Unit Hydrograph)의 작성방법이 아닌 것은?

① Snyder 방법
② Nakayasu 방법
③ 순간 단위유량도법
④ SCS의 무차원 단위유량도 이용법

[해설]
합성단위 유량도의 종류
• Snyder 합성단위도
• Nakayasu 합성단위도
• SCS 합성단위도

06 지름 0.3m, 수심 6m인 굴착정이 있다. 피압대수층의 두께가 3.0m라 할 때 5L/s의 물을 양수하면 우물의 수위는?(단, 영향원의 반지름은 500m, 투수계수는 4m/h이다.)

① 3.848m ② 4.063m
③ 5.920m ④ 5.999m

정답 01 ④ 02 ③ 03 ④ 04 ④ 05 ③ 06 ②

> 해설

굴착정 $(Q) = \dfrac{2c\pi k(H-h)}{\ln(R/r)}$

$5\text{L/s} \times 10^{-3}\text{m}^3 = \dfrac{2 \times 3 \times \pi \times (4 \div 3{,}600)[6-h]}{\ln(500/0.15)}$

$\therefore h = 4.063\text{m}$

07 마찰손실계수(f)와 Reynolds 수(Re) 및 상대조도(ε/d)의 관계를 나타낸 Moody 도표에 대한 설명으로 옳지 않은 것은?

① 층류영역에서는 관의 조도에 관계없이 단일 직선이 적용된다.
② 완전 난류의 완전히 거친 영역에서 f는 Re^n과 반비례하는 관계를 보인다.
③ 층류와 난류의 물리적 상이점은 $f-Re$ 관계가 한계 Reynolds 수 부근에서 갑자기 변한다.
④ 난류영역에서는 $f-Re$ 곡선은 상대조도에 따라 변하며 Reynolds수보다는 관의 조도가 더 중요한 변수가 된다.

> 해설

거친관은 상대조도의 함수이며 Re와 무관

08 오리피스(Orifice)의 압력수두가 2m이고 단면적이 4cm², 접근유속은 1m/s일 때 유출량은? (단, 유량계수 $C=0.63$이다.)

① 1,558cm³/s
② 1,578cm³/s
③ 1,598cm³/s
④ 1,618cm³/s

> 해설

$Q = c \cdot a\sqrt{2g(h+h_a)}$
$= 0.63 \times \left(4\text{cm}^2 \times \dfrac{1}{100^2}\text{m}^2\right) \times \sqrt{2 \times 9.8 \times \left(2 + \dfrac{1^2}{2 \times 9.8}\right)}$
$= 1{,}598\text{cm}^3/\text{s}$

09 위어(Weir)에 물이 월류할 경우 위어의 정상을 기준으로 상류 측 전수두를 H, 하류수위를 h라 할 때, 수중위어(Submerged Weir)로 해석될 수 있는 조건은?

① $h < \dfrac{2}{3}H$
② $h < \dfrac{1}{2}H$
③ $h > \dfrac{2}{3}H$
④ $h > \dfrac{1}{3}H$

> 해설

모식도

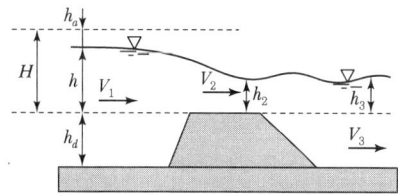

특징

• $h_3 = \dfrac{2}{3}H$: 유량최대, 한계류

• $h_3 < \dfrac{2}{3}H$: 완전월류

• $h_3 > \dfrac{2}{3}H$: 수중위어

10 수심이 50m로 일정하고 무한히 넓은 해역에서 주태양반일주조(S_2)의 파장은? (단, 주태양반일주조의 주기는 12시간, 중력가속도 $g=9.81\text{m/s}^2$이다.)

① 9.56km
② 95.6km
③ 956km
④ 9,560km

> 해설

$L = \sqrt{gh} \cdot T = \sqrt{9.8 \times 50} \times (12 \times 3{,}600)$
$= 956{,}272\text{m} = 956\text{km}$

11 폭 4m, 수심 2m인 직사각형 단면 개수로에서 Manning 공식의 조도계수 $n=0.017\text{m}^{-1/3} \cdot \text{s}$, 유량 $Q=15\text{m}^3/\text{s}$일 때 수로의 경사(I)는?

① 1.016×10^{-3}
② 4.548×10^{-3}
③ 15.365×10^{-3}
④ 31.875×10^{-3}

정답 07 ② 08 ③ 09 ③ 10 ③ 11 ①

해설

$$Q = A \cdot \frac{1}{n} R^{2/3} I^{1/2}$$

$$15 = (4 \times 2) \times \frac{1}{0.017} \times \left[\frac{4 \times 2}{4 + (2 \times 2)}\right]^{2/3} \times I^{1/2}$$

$$\therefore I = 1.016 \times 10^{-3}$$

12 수리학적으로 유리한 단면에 관한 내용으로 옳지 않은 것은?

① 동수반경을 최대로 하는 단면이다.
② 구형에서는 수심이 폭의 반과 같다.
③ 사다리꼴에서는 동수반경이 수심의 반과 같다.
④ 수리학적으로 가장 유리한 단면의 형태는 이등변직각삼각형이다.

해설

수리학적으로 가장 유리한 단면은 반원이 내접하는 직사각형 단면이다.

13 개수로 내의 흐름에서 비에너지(Specific Energy, H_e)가 일정할 때, 최대 유량이 생기는 수심 h로 옳은 것은?(단, 개수로의 단면은 직사각형이고 $\alpha = 1$이다.)

① $h = H_e$　　② $h = \frac{1}{2} H_e$
③ $h = \frac{2}{3} H_e$　　④ $h = \frac{3}{4} H_e$

해설

한계수심(h_c)
- $H_{e\,min}$
- Q_{max}
- $H_e \times \frac{2}{3}$

14 관수로에서의 마찰손실수두에 대한 설명으로 옳은 것은?

① Froude 수에 반비례한다.
② 관수로의 길이에 비례한다.
③ 관의 조도계수에 반비례한다.
④ 관 내 유속의 1/4 제곱에 비례한다.

해설

$$h_L = f \cdot \frac{l}{D} \cdot \frac{V^2}{2g}$$

15 도수(Hydraulic Jump) 전후의 수심 h_1, h_2의 관계를 도수 전의 Froude 수 Fr_1의 함수로 표시한 것으로 옳은 것은?

① $\frac{h_2}{h_1} = \frac{1}{2}\left(\sqrt{8Fr_1^2 + 1} - 1\right)$

② $\frac{h_1}{h_2} = \frac{1}{2}\left(\sqrt{8Fr_1^2 + 1} + 1\right)$

③ $\frac{h_2}{h_1} = \frac{1}{2}\left(\sqrt{8Fr_1^2 + 1} + 1\right)$

④ $\frac{h_1}{h_2} = \frac{1}{2}\left(\sqrt{8Fr_1^2 + 1} - 1\right)$

해설

$$h_2 = -\frac{h_1}{2} + \frac{h_1}{2}\sqrt{1 + 8Fr_1^2}$$

16 다음 중 베르누이의 정리를 응용한 것이 아닌 것은?

① 오리피스
② 레이놀즈수
③ 벤추리미터
④ 토리첼리의 정리

해설

레이놀즈수는 층류와 난류를 구분하는 데 사용한다.

정답 12 ④　13 ③　14 ②　15 ①　16 ②

17 흐르는 유체 속에 물체가 있을 때, 물체가 유체로부터 받는 힘은?

① 장력(張力)   ② 충력(衝力)
③ 항력(抗力)   ④ 소류력(掃流力)

해설

항력$(D) = C_D \cdot A \cdot \dfrac{\rho V^2}{2}$

18 양정이 5m일 때 4.9kW의 펌프로 0.03m³/s를 양수했다면 이 펌프의 효율은?

① 약 0.3   ② 약 0.4
③ 약 0.5   ④ 약 0.6

해설

$\text{kW} = \dfrac{1{,}000}{102} QH/\varepsilon$

$4.9 = \dfrac{1{,}000}{102} \times 0.03 \times 5/\varepsilon$

∴ 효율$(\varepsilon) = 0.3$

19 부체의 안정에 관한 설명으로 옳지 않은 것은?

① 경심(M)이 무게중심(G)보다 낮을 경우 안정하다.
② 무게중심(G)이 부심(B)보다 아래쪽에 있으면 안정하다.
③ 경심(M)이 무게중심(G)보다 높을 경우 복원 모멘트가 작용한다.
④ 부심(B)과 무게중심(G)이 동일 연직선상에 위치할 때 안정을 유지한다.

해설

• 안정 : $M-G$
• 불안정 : $G-M$

20 DAD 해석에 관한 내용으로 옳지 않은 것은?

① DAD의 값은 유역에 따라 다르다.
② DAD 해석에서 누가우량곡선이 필요하다.
③ DAD 곡선은 대부분 반대수지로 표시된다.
④ DAD 관계에서 최대평균우량은 지속시간 및 유역면적에 비례하여 증가한다.

해설

DAD 해석

최대평균우량 $\propto \dfrac{1}{A} \propto$ 지속시간

정답 17 ③ 18 ① 19 ① 20 ④

2021년 토목기사 제1회 수리수문학 기출문제

01 유속 3m/s로 매초 100L의 물이 흐르게 하는 데 필요한 관의 지름은?

① 153mm ② 206mm
③ 265mm ④ 312mm

[해설]

$Q = A \cdot V$

$100\text{L} \times 10^{-3} \text{m}^3 = \dfrac{\pi D^2}{4} \times 3$

$\therefore D = 0.206\text{m} = 206\text{mm}$

02 부력의 원리를 이용하여 그림과 같이 바닷물 위에 떠 있는 빙산의 전체적을 구한 값은?

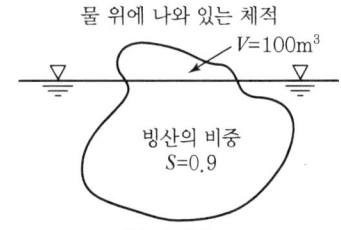

① 550m³ ② 890m³
③ 1,000m³ ④ 1,100m³

[해설]

$W = B$

$\omega_s V_a = \omega_{해} V_{잠}$

$0.9 \times (V_{잠} + 100) = 1.1 \times V_{잠}$

$\therefore V_{잠} = 450\text{m}^3$, 빙산의 전체적은 $450 + 100 = 550\text{m}^2$

03 수로경사 1/10,000인 직사각형 단면 수로에 유량 30m³/s를 흐르게 할 때 수리학적으로 유리한 단면은?(단, h : 수심, B : 폭이며, Manning 공식을 쓰고, $n = 0.025\text{m}^{-1/3} \cdot \text{s}$)

① $h = 1.95\text{m}$, $B = 3.9\text{m}$
② $h = 2.0\text{m}$, $B = 4.0\text{m}$
③ $h = 3.0\text{m}$, $B = 6.0\text{m}$
④ $h = 4.63\text{m}$, $B = 9.26\text{m}$

[해설]

$Q = A \cdot V$

$30 = (B \cdot h) \times \dfrac{1}{n} R^{\frac{2}{3}} I^{\frac{1}{2}}$

$30 = (2h \cdot h) \times \dfrac{1}{0.025} \cdot \left(\dfrac{h}{2}\right)^{\frac{2}{3}} \cdot \left(\dfrac{1}{10,000}\right)^{\frac{1}{2}}$

$\therefore h = 4.63\text{m}$ (계산기의 Solve 기능 사용)
$B = 2h = 9.26\text{m}$

04 축척이 1 : 50인 하천 수리모형에서 원형 유량 10,000m³/s에 대한 모형 유량은?

① 0.401m³/s ② 0.566m³/s
③ 14.142m³/s ④ 28.284m³/s

[해설]

유량비 $= \dfrac{\text{모형 유량}}{\text{원형 유량}} = L_r^{\frac{5}{2}}$

$\dfrac{\text{모형 유량}}{10,000} = \left(\dfrac{1}{50}\right)^{\frac{5}{2}}$

$\therefore$ 모형유량 $= 0.566\text{m}^3/\text{s}$

05 그림과 같은 노즐에서 유량을 구하기 위한 식으로 옳은 것은?(단, 유량계수는 1.0으로 가정한다.)

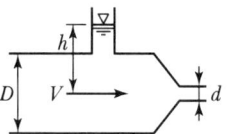

① $\dfrac{\pi d^2}{4}\sqrt{2gh}$

② $\dfrac{\pi d^2}{4}\sqrt{\dfrac{2gh}{1-\left(\dfrac{d}{D}\right)^4}}$

③ $\dfrac{\pi d^2}{4}\sqrt{\dfrac{2gh}{1-\left(\dfrac{d}{D}\right)^2}}$

④ $\dfrac{\pi d^2}{4}\sqrt{\dfrac{2gh}{1+\left(\dfrac{d}{D}\right)^2}}$

정답 01 ② 02 ① 03 ④ 04 ② 05 ②

해설

노즐의 사출수량

$$Q = C \cdot a \cdot V = C \cdot a \cdot \frac{\sqrt{2gh}}{\sqrt{1-\left(\frac{C \cdot a}{A}\right)^2}}$$

$$\left(a = \frac{\pi d^2}{4}, \ A = \frac{\pi D^2}{4}\right)$$

06 수로 바닥에서의 마찰력 τ_0, 물의 밀도 ρ, 중력가속도 g, 수리평균수심 R, 수면경사 I, 에너지선의 경사 I_e라고 할 때 등류(㉠)와 부등류(㉡)의 경우에 대한 마찰속도(u_e)는?

① ㉠ : $\rho R I_e$, ㉡ : $\rho R I$

② ㉠ : $\frac{\rho R I}{\tau_0}$, ㉡ : $\frac{\rho R I_e}{\tau_0}$

③ ㉠ : $\sqrt{gRI}$, ㉡ : $\sqrt{gRI_e}$

④ ㉠ : $\sqrt{\frac{gRI_e}{\tau_0}}$, ㉡ : $\sqrt{\frac{gRI}{\tau_0}}$

해설

마찰속도(u) = $\sqrt{gRI}$

07 유속을 V, 물의 단위중량을 γ_w, 물의 밀도를 ρ, 중력가속도를 g라 할 때 동수압(動水壓)을 바르게 표시한 것은?

① $\frac{V^2}{2g}$

② $\frac{\gamma_w V^2}{2g}$

③ $\frac{\gamma_w V}{2g}$

④ $\frac{\rho V^2}{2g}$

해설

항력(D) = $C_D \cdot A \cdot \frac{\rho V^2}{2}$

여기서 $\frac{\rho V^2}{2} \left(= \frac{\gamma_w V^2}{2g}\right)$ 은 동압력(동수압)이다.

08 관수로의 흐름에서 마찰손실계수를 f, 동수반경을 R, 동수경사를 I, Chezy 계수를 C라 할 때 평균 유속 V는?

① $V = \sqrt{\frac{8g}{f}} \sqrt{RI}$

② $V = fC\sqrt{RI}$

③ $V = \frac{\pi d^2}{4} f \sqrt{RI}$

④ $V = f\frac{l}{4R} \cdot \frac{V^2}{2g}$

해설

$V = C\sqrt{RI} \ \left(C = \frac{1}{n}R^{\frac{1}{6}} = \sqrt{\frac{8g}{f}}\right)$

$\therefore \ V = \sqrt{\frac{8g}{f}} \cdot \sqrt{RI}$

09 피압 지하수를 설명한 것으로 옳은 것은?

① 하상 밑의 지하수
② 어떤 수원에서 다른 지역으로 보내지는 지하수
③ 지하수와 공기가 접해있는 지하수면을 가지는 지하수
④ 두 개의 불투수층 사이에 끼어 있어 대기압보다 큰 압력을 받고 있는 대수층의 지하수

해설

피압 지하수
두 개의 불투수층 사이에 끼어 있어 대기압보다 큰 압력을 받고 있는 대수층의 지하수

10 물의 순환에 대한 설명으로 옳지 않은 것은?

① 지하수 일부는 지표면으로 용출해서 다시 지표수가 되어 하천으로 유입된다.
② 지표에 강하한 우수는 지표면에 도달 전에 그 일부가 식물의 나무와 가지에 의하여 차단된다.
③ 지표면에 도달한 우수는 토양 중에 수분을 공급하고 나머지가 아래로 침투해서 지하수가 된다.
④ 침투란 토양면을 통해 스며든 물이 중력에 의해 계속 지하로 이동하여 불투수층까지 도달하는 것이다.

정답 06 ③ 07 ② 08 ① 09 ④ 10 ④

해설
- 침투 : 중력과 모세관 현상에 의해 물이 흙 속으로 스며드는 현상
- 침루 : 토양면을 통해 스며든 물이 중력작용에 의하여 계속 지하로 이동하여 지하수면(불투수층)까지 도달하는 현상

11 중량이 600N, 비중이 3.0인 물체를 물(담수) 속에 넣었을 때 물속에서의 중량은?

① 100N　② 200N
③ 300N　④ 400N

해설
$W = B + W'$
$600 = (1 \times V_{잠}) + W'$
($V_{잠}$은 $600 = \omega_s \cdot V_a$) ω_s가 3이므로 $V_{잠} = 200$
∴ $600 = (1 \times 200) + W'$, $W' = 400N$

12 단위유량도 이론에서 사용하고 있는 기본가정이 아닌 것은?

① 비례 가정　② 중첩 가정
③ 푸아송 분포 가정　④ 일정 기저시간 가정

해설
단위도 작성 시 세 가지 기본가정은 일정 기저시간 가정, 중첩 가정, 비례 가정이다.

13 10m³/s의 유량이 흐르는 수로에 폭 10m의 단수축이 없는 위어를 설계할 때, 위어의 높이를 1m로 할 경우 예상되는 월류수심은?(단, Francis 공식을 사용하며, 접근유속은 무시한다.)

① 0.67m　② 0.71m
③ 0.75m　④ 0.79m

해설
$Q = 1.84 b_o h^{\frac{3}{2}}$
$10 = 1.84 \times 10 \times h^{\frac{3}{2}}$
∴ $h = 0.67m$(계산기의 Solve 기능 사용)

14 액체 속에 잠겨 있는 경사평면에 작용하는 힘에 대한 설명으로 옳은 것은?

① 경사각과 상관없다.
② 경사각에 직접 비례한다.
③ 경사각의 제곱에 비례한다.
④ 무게중심에서의 압력과 면적의 곱과 같다.

해설
$P = \omega h_G A = \omega(S_G \cdot \sin\theta)A$

15 수로 폭이 10m인 직사각형 수로의 도수 전 수심이 0.5m, 유량이 40m³/s이었다면 도수 후의 수심(h_2)은?

① 1.96m　② 2.18m
③ 2.31m　④ 2.85m

해설
$h_2 = -\dfrac{h_1}{2} + \dfrac{h_1}{2}\sqrt{1+8Fr_1^2}$
$= -\dfrac{0.5}{2} + \dfrac{0.5}{2}\sqrt{1+(8\times 3.614^2)}$
$= 2.31m$
$\left(Fr_1 = \dfrac{V_1}{C} = \dfrac{V_1}{\sqrt{gh_1}} = \dfrac{\frac{40}{(10\times 0.5)}}{\sqrt{9.8\times 0.5}} = 3.614\right)$

16 유역면적 10km², 강우강도 80mm/h, 유출계수 0.70일 때 합리식에 의한 첨두유량($Q_{\max}$)은?

① 155.6m³/s　② 560m³/s
③ 1,556m³/s　④ 5.6m³/s

해설
$Q = \dfrac{1}{3.6}CIA = \dfrac{1}{3.6}\times 0.7 \times 80 \times 10$
$= 155.6m^3/s$

정답　11 ④　12 ③　13 ①　14 ④　15 ③　16 ①

17 Darcy의 법칙에 대한 설명으로 옳지 않은 것은?

① 투수계수는 물의 점성계수에 따라서도 변화한다.
② Darcy의 법칙은 지하수의 흐름에 대한 공식이다.
③ Reynolds 수가 100 이상이면 안심하고 적용할 수 있다.
④ 평균유속이 동수경사와 비례관계를 가지고 있는 흐름에 적용될 수 있다.

해설
Darcy 법칙의 적용범위
- 지하수의 흐름이 층류인 경우에 잘 맞는다.
- 레이놀즈수 적용의 일반적인 범위 : $Re < 1 \sim 10$(특히, $Re < 4$ 층류인 경우 가장 잘 성립)

18 수두차가 10m인 두 저수지를 지름이 30cm, 길이가 300m, 조도계수가 $0.013\text{m}^{-1/3} \cdot \text{s}$인 주철관으로 연결하여 송수할 때, 관을 흐르는 유량(Q)은?(단, 관의 유입손실계수 $f_e = 0.5$, 유출손실계수 $f_c = 1.0$이다.)

① $0.02\text{m}^3/\text{s}$
② $0.08\text{m}^3/\text{s}$
③ $0.17\text{m}^3/\text{s}$
④ $0.19\text{m}^3/\text{s}$

해설

$$Q = A \cdot V = \frac{\pi D^2}{4} \times \frac{\sqrt{2gH}}{\sqrt{f \cdot \frac{l}{D} + f_i + f_o}}$$

$$= \frac{\pi \times 0.3^2}{4} \times \frac{\sqrt{2 \times 9.8 \times 10}}{\sqrt{0.314 \frac{300}{0.3} + 0.5 + 1}} = 0.17\text{m}^3/\text{s}$$

$$\left(f = \frac{124.5 n^2}{D^{\frac{1}{3}}} = \frac{124.5 \times 0.013^2}{0.3^{\frac{1}{3}}} = 0.0314 \right)$$

19 개수로 내의 흐름에서 평균유속을 구하는 방법 중 2점법의 유속 측정 위치로 옳은 것은?

① 수면과 전수심의 50% 위치
② 수면으로부터 수심의 10%와 90% 위치
③ 수면으로부터 수심의 20%와 80% 위치
④ 수면으로부터 수심의 40%와 60% 위치

해설
유속계에 의한 평균유속
- 1점법 : $V_m = V_{0.6}$
- 2점법 : $V_m = \dfrac{V_{0.2} + V_{0.8}}{2}$
- 3점법 : $V_m = \dfrac{V_{0.2} + 2V_{0.6} + V_{0.8}}{4}$

20 어떤 유역에 표와 같이 30분간 집중호우가 발생하였다면 지속시간 15분인 최대 강우강도는?

시간(분)	0~5	5~10	10~15
우량(mm)	2	4	6

시간(분)	15~20	20~25	25~30
우량(mm)	4	8	6

① 50mm/h
② 64mm/h
③ 72mm/h
④ 80mm/h

해설
15분 : 18mm = 60분 : x
∴ $x = 72\text{mm/h}$

정답 17 ③ 18 ③ 19 ③ 20 ③

2021년 토목기사 제2회 수리수문학 기출문제

01 지름 1m의 원통 수조에서 지름 2cm의 관으로 물이 유출되고 있다. 관 내의 유속이 2.0m/s일 때, 수조의 수면이 저하되는 속도는?

① 0.3cm/s ② 0.4cm/s
③ 0.06cm/s ④ 0.08cm/s

[해설]

$Q = A \cdot V_2$

- $Q = a \cdot V_1 = \dfrac{\pi \cdot 2^2}{4} \times 200$

  $\therefore Q = 628.319 \, \text{cm}^3/\text{s}$

- $628.319 = \dfrac{\pi \cdot 100^2}{4} \times V_2$

  $\therefore V_2 = 0.08 \, \text{cm/s}$

02 유체의 흐름에 관한 설명으로 옳지 않은 것은?

① 유체의 입자가 흐르는 경로를 유적선이라 한다.
② 부정류(不定流)에서는 유선이 시간에 따라 변화한다.
③ 정상류(定常流)에서는 하나의 유선이 다른 유선과 교차하게 된다.
④ 점성이나 압축성을 완전히 무시하고 밀도가 일정한 이상적인 유체를 완전유체라 한다.

[해설]
정상류에서는 하나의 유선이 다른 유선과 교차하지 않는다.

03 오리피스의 지름이 2cm, 수축단면(Vena Contracta)의 지름이 1.6cm라면, 유속계수가 0.9일 때 유량계수는?

① 0.49 ② 0.58
③ 0.62 ④ 0.72

[해설]

유량계수$(C) = C_a \cdot C_v$

$C_a = \dfrac{a}{A} = \dfrac{\dfrac{\pi \cdot 1.6^2}{4}}{\dfrac{\pi \cdot 2^2}{4}} = 0.64$

$\therefore$ 유량계수$(C) = 0.64 \times 0.9 = 0.58$

04 유역면적이 4km²이고 유출계수가 0.8인 산지 하천에서 강우강도가 80mm/h이다. 합리식을 사용한 유역출구에서의 첨두홍수량은?

① 35.5m³/s   ② 71.1m³/s
③ 128m³/s   ④ 256m³/s

[해설]

$Q = \dfrac{1}{3.6} CIA = \dfrac{1}{3.6} \times 0.8 \times 80 \, \text{mm/h} \times 4 \, \text{km}^2$

$= 71.1 \, \text{m}^3/\text{s}$

05 유역의 평균강우량 산정방법이 아닌 것은?

① 등우선법
② 기하평균법
③ 산술평균법
④ Thiessen의 가중법

[해설]

평균강우량 산정방법
- 산술평균법
- 등우선법
- Thiessen의 가중법

06 강우강도(I), 지속시간(D), 생기빈도(F) 관계를 표현하는 식 $I = \dfrac{kT^x}{t^n}$ 에 대한 설명으로 틀린 것은?

① k, x, n은 지역에 따라 다른 값을 가지는 상수이다.
② T는 강우의 생기빈도를 나타내는 연수(年數)로서 재현기간(년)을 의미한다.
③ t는 강우의 지속시간(min)으로서, 강우지속시간이 길수록 강우강도(I)는 커진다.
④ I는 단위시간에 내리는 강우량(mm/h)인 강우강도이며, 각종 수문학적 해석 및 설계에 필요하다.

[해설]

강우강도$(I) \propto \dfrac{1}{\text{지속시간}(t)}$

정답 01 ④ 02 ③ 03 ② 04 ② 05 ② 06 ③

07 항력(Drag Force)에 관한 설명으로 틀린 것은?

① 항력 $D = C_D A \dfrac{\rho V^2}{2}$ 으로 표현되며, 항력계수 C_D는 Froude의 함수이다.
② 형상항력은 물체의 형상에 의한 후류(Wake)로 인해 압력이 저하하여 발생하는 압력저항이다.
③ 마찰항력은 유체가 물체표면을 흐를 때 점성과 난류에 의해 물체표면에 발생하는 마찰저항이다.
④ 조파항력은 물체가 수면에 떠 있거나 물체의 일부분이 수면 위에 있을 때에 발생하는 유체저항이다.

해설
$C_D = \dfrac{24}{Re}$ (C_D는 Re의 함수이다.)

08 단위유량도(Unit Hydrograph)를 작성함에 있어서 주요 기본가정(또는 원리)으로만 짝지어진 것은?

① 비례 가정, 중첩 가정, 직접 유출의 가정
② 비례 가정, 중첩 가정, 일정 기저시간의 가정
③ 일정 기저시간의 가정, 직접 유출의 가정, 비례 가정
④ 직접 유출의 가정, 일정 기저시간의 가정, 중첩 가정

해설
단위유량도 작성 시 기본가정
• 비례 가정
• 중첩 가정
• 일정기저시간의 가정

09 레이놀즈(Reynolds)수에 대한 설명으로 옳은 것은?

① 관성력에 대한 중력의 상대적인 크기
② 압력에 대한 탄성력의 상대적인 크기
③ 중력에 대한 점성력의 상대적인 크기
④ 관성력에 대한 점성력의 상대적인 크기

해설
$Re = \dfrac{VD}{\nu}$ $\left(\nu = \dfrac{\mu}{\rho}\right)$

10 지름 $D = 4\text{m}$, 조도계수 $n = 0.01 \text{m}^{-1/3} \cdot \text{s}$인 원형관의 Chezy의 유속계수 C는?

① 10
② 50
③ 100
④ 150

해설
$C = \dfrac{1}{n} R^{\frac{1}{6}} = \dfrac{1}{0.01}\left(\dfrac{0.04}{4}\right)^{\frac{1}{6}} = 100$

11 폭이 1m인 직사각형 수로에서 0.5m³/s의 유량이 80cm의 수심으로 흐르는 경우, 이 흐름을 가장 잘 나타낸 것은?(단, 동점성계수는 0.012cm²/s, 한계수심은 29.5cm이다.)

① 층류이며 상류
② 층류이며 사류
③ 난류이며 상류
④ 난류이며 사류

해설
• $Re = \dfrac{VR}{\nu} = \dfrac{\dfrac{0.5}{(1 \times 0.8)} \times \dfrac{1 \times 0.8}{1 + (2 \times 0.8)}}{0.012\text{cm}^2/\text{s} \times \dfrac{1\text{m}^2}{100^2 \text{cm}^2}} > 500$

∴ 난류

• $h(80\text{cm}) > h_c(29.5\text{cm})$
∴ 상류

12 빙산의 비중이 0.92이고 바닷물의 비중은 1.025일 때 빙산이 바닷물 속에 잠겨 있는 부분의 부피는 수면 위에 나와 있는 부분의 약 몇 배인가?

① 0.8배
② 4.8배
③ 8.8배
④ 10.8배

해설
$\omega_s V_a = \omega_{해} V_{잠}$
$0.92 \cdot V_a = 1.025 \cdot V_{잠}$
$V_{잠} = \dfrac{0.92}{1.025} V_a = 0.89 V_a$
따라서 수면 아래 $V_{잠} = 0.89 V_a$
수면 위에 나와 있는 $V = 0.11 V_a$
∴ $V_{잠} = 8.8_{수면 위}$

13 수온에 따른 지하수의 유속에 대한 설명으로 옳은 것은?

① 4℃에서 가장 크다.
② 수온이 높으면 크다.
③ 수온이 낮으면 크다.
④ 수온에는 관계없이 일정하다.

해설
지하수의 유속은 수온이 높을수록 크다.

14 유체 속에 잠긴 곡면에 작용하는 수평분력은?

① 곡면에 의해 배재된 액체의 무게와 같다.
② 곡면의 중심에서의 압력과 면적의 곱과 같다.
③ 곡면의 연직상방에 실려 있는 액체의 무게와 같다.
④ 곡면을 연직면상에 투영하였을 때 생기는 투영면적에 작용하는 힘과 같다.

해설
- $P_H = \omega h_G A_투$
- $P_V = W$(밑면의 물기둥의 무게) $= \omega V$

15 지하수(地下水)에 대한 설명으로 옳지 않은 것은?

① 자유 지하수를 양수(揚水)하는 우물을 굴착정(Artesian Well)이라 부른다.
② 불투수층(不透水層) 상부에 있는 지하수를 자유 지하수(自由地下水)라 한다.
③ 불투수층과 불투수층 사이에 있는 지하수를 피압 지하수(被壓地下水)라 한다.
④ 흙입자 사이에 충만되어 있으며 중력의 작용으로 운동하는 물을 지하수라 부른다.

해설
자유 지하수를 양수하는 우물을 심정이라 부른다.

16 월류수심 40cm인 전폭 위어의 유량을 Francis 공식에 의해 구한 결과 0.40m³/s였다. 이때 위어 폭의 측정에 2cm의 오차가 발생했다면 유량의 오차는 몇 %인가?

① 1.16% ② 1.50%
③ 2.00% ④ 2.33%

해설
- $Q = 1.84 b h^{\frac{3}{2}}$
  $0.4 = 1.84 \cdot b \cdot 0.4^{\frac{3}{2}}$
  $\therefore b = 0.86m$
- $\dfrac{dQ}{Q} = \dfrac{db}{b} = \dfrac{2cm}{86cm} \times 100 = 2.33\%$

17 폭 9m의 직사각형 수로에 16.2m³/s의 유량이 92cm의 수심으로 흐르고 있다. 장파의 전파속도 C와 비에너지 E는?(단, 에너지 보정계수 $\alpha = 1.0$)

① $C=2.0$m/s, $E=1.015$m
② $C=2.0$m/s, $E=1.115$m
③ $C=3.0$m/s, $E=1.015$m
④ $C=3.0$m/s, $E=1.115$m

해설
- $C = \sqrt{gh} = \sqrt{(9.8 \times 0.92)} = 3$m/s
- $H_e = h + \dfrac{\alpha V^2}{2g} = 0.92 + \dfrac{1 \times \left(\dfrac{16.2}{9 \times 0.92}\right)^2}{2 \times 9.8}$
  $= 1.115$m

18 Chezy의 평균유속 공식에서 평균유속계수 C를 Manning의 평균유속 공식을 이용하여 표현한 것으로 옳은 것은?

① $\dfrac{R^{1/2}}{n}$ ② $\dfrac{R^{1/6}}{n}$
③ $\sqrt{\dfrac{f}{8g}}$ ④ $\sqrt{\dfrac{8g}{f}}$

정답 13 ② 14 ④ 15 ① 16 ④ 17 ④ 18 ②

해설

$$V = C\sqrt{RI} = \frac{1}{n}R^{\frac{2}{3}}I^{\frac{1}{2}}$$

$$\therefore C = \frac{1}{n}R^{\frac{1}{6}}$$

19 비압축성 이상유체에 대한 아래 내용 중 ( ) 안에 들어갈 알맞은 말은?

> 비압축성 이상유체는 압력 및 온도에 따른 ( )의 변화가 미소하여 이를 무시할 수 있다.

① 밀도　　② 비중
③ 속도　　④ 점성

해설

유체

이상유체	비압축성	밀도 일정(체적변화 없음)
(완전유체)	비점성	점성을 고려하지 않음
실제유체	압축성	밀도 변화(체적변화 생김)
(점성유체)	점성	점성 고려, 전단응력 발생

20 수로경사 $I=1/2,500$, 조도계수 $n=0.013$ m$^{-1/3}\cdot$s인 수로에 아래 그림과 같이 물이 흐르고 있다면 평균유속은?(단, Manning의 공식을 사용한다.)

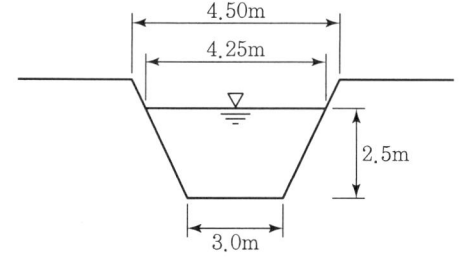

① 1.65m/s　　② 2.16m/s
③ 2.65m/s　　④ 3.16m/s

해설

- $S = 3 + 2\sqrt{2.5^2 + 0.625^2} = 8.15\text{m}$
- $A = \dfrac{3+4.25}{2} \times 2.5 = 9.06\text{m}^2$
- $V = \dfrac{1}{n}R^{\frac{2}{3}}I^{\frac{1}{2}}$

  $= \dfrac{1}{0.013} \times \left(\dfrac{9.06}{8.15}\right)^{\frac{2}{3}} \times \left(\dfrac{1}{2,500}\right)^{\frac{1}{2}} = 1.65\text{m/s}$

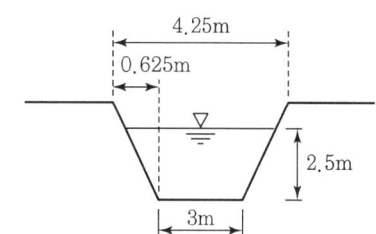

2021년 토목기사 제3회 수리수문학 기출문제

01 가능최대강수량(PMP)에 대한 설명으로 옳은 것은?

① 홍수량 빈도해석에 사용된다.
② 강우량과 장기변동성향을 판단하는 데 사용된다.
③ 최대강우강도와 면적관계를 결정하는 데 사용된다.
④ 대규모 수공구조물의 설계홍수량을 결정하는 데 사용된다.

[해설]
최대가능강수량(PMP : Probable Maximum Precipitation)

정의	어떤 지역에서 생성될 수 있는 최악의 기상조건에서 발생 가능한 호우로 인한 최대강수량(설계기간 내 올 수 있는 가장 큰 강우)
특징	• 대규모 수공구조물을 설계할 때 기준으로 삼는 우량 • PMP로서 수공구조물의 크기(치수)를 결정한다.

02 수로 폭이 3m인 직사각형 수로에 수심이 50cm로 흐를 때 흐름이 상류(Subcritical Flow)가 되는 유량은?

① 2.5m³/sec ② 4.5m³/sec
③ 6.5m³/sec ④ 8.5m³/sec

[해설]
• $F_r < 1$: 상류
• $F_r = \dfrac{V}{\sqrt{gh}} = \dfrac{\frac{Q}{A}}{\sqrt{gh}} = \dfrac{\frac{Q}{(3 \times 0.5)}}{\sqrt{9.8 \times 0.5}} < 1$

∴ $Q < 3.32$

03 폭 35cm인 직사각형 위어(Weir)의 유량을 측정하였더니 0.03m³/s이었다. 월류수심의 측정에 1mm의 오차가 생겼다면, 유량에 발생하는 오차는?(단, 유량계산은 프란시스(Francis) 공식을 사용하고, 월류 시 단면수축은 없는 것으로 가정한다.)

① 1.16% ② 1.50%
③ 1.67% ④ 1.84%

[해설]
• $Q = 1.84bh^{3/2}$, $0.03 = 1.84 \times 0.35 \times h^{3/2}$
∴ $h = 0.13$

• $\dfrac{dQ}{Q} = \dfrac{3}{2} \cdot \dfrac{dh}{h} = \dfrac{3}{2} \cdot \dfrac{0.001}{0.13}$
∴ 1.16%

04 1cm 단위도의 종거가 1, 5, 3, 1이다. 유효 강우량이 10mm, 20mm 내렸을 때 직접 유출 수문곡선의 종거는?(단, 모든 시간 간격은 1시간이다.)

① 1, 5, 3, 1, 1 ② 1, 5, 10, 9, 2
③ 1, 7, 13, 7, 2 ④ 1, 7, 13, 9, 2

[해설]
• 10mm 단위도 종거 :   1 5 3 1
• 20mm 단위도 종거 : + 2 10 6 2
                     ─────────────
                      1 7 13 7 2

05 다음 중 도수(跳水, Hydraulic Jump)가 생기는 경우는?

① 사류(射流)에서 사류(射流)로 변할 때
② 사류(射流)에서 상류(常流)로 변할 때
③ 상류(常流)에서 상류(常流)로 변할 때
④ 상류(常流)에서 사류(射流)로 변할 때

[해설]
도수(Hydraulic Jump)는 사류에서 상류로 변할 때 수면이 불연속적으로 뛰는 현상이므로 수심(물의 깊이)이 증가하며 유속은 느려진다.

06 압력 150kN/m²를 수은기둥으로 계산한 높이는?(단, 수은의 비중은 13.57, 물의 단위중량은 9.81kN/m³이다.)

① 0.905m ② 1.13m
③ 15m ④ 203.5m

정답 01 ④ 02 ① 03 ① 04 ③ 05 ② 06 ②

해설

- 비중 = $\dfrac{w_{수은}}{w_w}$, $13.57 = \dfrac{w_{수은}}{9.81}$

  $\therefore w_{수은} = 133.12 \text{kN/m}^3$

- $\rho = w_{수은} \cdot h$

  $h = \dfrac{\rho}{w_{수은}} = \dfrac{150 \text{kN/m}^2}{133.12 \text{kN/m}^3} = 1.13 \text{m}$

07 1차원 정류흐름에서 단위시간에 대한 운동량 방정식은?(단, F : 힘, m : 질량, V_1 : 초속도, V_2 : 종속도, Δt : 시간의 변화량, S : 변위, W : 물체의 중량)

① $F = W \cdot S$
② $F = m \cdot \Delta t$
③ $F = m\dfrac{V_2 - V_1}{S}$
④ $F = m(V_2 - V_1)$

해설

$F = ma = m\dfrac{v_2 - v_1}{\Delta t}$ 에서 $\therefore F \cdot \Delta t = m(v_2 - v_1)$

08 지름 4cm, 길이 30cm인 시험원통에 대수층의 표본을 채웠다. 시험원통의 출구에서 압력수두를 15cm로 일정하게 유지할 때 2분 동안 12cm³의 유출량이 발생하였다면 이 대수층 표본의 투수계수는?

① 0.008cm/s
② 0.016cm/s
③ 0.032cm/s
④ 0.048cm/s

해설

$K = \dfrac{QL}{hA} = \dfrac{0.1 \times 30}{15 \times \left(\dfrac{\pi \times 4^2}{4}\right)} = 0.016 \text{cm/s}$

($Q = \dfrac{12 \text{cm}^3}{2 \text{min}} \times \dfrac{1 \text{min}}{60 \text{sec}} = 0.1 \text{cm}^3/\text{s}$)

09 다음 중 부정류 흐름의 지하수를 해석하는 방법은?

① Theis 방법
② Dupuit 방법
③ Thiem 방법
④ Laplace 방법

해설

피압대수층 내 지하수 해석법
- Theis법
- Jacob법
- Chow법

10 안지름 20cm인 관로에서 관의 마찰에 의한 손실수두가 속도수두와 같게 되었다면, 이때 관로의 길이는?(단, 마찰저항 계수 $f = 0.04$이다.)

① 3m
② 4m
③ 5m
④ 6m

해설

- $h_L = f \cdot \dfrac{l}{D} \cdot \dfrac{V^2}{2g} = \dfrac{V^2}{2g}$
- $f \cdot \dfrac{l}{D} = 1$, $l = \dfrac{D}{f} = \dfrac{0.2}{0.04} = 5\text{m}$

11 관수로에서 관의 마찰손실계수가 0.02, 관의 지름이 40cm일 때, 관 내 물의 흐름이 100m를 흐르는 동안 2m의 마찰손실수두가 발생하였다면 관 내의 유속은?

① 0.3m/s
② 1.3m/s
③ 2.8m/s
④ 3.8m/s

해설

- $h_L = f \cdot \dfrac{l}{D} \cdot \dfrac{V^2}{2g}$
- $2 = 0.02 \times \dfrac{100}{0.4} \times \dfrac{V^2}{2 \times 9.8}$
- $\therefore V = 2.8 \text{m/s}$

정답 07 ④ 08 ② 09 ① 10 ③ 11 ③

12 물이 유량 $Q = 0.06\text{m}^3/\text{s}$로 60°의 경사평면에 충돌할 때 충돌 후의 유량 Q_1, Q_2는?(단, 에너지 손실과 평면의 마찰은 없다고 가정하고 기타 조건은 일정하다.)

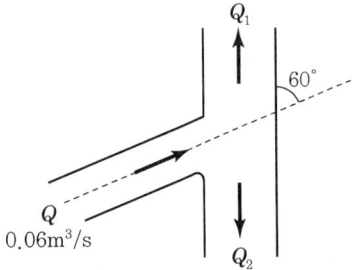

① $Q_1 : 0.03\text{m}^3/\text{s}$, $Q_2 : 0.03\text{m}^3/\text{s}$
② $Q_1 : 0.035\text{m}^3/\text{s}$, $Q_2 : 0.025\text{m}^3/\text{s}$
③ $Q_1 : 0.040\text{m}^3/\text{s}$, $Q_2 : 0.020\text{m}^3/\text{s}$
④ $Q_1 : 0.045\text{m}^3/\text{s}$, $Q_2 : 0.015\text{m}^3/\text{s}$

〔해설〕

- $Q = Q_1 + Q_2$
- $Q_1 = \dfrac{Q}{2} + \dfrac{Q}{2}\cos 60 = \dfrac{0.06}{2} + \dfrac{0.06}{2}\cos 60$
  $= 0.045\text{m}^3/\text{s}$
- $Q_2 = \dfrac{Q}{2} - \dfrac{Q}{2}\cos 60 = \dfrac{0.06}{2} - \dfrac{0.06}{2}\cos 60$
  $= 0.015\text{m}^3/\text{s}$

13 자연하천의 특성을 표현할 때 이용되는 하상계수에 대한 설명으로 옳은 것은?

① 최심하상고와 평형하상고의 비이다.
② 최대유량과 최소유량의 비로 나타낸다.
③ 개수 전과 개수 후의 수심 변화량의 비를 말한다.
④ 홍수 전과 홍수 후의 하상 변화량의 비를 말한다.

〔해설〕

하상계수

- 하상계수 = $\dfrac{\text{최대유량}}{\text{최소유량}}$
- 하상계수가 크면(300 이상) 물관리가 곤란하다.

14 탱크 속에 깊이 2m의 물과 그 위에 비중 0.85의 기름이 4m 들어 있다. 탱크 바닥에서 받는 압력을 구한 값은?(단, 물의 단위중량은 $9.81\text{kN}/\text{m}^3$이다.)

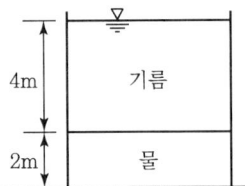

① $52.974\text{kN}/\text{m}^2$ ② $53.974\text{kN}/\text{m}^2$
③ $54.974\text{kN}/\text{m}^2$ ④ $55.974\text{kN}/\text{m}^2$

〔해설〕

- ρ_1 (기름) $= w_1 h_1 = 8.339 \times 4 = 33.356\text{kN}/\text{m}^2$
  (비중 $= \dfrac{w_1}{w_w}$, $w_1 = 0.85 \times 9.81 = 8.339\text{kN}/\text{m}^3$)
- ρ_2 (물) $= w_2 h_1 = 9.81 \times 2 = 19.62\text{kN}/\text{m}^2$
- $\rho = \rho_1 + \rho_2 = 33.356 + 19.62 = 52.974\text{kN}/\text{m}^2$

15 폭이 무한히 넓은 개수로의 동수반경(Hydraulic Radius, 경심)은?

① 계산할 수 없다.
② 개수로의 폭과 같다.
③ 개수로의 면적과 같다.
④ 개수로의 수심과 같다.

〔해설〕

각 상황에 따른 경심(R)

- (관수로) $R = \dfrac{D}{4}$
- (개수로) $R = \dfrac{bh}{b + 2h}$
- (광폭수로) $R = h$
- (수리상 유리한 단면) $R = \dfrac{h}{2}$

16 원형 관내 층류영역에서 사용 가능한 마찰손실계수 식은?(단, Re : Reynolds수)

① $\dfrac{1}{Re}$
② $\dfrac{4}{Re}$
③ $\dfrac{24}{Re}$
④ $\dfrac{64}{Re}$

해설

마찰손실계수(f)

$$f = \frac{64}{Re} = \frac{8g}{C^2} = \frac{124.5n^2}{D^{1/3}}$$

17 저수지에 설치된 나팔형 위어의 유량 Q와 월류수심 h와의 관계에서 완전 월류상태는 $Q \propto h^{3/2}$이다. 불완전월류(수중위어) 상태에서의 관계는?

① $Q \propto h^{-1}$
② $Q \propto h^{1/2}$
③ $Q \propto h^{3/2}$
④ $Q \propto h^{-1/2}$

해설

나팔형 위어

입구부가 잠수되지 않은 상태 (완전월류)	입구부가 완전히 잠수된 상태 (불완전월류, 수중위어)
$Q = C_1 2\pi r h^{\frac{2}{3}}$	$Q = C_1 a h_2^{\frac{1}{2}} = C_2 a (h+h_1)^{\frac{1}{2}}$

18 다음 중 토양의 침투능(Infiltration Capacity) 결정방법에 해당되지 않는 것은?

① Philip 공식
② 침투계에 의한 실측법
③ 침투지수에 의한 방법
④ 물수지 원리에 의한 산정법

해설

④는 증발량 산정방법으로서 증발접시에 의한 방법, 물수지 방정식에 의한 방법, 에너지 수지법(Penman 이론), 경험공식(Dalton의 법칙) 등이 있다.

19 동점성계수와 비중이 각각 $0.0019\text{m}^2/\text{s}$와 1.2인 액체의 점성계수 μ는?(단, 물의 밀도는 $1,000\text{kg/m}^3$)

① $1.9\text{kg}_f \cdot \text{s/m}^2$
② $0.19\text{kg}_f \cdot \text{s/m}^2$
③ $0.23\text{kg}_f \cdot \text{s/m}^2$
④ $2.3\text{kg}_f \cdot \text{s/m}^2$

해설

$$\nu = \frac{\mu}{\rho}$$

$\mu = \nu \cdot \rho = 0.0019 \times 122.449 = 0.23\text{kg}_f \cdot \text{s/m}^2$

- 비중 $= \dfrac{w_s}{w_w}$, $w_s = 1.2 \times 1,000 = 1,200\text{kg/m}^3$
- $\rho = \dfrac{w}{g} = \dfrac{1,200}{9.8} = 122.449$

20 개수로의 흐름에 대한 설명으로 옳지 않은 것은?

① 사류(Supercritical Flow)에서는 수면변동이 일어날 때 상류(上流)로 전파될 수 없다.
② 상류(Subcritical Flow)일 때는 Froude 수가 1보다 크다.
③ 수로경사가 한계경사보다 클 때 사류(Supercritical Flow)가 된다.
④ Reynolds수가 500보다 커지면 난류(Turbulent Flow)가 된다.

해설

상류
$F_r < 1$, $h_c < h$, $V_c > V$, $I_c > I$

정답 16 ④ 17 ② 18 ④ 19 ③ 20 ②

2022년 토목기사 제1회 수리수문학 기출문제

01 하폭이 넓은 완경사 개수로 흐름에서 물의 단위중량 $W=\rho g$, 수심 h, 하상경사 S일 때 바닥 전단응력 τ_0는?(단, ρ : 물의 밀도, g : 중력가속도)

① ρhS ② ghS
③ $\sqrt{\dfrac{hS}{\rho}}$ ④ WhS

[해설]
$\tau = wRI = whs$
(하천이 넓은 완경사=광폭개수로)

02 베르누이(Bernoulli)의 정리에 관한 설명으로 틀린 것은?

① 회전류의 경우는 모든 영역에서 성립한다.
② Euler의 운동방정식으로부터 적분하여 유도할 수 있다.
③ 베르누이의 정리를 이용하여 Torricelli의 정리를 유도할 수 있다.
④ 이상유체 흐름에 대하여 기계적 에너지를 포함한 방정식과 같다.

[해설]
회전류의 경우는 동일한 유선상에서 성립하고, 비회전류의 경우는 모든 영역에서 성립한다.

03 삼각 위어(weir)에 월류 수심을 측정할 때 2%의 오차가 있었다면 유량 산정 시 발생하는 오차는?

① 2%   ② 3%
③ 4%   ④ 5%

[해설]
$\dfrac{dQ}{Q} = \dfrac{5}{2} \cdot \dfrac{dh}{h} = \dfrac{5}{2} \times 0.02 = 0.05 = 5\%$

04 다음 사다리꼴 수로의 윤변은?

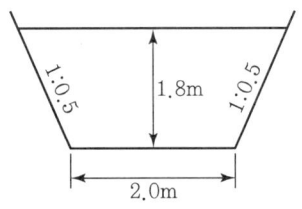

① 8.02m   ② 7.02m
③ 6.02m   ④ 9.02m

[해설]

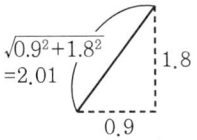

윤변(P) = (2.01×2)+2 = 6.02m

05 흐르는 유체 속의 한 점 (x, y, z)의 각 측방향의 속도성분을 (u, v, w)라 하고 밀도를 ρ, 시간을 t로 표시할 때 가장 일반적인 경우의 연속방정식은?

① $\dfrac{\partial u}{\partial t} + \dfrac{\partial v}{\partial t} + \dfrac{\partial w}{\partial t} = 0$
② $\dfrac{\partial \rho u}{\partial x} + \dfrac{\partial \rho v}{\partial y} + \dfrac{\partial \rho w}{\partial z} = 0$
③ $\dfrac{\partial \rho}{\partial t} + \dfrac{\partial u}{\partial x} + \dfrac{\partial v}{\partial y} + \dfrac{\partial w}{\partial z} = 0$
④ $\dfrac{\partial \rho}{\partial t} + \dfrac{\partial \rho u}{\partial x} + \dfrac{\partial \rho v}{\partial y} + \dfrac{\partial \rho w}{\partial z} = 0$

[해설]
압축성 유체는 밀도가 0이 아니고 시간의 항을 고려해야 하므로 연속방정식
$\dfrac{\partial \rho}{\partial t} + \dfrac{\partial \rho u}{\partial x} + \dfrac{\partial \rho v}{\partial y} + \dfrac{\partial \rho u}{\partial x} = 0$이다.

06 그림과 같이 수조 A의 물을 펌프에 의해 수조 B로 양수한다. 연결관의 단면적 200cm², 유량 0.196m³/s, 총손실수두는 속도수두의 3.0배에 해당할 때 펌프의 필요한 동력(HP)은?(단, 펌프의 효율은 98%이며, 물의 단위중량은 9.81kN/m³, 1HP는 735.75N·m/s, 중력가속도는 9.8m/s²)

정답 01 ④ 02 ① 03 ④ 04 ③ 05 ④ 06 ①

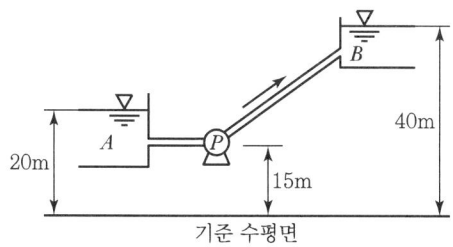

① 92.5HP ② 101.6HP
③ 105.9HP ④ 115.2HP

해설

- $V = \dfrac{Q}{A} = \dfrac{0.196}{200\text{cm}^2 \times 10^{-4}\text{m}^2} = 9.8\text{m/s}$
- $h_L = \dfrac{V^2}{2g} \times 3 = \dfrac{9.8^2}{2g} \times 3 = 14.7\text{m}$
- $H_P = WQ(h+h_L)/\eta = \dfrac{1,000}{75} \times 0.196 \times (20+14.7)/\eta$
  $= 92.5\text{HP}$

07 수리학적으로 유리한 단면에 관한 설명으로 옳지 않은 것은?

① 주어진 단면에서 윤변이 최소가 되는 단면이다.
② 직사각형 단면일 경우 수심이 폭의 1/2인 단면이다.
③ 최대유량의 소통을 가능하게 하는 가장 경제적인 단면이다.
④ 사다리꼴 단면일 경우 수심을 반지름으로 하는 반원을 외접원으로 하는 사다리꼴 단면이다.

해설

사다리꼴 단면일 경우 수심을 반지름으로 하는 반원을 내접원으로 하는 사다리꼴 단면이다.

08 여과량이 2m³/s, 동수경사가 0.2, 투수계수가 1cm/s일 때 필요한 여과지 면적은?

① 1,000m² ② 1,500m²
③ 2,000m² ④ 2,500m²

해설

$Q = A \cdot V$
$A = \dfrac{Q}{V} = \dfrac{2}{K \cdot i} = \dfrac{2}{(1 \times 10^{-2}) \times 0.2} = 1,000\text{m}^2$

09 비중이 0.9인 목재가 물에 떠 있다. 수면 위에 노출된 체적이 1.0m³라면 목재 전체의 체적은?(단, 물의 비중은 1.0이다.)

① 1.9m³ ② 2.0m³
③ 9.0m³ ④ 10.0m³

해설

$W = B$
$W_s V_a = W_해 V_잠$
$0.9 \times V_a = 1 \times (V_a - 1)$
$\therefore V_a = 10.0\text{m}^3$

10 두께가 10m인 피압대수층에서 우물을 통해 양수한 결과, 50m 및 100m 떨어진 두 지점에서 수면강하가 각각 20m 및 10m로 관측되었다. 정상상태를 가정할 때 우물의 양수량은?(단, 투수계수는 0.3m/h)

① 7.6×10^{-2}m³/s ② 6.0×10^{-3}m³/s
③ 9.4m³/s ④ 21.6m³/s

해설

$Q = \dfrac{2C\pi k(H-h)}{\ln\left(\dfrac{R}{\gamma_0}\right)}$
$= \dfrac{2 \times 10 \times \pi \times (0.3 \div 3,600) \times (20-10)}{\ln\left(\dfrac{100}{50}\right)}$
$= 7.6 \times 10^{-2}\text{m}^3/\text{s}$

11 첨두홍수량 계산에 있어서 합리식의 적용에 관한 설명으로 옳지 않은 것은?

① 하수도 설계 등 소유역에만 적용될 수 있다.
② 우수 도달시간은 강우 지속시간보다 길어야 한다.
③ 강우강도는 균일하고 전 유역에 고르게 분포되어야 한다.
④ 유량이 점차 증가되어 평형상태일 때의 첨두유출량을 나타낸다.

정답 07 ④ 08 ① 09 ④ 10 ① 11 ②

해설
강우 지속시간=(우수) 도달시간

12 그림과 같은 모양의 분수(噴水)를 만들었을 때 분수의 높이(H_V)는?(단, 유속계수 C_V : 0.96, 중력가속도 g : 9.8m/s², 다른 손실은 무시한다.)

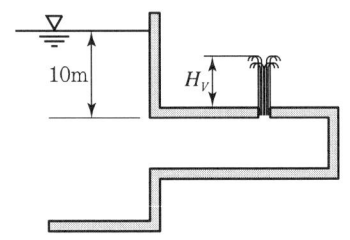

① 9.00m ② 9.22m
③ 9.62m ④ 10.00m

해설
$H_V = H \times C_V^2 = 10 \times 0.96^2 = 9.22\text{m}$

13 동수반경에 대한 설명으로 옳지 않은 것은?

① 원형관의 경우, 지름의 1/4이다.
② 유수단면적을 윤변으로 나눈 값이다.
③ 폭이 넓은 직사각형 수로의 동수반경은 그 수로의 수심과 거의 같다.
④ 동수반경이 큰 수로는 동수반경이 작은 수로보다 마찰에 의한 수두손실이 크다.

해설
경심↑ - 윤변(P)↓ - 저항↓ - 수두손실↓

14 댐의 상류부에서 발생되는 수면곡선으로, 흐름방향으로 수심이 증가함을 뜻하는 곡선은?

① 배수곡선 ② 저하곡선
③ 유사량곡선 ④ 수리특성곡선

해설
배수곡선
• 흐름방향으로 수심이 점차적으로 커진다.
• 한계류 또는 등류수심보다 큰 영역이다.
• 수심이 상류로 갈수록 등류수심에 접근한다.

15 일반적인 물의 성질로 틀린 것은?

① 물의 비중은 기름의 비중보다 크다.
② 물은 일반적으로 완전유체로 취급한다.
③ 해수(海水)도 담수(淡水)와 같은 단위중량으로 취급한다.
④ 물의 밀도는 보통 1g/cc=1,000kg/m³=1t/m³를 쓴다.

해설
• 해수의 단위 중량 : 1.025t/m³
• 담수의 단위 중량 : 1.0t/m³

16 강우 자료의 일관성을 분석하기 위해 사용하는 방법은?

① 합리식
② DAD 해석법
③ 누가우량곡선법
④ SCS(Soil Conservation Service) 방법

해설
2중 누가우량곡선의 특징
• 장기간에 걸친 강수량 자료의 일관성을 검사 또는 교정하는 방법이다.
• 2중 누가우량곡선이 직선으로 표시되면 자료의 일관성이 있다고 판단된다.

17 수문자료 해석에 사용되는 확률분포형의 매개변수를 추정하는 방법이 아닌 것은?

① 모멘트법(Method of Moments)
② 회선적분법(Convolution Intergral Method)
③ 최우도법(Method of Maximum Likelihood)
④ 확률가중도모멘트법(Method of Probability Weighted Moments)

정답 12 ② 13 ④ 14 ① 15 ③ 16 ③ 17 ②

18 정수역학에 관한 설명으로 틀린 것은?

① 정수 중에는 전단응력이 발생된다.
② 정수 중에는 인장응력이 발생되지 않는다.
③ 정수압은 항상 벽면에 직각방향으로 작용한다.
④ 정수 중의 한 점에 작용하는 정수압은 모든 방향에서 균일하게 작용한다.

해설
정수 중에는 전단응력이 발생되지 않으며 마찰과 점성도 발생되지 않는다.

19 수심이 1.2m인 수조의 밑바닥에 길이 4.5m, 지름 2cm인 원형관이 연직으로 설치되어 있다. 최초에 물이 배수되기 시작할 때 수조의 밑바닥에서 0.5m 떨어진 연직관 내의 수압은?(단, 물의 단위중량은 9.81kN/m³이며, 손실은 무시한다.)

① 49.05kN/m²
② −49.05kN/m²
③ 39.24kN/m²
④ −39.24kN/m²

해설

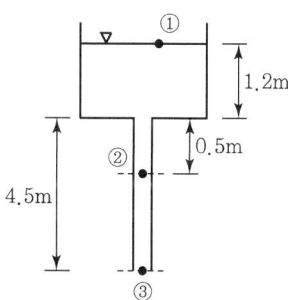

- ① = ③

$$(1.2+4.5)+0+0 = 0+0+\frac{V_3^2}{2g}$$

$$\therefore V_3 = 10.575\text{m/s} = V_2$$

- ① = ②

$$(1.2+0.5)+0+0 = 0+\frac{P_2}{w}+\frac{V_2^2}{2g}$$

$$1.7 = \frac{P_2}{1\text{t/m}^3 \times 9.81\text{kN}} + \frac{10.575^2}{2 \times 9.8}$$

∴ ②지점의 수압 P_2는 -39.24kN/m^2

20 어느 유역에 1시간 동안 계속되는 강우기록이 아래 표와 같을 때 10분 지속 최대강우강도는?

시간(분)	0	0~10	10~20	20~30
우량(mm)	0	3.0	4.5	7.0

시간(분)	30~40	40~50	50~60
우량(mm)	6.0	4.5	6.0

① 5.1mm/h
② 7.0mm/h
③ 30.6mm/h
④ 42.0mm/h

해설
10min : 7mm = 60min : x
$x = 42.00\text{mm/h}$

정답 18 ① 19 ④ 20 ④

2022년 토목기사 제2회 수리수문학 기출문제

01 2개의 불투수층 사이에 있는 대수층 두께 a, 투수계수 k인 곳에 반지름 r_0인 굴착정(Artesian Well)을 설치하고 일정 양수량 Q를 양수하였더니, 양수 전 굴착정 내의 수위 H가 h_0로 강하하여 정상 흐름이 되었다. 굴착정의 영향원 반지름을 R이라 할 때 $(H-h_0)$의 값은?

① $\dfrac{2Q}{\pi ak}\ln(\dfrac{R}{r_0})$ ② $\dfrac{Q}{2\pi ak}\ln(\dfrac{R}{r_0})$

③ $\dfrac{2Q}{\pi ak}\ln(\dfrac{r_0}{R})$ ④ $\dfrac{Q}{2\pi ak}\ln(\dfrac{r_0}{R})$

해설
굴착정
$Q = \dfrac{2C\pi k(H-h)}{\ln(\dfrac{R}{r})}$

$\therefore H-h = \dfrac{Q\ln(\dfrac{R}{r})}{2C\pi k}$

02 침투능(Infiltration Capacity)에 관한 설명으로 틀린 것은?

① 침투능은 토양조건과는 무관하다
② 침투능은 강우강도에 따라 변화한다.
③ 일반적으로 단위는 mm/h 또는 in/h로 표시된다.
④ 어떤 토양면을 통해 물이 침투할 수 있는 최대율을 말한다.

해설
침투능은 토양의 종류에 따라 모래 > 점토이다.

03 3차원 흐름의 연속방정식을 아래와 같은 형태로 나타낼 때 이에 알맞은 흐름의 상태는?

$$\dfrac{\partial u}{\partial x} + \dfrac{\partial v}{\partial y} + \dfrac{\partial w}{\partial z} = 0$$

① 압축성 부정류 ② 압축성 정상류
③ 비압축성 부정류 ④ 비압축성 정상류

해설
비압축성 : $\rho = 0$, 정상류 : $t = 0$

04 지름 20cm의 원형단면 관수로에 물이 가득 차서 흐를 때의 동수반경은?

① 5cm ② 10cm
③ 15cm ④ 20cm

해설
관수로 동수반경
$R = \dfrac{D}{4} = \dfrac{20}{4} = 5\text{cm}$

05 대수층의 두께 2.3m, 폭 1.0m일 때 지하수 유량은?(단, 지하수류의 상·하류 두 지점 사이의 수두차 1.6m, 두 지점 사이의 평균거리 360m, 투수계수 $k = 192\text{m/day}$)

① $1.53\text{m}^3/\text{day}$ ② $1.80\text{m}^3/\text{day}$
③ $1.96\text{m}^3/\text{day}$ ④ $2.21\text{m}^3/\text{day}$

해설
$Q = A \cdot V = A \cdot K \cdot I = A \cdot K \cdot \dfrac{\Delta h}{L}$
$= (2.3 \times 1.0) \times 192\text{m/day} \times \dfrac{1.6}{360}$
$= 1.96\text{m}^3/\text{day}$

06 그림과 같은 수조 벽면에 작은 구멍을 뚫고 구멍의 중심에서 수면까지 높이가 h일 때, 유출속도 V는?(단, 에너지 손실은 무시한다.)

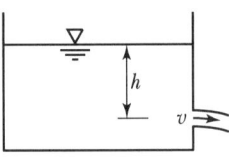

① $\sqrt{2gh}$ ② $\sqrt{gh}$
③ $2gh$ ④ gh

해설

Torricelli 정리

내용	식	모식도
정수두에서 작은 오리피스를 통한 평균유속 V는 정수두 h의 제곱근에 비례	$V=\sqrt{2gH}$	

① $\dfrac{V_1^2}{2g}+\dfrac{p_1}{w}+z_1=\dfrac{V_2^2}{2g}+\dfrac{p_2}{w}+z_2$

② $0+0+H=\dfrac{V_2^2}{2g}+0+0$ (2점의 압력수두는 0, 대기압 무시)

∴ $V=\sqrt{2gH}$

07 그림과 같이 원형관 중심에서 V의 유속으로 물이 흐르는 경우에 대한 설명으로 틀린 것은?(단, 흐름은 층류로 가정한다.)

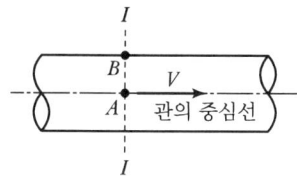

① 지점 A에서의 마찰력은 V^2에 비례한다.
② 지점 A에서의 유속은 단면 평균유속의 2배이다.
③ 지점 A에서 지점 B로 갈수록 마찰력은 커진다.
④ 유속은 지점 A에서 최대인 포물선 분포를 한다.

해설

A지점에서 마찰력은 0이다.

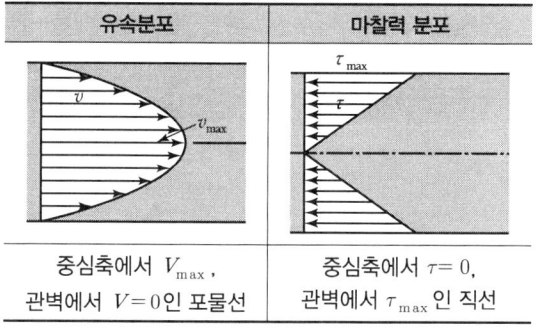

유속분포	마찰력 분포
중심축에서 V_{max}, 관벽에서 $V=0$인 포물선	중심축에서 $\tau=0$, 관벽에서 τ_{max}인 직선

08 어떤 유역에 다음 표와 같이 30분간 집중호우가 계속되었을 때, 지속기간 15분인 최대강우강도는?

시간(분)	우량(mm)
0~5	2
5~10	4
10~15	6
15~20	4
20~25	8
25~30	6

① 64mm/h
② 48mm/h
③ 72mm/h
④ 80mm/h

해설

15min : 18mm = 60min : x
$x=72$mm/h
※ 18mm=6+4+8(최대)

09 정지하고 있는 수중에 작용하는 정수압의 성질로 옳지 않은 것은?

① 정수압의 크기는 깊이에 비례한다.
② 정수압은 물체의 면에 수직으로 작용한다.
③ 정수압은 단위면적에 작용하는 힘의 크기로 나타낸다.
④ 한 점에 작용하는 정수압은 방향에 따라 크기가 다르다.

해설

정수 중 한 점에 작용하는 정수압은 모든 방향에 대해 동일한 크기를 갖는다.

10 단위유량도에 대한 설명으로 틀린 것은?

① 단위유량도의 정의에서 특정 단위시간은 1시간을 의미한다.
② 일정기저시간가정, 비례가정, 중첩가정은 단위유량도의 3대 기본가정이다.
③ 단위유량도의 정의에서 단위유효우량은 유역 전 면

적상의 등가우량 깊이로 측정되는 특정량의 우량을 의미한다.
④ 단위유효우량은 유출량의 형태로 단위유량도상에 표시되며, 단위유량도 아래의 면적은 부피의 차원을 가진다.

해설
단위도의 특정 단위시간은 강우지속시간을 의미한다.

11 한계수심에 대한 설명으로 옳지 않은 것은?

① 유량이 일정할 때 한계수심에서 비에너지가 최소가 된다.
② 직사각형 단면 수로의 한계수심은 최소 비에너지의 2/3이다.
③ 비에너지가 일정하면 한계수심으로 흐를 때 유량이 최대가 된다.
④ 한계수심보다 수심이 작은 흐름이 상류(常流)이고, 큰 흐름이 사류(射流)이다.

해설
상류 h(수심) $> h_c$(한계수심)

12 개수로 흐름의 도수현상에 대한 설명으로 틀린 것은?

① 비력과 비에너지가 최소인 수심은 근사적으로 같다.
② 도수 전·후의 수심관계는 베르누이 정리로부터 구할 수 있다.
③ 도수는 흐름이 사류에서 상류로 바뀔 경우에만 발생된다.
④ 도수 전·후의 에너지 손실은 주로 불연속 수면 발생 때문이다.

해설
도수 전·후의 수심관계는 운동량 방정식 정리로부터 구할 수 있다.

13 단면 2m×2m, 높이 6m인 수조에 물이 가득 차 있을 때 이 수조의 바닥에 설치한 지름이 20cm인 오리피스로 배수시키고자 한다. 수심이 2m가 될 때까지 배수하는 데 필요한 시간은?(단, 오리피스 유량계수 $C=0.6$, 중력가속도 $g=9.8$m/s²)

① 1분 39초
② 2분 36초
③ 2분 55초
④ 3분 45초

해설
$$t = \frac{2 \cdot A}{C \cdot a} \cdot \frac{\sqrt{H_1} - \sqrt{H_2}}{\sqrt{2g}}$$
$$= \frac{2 \times (2 \times 2)}{0.6 \times (\frac{\pi \times 0.2^2}{4})} \times \frac{\sqrt{6} - \sqrt{2}}{\sqrt{2 \times 9.8}} = 99.2\text{sec} = 1분 39초$$

14 정상류에 관한 설명으로 옳지 않은 것은?

① 유선과 유적선이 일치한다.
② 흐름의 상태가 시간에 따라 변하지 않고 일정하다.
③ 실제 개수로 내 흐름의 상태는 정상류가 대부분이다.
④ 정상류 흐름의 연속방정식은 질량보존의 법칙으로 설명된다.

해설
실제 개수로의 흐름은 층류, 난류, 상류, 사류가 결합된 형태이다.

15 수로의 단위폭에 대한 운동량 방정식은? (단, 수로의 경사는 완만하며, 바닥 마찰저항은 무시한다.)

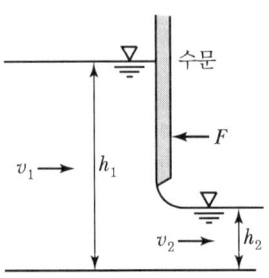

① $\dfrac{\gamma {h_1}^2}{2} - \dfrac{\gamma {h_2}^2}{2} - F = \rho Q(V_1 - V_2)$

② $\dfrac{\gamma {h_1}^2}{2} - \dfrac{\gamma {h_2}^2}{2} - F = \rho Q(V_2 - V_1)$

③ $\dfrac{\gamma {h_1}^2}{2} + \dfrac{\gamma {h_2}^2}{2} - F = \rho Q(V_2 - V_1)$

④ $\dfrac{\gamma {h_1}^2}{2} + \rho Q V_1 + F = \dfrac{\gamma {h_2}^2}{2} + \rho Q V_2$

[해설]

$F = \dfrac{w}{g} A(V_2 - V_1)$
$F + P_1 - P_2 = \rho Q(V_2 - V_1)$
$F + (w h_G A) - (w h_G A) = \rho Q(V_2 - V_1)$
$F + \left[\gamma \cdot \dfrac{h_1}{2} \cdot (h_1 \times 1)\right] - \left[\gamma \cdot \dfrac{h_2}{2} \cdot h_2\right] = \rho Q(V_2 - V_1)$

16 완경사 수로에서 배수곡선(Backwater Curve)에 해당하는 수면곡선은?

① 홍수 시 하천의 수면곡선
② 댐을 월류할 때의 수면곡선
③ 하천 단락부(段落部) 상류의 수면곡선
④ 상류 상태로 흐르는 하천에 댐을 구축했을 때 저수지 상류의 수면곡선

[해설]
배수곡선
• 흐름 방향으로 수심이 점차적으로 커진다.
• 상류에 댐을 만들 때 생긴다(배수효과).
• 한계류 또는 등류수심보다 큰 영역이다.
• 수심(h)이 상류로 갈수록 등류수심(h_0)에 접근한다.

17 지하수의 연직분포를 크게 통기대와 포화대로 나눌 때, 통기대에 속하지 않는 것은?

① 모관수대
② 중간수대
③ 지하수대
④ 토양수대

[해설]
통기대

내용	구분
공기와 물로 차 있는 부분	① 토양수대 : 지표에서 식물뿌리가 박혀 있는 면까지를 말하며 이때 존재하는 물은 토양수이다.
	② 중간수대 : 토양수대 하단에서 모관수대 상단까지를 말하며 피막수와 중력수가 존재한다.
	③ 모관수대 : 지하수가 모세관현상으로 올라가는 지하수면부터 상승점까지를 말하며, 이때 존재하는 물은 모관수이다.

18 하천의 수리모형실험에 주로 사용되는 상사법칙은?

① Weber의 상사법칙
② Cauchy의 상사법칙
③ Froude의 상사법칙
④ Reynolds의 상사법칙

[해설]
특별상사의 법칙

구분	흐름	흐름 지배
Reynolds 상사법칙	관수로 흐름에 해당	점성력 마찰력
Froude 상사법칙	• 개수로 내 흐름(하천) • 댐의 여수토의 흐름, 파동	관성력 중력
Weber 상사법칙	• 위어의 월류 수심이 작을 때 • 파고가 작은 파동	표면장력
Cauchy 상사법칙	수격작용에 해당	탄성력

19 속도분포를 $V = 4y^{\frac{2}{3}}$으로 나타낼 수 있을 때 바닥면에서 0.5m 떨어진 높이에서의 속도경사(Velocity Gradient)는?(단, v : m/sec, y : m)

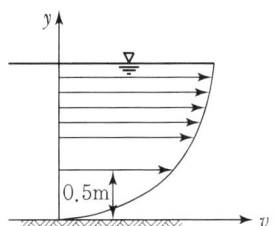

① 2.67sec^{-1} ② 3.36sec^{-1}
③ 2.67sec^{-2} ④ 3.36sec^{-2}

해설

$V = 4y^{\frac{2}{3}}$

$\dfrac{dv}{dy} = (4 \times \dfrac{2}{3})y^{\frac{1}{3}}$

$= (4 \times \dfrac{2}{3}) \times 0.5^{\frac{1}{3}} = 3.36\text{sec}^{-1}$

※ $\dfrac{\text{m/s}}{\text{m}} = \dfrac{1}{\text{s}}(\text{s}^{-1})$

20 수중에 잠겨 있는 곡면에 작용하는 연직분력은?

① 곡면에 의해 배제된 물의 무게와 같다.
② 곡면중심의 압력에 물의 무게를 더한 값이다.
③ 곡면을 밑면으로 하는 물기둥의 무게와 같다.
④ 곡면을 연직면상에 투영했을 때 그 투영면이 작용하는 정수압과 같다.

해설

수중의 곡면에 작용하는 전수압

구분	모식도	식
수평수압 (P_H)		P_H는 FE의 연직투영면에 작용하는 수압 (작용점은 연직면에 작용하는 힘의 작용점과 동일) $P_H = wh_G A$
연직수압 (P_V)		P_V는 곡면(AB)이 밑면이 되는 물기둥의 무게 (작용점은 수주의 중심을 통과) $P_V = w \cdot V$

정답 20 ③

2022년 토목기사 제3회 수리수문학 CBT 복원문제

01 자연하천에서 수위-유량 관계곡선이 Loop 형을 이루게 되는 이유가 아닌 것은?

① 배수 및 저수효과 ② 하도의 인공적 변화
③ 홍수 시 수위의 급변화 ④ 조류 발생

[해설]
자연하천에서 수위-유량 관계곡선(Rating-Curve)은 준설, 세굴, 퇴적 등에 의한 하도의 인공적 변화, 배수 및 저하효과, 홍수 시 수위의 급상승 및 강하로 인하여 Loop형을 이루고 있다.

02 비중이 0.9인 목재가 물에 떠 있다. 수면 위에 노출된 체적이 1.0m^3라면 목재 전체의 체적은? (단, 물의 비중은 1.0이다.)

① 1.9m^3 ② 2.0m^3
③ 9.0m^3 ④ 10.0m^3

[해설]
$W = B$에서 $\omega_s V = \omega \overline{V}$ 이므로 $0.9V = 1(V-1)$
∴ $V = 10\text{m}^3$

03 이중누가해석(Double Mass Analysis)에 관한 설명으로 옳은 것은?

① 유역의 평균강우량 결정에 사용된다.
② 자료의 일관성을 조사하는 데 사용된다.
③ 구역별 적합한 강우강도식의 산정에 사용된다.
④ 일부 결측된 강우기록을 보충하기 위하여 사용된다.

[해설]
2중 누가우량곡선(Double Mass Analysis)은 장기간에 걸친 강수량 자료의 일관성을 검증 또는 교정하기 위해 쓰는 방법이다.

04 그림과 같이 일정한 수위가 유지되는 충분히 넓은 두 수조의 수중 오리피스에서 오리피스의 직경 $d = 20\text{cm}$일 때, 유출량 Q는?(단, 유량계수 $C = 1$이다.)

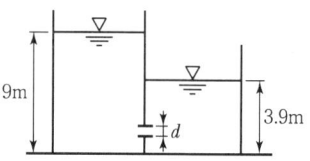

① $0.314\text{m}^3/\text{s}$ ② $0.628\text{m}^3/\text{s}$
③ $3.14\text{m}^3/\text{s}$ ④ $6.28\text{m}^3/\text{s}$

[해설]
$$Q = CA\sqrt{2g(H_1 - H_2)}$$
$$= 1 \times \frac{\pi \times 0.2^2}{4} \times \sqrt{19.6 \times (9 - 3.9)}$$
$$= 0.314\text{m}^3/\text{sec}$$

05 직사각형 단면 개수로에서 수심이 1m, 평균 유속이 4.5m/s, 에너지보정계수 $\alpha = 1.0$일 때 비에너지(H_e)는?

① 1.03m ② 2.03m
③ 3.03m ④ 4.03m

[해설]
비에너지 $H_e = h + \frac{\alpha V^2}{2g} = 1 + \frac{1 \times 4.5^2}{2 \times 9.8} = 2.03\text{m}$

06 어떤 유역에 70mm의 강우량이 그림과 같은 분포로 내렸을 때 유역의 직접유출량이 30mm이었다면 이때의 $\phi - \text{index}$는?

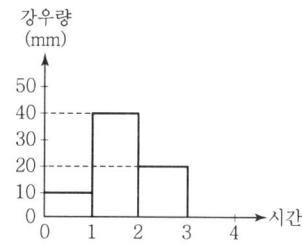

① 10mm/h
② 12.5mm/h
③ 15mm/h
④ 20mm/h

정답 01 ④ 02 ④ 03 ② 04 ① 05 ② 06 ③

2022년 토목기사 제3회 수리수문학 CBT 복원문제

해설
우량주상도의 위에서부터 수평선을 그어 내려온다. 유출량이 30mm가 되도록 하기 위해서 종좌표의 15mm에서 계산하면 침투량=총강우량−유출량에 의하여 $(40-25)+(20-5)=30$ mm 가 되므로 ∴ $\phi-\text{index}=15$mm/hr 이다.

07 한 유선상에서의 속도수두를 $\dfrac{V^2}{2g}$, 압력수두를 $\dfrac{P}{w}$, 위치수두를 Z라 할 때 동수경사선(E)을 표시하는 식은?(단, V는 유속, P는 압력, w는 단위중량, g는 중력가속도, Z는 기준면으로부터의 높이이다.)

① $\dfrac{V^2}{2g}+\dfrac{P}{w}+Z=E$ ② $\dfrac{V^2}{2g}+\dfrac{P}{w}=E$

③ $\dfrac{V^2}{2g}+Z=E$ ④ $\dfrac{P}{w}+Z=E$

해설
동수경사선은 위치수두(z)와 압력수두($\dfrac{p}{w}$)의 합을 연결한 선으로, 에너지선에서 속도수두($\dfrac{V^2}{2g}$)만큼 아래에 위치하며, 개수로일 때의 동수경사선은 수면과 일치한다.

08 두께 20.0m의 피압대수층에서 0.1m^3/s로 양수했을 때 평형상태에 도달하였다. 이 양수정에서 각각 50.0m, 200.0m 떨어진 관측점에서 수위가 39.20m, 40.66m이었다면 이 대수층의 투수계수(k)는?

① 0.2m/day ② 6.5m/day
③ 20.7m/day ④ 65.3m/day

해설
양수량 $Q=\dfrac{2\pi c K(H-h_o)}{\ln(R/r_o)}$ 에서

$K=\dfrac{0.1/\dfrac{1}{86,400}\times\ln(200/50)}{2\pi\times20\times(40.66-39.20)}=65.3$m/sec

09 부등류에 대한 표현으로 가장 적합한 것은? (단, t: 시간, l: 거리, v: 유속)

① $\dfrac{dv}{dl}=0$ ② $\dfrac{dv}{dl}\neq 0$

③ $\dfrac{dv}{dt}=0$ ④ $\dfrac{dv}{dt}\neq 0$

해설
흐름의 분류
- 정류: $\dfrac{\partial V}{\partial t}=0$, $\dfrac{\partial Q}{\partial t}=0$
- 등류: $\dfrac{\partial V}{\partial t}=0$, $\dfrac{\partial V}{\partial l}=0$
- 부등류: $\dfrac{\partial V}{\partial t}=0$, $\dfrac{\partial V}{\partial l}\neq 0$
- 부정류: $\dfrac{\partial V}{\partial t}\neq 0$, $\dfrac{\partial Q}{\partial t}\neq 0$

10 수위차가 3m인 2개의 저수지를 지름 50cm, 길이 80m의 직선관으로 연결하였을 때 유량은?(단, 입구손실계수=0.5, 관의 마찰손실계수=0.0265, 출구손실계수=1.0, 이 외의 손실은 없다고 한다.)

① 0.124m^3/s ② 0.314m^3/s
③ 0.628m^3/s ④ 1.280m^3/s

해설
유량 $Q=\dfrac{\pi\times D^2}{4}\times\sqrt{\dfrac{2gH}{\sum f_x+f\dfrac{l}{D}}}$

$=\dfrac{\pi\times 0.5^2}{4}\times\sqrt{\dfrac{19.6\times 3}{1.5+0.0265\times\dfrac{80}{0.5}}}=0.628\text{m}^3$/sec

11 직각삼각형 위어에 있어서 월류수심이 0.25m일 때 일반식에 의한 유량은?(단, 유량계수 C는 0.6이고, 접근속도는 무시한다.)

① 0.0143m^3/s ② 0.0243m^3/s
③ 0.0343m^3/s ④ 0.0443m^3/s

정답 07 ④ 08 ④ 09 ② 10 ③ 11 ④

[해설]

유량 $Q = \dfrac{8}{15} C \tan \dfrac{\theta}{2} \sqrt{2g}\, h^{\frac{5}{2}}$

$= \dfrac{8}{15} \times 0.6 \times \tan \dfrac{90°}{2} \times \sqrt{19.6} \times 0.25^{\frac{5}{2}}$

$= 0.0443 \text{m}^3/\text{sec}$

12 다음 중 유역의 면적 평균 강우량 산정법이 아닌 것은?

① 산술평균법(Arithmetic Mean Method)
② Thiessen 방법(Thiessen Method)
③ 등우선법(Isohyetal Method)
④ 매닝 공법(Manning Method)

[해설]
유역의 평균강우량 산정방법
산술평균법, Thiessen의 가중법, 등우선법

13 댐 여수로 내 물받이(Apron)에서 시점수위가 3.0m이고, 폭이 50m, 방류량이 2,000m³/s인 경우, 하류 수심은?

① 2.5m ② 8.0m
③ 9.0m ④ 13.3m

[해설]

$Fr_1 = \dfrac{V_1}{\sqrt{gh_1}} = \dfrac{\frac{2,000}{50 \times 3}}{\sqrt{9.8 \times 3}} = 2.46$

$\therefore h_2 = \dfrac{h_1}{2}\left(-1 + \sqrt{1 + 8Fr_1^2}\right) = \dfrac{3}{2}\left(-1 + \sqrt{1 + 8 \times 2.46^2}\right)$

$= 9.04 \text{m}$

14 $n = 0.013$인 지름 600mm의 원형 주철관의 동수경사가 1/180일 때 유량은?(단, Manning 공식을 사용할 것)

① 1.62m³/s ② 0.148m³/s
③ 0.458m³/s ④ 4.122m³/s

[해설]

유량 $Q = AV = A\dfrac{1}{n} R^{\frac{2}{3}} I^{\frac{1}{2}}$

$= \dfrac{\pi \times 0.6^2}{4} \times \dfrac{1}{0.013} \times \left(\dfrac{0.6}{4}\right)^{\frac{2}{3}} \times \sqrt{1/180}$

$= 0.458 \text{m}^3/\text{sec}$

15 수위-유량 관계곡선의 연장방법이 아닌 것은?

① 전대수지법
② Stevens 방법
③ Manning 공식에 의한 방법
④ 유량 빈도 곡선법

[해설]
수위-유량 관계곡선(Rating Curve)
관측점이 위치한 하천에서 수위와 유량과의 관계곡선이며, 연장방법으로는 전대수지법, Stevens법, Manning 공식에 의한 방법 등이 있다.

16 단위중량 w 또는 밀도 ρ인 유체가 유속 V로서 수평방향으로 흐르고 있다. 직경 d, 길이 l인 원주가 유체의 흐름방향에 직각으로 중심축을 가지고 놓였을 때 원주에 작용하는 항력(D)은?(단, C : 항력계수, g : 중력가속도)

① $D = C \cdot \dfrac{\pi d^2}{4} \cdot \dfrac{wV^2}{2}$

② $D = C \cdot d \cdot l \cdot \dfrac{\rho V^2}{2}$

③ $D = C \cdot \dfrac{\pi d^2}{4} \cdot \dfrac{\rho V^2}{2}$

④ $D = C \cdot d \cdot l \cdot \dfrac{wV^2}{2}$

[해설]

항력 $D = C_D A \dfrac{\rho V_o^2}{2}$에서 A는 흐름방향의 투영면적이므로 원주의 투영면적 $A = dl$이다.

$\therefore D = C_D\, dl\, \dfrac{\rho V_o^2}{2}$

정답 12 ④ 13 ③ 14 ③ 15 ④ 16 ②

17 사각형 단면의 광정 위어에서 월류수심 $h=1m$, 수로 폭 $b=2m$, 접근유속 $V_a=2m/s$일 때 위어의 월류량은?(단, 유량계수 $C=0.65$이고, 에너지 보정계수$=1.0$이다.)

① $1.76m^3/s$ ② $2.21m^3/s$
③ $2.66m^3/s$ ④ $2.92m^3/s$

해설
광정 위어의 유량공식
$$Q=1.7\,Cb(h+h_a)^{\frac{3}{2}}$$
$$=1.7\times0.65\times2\times\left(1+\frac{2^2}{19.6}\right)^{\frac{3}{2}}$$
$$=2.92\,m^3/s$$

18 동점성계수의 차원으로 옳은 것은?

① $[FL^{-2}T]$ ② $[L^2T^{-1}]$
③ $[FL^{-4}T^{-2}]$ ④ $[FL^2]$

해설
동점성 계수의 단위는 cm^2/sec이므로 차원은 $[L^2T^{-1}]$이다.

19 물속에 존재하는 임의의 면에 작용하는 정수압의 작용방향에 대한 설명으로 옳은 것은?

① 정수압은 수면에 대하여 수평방향으로 작용한다.
② 정수압은 수면에 대하여 수직방향으로 작용한다.
③ 정수압은 임의의 면에 직각으로 작용한다.
④ 정수압의 수직압은 존재하지 않는다.

해설
정수 중에 임의의 면에 작용하는 정수압은 항상 면에 직각(수직)으로 작용한다.

20 Darcy의 법칙($v=k\cdot l$)에 관한 설명으로 틀린 것은?(단, k : 투수계수, l : 동수경사)

① Darcy의 법칙은 물의 흐름이 층류일 경우에만 적용 가능하고, 흐름방향과는 무관하다.
② 대수층의 유속은 동수경사에 비례한다.
③ 유속 v는 입자 사이를 흐르는 실제유속을 의미한다.
④ 투수계수 k는 흙입자 크기, 공극률, 물의 점성계수 등에 관계된다.

해설
Darcy의 법칙에서 이론유속 $V=n\,V_s$(실제유속)이므로 유속 V는 입자 사이를 흐르는 이론유속을 의미한다.

정답 17 ④ 18 ② 19 ③ 20 ③

2023년 토목기사 제1회 수리수문학 CBT 복원문제

01 반지름 1.5m의 강관에 압력수두 100m의 물이 흐른다. 강재의 허용응력이 147MPa인 강관의 최소두께는 얼마인가?

① 1.0cm   ② 0.5cm
③ 0.98cm   ④ 10cm

해설

$$t = \frac{pD}{2\sigma} = \frac{whD}{2\sigma} = \frac{1 \times 100 \times 3}{2 \times 14,700}$$
$$= 0.01 \text{ m} = 1\text{cm}$$

$(147\text{MPa} = 1,470\text{kg/cm}^2 = 14,700\text{t/m}^2)$

02 개수로 내의 흐름에 가장 많이 적용되는 수류 상사법칙은?

① Reynolds의 상사법칙   ② Froude의 상사법칙
③ Mach의 상사법칙   ④ Weber의 상사법칙

해설

Froude 상사법칙
하천모형 실험, 댐의 여수토, 수공 구조물의 설계 등 개수로와 같이 중력이 흐름을 지배하는 경우의 상사법칙이다.

03 Bernoulli 정리가 성립하기 위한 조건으로 틀린 것은?

① 완전유체의 하나의 유선에 대하여 성립한다.
② 흐름은 정류이다.
③ 압축성 유체에 성립한다.
④ 외력은 중력만 작용한다.

해설

베르누이 정리의 기본조건 및 가정사항
- 완전유체의 하나의 유선에 대하여 성립한다.
- 하나의 유선에 대해 총에너지가 일정하다.
- 정(상)류의 가정하에 얻은 결과이다.
- 에너지 불변의 법칙을 나타낸다.
- 유체는 비압축성 유체이다.
- 흐름은 비회전류이다.
- 외력은 중력만 작용한다.

04 다음 중 유역의 평균강우량 산정방법이 아닌 것은?

① 산술평균법
② 등우선법
③ Thiessen의 가중법
④ 기하평균법

해설

유역의 평균강우량 산정방법
산술평균법, Thiessen의 가중법, 등우선법

05 거리가 50m일 때 손실수두가 1m인 직사각형 개수로의 유량을 Manning의 평균유속공식을 사용하여 구한 값은?(단, 수로폭=10m, 수심=2m, 수로의 조도계수=0.03)

① 120m³/sec   ② 100m³/sec
③ 80m³/sec   ④ 60m³/sec

해설

$$Q = AV = A\frac{1}{n}R^{2/3}I^{1/2}$$
$$= (10 \times 2) \times \frac{1}{0.03} \times \left(\frac{10 \times 2}{10 + 2 \times 2}\right)^{2/3} \times \left(\frac{1}{50}\right)^{1/2}$$
$$= 119.6 \text{m}^3/\text{sec}$$

06 다음의 유량 중 수로폭이 3m인 직사각형 수로에 수심이 50cm로 흐를 때 흐름이 상류가 되는 것은?

① 2.5m³/sec
② 4.5m³/sec
③ 6.5m³/sec
④ 8.5m³/sec

해설

$$Fr = \frac{V}{\sqrt{gh}} = \frac{\frac{Q}{3 \times 0.5}}{\sqrt{9.8 \times 0.5}} < 1 \text{에서 } Q < 3.32$$

$\therefore Q = 2.5 \text{m}^3/\text{sec}$

정답 01 ① 02 ② 03 ③ 04 ④ 05 ① 06 ①

07 Hardy-Cross의 관망 계산 시 가정조건에 대한 설명으로 옳은 것은?

① 합류점에 유입하는 유량은 그 점에서 1/2만 유출된다.
② Hardy-Cross 방법은 관경에 관계없이 관수로의 분할개수에 의해 유량 분배를 하면 된다.
③ 각 분기점에 유입하는 유량은 그 점에서 정지하지 않고 전부 유출한다.
④ 폐합관에서 시계방향 또는 반시계 방향으로 흐르는 관로의 손실수두의 합은 0이 될 수 없다.

[해설]
Hardy-Cross 관망 계산 시 가정조건
- 각 분기점 또는 합류점에 유입하는 수량은 그 점에서 정지하지 않고 전부 유출한다.($\Sigma Q=0$)
- 각 폐합관에서 시계방향 또는 반시계방향으로 흐르는 관로의 손실수두의 합은 0이다.($\Sigma h_L=0$)
- 유량은 초기 유량을 가정하며 손실은 마찰손실만을 고려한다.
- 보정량(ΔQ)은 +, - 값 모두를 갖는다.

08 다음의 강우강도에 대한 설명 중 틀린 것은?

① 강우깊이(mm)가 일정할 때 강우지속시간이 길면 강우강도는 커진다.
② 강우강도와 지속시간의 관계는 Talbot, Sherman, Japanese형 등의 경험공식에 의해 표현된다.
③ 강우강도식은 지역에 따라 다르며, 자기우량계의 우량자료로부터 그 지역의 특성 상수를 결정한다.
④ 강우강도식은 댐, 우수관거 등의 수공구조물의 중요도에 따라 그 설계 재현기간이 다르다.

[해설]
강우강도는 시간당의 강우량이므로 강우깊이가 일정할 때 강우지속시간이 길면 강우강도는 작아진다.

09 그림과 같이 원형관을 통하여 정상 상태로 흐를 때 관의 축소부로 인한 수두손실은?(단, $V_1=0.5\text{m/s}$, $D_1=0.2\text{m}$, $D_2=0.1\text{m}$, $f_c=0.36$)

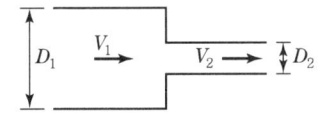

① 0.46cm
② 0.92cm
③ 3.65cm
④ 7.30cm

[해설]
$0.2^2 \times 0.5 = 0.1^2 \times V_2$에서 ∴ $V_2=2\text{m/sec}$
관의 급축소로 인한 수두손실
$$h_{sc} = f_{sc}\frac{V^2}{2g}$$
$$= 0.36 \times \frac{2^2}{19.6} = 0.073\text{m} = 7.3\text{cm}$$

10 다음 중 심정호(深井戸)를 옳게 설명한 것은?

① 깊이가 지하 100m 이상일 때
② 정호 바닥이 불투수층에 도달하였을 때
③ 정호 바닥이 불투수층을 지나서 새로운 대수층에 달하였을 때
④ 깊이가 불투수층에서 100m 이상일 때

[해설]
심정호(深井戸)
집수정(또는 우물)의 바닥이 불투수층에 도달한 경우를 말한다.

11 개수로의 흐름에 가장 지배적인 영향을 미치는 것은?

① 유체의 밀도
② 관성력
③ 중력
④ 점성력

[해설]
개수로는 자유수면을 갖는 흐름으로 중력과 관성력에 의해서 흐름이 지배되며 특히 중력에 가장 큰 지배를 받는다.

12 저수지에서 홍수량을 방류하기 위한 직사각형의 여수로 단면(Spillway)을 결정하고자 한다. 계획 홍수량이 100m³/sec이고 월류 수심을 1m로 제한하였을 때 적당한 여수로의 월류 폭은?

① 100m   ② 55m
③ 10m   ④ 5m

> **해설**
>
> Francis 공식을 이용한다.
> $Q = 1.84\, b_o\, h^{3/2}$ 에서
> $100 = 1.84 \times b_o \times 1^{3/2}$
> $\therefore b_o = 54.35\text{m}$

13 오리피스(Orifice)에서의 유량 Q를 계산할 때 수두 H의 측정에 1%의 오차가 있으면 유량계산의 결과에는 얼마의 오차가 생기는가?

① 0.1%   ② 0.5%
③ 1%   ④ 2%

> **해설**
>
> 유량오차
> $\dfrac{dQ}{Q} = \dfrac{1}{2}\dfrac{dH}{H} = \dfrac{1}{2} \times 1 = 0.5\%$

14 저수조 측벽의 정사각형의 오리피스에서 0.08m³/s의 유량을 얻자면 적당한 정사각형 한 변의 길이는?(단, 유량계수는 0.61이고 수면과 정사각형 오리피스 중심까지의 고저차는 1.8m이다.)

① 9cm   ② 11cm
③ 13cm   ④ 15cm

> **해설**
>
> $H > 5d$이므로 작은 오리피스이다.
> $Q = CA\sqrt{2gH}$ 에서
> $0.08 = 0.61 \times d^2 \times \sqrt{19.6 \times 1.8}$
> $\therefore d = 0.148\text{m} = 14.8\text{cm}$

15 폭이 b인 직사각형 위어에서 양단수축이 생길 경우 폭 b_o는 얼마인가?(단, Francis 공식을 적용한다.)

① $b_o = b - \dfrac{h}{5}$ ② $b_o = 2b - \dfrac{h}{5}$
③ $b_o = b - \dfrac{h}{10}$ ④ $b_o = 2b - \dfrac{h}{10}$

> **해설**
>
> $b_o = b - \dfrac{nh}{10}$에서 양단 수축일 경우
> $n = 2$이므로
> $\therefore b_o = b - \dfrac{h}{5}$

16 다음 중 수위 – 유량 관계곡선의 연장방법이 아닌 것은?

① 전 대수지법
② Stevens 방법
③ Manning 공식에 의한 방법
④ 유량 빈도 곡선법

> **해설**
>
> 수위 – 유량 관계곡선(Rating Curve)
> 관측점이 위치한 하천에서 수위와 유량과의 관계곡선이며, 연장방법으로는 전 대수지법, Stevens 방법, Manning 공식에 의한 방법 등이 있다.

17 도수 전후의 수심이 각각 2m, 4m이다. 도수로 인한 에너지 손실(수두)은 얼마인가?

① 0.1m   ② 0.2m
③ 0.25m   ④ 0.5m

> **해설**
>
> 도수에 의한 에너지 손실량
> $\Delta H_e = \dfrac{(h_2 - h_1)^3}{4\, h_1 h_2} = \dfrac{(4-2)^3}{4 \times 2 \times 4} = 0.25\text{m}$

18 관의 단면적이 4m²인 관수로에서 물이 정지하고 있을 때 압력을 측정하니 500kPa이었고 물을 흐르게 했을 때 압력을 측정하니 420kPa이었다면, 이때 유속(V)은?(단, 물의 단위중량은 9.81kN/m³ 이다.)

정답   13 ②   14 ④   15 ①   16 ④   17 ③   18 ③

① 10.05m/s ② 11.16m/s
③ 12.65m/s ④ 15.22m/s

해설

$$h = \frac{p}{w} = \frac{(500-420) \cdot \frac{kN}{m^2}}{9.81 kN/m^3} = 8.16m$$

$$\therefore v = \sqrt{2gh} = \sqrt{2 \times 9.8 \times 8.16} = 12.65 m/s$$

19 직사각형 단면 개수로의 단위폭당 유량이 $3m^3/s$, 수심이 2m이면 프루드(Froude) 수 및 흐름의 종류는?

① 0.34, 사류 ② 1.25, 사류
③ 0.34, 상류 ④ 1.25, 상류

해설

$$V = \frac{Q}{A} = \frac{3}{1 \times 2} = 1.5 m/sec$$

$$Fr = \frac{V}{\sqrt{gh}} = \frac{1.5}{\sqrt{9.8 \times 2}} = 0.34 < 1 \text{이므로 상류이다.}$$

20 폭이 2m, 높이가 9.8m인 평판이 정지수중에서 5m/sec의 속도로 움직일 때 항력계수가 $C_D = 0.2$라면 평판에 작용하는 항력(抗力)은?(단, 무게 1kg=10N)

① 10kN ② 25kN
③ 30kN ④ 50kN

해설

$$D = C_D A \frac{\rho V^2}{2}$$

$$= 0.2 \times (2 \times 9.8) \times \frac{\frac{1}{9.8} \times 5^2}{2} = 5t(=50kN)$$

2023년 토목기사 제2회 수리수문학 CBT 복원문제

01 반지름 1.5m의 강관에 삼각위어(Weir)로 월류 수심을 측정할 때 2%의 오차가 있었다면 유량 산정 시 발생하는 오차는?

① 2% ② 3%
③ 4% ④ 5%

[해설]
삼각위어의 유량오차와 수두오차의 관계
$$\frac{dQ}{Q} = \frac{5}{2}\frac{dH}{H}$$
$$= \frac{5}{2} \times 2\% = 5\%$$

02 지하수의 투수계수와 관계가 없는 것은?

① 토사의 형상
② 토사의 입도
③ 물의 단위중량
④ 토사의 단위중량

[해설]
투수계수(K)의 영향인자
토사의 형상 및 크기, 토사의 공극률, 포화도, 토사의 구조, 유체의 점성, 유체의 단위중량, 지하수의 온도 등이 있으며 토사의 단위중량과는 관계가 없다.

03 직사각형 단면의 수로에서 단위폭당 유량이 0.4m³/s/m이고 수심이 0.8m일 때 비에너지는? (단, 에너지 보정계수는 1.0으로 함)

① 0.801m
② 0.813m
③ 0.825m
④ 0.837m

[해설]
비에너지
$$H_e = h + \alpha \frac{V^2}{2g}$$
$$= 0.8 + \frac{1}{19.6}\left(\frac{0.4}{1 \times 0.8}\right)^2 = 0.813\text{m}$$

04 누가우량곡선(Rainfall Mass Curve)의 특성으로 옳은 것은?

① 누가우량곡선은 자기우량기록에 의하여 작성하는 것보다 보통우량계의 기록에 의하여 작성하는 것이 더 정확하다.
② 누가우량곡선으로부터 일정기간 내의 강우량을 산출하는 것은 불가능하다.
③ 누가우량곡선의 경사는 지역에 관계없이 일정하다.
④ 누가우량곡선의 경사가 클수록 강우강도가 크다.

[해설]
누가우량곡선은 자기우량계에 의해 관측점별로 누가우량의 시간적 변화를 기록한 것으로, 누가우량곡선의 경사가 클수록 강우강도가 커진다.

05 그림과 같이 $d_1 = 1$m인 원통형 수조의 측벽에 내경 $d_2 = 10$cm의 관으로 송수할 때의 평균유속(V_2)이 2m/s이었다면 이때의 유량 Q와 수조의 수면이 강하하는 유속 V_1은?

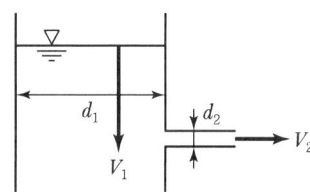

① $Q = 1.57$L/s, $V_1 = 2$cm/s
② $Q = 1.57$L/s, $V_1 = 3$cm/s
③ $Q = 15.7$L/s, $V_1 = 2$cm/s
④ $Q = 15.7$L/s, $V_1 = 3$cm/s

[해설]
2지점에서의 유량
$$Q = AV_2 = \frac{\pi \times 0.1^2}{4} \times 2 \times 10^3 = 15.7\text{L/sec}$$이므로
수면이 강하하는 유속 V_1은 $Q = AV_1$에서
$$15.7 \times 10^3 = \frac{\pi \times 100^2}{4} \times V_1$$
$$\therefore V_1 = 2\text{cm/sec}$$

정답 01 ④ 02 ④ 03 ② 04 ④ 05 ③

2023년 토목기사 제2회 수리수문학 CBT 복원문제

06 경심이 8m, 동수경사가 1/100, 마찰손실계수 $f=0.03$일 때 Chezy의 유속계수 C를 구한 값은?

① $51.1 \mathrm{m}^{\frac{1}{2}}/\mathrm{s}$ ② $25.6 \mathrm{m}^{\frac{1}{2}}/\mathrm{s}$
③ $36.1 \mathrm{m}^{\frac{1}{2}}/\mathrm{s}$ ④ $44.3 \mathrm{m}^{\frac{1}{2}}/\mathrm{s}$

해설
Chezy 유속계수
$$C = \sqrt{\frac{8g}{f}} = \sqrt{\frac{8 \times 9.8}{0.03}} = 51.12 \mathrm{m}^{\frac{1}{2}}/\mathrm{sec}$$

07 수위-유량 관계곡선의 연장방법이 아닌 것은?

① 전 대수지법
② Stevens 방법
③ Manning 공식에 의한 방법
④ 유량 빈도 곡선법

해설
수위-유량 관계곡선(Rating Curve)
관측점이 위치한 하천에서 수위와 유량과의 관계곡선이며, 연장 방법으로는 전대수지법, Stevens 방법, Manning 공식에 의한 방법 등이 있다.

08 폭 3.5m, 수심 0.4m인 사각형 수로의 유량은 Francis 공식에 의하면 얼마인가?(단, 접근유속은 무시하며, 양단 수축이다.)

① $1.59 \mathrm{m}^3/\mathrm{sec}$ ② $3.42 \mathrm{m}^3/\mathrm{sec}$
③ $4.66 \mathrm{m}^3/\mathrm{sec}$ ④ $5.43 \mathrm{m}^3/\mathrm{sec}$

해설
Francis 공식을 이용하면
$$Q = 1.84(b-0.1nh)h^{\frac{3}{2}} = 1.87(3.5-0.1 \times 2 \times 0.4)0.4^{\frac{3}{2}}$$
$$= 1.59 \mathrm{m}^3/\mathrm{s} \text{(양단 수축이므로 } n=2 \text{이다.)}$$

09 $n=0.013$인 지름 600mm의 원형 주철관의 동수경사가 1/180일 때 유량은?(단, Manning 공식을 사용할 것)

① $1.62 \mathrm{m}^3/\mathrm{s}$ ② $0.148 \mathrm{m}^3/\mathrm{s}$
③ $0.458 \mathrm{m}^3/\mathrm{s}$ ④ $4.122 \mathrm{m}^3/\mathrm{s}$

해설
유량 $Q = AV = A\dfrac{1}{n}R^{2/3}I^{1/2}$
$$= \frac{\pi \times 0.6^2}{4} \times \frac{1}{0.013} \times \left(\frac{0.6}{4}\right)^{2/3} \times \sqrt{1/180}$$
$$= 0.458 \mathrm{m}^3/\mathrm{sec}$$

10 폭이 20m인 직사각형 단면수로에 30.6m³/sec의 유량이 0.8m의 수심으로 흐를 때 Froude 수와 흐름은?

① 0.683, 상류
② 0.683, 사류
③ 1.464, 상류
④ 1.464, 사류

해설
$$V = \frac{Q}{A} = \frac{30.6}{20 \times 0.8} = 1.913 \mathrm{m/sec}$$
$$Fr = \frac{V}{\sqrt{gh}} = \frac{1.913}{\sqrt{9.8 \times 0.8}} = 0.683 < 1 \text{이므로 상류이다.}$$

11 그림과 같이 우물로부터 일정한 양수율로 양수를 하여 우물 속의 수위가 일정하게 유지되고 있다. 대수층은 균질하며 지하수의 흐름은 우물을 향한 방사상 정상류라 할 때 양수율(Q)을 구하는 식은?(단, k는 투수계수임)

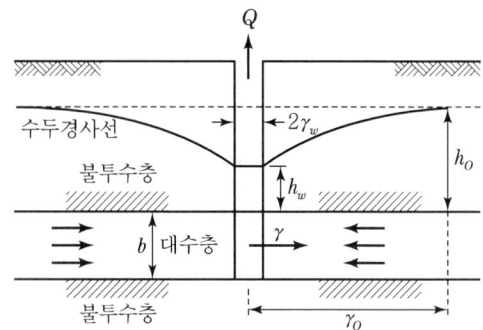

정답 06 ① 07 ④ 08 ① 09 ③ 10 ① 11 ①

① $Q = 2\pi bk \dfrac{h_o - h_w}{\ln(\gamma_o/\gamma_w)}$

② $Q = 2\pi bk \dfrac{\ln(\gamma_o/\gamma_w)}{h_o - h_w}$

③ $Q = 2\pi bk \dfrac{h_o^2 - h_w^2}{\ln(\gamma_o/\gamma_w)}$

④ $Q = 2\pi bk \dfrac{\ln(\gamma_o/\gamma_w)}{h_o^2 - h_w^2}$

해설
굴착정(掘鑿井)에서의 유량
$Q = \dfrac{2\pi bk(h_o - h_w)}{\ln(\gamma_o/\gamma_w)} = \dfrac{2\pi bk(h_o - h_w)}{2.3\log_{10}(\gamma_o/\gamma_w)}$

12 다음 중 유역의 면적 평균강우량 산정법이 아닌 것은?

① 산술평균법(Arithmetic Mean Method)
② Thiessen 방법(Thiessen Method)
③ 등우선법(Isohyetal Method)
④ 매닝 공법(Manning Method)

해설
유역의 평균강우량 산정방법
산술평균법, Thiessen의 가중법, 등우선법

13 안지름 1cm인 관로에 물이 충만되어 흐를 때 다음 중 층류 흐름이 유지되는 최대유속은?(단, 동점성계수 $v = 0.01\,\text{cm}^2/\text{s}$)

① 5cm/s
② 10cm/s
③ 20cm/s
④ 40cm/s

해설
$Re = \dfrac{VD}{\nu} = \dfrac{V_{\max} \times 1}{0.01} = 2{,}000$ 에서
$V_{\max} = 20\text{cm/sec}$

14 직각삼각형 위어에 있어서 월류수심이 0.25m일 때 일반식에 의한 유량은?[단, 유량계수(C)는 0.6이고, 접근속도는 무시한다.]

① 0.0143m³/s
② 0.0243m³/s
③ 0.0343m³/s
④ 0.0443m³/s

해설
유량 $Q = \dfrac{8}{15} C \tan\dfrac{\theta}{2} \sqrt{2g}\, h^{5/2}$
$= \dfrac{8}{15} \times 0.6 \times \tan\dfrac{90°}{2} \times \sqrt{19.6} \times 0.25^{5/2}$
$= 0.0443\text{m}^3/\text{sec}$

15 수위차가 3m인 2개의 저수지를 지름 50cm, 길이 80m의 직선관으로 연결하였을 때 유량은? (단, 입구손실계수=0.5, 관의 마찰손실계수=0.0265, 출구손실계수=1.0, 이 외의 손실은 없다고 한다.)

① 0.124m³/s
② 0.314m³/s
③ 0.628m³/s
④ 1.280m³/s

해설
유량 $Q = \dfrac{\pi \times D^2}{4} \times \sqrt{\dfrac{2gH}{\sum f_x + f\dfrac{l}{D}}}$
$= \dfrac{\pi \times 0.5^2}{4} \times \sqrt{\dfrac{19.6 \times 3}{1.5 + 0.0265 \times \dfrac{80}{0.5}}} = 0.628\text{m}^3/\text{sec}$

16 부등류에 대한 표현으로 가장 적합한 것은? (단, t: 시간, l: 거리, v: 유속)

① $\dfrac{dv}{dl} = 0$
② $\dfrac{dv}{dl} \neq 0$
③ $\dfrac{dv}{dt} = 0$
④ $\dfrac{dv}{dt} \neq 0$

정답 12 ④ 13 ③ 14 ④ 15 ③ 16 ②

[해설]
- 정류 : $\frac{\partial V}{\partial t}=0,\ \frac{\partial Q}{\partial t}=0$
- 등류 : $\frac{\partial V}{\partial t}=0,\ \frac{\partial V}{\partial l}=0$
- 부등류 : $\frac{\partial V}{\partial t}=0,\ \frac{\partial V}{\partial l}\neq 0$
- 부정류 : $\frac{\partial V}{\partial t}\neq 0,\ \frac{\partial Q}{\partial t}\neq 0$

17 베르누이 정리가 성립하기 위한 조건으로 틀린 것은?

① 압축성 유체에 성립한다.
② 유체의 흐름은 정상류이다.
③ 개수로 및 관수로 모두에 적용된다.
④ 하나의 유선에 대하여 성립한다.

[해설]
베르누이 정리가 성립하기 위한 가정조건
비회전류, 이상유체(비압축성, 비점성), 정상류

18 한 유선상에서의 속도수두를 $\frac{V^2}{2g}$, 압력수두를 $\frac{P}{w}$, 위치수두를 Z라 할 때 동수경사선(E)을 표시하는 식은?(단, V는 유속, P는 압력, w는 단위중량, g는 중력가속도, Z는 기준면으로부터의 높이이다.)

① $\frac{V^2}{2g}+\frac{P}{w}+Z=E$ ② $\frac{V^2}{2g}+\frac{P}{w}=E$

③ $\frac{V^2}{2g}+Z=E$ ④ $\frac{P}{w}+Z=E$

[해설]
동수경사선은 위치수두(z)와 압력수두($\frac{p}{w}$)의 합을 연결한 선으로, 에너지선에서 속도수두($\frac{V^2}{2g}$)만큼 아래에 위치하며, 개수로일 때의 동수경사선은 수면과 일치한다.

19 그림과 같이 일정한 수위가 유지되는 충분히 넓은 두 수조의 수중 오리피스에서 오리피스의 직경 $d=20$cm일 때, 유출량 Q는?(단, 유량계수 $C=1$이다.)

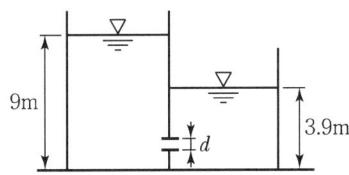

① $0.314\text{m}^3/\text{s}$ ② $0.628\text{m}^3/\text{s}$
③ $3.14\text{m}^3/\text{s}$ ④ $6.28\text{m}^3/\text{s}$

[해설]
$Q = CA\sqrt{2g(H_1-H_2)}$
$= 1\times\frac{\pi\times 0.2^2}{4}\times\sqrt{19.6\times(9-3.9)}$
$= 0.314\text{m}^3/\text{sec}$

20 이중누가해석(Double Mass Analysis)에 관한 설명으로 옳은 것은?

① 유역의 평균강우량 결정에 사용된다.
② 자료의 일관성을 조사하는 데 사용된다.
③ 구역별 적합한 강우강도식의 산정에 사용된다.
④ 일부 결측된 강우기록을 보충하기 위하여 사용된다.

[해설]
2중 누가우량곡선(Double Mass Analysis)
장기간에 걸친 강수량 자료의 일관성을 검증 또는 교정하기 위해 쓰는 방법이다.

2023년 토목기사 제3회 수리수문학 CBT 복원문제

01 관의 지름이 각각 3m, 1.5m인 서로 다른 관이 연결되어 있을 때, 지름 3m인 관 내에 흐르는 연속이 0.03m/s라면 지름 1.5m인 관 내에 흐르는 유량은?

① 0.157m³/s ② 0.212m³/s
③ 0.378m³/s ④ 0.540m³/s

$Q = A_1 V_1 = A_2 V_2$
$= \dfrac{\pi \cdot 3^2}{4} \cdot 0.03 = \dfrac{\pi \cdot 1.5^2}{4} \cdot V_2$
$= 0.212 \text{m}^3/\text{s}$

02 Chezy 공식의 평균유속계수 C와 Manning 공식의 조도계수 n 사이의 관계는?

① $C = nR^{\frac{1}{3}}$ ② $C = nR^{\frac{1}{6}}$
③ $C = \dfrac{1}{n} R^{\frac{1}{3}}$ ④ $C = \dfrac{1}{n} R^{\frac{1}{6}}$

해설
$C = \dfrac{1}{n} R^{\frac{1}{6}} = \sqrt{\dfrac{8g}{f}}$

03 그림과 같이 1m×1m×1m인 정육면체의 나무가 물에 떠 있을 때 부체(浮體)로서 상태로 옳은 것은?(단, 나무의 비중은 0.8이다.)

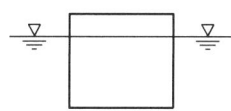

① 안정하다.   ② 불안정하다.
③ 중립상태다.   ④ 판단할 수 없다.

$CM > CG$: 안정
① $CM = \dfrac{I}{V_{\text{잠수}}} = \dfrac{0.833}{0.8} = 1.04$
  • $I = \dfrac{1 \times 1^3}{12} = 0.833$
  • $W = B$

$0.8 \times (1 \times 1 \times 1) = 1 \times (1 \times 1 \times \text{흘수})$
∴ 흘수 = 0.8
② $CG = 0.5 - 0.4 = 0.1$

04 폭이 50m인 직사각형 수로의 도수 전 수위 $h_1 = 3$m, 유량 $Q = 2,000$m³/s일 때 대응수심은?

① 1.6m
② 6.1m
③ 9.0m
④ 도수가 발생하지 않는다.

해설
$h_2 = -\dfrac{h_1}{2} + \dfrac{h_1}{2}\sqrt{1 + 8Fr_1^2}$
$\left(Fr = \dfrac{V}{c} = \dfrac{\frac{Q}{A}}{\sqrt{gh}} = \dfrac{\frac{2,000}{(50 \times 3)}}{\sqrt{9.8 \times 3}} = 2.45 \right)$
∴ $h_2 = -\dfrac{3}{2} + \dfrac{3}{2}\sqrt{1 + (8 \times 2.45^2)} = 9.0$m

05 Hardy-Cross의 관망 계산 시 가정조건에 대한 설명으로 옳은 것은?

① 합류점에 유입하는 유량은 그 점에서 1/2만 유출된다.
② 각 분기점에 유입하는 유량은 그 점에서 정지하지 않고 전부 유출한다.
③ 폐합관에서 시계방향 또는 반시계방향으로 흐르는 관로의 손실수두의 합은 0이 될 수 없다.
④ Hardy-Cross 방법은 관경에 관계없이 관수로의 분할 개수에 의해 유량 분배를 하면 된다.

해설
Hardy-Cross 관망 계산 시 가정조건
각 분기점에 유입하는 유량은 전부 유출한다.

06 홍수유출에서 유역면적이 작으면 단시간의 강우에, 면적이 크면 장시간의 강우에 문제가 발생한다. 이와 같은 수문학적 인자 사이의 관계를 조사하는 DAD 해석에 필요 없는 인자는?

정답 01 ② 02 ④ 03 ① 04 ③ 05 ② 06 ③

① 강우량 ② 유역면적
③ 증발산량 ④ 강우지속시간

해설

DAD 해석 시 필요인자
- 평균우량 깊이(D)
- 유역면적(A)
- 강우지속기간(D)

07 지름 25cm, 길이 1m의 원주가 연직으로 물에 떠 있을 때, 물속에 가라앉은 부분의 길이가 90cm라면 원주의 무게는?(단, 무게 1kgf＝9.8N)

① 253N ② 344N
③ 433N ④ 503N

해설

$W = B(\omega v)$

$= 1\text{t/m}^3 \times \left(\dfrac{\pi \cdot 0.25^2}{4} \times 0.9\right)$

$= 0.044\text{t} \times 1,000\text{kg} \times 9.8\text{N} = 433\text{N}$

08 동수경사선에 관한 설명으로 옳지 않은 것은?

① 항상 에너지선과 평행하다.
② 개수로 수면이 동수경사선이 된다.
③ 에너지선보다 속도수두만큼 아래에 있다.
④ 압력수두와 위치수두의 합을 연결한 선이다.

해설

동수경사선＋속도수두＝에너지선

09 다음 중 밀도를 나타내는 차원은?

① [FL^{-4}T^2] ② [FL^{4}T^{-2}]
③ [FL^{-2}T^4] ④ [FL^{-2}T^{-4}]

해설

밀도[ML^{-3}], M＝FL^{-1}T^{2}이므로
FL^{-1}T^2 · L^{-3} ＝ FL^{-4}T^2

10 원통형의 용기에 깊이 1.5m까지는 비중이 1.35인 액체를 넣고 그 위에 2.5m의 깊이로 비중이 0.95인 액체를 넣었을 때, 밑바닥이 받는 총압력은?(단, 물의 단위중량은 9.81kN/m³이며, 밑바닥의 지름은 2m이다.)

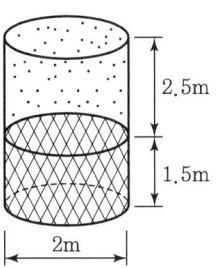

① 125.5kN ② 135.6kN
③ 145.5kN ④ 155.6kN

해설

$P = wh_A$

$= (0.95 \times 9.81) \times 2.5 \times \dfrac{\pi \times 2^2}{4}$

$\quad + (1.35 \times 9.81) \times 1.5 \times \dfrac{\pi \times 2^2}{4}$

$= 135.6\text{kN}$

11 관망 문제해석에서 손실수두를 유량의 함수로 표시하여 사용할 경우 지름 D인 원형단면관에 대하여 $h_L = kQ^2$으로 표시할 수 있다. 관의 특성 제원에 따라 결정되는 상수 k의 값은?(단, f는 마찰손실계수, L은 관의 길이이며 다른 손실은 무시한다.)

① $\dfrac{0.0827f \cdot L}{D^3}$ ② $\dfrac{0.0827L \cdot D}{f}$
③ $\dfrac{0.0827f \cdot D}{L^2}$ ④ $\dfrac{0.0827f \cdot L}{D^5}$

해설

$h_L = f \cdot \dfrac{l}{D} \cdot \dfrac{V^2}{2g} = f \cdot \dfrac{l}{D} \cdot \dfrac{\left(\dfrac{4Q}{\pi D^2}\right)^2}{2g}$

$= 0.0827 \times \dfrac{fl}{D^5} \times Q^2 = kQ^2$

2023년 토목기사 제3회 수리수문학 CBT 복원문제

12 수면경사가 1/500인 직사각형 수로에 유량이 50m³/s로 흐를 때 수리상 유리한 단면의 수심(h)은?(단, Manning 공식을 이용하며, $n = 0.023$)

① 0.8m ② 1.1m
③ 2.0m ④ 3.1m

해설

$Q = A \cdot \dfrac{1}{n} R^{2/3} I^{1/2}$

$50 = (2h \times h) \times \dfrac{1}{0.023} \times \left(\dfrac{h}{2}\right)^{2/3} \times \left(\dfrac{1}{500}\right)^{1/2}$

∴ $h = 3.1\text{m}$

13 한계수심에 관한 설명으로 옳은 것은?

① 유량이 최소이다.
② 비에너지가 최소이다.
③ Reynolds 수가 1이다.
④ Froude 수가 1보다 크다.

해설

한계수심(h_c)
- Q_{max}
- $H_{e\,min}$
- $H_e \times \dfrac{2}{3}$

14 관의 단면적이 4m²인 관수로에서 물이 정지하고 있을 때 압력을 측정하니 500kPa이었고 물을 흐르게 했을 때 압력을 측정하니 420kPa이었다면, 이때 유속(V)은?(단, 물의 단위중량은 9.81kN/m³이다.)

① 10.05m/s ② 11.16m/s
③ 12.65m/s ④ 15.22m/s

해설

$V = \sqrt{2gh}$

$h = \dfrac{P}{\omega} = \dfrac{(500-420)\text{kPa}}{1\text{t/m}^3} ≒ 9.8\text{t/m}^3$

$= 12.65\text{m/s}$

15 배수면적이 500ha, 유출계수가 0.70인 어느 유역에 연평균강우량이 1,300mm 내렸다. 이때 유역 내에서 발생한 최대유출량은?

① 0.1443m³/s ② 12.64m³/s
③ 14.43m³/s ④ 1,264m³/s

해설

$Q = \dfrac{1}{360} CIA = \dfrac{1}{360} \times 0.7 \times \left(\dfrac{1,300}{365 \times 24}\right) \times 500$

$= 0.1443\text{m}^3/\text{s}$

16 폭 20m인 직사각형 단면수로에 30.6m³/s의 유량이 0.8m의 수심으로 흐를 때 Froude 수(㉠)와 흐름 상태(㉡)는?

① ㉠ : 0.683, ㉡ : 상류
② ㉠ : 0.683, ㉡ : 사류
③ ㉠ : 1.464, ㉡ : 상류
④ ㉠ : 1.464, ㉡ : 사류

해설

$F_r = \dfrac{V}{c} = \dfrac{\frac{Q}{A}}{c} = \dfrac{\frac{30.6}{(20 \times 0.8)}}{\sqrt{9.8 \times 0.8}}$

$= 0.683 < 1 (상류)$

17 시간을 t, 유속을 v, 두 단면 간의 거리를 l이라 할 때, 다음 조건 중 부등류인 경우는?

① $\dfrac{v}{t} = 0$ ② $\dfrac{v}{t} \neq 0$
③ $\dfrac{v}{t} = 0, \dfrac{v}{l} = 0$ ④ $\dfrac{v}{t} = 0, \dfrac{v}{l} \neq 0$

해설

- 정류($\dfrac{v}{t} = 0$)
- 등류($\dfrac{v}{t} = 0, \dfrac{v}{l} = 0$)
- 부등류($\dfrac{v}{t} = 0, \dfrac{v}{l} \neq 0$)

정답 12 ④ 13 ② 14 ③ 15 ① 16 ① 17 ④

18 오리피스(Orifice)로부터의 유량을 측정한 경우 수두 H를 추정함에 1%의 오차가 있었다면 유량 Q에는 몇 %의 오차가 생기는가?

① 1%   ② 0.5%
③ 1.5%   ④ 2%

해설
$$\frac{dQ}{Q} = \frac{1}{2} \cdot \frac{dH}{H} = \frac{1}{2} \cdot 1 = 0.5\%$$

19 밑변 2m, 높이 3m인 삼각형 형상의 판이 밑변을 수면과 맞대고 연직으로 수중에 있다. 이 삼각형 판의 작용점 위치는?(단, 수면을 기준으로 한다.)

① 1m   ② 1.33m
③ 1.5m   ④ 2m

해설
$$h_c = h_G + \frac{I_G}{h_G A} = 1 + \frac{\frac{2 \times 3^3}{36}}{1 \times \left(\frac{2 \times 3}{2}\right)} = 1.5\text{m}$$

20 강우 강도 $I = \frac{5,000}{t+40}$ [mm/hr]로 표시되는 어느 도시에 있어서 20분간의 강우량 R_{20}은?(단, t의 단위는 분이다.)

① 17.8mm   ② 27.8mm
③ 37.8mm   ④ 47.8mm

해설
- $I = \frac{5,000}{20+40} = 83.3 \text{mm/hr}$
- $60 : 83.3 = 20 : x$
- $\therefore x = 27.8 \text{mm}$

정답 18 ② 19 ③ 20 ②

2024년 토목기사 제1회 수리수문학 CBT 복원문제

01 강우강도식 $I=\dfrac{4,500}{(t+30)}$ 인 도시에서 20분간의 강우량은?

① 30mm ② 60mm
③ 75mm ④ 90mm

해설
- 시간당 내린 비의 양을 강우강도라 한다.(mm/hr)
  $I=\dfrac{4,500}{(t+30)}=\dfrac{4,500}{(20+30)}=90\text{mm/hr}$
- 이 강우강도의 20분간의 강우량은
  $R_{20}=\dfrac{90}{60}\times 20(\min)=30\text{mm}$

02 직사각형 위어로 유량을 측정하였다. 위어의 수두측정에 2%의 오차가 발생하였다면 유량에는 몇 %의 오차가 있겠는가?

① 1% ② 1.5%
③ 2% ④ 3%

해설
$\dfrac{dQ}{Q}=\dfrac{3}{2}\cdot\dfrac{dh}{h}=\dfrac{3}{2}\times(2\%)=3\%$

03 원형 댐의 월류량이 400m³/sec이고 수문을 개방하는 데 필요한 시간이 40초라 할 때 1/50 모형(模形)에서의 유량과 개방 시간은?(단, g_r은 1로 본다.)

① $Q_m=0.0226$m³/sec, $T_m=5.656$sec
② $Q_m=1.6232$m³/sec, $T_m=5.656$sec
③ $Q_m=115.00$m³/sec, $T_m=0.825$sec
④ $Q_m=56.560$m³/sec, $T_m=5.656$sec

해설
- 유량비
  $Q_r=\dfrac{Q_m}{Q_P}=\dfrac{L_r^{\ 3}}{T_r}=\dfrac{L_r^{\ 3}}{L_r^{\frac{1}{2}}}=L_r^{\frac{5}{2}}$
  $\therefore\ Q_m=Q_P\cdot L_r^{\frac{5}{2}}=400\times\left(\dfrac{1}{50}\right)^{\frac{5}{2}}=0.0226$m³/sec

- 시간비
  $T_r=\dfrac{T_m}{T_P}=\dfrac{L_r}{L_r^{\frac{1}{2}}}=\sqrt{L_r}$
  $\therefore\ T_m=T_P\cdot\sqrt{L_r}=40\times\sqrt{\dfrac{1}{50}}=5.657$sec

04 그림과 같이 뚜껑이 없는 원통 속에 물을 가득 넣고 중심축 주위로 회전시켰을 때 흘러넘친 양이 전체의 20%였다. 이때 원통 바닥면이 받는 전수압(全水壓)은?

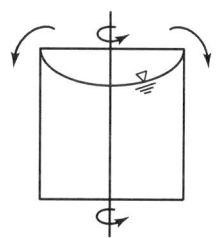

① 정지상태에 비해 20%만큼 증가한다.
② 정지상태에 비해 20%만큼 감소한다.
③ 정지상태에 비해 변함이 없다.
④ 정지상태와 비교할 수 없다.

해설
- 수면과 평행인 면이 받는 전수압
  $P=whA$ (압력은 수심에 비례하여 증가한다.)
- 물이 20% 넘쳐흘렀으므로 수심이 20% 감소
  ∴ 압력은 20% 감소하였다.

05 다음 중 부정류 흐름의 지하수를 해석하는 방법은?

① Theis 방법 ② Dupuit 방법
③ Thiem 방법 ④ Laplace 방법

해설
- 지하수의 부정류 방정식(Theis의 평형방정식)
  $S=\dfrac{Q}{4\pi T}W\left(\dfrac{\gamma^s S}{4Tt}\right)$
- 식 자체의 복잡성 때문에 여러 간략해법이 제안되었다.
  - Thies 방법
  - Chow 방법
  - Thies의 수두 회복법

정답 01 ① 02 ④ 03 ① 04 ② 05 ①

06 그림과 같이 A에서 분기된 관이 B에서 다시 합류하는 경우, 관 I과 관 II의 손실수두를 비교하면?

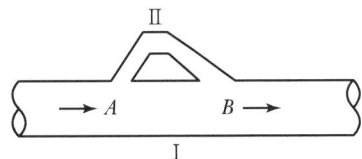

① 관 I의 손실수두가 크다.
② 관 II의 손실수두가 크다.
③ 두 관의 손실수두는 같다.
④ 경우에 따라서 다르다.

해설

병렬관의 특징
병렬관에서의 수두손실의 합은 같다.
∴ I관과 II관의 손실수두는 같다.

07 폭이 무한히 넓은 개수로의 수리반경(Hydraulic Radius, 경심)은?

① 개수로의 폭과 같다.
② 개수로의 수심과 같다.
③ 개수로의 면적과 같다.
④ 계산할 수 없다.

해설

개수로 경심의 특징
폭이 무한이 넓은 경우의 경심(R)
$R = \dfrac{A}{P} = \dfrac{B \cdot h}{B+2h} = \dfrac{Bh}{B} ≒ h$
(∵ 수심에 비해 폭이 무한이 넓으므로 분모에서 수심 생략 가능)
∴ $R ≒ h$

08 물의 밀도를 공학단위로 표시한 것은?

① $102 \text{kg} \cdot \text{sec}^2/\text{m}^4$
② $1,000 \text{kg}/\text{m}^3$
③ $9,800 \text{kg}/\text{cm}^3$
④ $1,000 \text{kg} \cdot \text{sec}^2/\text{m}^4$

해설

- 단위중량과 밀도의 관계
$w = \dfrac{W}{V} = \dfrac{m \cdot g}{V} = \rho \cdot g$

- 물의 밀도
$\rho = \dfrac{w}{g} = \dfrac{1 \text{t}/\text{m}^3}{9.8 \text{m}/\text{sec}}$
$= 0.102 \text{t} \cdot \text{sec}^2/\text{m}^4 = 102 \text{kg} \cdot \text{sec}^2/\text{m}^4$

09 유속분포의 방정식이 $v = 2y^{1/2}$로 표시될 때 경계면에서 0.5m되는 점에서의 속도 경사는?

① 4.232sec^{-1}
② 3.564sec^{-1}
③ 2.831sec^{-1}
④ 1.414sec^{-1}

해설

- 속도구배(=속도경사) $= \dfrac{dv}{dy}$
- 유속분포 방정식을 거리에 관해서 미분하면
$\dfrac{dv}{dy} = 2 \times \dfrac{1}{2} y^{\left(\frac{1}{2}-1\right)}$
$= y^{-\frac{1}{2}} = 0.5^{-\frac{1}{2}} = 1.414 \text{sec}^{-1}$

10 수조의 수면에서 아래로 2m인 점에 직경 10cm의 관을 연결하였을 때 유량은 얼마인가?(단, 유량계수 $C=0.6$)

① $0.0152 \text{m}^3/\text{sec}$
② $0.0068 \text{m}^3/\text{sec}$
③ $0.0295 \text{m}^3/\text{sec}$
④ $0.0094 \text{m}^3/\text{sec}$

해설

- 작은 오리피스의 유량($h > 5D$)
$Q = CaV = C \cdot a \cdot \sqrt{2gh}$
- 큰 오리피스의 유량($h < 5D$)
$Q = \dfrac{2}{3} Cb\sqrt{2g} \left(h_2^{\frac{3}{2}} - h_1^{\frac{3}{2}}\right)$
- 오리피스의 유량
$5 \times 10 = 50 \text{cm} < 2\text{m}$ ⇒ 작은 오리피스
$Q = C \cdot a \cdot \sqrt{2gh}$
$= 0.6 \times \left(\dfrac{\pi \times 0.1^2}{4}\right) \times \sqrt{2 \times 9.8 \times 2} = 0.0295 \text{m}^3/\text{sec}$

정답 06 ③ 07 ② 08 ① 09 ④ 10 ③

11 어떤 하천 단면에서 유출량의 시간적 분포를 나타내는 홍수 수문곡선을 작성하는 일반적인 방법은?

① 시간별 하천유량을 유속계로 직접 측정하여 작성
② 하천단면적과 평균유속을 측정하여 연속 방정식으로 계산하여 작성
③ 수위-유량 관계곡선을 이용하여 수위를 유량으로 환산하여 작성
④ 하천유량의 시간적 변화를 표시하는 방정식을 유도하여 이로부터 계산 작성

[해설]
- 하천 임의단면에서 수위와 유량을 동시에 측정하여 장기간 자료를 수집하면 이들의 관계를 나타내는 검정곡선을 얻을 수 있다. 이 곡선을 수위-유량 관계곡선(Rating Curve)이라 한다.
- 이 곡선의 연장으로 실측되지 않은 고수위에 대한 홍수량을 산정한다.
- 수위-유량곡선의 연장방법에는 전대수지법, Manning 공식에 의한 방법, Stevens 방법 등이 있다.

12 피토관(Pilot Tube)은?

① 수심을 측정하는 데 사용된다.
② 유량을 측정하는 데 사용된다.
③ 유속을 측정하는 데 사용된다.
④ 점성계수를 측정하는 데 사용된다.

[해설]
- 피토관(Pilot Tube)은 베르누이 정리를 응용하여 수두 h를 측정하면 이론 유속을 구할 수 있다.
- $V = \sqrt{2gh}$

13 어떤 유역에 30분간 내린 호우의 누가우량이 다음과 같을 때 15분 지속 최대강우강도는?

시간(min)	0	5	10	15	20	25	30
누가우량(mm)	0	6	20	30	35	43	45

① 30mm/hr
② 96mm/hr
③ 120mm/hr
④ 128mm/hr

[해설]
- 시간당 내린 비의 양을 강우강도라 한다.(mm/hr)
- 15분 지속 최대강우는 처음 15분 동안 내린 30mm이다.

$$I = \frac{30(\text{mm})}{15(\text{min})} = 2\text{mm/min} \times 60(\text{min})$$
$$= 120\text{mm/hr}$$

14 관수로에서 흐름이 층류인 경우 마찰계수 f는?

① 조도에만 영향을 받는다.
② Reynolds수에만 영향을 받는다.
③ 조도와 Reynolds수에 영향을 받는다.
④ 항상 0.2778의 값이다.

[해설]
관수로에서 마찰손실계수 f
- 원관 내 층류($R_e < 2{,}000$)

$$f = \frac{64}{R_e}$$

- 불완전 층류 및 난류
  - f는 R_e와 상대조도(e/D)의 함수이다.
  - 매끈한 관의 경우 f는 R_e만의 함수이다.
  - 거친 관의 경우 f는 상대조도(e/D)만의 함수이다.
- ∴ f는 레이놀즈수에 영향을 받는다.

15 지름이 2m이고 영향권의 반지름이 1,000m이며, 원지하수의 수위 $H = 7$m, 집수정의 수위 $h_0 = 5$m인 심정호의 양수량은?(단, $k = 0.0038$m/sec임)

① 0.0415m³/sec
② 0.0461m³/sec
③ 0.0831m³/sec
④ 1.8232m³/sec

[해설]
심정호(깊은우물)의 양수량

$$Q = \frac{\pi K(H^2 - h_0^2)}{2.3\log(R/r_0)}$$

$$= \frac{\pi \times 0.0038(7^2 - 5^2)}{2.3\log\left(\frac{1{,}000}{1}\right)} = 0.0415\text{m}^3/\text{sec}$$

정답 11 ③ 12 ③ 13 ③ 14 ② 15 ①

16 다음 단면 2에서 유속 V_2를 구한 값은?(단, 단면 1과 2의 수로 폭은 같으며, 마찰손실은 무시한다.)

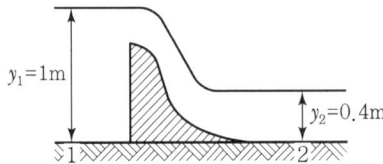

① 3.74m/sec ② 4.05m/sec
③ 3.56m/sec ④ 3.43m/sec

해설
미지량의 결정
- 연속방정식

$$Q = A_1 V_1 = A_2 V_2 \qquad \therefore V_1 = \frac{A_2}{A_1} V_2$$

- 베르누이 방정식
1, 2에 베르누이 방정식을 세우면,

$$Z_1 + \frac{P_1}{w} + \frac{V_1^2}{2g} = Z_2 + \frac{P_2}{w} + \frac{V_2^2}{2g}$$

(여기서, $Z_1 = Z_2$, $V_1 = 0$)

$$\therefore 1 = 0.4 + \frac{V_2^2}{19.6} \qquad \therefore V_2 = 3.74 \text{m/sec}$$

17 질량보존의 법칙과 가장 관계가 깊은 것은?

① 운동방정식   ② 에너지방정식
③ 연속방정식   ④ 운동량방정식

해설
- 연속방정식은 질량보존의 법칙을 설명해 주는 방정식이다.
- 흐름의 연속성을 설명해주는 방정식이다.

18 수문기상에 대한 다음 설명 중 옳지 않은 것은?

① 우리나라에 편서풍이 불고 열대지방에 무역풍이 부는 것은 대기권 내의 열순환과는 관계가 없다.
② DAD해석이란 최대우량깊이 – 유역면적 – 지속시간 사이의 관계를 분석하는 작업이다.
③ 증발량은 증발접시에 의해 24시간 증발된 물의 깊이로 측정한다.
④ 물의 순환은 지구상의 식물의 영향을 크게 받는다.

해설
바람의 특징
- 대기권 내의 열 순환에 의해 이동하는 기단을 바람이라 한다.
- 열 순환에 의해 우리나라에는 편서풍, 열대지방에는 무역풍이 분다.

19 선행강수지수는 다음 어느 것과 관계되는 내용인가?

① 지하수량과 강우량의 상관관계를 표시하는 방법
② 토양의 초기 함수조건을 양적으로 표시하는 방법
③ 강우의 침투조건을 나타내는 방법
④ 하천 유출량과 강우량의 상관관계를 표시하는 방법

해설
토양의 초기함수조건
토양의 초기함수조건을 양적으로 표시하는 방법에 선행강수지수, 지하수 유출입량, 토양함수 미흡량 등이 있다.

20 경심이 8m, 동수경사가 1/100, 마찰손실계수 $f = 0.03$일 때 Chezy의 유속계수 C를 구한 값은?

① $51.1 \text{m}^{1/2}/\text{sec}$ ② $25.6 \text{m}^{1/2}/\text{sec}$
③ 36.1m/sec   ④ 44.3m/sec

해설
마찰손실계수
- 원관 내 층류

$$f = \frac{64}{R_e}$$

- Chezy계수와의 관계

$$C = \sqrt{\frac{8g}{f}} = \sqrt{\frac{8 \times 9.8}{0.03}} = 51.12 \text{m}^{\frac{1}{2}}/\text{sec}$$

- Manning의 조도계수와의 관계

$$f = \frac{124.6 n^2}{D^{\frac{1}{3}}}$$

정답 16 ① 17 ③ 18 ① 19 ② 20 ①

2024년 토목기사 제2회 수리수문학 CBT 복원문제

01 다음 중 물의 순환과정이 아닌 것은?

① 강우 ② 강수
③ 증발 ④ 대류

해설
물의 순환과정
증발 → 구름의 생성 → 강수 → 차단 → 증산 → 침투 → 침루 → 유출

02 직경이 0.15cm인 매끈한 유리관을 15℃의 물속에 세웠을 경우 접촉각이 9°였다면 모세관 현상에 의한 물의 높이는?(단, 15°의 표면장력 $T_{15}=0.075$g/cm)

① 1.976cm ② 0.384cm
③ 0.988cm ④ 2.831cm

해설
연직유리관의 상승고
$$h_a = \frac{4 \cdot T \cdot \cos\theta}{w \cdot D} = \frac{4 \cdot 0.075 \cdot \cos 9°}{1 \times 0.15} = 1.975\,\text{cm}$$

03 유체 속에 잠겨진 경사평면에 작용하는 힘의 작용점은?

① 면의 중심에 있다.
② 면의 중심보다 위에 있다.
③ 면의 중심과는 관계가 없다.
④ 면의 중심보다 아래에 있다.

해설
• 경사평면에 작용하는 압력 및 작용점의 위치
  ㉠ $P = w \cdot h_G \cdot A$ ㉡ $S_C = S_G + \dfrac{I}{S_G \cdot A}$
• 경사평면에 작용하는 압력의 작용점은 면의 중심보다 항상 아래에 있다.

04 안지름 50cm인 강관에 최고 $p = 15$kg/cm²의 수압이 작용한다고 할 때 적당한 강관의 두께는? (단, 강관의 허용인장응력은 $\sigma_{ta} = 1,400$kg/cm²이다.)

① 2.7mm ② 9.3mm
③ 11.7mm ④ 19.0mm

해설
강관의 두께 결정
$$t = \frac{P \cdot D}{2 \cdot \sigma_{ta}} = \frac{15 \times 50}{2 \times 1,400} = 0.267\,\text{cm} = 2.67\,\text{mm}$$

05 임의 온도에 있어서의 실제증기압이 e이고, 포화 증기압이 e_s일 때 상대습도(h)는?

① $h = \dfrac{e}{e_s} \times 100(\%)$ ② $h = \dfrac{e_s}{e} \times 100(\%)$
③ $h = e \cdot e_s \times 100(\%)$ ④ $h = e \cdot e_s$

해설
• 임의의 온도(t℃)에 있어서 포화증기압에 대한 실제증기압의 비를 상대습도(Relative Humidity)라 한다.
• 상대습도
$$h = \frac{e(\text{실제 증기압})}{e_s(\text{포화 증기압})} \times 100(\%)$$

06 다음 그림과 같이 관수로의 양 단면 사이에 양정수두 H_p인 펌프가 설치되어 있는 경우, 베르누이 정리를 옳게 적용한 식은?(단, 관로 내 평균유속은 V이고, $\alpha = 1$이며, 양단면 사이의 손실수두는 h_L이다.)

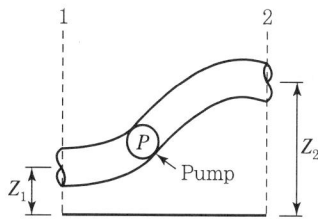

① $\dfrac{V_1^2}{2g} + \dfrac{P_1}{w} + Z_1 = \dfrac{V_2^2}{2g} + \dfrac{P_2}{w} + Z_2 + h_L$

② $\dfrac{V_1^2}{2g} + \dfrac{P_1}{w} + Z_1 + H_p = \dfrac{V_2^2}{2g} + \dfrac{P_2}{w} + Z_2 + h_L$

③ $\dfrac{V_1^2}{2g} + \dfrac{P_1}{w} + Z_1 - H_p = \dfrac{V_2^2}{2g} + \dfrac{P_2}{w} + Z_2 - h_L$

④ $\dfrac{V_1^2}{2g} + \dfrac{P_1}{w} + Z_1 + h_L = \dfrac{V_2^2}{2g} + \dfrac{P_2}{w} + Z_2 - H_p$

정답 01 ④ 02 ① 03 ④ 04 ① 05 ① 06 ①

> [해설]
>
> 베르누이 방정식
> - 손실을 무시한 베르누이 정리
> $$Z_1 + \frac{P_1}{w} + \frac{V_1^2}{2g} = Z_2 + \frac{P_2}{w} + \frac{V_2^2}{2g}$$
> - 손실을 고려한 베르누이 정리 : 관수로에서는 점성이 큰 힘으로 나타나므로 점성에 의한 손실을 고려하여야 한다.
> $$Z_1 + \frac{P_1}{w} + \frac{V_1^2}{2g} = Z_2 + \frac{P_2}{w} + \frac{V_2^2}{2g} + \sum h_L$$

07 체적이 10m³인 물체가 물속에 잠겨있다. 물속에서 물체의 무게가 13t이었을 때 그 물체의 비중은?

① 2.3
② 1.3
③ 1.6
④ 2.6

> [해설]
> - 자신의 단위중량을 물의 단위중량으로 나눈 값을 비중이라 한다.
> - 공기 중의 무게 = 수중무게 + 부력
> $= 13t + w_w \cdot V = 13t + 1 \times 10 = 23t$
> - 단위중량
> $w = \dfrac{W}{V} = \dfrac{23t}{10m^3} = 2.3t/m^3$
> $\therefore\ S = \dfrac{w}{w_w} = \dfrac{2.3}{1} = 2.3$

08 면적 50m²의 여과지가 있다. 투수계수 $k = 1.5mm/sec$일 때 여과수량은?(단, 수두차는 80cm, 투과거리는 2m임)

① 0.3 l/sec
② 3.0 l/sec
③ 30.0 l/sec
④ 300.0 l/sec

> [해설]
> - Darcy의 법칙 : $V = K \cdot I = K \cdot \dfrac{\Delta h}{l}$
> - 여과지의 여과수량 : $Q = A \cdot V = A \cdot K \cdot \dfrac{\Delta h}{l}$
> $= 50 \times 0.0015 \times \dfrac{0.8}{2}$
> $= 0.03 m^3/sec = 30 l/sec$

09 어떤 수로의 평균 경심은 2m, 구배는 0.001이며 유속 계수는 50이다. 세지(Chezy)공식으로 계산한 유속은?

① 3.83m/sec
② 2.24m/sec
③ 1.36m/sec
④ 0.68m/sec

> [해설]
>
> Chezy의 평균유속 공식
> $V = C\sqrt{RI} = 50\sqrt{2 \times 0.001} = 2.236 m/sec$

10 다음과 같이 수로폭이 3m인 판으로 물의 흐름을 가로막았을 때 상류수심은 6m, 하류수심은 2m였다. 이때 전수압의 작용점 위치는?

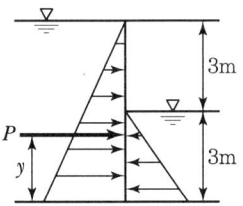

① $y = 1.50m$
② $y = 2.33m$
③ $y = 3.66m$
④ $y = 4.56m$

> [해설]
>
> 전수압 계산 문제
> - 전수압 계산
> $P_1 = wh_{G1}A_1 = 1 \times \left(\dfrac{6}{2}\right) \times (3 \times 6) = 54t$
> $P_2 = wh_{G2}A_2 = 1 \times \left(\dfrac{3}{2}\right) \times (3 \times 3) = 13.5t$
> $\therefore\ P = P_1 - P_2 = 54 - 13.5 = 40.5t$
> - 바닥면으로부터 바리뇽의 정리를 적용하면
> $P \times y = P_1 y_1 - P_2 y_2$
> $\therefore\ 40.5 \times y = 54 \times 2 - 13.5 \times 1$
> $\therefore\ y = 2.33m$

2024년 토목기사 제2회 수리수문학 CBT 복원문제

11 관수로에서 직경이 0.8m인 곳의 유속이 10m/sec이고 직경 D인 곳의 유속이 5m/sec일 때 D는?

① 0.57m   ② 0.98m
③ 1.24m   ④ 1.13m

[해설]
- 질량에 대한 손실이 없으면 각 단면에서의 질량유량은 같다. (연속방정식)
- 직경(D)의 산정
$$A_1 V_1 = A_2 V_2$$
$$\frac{\pi D_1^2}{4} V_1 = \frac{\pi D_2^2}{4} V_2$$
$$\frac{\pi \times 0.8^2}{4} \times 10 = \frac{\pi \times D^2}{4} \times 5$$
$$\therefore D = 1.13\text{m}$$

12 지하수의 상하류 수두차 2.5m에 대한 수평거리가 300m이고 대수층의 두께 2.5m, 폭 1m일 때 지하수 유량을 구한 값은?(단, $k = 175$m/day이다.)

① 0.126m³/hr
② 0.137m³/hr
③ 0.152m³/hr
④ 0.164m³/hr

[해설]
- Darcy의 법칙
$$V = K \cdot I = K \cdot \frac{\Delta h}{l}$$
- 지하수의 유량
$$Q = A \cdot V = A \cdot K \cdot I$$
$$= (2.5 \times 1) \times 175 \times \frac{2.5}{300}$$
$$= 3.64\text{m}^3/\text{day} = 0.152\text{m}^3/\text{hr}$$

13 수평한 위어의 마루부에서 일어나는 수축은?

① 면수축   ② 정수축
③ 연직수축 ④ 단수축

[해설]
수맥의 수축
- 위어의 선단(=마루부)이 날카로워서 생기는 수축을 정수축이라 한다.
- 상류에서 시작하여 하류까지 이어지는 수맥의 강하를 면수축이라 한다.
- 위어의 측벽이 날카로워서 생기는 수축을 단수축이라 한다.

14 수면 아래 30m 지점의 계기압력을 kg/cm²와 수은주의 높이로 표시한 것은?(단, 수은의 비중은 13.6임)

① $P = 3$kg/cm², $h = 2.21$m
② $P = 3$kg/cm², $h = 22.1$m
③ $P = 30$kg/cm², $h = 2.21$m
④ $P = 30$kg/cm², $h = 22.2$m

[해설]
- 계기압력
$$P = w \cdot h = 1\text{t/m}^3 \times 30\text{m} = 30\text{t/m}^2 = 3\text{kg/cm}^2$$
- 수은주의 높이
$$h = \frac{P}{w} = \frac{30\text{t/m}^2}{13.6\text{t/m}^3} = 2.21\text{m}$$

15 관경 50cm, 길이 2km인 관수로의 유량이 0.5m³/sec일 때 마찰손실수두는?(단, 마찰손실계수 $f = 0.03$이다.)

① 3.98m   ② 2.55m
③ 25.5m   ④ 39.8m

[해설]
- 물의 점성이라는 성질로 인해 관내 발생되는 손실을 마찰손실이라 한다.
- 마찰손실수두(h_L)
$$h_L = f \cdot \frac{l}{D} \cdot \frac{V^2}{2g} = 0.03 \times \frac{2{,}000}{0.5} \times \frac{2.55^2}{2 \times 9.8} = 39.81\text{m}$$
$$V = \frac{Q}{A} = \frac{0.5}{\frac{\pi \times 0.5^2}{4}} = 2.55\text{m/sec}$$

정답 11 ④ 12 ③ 13 ① 14 ① 15 ④

16 수로의 취입구에 폭 3m의 수문이 있다. 문을 h m 올린 결과, 수심이 각각 5m와 2m가 되었다. 이때 취수량이 8m³/sec이었다고 하면 수문의 오름높이 h는?(단, $C=0.60$)

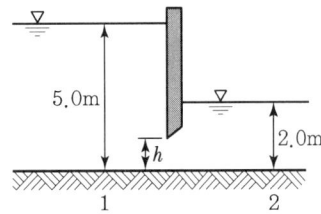

① 0.36m ② 0.58m
③ 0.67m ④ 0.73m

해설
- 하천을 횡단으로 가로막아 유량측정 및 조절의 목적을 가지고 있는 문을 수문이라 한다.
- 수문의 유량
$$Q = C \cdot a \sqrt{2g(h_1 - h_2)}$$
$$8 = 0.6 \times (3 \times h) \times \sqrt{2 \times 9.8(5-2)}$$
∴ 오름높이 $h = 0.58\text{m}$

17 유역의 평균우량 산정방법이 아닌 것은?

① Thiessen법
② 평균 비율법
③ 등우선법
④ 산술평균법

해설
유역의 평균우량 산정

종류	적용
산술평균법	유역면적 500km² 이내에 적용
Thiessen법	유역면적 500~5,000km² 이내에 적용
등우선법	산악의 영향이 고려되고, 유역면적 5,000km² 이상인 곳에 적용

18 초속 20m/sec, 수평과의 각 60°로 사출된 분수가 도달하는 최대 연직 높이는?(단, 공기 및 기타 저항은 무시한다.)

① 12.3m ② 13.3m
③ 14.3m ④ 15.3m

해설
사출수의 도달속도
- 수평거리(L)
$$L = \frac{V^2 \cdot \sin 2\theta}{g} = \frac{20^2 \times \sin 120°}{9.8} = 35.3\text{m}$$
- 연직거리(H)
$$H = \frac{V^2 \cdot \sin^2 \theta}{2g} = \frac{20^2 (\sin 60)^2}{2 \times 9.8} = 15.3\text{m}$$

19 바다에서 배수용량 15,000t, 흘수 8m인 배가 운하의 담수부분에 들어갔을 때 홀수는?(단, 바닷물의 단위중량은 1.025t/m³이고 부양면 부근의 선체단면적은 3,000m²이다.)

① 8.122m ② 7.878m
③ 9.025m ④ 6.980m

해설
- 부양면으로부터 부체 최심부까지의 깊이를 흘수(Draft)라 한다.
- 흘수는 부체의 평형조건으로부터 구할 수 있다.
  - 바다에서 무게당 부피
  $$V = \frac{W}{w} = \frac{15,000}{1,025} = 14,634\text{m}^3$$
  - 담수에서 무게당 부피
  $$V = \frac{W}{w} = \frac{15,000}{1} = 15,000\text{m}^3$$
  - 담수에서의 배수체적
  $$15,000 - 14,634 = 366\text{m}^3$$
  - 배수체적을 부양면으로 나누면 잠긴깊이(홀수)가 된다.
  $$\frac{366}{3,000} = 0.122\text{m}$$
  - 담수에서의 홀수 : $8 + 0.122 = 8.122\text{m}$

정답 16 ② 17 ② 18 ④ 19 ①

20 그림에서 곡면 AB에 작용하는 전수압의 수평분력은?(단, 곡면의 폭은 1m이고 길이는 2m, W_0는 단위중량임)

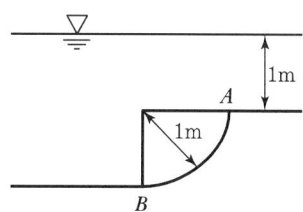

① $3\,W_0\,\text{ton}$
② $3.57\,W_0\,\text{ton}$
③ $1.5\pi\,W_0\,\text{ton}$
④ $1.5\,W_0\,\text{ton}$

- 곡면이 받는 전수압은 수평분력과 연직분력으로 나누어 계산한다.
- 수평분력(P_h)

$$P_h = w \cdot h_G \cdot A(\text{투영면적})$$
$$= w \times \left(1 + \frac{1}{2}\right) \times (1 \times 1) = 1.5w\,\text{ton}$$

2024년 토목기사 제3회 수리수문학 CBT 복원문제

01 다음 하천 제방단면의 단위폭당 누수량은? (단, $h_1=6m$, $h_2=2m$, 투수계수 $k=0.5m/sec$, 침투수가 통하는 길이 $l=50m$임)

① $0.16m^3/sec$ ② $1.6m^3/sec$
③ $0.26m^3/sec$ ④ $0.026m^3/sec$

[해설]
Dupuit의 침윤선 공식
하천제방의 누수량은 Dupuit의 침윤선 공식에 의해 산정한다.
$$q = \frac{K}{2l}(h_1^2 - h_2^2)$$
$$= \frac{0.5}{2 \times 50}(6^2 - 2^2) = 0.16m^3/sec$$

02 일정기간 동안 균일한 강도를 가진 일련의 유효강우량에 의한 총 유출은 각 기간의 유효강우량에 의한 각 유출량을 산술적으로 합한 것과 같다는 가정은?

① 일정기저시간가정(Principle of Equal Base Time)
② 중첩가정(Principle Superposition)
③ 단위유효우량가정(Unit Effective Rainfall)
④ 비례가정(Principle of Proportional)

[해설]
단위유량도의 기본가정

종류	이론
일정기저시간가정	동일유역에 균일강도로 비가 내릴 경우 지속시간은 같으나 강도가 다른 강우로 인한 유출량은 그 크기가 다를지라도 기저시간은 동일하다.
비례가정	동일유역에 균일강도로 비가 내릴 경우 동일 지속시간을 가진 각종 강우강도의 강우로 결과되는 수문곡선의 종거는 임의시간에 있어 강우강도에 비례
중첩가정	일정기간 동안에 균일한 강도를 가진 일련의 유효강우량에 의한 총 유출은 각 기간의 유출량을 산술적으로 합한 것과 같다.

03 강우강도에 관한 사항 중 틀린 것은?

① 일반적으로 강우강도가 크면 클수록 강우가 지속되는 기간은 짧다.
② 강우강도란 단위시간에 내린 강우량이다.
③ 강우강도와 지속시간의 관계는 경험공식으로 표현할 수 있다.
④ Talbot형의 강우강도식은 우리나라 어느 지점에서도 적용이 가능하다.

[해설]
• 시간당 내린 비의 양을 강우강도라 한다.(mm/hr)
• 대표적 강우강도식

종류	내용
Talbot형	광주지역에 적합한 공식
Sherman형	서울, 목포, 부산에 적합
Japanese형	대구, 인천, 강릉에 적합

• 지역공식이며, 경험공식이다.

04 다음 중 난류확산의 정의로 옳은 것은?

① 흐름 속의 물질이 흐름에 직각방향의 속도성분을 가지고 흐트러지면서 흐르는 현상이다.
② 흐름 속의 물질이 흐름에 전후 방향의 속도성분을 가지고 흐트러지면서 흐르는 현상이다.
③ 흐름 속의 물질이 흐름방향을 중심으로 회전하면서 흐르는 현상이다.
④ 흐름 속의 물질이 흐름표면에 좌우로 깔려서 흐르는 현상이다.

[해설]
난류확산의 정의
흐름 속의 물질이 흐름의 직각방향 속도성분을 가지면서 흐트러지며 흐르는 흐름을 난류확산이라 한다.

05 유역면적 $10km^2$, 유출계수 0.70, 강우량도 80 mm/hr일 때 합리식에 의한 첨두유량(Q_{max})은?

① $1.556m^3/sec$ ② $5.6m^3/sec$
③ $155.6m^3/sec$ ④ $550m^3/sec$

정답 01 ① 02 ② 03 ④ 04 ① 05 ③

[해설]
- 소규모 불투수지역의 첨두홍수량을 산정하는 공식을 합리식이라 한다.

$$Q = \frac{1}{360}CIA$$

여기서, C : 유출계수(무차원)
I : 강우강도식(mm/hr)
A : 유역면적(ha)

- 첨두유량

$$Q = \frac{1}{3.6}CIA(\text{km}^2) = \frac{1}{3.6} \times 0.7 \times 80 \times 10 = 155.6 \text{m}^3/\text{sec}$$

06 극히 짧은 시간 사이에 유체가 어떤 면에 충돌하여 발생되는 반작용의 힘을 구하는 데 유용한 식은?

① 연속 방정식
② 베르누이(Bernoulli) 방정식
③ 운동량 방정식
④ 오일러(Euler) 방정식

[해설]
- 단위시간당 운동량의 변화량은 물체의 외부로부터 그 물체에 작용하는 힘과 같다는 점을 나타내는 식으로 뉴턴의 제2법칙으로부터 유도되었다.
- 극히 짧은 시간에 유체가 면에 충돌하여 발생되는 작용, 반작용의 힘을 구하는 데 유용하게 사용된다.
$F(\Delta t)$(역적 = 반작용) $= m(V_2 - V_1)$(운동량 = 작용)

07 선박의 갑판에 있는 100t의 화물을 선박의 종축에 직각방향으로 10m 이동했을 때 선박이 1/20 정도 기울어졌다. 이 선박의 배수용량은?(단, 경심고는 2.5m임)

① 200t   ② 8,000t
③ 7,500t ④ 2,400t

[해설]
- 경심고(Metacentric Height) : 부체의 중심(G)에서 경심(M)까지의 거리를 경심고($\overline{MG}$)라 한다.
- 경심고 일반식

$$경심고(\overline{MG}) = \frac{P \cdot l}{W \cdot \theta}$$

여기서, P : 물체에 가해지는 하중
l : 물체 중심선과 하중까지의 거리
θ : 기울어진 각도
W : 물체의 배수용량

$$W = \frac{P \cdot l}{\overline{MG} \cdot \theta} = \frac{100 \times 10}{2.5 \times \frac{1}{20}} = 8,000\text{t}$$

08 홍수유출에서 유역면적이 작으면 단시간의 강우에, 면적이 크면 장시간의 강우에 문제가 발생한다. 이와 같은 수문학적 인자 사이의 관계를 조사하는 DAD 해석에 필요 없는 인자는?

① 강우지속시간   ② 증발산량
③ 강우량   ④ 유역 면적

[해설]
DAD 해석

구성	특징
용도	암거의 설계나, 지하수 흐름에 대한 하천수위의 시간적 변화의 영향 등에 사용
구성	최대평균우량깊이(Rainfall depth), 유역면적(Area), 지속시간(Duration)으로 구성
방법	면적을 대수축에, 최대우량을 산술축에, 지속시간을 제3의 변수로 표시

09 최대가능 강수량을 설명한 것 중 옳지 않은 것은?

① 수공구조물의 설계홍수량을 결정하는 기준으로 사용된다.
② 물리적으로 발생할 수 있는 강수량의 최대한계치를 말한다.
③ 기왕 일어났던 호우들을 반드시 해석하여 결정한다.
④ 재현기간 200년을 넘는 확률 강수량만이 이에 해당한다.

[해설]
- 어떤 지역에 생성 가능한 가장 극심한 기상조건하 발생 가능 호우를 가능최대강수량(Probable Maximum Precipitation)이라 한다.
- 대규모 수공구조물의 설계기준이 되는 우량이다.
- 수공구조물의 크기를 결정한다.

정답 06 ③ 07 ② 08 ② 09 ④

10 단면적이 200cm²인 90° 굽어진 관(1/4원의 형태)을 따라 유량 $Q=0.05\text{m}^3/\text{s}$의 물이 흐르고 있다. 이 굽어진 면에 작용하는 힘(F)은?(단, 무게 1kg=9.8N)

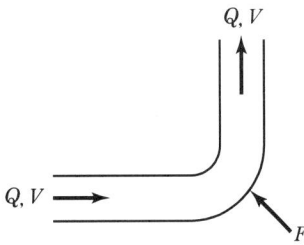

① 157N
② 177N
③ 1,570N
④ 1,770N

【해설】

$$V = \frac{Q}{A} = \frac{0.05}{200 \times 10^{-4}} = 2.5\text{m/s}$$

$$-F_x = \frac{wQ}{g}(V_2 - V_1) = \frac{1 \times 0.05}{9.8} \times (0 - 2.5) = -0.013\text{t}$$

$$\therefore F_x = 0.013\text{t}$$

$$F_y = \frac{wQ}{g}(V_2 - V_1) = \frac{1 \times 0.05}{9.8} \times (2.5 - 0) = 0.013\text{t}$$

$$F = \sqrt{F_x^2 + F_y^2} = \sqrt{0.013^2 + 0.013^2}$$
$$= 0.018\text{t} = 18\text{kg} = 176.4\text{N}$$

11 직각삼각형 예연 위어의 월류수심이 30cm일 때 이 위어를 통과하여 1시간 동안 방출된 유량은? (단, $C=0.6$임)

① 0.069m³
② 0.091m³
③ 251.3m³
④ 4.188m³

【해설】
• 직각 삼각형 위어의 월류량(m³/sec)

$$Q = \frac{8}{15} C \cdot \tan\frac{\theta}{2} \sqrt{2g}\, h^{\frac{5}{2}}$$

$$= \frac{8}{15} \times 0.6 \times \tan\frac{90}{2} \sqrt{19.6} \times 0.3^{\frac{5}{2}} \times 0.0698\text{m}^3/\text{sec}$$

• 1시간당의 방류량(m³/hr)

$$Q = 0.698\text{m}^3/\text{sec} \times 3,600 = 251.4\text{m}^3/\text{hr}$$

12 다음 그림과 같이 수심 1.5m 깊이에 직경이 0.25m이고 두께가 25mm인 프라그로 된 밸브가 설치되어 있다. 프라그의 단위중량이 7,600kg/m³일 때 프라그를 열리게 하려면 케이블로 프라그와 연결되어 물에 떠 있는 구의 최소직경(D)을 얼마로 해야 하는가?(단, 케이블과 구의 무게는 무시한다.)

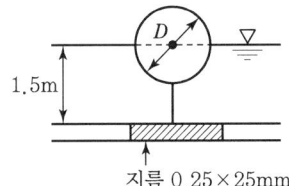

① 0.68m
② 0.56m
③ 0.50m
④ 0.25m

【해설】
밸브가 열리는 조건
밸브의 수중무게 + 작용하는 전수압 < 구의 부력
• 밸브의 수중무게
 수중무게 = 공기무게 − 부력
 $$= 7.6\left(\frac{\pi \times 0.25^2}{4} \times 0.025\right)$$
 $$-1\left(\frac{\pi \times 0.25^2}{4} \times 0.025\right) = 8.1 \times 10^{-3}\text{t}$$

• 작용하는 전수압
$$P = w \cdot h_G \cdot A = 1 \times 1.5 \times \frac{\pi \times 0.25^2}{4} = 0.074\text{t}$$

• 구의 부력
$$B = w \cdot V = 1 \times \left(\frac{\pi D^3}{6} \times \frac{1}{2}\right) = \frac{\pi D^3}{12}$$

• $0.0821 < \frac{\pi D^3}{12}$

$$\therefore D > 0.68\text{m}$$

13 평면상 x, y 방향의 속도성분이 각각 $u = -Ky$, $v = Kx$인 유선은?

① 타원
② 포물선
③ 강우량
④ 원

[해설]
- 유선방정식
$$\frac{dx}{u} = \frac{dy}{v} = \frac{dz}{w}$$
- 유선의 형태
$u = -Ky$, $v = Kx$ 대입
$$\frac{dx}{-Ky} = \frac{dy}{Kx}$$
$Kx \cdot dx = -Ky \cdot dy$
$xdx + ydy = 0$: 양변 적분하면
$x^2 + y^2 = C$
∴ 원의 방정식

14 지름이 4cm인 원관 속에 20℃의 물이 흐르고 있다. 관로 길이 1.0m 구간에서 압력강하가 0.1 g/cm²였다면 관벽의 마찰응력은?

① 0.001g/cm² ② 0.002g/cm²
③ 0.010g/cm² ④ 0.020g/cm²

[해설]
- 유체입자의 상대적인 속도차가 발생하면 점성이라는 물의 성질로 인해 발생되는 응력을 마찰응력(=전단응력)이라 한다.
- 마찰응력(τ)
$$\tau = wRI = 1 \times \left(\frac{D}{4}\right) \times \left(\frac{\Delta h}{l}\right) = 1 \times \frac{0.04}{2} \times \left(\frac{0.001}{1}\right)$$
$$= 0.00001 \text{t/m}^2 = 0.001 \text{g/cm}^2$$

15 그림과 같은 직사각형 수로에서 수로경사가 1/1,000인 경우 수로 바닥과 양벽면에 작용하는 평균 마찰응력은?

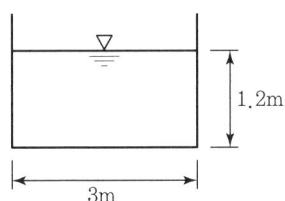

① 1.20kg/m² ② 1.05kg/m²
③ 0.67kg/m² ④ 0.82kg/m²

[해설]
- 유체입자의 상대적인 속도차가 발생하면 점성이라는 물의 성질로 인해 발생되는 응력을 마찰응력(=전단응력)이라 한다.
- 마찰응력(τ)
$$\tau = wRI = w\left(\frac{A}{P}\right)I$$
$$= 1 \times \left(\frac{3 \times 1.2}{3 + 2 \times 1.2}\right) \times \left(\frac{1}{1,000}\right) = 0.67 \text{kg/m}^2$$

16 수심 2m, 폭 4m인 콘크리트 직사각형수로의 유량은?(단, 조도계수 $n = 0.012$, 경사 $I = 0.0009$임)

① 15m³/sec ② 20m³/sec
③ 25m³/sec ④ 30m³/sec

[해설]
- Manning의 평균유속공식
$$V = \frac{1}{n} R^{\frac{2}{3}} \cdot I^{\frac{1}{2}}$$
- 수로의 유량(Q)
$$Q = A \cdot V = (2 \times 4) \times \frac{1}{0.012} \times \left(\frac{2 \times 4}{2 \times 2 + 4}\right)^{\frac{2}{3}} \times 0.0009^{\frac{1}{2}}$$
$$= 20 \text{m}^3/\text{sec}$$

17 유선(Stream line)에 대한 설명으로 가장 옳은 것은?

① 유체 입자가 움직인 경로를 말한다.
② 등류일 때만 정의될 수 있다.
③ 속도 벡터의 수직선을 연결한 선이다.
④ 각 유체입자의 속도벡터가 접선이 되는 가상적인 1개의 곡선이다.

[해설]
- 각 유체입자의 속도벡터에 공통으로 접하는 접선을 유선(Stream line)이라 한다.
- 한 유체입자의 운동경로를 유적선(Path of particle)이라 한다.
- 여러 개의 유선이 모여 만든 하나의 가상 관을 유관(Stream tube)이라 한다.

정답 14 ① 15 ③ 16 ② 17 ④

18 지하의 사질 여과층에 수두차가 0.5m이며 투과거리가 2.5m일 때 이곳을 통과하는 지하수의 유속은?(단, 투수계수는 0.3cm/sec임)

① 0.05cm/sec
② 0.06cm/sec
③ 0.04cm/sec
④ 0.03cm/sec

해설
Darcy의 법칙
$$V = K \cdot I = K \cdot \frac{\Delta h}{l} = 0.3 \times \frac{50}{250} = 0.06 \text{cm/sec}$$

19 수두 3m되는 곳에 직경 4cm의 오리피스를 만들어 물을 분출시킬 경우 유속계수가 0.95, 수축계수를 0.70이라 하면 실제유량은?

① 약 6l/sec
② 약 12l/sec
③ 약 3l/sec
④ 약 24l/sec

해설
- 유량계수(C)
  $C = C_a \cdot C_v = 0.7 \times 0.95 = 0.665$
- 작은 오리피스의 유량($h > 5D$)
  $Q = C_a V = C \cdot a \cdot \sqrt{2gh}$
  $= 0.665 \times \frac{\pi \times 0.04^2}{4} \times \sqrt{2 \times 9.8 \times 3}$
  $= 0.0064 \text{m}^3/\text{sec} = 6.4 l/\text{sec}$

20 기온에 대한 다음 설명 중 옳지 않은 것은?

① 일 평균기온은 오전 10시의 기온이다.
② 정상일 평균기온은 특정일의 30년간의 평균기온을 평균한 기온이다.
③ 월평균기온은 해당 월의 일 평균기온 중 최고치와 최저치를 평균한 기온이다.
④ 연평균기온은 해당 년의 월 평균기온을 평균한 기온이다.

해설
기온의 종류

종류	내용
일평균기온	1일 평균기온
월평균기온	해당 월의 일평균기온의 최고치와 최저치를 평균한 기온을 말한다.
정상기온	日, 月에 대한 최근 30년간 기온을 산술평균한 값을 말한다.
정상 일평균기온	특정일의 일평균기온을 30년간 산술평균한 값을 말한다.
정상 월평균기온	특정월의 월평균기온을 30년간 산술평균한 값을 말한다.

정답 18 ② 19 ① 20 ①

2025년 토목기사 제1회 수리수문학 CBT 복원문제

01 대기의 온도 t_1, 상대습도 70%인 상태에서 증발이 진행되었다. 온도가 t_2로 상승하고 대기 중의 증기압이 20% 증가하였다면 온도 t_1 및 t_2에서의 포화증기압이 각각 10.0mmHg 및 14.0mmHg라 할 때 온도 t_2에서의 상대습도는 약 얼마인가?

① 50%   ② 60%
③ 70%   ④ 80%

해설

상대습도
- 임의의 온도에서 포화증기압(e_s)에 대한 실제증기압(e)의 비
$$h = \frac{e}{e_s} \times 100(\%)$$
- t_1 ℃일 때 상대습도 70%
$$70 = \frac{e}{10} \times 100$$
$$\therefore e = 7\text{mmHg}$$
- t_2 ℃일 때 증기압이 20% 증가하였으므로
$$e = 7 \times 1.2 = 8.4\text{mmHg}$$
$$h = \frac{e}{e_s} \times 100(\%) = \frac{8.4}{14} \times 100 = 60\%$$

02 그림과 같이 유량이 Q, 유속이 V인 유관이 받는 외력 중에서 y축 방향의 힘(F_y)에 대한 계산식으로 옳은 것은?(단, ρ : 단위밀도, θ_1 및 $\theta_2 \leq 90°$, 마찰력은 무시함)

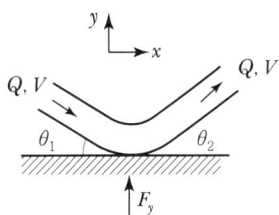

① $F_y = \rho QV(\sin\theta_2 - \sin\theta_1)$
② $F_y = -\rho QV(\sin\theta_2 - \sin\theta_1)$
③ $F_y = \rho QV(\sin\theta_2 + \sin\theta_1)$
④ $F_y = -QV(\sin\theta_2 + \sin\theta_1)/\rho$

해설

F_y의 산정
$$F_y = \rho Q(V_2 - V_1)$$
$$= \rho Q[V\sin\theta_2 - (-V\sin\theta_1)]$$
$$= \rho QV(\sin\theta_2 + \sin\theta_1)$$

03 유출에 대한 설명 중 틀린 것은?

① 직접유출은 강수 후 비교적 단시간 내에 하천으로 흘러 들어가는 부분을 말한다.
② 지표유하수(Overland Flow)가 하천에 도달한 후 다른 성분의 유출수와 합친 유수를 총 유출수라 한다.
③ 총 유출은 통상 직접유출과 기저유출로 분류된다.
④ 지하유출은 토양을 침투한 물이 지하수를 형성하는 것으로 총 유출량에는 고려되지 않는다.

해설

유출 해석 일반
- 직접유출은 강수 후 비교적 단시간 내에 하천으로 흘러 들어가는 부분을 말하며 지표면유출과 조기지표하유출이 이에 해당된다.
- 총 유출은 직접유출과 기저유출로 분류되며, 기저유출은 지하수유출과 지연지표하유출로 구성되어 있다.

04 폭 5m인 직사각형 수로에 유량 8m³/sec가 80cm의 수심으로 흐를 때 Froude 수는?

① 0.26   ② 0.71
③ 1.42   ④ 2.11

해설

Froude 수의 계산
$$V = \frac{Q}{A} = \frac{8}{(5 \times 0.8)} = 2\text{m/sec}$$
$$F_r = \frac{V}{\sqrt{gh}} = \frac{2}{\sqrt{9.8 \times 0.8}} = 0.71$$

정답 01 ② 02 ③ 03 ④ 04 ②

05 구형물체(球形物體)에 대하여 Stokes의 법칙이 적용되는 범위에서 항력계수(C_D)는?(단, R_e : Reynolds 수)

① $C_D = \dfrac{1}{R_e}$ ② $C_D = \dfrac{4}{R_e}$

③ $C_D = \dfrac{24}{R_e}$ ④ $C_D = \dfrac{64}{R_e}$

해설
항력(Drag Force)
흐르는 유체 속에 물체가 잠겨 있을 때 유체에 의해 물체가 받는 힘을 항력(Drag Force)이라 한다.

$$D = C_D \cdot A \cdot \dfrac{\rho V^2}{2}$$

여기서, C_D : 항력계수($C_D = \dfrac{24}{R_e}$)

A : 투영면적, $\dfrac{\rho V^2}{2}$: 동압력

06 단위유량도 작성 시 필요 없는 사항은?

① 직접유출량 ② 유효우량의 지속시간
③ 유역면적   ④ 투수계수

해설
단위유량도
- 단위도의 정의 : 특정 단위시간 동안 균등한 강우강도로 유역 전반에 걸쳐 균등한 분포로 내리는 단위유효우량으로 인하여 발생하는 직접유출 수문곡선
- 단위도의 구성요소
  - 직접유출량
  - 유효우량의 지속시간
  - 유역면적

07 DAD(Depth-Area-Duration) 해석에 관한 설명으로 옳은 것은?

① 최대평균우량깊이, 유역면적, 강우강도와의 관계를 수립하는 작업이다.
② 유역면적을 대수축(Logarithmic Scale)에, 최대 평균강우량을 산술축(Arithmetic Scale)에 표시한다.
③ DAD 해석 시 상대습도 자료가 필요하다.
④ 유역면적과 증발산량과의 관계를 알 수 있다.

해설
DAD 해석
최대평균우량깊이(강우량), 유역면적, 강우지속시간의 관계의 해석을 말한다.

08 완경사 수로에서 배수곡선(M_1)이 발생할 경우 각 수심 간의 관계로 옳은 것은?(단, 흐름은 완경사의 상류흐름 조건이고, y : 측정수심, y_n : 등류수심, y_c : 한계수심)

① $y > y_n > y_c$ ② $y < y_n < y_c$
③ $y > y_c > y_n$ ④ $y_n > y > y_c$

해설
부등류의 수면형[완경사 상류(常流) 구간에서의 수면곡선]
- 배수곡선 : $M_1 (y > y_n > y_c)$, $M_3 (y_n > y_c > y)$
- 저하곡선 : $M_2 (y_n > y > y_c)$

09 그림과 같은 수압기에서 B점의 원통의 무게가 2,000N(200kg), 면적이 500cm²이고 A점의 원통의 면적이 25cm²라면, 이들이 평형상태를 유지하기 위한 힘 P의 크기는?(단, A점의 원통 무게는 무시하고 관내 액체의 비중은 0.90이며, 무게 1kg = 10N이다.)

① 0.0955N(9.55g)
② 0.955N(95.5g)
③ 95.5N(9.55kg)
④ 955N(95.5kg)

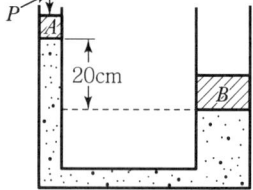

해설
힘 P의 산정(등압면에서 압력강도의 산정)

$$\dfrac{P_1}{A_1} + wh = \dfrac{P_2}{A_2} \rightarrow \dfrac{P_1}{25\text{cm}^2} + 0.9\text{t/m}^3 \times 0.2\text{m} = \dfrac{200\text{kg}}{500\text{cm}^2}$$

$$\rightarrow \dfrac{P_1}{25\text{cm}^2} + 0.018\text{kg/cm}^2 = 0.4\text{kg/cm}^2$$

∴ $P_1 = 9.55\text{kg} = 95.5\text{N}$

정답 05 ③ 06 ④ 07 ② 08 ① 09 ③

10 지름 2m인 원형 수조의 측벽 하단부에 지름 50mm의 오리피스가 설치되어 있다. 오리피스 중심으로부터 수위를 50cm로 유지하기 위하여 수조에 공급해야 할 유량은?(단, 유출구의 유량계수는 0.75이다.)

① 7.61L/sec
② 6.61L/sec
③ 5.61L/sec
④ 4.61L/sec

[해설]
오리피스 유량의 산정
$Q = CA\sqrt{2gh}$
$= 0.75 \times \dfrac{\pi \times 0.05^2}{4} \times \sqrt{2 \times 9.8 \times 0.5}$
$= 0.00461 \text{m}^3/\text{sec} \times 1{,}000$
$= 4.61 \text{L/sec}$

11 그림과 같은 굴착정(Artesian Well)의 유량을 구하는 공식은?(단, R : 영향원의 반지름, m : 피압대수층의 두께, K : 투수계수)

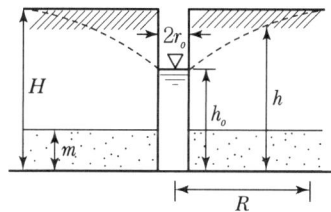

① $Q = \dfrac{2\pi m K(H+h_o)}{\ln(R/r_o)}$

② $Q = \dfrac{2\pi m K(H+h_o)}{\ln(r_o/R)}$

③ $Q = \dfrac{2\pi m K(H-h_o)}{\ln(R/r_o)}$

④ $Q = \dfrac{2\pi m K(H-h_o)}{\ln(r_o/R)}$

[해설]

종류	내용
깊은 우물 (심정호)	우물의 바닥이 불투수층까지 도달한 우물을 말한다. $Q = \dfrac{\pi K(H^2 - h_o^2)}{2.3\log(R/r_o)}$
굴착정	피압대수층의 물을 양수하는 우물을 말한다. $Q = \dfrac{2\pi m K(H - h_o)}{2.3\log(R/r_o)}$

12 직각삼각형 위어에서 월류수심의 측정에 1%의 오차가 있다고 하면 유량에 발생하는 오차는?

① 0.4%
② 0.8%
③ 1.5%
④ 2.5%

[해설]
직각삼각형의 유량오차와 수심오차의 계산
$\dfrac{dQ}{Q} = \dfrac{5}{2} \times \dfrac{dH}{H} = \dfrac{5}{2} \times 1\% = 2.5\%$

13 에너지 보정계수(α)와 운동량 보정계수(β)에 대한 설명으로 옳지 않은 것은?

① α는 속도수두를 보정하기 위한 무차원 상수이다.
② β는 운동량을 보정하기 위한 무차원 상수이다.
③ 실제유체 흐름에서는 $\beta > \alpha > 1$이다.
④ 이상유체에서는 $\alpha = \beta = 1$이다.

[해설]
에너지 보정계수 α는 속도수두, 운동량 보정계수 β는 운동량을 보정하기 위한 무차원 상수로 이상유체일 때는 보정하지 않으므로 $\alpha = \beta = 1$이며, 실제유체일 때는 $\alpha = 2$, $\beta = \dfrac{4}{3}$를 보정하므로 $\alpha > \beta$이다.

정답 10 ④ 11 ③ 12 ④ 13 ③

14 원형 댐의 월류량이 400m³/sec이고 수문을 개방하는 데 필요한 시간이 40초라 할 때 1/50 모형(模形)에서의 유량과 개방 시간은?(단, g_r은 1로 가정한다.)

① Q_m =0.0226m³/sec, T_m =5.657sec
② Q_m =1.6232m³/sec, T_m =0.825sec
③ Q_m =56.560m³/sec, T_m =0.825sec
④ Q_m =115.00m³/sec, T_m =5.657sec

[해설]
수리모형 실험
• 유량비의 계산
$$Q_r = \frac{L_r^3}{T_r} = L_r^{\frac{5}{2}}, \quad \frac{Q_p}{Q_m} = L_r^{\frac{5}{2}}$$
$$\therefore Q_m = \frac{Q_p}{L_r^{\frac{5}{2}}} = \frac{400}{50^{\frac{5}{2}}} = 0.0226 \text{m}^3/\text{sec}$$

• 시간비의 계산
$$T_r = \frac{L_r}{V_r} = \sqrt{L_r}, \quad \frac{T_p}{T_m} = \sqrt{L_r}$$
$$\therefore T_m = \frac{T_p}{\sqrt{L_r}} = \frac{40}{\sqrt{50}} = 5.657 \text{sec}$$

15 물체의 공기 중 무게는 750N(75kg)이고, 물 속에서의 무게는 150N(15kg)일 때 이 물체의 체적은?(단, 무게 1kg = 10N)

① 0.05m³   ② 0.06m³
③ 0.50m³   ④ 0.60m³

[해설]
물체의 수중무게
• 물체의 수중무게(W') : 물체의 수중무게(W')는 공기 중 무게(W)에서 부력(B)을 뺀 것과 같다.
$$W' = W - B$$

• 체적의 산정
$$0.015t = 0.075t - w_w V = 0.075t - 1 \times V$$
$$\therefore V = 0.06 \text{m}^3$$

16 그림과 같은 유역(12km×8km)의 평균강우량을 Thiessen법으로 구한 값은?(단, 1, 2, 3, 4번 관측점의 강우량은 각각 140, 130, 110, 100mm이며, 작은 사각형은 2km×2km의 정사각형으로서 모두 크기가 동일하다.)

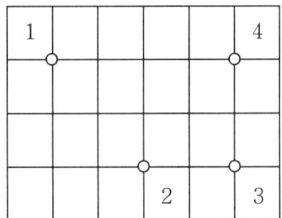

① 120mm   ② 123mm
③ 125mm   ④ 130mm

[해설]
유역의 평균우량 산정법
• Thiessen법에 의한 각 관측소의 지배면적의 산정
 − 1번 관측소 : 작은 사각형 7개 반으로 30m²
 − 2번 관측소 : 작은 사각형 7개로 28m²
 − 3번 관측소 : 작은 사각형 4개로 16m²
 − 4번 관측소 : 작은 사각형 5개 반으로 22m²

• Thiessen법에 의한 유역의 평균강우량 산정
$$P_m = \frac{\sum_{i=1}^{N} A_i P_i}{\sum_{i=1}^{N} A_i}$$
$$= \frac{(30 \times 140) + (28 \times 130) + (16 \times 110) + (22 \times 100)}{30 + 28 + 16 + 22}$$
$$= 122.9 \text{mm} ≒ 123 \text{mm}$$

17 그림에서 A점(관내)에서의 압력에 대한 설명으로 옳은 것은?(단, B점은 수면에 위치)

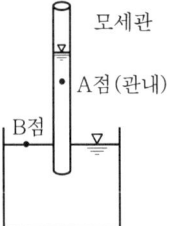

정답 14 ① 15 ② 16 ② 17 ①

① B점에서의 압력보다 낮다.
② B점에서의 압력보다 높다.
③ B점에서의 압력과 같다.
④ B점에서의 압력과 비교할 수가 없다.

해설

정수압
- 정수압의 정의 : 유체입자가 정지해 있거나 상대적 움직임이 없는 경우 받는 압력이다.
- 정수압의 크기 : 압력의 산정은 다음 식과 같다.
  $P = wh$, 압력의 크기는 수심에 비례하여 증가한다.
- ∴ B점은 A점보다 수심이 깊으므로 A점보다 B점에서의 압력이 높다.

18 물이 단면적, 수로의 재료 및 동수경사가 동일한 정사각형관과 원형관을 가득 차서 흐를 때 유량비 $\left(\dfrac{Q_s}{Q_c}\right)$는?(단, Q_s : 정사각형의 유량, Q_c : 원관의 유량, Manning 공식을 적용)

① 0.645　　　② 0.923
③ 1.083　　　④ 1.341

해설

유량비의 산정
- Manning 공식을 이용한 정사각형관과 원형관의 유량의 산정
  - 정사각형관 : $Q_s = AV = b^2 \times \dfrac{1}{n} \times R^{\frac{2}{3}} \times I^{\frac{1}{2}}$
  - 원형관 : $Q_c = AV = \dfrac{\pi \times D^2}{4} \times \dfrac{1}{n} \times R^{\frac{2}{3}} \times I^{\frac{1}{2}}$
- 관계의 설정 : 단면적이 동일하므로
  $b^2 = \dfrac{\pi \times D^2}{4}$
  ∴ $b = \dfrac{\sqrt{\pi} \times D}{2}$
- 경심 R의 산정
  - 정사각형 단면 : $R_s = \dfrac{b^2}{4b} = \dfrac{\sqrt{\pi} D}{8}$
  - 원형 단면 : $R_c = \dfrac{D}{4}$
- 유량비의 산정
  단면적, 수로의 재료, 동수경사가 동일할 때의 유량비의 산정

$$\dfrac{Q_s}{Q_c} = \dfrac{A \times \dfrac{1}{n} \times R_s^{\frac{2}{3}} \times I^{\frac{1}{2}}}{A \times \dfrac{1}{n} \times R_c^{\frac{2}{3}} \times I^{\frac{1}{2}}} = \dfrac{\left(\dfrac{\sqrt{\pi} D}{8}\right)^{\frac{2}{3}}}{\left(\dfrac{D}{4}\right)^{\frac{2}{3}}} = 0.923$$

19 Darcy의 법칙($V = KI$)에 대한 설명으로 옳은 것은?

① 정상류의 흐름에서는 층류와 난류에 상관없이 식을 적용할 수 있다.
② V는 동수경사와는 관계없이 흙의 특성에 좌우된다.
③ K의 차원은 [LT]이며 단위는 [Darcy]로도 표시한다.
④ K는 투수계수이며 흙입자의 모양 및 크기, 유체의 점성 등에 의해 변화한다.

해설

- Darcy의 법칙
  $V = K \cdot I = K \cdot \dfrac{h_L}{L}$, $Q = A \cdot V = A \cdot K \cdot I = A \cdot K \cdot \dfrac{h_L}{L}$
- 해석
  - 지하수의 유속은 동수경사(I)에 비례한다.
  - 동수경사(I)는 무차원이므로 투수계수는 유속과 동일 차원을 갖는다[LT^{-1}].
  - Darcy의 법칙은 층류에만 적용된다.
  - K는 투수계수이며 흙입자의 모양 및 크기, 유체의 점성 등에 의해 변화한다.

20 개수로에서 도수가 발생할 때 도수 전의 수심이 0.5m, 유속이 7m/sec이면 도수 후의 수심은?

① 2.5m　　　② 2.0m
③ 1.8m　　　④ 1.5m

해설

도수 후의 수심 계산

$Fr_1 = \dfrac{V_1}{\sqrt{gh_1}} = \dfrac{7}{\sqrt{9.8 \times 0.5}} = 3.16$

$h_2 = -\dfrac{h_1}{2} + \dfrac{h_1}{2}\sqrt{1 + 8Fr_1^2}$

$= -\dfrac{0.5}{2} + \dfrac{0.5}{2}\sqrt{1 + 8 \times 3.16^2}$

$= 1.998\text{m} ≒ 2.0\text{m}$

정답　18 ②　19 ④　20 ②

2025년 토목기사 제2회 수리수문학 CBT 복원문제

01 직경 10cm인 연직관 속에 높이 1m만큼 모래가 들어있다. 모래면 위의 수위를 10cm로 일정하게 유지시켰더니 투수량 $Q = 4$L/hr이였다. 이때 모래의 투수계수 K는?

① 0.4m/hr ② 0.5m/hr
③ 3.8m/hr ④ 5.1m/hr

해설
- Darcy의 법칙
$$Q = A \cdot V = A \cdot K \cdot I = A \cdot K \cdot \frac{h_L}{L}$$
- 지하수 유량의 산정
$$K = \frac{Q}{AI} = \frac{0.004}{\frac{\pi \times 0.1^2}{4} \times \frac{0.1}{1}} = 5.1 \text{m/hr}$$

02 Manning 공식을 사용한 개수로 내 등류의 통수능(通水能) K_o는?(단, A_o : 유수단면적, n : 조도계수, R_o : 수리평균심, I_o : 등류 때의 수면경사이다.)

① $A_o \frac{1}{n} R_o^{\frac{2}{3}} I_o^{\frac{1}{2}}$ ② $\frac{1}{n} R_o^{\frac{2}{3}}$
③ $\frac{1}{n} A_o R_o^{\frac{2}{3}}$ ④ $A_o R_o^{\frac{2}{3}}$

해설
통수능
- 개수로 단면의 흐름의 특성을 K의 형태를 나타낸 것을 통수능이라 한다.
- 통수능
$$Q = AV = A_o \frac{1}{n} R_o^{\frac{2}{3}} I_o^{\frac{1}{2}} = K_0 I_o^{\frac{1}{2}}$$
$$\therefore \text{통수능 } K_0 = A_o \frac{1}{n} R_o^{\frac{2}{3}}$$

03 다음 중 베르누이(Bernoulli)의 정리를 응용한 것이 아닌 것은?

① 토리첼리(Torricelli)의 정리
② 피토관(Pitot Tube)
③ 벤투리미터(Venturimeter)
④ 파스칼(Pascal)의 원리

해설
베르누이의 정리의 응용
토리첼리의 정리, 피토관방정식, 벤투리미터는 모두 베르누이의 정리를 응용하여 유도하였으며, 파스칼의 원리는 베르누이의 정리와 무관하다.

04 10℃의 물방울 지름이 3mm일 때 그 내부와 외부의 압력차는?(단, 10℃에서의 표면장력은 75 dyne/cm이다.)

① 250dyne/cm^2
② 500dyne/cm^2
③ 1,000dyne/cm^2
④ 2,000dyne/cm^2

해설
표면장력
- 유체입자 간의 응집력으로 인해 그 표면적을 최소화시키려는 힘을 표면장력이라 한다.
$$T = \frac{PD}{4}$$
- 압력차의 산정
$$P = \frac{4T}{D} = \frac{4 \times 75}{0.3} = 1,000 \text{dyne/cm}^2$$

05 지름 25cm, 길이 1m의 원주가 연직으로 물에 떠 있을 때, 물속에 가라앉은 부분의 길이가 70cm라면 원주의 무게는?(단, 무게 1kg = 10N)

① 252.5N ② 343.6N
③ 423.5N ④ 503.0N

해설
부체의 평형조건
- 부체의 평형조건
$W(무게) = B(부력),\ w \cdot V = w_w \cdot V'$
- 원주의 무게
$$W = w_w \cdot V' = 1 \times \left(\frac{\pi \times 0.25^2}{4} \times 0.7 \right)$$
$$= 0.03436 \text{t} = 34.36 \text{kg} = 343.6 \text{N}$$

정답 01 ④ 02 ③ 03 ④ 04 ③ 05 ②

06 그림과 같은 노즐에서 유량을 구하기 위한 식으로 옳은 것은?(단, C는 유속계수이다.)

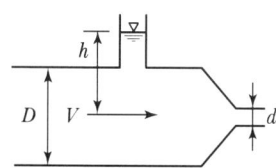

① $C \cdot \dfrac{\pi d^2}{4} \sqrt{\dfrac{2gh}{1-C^2(d/D)^2}}$

② $C \cdot \dfrac{\pi d^2}{4} \sqrt{\dfrac{2gh}{1-C^2(d/D)^4}}$

③ $\dfrac{\pi d^4}{4} \sqrt{\dfrac{2gh}{1-C^2(d/D)^2}}$

④ $C \cdot \dfrac{\pi d^2}{4} \sqrt{2gh}$

> **해설**
>
> 노즐의 유량
>
> - 실제 유속 : $V = C_v \sqrt{\dfrac{2gh}{1-\left(\dfrac{Ca}{A}\right)^2}}$
>
> - 실제 유량 : $Q = Ca \sqrt{\dfrac{2gh}{1-\left(\dfrac{Ca}{A}\right)^2}}$
>
> ∴ 그림의 조건을 대입하면
>
> $Q = C \dfrac{\pi d^2}{4} \sqrt{\dfrac{2gh}{1-C^2(d/D)^4}}$

07 지하수의 흐름에서 Darcy 법칙을 사용할 때의 가정조건으로 옳지 않은 것은?

① 흐름은 정상류이다.
② 다공층의 매질은 균일하며 동질이다.
③ 유속은 입자 사이를 흐르는 평균이론유속이다.
④ 흐름이 층류보다는 난류인 경우에 더욱 정확하다.

> **해설**
>
> Darcy의 법칙 특징
>
> - 지하수의 유속은 동수경사(I)에 비례한다.
> - 동수경사(I)는 무차원이므로 투수계수는 유속과 동일 차원을 갖는다.
> - Darcy의 법칙은 정상류 흐름에 층류에만 적용된다.
> - 다공층의 매질은 균일하며 동질이다.

08 그림과 같이 여수로(餘水路) 위로 단위폭당 유량 $Q = 3.27\text{m}^3/\text{sec}$가 월류할 때 ㉠ 단면의 유속 $V_1 = 2.04\text{m/sec}$, ㉡ 단면의 유속 $V_2 = 4.67\text{m/sec}$라면, 댐에 가해지는 수평성분의 힘은?(단, 무게 1kg = 10N이고, 이상유체로 가정한다.)

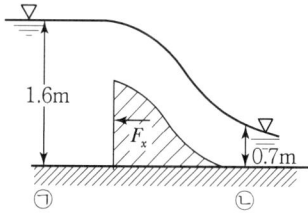

① 1,570N/m(157kg/m)
② 2,450N/m(245kg/m)
③ 6,470N/m(647kg/m)
④ 12,800N/m(1,280kg/m)

> **해설**
>
> 역적 – 운동량 방정식
>
> - 역적 – 운동량 방정식
>
> $P_1 - F_x - P_2 = \dfrac{wQ}{g}(V_2 - V_1)$
>
> - 각 힘들의 해석
>
> $P_1 = wh_G A = 1 \times \dfrac{1.6}{2} \times (1 \times 1.6) = 1.28\text{t}$
>
> $P_2 = wh_G A = 1 \times \dfrac{0.7}{2} \times (1 \times 0.7) = 0.245\text{t}$
>
> - 역적 – 운동량 방정식에 대입
>
> $1.28 - F_x - 0.245 = \dfrac{1 \times 3.27}{9.8}(4.67 - 2.04)$
>
> ∴ $F_x = 0.157\text{t} = 157\text{kg}$
>
> 단위폭당 댐에 가해지는 힘을 구하면
>
> ∴ $F_x = 0.157\text{t/m} = 157\text{kg/m} = 1,570\text{N/m}$

정답 06 ② 07 ④ 08 ①

2025년 토목기사 제2회 수리수문학 CBT 복원문제

09 단위중량 w 또는 밀도 ρ인 유체가 유속 V로서 수평방향으로 흐르고 있다. 직경 d, 길이 l인 원주가 유체의 흐름방향에 직각으로 중심축을 가지고 놓였을 때 원주에 작용하는 항력(D)은?(단, C : 항력계수, g : 중력가속도)

① $D = C \cdot \dfrac{\pi d^2}{4} \cdot \dfrac{wV^2}{2}$

② $D = C \cdot d \cdot l \cdot \dfrac{wV^2}{2}$

③ $D = C \cdot \dfrac{\pi d^2}{4} \cdot \dfrac{\rho V^2}{2}$

④ $D = C \cdot d \cdot l \cdot \dfrac{\rho V^2}{2}$

[해설]
항력(Drag Force)
흐르는 유체 속에 물체가 잠겨 있을 때 유체에 의해 물체가 받는 힘을 항력이라 한다.

$D = C_D \cdot A \cdot \dfrac{\rho V^2}{2}$

여기서, C_D : 항력계수($C_D = \dfrac{24}{R_e}$)

A : 투영면적, $\dfrac{\rho V^2}{2}$: 동압력

∴ $D = C_D \cdot A \cdot \dfrac{\rho V^2}{2} = C \cdot d \cdot l \cdot \dfrac{\rho V^2}{2}$

10 Chezy의 평균유속 공식($C\sqrt{RI}$)에서 C의 차원은?

① $[L^{1/2}T^{-1}]$ ② $[LMT^{-2}]$
③ $[MT^{-2}]$ ④ $[L^{-3}M]$

[해설]
물리량의 차원
• 차원 : 물리량의 크기를 질량[M], 길이[L], 시간[T], 힘[F]의 지수형태로 표기한 값
• C의 차원
  $V = C\sqrt{RI}$
  ∴ $C = \dfrac{V}{\sqrt{RI}} = \dfrac{\text{m/sec}}{\text{m}^{\frac{1}{2}}} = \text{m}^{\frac{1}{2}}/\text{sec} = [L^{\frac{1}{2}}T^{-1}]$

11 강수량 자료를 분석하는 방법 중 이중누가해석(Double Mass Analysis)에 대한 설명으로 옳은 것은?

① 강수량 자료의 일관성을 검증하기 위하여 이용한다.
② 강수의 지속기간을 알기 위하여 이용한다.
③ 평균 강수량을 계산하기 위하여 이용한다.
④ 결측자료를 보완하기 위하여 이용한다.

[해설]
이중누가해석(Double Mass Analysis)
수십 년에 걸친 장기간의 강수자료의 일관성(Consistency) 검증을 위해 이중누가해석을 실시한다.

12 강우강도(I), 지속시간(D), 생기빈도(F) 관계를 표현하는 $I-D-F$ 관계식 $I = \dfrac{kT^x}{t^n}$에 대한 설명으로 틀린 것은?

① t : 강우의 지속시간(min)으로서, 강우가 계속 지속될수록 강우강도(I)는 커진다.
② I : 단위시간에 내리는 강우량(mm/hr)인 강우강도이며 각종 수문학적 해석 및 설계에 필요하다.
③ T : 강우의 생기빈도를 나타내는 연수(年數)로서 재현기간(년)을 말한다.
④ k, x, n : 지역에 따라 다른 값을 가지는 상수이다.

[해설]
IDF 관계
• 강우강도(I), 지속시간(D), 생기빈도(F)의 관계를 나타낸다.
  $I = \dfrac{kT^x}{t^n}$
• 해석
  – t는 강우지속시간(min)을 나타내며, 지속시간이 길어지면 강우강도(I)는 작아진다.
  – I는 단위시간에 내리는 강우량(mm/hr)인 강우강도이며 각종 수문학적 해석 및 설계에 필요하다.
  – T는 강우의 생기빈도를 나타내는 연수로서 재현기간을 말한다.
  – k, x, n은 지역에 따른 값을 갖는 상수이다.

정답 09 ④ 10 ① 11 ① 12 ①

13 단면적 20cm²인 원형 오리피스(Orifice)가 수면에서 3m의 깊이에 있을 때, 유출수의 유량은? (단, 물통의 수면은 일정하고 유량계수는 0.6이라 한다.)

① 0.0014m³/sec
② 0.0092m³/sec
③ 14.4400m³/sec
④ 15.2400m³/sec

[해설]

오리피스
- 작은 오리피스의 유량
  $Q = CA\sqrt{2gh}$
- 유량의 산정
  $Q = CA\sqrt{2gh} = 0.6 \times 0.002 \times \sqrt{2 \times 9.8 \times 3}$
  $= 0.0092\text{m}^3/\text{sec}$

14 다음 설명 중 옳지 않은 것은?

① 자연하천에서 대부분 동일 수위에 대한 수위 상승 시와 하강 시의 유량이 다르다.
② 수위-유량 관계곡선의 연장방법인 Stevens법은 Chezy의 유속공식을 이용한다.
③ 유량누가곡선의 경사가 급하면 홍수가 드물고 지하수의 하천방출이 크다.
④ 합리식은 어떤 배수영역에 발생한 강우강도와 첨두유량 간 관계를 나타낸다.

[해설]

수문학 일반사항
- 수위-유량 관계곡선에서 자연하천에서는 대부분 동일 수위에 대한 수위 상승 시와 하강 시의 유량이 다르다.
- 수위-유량 관계곡선의 연장방법의 하나인 Stevens법은 Chezy의 유속공식을 이용한다.
- 유량누가곡선의 경사가 급하면 홍수가 발생되고 지하수의 하천방출이 크다.
- 합리식은 도시지역의 우수유출량을 산정하는 데 활용하는 공식으로 어떤 배수영역에 강우강도와 첨두유량 간의 관계를 나타낸다.

15 유출량 자료가 없는 경우에 유역의 토양특성과 식생피복상태 등에 대한 상세한 자료만으로서도 총우량으로부터 유효우량을 산정할 수 있는 방법은?

① f-지표법
② ϕ-지표법
③ W-지표법
④ SCS법

[해설]

SCS 초과우량 산정방법
- 유출량 자료가 없는 경우 유역의 토양특성과 식생피복상태 및 선행강수조건 등에 대한 상세한 자료만으로 총우량으로부터 유효우량을 산정할 수 있는 방법을 SCS 유출곡선지수방법이라 한다.
- SCS 유효우량 산정방법에서는 유효우량의 크기에 직접적으로 영향을 미치는 인자로서 강우가 있기 이전의 유역의 선행토양수분조건과 유역을 형성하고 있는 토양의 종류와 토지이용상태 및 식생피복의 처리상태, 그리고 토양의 수문학적 조건 등을 고려하였다.
- 유출곡선지수(CN)는 총우량으로부터 유효우량의 잠재력을 표시하는 지수이다.
- 투수성 지역의 유출곡선지수는 불투수성 지역의 유출곡선지수보다 적은 값을 갖는다.
- 선행토양함수조건은 1년을 성수기와 비성수기로 나누어 각 경우에 대하여 3가지 조건(AMC-Ⅰ, AMC-Ⅱ, AMC-Ⅲ)으로 구분하고 있다.

16 개수로에서 수로 수심이 1.5m인 직사각형 단면일 때 수리적으로 유리한 단면으로 계산한 수로의 경심(동수반경)은?

① 0.75m
② 1.0m
③ 1.25m
④ 1.5m

[해설]

수리학적 유리한 단면
- 일정한 단면적에 유량이 최대로 흐를 수 있는 단면을 수리학적 유리한 단면이라 한다.
  - 경심(R)이 최대이거나 윤변(P)이 최소인 단면
  - 직사각형의 경우 $B = 2H$, $R = \dfrac{H}{2}$ 이다.
- 동수반경의 산정
  $R = \dfrac{H}{2} = \dfrac{1.5}{2} = 0.75\text{m}$

정답 13 ② 14 ③ 15 ④ 16 ①

17 용기 속에 수은을 넣었더니 그 높이가 30cm이었다. 이 용기의 밑바닥에서 받는 단위 면적당 무게는?(단, 수은의 비중 : 13.6, 무게 1kg = 10N)

① 40kPa(408g/cm²)
② 30kPa(306g/cm²)
③ 20kPa(204g/cm²)
④ 10kPa(102g/cm²)

[해설]
수면과 평형인 면이 받는 압력
• 수면과 평형인 면이 받는 압력
    $P = whA$
• 압력의 계산
    $P = whA = 13.6 \text{g/cm}^3 \times 30 \text{cm} = 408 \text{g/cm}^2$

18 유량 20m³/sec, 유효낙차 50m인 수력지점의 이론수력은?

① 1,000kW
② 4,900kW
③ 9,800kW
④ 10,000kW

[해설]
동력의 산정
• 양수에 필요한 동력($H_e = h + \Sigma h_L$)
    $P = \dfrac{9.8 Q H_e}{\eta}$ (kW)
    $P = \dfrac{13.3 Q H_e}{\eta}$ (HP)
• 수차의 출력($H_e = h - \Sigma h_L$)
    $P = 9.8 Q H_e \eta$ (kW)
    $P = 13.3 Q H_e \eta$ (HP)
• 이론수력의 산정
    $P = 9.8 Q H_e \eta = 9.8 \times 20 \times 50 = 9,800 \text{kW}$

19 물이 가득 차서 흐르는 원형 관수로에서 마찰손실계수 f를 Manning의 조도계수 n과 연관시킨 식으로 옳은 것은?(단, d : 관지름, R : 동수반경, g : 중력가속도)

① $f = \dfrac{124.5 n^2}{d^{1/3}}$ ② $f = \dfrac{8gn^2}{d^{1/3}}$

③ $f = \dfrac{124.5 n^2}{R^{1/3}}$ ④ $f = \dfrac{8gn^2}{R^{1/3}}$

[해설]
마찰손실계수
• R_e 수와의 관계
• 원관 내 층류 : $f = \dfrac{64}{R_e}$
• 조도계수 n과의 관계
    $f = \dfrac{124.5 n^2}{D^{\frac{1}{3}}}$
• Chezy 유속계수 C와의 관계
    $f = \dfrac{8g}{C^2}$

20 S-curve와 가장 관계가 먼 것은?

① 직접유출 수문곡선
② 단위도의 지속시간
③ 평형 유출량
④ 등우선도

[해설]
S-curve
• S-curve는 단위도의 지속시간을 변환하는 방법이다.
• 단위도에서 유출유량이 평형상태에 도달하는 경우 S-곡선을 얻는다.
• 단위도는 직접유출 수문곡선이다.
∴ S-curve와 가장 관계가 먼 것은 등우선도이다.

정답 17 ① 18 ③ 19 ① 20 ④

2025년 토목기사 제3회 수리수문학 CBT 복원문제

01 직각삼각형 위어에서 월류수심의 측정에 2%의 오차가 생겼다면 유량에는 몇 %의 오차가 생기겠는가?

① 2%
② 2.5%
③ 4%
④ 5%

해설

직각삼각형 위어의 유량오차와 수심오차의 계산
$$\frac{dQ}{Q} = \frac{5}{2} \times \frac{dH}{H} = \frac{5}{2} \times 2\% = 5\%$$

02 다음 중 도수(Hydraulic Jump)의 길이 산정에 관한 공식이 아닌 것은?

① Safranez 공식
② Smetana 공식
③ Bakhmeteff-Matzke 공식
④ Chezy 공식

해설

도수의 길이를 산정하는 공식이 아닌 것은 Chezy 공식이다.

03 도수(Hydraulic Jump) 전후의 수심 h_1, h_2의 관계를 도수 전의 후르드수 Fr_1의 함수로 표시한 것으로 옳은 것은?

① $\dfrac{h_1}{h_2} = \dfrac{1}{2}(\sqrt{8Fr_1^2 + 1} - 1)$
② $\dfrac{h_1}{h_2} = \dfrac{1}{2}(\sqrt{8Fr_1^2 + 1} + 1)$
③ $\dfrac{h_2}{h_1} = \dfrac{1}{2}(\sqrt{8Fr_1^2 + 1} - 1)$
④ $\dfrac{h_2}{h_1} = \dfrac{1}{2}(\sqrt{8Fr_1^2 + 1} + 1)$

해설

도수 후의 수심
$$h_2 = -\frac{h_1}{2} + \frac{h_1}{2}\sqrt{1 + 8Fr_1^2}$$
$$\therefore \frac{h_2}{h_1} = \frac{1}{2}(\sqrt{8Fr_1^2 + 1} - 1)$$

04 다음 설명 중 옳지 않은 것은?

① 유량빈도곡선의 경사가 급하면 홍수가 빈번함을 의미한다.
② 수위-유량 관계곡선의 연장방법에는 전대수지방법, Stevens의 방법 등이 있다.
③ 자연하천에서 대부분의 동일수위에 대한 수위 상승 시와 하강 시의 유량은 같게 유지된다.
④ 합리식은 어떤 배수영역에 발생한 강우강도와 첨두유량 간의 관계를 나타낸다.

해설

수문학 일반사항
- 유량빈도곡선의 경사가 급하면 홍수가 빈번함을 의미한다.
- 수위-유량 관계곡선의 연장방법에는 전대수지법, Stevens의 방법, Manning 공식에 의한 방법 등이 있다.
- 자연하천에서 대부분 동일수위에 대한 수위 상승 시와 하강 시의 유량이 다르게 되어 자연하천에서 수위-유량 관계곡선은 Loop형을 띠게 된다.
- 합리식은 어떤 배수영역에 발생한 강우강도와 첨두유량 간의 관계를 나타낸다.
$$Q = \frac{1}{3.6}CIA$$
여기서, Q : 첨두유량, C : 유출계수
I : 강우강도, A : 배수면적

05 단위도(단위유량도)에 대한 설명으로 옳지 않은 것은?

① 단위도의 3가정은 일정기저시간 가정, 비례 가정, 중첩 가정이다.
② 단위도는 기저유량과 직접유출량을 포함하는 수문곡선이다.

정답 01 ④ 02 ④ 03 ③ 04 ③ 05 ②

③ S-curve를 이용하여 단위도의 단위시간을 변경할 수 있다.
④ Snyder는 합성단위도법을 연구 발표하였다.

해설

단위유량도
- 단위도의 정의 : 특정단위 시간 동안 균등한 강우강도로 유역 전반에 걸쳐 균등한 분포로 내리는 단위유효우량으로 인하여 발생하는 직접유출 수문곡선
- 단위도의 구성요소
  - 직접유출량
  - 유효우량 지속시간
  - 유역면적
- 단위도의 3가정
  - 일정기저시간 가정
  - 비례 가정
  - 중첩 가정
- 단위도의 지속시간 변경
  - 정수배 방법
  - S-curve 방법
- 합성단위유량도
  - Snyder
  - SCS 무차원 단위도
  - Nakayasu의 종합 단위도법

06 다음 중 이상유체(Ideal Fluid)의 정의를 옳게 설명한 것은?

① 뉴턴(Newton)의 점성법칙을 만족하는 유체
② 비점성, 비압축성인 유체
③ 점성이 없는 모든 유체
④ 오염되지 않은 순수한 유체

해설

유체의 종류
- 이상유체(=완전유체) : 비점성, 비압축성 유체
- 실제유체 : 점성, 압축성 유체

07 관수로 흐름에 대한 설명으로 옳지 않은 것은?

① 자유표면이 존재하지 않는다.
② 관수로 내의 흐름이 층류인 경우 포물선 유속분포를 이룬다.
③ 관수로 내의 흐름에서는 점성저층(층류저층)이 존재하지 않는다.
④ 관수로의 전단응력은 반지름에 비례한다.

해설

관수로 흐름의 특성
- 자유수면이 존재하지 않으며, 흐름의 원동력은 압력과 점성력인 수로를 관수로라 한다.
- 관수로 내 흐름이 층류인 경우 유속은 중앙에서 최대이고 벽에서 0에 가까운 포물선 분포한다.
- 관수로 내의 흐름에서 매끈한 관의 난류에는 층류저층이 발생한다.
- 관수로의 전단응력은 반지름에 비례한다.

08 에너지 보정계수에 대한 설명으로 옳은 것은?(단, A : 흐름단면적, v : 미소유관의 유속, V : 평균유속, dA : 미소유관의 흐름단면적)

① 연속방정식에 적용된다.
② 속도수두의 단위를 갖고 있다.
③ $\dfrac{1}{A}\int_A \left(\dfrac{v}{V}\right)^3 dA$ 로 표시된다.
④ $\dfrac{1}{A}\int_A \left(\dfrac{v}{V}\right)^2 dA$ 로 표시된다.

해설

에너지 보정계수는 속도수두, 운동량 보정계수는 운동량을 보정하기 위한 무차원 상수로 에너지 보정계수= $\dfrac{1}{A}\int_A \left(\dfrac{v}{V}\right)^3 dA$ 이고, 운동량 보정계수= $\dfrac{1}{A}\int_A \left(\dfrac{v}{V}\right)^2 dA$ 이다.

정답 06 ② 07 ③ 08 ③

09 그림에서 손실수두가 $\dfrac{3V^2}{2g}$일 때 지름 0.1m의 관을 통과하는 유량은?(단, 수면은 일정하게 유지된다.)

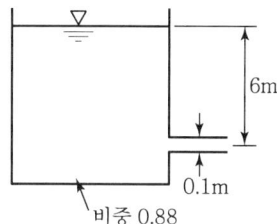

① 0.085m³/sec ② 0.0426m³/sec
③ 0.0399m³/sec ④ 0.0798m³/sec

Bernoulli 정리를 이용한 유량의 산정
변화가 일어나지 않는 단면(수조단면)을 1번 단면 변화가 일어나는 단면(관 끝)을 2번 단면으로 하고 Bernoulli 정리를 적용한다.

$$z_1 + \frac{p_1}{w} + \frac{v_1^2}{2g} = z_2 + \frac{p_2}{w} + \frac{v_2^2}{2g} + h_L$$

여기서,
- 수평기준면을 잡으면 위치수두 z_1, z_2는 소거된다.
- 1번 단면의 압력수두는 6m, 2번 단면의 압력수두는 대기와 접해 있으므로 0이다.
- 1번 단면의 속도수두는 무시할 정도로 적으므로 0으로 잡고 정리하면

$$6 = \frac{v^2}{2g} + \frac{3v^2}{2g} \rightarrow v$$에 관해서 정리하면

$$\therefore v = 5.422\text{m/sec}$$

- 유량의 산정

$$Q = AV = \pi \times \frac{0.1^2}{4} \times 5.422 = 0.0426\text{m}^3/\text{sec}$$

10 각 변의 길이가 2cm×3cm인 직사각형 단면의 매끈한 관에 평균유속 1.0m/s로 물이 흐른다. 관의 길이 100m 구간에서 발생하는 손실수두는 (단, 관의 마찰손실계수 $f = 0.03$이다.)

① 3.2m ② 6.4m
③ 13.8m ④ 25.5m

해설
마찰손실수두의 산정
- Darcy – Weisbach의 마찰손실수두
$$h_L = f\frac{l}{D}\frac{V^2}{2g}$$
- 동수반경
  - 동수반경 $R = \dfrac{A}{P}$
  - 원형관의 동수반경 $R = \dfrac{D}{4}$
  $\therefore D = 4R$
- 동수반경 조건을 Darcy – Weisbach의 공식에 적용
$$h_L = f\frac{l}{4R}\frac{V^2}{2g}$$
- 비원형 단면에서의 손실수두
동수반경의 산정 : $R = \dfrac{A}{P} = \dfrac{0.02 \times 0.03}{(0.02+0.03) \times 2} = 0.006\text{m}$
$$\therefore h_L = f\frac{l}{4R}\frac{V^2}{2g}$$
$$= 0.03 \times \frac{100}{4 \times 0.006} \times \frac{1^2}{2 \times 9.8}$$
$$= 6.4\text{m}$$

11 반지름($\overline{OP}$)이 6m이고, $\theta' = 30°$인 수문이 그림과 같이 설치되었을 때 수문에 작용하는 전수압(저항력)은?

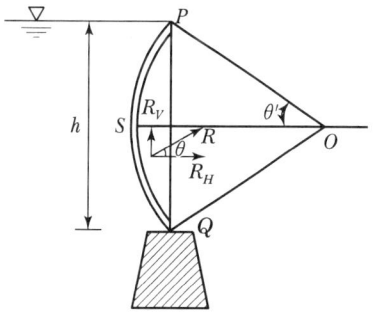

① 159.5kN/m ② 169.5kN/m
③ 179.5kN/m ④ 189.5kN/m

해설

곡면이 받는 전수압
- 수평분력의 산정
$$P_H = wh_G A$$
$$= 1 \times \frac{6\sin 30° \times 2}{2} \times (6\sin 30° \times 2 \times 1) = 18t$$

- 연직분력의 산정
$$P_V = W = wV$$
$$= 1 \times \left[\left(\pi \times 6^2 \times \frac{60°}{360°}\right) - \left(\frac{1}{2} \times 6 \times 6 \times \sin 60°\right)\right] \times 1$$
$$= 3.25t$$

- 합력의 산정
$$P = \sqrt{P_H^2 + P_V^2} = \sqrt{18^2 + 3.25^2} = 18.291t$$

- 단위폭당 전수압
$$18.291t/m \times 9.8 = 179.3kN/m$$

12 수문곡선에 대한 설명으로 옳지 않은 것은?

① 하천유로상의 임의의 한 점에서 수문량의 시간에 대한 관계곡선이다.
② 초기에는 지하수에 의한 기저유출만이 하천에 존재한다.
③ 시간이 경과함에 따라 지수분포형의 감수곡선이 된다.
④ 표면유출은 점차적으로 수문곡선을 하강시키게 된다.

해설

수문곡선
- 정의 : 하천의 어느 단면에서 3개의 유출성분(지표면, 지표하, 지하수유출)이 복합되어 나타나는 수위 혹은 유량의 시간적인 변화 상태를 표시하는 곡선으로 우량주상도와 함께 단기호우와 홍수유출 간의 관계를 해석하는 데 필수적인 자료가 된다.
- 해석
  - 초기에는 지하수에 의한 기저유출만이 하천에 존재한다.
  - 시간이 경과함에 따라 지수분포형의 감수곡선이 된다.
  - 표면유출이 시작되면 수문곡선은 점차적으로 상승하게 된다.

13 다음 중 DAD 해석 시 직접적으로 불필요한 요소는?

① 자기우량 기록지 ② 유역면적
③ 최대 강우량 기록 ④ 상대습도

해설

DAD(Depth-Area-Duration) 해석
- DAD 해석은 최대평균우량깊이(강우량), 유역면적, 강우지속시간의 관계의 해석을 말한다.
- DAD 해석
  - DAD 해석을 위해서는 지속시간별 최대평균우량깊이(강우량), 유역면적, 강우지속시간 등의 자료가 필요하다.
  - 최대평균우량은 지속시간에 비례한다.
  - 최대평균우량은 유역면적에 반비례한다.
  - 최대평균우량은 재현기간에 비례한다.
∴ DAD 해석 시 불필요한 것은 상대습도이다.

14 오리피스의 표준단관에서 유속계수가 0.78이었다면 유량계수는?

① 0.66 ② 0.70
③ 0.74 ④ 0.78

해설

표준단관
- 표준단관 : 유입단의 길이가 직경의 2~3배 정도이고 유입부의 형상이 수축단면의 형상을 내부에 만들어 놓은 관을 말한다.
- 특징 : 수축단면의 형상을 내부에 만들어 놓은 관으로 수축계수 $C_a = 1$이다.
- 유량계수
$$C = C_a C_v = 1 \times 0.78 = 0.78$$

15 2개의 불투수층 사이에 있는 대수층의 두께 a, 투수계수 K인 곳에 반지름 r_o인 굴착정(Artesian Well)을 설치하고 일정 양수량 Q를 양수하였더니, 양수 전 굴착정 내의 수위 H가 h_o로 강하하여 정상흐름이 되었다. 굴착정의 영향원 반지름을 R이라 할 때 $(H - h_0)$의 값은?

① $\dfrac{2Q}{\pi aK}\ln\left(\dfrac{R}{r_o}\right)$ ② $\dfrac{Q}{2\pi aK}\ln\left(\dfrac{R}{r_o}\right)$

③ $\dfrac{2Q}{\pi aK}\ln\left(\dfrac{r_o}{R}\right)$ ④ $\dfrac{Q}{2\pi aK}\ln\left(\dfrac{r_o}{R}\right)$

> [해설]
- 우물의 수리

종류	내용
깊은 우물 (심정호)	우물의 바닥이 불투수층까지 도달한 우물을 말한다. $Q = \dfrac{\pi K(H^2 - h_o^2)}{2.3\log(R/r_o)}$
굴착정	피압대수층의 물을 양수하는 우물을 말한다. $Q = \dfrac{2\pi aK(H - h_o)}{2.3\log(R/r_o)}$

- 굴착정의 양수량 공식

$$Q = \frac{2\pi aK(H - h_o)}{2.3\log(R/r_o)} = \frac{2\pi aK(H - h_o)}{\ln(R/r_o)}$$

$$\therefore (H - h_o) = \frac{Q}{2\pi aK}\ln(R/r_o)$$

16 다음 중 물의 순환에 관한 설명으로 틀린 것은?

① 지구상에 존재하는 수자원이 대기원을 통해 지표면에 공급되고, 지하로 침투하여 지하수를 형성하는 등 복잡한 반복과정이다.
② 지표면 또는 바다로부터 증발된 물이 강수, 침투 및 침루, 유출 등의 과정을 거치는 물의 이동현상이다.
③ 물의 순환과정은 성분과정 간의 물의 이동이 일정률로 연속된다는 것을 의미한다.
④ 물의 순환과정 중 강수, 증발 및 증산은 수문기상학 분야이다.

> [해설]

물의 순환과정
- 지구상에 존재하는 수자원이 대기원을 통해 강수의 형태로 지표면에 공급되고, 지하로 침투되고 침루를 통해 지하수를 형성하는 등 복잡한 반복과정을 거친다.
- 지표면 또는 바다로부터 증발된 물이 강수, 침투 및 침루, 유출 등의 과정을 거치는 물의 이동현상이다.
- 물의 순환과정 중 강수, 증발 및 증산은 수문기상학 분야이다.
- 물의 순환과정은 성분과정 간의 물의 이동을 말하며, 일정률로 연속되는 것은 아니다.

17 지름이 2m이고 영향권의 반지름이 1,000m이며, 원지하수의 수위 $H = 7$m, 집수정의 수위 $h_o = 5$m인 심정호의 양수량은?(단, $K = 0.0038$m/sec)

① 0.0415m³/sec ② 0.0461m³/sec
③ 0.0831m³/sec ④ 1.8232m³/sec

> [해설]

깊은 우물의 양수량

$$Q = \frac{\pi K(H^2 - h_o^2)}{2.3\log(R/r_o)}$$

$$= \frac{\pi \times 0.0038(7^2 - 5^2)}{2.3\log(1,000/1)}$$

$$= 0.0415\text{m}^3/\text{sec}$$

18 개수로의 흐름을 상류–층류와 상류–난류, 사류–층류와 사류–난류의 4가지 흐름으로 나누는 기준이 되는 한계 Froude 수(F_r)와 한계 Reynolds 수(R_e)는?

① $F_r = 1$, $R_e = 1$ ② $F_r = 1$, $R_e = 500$
③ $F_r = 500$, $R_e = 1$ ④ $F_r = 500$, $R_e = 500$

> [해설]

흐름의 상태
- 상류(常流)와 사류(射流)

$$F_r = \frac{V}{C} = \frac{V}{\sqrt{gh}}$$

  - $F_r < 1$: 상류(常流)
  - $F_r > 1$: 사류(射流)
  - $F_r = 1$: 한계류

- 층류와 난류

$$R_e = \frac{VD}{\nu}$$

  - $R_e < 2,000$: 층류
  - $2,000 < R_e < 4,000$: 천이영역
  - $R_e > 4,000$: 난류

- 한계 Reynolds
  - $R_e < 500$: 층류
  - $R_e > 500$: 난류

정답 16 ③ 17 ① 18 ②

2025년 토목기사 제3회 수리수문학 CBT 복원문제

19 폭 10m의 직사각형 단면수로에 15m³/sec의 유량이 80cm의 수심으로 흐를 때 한계수심은?(단, 에너지 보정계수 $\alpha = 1.1$이다.)

① 0.263m ② 0.352m
③ 0.523m ④ 0.632m

[해설]

비에너지와 한계수심
- 비에너지가 최소일 때의 수심을 한계수심이라 한다.
$$h_c = \frac{2}{3} h_e$$
(직사각형 단면의 한계수심과 비에너지의 관계)

- 유량이 최대일 때의 수심을 한계수심이라 한다.
  ∴ 한계수심일 때의 유량이 최대유량이 된다.

- 한계수심의 계산(직사각형 단면)
$$h_c = \left(\frac{\alpha Q^2}{gb^2}\right)^{\frac{1}{3}} = \left(\frac{1.1 \times 15^2}{9.8 \times 10^2}\right)^{\frac{1}{3}} = 0.632m$$

20 경계층에 대한 설명으로 틀린 것은?

① 전단저항은 경계층 내에서 발생한다.
② 경계층 내에서는 층류가 존재할 수 없다.
③ 이상유체일 경우는 경계층은 존재하지 않는다.
④ 경계층에서는 레이놀즈(Reynolds)응력이 존재한다.

[해설]

경계층
- 저수지로부터 관로로 물이 유입되면 유입부분의 벽면에서 얇은 경계층이 발생하며 등류가 형성된다.
- 경계층 내에서는 전단응력이 횡단면 전체를 지배하게 된다.
- 경계층 내에서는 점성이 흐름을 지배하므로 흐름의 상태는 층류이다.
- 이상유체는 비점성 유체로 경계층은 존재하지 않는다.
- 경계층에서는 점성이 흐름을 지배하므로 레이놀즈(Reynolds)응력이 존재한다.

정답 19 ④ 20 ②

부록 2

파이널 핵심정리

01 유체의 성질
02 정수역학
03 동수역학
04 오리피스와 위어
05 관수로
06 개수로
07 지하수의 흐름
08 수문학

01 유체의 성질

1. 밀도와 단위중량

구분	내용
밀도 (ρ)	$\rho = \dfrac{m(질량)}{V(부피)} = \dfrac{\omega(단위중량)}{g(9.8\text{m/s}^2)}$
단위 중량 (ω)	$\omega = \dfrac{W(중량)}{V(부피)} = \dfrac{mg}{V} = \rho g$
	$1\text{t/m}^3 = 1{,}000\text{kg/m}^3 = 1\text{g/cm}^3$

* 물(담수)은 4℃일 때 밀도와 단위중량이 최대가 된다.

2. 비중

단위	내용
무차원	$G = \dfrac{W_s}{W_w} = \dfrac{\omega_s}{\omega_w} = \dfrac{\rho_s}{\rho_w}$

3. 물의 탄성과 압축성

구분	단위	내용
체적 탄성계수	kg/cm^2	$E = \dfrac{\Delta p}{\Delta V/V}$
평균 압축율	cm^2/kg	$C = \dfrac{\Delta V/V}{\Delta p}$

① ΔV : 체적변화량
② V : 원 체적
③ Δp : 압력변화량
④ $E = \dfrac{1}{C}$

4. 유체의 분류

이상유체 (완전유체)	비압축성	밀도 일정(체적변화 없음)
	비점성	점성을 고려하지 않음
실제유체	압축성	밀도 변화(체적변화 생김)
	점성	점성 고려, 전단응력 발생

5. 점성계수

구분	특수단위
(정)점성 계수	$\mu = 1\text{poise} = \text{g/cm} \cdot \text{sec}$
동점성 계수	$\nu = 1\text{stokes} = \dfrac{\mu(\text{g/cm} \cdot \text{sec})}{\rho(\text{g/cm}^3)} = \text{cm}^2/\text{sec}$

6. 표면장력

구분	내용
응집력	같은 분자 사이에 끌어당기는 힘
부착력	다른 분자 사이에 작용하는 힘
표면장력 (T)	① 액체와 기체의 경계면에 작용하는 분자인력의 힘 ② 표면적을 최소로 하려는 힘

7. 모세관 현상

구분	도식화	모관상승고(h)
유리관		부착력=응집력(W) $\pi d \times T\cos\theta = \omega \times V(A \times h)$ $h = \dfrac{4T\cos\theta}{\omega d}$
2개의 연직 평판		부착력=응집력(W) $2b \times T\cos\theta = \omega \times V(bd \times h)$ $h = \dfrac{2T\cos\theta}{\omega d}$

8. 물방울에 작용하는 표면장력

도식화	물방울에 작용하는 표면장력(T)
	$\sum F_y = 0$ 에서 $A \times \Delta p = \pi \times d \times T$ $T = \dfrac{\Delta p d}{4}\,(\text{g/cm})$

9. Newton의 제2법칙

Newton(뉴턴)의 제2법칙	차원
$F = ma$	$F = [MLT^{-2}]$

10. LMT계와 LFT계의 상호 변환

물리량	식	공학단위	[LMT]계	[LFT]계
표면장력	$T = \dfrac{pd}{4}$	g/cm	$[MT^{-2}]$	$[FL^{-1}]$
점성계수	$\tau = \mu \dfrac{dv}{dy}$	g/sec·cm	$[ML^{-1}T^{-1}]$	$[FL^{-2}T]$
동점성 계수	$\nu = \dfrac{\mu}{\rho}$	cm²/sec	$[L^2T^{-1}]$	$[L^2T^{-1}]$

02 정수역학

1. 정수압의 특징

특징	해설
① 유체 사이에 상대적인 운동이 없다. ＊ 정수 중에는 마찰력(전단력)이 작용하지 않음	전단응력$(\tau) = \mu \dfrac{dV}{dy} = 0$ 상대속도$\left(\dfrac{dV}{dy}\right) = 0$ 전단응력$(\tau) = 0$
② 정수압 강도는 수심에 비례	
③ 수심이 같아도 액체의 단위중량이 다르면 정수압의 크기는 다르다.	$p = \omega \cdot h = \dfrac{P}{A}$
④ 정수 중 한 점에 작용하는 정수압은 모든 방향에 대해 동일한 크기를 갖는다. ($p_1 = p_2 = p_3 = p_4$)	

2. 절대압력과 계기압력

구분	내용
p_{ab} (절대압력)	p_a(대기압) + ωh(계기압력)
계기압력	① 대기압을 무시한 압력 ② 대기압을 압력의 기준(0)으로 했을 때 정수압은 계기압력으로 표시

3. 파스칼의 원리 및 수압기

구분	모식도	식
파스칼의 원리		$p_B = p_A + \omega h$
수압기의 원리		$\dfrac{P_1}{A_1} = \dfrac{P_2}{A_2}$

- Pascal의 원리 응용
- 압력을 측정하는 기구
- 작은 힘으로 큰 힘을 만들 수 있는 장치

정수 중 한 점에 압력을 가하면 그 압력은 물속의 모든 곳에 동일하게 전달된다는 원리

4. 액주계

구분	모식도	식
U자형 액주계		$(X-X$ 면) 등압면 기준 $p_A + \omega_1 h_1 = \omega_2 h_2$ $\therefore p_A = \omega_2 h_2 - \omega_1 h_1$
역U자형 액주계		$(X-X$ 면) 등압면 기준 $p_A - \omega_1 h_1 - \omega_2 h_2$ $= p_B - \omega_1 h_3$ $\therefore p_A - p_B$ $\quad = \omega_2 h_2 + \omega_1(h_1 - h_3)$

5. 수중물체에 작용하는 전수압

모식도	식
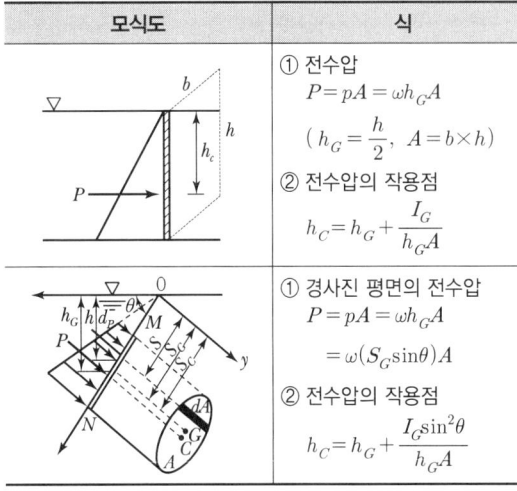	① 전수압 $P = pA = \omega h_G A$ ($h_G = \dfrac{h}{2}$, $A = b \times h$) ② 전수압의 작용점 $h_C = h_G + \dfrac{I_G}{h_G A}$
	① 경사진 평면의 전수압 $P = pA = \omega h_G A$ $\quad = \omega(S_G \sin\theta)A$ ② 전수압의 작용점 $h_C = h_G + \dfrac{I_G \sin^2\theta}{h_G A}$

6. 수중의 곡면에 작용하는 전수압

모식도	식
	P_H는 FE의 연직투영면에 작용하는 수압($P_H = \omega h_G A$)
	P_V는 곡면(AB)이 밑면이 되는 물기둥의 무게($P_V = \omega \cdot V$)

7. 원관의 벽에 작용하는 동수압에서 관두께(t) 결정

모식도	관두께 결정식 (주장력 공식)
	$t = \dfrac{pD}{2\sigma} = \dfrac{\omega h D}{2\sigma}$

8. 무게와 부력과의 관계

구분	모식도	식
물체가 물의 표면에 떠 있는 경우		$W = B$ ($\omega_s \cdot V_{전체} = \omega_w \cdot V_{잠김}$)
수중으로 부상하는 경우(하중을 가한 경우)		$W < B$ $W + P = B$ ($\omega_s \cdot V_{전체} + P = \omega_w \cdot V_{잠김}$)

9. 부체의 안정조건

안정	불안정
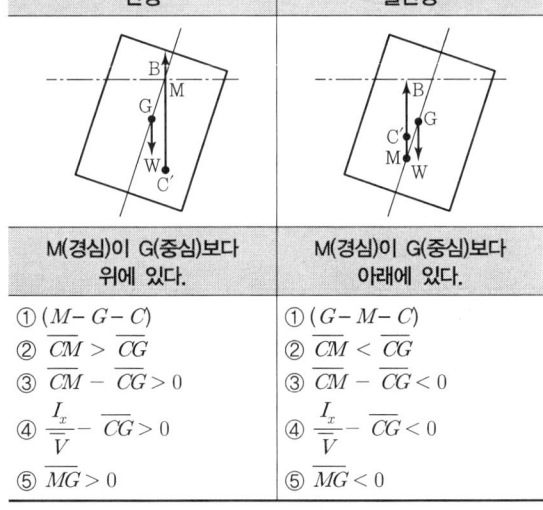	
M(경심)이 G(중심)보다 위에 있다.	M(경심)이 G(중심)보다 아래에 있다.
① $(M-G-C)$ ② $\overline{CM} > \overline{CG}$ ③ $\overline{CM} - \overline{CG} > 0$ ④ $\dfrac{I_x}{V} - \overline{CG} > 0$ ⑤ $\overline{MG} > 0$	① $(G-M-C)$ ② $\overline{CM} < \overline{CG}$ ③ $\overline{CM} - \overline{CG} < 0$ ④ $\dfrac{I_x}{V} - \overline{CG} < 0$ ⑤ $\overline{MG} < 0$

10. 수평 등가속도를 받는 액체

모식도	식
	① $\tan\theta = \dfrac{\alpha}{g} = \dfrac{H-h}{b/2}$ $\quad = -\dfrac{z}{x}$ ② 평형 수면의 방정식 $z = -\dfrac{\alpha}{g}x$

11. 연직 등가속도를 받는 액체

모식도	식
	① 연직 상향 이동 $p = wh\left(1 + \dfrac{\alpha}{g}\right)$ ② 연직 하향 이동 $p = wh\left(1 - \dfrac{\alpha}{g}\right)$

12. 회전 등가속도를 받는 액체

모식도	식
	$h = \dfrac{1}{2}(h_0 + h_a)$ h : 정수 시 수심 h_0 : 회전 시 최저 수심 h_a : 회전 시 최고 수심

13. 수문에 작용하는 전수압

곡면이 받는 전수압	모식도
$P_H = wh_G A$ $P_V = W = wV$ $P = \sqrt{P_H^2 + P_V^2}$	

14. 단위환산

1N	1kg중(무게)
$1\text{N} = 1\text{kg} \times 1\text{m}/\sec^2$ $1\text{kN} = 1{,}000\text{N}$	몇 $\text{kg} \times 9.8\text{m}/\sec^2$ = 몇 N

$x(\text{t})$을 $z(\text{kN})$으로 변환
① $x(\text{t}) \times 1{,}000(\text{kg}) \times 9.8 = y(\text{N})$ ② $\dfrac{y(\text{N})}{1{,}000} = z(\text{kN})$ ∴ $x(\text{t}) \times 9.8 = z(\text{kN})$

03 동수역학

1. 유선

구분	내용
유선	속도 벡터의 접선을 연결한 선(가상)
유적선	운동하고 있는 유체에서 개개 유체입자가 흐르는 경로
유관	유선들에 의해 둘러싸인 가상의 관

2. 정류(부정류)와 등류(부등류)

구분	내용
정류 (정상류)	흐름의 특성이 시간에 따라 변하지 않고 일정한 흐름
부정류	유체의 흐름 특성이 시간에 따라 변하는 흐름
등류	정류 시 어느 단면(거리)에서도 유속과 유적이 일정 (에너지선과 동수경사선이 항상 평행)
부등류	정류 시 거리에 따라 유속과 유적이 변화하는 흐름

3. 층류와 난류

구분	내용	구분
층류	물분자가 층상으로 질서정연하게 흐르는 흐름	$Re < 2{,}000$
난류	물분자가 흐름에 상하좌우로 직각방향의 속도성분을 가지고 이동하면서 흐르는 흐름	$Re > 4{,}000$

4. 1차원 흐름의 기본 방정식

구분	방정식 표시	식
연속방정식	질량보존의 법칙	$Q = AV$
에너지 방정식	베르누이 정리	$H = \dfrac{V^2}{2g} + \dfrac{p}{\omega} + z$
운동량 방정식	Newton 운동법칙	$F = \dfrac{\omega}{g} Q(V_2 - V_1)$

5. 연속방정식

모식도	식
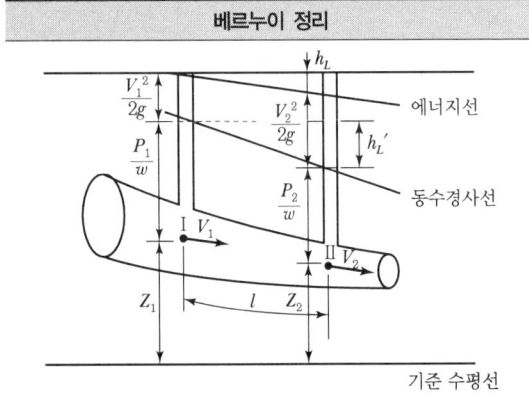	$Q = A_1 V_1 = A_2 V_2 = $ 일정 $A_1 V_1 = A_2 V_2$

6. 베르누이 정리

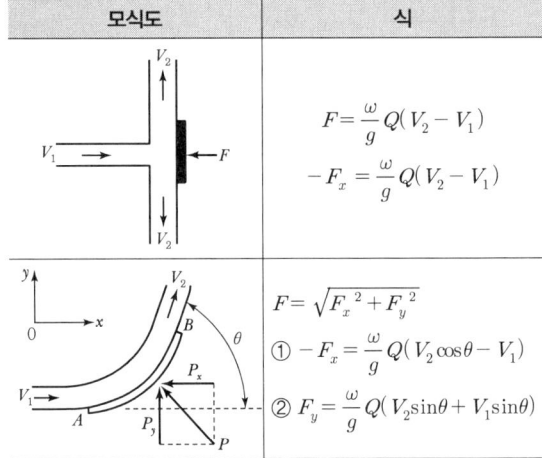

$$\frac{V_1^2}{2g} + \frac{p_1}{\omega} + Z_1 = \frac{V_2^2}{2g} + \frac{p_2}{\omega} + Z_2 + h_L$$

에너지선	① 전수두를 연결한 선 ② 수평기준면과 평행한 수평선
동수경사선	위치수두와 압력수두의 합을 연결한 선
정체압	정압력(P) + 동압력$\left(\dfrac{\rho V^2}{2}\right)$
성립 조건	정상류, 비압축성, 비점성 유체

7. Torricelli, Pitot tube 정리

식	Torricelli	Pitot tube
$V = \sqrt{2gH}$		

8. Venturimeter

벤츄리미터(피에조미터 설치)	식
	$Q = C\dfrac{A_1 A_2}{\sqrt{A_1^2 - A_2^2}}\sqrt{2gh}$

9. 운동량 방정식

운동량 방정식 (Newton의 제2법칙)	단위시간($\Delta t = 1$) 운동량 방정식
$F = ma = m\dfrac{V_2 - V_1}{\Delta t}$ $\therefore F\Delta t = m(V_2 - V_1)$	$F = m(V_2 - V_1)$ $\therefore F = \dfrac{\omega}{g}Q(V_2 - V_1)$

10. 정지판에 미치는 충격력

모식도	식
	$F = \dfrac{\omega}{g}Q(V_2 - V_1)$ $-F_x = \dfrac{\omega}{g}Q(V_2 - V_1)$
	$F = \sqrt{F_x^2 + F_y^2}$ ① $-F_x = \dfrac{\omega}{g}Q(V_2\cos\theta - V_1)$ ② $F_y = \dfrac{\omega}{g}Q(V_2\sin\theta + V_1\sin\theta)$

11. 이동판에 미치는 충격력

유속과 같은 방향으로 판 이동	유속과 다른 방향으로 판 이동
$V_1 = V - u$	$V_1 = V + u$

12. 보정계수

구분	해설
에너지 보정계수 (α)	$\alpha = \dfrac{1}{A}\displaystyle\int_A \left(\dfrac{V}{V_m}\right)^3 dA$ ① 에너지 보정계수는 이상유체에서 속도수두를 보정하기 위한 무차원 상수 ② 원관 내 층류 시 에너지 보정계수 : 2
운동량 보정계수 (β)	$\alpha = \dfrac{1}{A}\displaystyle\int_A \left(\dfrac{V}{V_m}\right)^2 dA$ ① 평균유속을 사용 시 운동량의 보정을 위한 계수 ② 원관 내 층류 시 운동량 보정계수 : $\dfrac{4}{3}$

13. 항력

항력
흐르는 유체 속에 있는 물체가 유체로부터 받는 힘
$D = C_D A \dfrac{\rho V^2}{2}$
① $C_D : \dfrac{24}{Re}$ ② A : 투영면적 ③ $\dfrac{\rho V^2}{2}$: 동압력

마찰저항 (마찰항력)	물체 표면에 발생하는 저항
형상저항 (형상항력)	물체 후면의 소용돌이(후류)가 생겨 압력저하에 의하여 발생하는 흐름

04 오리피스와 위어

1. 오리피스의 종류

구분	해설
작은 오리피스	$H > 5d$ 수심(H)에 비해 직경 및 높이(d)가 작은 오리피스
큰 오리피스	$H < 5d$ 수심(H)에 비해 직경 및 높이(d)가 큰 오리피스

2. 표준단관

모식도	수축계수	해설
(그림)	$C_a = \dfrac{a}{A}\,(C_a = 1)$ $C = C_a C_v$	관의 길이가 오리피스 직경의 2~3배

3. 작은 오리피스 유량

실제유량	접근유속 고려
$Q = C_a \cdot C_v \cdot a \cdot \sqrt{2gH}$ $= C \cdot a \cdot \sqrt{2gH}$	$Q = C \cdot a \cdot \sqrt{2g(H + h_a)}$ $= C \cdot a \cdot \sqrt{2g\left(H + \alpha\dfrac{V_a^2}{2g}\right)}$

4. 오리피스 수두오차와 유량오차와의 관계

유량오차	해설
$\dfrac{dQ}{Q} = \dfrac{1}{2}\dfrac{dH}{H}$	$\dfrac{dQ}{Q} = \dfrac{\dfrac{1}{2}CA\sqrt{2g}\,H^{-\frac{1}{2}}dH}{CA\sqrt{2gH}}$

5. 큰 오리피스 유량계산(직사각형 단면)

$$Q = \dfrac{2}{3}Cb\sqrt{2g}\,(H_2^{3/2} - H_1^{3/2})$$

6. 수중 오리피스

완전 수중 오리피스	불완전 수중 오리피스
$Q = Ca\sqrt{2g(H_1 - H_2)}$ $= Ca\sqrt{2gH}$	① Q_1(상부유량) : 구형 큰 오리피스 ② Q_2(하부유량) : 완전 수중 오리피스

7. 노즐

식	모식도
$Q = C \cdot a \sqrt{\dfrac{2gH}{1 - \left(\dfrac{C \cdot a}{A}\right)^2}}$	(그림)
$y = \dfrac{V^2}{2g}\sin^2\theta$	(그림)
$x = \dfrac{V^2}{g}\sin 2\theta$	

$y_{\max} : x_{\max} = 1 : 2$, 최대 수평거리는 최대 연직높이의 2배

8. 분수에서 유효수두(분수 높이)

식	모식도
$H_v = C_v^2 H$	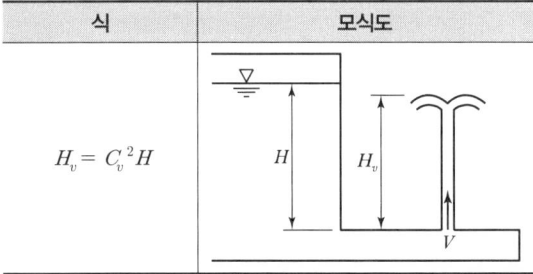

9. 오리피스 유출시간

모식도	유출시간
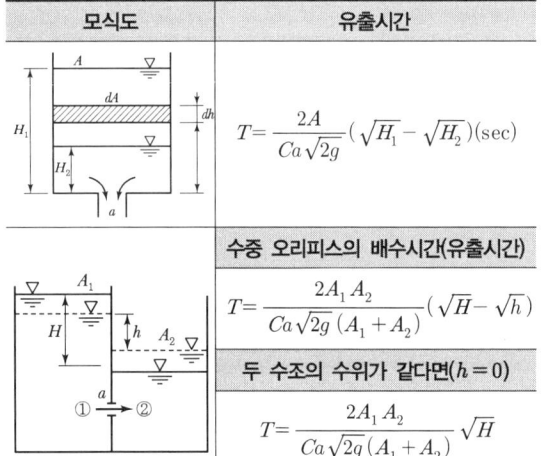	$T = \dfrac{2A}{Ca\sqrt{2g}}(\sqrt{H_1} - \sqrt{H_2})\,(\text{sec})$
	수중 오리피스의 배수시간(유출시간)
	$T = \dfrac{2A_1 A_2}{Ca\sqrt{2g}\,(A_1+A_2)}(\sqrt{H} - \sqrt{h})$
	두 수조의 수위가 같다면($h=0$)
	$T = \dfrac{2A_1 A_2}{Ca\sqrt{2g}\,(A_1+A_2)}\sqrt{H}$

10. 수맥의 수축

정수축	예연위어 마루부
면수축	수면강하 시, 접근유속으로

11. 사각형 위어

모식도	식
	$Q = \dfrac{2}{3} Cb\sqrt{2g}\, h^{3/2}$

12. Francis 공식

접근유속을 고려하지 않을 때	$Q = 1.84 b_0 h^{3/2} = 1.84(b - 0.1nh)h^{3/2}$
접근유속을 고려할 때	$Q = 1.84(b - 0.1nh)\left[(h+h_a)^{3/2} - h_a^{3/2}\right]$

13. 단수축 수

양단(완전)수축 댐, 여수로	일단수축	전폭위어
$n=2$	$n=1$	$n=0$

14. 삼각형 위어

모식도	식
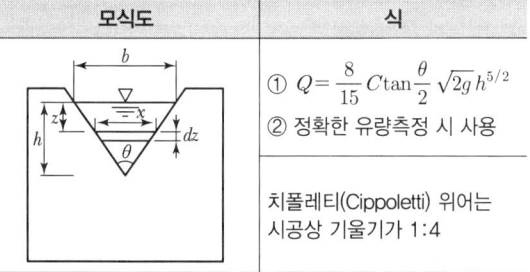	① $Q = \dfrac{8}{15} C\tan\dfrac{\theta}{2}\sqrt{2g}\, h^{5/2}$ ② 정확한 유량측정 시 사용 치폴레티(Cippoletti) 위어는 시공상 기울기가 1:4

15. 광정 위어(완전 월류 시)

모식도	유량
	$Q_{\max} = 1.7 Cb H^{3/2}$ $= 1.7 Cb \left(h + \dfrac{V_a^2}{2g}\right)^{3/2}$

16. 위어의 수위와 유량과의 관계

구분	해설	식
직사각형 위어	$Q = \dfrac{2}{3} Cb\sqrt{2g}\, h^{\frac{3}{2}}$	$\dfrac{dQ}{Q} = \dfrac{3}{2}\dfrac{dh}{H}$
삼각형 위어	$Q = \dfrac{8}{15} C\tan\dfrac{\theta}{2}\sqrt{2g}\, h^{\frac{5}{2}}$	$\dfrac{dQ}{Q} = \dfrac{5}{2}\dfrac{dh}{H}$

05 관수로

1. 유속분포 및 마찰응력

구분	식
평균유속(V_m)	$V_m = \dfrac{Q}{A} = \dfrac{Q}{\pi r^2} = \dfrac{\omega \cdot h_L}{8\mu l} r^2 = \dfrac{1}{2} V_{\max}$
최대유속($V_{\max}$)	$V_{\max} = \dfrac{\omega \cdot h_L}{4\mu l} r^2 = 2V_m,\ \dfrac{V_{\max}}{V_m} = 2$
관벽의 마찰력(τ_o)	$\tau_o = \dfrac{\omega \cdot h_L}{2l} r = \dfrac{\Delta P}{2l} r = \omega RI$
마찰속도	$U_* = \sqrt{\dfrac{\tau_0}{\rho}} = \sqrt{gRI}$

2. 마찰손실수두(h_L)

마찰손실수두(h_L)	해설
$h_L = f \dfrac{l}{D} \dfrac{V^2}{2g}$	① 마찰손실수두는 관경에 반비례 ② 관의 길이와 유속의 2승에 비례 ③ h_L은 관수로에서 가장 큰 손실 ④ 관의 조도(e)에 비례

3. 마찰손실계수

식	해설
$f = \dfrac{64}{Re}$	• 층류는 Reynolds 수의 함수 • 난류는 Reynolds 수와 상대조도의 함수
$f = \dfrac{8 \cdot g}{C^2}$	매끄러운 관 : Reynolds 수의 함수 거친 관 : 상대조도의 함수 (Reynolds 수와 무관)
$f = \dfrac{124.5 n^2}{D^{\frac{1}{3}}}$	① D의 계산은 m 단위로 ② n : 조도계수(차원이 있음)

4. 평균유속

구분	식
Chezy 공식	$V = C\sqrt{RI}$ (m/sec)
Manning 공식	$V = \dfrac{1}{n} R^{2/3} I^{1/2}$ (m/sec)

① $C = \dfrac{1}{n} R^{1/6}$ ② $C = \sqrt{\dfrac{8g}{f}}$ ③ $R = \dfrac{A}{P} = \dfrac{\dfrac{\pi D^2}{4}}{\pi D} = \dfrac{D}{4}$

5. 마찰 이외의 미소손실수두

식	해설
$h_L' = f_x \dfrac{V^2}{2g}$	관 길이가 짧은 단관$\left(\dfrac{l}{D} < 3{,}000\right)$일 때 미소손실 고려

6. 관수로의 유량

모식도	해설
	$Q = AV$ $= \dfrac{\pi D^2}{4} \sqrt{\dfrac{2gH}{\sum f_x + f \dfrac{l}{D}}}$

7. 사이폰

① 유체를 동수경사선보다 높은 곳으로 끌어올린 후 낮은 곳으로 방출하는 관수로
② 관수로의 일부가 동수경사선보다 위에 있는 관수로
③ 동수경사선보다 위에 있는 부분의 관 내 압력은 부압

8. 역사이폰

① 계곡이나 하천을 횡단하기 위해 역사이폰 설치
② 하천을 횡단할 때 장애물 횡단방법으로 적합
③ 최저점의 압력이 상당히 커서 주의 요함

8. 다지 관수로

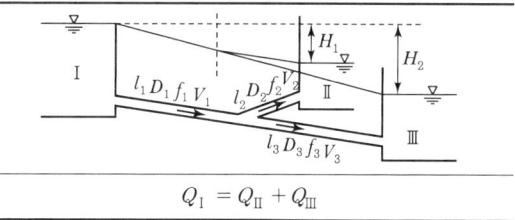

$Q_{\mathrm{I}} = Q_{\mathrm{II}} + Q_{\mathrm{III}}$

9. Hardy-Cross 방법(근사해법) 기본가정

① 각 분기점 또는 합류점에 유입하는 유량은 전부 유출된다.(유량의 합은 0)
② 각 폐합관의 손실수두의 합은 0이다.(경로에 관계없이 일정)
③ 손실은 마찰손실만 고려한다.(미소손실 무시)
④ 보정량은 +, -값 모두를 갖는다.
⑤ 초기유량을 가정한다.

10. 펌프의 동력

구분	단위	식
이론 출력	HP	$E = \dfrac{1,000}{75} QH_e$
이론 출력	kW	$E = \dfrac{1,000}{102} QH_e$
실제 출력	HP	$E = \dfrac{1,000}{75} Q(H + \Sigma h_L)/\eta$
실제 출력	kW	$E = \dfrac{1,000}{102} Q(H + \Sigma h_L)/\eta$

11. 수차의 동력

구분	단위	식
이론 출력	HP	$E = \dfrac{1,000}{75} QH_e$
이론 출력	kW	$E = \dfrac{1,000}{102} QH_e$
실제 출력	HP	$E = \dfrac{1,000}{75} Q(H - \Sigma h_L)/\eta$
실제 출력	kW	$E = \dfrac{1,000}{102} Q(H - \Sigma h_L)/\eta$

12. 수격작용

관수로에 물이 흐를 때 밸브를 갑자기 잠그면 순간적으로 유속이 0이 되고 관벽의 수압은 급격히 상승한다.

13. 관수로 흐름의 특성

① 난류에서의 마찰손실계수는 레이놀즈 수(R_e)와 상대조도$\left(\dfrac{e}{D}\right)$의 함수이다.
② 난류에서 관 벽의 조도가 유속에 주는 영향이 층류보다 크다.
③ 난류에서는 관성력이 점성력에 비하여 크므로 관성력과 점성력의 비율이 층류의 경우보다 크다.
④ 점성에 의한 에너지 손실은 난류보다는 층류에서 발생된다.

06 개수로

1. 개수로의 특징

모식도	특징
	① 자유수면을 갖는다. ② 관성력의 영향을 받는다. ③ 중력이 흐름을 지배한다. ④ 동수경사선과 자유수면은 일치한다.

2. 상황에 따른 경심

관수로	개수로	폭이 넓은 광폭 개수로
$R = \dfrac{D}{4}$	$R = \dfrac{A}{P} = \dfrac{bh}{b+2h}$	$R = h$

3. 등류의 경험공식

등류의 마찰(유속)속도	$U = \sqrt{gRI} = \sqrt{ghI}$
광폭개수로에서 평균마찰응력(소류력)	$\tau = \omega RI = \omega hI$
Chezy의 평균유속 계수	$C = \dfrac{1}{n} R^{1/6} = \sqrt{\dfrac{8g}{f}}$

4. 유속계에 의한 평균유속

모식도	구분	식
	표면법	$V_m = 0.85 V_s$
	1점법	$V_m = V_{0.6}$
	2점법	$V_m = \dfrac{V_{0.2} + V_{0.8}}{2}$
	3점법	$V_m = \dfrac{V_{0.2} + 2V_{0.6} + V_{0.8}}{4}$

5. 공식을 이용한 평균유속

구분	식
Chezy공식	$V = C\sqrt{RI}\,(\text{m/sec})$ ① C : Chezy 평균유속계수 ② I : 수로(동수)경사
Manning공식	$V = \dfrac{1}{n} R^{2/3} I^{1/2}\,(\text{m/sec})$ n : Manning의 조도계수

6. 통수능(K)

$$K = A\frac{1}{n}R^{2/3}$$

① $Q = AV = A\frac{1}{n}R^{2/3}I^{1/2} = KI^{1/2}$
② $K = A\frac{1}{n}R^{2/3}$

7. 수리상 유리한 단면

수리상 유리한 단면	수리상 유리한 단면의 특징
일정한 단면적에 대해 최대유량이 흐르는 단면	① 경심(R)이 최대 ② 윤변(P)이 최소

8. 수리상 유리한 단면 유형

구분	모식도	식
직사각형 단면		① $B = 2h$, $h = \frac{B}{2}$ ② $R_{max} = \frac{h}{2}$

9. 원형 관수로의 수리 특성

최대유량	최대유속
$0.94D$ (94%)	$0.81D$ (81%)

10. 비에너지

정의	식
① 수로 바닥을 기준으로 한 총 수두(에너지) ② 단위중량의 물이 가지고 있는 에너지 ③ 등류일 때는 값이 일정	$H_e = h + \alpha\frac{V^2}{2g}$ 비에너지(H_e)는 유량이 일정할 경우 수심(h)만의 함수가 됨

11. 수심과 비에너지, 유량과의 관계

수심과 비에너지	수심과 유량

12. 직사각형 단면에서 한계수심

모식도	해설 및 공식
	$h_c = \left(\frac{\alpha Q^2}{gb^2}\right)^{1/3}$

13. 한계유속과 한계경사

한계유속	한계경사
$V_c = \sqrt{\dfrac{gh}{\alpha}}$	$I_c = \dfrac{g}{\alpha C^2} = \dfrac{g}{\alpha\left(\dfrac{1}{n}R^{\frac{1}{6}}\right)^2} = \dfrac{gn^2}{\alpha\left(R^{\frac{1}{6}}\right)^2}$

14. 프루드수(Fr) 수

프루드 수	구분	
$Fr = \dfrac{V}{\sqrt{gh}}$	$Fr = \dfrac{V}{C} = \dfrac{V}{\sqrt{gh}} < 1$	상류
	$Fr = 1$	한계류
	$Fr = \dfrac{V}{C} = \dfrac{V}{\sqrt{gh}} > 1$	사류

15. 상류와 사류의 구분

방법	상류	사류	한계류
Fr 수	$Fr < 1$	$Fr > 1$	$Fr = 1$
한계수심(h_c)	$h > h_c$	$h < h_c$	$h = h_c$
한계경사(I_c)	$I < I_c$	$I > I_c$	$I = I_c$
한계유속(V_c)	$V < V_c$	$V > V_c$	$V = V_c$

16. 한계 Reynolds 수에 의한 흐름의 분류

식	구분
$Re = \dfrac{VR}{\nu} < 500$	층류
$Re = \dfrac{VR}{\nu} > 500$	난류

17. 수심에 따른 비력(충력치)의 변화

정의	식
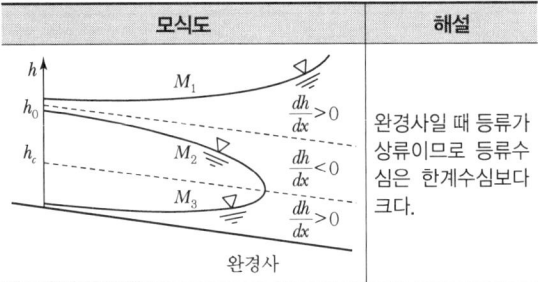	$M = \beta \dfrac{Q}{g} V + h_G A$

① 비력이 최소($M_{\min}$)가 되는 수심이 한계수심(h_c)
② 대응수심 : 하나의 비력 M에 대하여 두 개의 수심 h_1과 h_2

18. 도수

정의	흐름이 사류에서 상류로 변할 때 불연속적으로 수면이 뛰는 현상(큰 에너지 손실을 동반, 에너지 선은 변한다.)
모식도	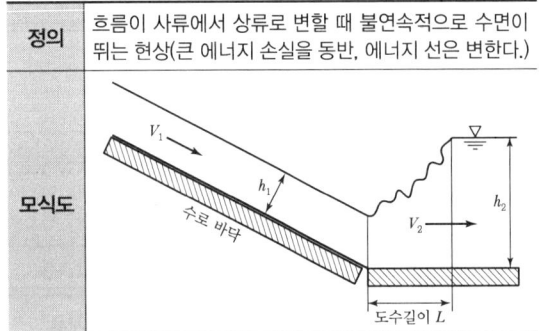

19. 도수 후 에너지 손실과 도수 후 수심

모식도	식
(에너지선, 사류, 상류 도수현상)	$\Delta H_e = \dfrac{(h_2 - h_1)^3}{4 h_1 h_2}$
	$h_2 = -\dfrac{h_1}{2} + \dfrac{h_1}{2}\sqrt{1+8Fr_1^2}$ $\therefore h_2 = \dfrac{h_1}{2}(-1+\sqrt{1+8Fr_1^2})$

20. 완전도수와 불완전(파상) 도수

구분	식	모식도
완전도수	$Fr \geq \sqrt{3}$	
불완전(파상)도수	$1 < Fr < \sqrt{3}$	

21. 부등류의 수면곡선(완경사, M곡선)

모식도	해설
M_1, M_2, M_3 완경사	완경사일 때 등류가 상류이므로 등류수심은 한계수심보다 크다.

배수곡선 완경사 (M_1 배수곡선)	$h > h_0 > h_c$ ① 수심이 점차적으로 커짐 ② 상류에 댐을 만들 때 생김(배수효과) ③ 한계류 또는 등류수심보다 큰 영역
저하곡선 완경사 (M_2 저하곡선)	$h_0 > h > h_c$ ① 수심이 점차적으로 작아짐 ② 수로가 단락되어 수로경사가 갑자기 클 때 (폭포) ③ 한계수심과 등류수심 사이

22. 흐름의 지배단면

수면곡선을 계산하기 위해 제일 먼저 할 일	지배단면 파악
상류 시 수면형 계산	지배단면에서 상류 방향으로 계산
사류 시 수면형 계산	지배단면에서 하류 방향으로 계산

23. 단파

정단파($h_1 < h_2$)	부단파($h_1 > h_2$)
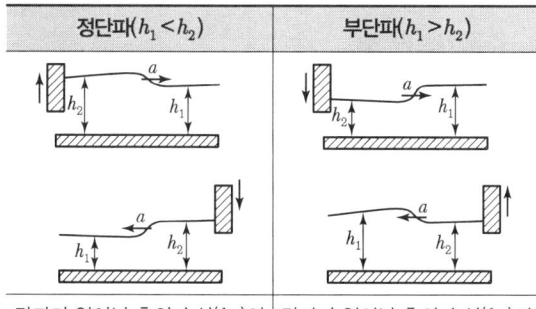	
단파가 일어난 후의 수심(h_2)이 처음의 수심(h_1)보다 큰 단파	단파가 일어난 후의 수심(h_2)이 처음의 수심(h_1)보다 작은 단파

24. 개수로 흐름의 특성

① 한계류 상태에서는 수심의 크기가 속도수두의 2배가 된다.
② 유량이 일정할 때 상류에서는 수심이 작아질수록 유속은 커진다.
③ 비에너지는 수로 바닥면을 기준으로 한 단위무게의 유수가 가진 에너지를 말한다.
④ 흐름이 사류에서 상류로 바뀔 때 수면이 뛰는 현상을 도수라고 하며, 도수는 큰 에너지 손실을 동반한다.

07 지하수의 흐름

1. Darcy 법칙

모식도	단위시간당 침투유량
	$Q = Av = Ak\dfrac{h_L}{L} = Aki$
	① 투수계수는 토사의 단위중량과는 관계가 없다. ② 레이놀즈 수 적용의 일반적인 범위 : $Re < 1 \sim 10$ (특히 $Re < 4$ 층류인 경우 가장 잘 성립)

2. Darcy 법칙을 층류에만 적용하는 이유

유속(v)과 손실수두(h_L)가 비례하기 때문	① Darcy 법칙 $v = ki$에서 동수경사(i) = $\dfrac{h_L}{L}$ 이다. ② 유속(v)과 손실수두(h_L)가 비례한다. ③ 그래서 Darcy 법칙은 층류에만 적용한다.

3. 정수위 투수시험

모식도	식
	$k = \dfrac{QL}{hAt}$
	$k > 10^{-3}$cm/sec인 사질토에 적용

4. 변수위 투수시험, 압밀시험

변수위 투수시험	압밀시험
$k = 2.3\dfrac{aL}{AT}\log_{10}\dfrac{h_1}{h_2}$	$k = C_v m_v \gamma_w$

5. 비피압 대수층과 피압 대수층

비피압 대수층	피압 대수층
① 지하수가 압력을 받지 않고 흐르는 지하수면이 있는 대수층 ② 비피압 대수층의 지하수를 자유면 지하수라 한다.	① 불투수층 사이를 지하수가 흐르고 있어 대기압보다 큰 압력으로 흐르는 대수층 ② 피압 대수층의 지하수를 피압 지하수라 한다.

6. 우물의 수리

굴착정	집수정을 불투수층 사이에 있는 투수층까지 판 후 투수층 사이에 낀 투수층 내의 압력을 받고 있는 피압 지하수를 양수하는 우물 $Q = \dfrac{2\pi cK(H-h_o)}{\ln(R/r_o)} = \dfrac{2\pi cK(H-h_o)}{2.3\log_{10}(R/r_o)}$
깊은 우물	집수정의 바닥이 불투수층까지 도달한 우물(심정호) $Q = \dfrac{\pi K(H^2 - h_o^2)}{\ln(R/r_o)} = \dfrac{\pi K(H^2 - h_o^2)}{2.3\log_{10}(R/r_o)}$

7. Dupuit 침윤선

모식도	단위 폭당 유량식
(그림)	$q = \dfrac{k(h_1^2 - h_2^2)}{2l}$

8. 집수암거

한쪽 방향 유입	$Q = \dfrac{kl}{2R}(H^2 - h_0^2)$
양쪽에서 유입	$Q = \dfrac{kl}{R}(H^2 - h_0^2)$

9. 수리학적 상사성

① 기하학적 상사성 ② 운동학적 상사성 ③ 동역학적 상사성

10. 길이의 비로서 표시한 물리량의 비

$A_r = \dfrac{\text{모형의 면적}}{\text{원형의 면적}} = L_r^2$	$V_r = \dfrac{\text{모형의 유속}}{\text{원형의 유속}} = \dfrac{L_r}{T_r}$
$Q_r = \dfrac{\text{모형의 유량}}{\text{원형의 유량}} = \dfrac{Q_m}{Q_p} = \dfrac{L_r^3}{T_r} = \dfrac{L_r^3}{\sqrt{L_r}} = L_r^{\frac{5}{2}}$ (지구상)	

11. 특별상사의 법칙

Reynolds 법칙	관수로 흐름에 해당	점성력, 마찰력
Froude 법칙	① 개수로 내 흐름 ② 댐의 여수토의 흐름, 파동	관성력, 중력

08 수문학

1. 수문기상학

기온	바람
① 평균(일, 월, 연) : 최대와 최소를 평균 ② 정상(일, 월, 연) : 30년 평균	① 바람은 이동하는 기단 ② 고기압 → 저기압(추운 → 더운)
습도	① 습도 : 대기 중의 공기가 함유하고 있는 수분의 정도 ② 상대습도$(h) = \dfrac{e(\text{실제 증기압})}{e_s(\text{포화증기압})} \times 100(\%)$ ③ 포화증기압 : 공기가 수증기로 포화되어 있을 때의 압력

2. 하천 수위

우리나라 수자원의 특성	하상계수
① 평수위 : 185일은 저하되지 않는 수위 ② 저수위 : 275일은 저하되지 않는 수위 ③ 갈수위 : 355일은 저하되지 않는 수위	$\dfrac{\text{최대유량}}{\text{최소유량}}$

3. 강수

조건	내용
대류형 강수	국지적 소나기, 낮은 강도의 강우가 형성
무강우	0.1mm 이하
강우량	산지 > 평지
누가우량곡선	① 누가우량의 시간적 변화 상태를 기록한 연속적 시간분포 ② 누가우량곡선의 경사가 클수록 강우강도가 크다.(수평선은 무강우)
2중 누가우량 분석	장기간에 걸친 강수량 자료의 일관성을 검사 또는 교정하는 방법

4. 강수기록의 결측치 추정방법

① 산술평균법 ② 정상 연강수량 비율법 ③ 단순 비례법

5. 평균 강우량 산정

산술평균법	약 500km² 미만의 유역 면적에 사용
Thissen의 가중법	$P_m = \dfrac{A_1 P_1 + A_2 P_2 + \cdots + A_N P_N}{A_1 + A_2 + \cdots + A_N}$ (지형의 영향을 고려할 수 없는 단점)
등우선법	① 강우에 대한 산악의 영향을 고려 ② 5,000km² 이상의 유역 면적에 사용

6. 강수량 자료의 해석

구분	해설
강우강도(I)	단위시간에 내리는 강우량(mm/hr)
지속시간(t)	강우가 계속되는 시간(min)

① 강우강도와 지속시간은 반비례
② 강우강도와 지속시간의 관계는 지역에 따라 다름

7. DAD 해석

① 평균우량깊이(Depth) – 유역면적(Area) – 지속기간(Duration)
② 작성방법 : 반대수지에 작성(유역면적은 대수 축, 최대평균 우량은 산술 축)
③ 유역면적이 커질수록 강우량 깊이는 작아짐
④ 유역면적이 일정하면 지속시간이 커질수록 강우량 깊이가 커짐

8. 최대 가능강수량(PMP)

정의	어떤 지역에서 생성될 수 있는 최악의 기상조건하에서 발생 가능한 호우로 인한 최대강수량(설계기간 내 올 수 있는 가장 큰 강우)
특징	대규모 수공구조물을 설계할 때 기준으로 삼는 우량

9. 저수지 증발량의 산정방법

① 증발접시에 의한 방법
② 물수지 방정식에 의한 방법(Water Budget)
③ 에너지 수지식(열수지법, Penman 이론법)
④ 경험공식에 의한 방법(Dalton의 법칙)

10. 증발접시에 의한 방법으로 저수지 증발량 산정

증발접시계수	일 증발량(유입유량)
$\dfrac{\text{저수지증발량}}{\text{접시증발량}} < 1$	증발율×수표 면적

11. 물수지 방법에 의하여 저수지 증발산량 산정

물수지 방법	내용
$E = P + I \pm U - O \pm S$	① E : 증발산량 ② P : 강우량 ③ I : 유입량 ④ U : 지하수 유출입량 ⑤ O : 유출량 ⑥ S : 지표 및 지하 저류량

12. 침투지수법

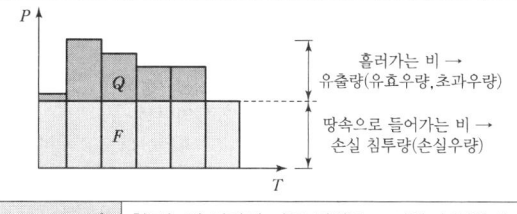

ϕ–index법	침투능의 시간에 따른 변화를 고려하지 않았다.
w–index법	ϕ–index법을 개선한 것

13. 유출

유출	
직접유출 (유효강우량)	① 수로상 강수 ② 지표면 유출 ③ 복류수 유출 ④ 조기지표하 유출
기저유출 (손실강우량)	① 지연지표하 유출 ② 지하수 유출

14. 수위–유량 관계곡선(Rating Curve)

수위–유량 관계곡선이 Loop형인 이유	연장방법
① 준설, 세굴, 퇴적, 식생 등의 하도의 인위적·자연적 변화 ② 배수 및 저하효과, 홍수 시 수위의 급 상승 및 급강하가 요인	① 전대수지법 ② Stevens 방법 ③ Mmanning 공식

15. 수문곡선의 구성

구분	내용
지체시간	유효우량 중심점에서 첨두유량까지의 시간
첨두시간	유효우량의 시작부터 첨두유량까지의 시간
도달시간	강수가 최상류에서 하구까지 도달하는 시간
기저시간	직접유출이 시작하여 끝날 때까지 걸리는 시간

16. 수문곡선의 분리(직접유출과 기저유출의 분리)

지하수 감수곡선법	수평직선 분리법
N–day법	수정 N–day법

17. 단위도(단위유량도)

단위도(단위유량도) 정의	단위도 작성 시 필요사항
① 단위 유효우량으로 인해 발생하는 직접유출의 수문곡선 ② 유효강우 1cm(10mm)로 인한 우량 ③ 직접유출의 근원이 되는 유량 (기저유출은 미포함)	① 직접유출량 ② 유역면적 ③ 유효우량의 강우 지속시간 (특정 단위시간)

18. 단위도(단위유량도)의 3대 가정

일정기저시간 가정	비례 가정	중첩 가정

19. S-curve method 및 합성(종합)단위도

S-curve method	합성단위(유량)도
① 단위도의 지속시간을 변경시킬 때 사용되는 방법 ② 긴 지속기간을 가진 단위도로부터 짧은 지속기간을 가진 단위도를 유도할 때 사용	강우유출자료가 없는 지역에서 유역 및 하천특성인자만을 이용하여 미계측 유역에서 경험적으로 단위도를 구하는 방법

20. 합리식

합리식 공식	해설
$Q = \dfrac{1}{3.6} CIA$	① 첨두유량(유출량) : m³/sec ② 유출계수(C) : 무차원 ③ 강우강도(I) : mm/hr ④ 유역면적(A) : km²

도달시간(t_c) = 유입시간(t_1) + 유하시간(t_2)

21. 미소진폭파 및 파랑

미소진폭파 기본가정	파랑의 반사율
파고는 수심에 비해 매우 작음	$K_R = \dfrac{H_R}{H_I}$
유의 파고	① K_R : 반사율 ② H_R : 반사파고 ③ H_I : 입사파고
파고 높은 순서로 전체의 1/3	

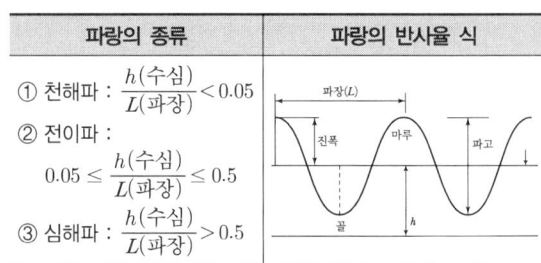

파랑의 종류	파랑의 반사율 식
① 천해파 : $\dfrac{h(수심)}{L(파장)} < 0.05$ ② 전이파 : $0.05 \leq \dfrac{h(수심)}{L(파장)} \leq 0.5$ ③ 심해파 : $\dfrac{h(수심)}{L(파장)} > 0.5$	

수리수문학 토목기사·산업기사 필기

발행일	2019. 2. 10	초판발행
	2020. 1. 20	개정 1판1쇄
	2021. 1. 15	개정 2판1쇄
	2021. 5. 10	개정 2판2쇄
	2022. 1. 10	개정 3판1쇄
	2022. 2. 20	개정 3판2쇄
	2023. 1. 10	개정 4판1쇄
	2024. 1. 10	개정 5판1쇄
	2025. 1. 10	개정 6판1쇄
	2026. 1. 20	개정 7판1쇄

저 자 | 조준호
발행인 | 정용수
발행처 | 예문사

주 소 | 경기도 파주시 직지길 460(출판도시) 도서출판 예문사
T E L | 031) 955-0550
F A X | 031) 955-0660
등록번호 | 11-76호

- 이 책의 어느 부분도 저작권자나 발행인의 승인 없이 무단 복제하여 이용할 수 없습니다.
- 파본 및 낙장은 구입하신 서점에서 교환하여 드립니다.
- 예문사 홈페이지 http://www.yeamoonsa.com

정가 : 24,000원

ISBN 978-89-274-5991-0 13530